KB267106

# 건축구조설계방법

## 내진설계반영 건축구조설계

장 화 균 저

**본서의 구성**

건축 구조계산
구조 부재설계 실습
철근콘크리트건물 모델링 실습
구조설계 모델링 실습
건물의 내진설계

도서출판 건기원

# 머리말

구조계산의 실무방법론을 배우고자 하는 학생들에게 구조계산의 절차와 방법을 수 계산에 의해 이뤄지는 절차와 구조프로그램을 사용하여 진행하는 방법에 대해 예를 들어가며 설명하였다. 여기저기 나와 있는 구조 책에서 구조 관련 지식을 종합적으로 함께 이해하기에 다소 어려운 점이 있다. 학교 교육과정에서는 단편적인 과목 위주의 구조교육이 진행되므로 많은 실무계산을 통해 익혀지는 실무과정을 학교의 단편적 이론지식으로는 이해하기가 어려운 점이 많이 있는 것으로 판단된다.

전체를 다 이해하지 못한다고 하더라도 구조설계의 방법에 대해 부분적으로 조금이나마 도움이 되고자 이 책의 내용을 반복적 방법을 통해 설명하려고 하였다.

또한, 현재 구조 실무를 진행하는 구조사무소의 계산과정을 유사하게 옮겨 놓으려고 노력하였으므로 천천히 따라 하면서 진행하고 부족한 부분은 다른 참고서적을 참고한다면 전체를 이해하는 데 도움이 될 것으로 판단된다.

2014년

저자올림

# 차 례

## 제1장 건축 구조계산 / 9

## 제 2 장　구조 부재설계 실습 / 59



## 제 3 장　철근콘크리트건물 모델링 실습 / 87

# 제4장 구조설계 모델링 실습 / 111



# 제5장 건물의 내진설계 / 175

# 제 **1** 장

# 건축 구조계산

제 **1** 장

# 건축 구조계산

## 1.1 구조평면도(구조도, Framing Plan)

### 1.1.1 구조도 작도방법

설계도의 평면도 및 입면도 등을 참고로 하여 구조평면도를 작도한다. 구조평면도에는 기둥 및 보의 위치, 기초의 위치가 표기되어야 하며 설계도의 가로, 세로축을 참고하여 기둥열을 기준으로 작도한다. 중량물 위치 및 기계하중 등의 중요사항은 별도로 구조평면도에 주기를 표시해 두면 편리하다. 이때 구조평면도를 작도하는 높이는 설계도와 달리 각층바닥을 기준으로 작도한다.

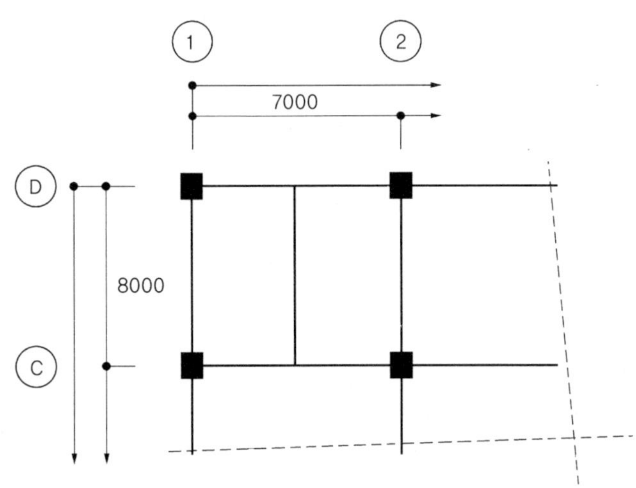

## 1.1.2 구조계산 흐름도(FLOW CHART)

**건축설계도 숙지**

**건축구조도 작도**
지붕층 바닥면–지하층 바닥면까지 바닥면 기준으로 작도한다.

**하중 산정**
건물의 용도에 맞는 하중을 건축의 규정에 따라 각 용도별로 산정한다.

**슬래브 설계**
구조계획에 따라 작도된 구조도에서 하중의 크기가 다른 슬래브를 전부 계산하고 그에 따라 두께와 철근 배근을 결정한다.

**보의 C, Mo, V**
보에 작용하는 하중을 토대로 구조역학에서 배운 단순보의 반력, 전단력, 휨모멘트 값을 구한다. 이는 전체 구조체를 해석하고 나서 보에 발생되는 응력의 기준자료가 된다.

**기둥의 축하중 산정**
축하중은 기둥을 설계하는 기본자료이다. 상부로부터 하부까지 순차적으로 합산한다. 기초구조도에 표기된 기둥에서 하중의 크기가 다른 기둥은 모두 축하중을 구한다.

**구조해석**
보와 기둥을 연결된 가구식 구조체로 보고 상호간의 연결상태와 보와 기둥에 작용하는 하중들을 총괄하여 함께 계산과정을 진행한다.

**부재설계**
구조해석에서 나온 보, 기둥의 결과치를 토대로 슬래브, 보, 기둥, 기초, 계단, 벽체 등의 부재를 설계하여 적절한 부재단면과 철근량을 산출한다.

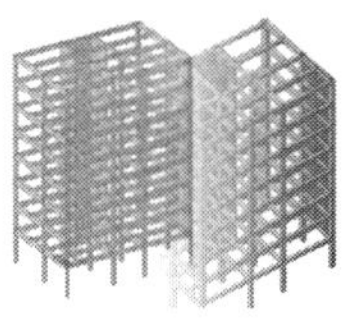

## 1.1.3 구조계획

철근콘크리트의 구조계획은 대개 설계사무실에서 제공된 설계도를 토대로 하여 기둥과 보의 배치를 적절히 계획하고 보 및 기둥의 단면을 가정하는 것을 의미한다. 경험이 풍부한 구조설계자의 경우 구조부재의 배치를 하고 간단한 계산에 의해 매우 정확한 단면을 가정할 수 있으나 초보자의 경우는 계획방법을 알지 못하는 경우가 대부분이다. 대략 가정하는 방법이 여러 책에 조금씩 언급되어 있으나 초보자는 이해하기가 다소 어려워 초보자들을 위해 다음과 같이 경험적인 방법을 서술해 보고자 한다.

**[표 1-1]  구조부재 단면가정법**

| 부 재 | 단면가정 방법 | 참 고 |
|---|---|---|
| 슬래브 | • 단순지지 : $t=\dfrac{\ell}{20}$ <br> • 1단연속 : $t=\dfrac{\ell}{24}$ <br> • 양단연속 : $t=\dfrac{\ell}{28}$ 일반적으로 $t=\dfrac{\ell}{30}$ | • 3.6m 미만 : $t=12$cm <br> • 3.6m 이상 : $t=15$cm <br> • 층간소음고려 $t=21$cm 이상 <br> • 중량물이 실리는 경우 <br> ($t=20$cm ~ $30$cm) |
| 보 | • 높이(유효춤$+5$cm) <br> • 단면산정 <br><br> 보의 높이(cm) <br> 50  55  60  65  70  75  80cm <br> 4   5   6   7   8   9   10m <br> 보의 길이(m) <br><br> • 폭 : $B=\dfrac{D}{2}+5\sim10$cm <br> (철근배근을 고려함) | 보폭은 철근의 이음에 따라서 달라지고 보통은 $B=30\sim70$cm 내외로 사용한다. <br> (보폭=피복두께$\times2$면$+$주근개수$\times$직경$+$순간격$+$늑근직경$\times2$) |
| 기 둥 | • 단면 크기$=\sqrt{\dfrac{\text{지배면적}\times1.2\times\text{층수}\times\alpha}{0.08}}$ | • 중앙기둥 : $\alpha=1.0$ <br> • 측면기둥 : $\alpha=1.5$ <br> • 모서리기둥 : $\alpha=2.0$ |

## 1.1.4 구조계획 방법

❶ 건축설계 도면을 검토 후 기둥 위치와 콘크리트 벽의 위치를 파악한다. 슬래브 단면크기가 4.0m 이내가 되도록 구획하는 것이 적당하다.

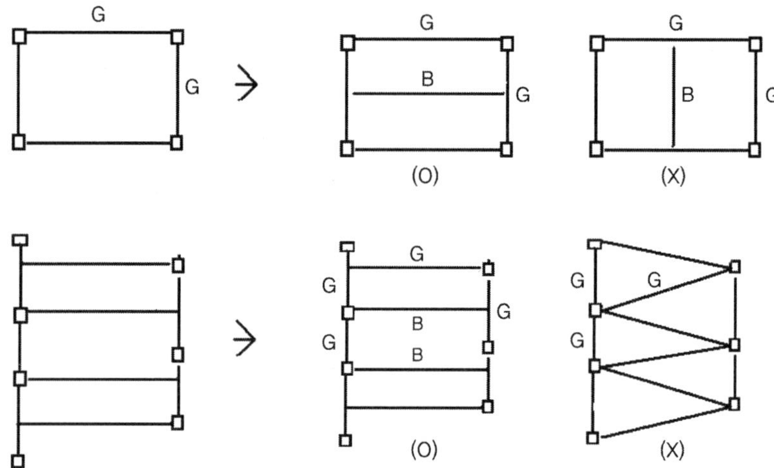

❷ 벽체와 만나는 보는 벽두께와 폭이 같거나 약간 크도록 한다.

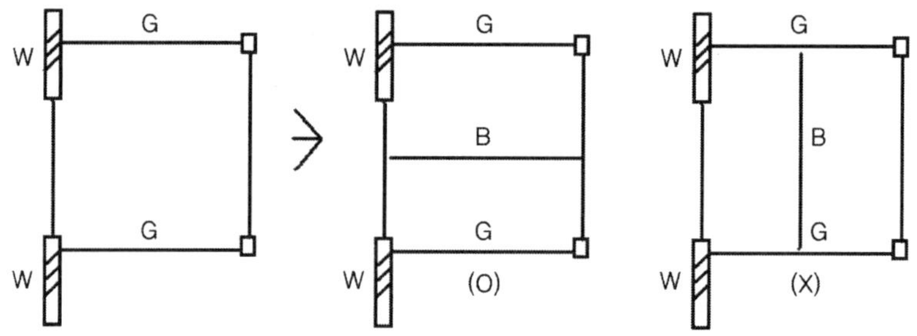

❸ 기둥의 위치나 벽의 위치를 정렬 배열하는 것이 좋다. 보의 높이를 고려하여 기둥배열 위치를 수정하여야 한다. 지하의 주차장 위치에 배치되는 차량에 따라서 기둥위치를 조정하는 것이 좋다.

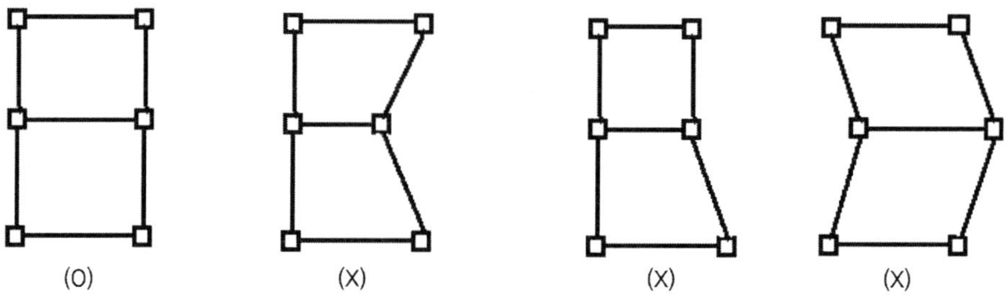

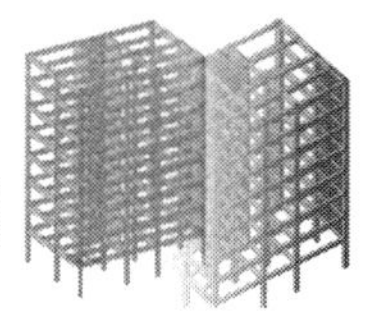

❹ 슬래브의 구획은 아래 그림과 같이 4m 이내로 구획하여야 적당하다.

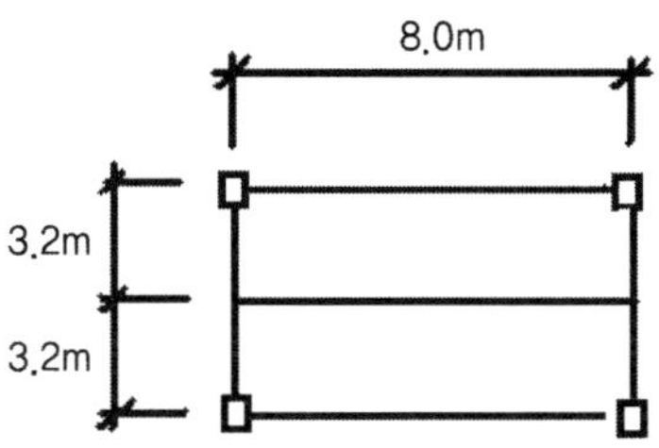

- 슬래브두께  $t = 3200/30 = 106.6\text{mm}$
  12cm로 설계

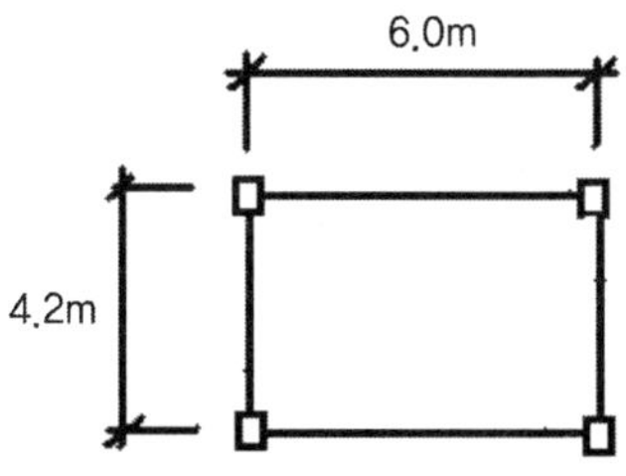

- 슬래브두께  $t = 4200/30 = 140.0\text{mm}$
  15cm로 설계

❺ 보의 높이는 일반적으로 보길이의 L/10 ~ L/12로 가정한다.

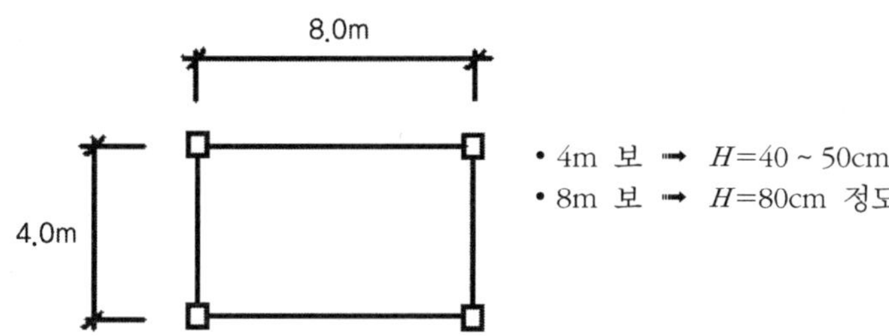

- 4m 보 ➡ $H = 40 \sim 50\text{cm}$
- 8m 보 ➡ $H = 80\text{cm}$ 정도

❻ 기둥의 단면은 다음 식으로 계산하면 편리하다.

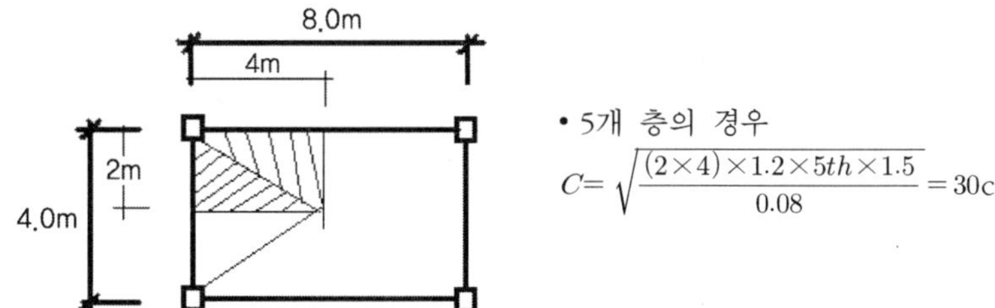

- 5개 층의 경우

$$C = \sqrt{\dfrac{(2 \times 4) \times 1.2 \times 5th \times 1.5}{0.08}} = 30\text{cm}$$

## 1.1.5 건축 도면

rPS1
6000
3900
rG6
rG5
SS1
rG4
rG10
rG9
3900
rG3
rG1
rG2
7000
3500
rG10
rG9
24900
3500
rG3
rG1
rG2
7000
3500
rG10
rG9
3500
rG3
rG1
rG2
7000
3500
rG8
rG7
6000
6000
8000
14000
지붕층 구조평면도
SCALE : 1/150

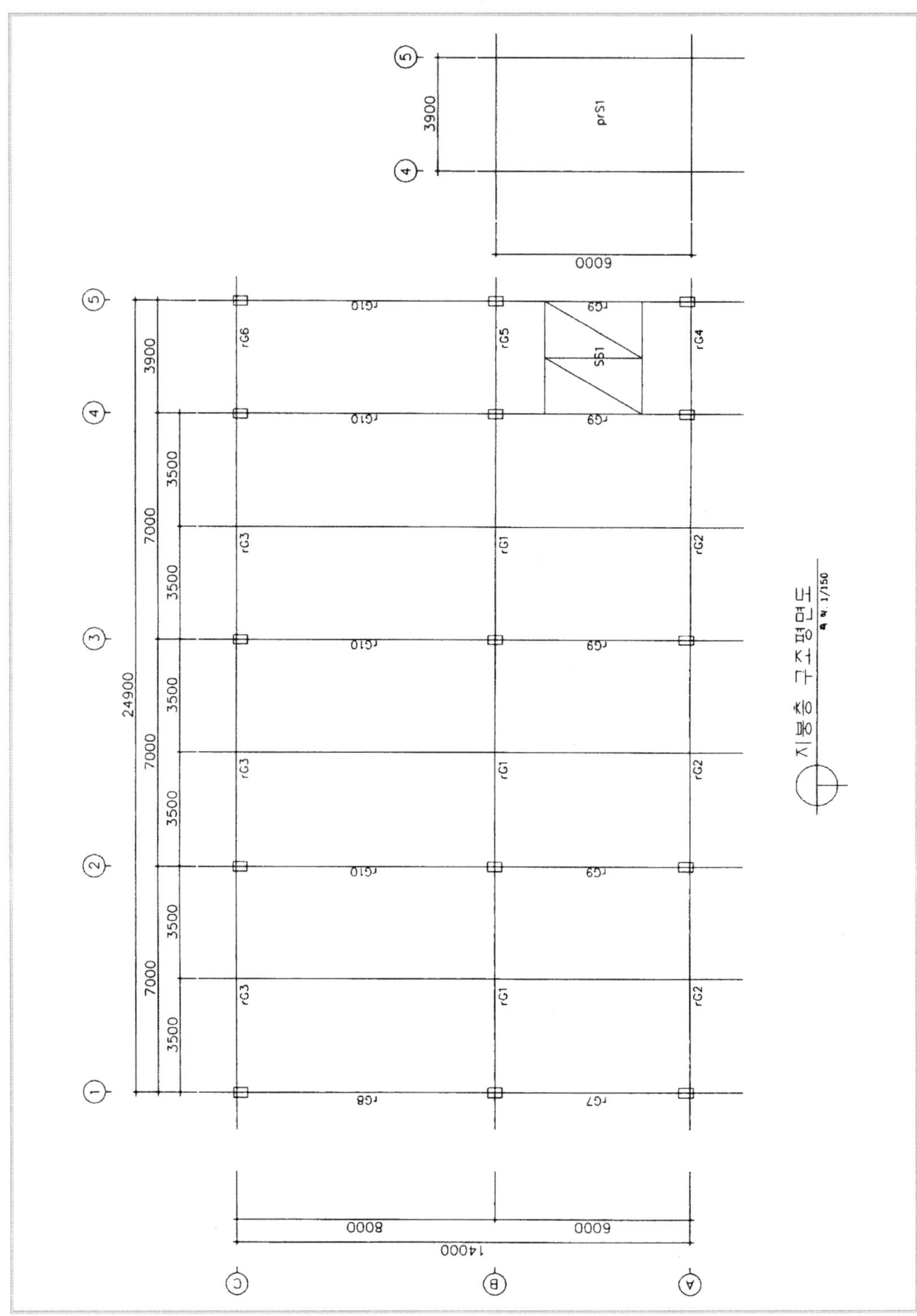

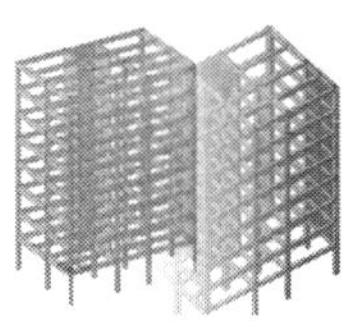

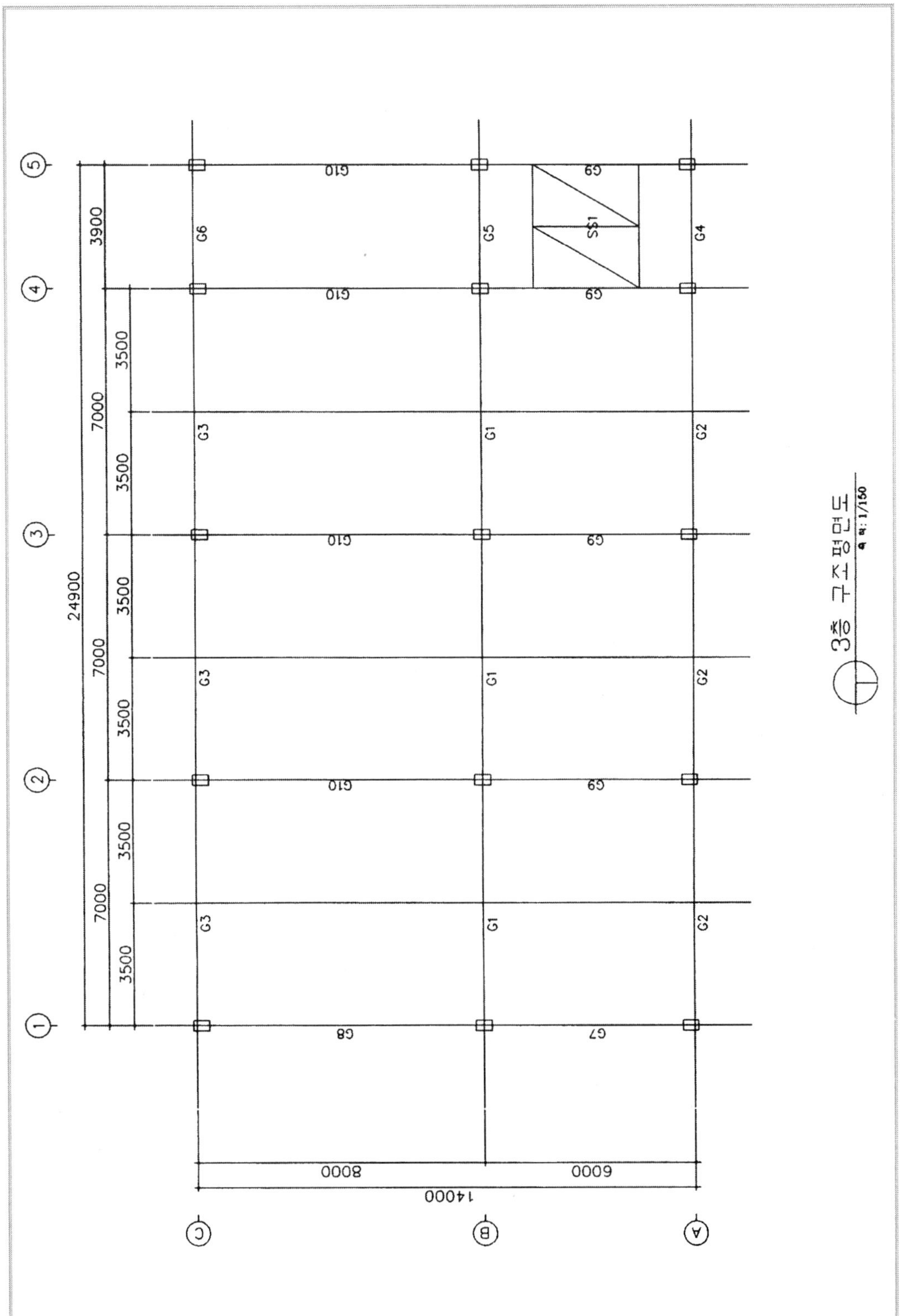

3층 구조평면도
축척 : 1/150
24900
3900
3500
7000
3500
3500
7000
3500
3500
7000
3500
G10
G9
G8
G7
G6
G5
G4
G3
G1
G2
S1
6000
8000
14000
1  2  3  4  5
A  B  C

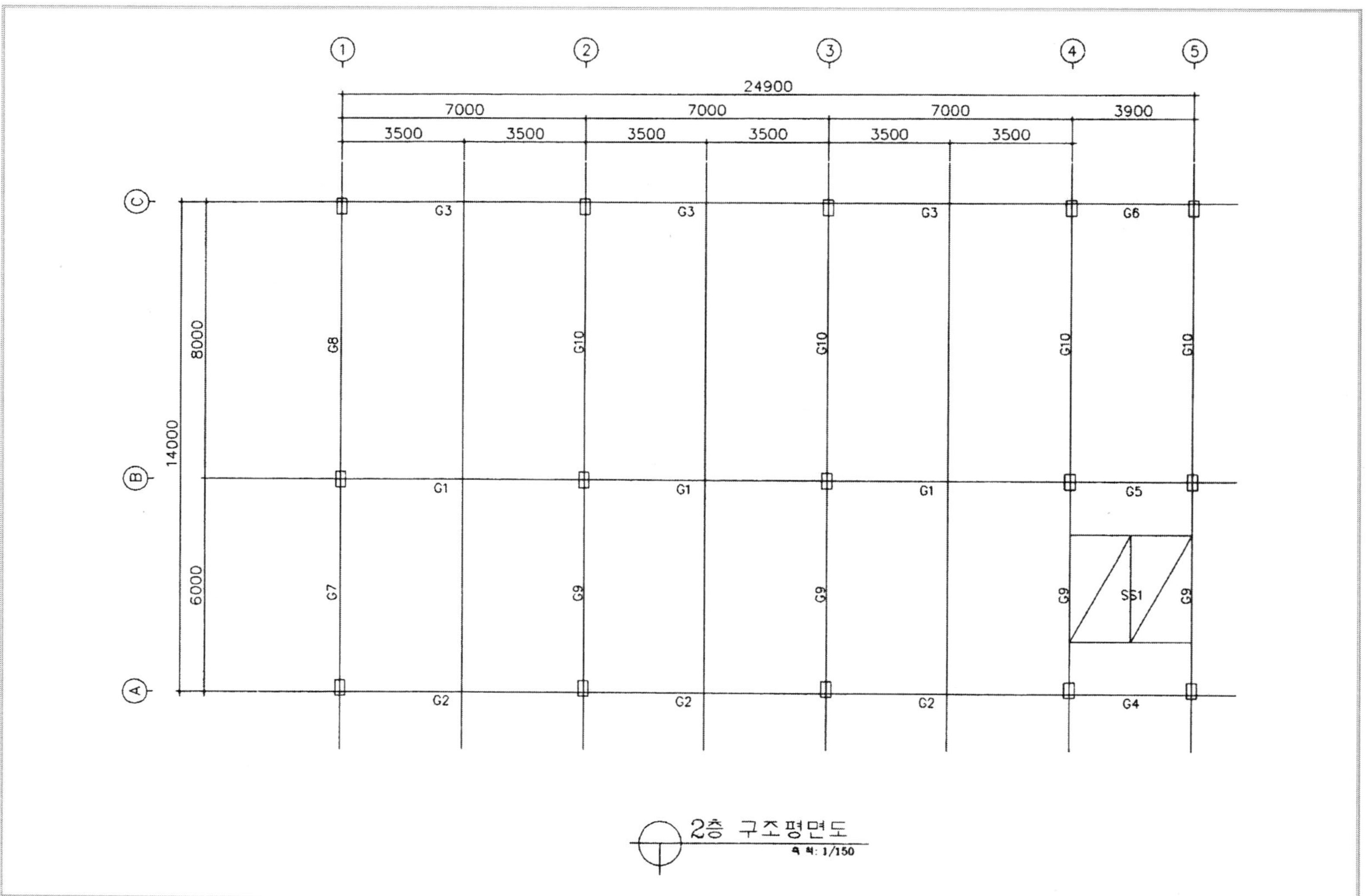
2층 구조평면도
척도: 1/150
24900
7000
7000
7000
3900
3500
3500
3500
3500
3500
3500
14000
8000
6000
1
2
3
4
5
A
B
C
G3
G3
G3
G6
G8
G10
G10
G10
G10
G1
G1
G1
G5
G7
G9
G9
G9
SS1
G9
G2
G2
G2
G4

1층 구조평면도
축척: 1/150
24900
7000
7000
7000
3900
3500
14000
8000
6000
G1
G2
G3
G4
G5
G6
G7
G8
G9
G10
SS1
1
2
3
4
5
A
B
C

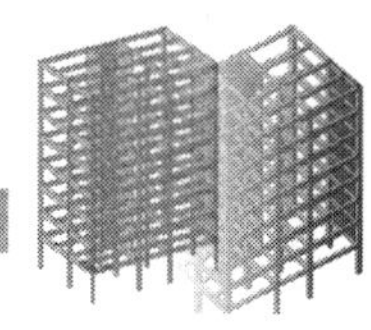

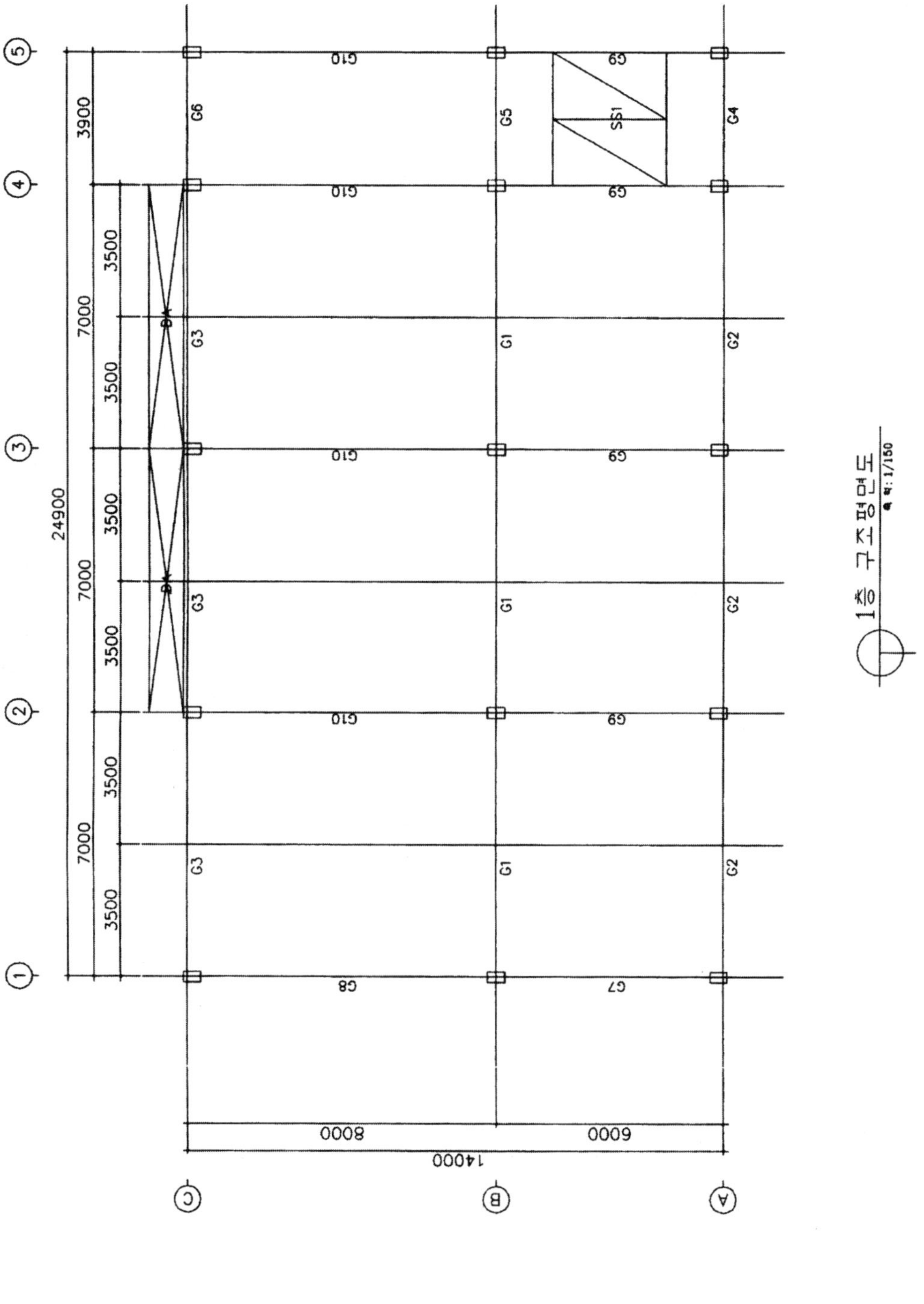

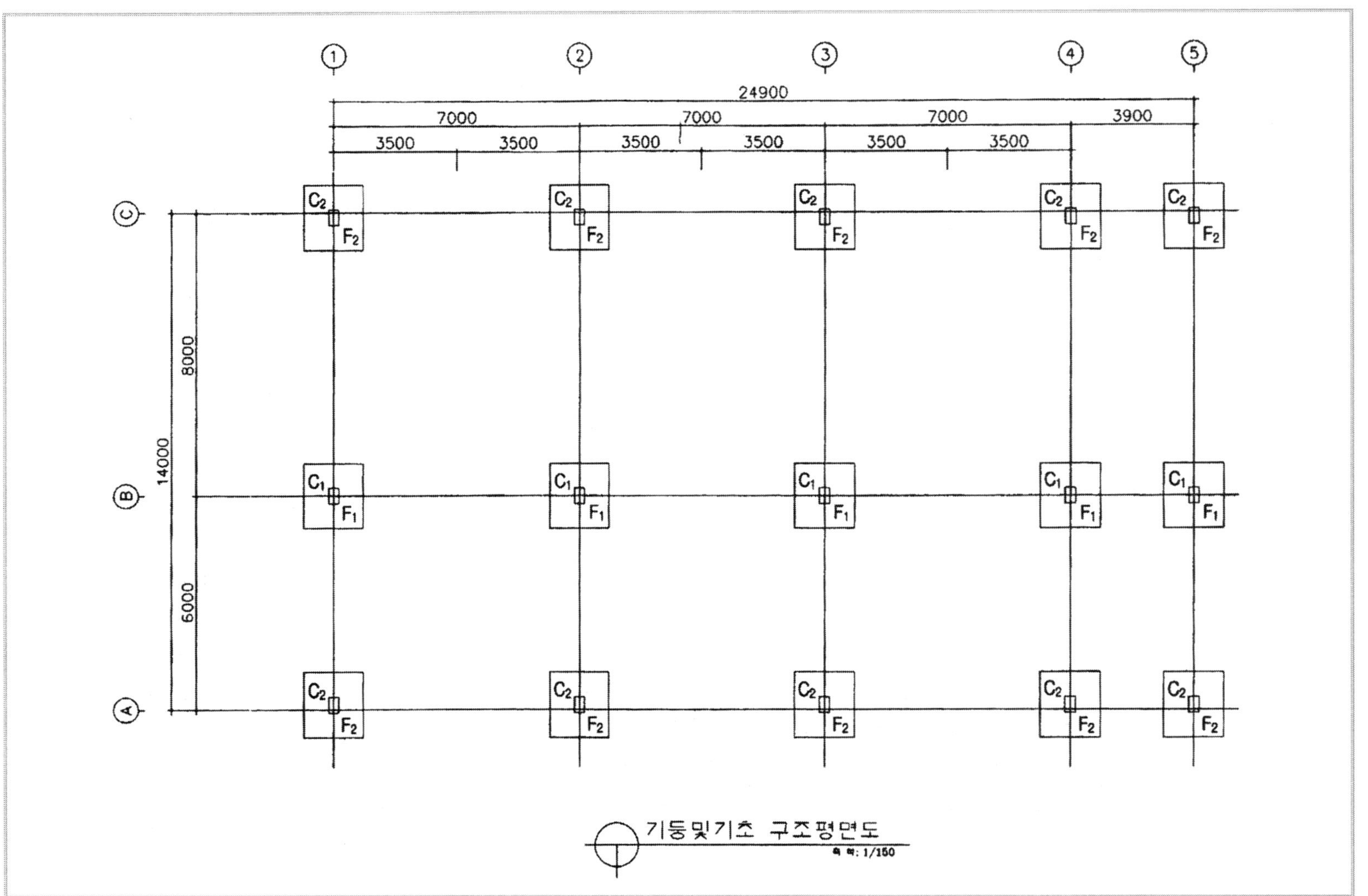

기둥 및 기초 구조 평면도
축척: 1/150
1 2 3 4 5
24900
7000 7000 7000 3900
3500 3500 3500 3500 3500 3500
C
B
A
14000
8000
6000
C₂ F₂
C₁ F₁
C₂ F₂

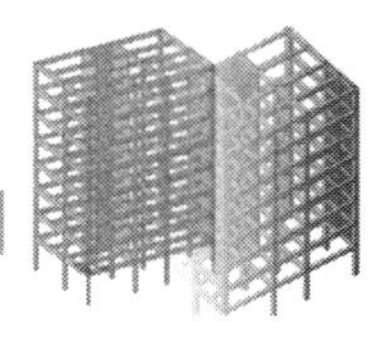

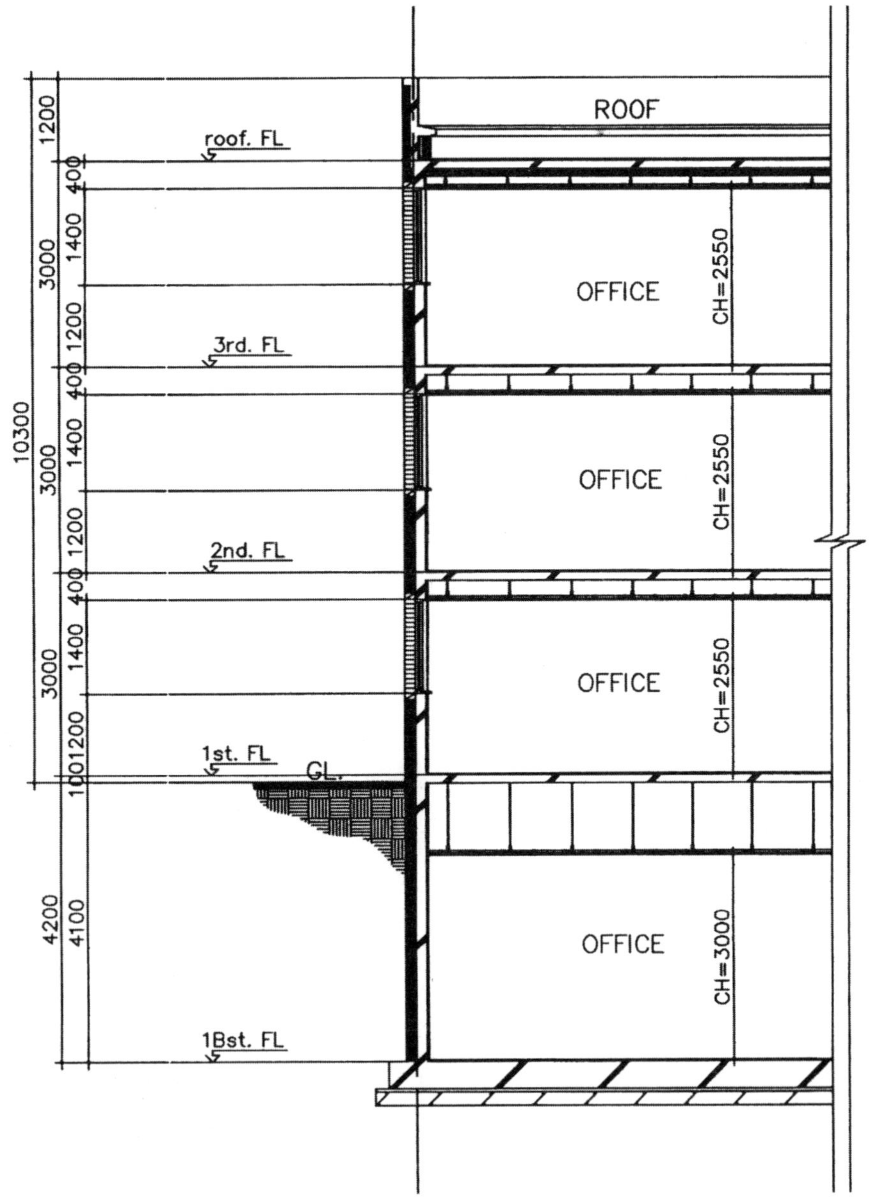

## SECTION

SCALE : 1/100

## 1.2 구조 개요 및 건물의 내용

### (1) 구조 개요

① 구조 : 철근콘크리트 구조(R.C조)
② 용도 : 사무실
③ 규모 : 지하 1층, 지상 3층
④ 벽체 : 외벽두께 15cm 콘크리트 벽
　　　　　　내벽 경량칸막이 및 일부 1.0B 시멘트 벽돌벽
⑤ 증축 : 증축을 고려하지 않음

### (2) 구조용 재료

① 콘크리트 : 설계기준강도 $f_{ck} = 21\text{MPa}$
② 철　　근 : SD40($F_y = 400\text{MPa}$)

### (3) 지반조건

일반적으로 지질조사서의 N치를 참고하여 지반의 내력과 지하수위가 G.L -00m에 위치하는지를 파악하여 구조계산(기초 및 지하벽체 설계)에 반영한다.

### (4) 구조해석 방법 및 규준

① 해석 및 설계방법 : 극한강도 설계법
② 구조해석 프로그램 : MIDAS GEN
③ 적용규준 : 건설교통부, "건축물의 구조기준 등에 관한 규칙"
　　　　　　　건설교통부, "철근콘크리트 구조계산규준 및 해설"
　　　　　　　대한건축학회, "건축물 하중기준 및 해설"

### (5) 재료의 강도

① 콘크리트 설계기준강도 : $f_{ck} = 21\text{MPa}$
② 콘크리트 설계전단강도 : $V_c = \phi \dfrac{1}{6} \sqrt{f_{ck}}\, b_\omega d\,(\phi : 0.75)$
③ 철근의 설계기준강도(항복강도) : $F_y = 400\text{MPa}\,(\text{SD40})$

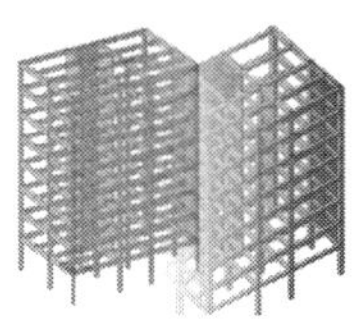

## 1.3 하중 산정(Design Loads)

### (1) 옥탑지붕

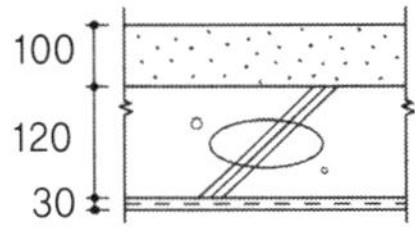

(단위 : kN/m²)

| | | |
|---|---|---|
| 바닥마감 | 두께 100mm | 2.0 |
| 슬 래 브 | 두께 120mm | 2.9 |
| 몰탈마감 | | 0.3 |
| 고정하중 | | 5.2 |
| 적재하중 | | 2.0 |
| 합 계 | | 7.2 |

### (2) 지붕

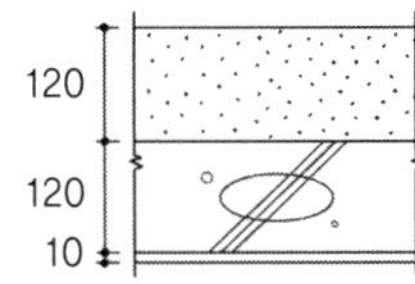

(단위 : kN/m²)

| | | |
|---|---|---|
| 방수 및 마감 | 두께 120mm | 2.4 |
| 슬 래 브 | 두께 120mm | 2.9 |
| 천장마감 | | 0.3 |
| 고정하중 | | 5.6 |
| 적재하중 | | 2.0 |
| 합 계 | | 7.6 |

### (3) 사무실

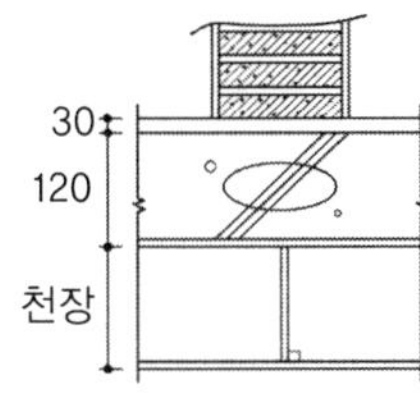

(단위 : kN/m²)

| | | |
|---|---|---|
| 바닥마감 | 두께  30mm | 0.6 |
| 슬 래 브 | 두께 120mm | 2.9 |
| 천장마감 | | 0.3 |
| 벽체하중(등분포하중) | | 1.0 |
| 고정하중 | | 4.8 |
| 적재하중 | | 2.5 |
| 합 계 | | 7.3 |

- 칸막이 벽체하중을 등분포로 환산하여 사무실 하중에 추가한다.(1~1.5kN/m²)

### (4) 물탱크실

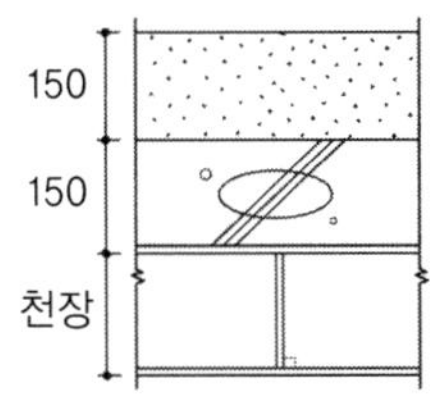

(단위 : kN/m²)

| | | |
|---|---|---|
| 바닥마감 | 두께 150mm | 3.6 |
| 슬 래 브 | 두께 150mm | 3.6 |
| 천장마감 | | 0.4 |
| 고정하중 | | 7.6 |
| 적재하중 | | 15.0 |
| 합 계 | | 22.6 |

## (5) 계단

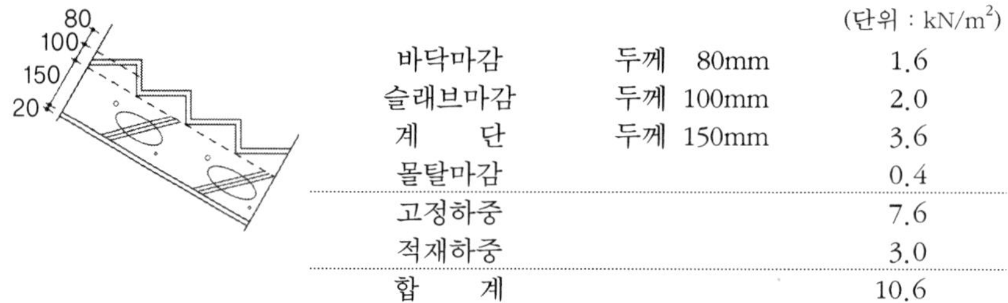

|  |  |  | (단위 : kN/m$^2$) |
|---|---|---|---|
| 바닥마감 | 두께 | 80mm | 1.6 |
| 슬래브마감 | 두께 | 100mm | 2.0 |
| 계　단 | 두께 | 150mm | 3.6 |
| 몰탈마감 |  |  | 0.4 |
| 고정하중 |  |  | 7.6 |
| 적재하중 |  |  | 3.0 |
| 합　계 |  |  | 10.6 |

## (6) 외벽

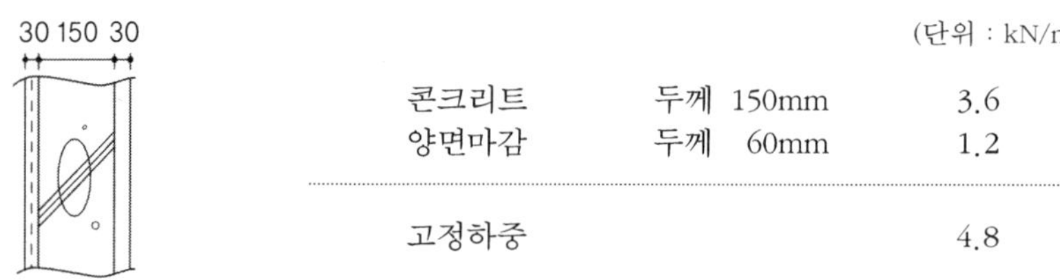

|  |  |  | (단위 : kN/m$^2$) |
|---|---|---|---|
| 콘크리트 | 두께 | 150mm | 3.6 |
| 양면마감 | 두께 | 60mm | 1.2 |
| 고정하중 |  |  | 4.8 |

## (7) 내벽

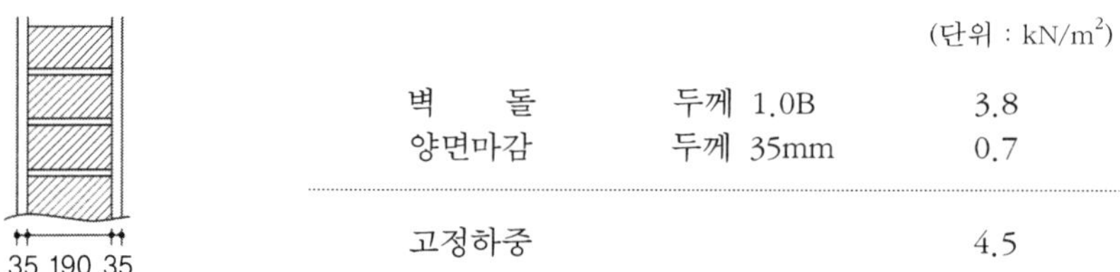

|  |  |  | (단위 : kN/m$^2$) |
|---|---|---|---|
| 벽　돌 | 두께 | 1.0B | 3.8 |
| 양면마감 | 두께 | 35mm | 0.7 |
| 고정하중 |  |  | 4.5 |

# 1.4 슬래브 설계

## 1.4.1 슬래브 계산

앞에 첨부된 도면에서 옥탑층부터 지하층에 있는 조건이 다른 슬래브를 전부 선택하여 슬래브 설계를 한다.

여기서 조건이란 슬래브의 크기, 슬래브의 하중, 슬래브 위치 등을 말한다.

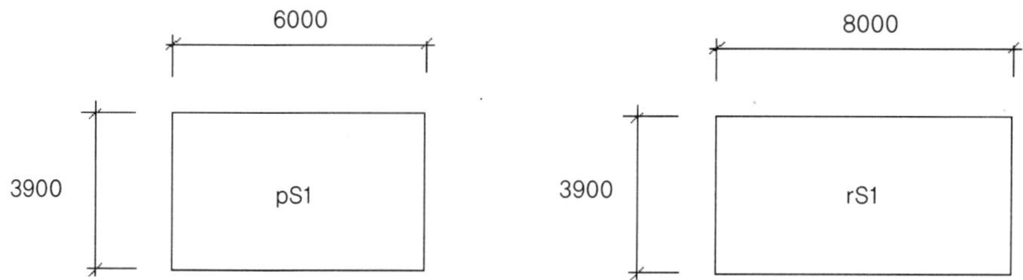

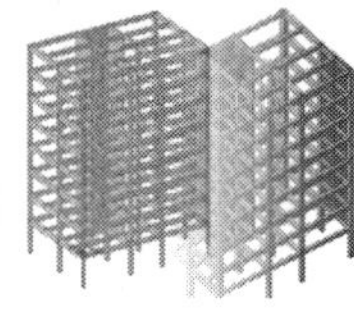

따라서 옥탑층의 $\text{pS1}(3,900 \times 6,000)$, 지붕층의 $\text{rS1}(3,900 \times 8,000)$, rS2 $(3,500 \times 8,000)$, $\text{rS3}(3,500 \times 6,000)$ 크기의 슬래브를 계산한다.

3층 ~ 1층, 즉 일반층은 슬래브에 작용하는 하중이 같으므로 $\text{tS1}(3,900 \times 8,000)$, $\text{tS2}(3,500 \times 8,000)$, $\text{tS3}(3,500 \times 6,000)$의 크기로 계산하면 된다.

이때 슬래브의 하중은 각층별로 옥탑층, 지붕층, 일반층의 하중을 D.L, L.L로 구분하여 입력하고 계산한다. 마찬가지로 콘크리트와 철근의 재질은 각각 $f_{ck} = 21\text{MPa}$, $F_y = 400\text{MPa}$로 입력하여 계산하고 슬래브의 두께는 일반적으로 3.5m 이하에서는 $t = 120\text{mm}$ 그 이상은 $t = 150\text{mm}$로 가정하여 입력한다.

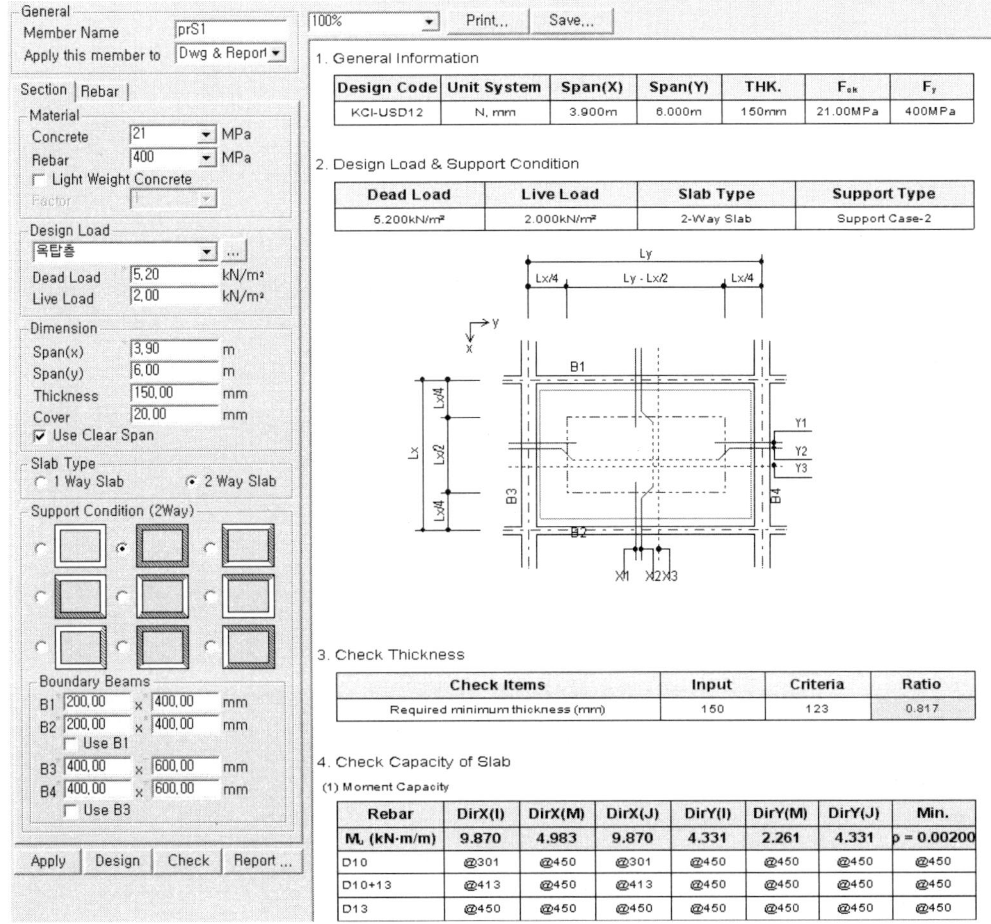

### 1. General Information

| Design Code | Unit System | Span(X) | Span(Y) | THK. | F_ck | F_y |
|---|---|---|---|---|---|---|
| KCI-USD12 | N, mm | 3.900m | 6.000m | 150mm | 21.00MPa | 400MPa |

### 2. Design Load & Support Condition

| Dead Load | Live Load | Slab Type | Support Type |
|---|---|---|---|
| 5.200kN/m² | 2.000kN/m² | 2-Way Slab | Support Case-2 |

### 3. Check Thickness

| Check Items | Input | Criteria | Ratio |
|---|---|---|---|
| Required minimum thickness (mm) | 150 | 123 | 0.817 |

### 4. Check Capacity of Slab

(1) Moment Capacity

| Rebar | DirX(I) | DirX(M) | DirX(J) | DirY(I) | DirY(M) | DirY(J) | Min. |
|---|---|---|---|---|---|---|---|
| $M_u$ (kN·m/m) | 9.870 | 4.983 | 9.870 | 4.331 | 2.261 | 4.331 | p = 0.00200 |
| D10 | @301 | @450 | @301 | @450 | @450 | @450 | @450 |
| D10+13 | @413 | @450 | @413 | @450 | @450 | @450 | @450 |
| D13 | @450 | @450 | @450 | @450 | @450 | @450 | @450 |

**상·세·설·계**

## General

Member Name: prS1
Apply this member to: Dwg & Report

**Section | Rebar**

### Material
Concrete: 21 MPa
Rebar: 400 MPa
☐ Light Weight Concrete
Factor:

### Design Load
옥탑층
Dead Load: 5.20 kN/m²
Live Load: 2.00 kN/m²

### Dimension
Span(x): 3.90 m
Span(y): 6.00 m
Thickness: 150.00 mm
Cover: 20.00 mm
☑ Use Clear Span

### Slab Type
○ 1 Way Slab    ● 2 Way Slab

### Support Condition (2Way)

### Boundary Beams
B1: 200.00 x 400.00 mm
B2: 200.00 x 400.00 mm
☐ Use B1
B3: 400.00 x 600.00 mm
B4: 400.00 x 600.00 mm
☐ Use B3

Apply | Design | Check | Report ...

---

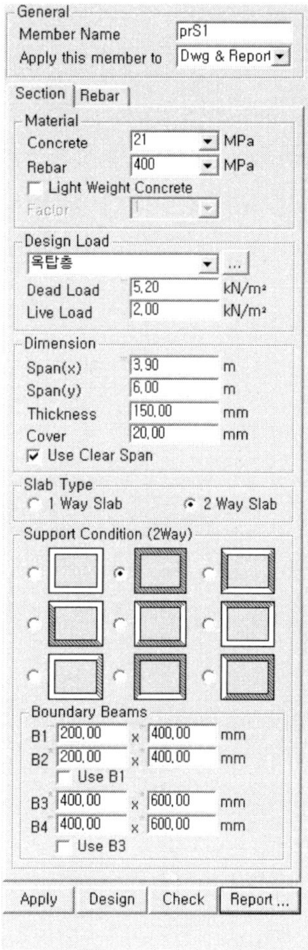

100%    Print...    Save...

## 1. General Information

(1) Design Code : KCI-USD12
(2) Unit System : N, mm

## 2. Material

(1) $F_{ck}$ : 21.00MPa
(2) $F_y$ : 400MPa

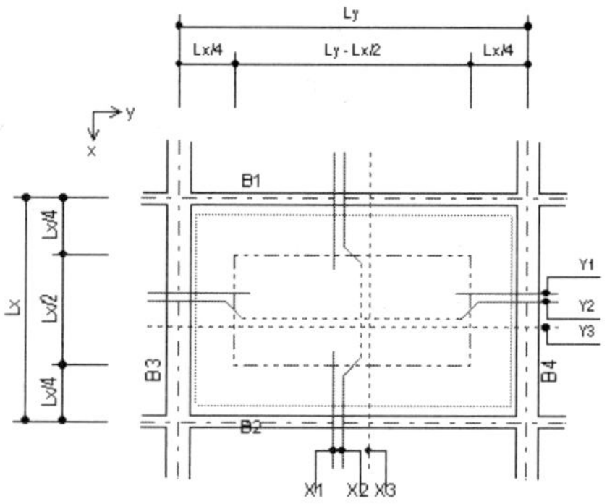

## 3. Design Load

(1) Dead Load : 5.200kN/m²
(2) Live Load : 2.000kN/m²

## 4. Section Size

(1) Span(X) : 3.900m
(2) Span(Y) : 6.000m
(3) Thickness : 150mm
(4) Cover : 20.00mm
(5) Use clear span : YES

## 5. Slab Type & Support

(1) Slab Type : 2-Way Slab
(2) Support type : Case-2
(3) Boundary Beams : B1 : 200 x 400 / B2 : 200 x 400 / B3 : 400 x 600 / B4 : 400 x 600

## 6. Check Load

(1) Calculate factored load

- LCB01 = 7.280kN/m² ( 1.4D )
- LCB02 = 9.440kN/m² ( 1.2D+1.6L )
- $\omega_t$ = 9.440kN/m²

## 7. Check Thickness of Slab

(1) Calculate factors

- $\beta = l_{ny} / l_{nx} = 1.514$
- $\alpha_m = 4.625$ ($\alpha_1 = 1.741$, $\alpha_2 = 1.741$, $\alpha_3 = 7.509$, $\alpha_4 = 7.509$)

(2) Calculate minimum thickness required

- $h_{req} = \dfrac{l_n\,(800 + (f_y / 1.4))}{36000 + 9000\beta} = 123mm$

- $h = 150 > h_{req} = 123 \rightarrow O.K$

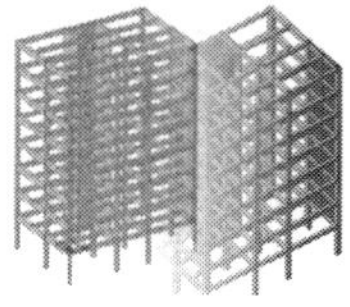

## General

Member Name: rS1
Apply this member to: Dwg & Report

### Section | Rebar

**Material**
Concrete: 21 MPa
Rebar: 400 MPa
☐ Light Weight Concrete
Factor: 1

**Design Load**
지붕
Dead Load: 5.60 kN/m²
Live Load: 2.00 kN/m²

**Dimension**
Span(x): 3.90 m
Span(y): 8.00 m
Thickness: 150.00 mm
Cover: 20.00 mm
☑ Use Clear Span

**Slab Type**
○ 1 Way Slab   ◉ 2 Way Slab

**Support Condition (2Way)**

**Boundary Beams**
B1: 300.00 x 700.00 mm
B2: 300.00 x 700.00 mm
☑ Use B1
B3: 400.00 x 600.00 mm
B4: 400.00 x 600.00 mm
☐ Use B3

Apply | Design | Check | Report ...

---

100% | Print... | Save...

### 1. General Information

| Design Code | Unit System | Span(X) | Span(Y) | THK. | $F_{ck}$ | $F_y$ |
|---|---|---|---|---|---|---|
| KCI-USD12 | N, mm | 3.900m | 8.000m | 150mm | 21.00MPa | 400MPa |

### 2. Design Load & Support Condition

| Dead Load | Live Load | Slab Type | Support Type |
|---|---|---|---|
| 5.600kN/m² | 2.000kN/m² | 2-Way Slab | Support Case-2 |

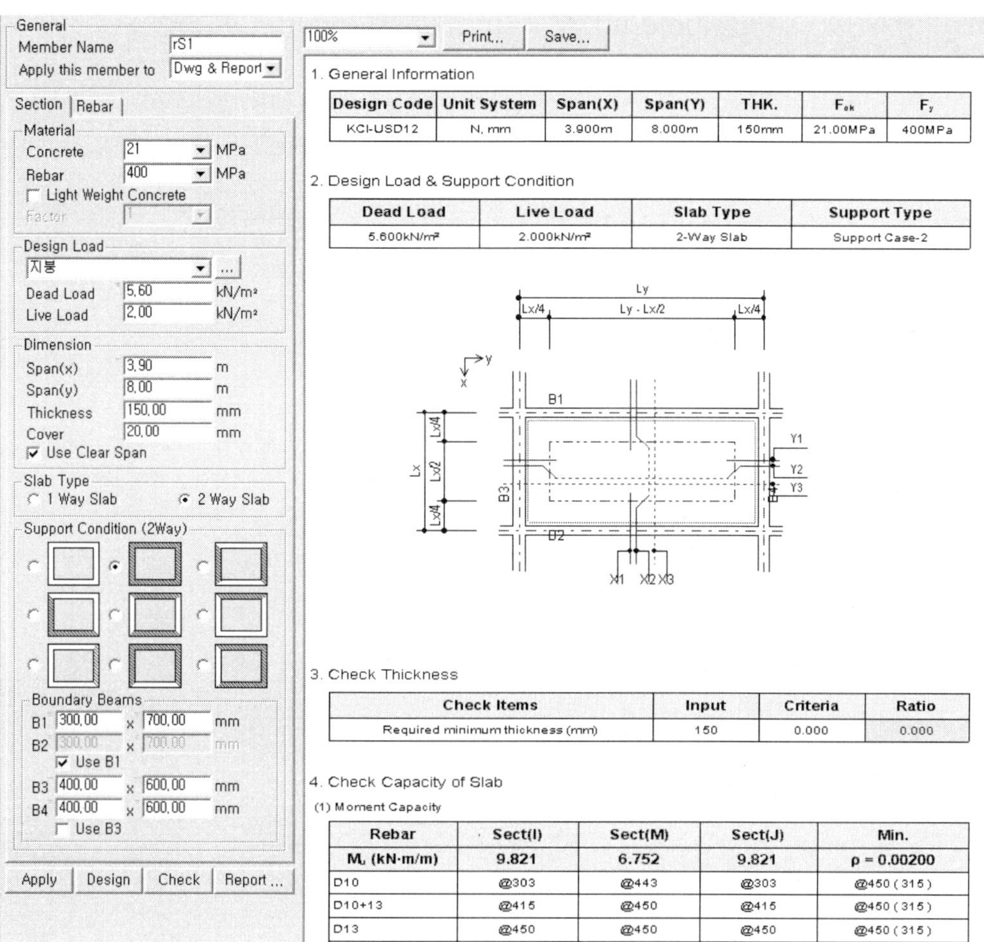


### 3. Check Thickness

| Check Items | Input | Criteria | Ratio |
|---|---|---|---|
| Required minimum thickness (mm) | 150 | 0.000 | 0.000 |

### 4. Check Capacity of Slab

(1) Moment Capacity

| Rebar | Sect(I) | Sect(M) | Sect(J) | Min. |
|---|---|---|---|---|
| $M_u$ (kN·m/m) | 9.821 | 6.752 | 9.821 | ρ = 0.00200 |
| D10 | @303 | @443 | @303 | @450 ( 315 ) |
| D10+13 | @415 | @450 | @415 | @450 ( 315 ) |
| D13 | @450 | @450 | @450 | @450 ( 315 ) |

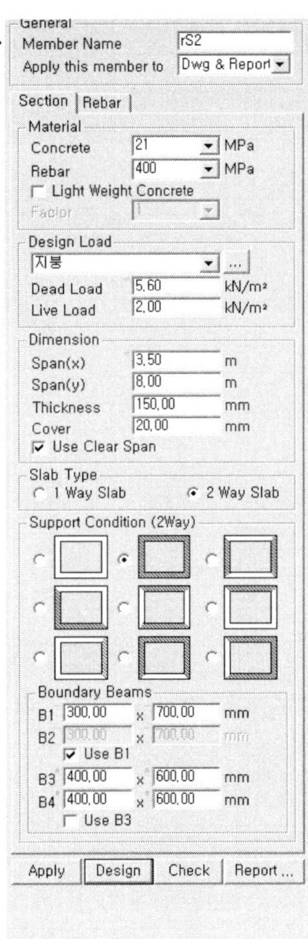



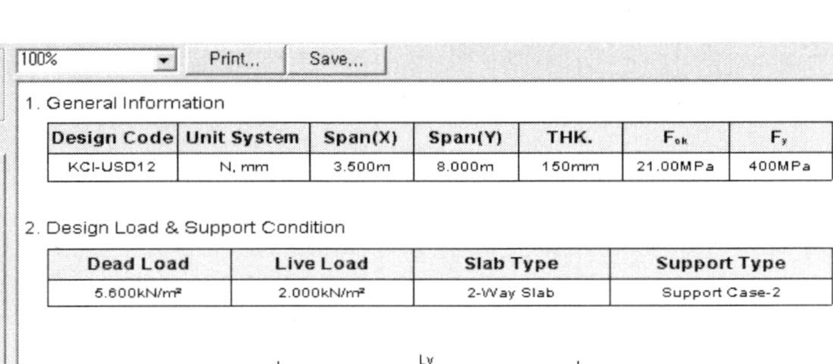



### 1. General Information

| Design Code | Unit System | Span(X) | Span(Y) | THK. | $F_{ck}$ | $F_y$ |
|---|---|---|---|---|---|---|
| KCI-USD12 | N, mm | 3.500m | 8.000m | 150mm | 21.00MPa | 400MPa |

### 2. Design Load & Support Condition

| Dead Load | Live Load | Slab Type | Support Type |
|---|---|---|---|
| 5.600kN/m² | 2.000kN/m² | 2-Way Slab | Support Case-2 |

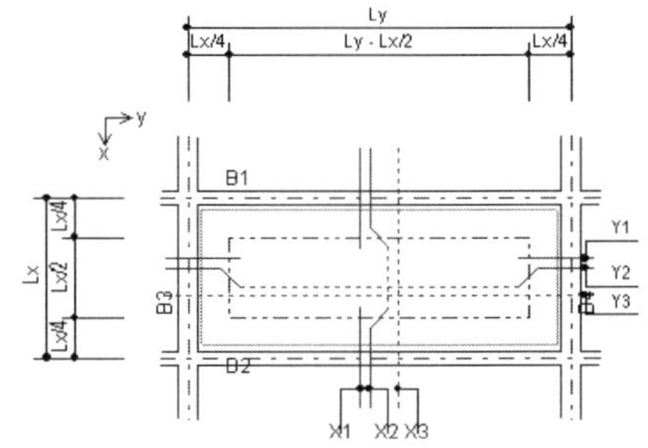



### 3. Check Thickness

| Check Items | Input | Criteria | Ratio |
|---|---|---|---|
| Required minimum thickness (mm) | 150 | 0.000 | 0.000 |

### 4. Check Capacity of Slab

(1) Moment Capacity

| Rebar | Sect(I) | Sect(M) | Sect(J) | Min. |
|---|---|---|---|---|
| $M_u$ (kN·m/m) | 7.584 | 5.214 | 7.584 | $\rho = 0.00200$ |
| D10 | @394 | @450 | @394 | @450 ( 315 ) |
| D10+13 | @450 | @450 | @450 | @450 ( 315 ) |
| D13 | @450 | @450 | @450 | @450 ( 315 ) |
| D13+16 | @450 | @450 | @450 | @450 ( 315 ) |

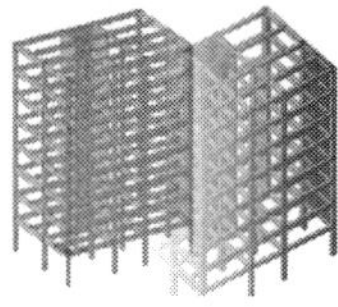

## General

Member Name: tS1
Apply this member to: Dwg & Report

### Section | Rebar

**Material**
Concrete: 21 MPa
Rebar: 400 MPa
☐ Light Weight Concrete
Factor:

**Design Load**
사무실
Dead Load: 4.80 kN/m²
Live Load: 2.50 kN/m²

**Dimension**
Span(x): 3.90 m
Span(y): 8.00 m
Thickness: 150.00 mm
Cover: 20.00 mm
☑ Use Clear Span

**Slab Type**
○ 1 Way Slab  ● 2 Way Slab

**Support Condition (2Way)**

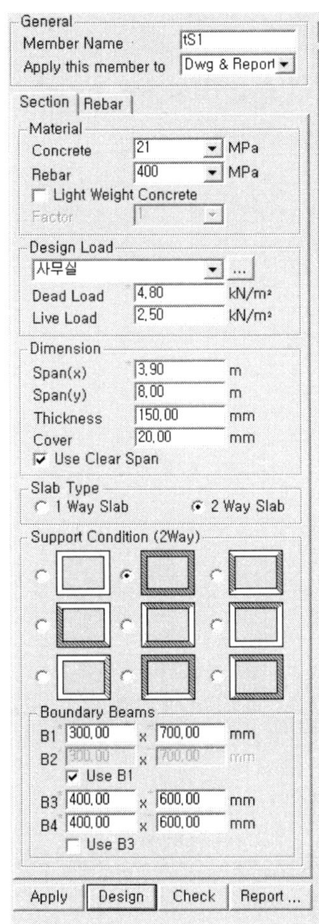

**Boundary Beams**
B1: 300.00 x 700.00 mm
B2: 300.00 x 700.00 mm
☑ Use B1
B3: 400.00 x 600.00 mm
B4: 400.00 x 600.00 mm
☐ Use B3

[Apply] [Design] [Check] [Report ...]

---

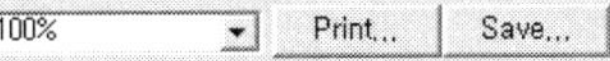

100% ▼  [Print...]  [Save...]

### 1. General Information

| Design Code | Unit System | Span(X) | Span(Y) | THK. | $F_{ck}$ | $F_y$ |
|---|---|---|---|---|---|---|
| KCI-USD12 | N, mm | 3.900m | 8.000m | 150mm | 21.00MPa | 400MPa |

### 2. Design Load & Support Condition

| Dead Load | Live Load | Slab Type | Support Type |
|---|---|---|---|
| 4.800kN/m² | 2.500kN/m² | 2-Way Slab | Support Case-2 |

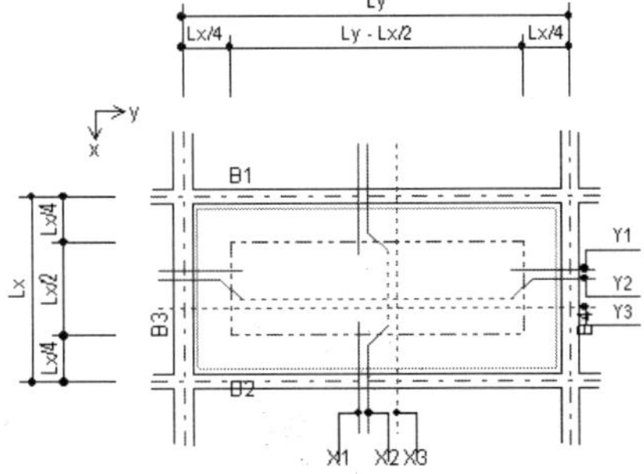


### 3. Check Thickness

| Check Items | Input | Criteria | Ratio |
|---|---|---|---|
| Required minimum thickness (mm) | 150 | 0.000 | 0.000 |

### 4. Check Capacity of Slab

(1) Moment Capacity

| Rebar | Sect(I) | Sect(M) | Sect(J) | Min. |
|---|---|---|---|---|
| $M_u$ (kN·m/m) | 9.662 | 6.643 | 9.662 | $\rho = 0.00200$ |
| D10 | @308 | @450 | @308 | @450 ( 315 ) |
| D10+13 | @422 | @450 | @422 | @450 ( 315 ) |
| D13 | @450 | @450 | @450 | @450 ( 315 ) |

**05**

**General**

Member Name: tS2
Apply this member to: Dwg & Report

**Section** | **Rebar**

**Material**
Concrete: 21 MPa
Rebar: 400 MPa
☐ Light Weight Concrete
Factor: 1

**Design Load**
사무실
Dead Load: 4.80 kN/m²
Live Load: 2.50 kN/m²

**Dimension**
Span(x): 3.50 m
Span(y): 6.00 m
Thickness: 150.00 mm
Cover: 20.00 mm
☑ Use Clear Span

**Slab Type**
○ 1 Way Slab   ● 2 Way Slab

**Support Condition (2Way)**

**Boundary Beams**
B1: 300.00 x 700.00 mm
B2: 300.00 x 700.00 mm
☑ Use B1
B3: 400.00 x 600.00 mm
B4: 400.00 x 600.00 mm
☐ Use B3

[Apply] [Design] [Check] [Report ...]

---

100% [Print...] [Save...]

### 1. General Information

| Design Code | Unit System | Span(X) | Span(Y) | THK. | F$_{ck}$ | F$_y$ |
|---|---|---|---|---|---|---|
| KCI-USD12 | N, mm | 3.500m | 6.000m | 150mm | 21.00MPa | 400MPa |

### 2. Design Load & Support Condition

| Dead Load | Live Load | Slab Type | Support Type |
|---|---|---|---|
| 4.800kN/m² | 2.500kN/m² | 2-Way Slab | Support Case-2 |

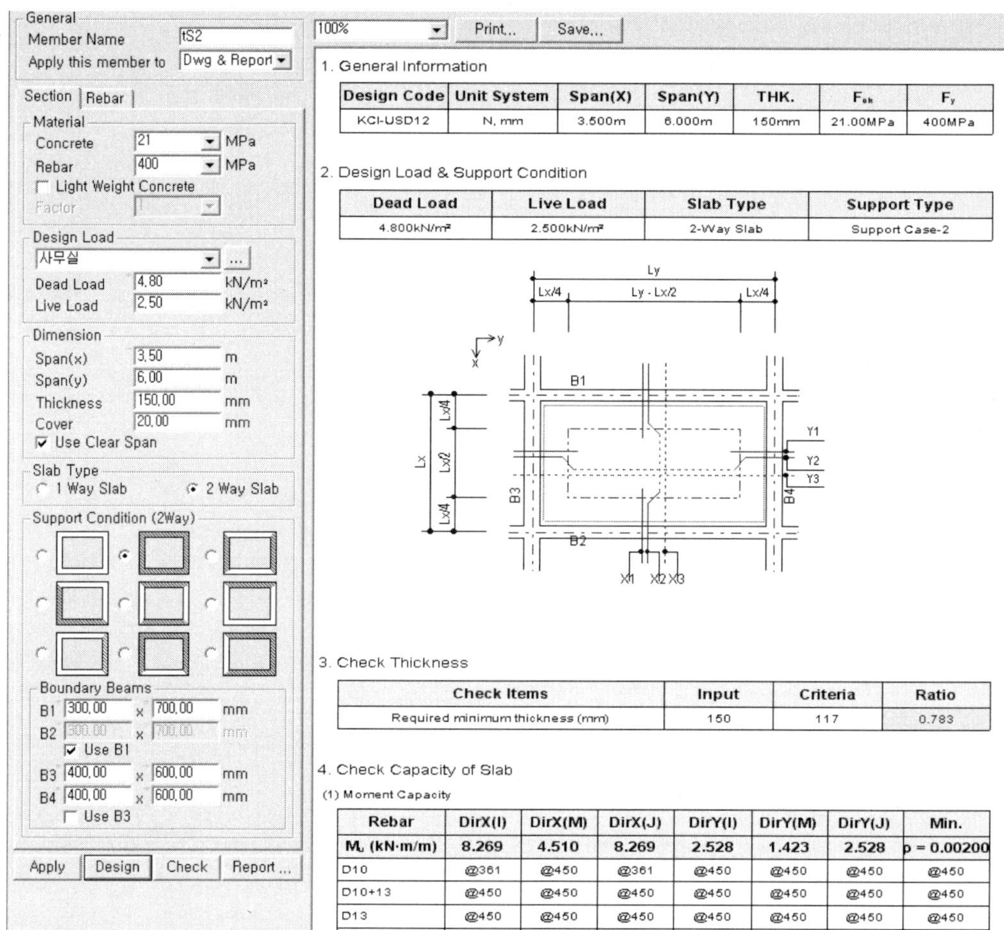


### 3. Check Thickness

| Check Items | Input | Criteria | Ratio |
|---|---|---|---|
| Required minimum thickness (mm) | 150 | 117 | 0.783 |

### 4. Check Capacity of Slab

(1) Moment Capacity

| Rebar | DirX(I) | DirX(M) | DirX(J) | DirY(I) | DirY(M) | DirY(J) | Min. |
|---|---|---|---|---|---|---|---|
| M$_u$ (kN·m/m) | 8.269 | 4.510 | 8.269 | 2.528 | 1.423 | 2.528 | ρ = 0.00200 |
| D10 | @361 | @450 | @361 | @450 | @450 | @450 | @450 |
| D10+13 | @450 | @450 | @450 | @450 | @450 | @450 | @450 |
| D13 | @450 | @450 | @450 | @450 | @450 | @450 | @450 |

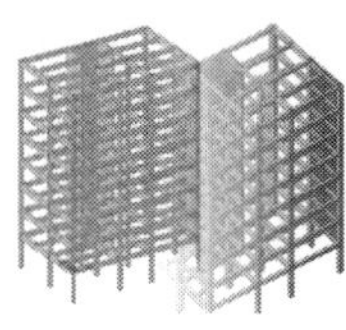

## 1.4.2 계단슬래브 설계

### (1) 계단슬래브의 계산방법

#### 1) 계단의 구분

구조계산 과정에서 구분되는 계단은 다음의 두 가지로 구분할 수 있다. 두 가지의 형식에 따라 구조적인 구분이 명확하게 되고, 주근의 배근방향과 배근 형식이 달리 정해진다.

#### ① 일방향 슬래브식 계단

일방향 슬래브식은 층바닥에서 계단참까지의 길이를 한방향 슬래브의 스팬으로 보고 설계하는 방식

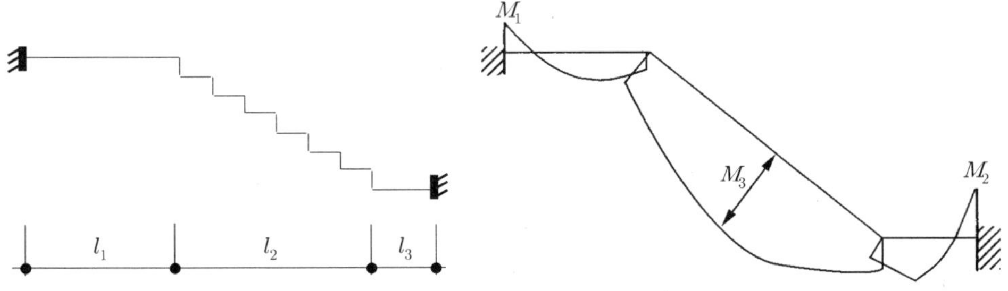

• 일방향 슬래브식 계단설계

계단의 크기가 3,900 × 6,000이므로 계단참에 중간보를 두어 1.5m를 빼고 전체길이가 6,000 − 1,500 = 4,500mm인 일방향 슬래브로 보고 설계하면 다음과 같이 할 수 있다.

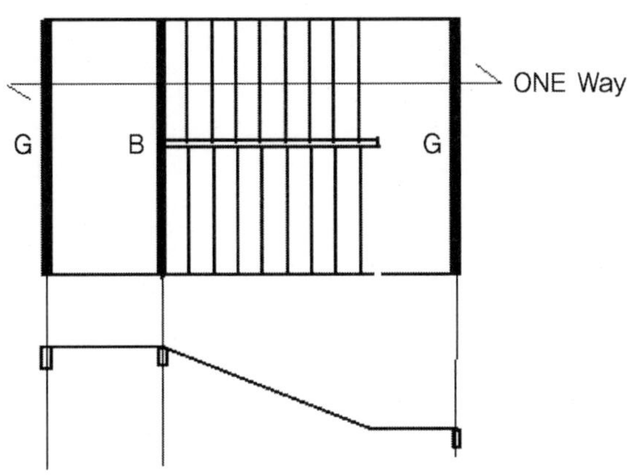

② 캔틸레버식 계단

캔틸레버식 계단은 옹벽이나 벽으로부터 계단의 수평길이를 캔틸레버보로
설계하는 방식

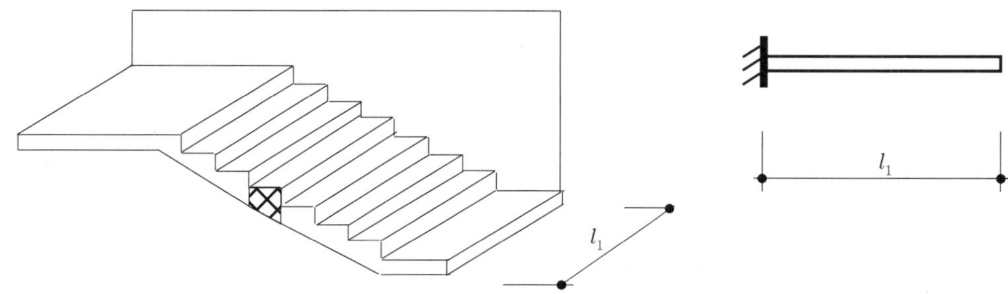

**• 캔틸레버 슬래브식 계단설계**

계단의 크기가 3,900 × 6,000이므로 양쪽 계단벽에서 1.5m를 빼낸 캔틸레버
보로 보고 슬래브를 설계하면 다음과 같이 할 수 있다.

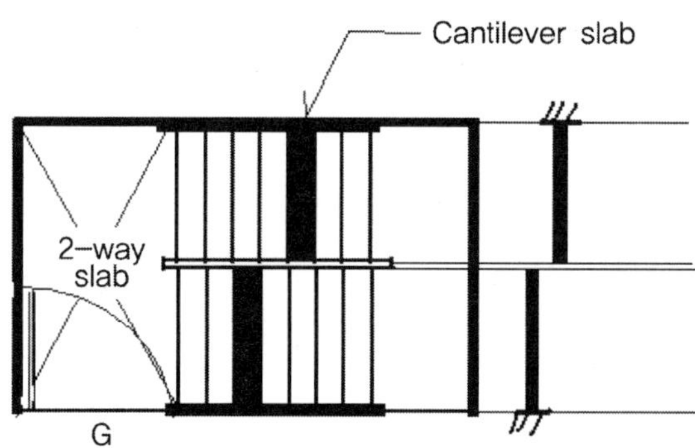

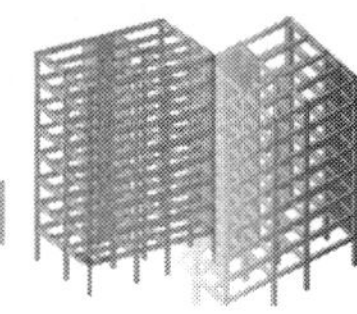

# 굴절식 계단슬래브 설계

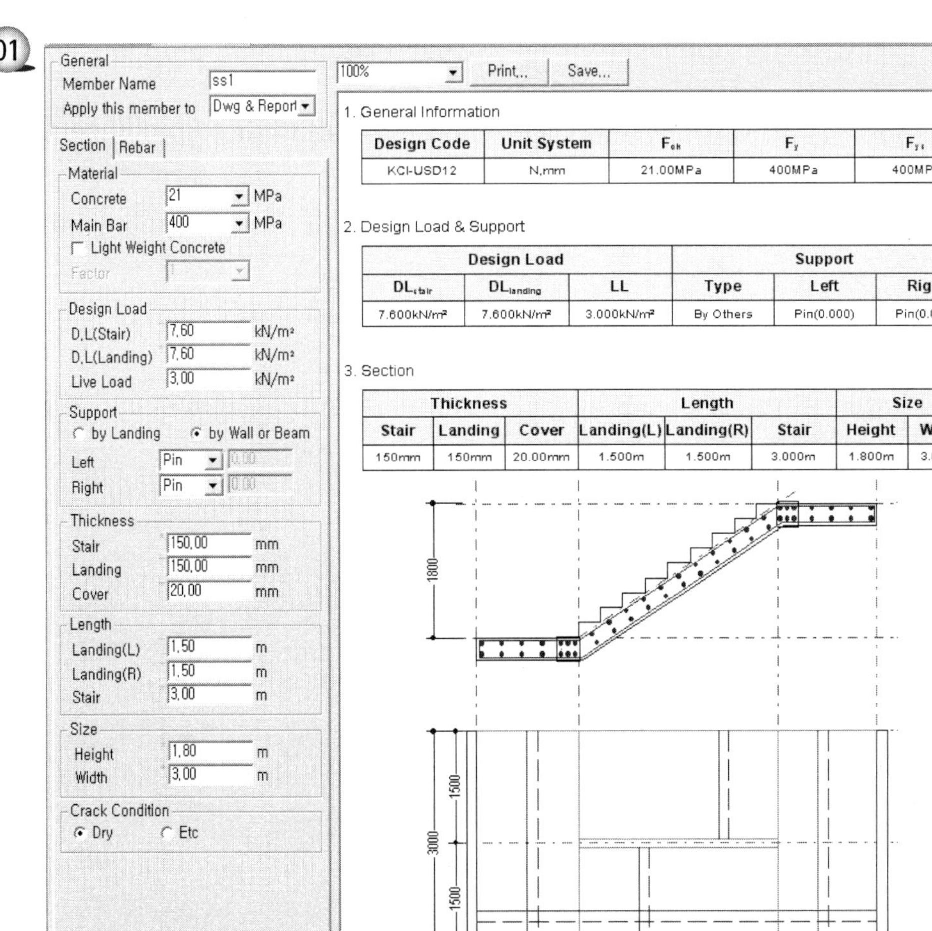



1. General Information

| Design Code | Unit System | $F_{ck}$ | $F_y$ | $F_{yt}$ |
|---|---|---|---|---|
| KCI-USD12 | N,mm | 21.00MPa | 400MPa | 400MPa |

2. Design Load & Support

| Design Load | | | Support | | |
|---|---|---|---|---|---|
| $DL_{stair}$ | $DL_{landing}$ | LL | Type | Left | Right |
| 7.600kN/m² | 7.600kN/m² | 3.000kN/m² | By Others | Pin(0.000) | Pin(0.000) |

3. Section

| Thickness | | | Length | | | Size | |
|---|---|---|---|---|---|---|---|
| Stair | Landing | Cover | Landing(L) | Landing(R) | Stair | Height | Width |
| 150mm | 150mm | 20.00mm | 1.500m | 1.500m | 3.000m | 1.800m | 3.000m |

**02**

## General

Member Name: ss1
Apply this member to: Dwg & Report ▾

### Section | Rebar

#### Material

| | | |
|---|---|---|
| Concrete | 21 | MPa |
| Main Bar | 400 | MPa |

☐ Light Weight Concrete
Factor: 1

#### Design Load

| | | |
|---|---|---|
| D.L(Stair) | 7.60 | kN/m² |
| D.L(Landing) | 7.60 | kN/m² |
| Live Load | 3.00 | kN/m² |

#### Support

○ by Landing    ● by Wall or Beam
Left: Pin ▾ 0.00
Right: Pin ▾ 0.00

#### Thickness

| | | |
|---|---|---|
| Stair | 150.00 | mm |
| Landing | 150.00 | mm |
| Cover | 20.00 | mm |

#### Length

| | | |
|---|---|---|
| Landing(L) | 1.50 | m |
| Landing(R) | 1.50 | m |
| Stair | 3.00 | m |

#### Size

| | | |
|---|---|---|
| Height | 1.80 | m |
| Width | 3.00 | m |

#### Crack Condition

● Dry    ○ Etc

Apply | Design | Check | Report ...

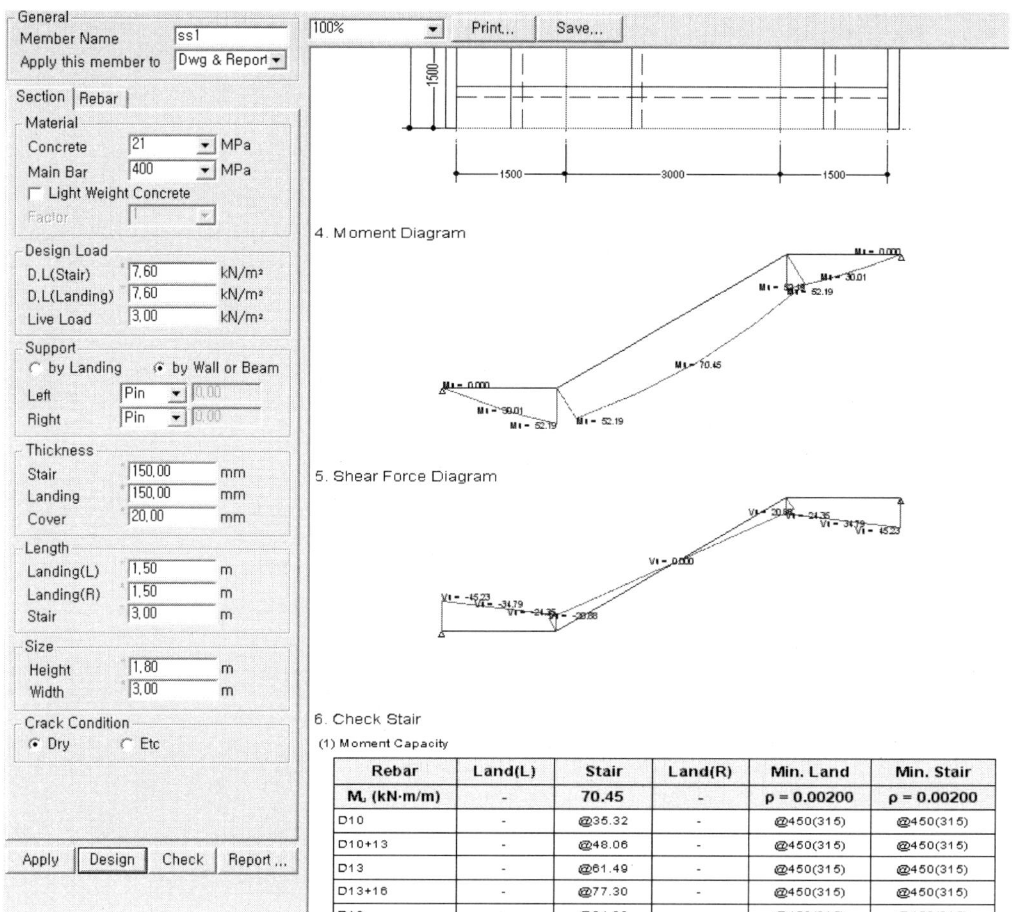



6. Check Stair

(1) Moment Capacity

| Rebar | Land(L) | Stair | Land(R) | Min. Land | Min. Stair |
|---|---|---|---|---|---|
| $M_u$ (kN·m/m) | - | **70.45** | - | $\rho = 0.00200$ | $\rho = 0.00200$ |
| D10 | - | @35.32 | - | @450(315) | @450(315) |
| D10+13 | - | @48.06 | - | @450(315) | @450(315) |
| D13 | - | @61.49 | - | @450(315) | @450(315) |
| D13+16 | - | @77.30 | - | @450(315) | @450(315) |
| D16 | - | @94.39 | - | @450(315) | @450(315) |

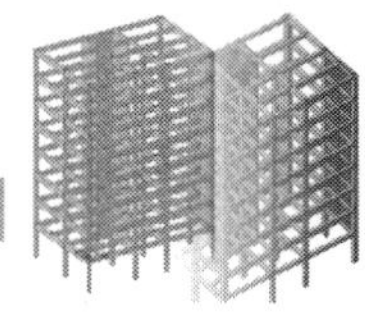

# 1.5 보의 *C, Mo, V* 계산

## (1) C, Mo, V의 계산방법

| 번호 | 하 중 형 태 | 계 산 방 법 |
|---|---|---|
| 1 | 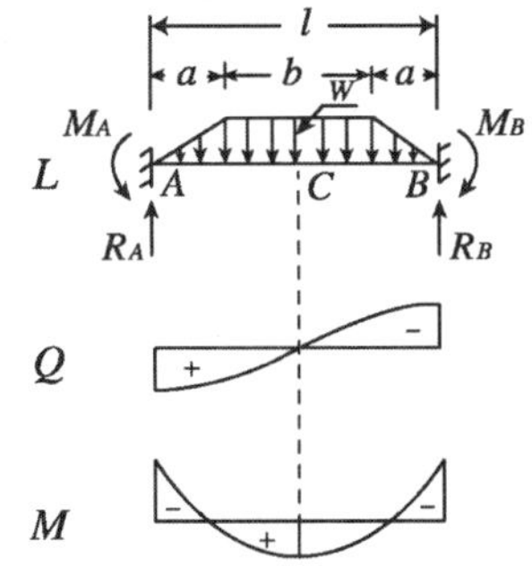 | $\omega$=슬래브하중×높이<br>$C=\frac{\omega}{12l}(l^3-2a^2l+a^3)$<br>$M=\frac{\omega}{24}(3l^2-4a^2)$<br>$V=\frac{\omega}{2}(l-a)$ |
| 2 | 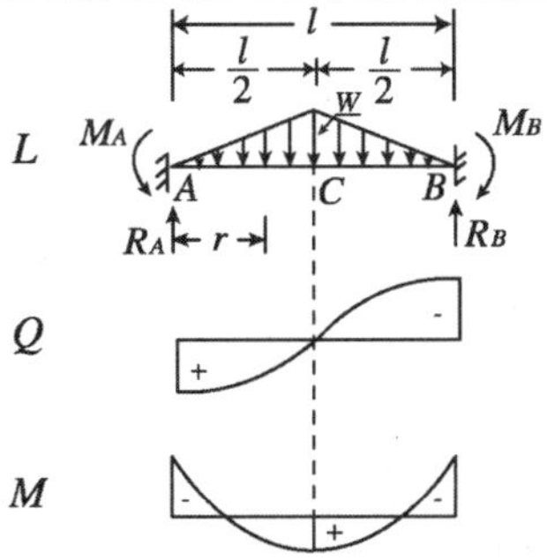 | $C=\frac{5}{96}\omega l^2$<br>$M=\frac{1}{12}\omega l^2$<br>$V=\frac{1}{4}\omega l$ |
| 3 | 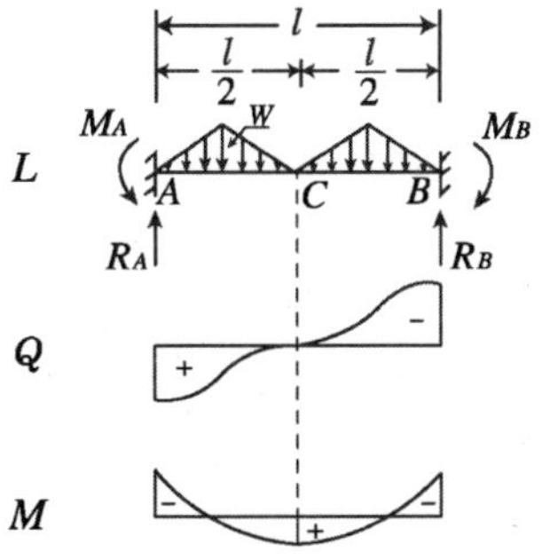 | $C=\frac{17}{384}\omega l^2$<br>$M=\frac{1}{16}\omega l^2$<br>$V=\frac{\omega l}{4}$ |
| 4 | 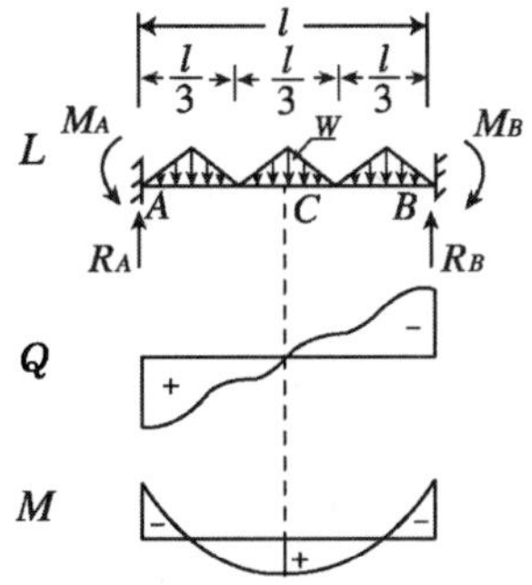 | $C=\frac{37}{864}\omega l^2$<br>$M=\frac{7}{108}\omega l^2$<br>$V=\frac{\omega l}{4}$ |

| 번호 | 하 중 형 태 | 계 산 방 법 |
|---|---|---|
| 5 | 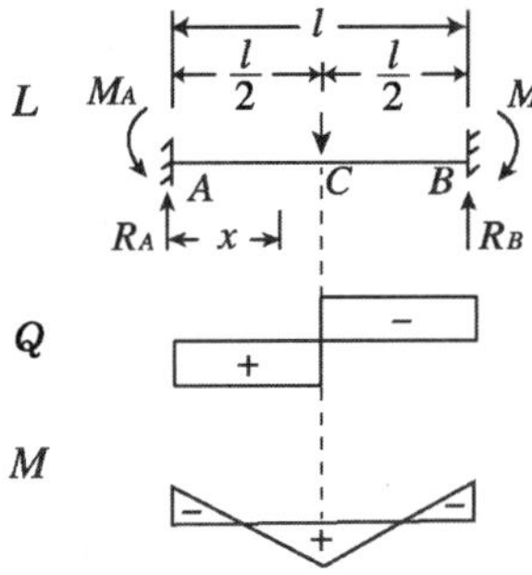 | $C=\dfrac{1}{8}Pl$<br><br>$M=\dfrac{1}{4}Pl$<br><br>$V=\dfrac{P}{2}$ |
| 6 | 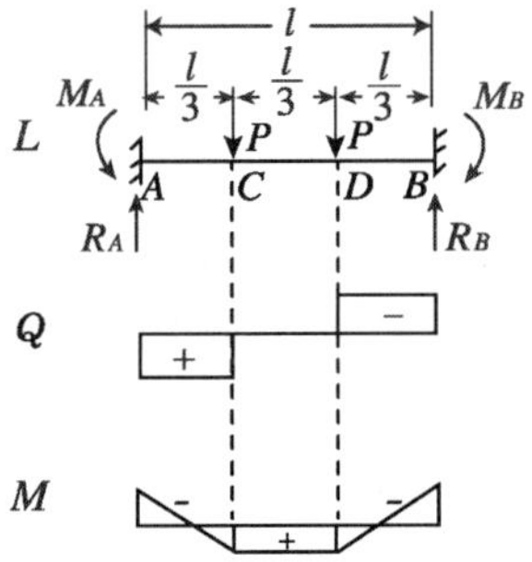 | $C=\dfrac{2}{9}Pl$<br><br>$M=\dfrac{1}{3}Pl$<br><br>$V=\dfrac{3}{2}P$ |
| 7 | 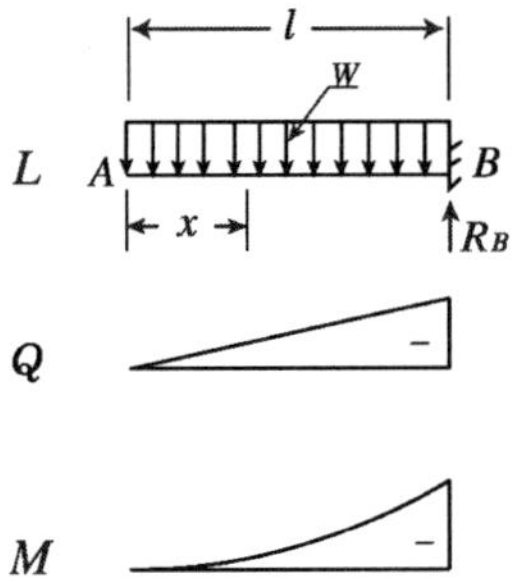 | $M=\dfrac{1}{2}\omega l^{2}$<br><br>$V=\omega l$ |
| 8 | 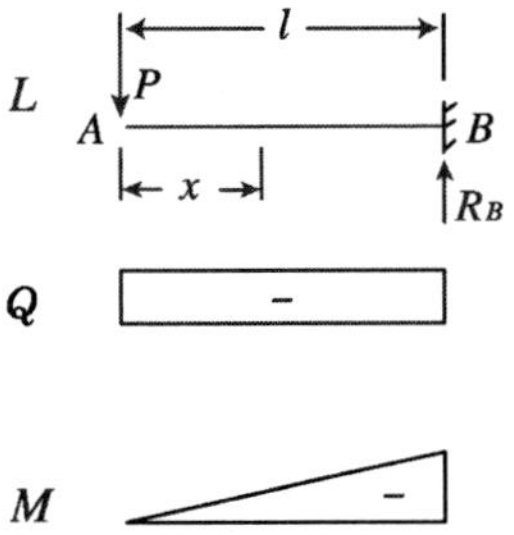 | $M=Pl$<br><br>$V=P$ |

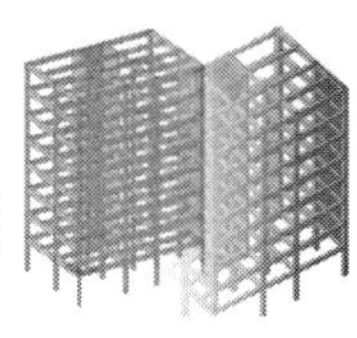

## 1.6 기둥의 축하중 산정

### 1.6.1 기둥의 하중 산정 방법

기둥의 하중을 산정하는 방법은 기둥에 지지되어 있는 보의 전단력 값을 합산하여 구하는 방법이 있고, 기둥 주위의 슬래브 지배면적과 보 및 벽체의 하중을 합산하여 구하는 방법이 있다.

**(1) 제1방법 : 전단력값의 합산에 의한 방법(예제의 지상 3층, 지하 1층의 경우)**

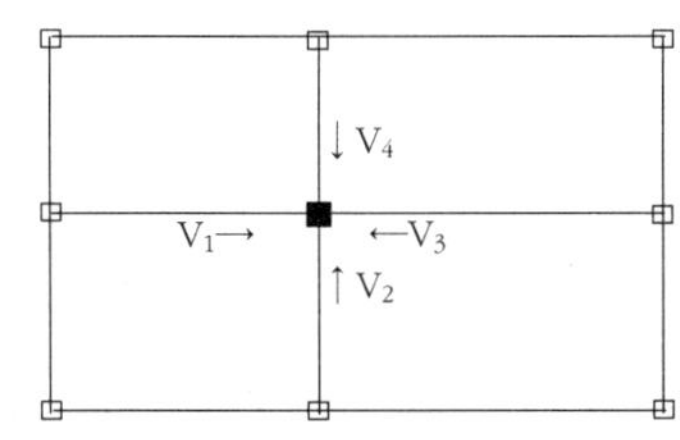

$$
\begin{array}{llll}
 & & \text{소 계} & \text{누 계} \\
\text{지붕층} : & V_1 + V_2 + V_3 + V_4 = {_r}V & {_r}V \\
3 \ \ \text{층} : & V_1 + V_2 + V_3 + V_4 = {_n}V_1 & {_r}V + {_n}V_1 \\
2 \ \ \text{층} : & V_1 + V_2 + V_3 + V_4 = {_n}V_2 & {_r}V + {_n}V_1 + {_n}V_2 \\
\vdots & \vdots & \vdots & \vdots \\
 & & & \Sigma V \ (\text{합계})
\end{array}
$$

**(2) 제2방법 : 지배면적의 합산에 의한 방법**

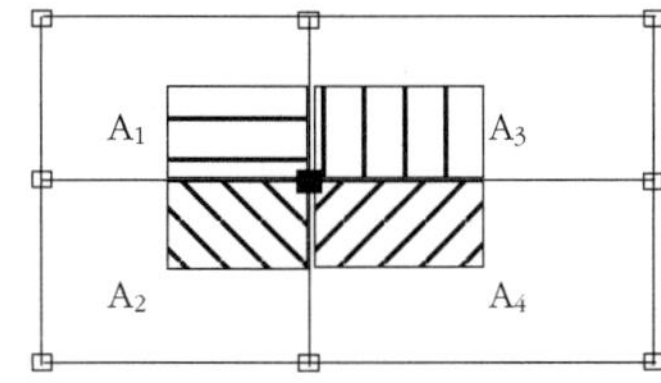

$$
\begin{aligned}
\text{지붕층} : \ &\text{슬래브} = (A_1 + A_2 + A_3 + A_4) \times \text{지붕하중} \\
&\text{보} \quad\ \ = \text{보폭} \times (\text{보높이} - \text{슬래브두께}) \\
&\qquad\qquad \times \text{보 전체길이 기타 하중(벽체 등)} \\
\text{3층} : \ &\text{슬래브} = (A_1 + A_2 + A_3 + A_4) \times \text{3층하중} \\
&\text{보} \quad\ \ = \text{보폭} \times (\text{보높이} - \text{슬래브두께}) \\
&\qquad\qquad \times \text{보 전체길이 기타 하중(벽체 등)}
\end{aligned}
$$

[표 1-2] 제2방법에 의한 기둥 축하중 산정표(예제)

| 기둥부호 | 층 | 슬래브 하중 | 기둥 자중 | 보 자중 | 소계 | 누 계 |
|---|---|---|---|---|---|---|
| $C_1$ | 지붕층 | 부담면적 × 지붕슬래브하중 | 기둥크기 × 층고 | 보크기 × 보길이 | ${_r}V_1$ | |
| | 3층 | 부담면적 × 3층슬래브하중 | 〃 | 〃 | ${_n}V_1$ | ${_r}V_1 + {_n}V_1$ |
| | 일반층 | 부담면적 × 일반층슬래브하중 | 〃 | 〃 | ${_n}V_2$ | ${_r}V_1 + {_n}V_1 + {_n}V_2$ |

* 기둥의 축하중을 계산할 때 층수가 많을 경우 적재하중의 저감률을 적용하여 계산할 수 있다. (건축구조기준 등에 관한 규칙)

## 1.6.2  기둥의 축하중 계산

보 단부의 전단력 합산에 의한 방법으로 예제건물 기둥의 축하중을 계산(샘플)

**[표 1-3]  전단력 합산에 의한 기둥의 축하중 계산**(단위 : kN)

| 기둥부호 | 층 | 보의 전단력 | 기둥자중 | 각층의 합계 | 기둥직압누계 |
|---|---|---|---|---|---|
| $C_{A*1}$ | 3 | 80.34 + 136.77 | 17.74 | 234.85 | 234.85 |
| | 2 | 95.66 + 146.91 | 17.74 | 260.31 | 495.16 |
| | 1 | 95.66 + 146.91 | 17.74 | 260.31 | 755.47 |
| | B | 95.66 + 146.91 | 17.74 | 260.31 | 1015.78 |
| $C_{A*2}$ | 3 | 101.15+136.77+136.77 | 17.74 | 392.43 | 392.43 |
| | 2 | 101.22+146.91+146.91 | 17.74 | 412.78 | 805.21 |
| | 1 | 101.22+146.91+146.91 | 17.74 | 412.78 | 1217.99 |
| | B | 101.22+146.91+146.91 | 17.74 | 412.78 | 1630.77 |
| $C_{B*1}$ | 3 | 80.34+112.87+219.87 | 17.74 | 704.97 | 704.97 |
| | 2 | 95.66+133.29+220.03 | 17.74 | 705.48 | 897.54 |
| | 1 | 95.66+133.29+220.03 | 17.74 | 705.48 | 1364.26 |
| | B | 95.66+133.29+220.03 | 17.74 | 705.48 | 1830.98 |
| $C_{B*2}$ | 3 | 101.15+146.34+219.87+219.87 | 17.74 | 704.97 | 704.97 |
| | 2 | 101.22+146.46+220.03+220.03 | 17.74 | 705.48 | 1410.45 |
| | 1 | 101.22+146.46+220.03+220.03 | 17.74 | 705.48 | 2115.93 |
| | B | 101.22+146.46+220.03+220.03 | 17.74 | 705.48 | 2821.41 |
| $C_{C*1}$ | 3 | 112.87+146.34+219.87+219.87 | 17.74 | 289.97 | 289.97 |
| | 2 | 101.22+146.46+220.03+220.03 | 17.74 | 328.34 | 618.31 |
| | 1 | 101.22+146.46+220.03+220.03 | 17.74 | 328.24 | 946.64 |
| | B | 101.22+146.46+220.03+220.03 | 17.74 | 328.34 | 1274.99 |
| $C_{C*2}$ | 3 | 146.34+159.36+159.36 | 17.74 | 482.8 | 482.8 |
| | 2 | 146.46+177.31+177.31 | 17.74 | 518.82 | 1001.62 |
| | 1 | 146.46+177.31+177.31 | 17.74 | 518.82 | 1520.44 |
| | B | 146.46+177.31+177.31 | 17.74 | 518.82 | 2039.26 |

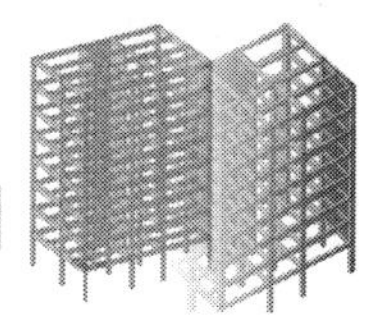

## 1.7   구조해석(Frame Analysis)

### 1.7.1   골조의 구조해석(응력해석)

기둥과 보로 연결된 골조에 하중이 실려 보와 기둥에 발생되는 전단력과 휨모멘트를 계산해 내는 과정을 구조해석 과정이라고 할 수 있다. 물론 단순하게 휨모멘트와 전단력만을 구하는 것은 아니지만 기본적으로 전단력과 휨모멘트의 수치를 구한다.

앞에서 구한 보의 C, $M_0$, V를 토대로 구조해석 결과치 중에서 보 및 기둥의 계산결과로서 보와 기둥을 설계하는 것이다. 과거에는 수계산에 의한 약산법(모멘트 분배법, 처짐각법 등)을 사용하여 보와 기둥의 응력을 계산했으나 현재는 컴퓨터 프로그램의 발달로 구조해석에 필요한 조건들을 입력하고 실행시키면 결과치가 비교적 정확하게 계산되고, 보기 쉽게 그래픽으로 표현되어진다.

보와 기둥이 강접합된 골조를 "라멘"이라고 한다. 보통 일반적인 건물의 경우 [그림 1-1]에서 보는 바와 같이 가로열 또는 세로열을 각각 절단한 라멘을 각각 해석하는 평면해석 방식으로 계산하지만 요사이는 건물의 입체적인 움직임을 3차원으로 해석하기도 한다.

본 예제에는 입체해석(3차원)으로 계산하여 설계하는 방법으로 설명하기로 한다.

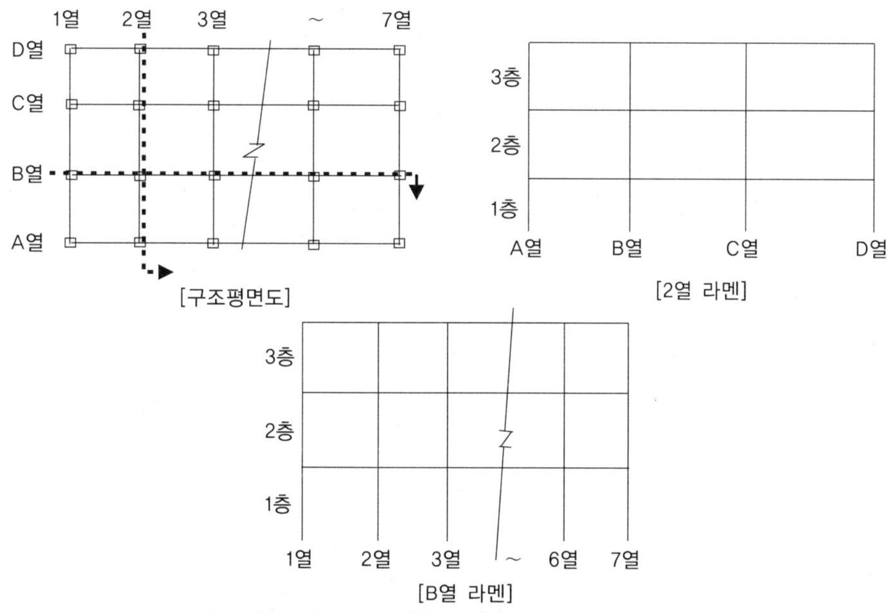



[그림 1-1]  평면해석에 의한 라멘의 응력해석

## 1.7.2 구조해석

### (1) 2열 라멘의 구조해석

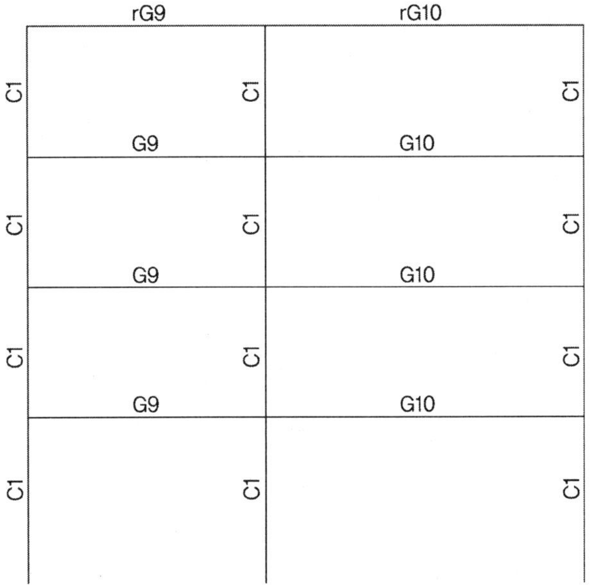

[그림 1-2] 2열 라멘의 골조도

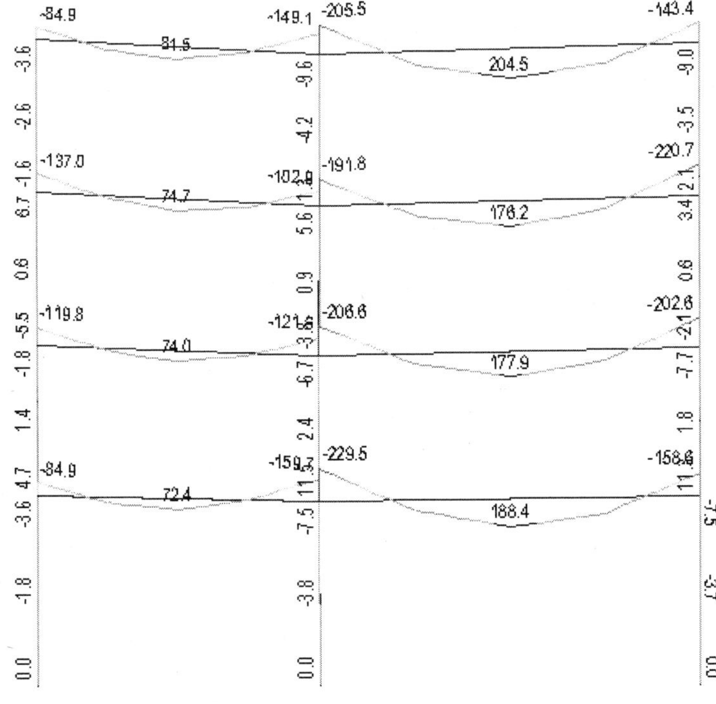



[그림 1-3] 2열 라멘의 휨모멘트도(B.M.D)

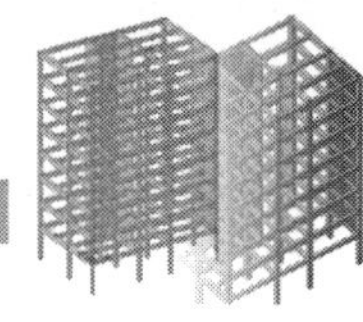

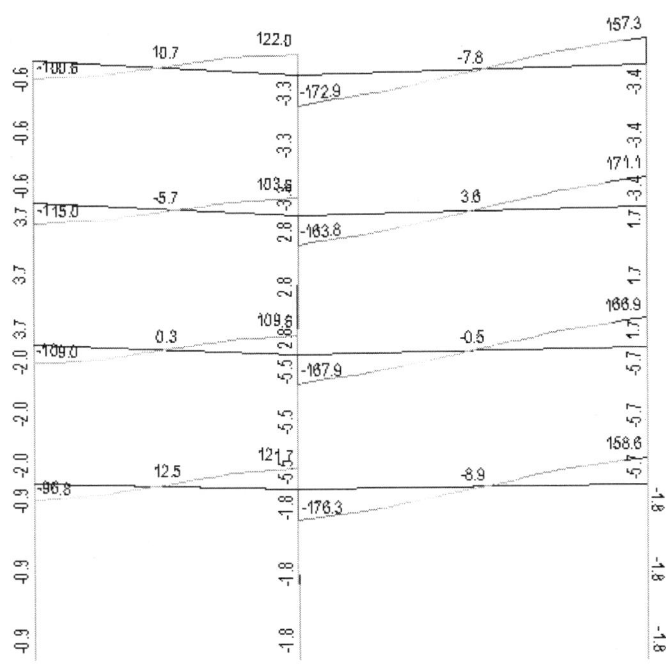

[그림 1-4] 2열 라멘의 전단력도(S.F.D)

## (2) B열 라멘의 구조해석



[그림 1-5] B열 라멘의 골조도

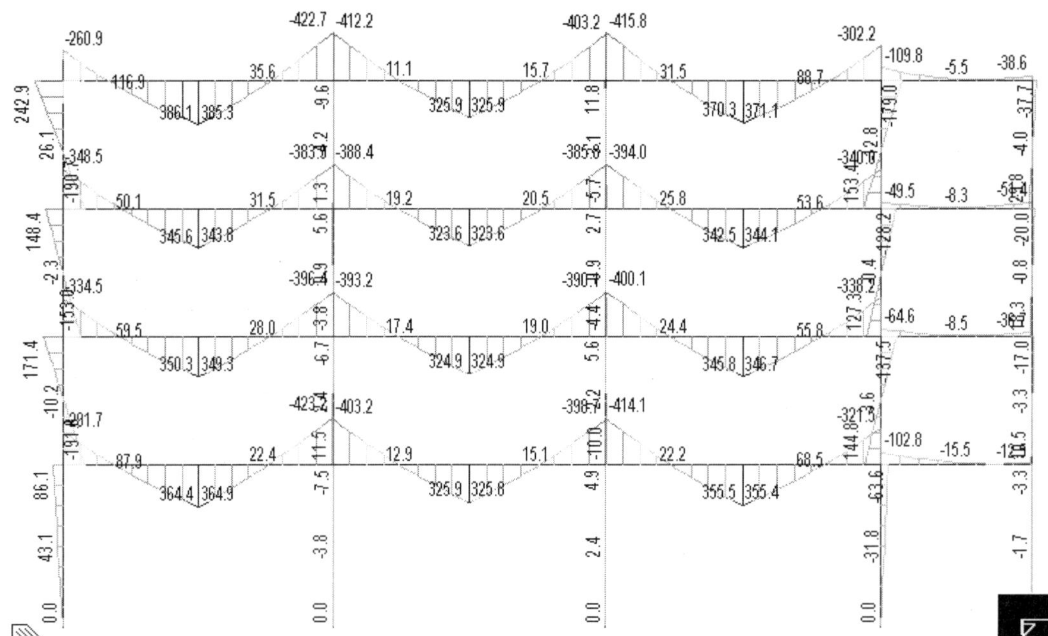

[그림 1-6]  B열 라멘의 휨모멘트도(B.M.D)

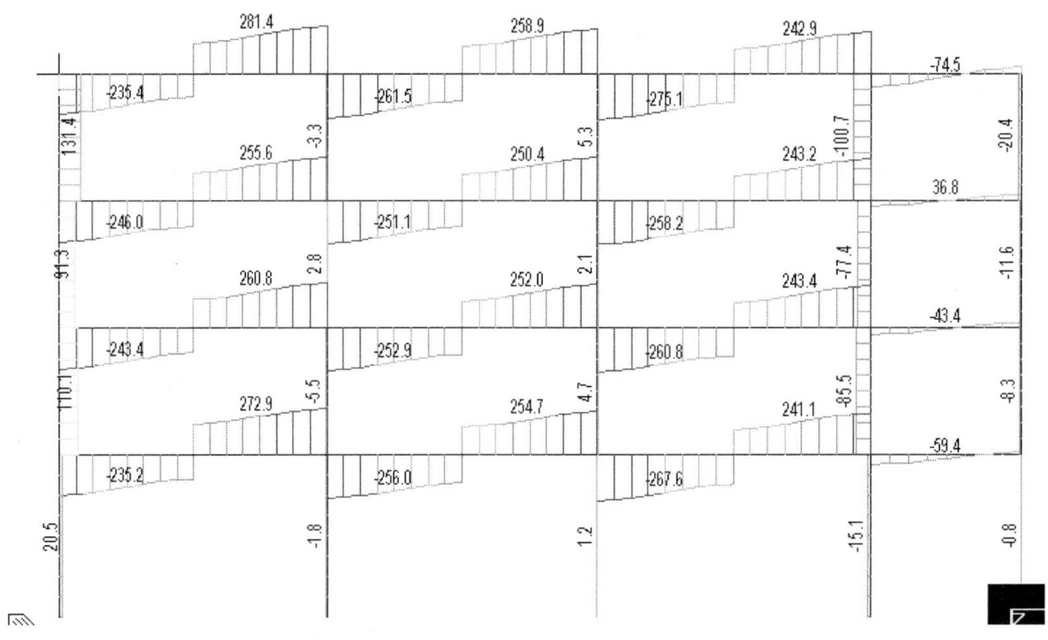

[그림 1-7]  B열 라멘의 전단력도(S.F.D)

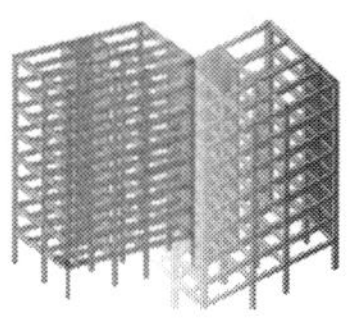

## 1.8 보의 단면설계

### 1.8.1 ᵣG1 보의 단면설계

B열 라멘의 응력해석에서 설계용 휨모멘트와 전단력 값을 구하면 다음과 같다.

---

**설계 조건**

$$M_u = -422.7\,\text{kN}\cdot\text{m} \qquad V_u = 281.4\,\text{kN} \qquad 400\times700$$

$$f_{ck} = 21\text{MPa}, \qquad f_y = 400\text{MPa}$$

---

### (1) 인장철근(단근장방형 보의 휨강도 표 참고)

$$\frac{M}{\phi f_{ck}\,b\,d^2} = \frac{422.7\times10^6}{0.9\times21\times400\times610^2} = 0.150$$

- 소요인장철근비 $\rho = \dfrac{W f_{ck}}{f_y} = \dfrac{0.1367\times21}{400} = 0.0072$

- 인장철근만 사용시 최대철근비

$$\rho_{\max} = 0.75\rho_b = 0.75\times\frac{0.85\times0.85\times21}{400}\times\frac{600}{600+400}$$

$$= 0.75\times0.0228 = 0.0171 \qquad \text{따라서}\ \rho = 0.0072 < 0.0171 = \rho_{\max}$$

∴ 압축철근이 필요없다.

- 등가 응력블록 깊이

$$a = \frac{A_s f_y}{0.85 f_{ck}\cdot b} = \frac{p f_y d}{0.85 f_{ck}} = \frac{w d}{0.85} = \frac{0.1367\times610}{0.85} = 98.1\text{mm}$$

$$\text{따라서}\ A_s = \frac{0.85 f_{ck}\,a b}{f_y} = \frac{0.85\times21\times98.1\times400}{400} = 1751.09\text{mm}^2$$

$$(4.52\text{-HD22})\ \text{따라서 5-HD22로 배근}(1935\text{mm}^2)$$

- 최소 인장 철근량

$$\rho_{\min} = \frac{1.4}{f_y} = \frac{1.4}{400} = 0.0035, \ \rho_{\min} = \frac{0.25\sqrt{f_{ck}}}{f_y} = \frac{0.25\sqrt{21}}{400} = 0.0029$$

$$\rho = \frac{As}{b\,d} = \frac{1935}{400\times610} = 0.00739 > \rho_{\min} \qquad \therefore\ \text{O.K}$$

- 전단보강

  - 콘크리트의 전단강도

$$\phi\, V_c = \phi\, \frac{1}{6}\sqrt{f_{ck}}\, b\, d = \phi\, \frac{1}{6}\sqrt{21} \times 400 \times 610 / 1000 = 158.40\text{kN}$$

  - 전단철근의 전단강도

$$\phi\, V_s = 281.4 - 158.4 = 123\text{kN}$$

  - 보 단면의 적정성 검토

$$\phi\, V_s = 123\,\text{kN} < 0.85 \times \frac{2}{3}\sqrt{21} \times 400 \times 610 / 1000 = 633.61\text{kN} \quad \therefore\ \text{O.K}$$

- 수직 U형 스트럽 계산(D13 철근 $A_v = 2 \times 71.3 = 142.6\text{mm}^2$)

$$S = \frac{\phi\, A_v f_v d}{\phi\, V_s} = \frac{0.85 \times 142.6\text{mm}^2 \times 400 \times 610 \times 10^{-3}}{123} = 240.45\text{mm} > 203.7$$

따라서 전단보강근 간격 $S = 200$으로 설계

① $S_{\max} \leq \dfrac{d}{z} = \dfrac{610}{2} = 305\text{mm}, 600\text{mm}$

② $S_{\max} = \dfrac{A_v f_y}{0.35 bw} = \dfrac{71.3 \times 400}{0.35 \times 400} = 203.7\text{mm}$


## [보 배근시 고려할 사항]

① 보의 폭은 철근의 이음, 연속된 좌·우측 보의 크기를 고려하여 다소 조정할 수도 있다. 단, 보의 폭이 기둥의 폭을 초과하지 않도록 한다.

② 좌·우측 보의 철근의 연결상태(연속성)를 고려하여 철근의 개수를 1~2개 정도 조정하고 되도록 동일직경의 철근을 사용한다.

③ 주근의 벤트(Bent) 위치는 통상적으로 $l/4 \sim l/6$ 위치에 둔다. 그러나 원칙적으로는 휨모멘트가 0인 위치에서 절곡하여 배근하여야 한다.

④ 주요한 보는 복근보 배근으로 압축철근을 배근한다.

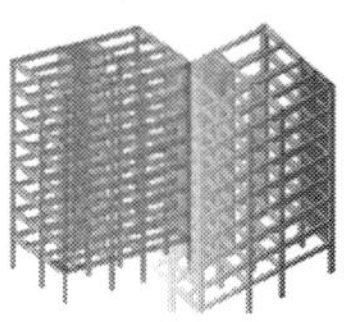

## 1.8.2　프로그램에 의한 보 설계 예제

### (1) General Information

1) Design Code ： KCI-USD12
2) Unit System ： N, mm

### (2) Material

1) $F_{ck}$ ： 21.00MPa
2) $F_y$ ： 400MPa
3) $F_{ys}$ ： 400MPa

### (3) Section

1) Section Size ： 400×700mm(R-Section)
2) Cover ： 90.00/40.00mm
3) Compression ： Not Considered
4) Spliding Limit ： 50%

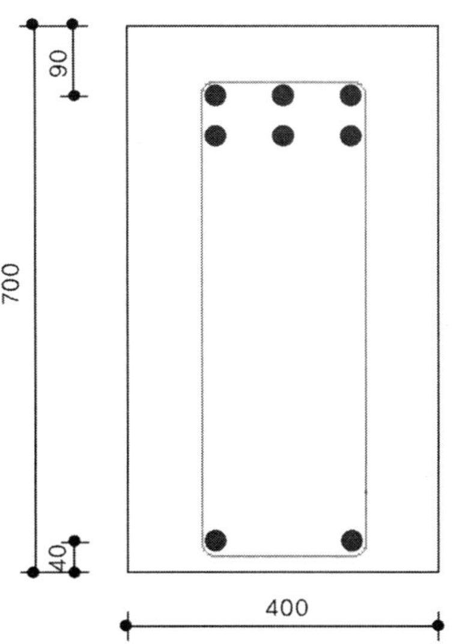

### (4) Moments and Forces

1) $M_y$ ： $-443$kN · m
2) $V_y$ ： 281kN

### (5) Reinforcement

1) Top Bar ： 3/3-D25($A_s$= 3.040mm$^2$)
   - Layer1 ： 3EA($C_c$ =112mm)
   - Layer2 ： 3EA($C_c$ =163mm)
2) Bottom Bar ： 2-D25($A_s$ =1.013mm$^2$)
   - Layer1 ： 2EA($C_c$ =62.23mm)
3) Stirrup ： 2-D10@150($A_s$ =143mm$^2$)

## (6) Check Bending Moment Capacity(Negative)

1) Calculate design parameter

- $\beta_1 = 0.85 - 0.007(F_{ck} - 28) = 0.850$

2) Check space of rebar

- $s_{\max 1} = 375\left(\dfrac{280}{f_s}\right) - 25c_c, \quad s_{\max 2} = 300\left(\dfrac{280}{f_s}\right)$

- $s_{\max} = \min(s_{\max 1},\ s_{\max 2}) = 145\text{mm}, \quad N_{req} = 3$

- $s = 87.77 < 145\text{mm} \rightarrow \text{O.K}$

3) Calculate required ratio of reinforcement

- $\rho_{\min 11} = 0.25\dfrac{\sqrt{f_{ck}}}{f_y}, \quad \rho_{\min 12} = \dfrac{1.4}{f_y}$

- $\rho_{\min 1} = \max(\rho_{\min 11},\ \rho_{\min 12}) = 0.0035$

- $\rho_{\min 2} = \dfrac{4}{3}\dfrac{M_u}{\phi f_y bd(d - a/2)} = 0.0158$

- $\rho_{\min} = \min(\rho_{\min 1},\ \rho_{\min 2}) = 0.0035$

- $\rho_u = 0.85\beta_1\left(\dfrac{f_{ck}}{f_y}\right)\left(\dfrac{\varepsilon_c}{\varepsilon_c + 2(f_y/E_s)}\right) = 0.0163$

- $\rho_{\max} = pet = 0.0163$

4) Check ratio of tensile reinforcement

- $\rho = \dfrac{A_s}{b_w d} = 0.0135$

- $\rho_{\min} < \rho < \rho_{\max} \rightarrow \text{O.K}$

5) Calculate moment capacity

- $a = \dfrac{A_s f_y}{0.85 f_{ck} b_w} = 170\text{mm}$

- $\phi = 0.850$

- $M_n = A_s f_y(d - a/2) = 580\text{kN} \cdot \text{m}$

- $\phi M_n = 493\text{kN} \cdot \text{m}$

6) Calculate ratio of moment capacity

- $M_n/\phi M_n = 0.897 \rightarrow \text{O.K}$

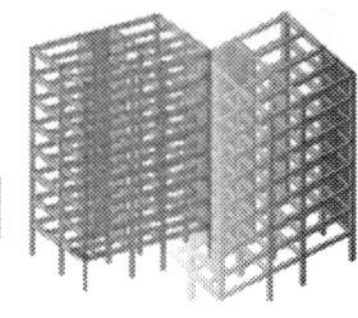

## (7) Check Shear Capacity

1) Calculate shear strength of concrete

- $\phi = 0.750$, $A_{v1} = 71.33\text{mm}^2\,(\text{D}10)$
- $N_{leg} = 2$, $d = 562\text{mm}$
- $\phi V_c = \phi \dfrac{1}{6} \sqrt{f_{ck}}\; b_w d = 129\text{kN}$

2) Calculate shear strength by stirrup

- $V_s = (V_u - \phi V_c)/\phi = 203\text{kN}$
- $V_{c11} = \dfrac{1}{3} \sqrt{f_{ck}}\; b_w d = 344\text{kN}$
- $V_{c21} = \dfrac{2}{3} \sqrt{f_{ck}}\; b_w d = 687\text{kN}$
- $V_s < V_{c21} \rightarrow \text{O.K}$
- $A_{v.\min1} = 0.0625 \sqrt{f_{ck}}\, \dfrac{b_w}{f_{yt}}$, $A_{v.\min2} = 0.35 \dfrac{b_w}{f_{yt}}$
- $A_{v.\min} = \min(A_{v.\min1},\ A_{v.\min2}) = 0.350\text{mm}^2$
- $A_{v.req} = \dfrac{V_s}{f_{yt} \cdot d} = 0.904\text{mm}^2$
- $A_v = \max(A_{v.\min},\ A_{v.req}) = 0.904\text{mm}^2$
- $S_{\max} = 281\text{mm}$, $S_{req} = \dfrac{N_{leg} \cdot A_{v1}}{Av} = 158\text{mm}$
- $S = \min(S_{\max},\ S_{req}) = 150\text{mm}$

3) Calculate ratio of shear capacity$(S = 150\text{mm})$

- $\phi V_s = 160\text{kN}$
- $\phi V_n = \phi(V_c + V_s) = 289\text{kN}$
- $V_u/\phi V_n = 0.973 \rightarrow \text{O.K}$

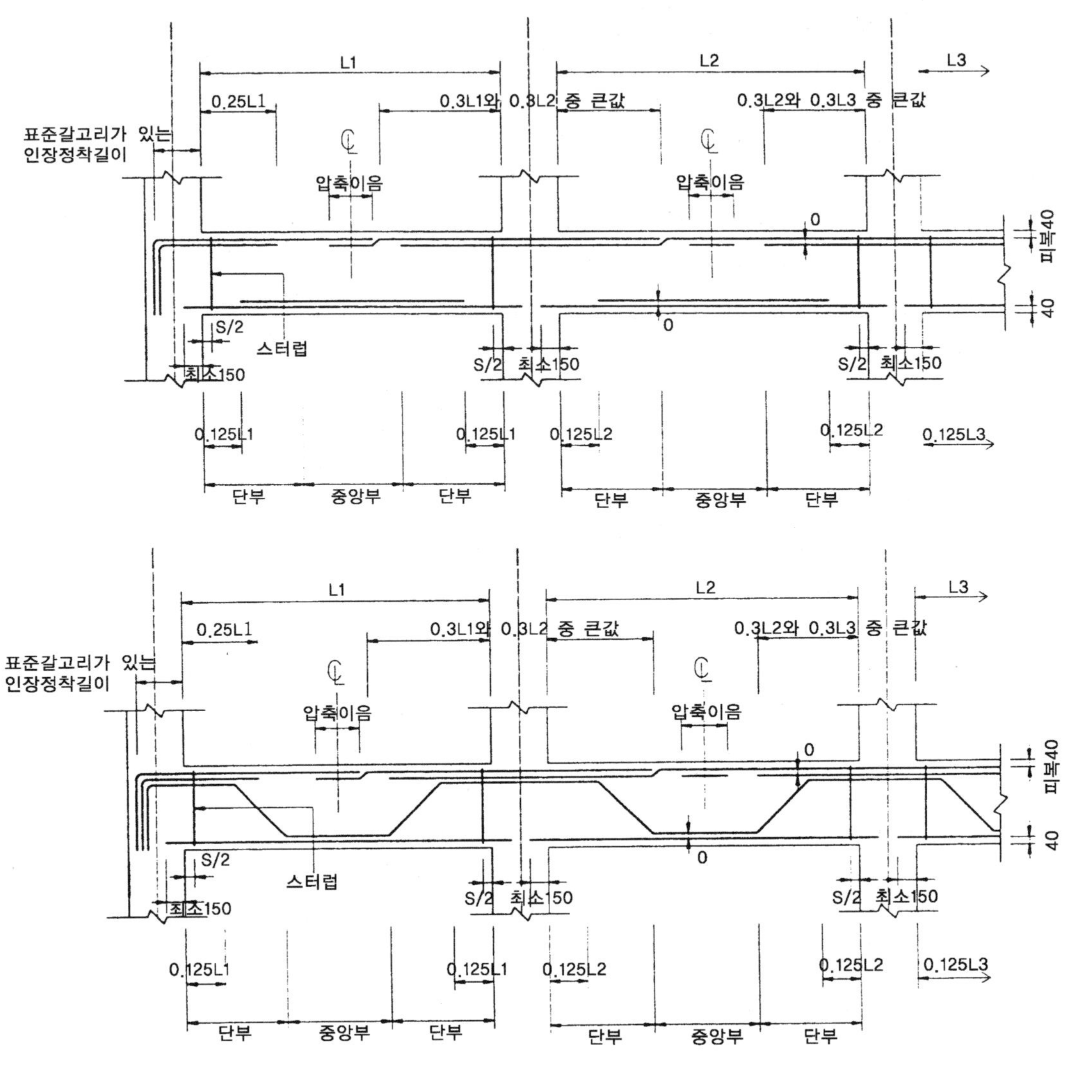


[그림 1-8] 보 배근 상세도

L1
L2
L3
0.25L1
0.3L1와 0.3L2 중 큰값
0.3L2와 0.3L3 중 큰값
표준갈고리가 있는
인장정착길이
압축이음
압축이음
0
피복40
40
S/2
스터럽
S/2 최소150
S/2 최소150
최소150
0.125L1
0.125L1
0.125L2
0.125L2
0.125L3
단부
중앙부
단부
단부
중앙부
단부
L1
L2
L3
0.25L1
0.3L1와 0.3L2 중 큰값
0.3L2와 0.3L3 중 큰값
표준갈고리가 있는
인장정착길이
압축이음
압축이음
0
피복40
40
S/2
스터럽
S/2 최소150
S/2 최소150
최소150
0.125L1
0.125L1
0.125L2
0.125L2
0.125L3
단부
중앙부
단부
단부
중앙부
단부

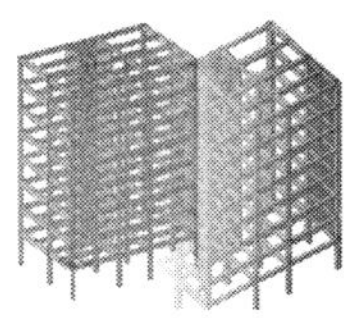

## 1.9  기둥의 설계(Design of Columns)

### 1.9.1  $C_{2*B}$ 기둥의 단면설계

> **설계 조건**
>
> $P_u = 3346.2\text{kN}$
>
> $M_{ux} = 7.5\text{kN} \cdot \text{m}, \quad M_{uy} = 7.5\text{kN} \cdot \text{m}$
>
> $f_{ck} = 21\text{MPa}, \qquad f_y = 400\text{MPa}$

### (1) 등가 1축 휨모멘트 $M_x$, $M_y$를 PCA 등하중선법에 의해 계산

$\beta = 0.65$, $b = h$ (정사각형 기둥)

$$M_{ny} = \frac{M_{nx}}{\phi} = \frac{7.5}{0.7} = 10.71 \qquad M_{nx} = \frac{M_{uy}}{\phi} = \frac{7.5}{0.7} = 10.71$$

$$\frac{M_{ny}}{N_{nx}} = 1.0 = \frac{b}{h}$$

### (2) 단면설계

휨모멘트가 작으므로 기둥단면의 크기는 축하중에 의한 가정단면식으로 산정

$\rho_g = 0.01$로 가정

$$A_g \geq \frac{P_u}{0.45(f_{ck} + f_y \, P_g)} = \frac{3346.2 \times 10^3}{0.45(21 + 400 \times 0.01)}$$

$$= 297440\text{mm}^2 = 600\text{mm} \times 600\text{mm}$$

$$\frac{P_u}{A_g} = \frac{3346.2 \times 10^3}{600 \times 600} = 9.295$$

$$\frac{M_u}{A_g \times h} = \frac{7.5 \times 10^5}{600 \times 600 \times 600} = 0.0035$$

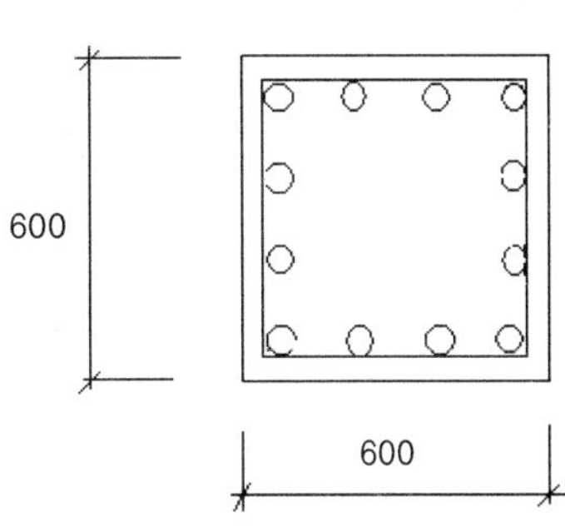

$P - M$ 상관도에서

$\rho_g \leq 0.01$ 이하 최소철근비

$$A_{st} = \rho_g A_g = 0.01 \times 600 \times 600 = 3600\text{mm}^2 \ (9.3\text{-HD22}) \Rightarrow 12\text{-HD22 배근}$$

## 1.9.2 프로그램에 의한 기둥 설계 예제

> **설계 조건**
> 단면크기 : 600×600, 축하중 : 3346kN, 높이 : 3.5m, 휨모멘트 : 7.5kN·m,
> 전단력 : 0kN

### (1) General Information

| Design Code | Unit System | $F_{ck}$ | $F_y$ | $F_{ys}$ |
|---|---|---|---|---|
| KCI-USD12 | N, mm | 21.00MPa | 400MPa | 400MPa |

### (2) Section & Factor

| Section | $K_x$ | $L_x$ | $K_y$ | $L_y$ | $C_{mx}$ | $C_{my}$ | $\beta_{dns}$ |
|---|---|---|---|---|---|---|---|
| 600×600mm | 1.000 | 3.500m | 1.000 | 3.500m | 0.850 | 0.850 | 0.600 |

### (3) Force

| $P_u$ | $M_{ux}$ | $M_{uy}$ | $V_{ux}$ | $V_{uy}$ |
|---|---|---|---|---|
| 3.346kN | 7.500kN·m | 7.500kN·m | 0.000kN | 0.000kN |

### (4) Rebar

| MainBar-1 | MainBar-2 | MainBar-3 | MainBar-4 | Hoop(End) | Hoop(Mid) |
|---|---|---|---|---|---|
| 8-3-D22 | - | - | - | D10@300 | D10@300 |

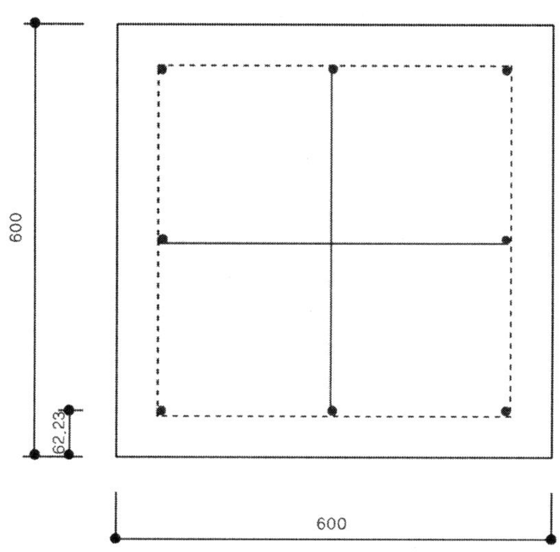

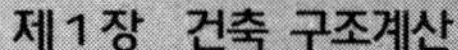
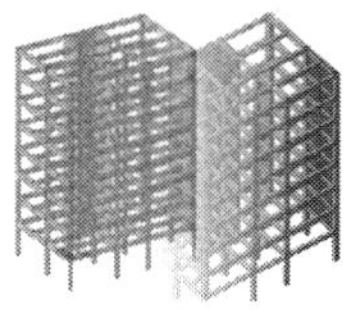

## (5) Moment Capacity

| Check Item | Direction-X | Direction-Y | Remark |
|---|---|---|---|
| $kl/r$ | 19.44 | 19.44 | - |
| $34-12(M_1/M_2)$ | 26.50 | 26.50 | - |
| $\delta_{ns}$ | 1.000 | 1.000 | $\delta_{ns/\max}=1.400$ |
| $\rho$ | 0.00860 | 0.00860 | $A_{st}=3.097\text{mm}^2$ |
| $M_{\min}(\text{kN}\cdot\text{m})$ | 110 | 110 | - |
| $M_c(\text{kN}\cdot\text{m})$ | 7.500 | 7.500 | $M_c=10.61$ |
| $c(\text{mm})$ | 456 | 456 | - |
| $a(\text{mm})$ | 388 | 388 | $\beta_1=0.850$ |
| $C_c(\text{kN})$ | 2.685 | 2.685 | - |
| $M_{n.con}(\text{kN}\cdot\text{m})$ | 315 | 315 | $M_{n.con}=445$ |
| $T_s(\text{kN})$ | 97.88 | 97.88 | - |
| $M_{n.bar}(\text{kN}\cdot\text{m})$ | 114 | 114 | $M_{n.bar}=162$ |
| $\phi$ | 0.650 | 0.650 | $\varepsilon_c=-0.000000$ |
| $\phi P_n$ | 3.957 | 3.957 | - |
| $\phi M_n$ | 24.72 | 24.72 | $\phi M_n=34.96$ |
| $P_u/\phi P\_n$ | 0.846 | 0.846 | - |
| $M_c/\phi M_n$ | 0.303 | 0.303 | 0.303 |

〈외부 장방형 기둥〉

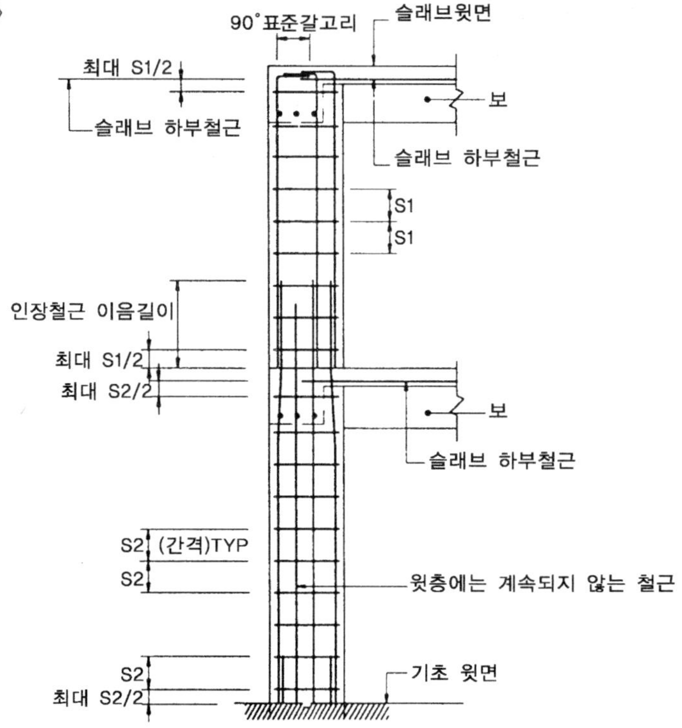


〈내부 장방형 기둥〉

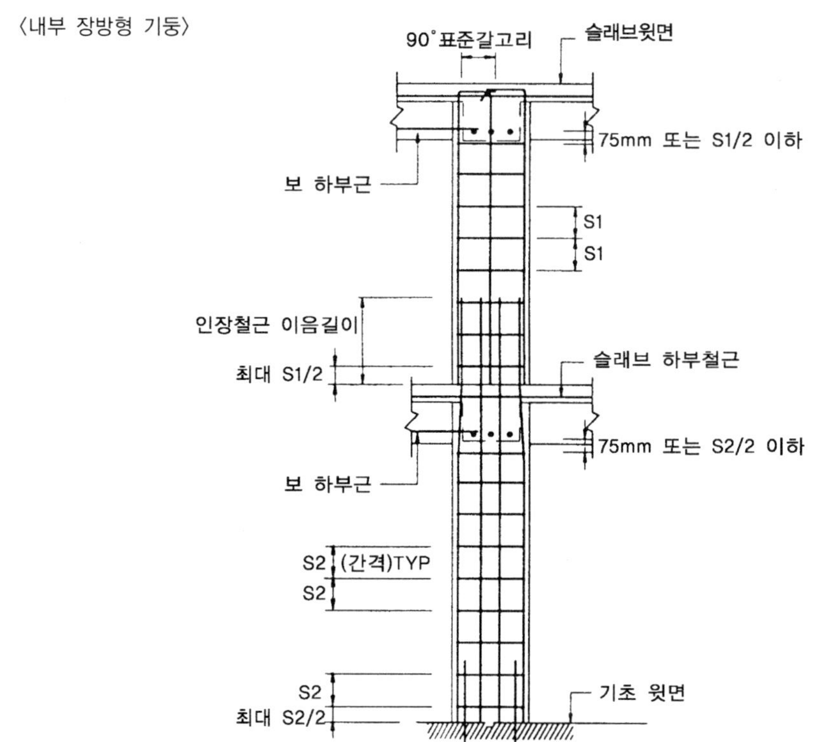


[그림 1-9] 기둥 배근 상세도

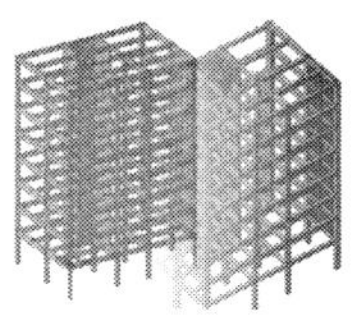

## [표 1-4]  기둥 띠철근 배근상세도

| 주근 개수 | S ≤ 150일 때 | S > 150일 때 |
|---|---|---|
| 4 - BAR | | |
| 6 - BAR | | |
| 8 - BAR | | |
| 10 - BAR | | |
| 12 - BAR | | |
| 14 - BAR | | |
| 16 - BAR | | |
| 18 - BAR | | |
| 20 - BAR | | |
| 22 - BAR | | |
| 24 - BAR | | |

## 1.10  F₁ 기초의 단면설계

### 1.10.1  설계 조건

$$D.L = 1785.7\text{kN}, \; L.L = 497.8\text{kN}, \; P_u = 3346.2\text{kN}$$

기둥 크기 $600 \times 600$, $f_{ck} = 21\text{MPa}, \; f_y = 400\text{MPa}$

$$q_a = 300\text{kN}/\text{m}^2$$

### (1) 기초판의 저면적 결정

#### 1) 허용지내력

$$q_e = 300\text{kN}/\text{m}^2$$

#### 2) 기초판의 저면적 산정

$$A_f(\text{reg}) = \frac{1785.7 + 497.8}{300} = 7.612\text{m}^2 \Rightarrow \text{각 } 2.8\text{m}$$

$3\text{m} \times 3\text{m}$로 설계 가정$(A_f = 9.0\text{m}^2)$

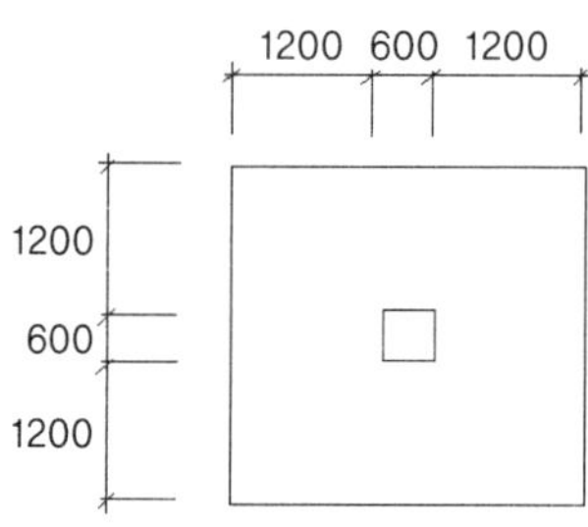


### (2) 설계용 하중과 지반 반력

$$P_u = 1.2 \times 1785.7 + 1.6 \times 497.8 = 2939.3\text{kN}$$

$$q_u = \frac{P_u}{A_f} = \frac{2939.3}{9.0} = 326.6\text{kN}/\text{m}^2$$

### (3) 기초판의 깊이 설계

#### 1) 1방향 전단에 대한 소요깊이

$$V_u = 326.6 \times (1.2 - d) \times 4 = 1567.7 - 1306.4d$$

$$\phi\, V_c = \phi\left(\frac{1}{6}\sqrt{f_{ck}}\, b\, d\right) = 0.85 \times \frac{1}{6} \times \sqrt{21} \times 3 \times d \times 10^3 = 1947.6d \text{ kN}$$

$V_u = \phi\, V_c$ 에서  $1567.7 - 1306.4d = 1947.6d$

따라서 $d = \dfrac{1306.4}{3513.3} = 0.371 \;\rightarrow\; 0.4\text{m}$

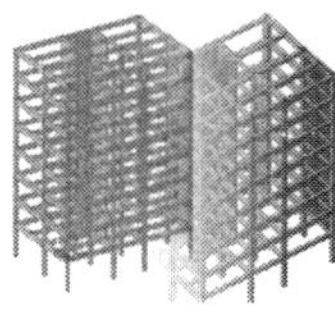

### 2) 2방향 전단에 대한 소요깊이

$$V_u = 326.6\,[3\times3 - (0.6+d)\times(0.6\times d)] = 2939.4 - 326.6\,(0.36 + 1.2d + d^2)$$
$$= 2939.4 - 117.57 - 391.92d - 326.6d^2 = 2821.8 - 391.92d - 326.6d^2$$
$$b_o = 4(0.6+d) = 2.4 + 4d$$
$$\beta_c = 1.0 < 2$$
$$\phi\,V_c = \phi\,\frac{1}{3}\sqrt{f_{ck}}\,b\,d = 0.85 \times \frac{1}{3}\sqrt{21}\times(2.4+4d)\times d\times 10^3$$
$$= 1298.4d\,(2.4+4d) = 3116.16d + 5193.6d^2$$
$$V_u = \phi\,V_c \text{에서 } 2821.8 - 391.92d - 326.6d^2 = 3116.16d + 5193.6d^2$$
$$5520.2d^2 + 3508.08d - 2821.8 = 0$$
$$d = \frac{-3508.08 \pm \sqrt{(3508.08)^2 - 4\times5520.2\times(-2821.8)}}{2\times5520.2}$$
$$= \frac{-3508.08 \pm \sqrt{74614226.7}}{2\times5520.2} = \frac{-3508.08 \pm 8637.95}{11040.4} = \frac{5129.8}{11040.4} = 0.46$$
$$d_{\min} = 0.46\text{m}$$

따라서 $d = 0.5\text{m}$로 결정

### 3) 기초의 최소깊이

$$h_{\min} = d_{\min} + \frac{d_b}{2} + \text{피복두께} = 500 + \frac{22}{2} + 80 = 591\text{mm} \;\rightarrow\; 600\text{mm}로 \text{ 설계}$$

## (4) 휨철근 산정

$$M_u = 326.6 \times 3.0 \times 1.2^2 = 1410.9\text{kN}\cdot\text{m}$$

$$R_n = \frac{M}{\phi\,b\,d^2} = \frac{1410.9 \times 10^{-3}}{0.9 \times 3.0 \times 0.5^2} = 2.09\text{N/mm}^2$$

$$\rho = 0.85\frac{f_{ck}}{f_y}\left[1 - \frac{2R_n}{-0.85\times f_{ck}}\right] = 0.85\,\frac{21}{400}\left[1 - \sqrt{1 - \frac{2\times2.09}{0.85\times21}}\right] = 0.0055$$

$$\rho_{mX} = 0.75\,P_b = 0.75 \times 0.85\beta_1\,\frac{f_{ck}}{f_y}\times\frac{600}{600+f_y}$$

$$= 0.75 \times (0.85)^2 \times \frac{21}{400} \times \frac{600}{600+400} = 0.0170 > \rho = 0.0055 \qquad \therefore\; \text{O.K}$$

$$A_s = \rho\,b\,d = 0.0055 \times 3.000 \times 500 = 8250\text{mm}^2$$

(21.31-HD22) $\rightarrow$ 22-HD22 배근

$$A_s = 8514\text{mm}^2$$

## 1.10.2 프로그램에 의한 기초 설계 예제

### (1) General Information

1) Design Code : KCI-USD12

2) Unit System : N, mm

### (2) Material

1) $F_{ck}$ : 21.00MPa

2) $F_y$ : 400MPa

### (3) Design Load

1) Service Load
- $P_s$ : 2.282kN
- $M_{sx}$ : 0.000kN · m
- $M_{sy}$ : 0.000kN · m

2) Factored Load
- $P_u$ : 3.346kN
- $M_{ux}$ : 0.000kN · m
- $M_{uy}$ : 0.000kN · m

3) self weight is considered

### (4) Section

1) Section Size
- Depth : 700mm
- Cover : 80.00mm

2) Column Section
- Shape of Column : Rectangle
- Section : 600×600mm

### (5) Foundation

1) Foundation Size
- $L_x$ : 3.000m

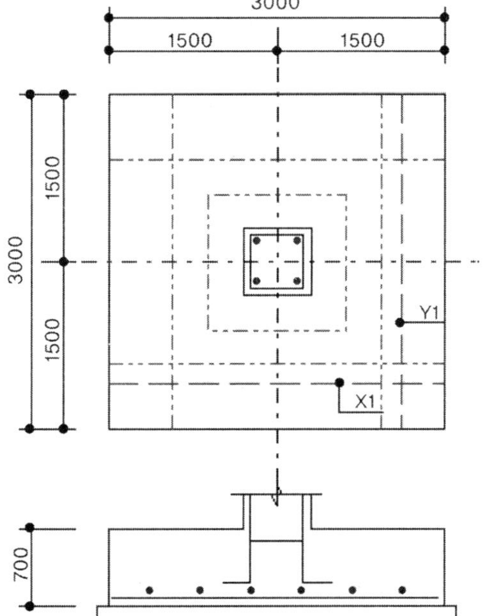

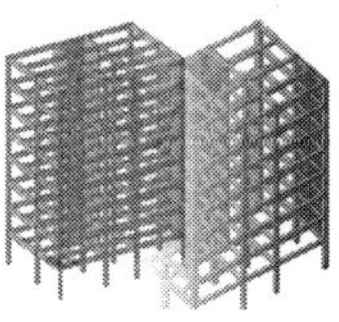

- $L_y$ : 3.000m
- $f_e$ : 300KPa

## (6) Check soil Capacity

1) calculate actual soil stress(KPa)
- $q_{s.top-left} = 269$, $q_{s.top-right} = 269$
- $q_{s.bot-left} = 269$, $q_{s.bot-right} = 269$
- $q_{s/\max} = 269$
- $q_{s/\max}/q_s = 0.898 \rightarrow$ O.K

2) calculate factored soil stress(KPa)
- $q_{u.top-left} = 391$, $q_{u.top-right} = 391$
- $q_{u.bot-left} = 391$, $q_{u.bot-right} = 391$
- $q_{u.\max} = 391$, $q_{u.\min} = 391$

## (7) Check Shear

1) Calculate one-way shear
- $\phi = 0.750$
- $V_{ux} = 696$kN, $\phi V_{cx} = 1,000$kN
- $V_{ux}/\phi V_{cx} = 0.696 \rightarrow$ O.K
- $V_{uy} = 666$kN, $\phi V_{cy} = 1.044$kN
- $V_{uy}/\phi V_{cy} = 0.638 \rightarrow$ O.K

2) Calculate  two-way shear
- $\phi = 0.750$
- $\lambda = 1.000$
- $k_s = \min\left(1.00,\ (300/d)^{0.25}\right)$
- $k_{bo} = \min\left(1.25,\ 4/\sqrt{a_s(b_o/d)}\right)$
- $f_{be} = 0.21\sqrt{f_{ck}}$
- $f_{cc} = (2/3)f_{ck}$
- $\cot\psi = \sqrt{f_{be}(f_{be}+f_{cc})}/f_{be}$
- $c_v = d\left[25\sqrt{p/f_{ck}} - 300(p/f_{ck})\right]$
- $v_c = \lambda k_s k_{bo} f_{be} \cot\phi(c_U/d)$
- $V_c = v_c b_o d$

## (8) Check Moment

| Rebar(X) | Main(X) | Min.(X) | Rebar(Y) | Main(Y) | Min.(Y) |
|---|---|---|---|---|---|
| $M_{uy}$(kN·m/m) | 268 | $\rho = 0.00200$ | $M_{ux}$(kN·m/m) | 268 | $\rho = 0.00200$ |
| D22 | @292 | @277 | D22 | @292 | @277 |
| D22+25 | @336 | @319 | D22+25 | @336 | @319 |
| D25 | @381 | @362 | D25 | @381 | @362 |
| D25+29 | @431 | @410 | D25+29 | @431 | @410 |
| D29 | @450 | @450 | D29 | @450 | @450 |

## (9) Check 2Way Shear

- $V_u = 2.804\text{kN}$

| Rebar(X) | $\varnothing\,V_n$(Kn) | Ratio | Rebar(Y) | $\varnothing\,V_n$(Kn) | Ratio |
|---|---|---|---|---|---|
| D22@292 | 2.755 | 1.018 | D22@292 | 2.755 | 1.018 |
| D22+25@336 | 2.749 | 1.020 | D22+25@336 | 2.749 | 1.020 |

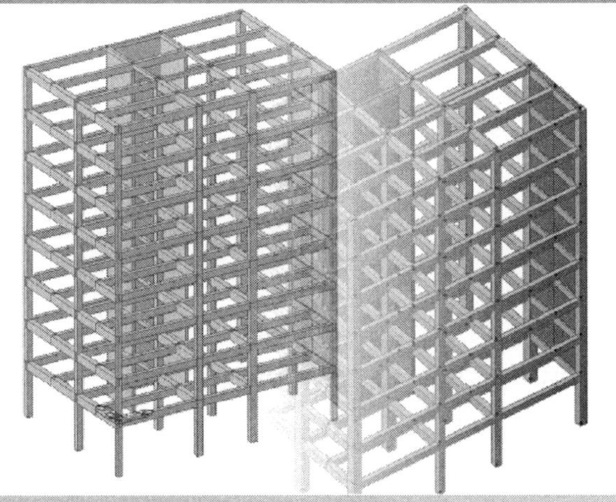

제 **2** 장

# 구조 부재설계 실습

# 구조 부재설계 실습

## 2.1 슬래브 설계

### 2.1.1 1방향 슬래브

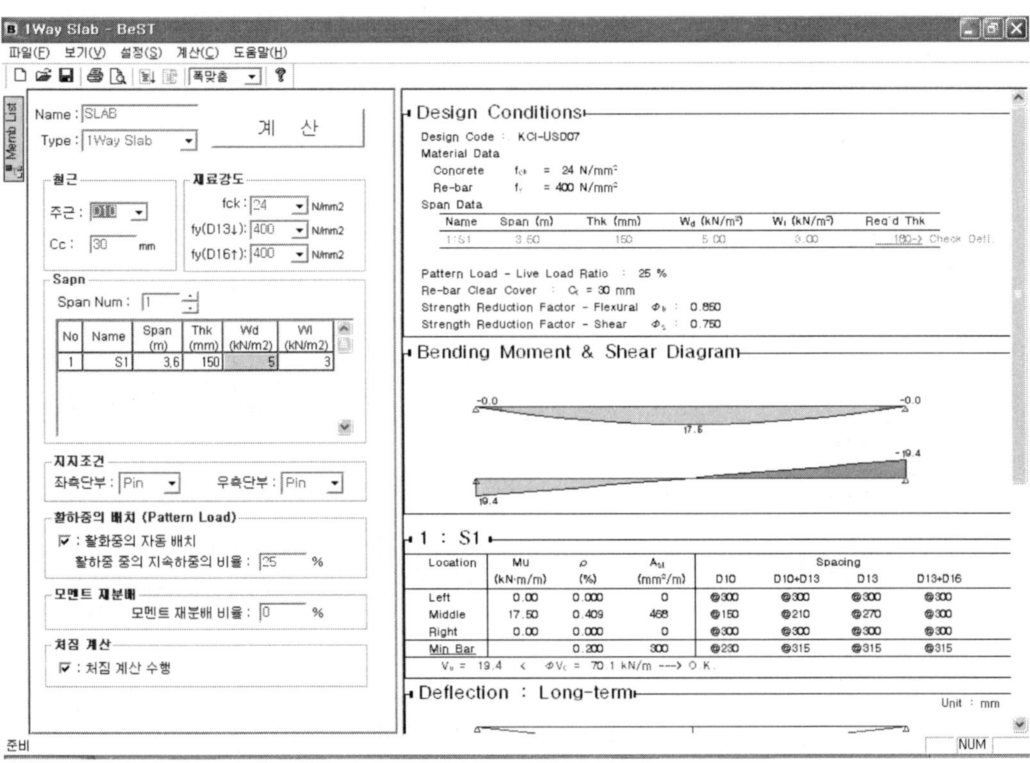

## 결·과·확·인

# BeST

MEMBER : **SLAB**

Project Name :　　　　　　　　　　Designer : 건축과　　　　　Date : 10/01/2008　　　Page : 1

### ▪ Design Conditions ▪

Design Code :　KCI–USD07
Material Data
　Concrete　　$f_{ck}$　=　24 N/mm²
　Re-bar　　　$f_y$　=　400 N/mm²
Span Data

| Name | Span (m) | Thk (mm) | $W_d$ (kN/m²) | $W_l$ (kN/m²) | Req'd Thk |
|------|----------|----------|---------------|---------------|-----------|
| 1:S1 | 3.60 | 150 | 5.00 | 3.00 | 180-> Check Defl. |

Pattern Load – Live Load Ratio　:　25 %
Re-bar Clear Cover　:　$C_c$ = 30 mm
Strength Reduction Factor – Flexural　$\Phi_b$ :　0.850
Strength Reduction Factor – Shear　　$\Phi_s$ :　0.750

### ▪ Bending Moment & Shear Diagram ▪

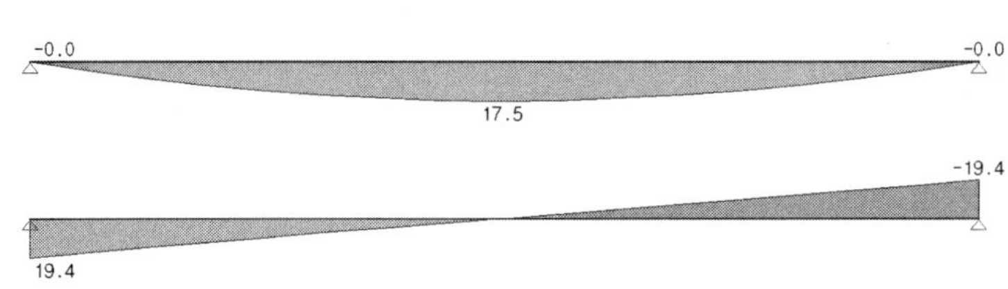


### ▪ 1 : S1 ▪

| Location | Mu (kN·m/m) | $\rho$ (%) | $A_{st}$ (mm²/m) | Spacing D10 | D10+D13 | D13 | D13+D16 |
|----------|-------------|-----------|------------------|-------------|---------|-----|---------|
| Left | 0.00 | 0.000 | 0 | @300 | @300 | @300 | @300 |
| Middle | 17.50 | 0.409 | 468 | @150 | @210 | @270 | @300 |
| Right | 0.00 | 0.000 | 0 | @300 | @300 | @300 | @300 |
| Min Bar | | 0.200 | 300 | @230 | @315 | @315 | @315 |

$V_u$ = 19.4　<　$\Phi V_c$ = 70.1 kN/m ---> O.K.

### ▪ Deflection : Long-term ▪

Unit : mm

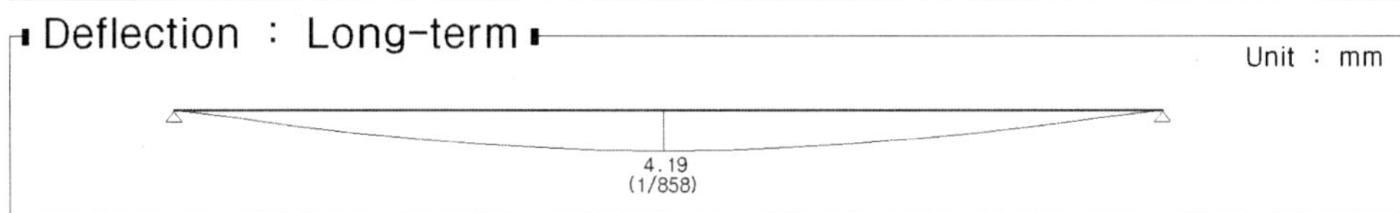


### ▪ Deflection : Instantenous ▪

Unit : mm

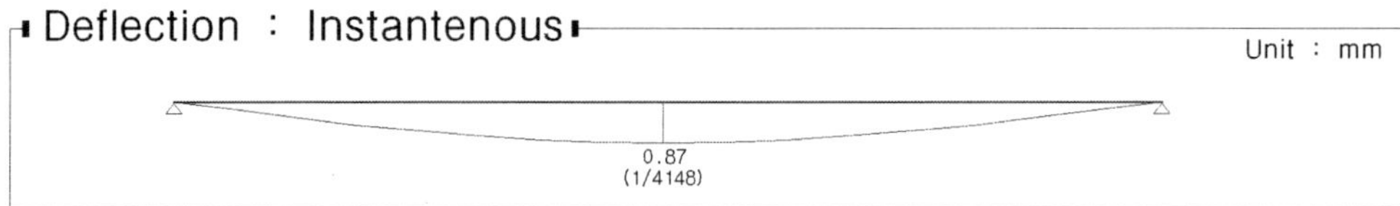

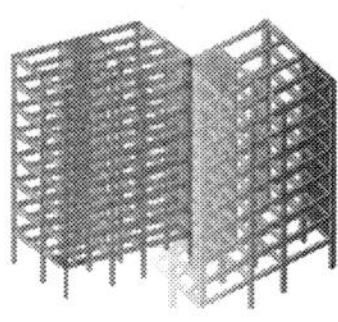

## 2.1.2 2방향 슬래브

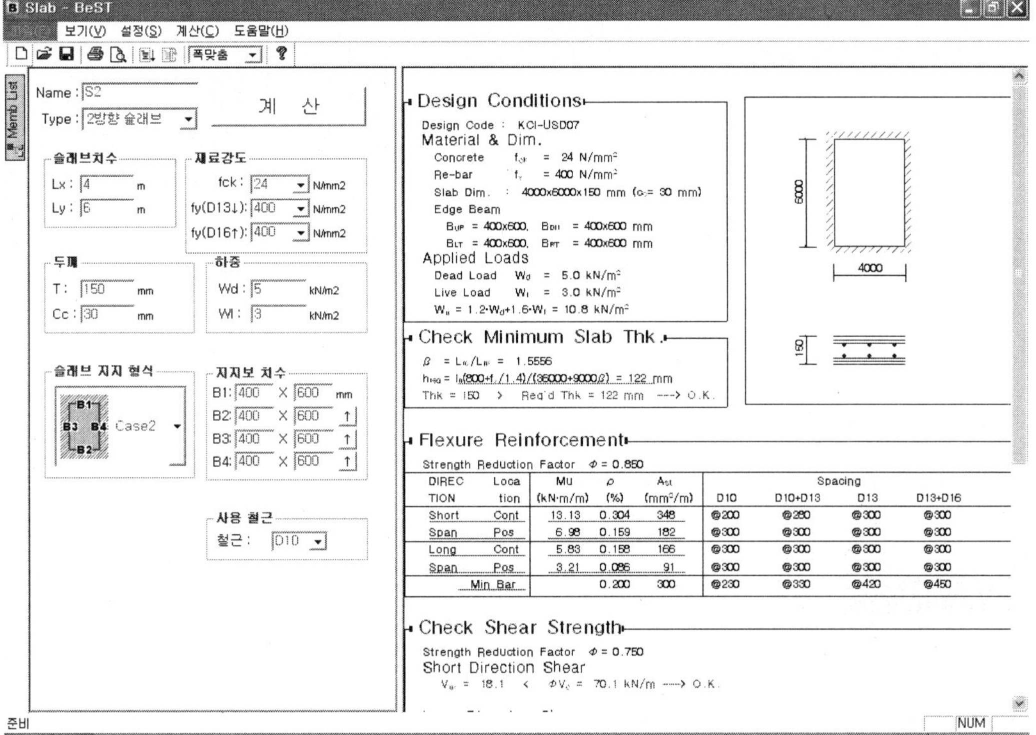





| DIRECTION | Location | Mu (kN·m/m) | $\rho$ (%) | $A_{st}$ (mm²/m) | D10 | D10+D13 | D13 | D13+D16 |
|---|---|---|---|---|---|---|---|---|
| Short | Cont | 13.13 | 0.304 | 348 | @200 | @280 | @300 | @300 |
| Span | Pos | 6.98 | 0.159 | 182 | @300 | @300 | @300 | @300 |
| Long | Cont | 5.83 | 0.158 | 166 | @300 | @300 | @300 | @300 |
| Span | Pos | 3.21 | 0.086 | 91 | @300 | @300 | @300 | @300 |
| Min Bar | | 0.200 | 300 | | @230 | @330 | @420 | @450 |

## BeST

MEMBER : **S2**

Project Name :　　　　　　　　Designer : 건축과　　　Date : 10/01/2008　　Page : 1

### ■ Design Conditions ■

Design Code : KCI-USD07

**Material & Dim.**

Concrete　　$f_{ck}$　= 24 N/mm$^2$
Re-bar　　　$f_y$　= 400 N/mm$^2$
Slab Dim. :　4000x6000x150 mm ($c_c$= 30 mm)
Edge Beam
　　$B_{UP}$ = 400x600,　$B_{DN}$　= 400x600 mm
　　$B_{LT}$ = 400x600,　$B_{RT}$　= 400x600 mm

**Applied Loads**

Dead Load　$W_d$　= 5.0 kN/m$^2$
Live Load　$W_l$　= 3.0 kN/m$^2$
$W_u$ = 1.2·$W_d$+1.6·$W_l$ = 10.8 kN/m$^2$

### ■ Check Minimum Slab Thk. ■

$\beta$　= $L_{ny}/L_{nx}$ = 1.5556
$h_{req}$ = $l_n(800+f_y/1.4)/(36000+9000\beta)$ = 122 mm
Thk = 150　>　Req'd Thk = 122 mm　--> O.K.

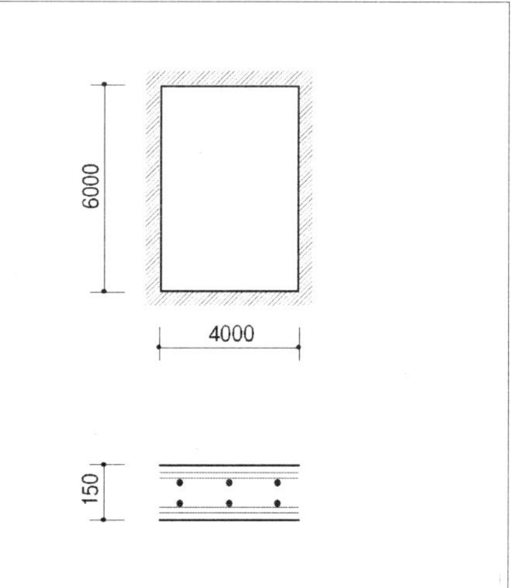


### ■ Flexure Reinforcement ■

Strength Reduction Factor　$\Phi$ = 0.850

| DIREC TION | Loca tion | Mu (kN·m/m) | $\rho$ (%) | $A_{st}$ (mm$^2$/m) | Spacing | | | |
|---|---|---|---|---|---|---|---|---|
| | | | | | D10 | D10+D13 | D13 | D13+D16 |
| Short | Cont | 13.13 | 0.304 | 348 | @200 | @280 | @300 | @300 |
| Span | Pos | 6.98 | 0.159 | 182 | @300 | @300 | @300 | @300 |
| Long | Cont | 5.83 | 0.158 | 166 | @300 | @300 | @300 | @300 |
| Span | Pos | 3.21 | 0.086 | 91 | @300 | @300 | @300 | @300 |
| Min Bar | | | 0.200 | 300 | @230 | @330 | @420 | @450 |

### ■ Check Shear Strength ■

Strength Reduction Factor　$\Phi$ = 0.750

**Short Direction Shear**

$V_{ux}$ = 18.1　<　$\Phi V_c$ = 70.1 kN/m --> O.K.

**Long Direction Shear**

$V_{uy}$ = 5.3　<　$\Phi V_c$ = 64.2 kN/m --> O.K.

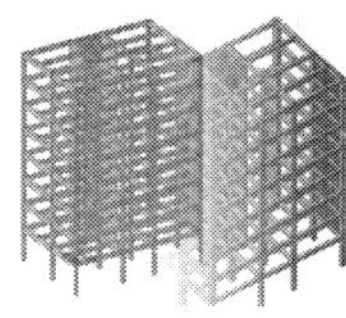

## 2.2　보 설계

###  2.2.1　단근장방형보 설계

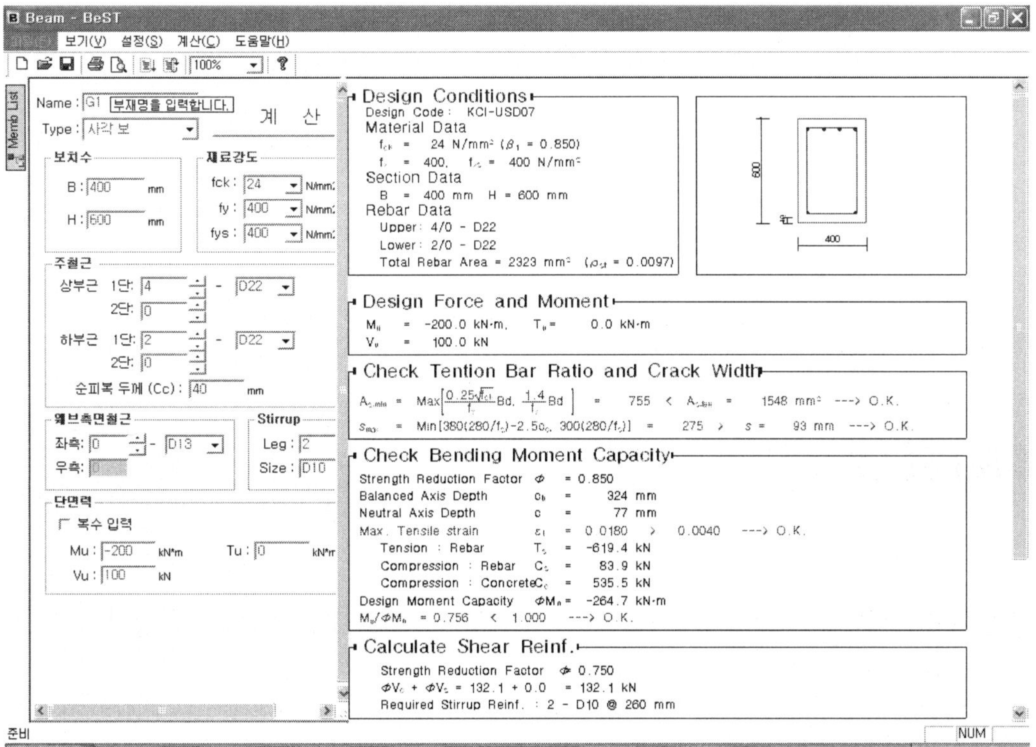

# BeST

MEMBER : **G1**

Project Name :　　　　　　　　　　　Designer : 건축과　　　Date : 10/01/2008　　Page : 1

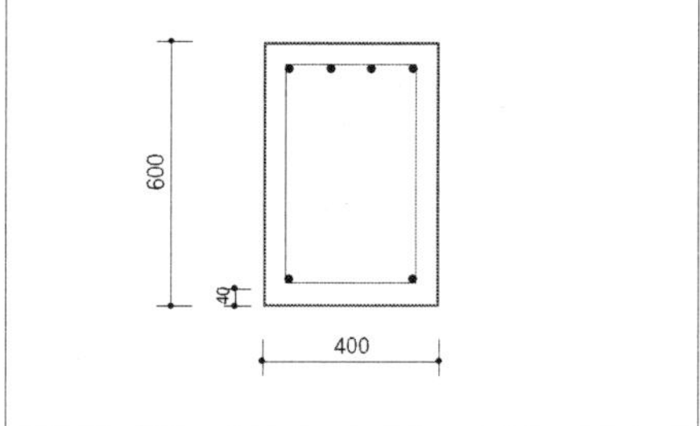

## Design Conditions

Design Code : KCI-USD07

**Material Data**

$f_{ck}$ = 24 N/mm² ($\beta_1$ = 0.850)

$f_y$ = 400,　$f_{ys}$ = 400 N/mm²

**Section Data**

B = 400 mm　H = 600 mm

**Rebar Data**

Upper : 4/0 - D22

Lower : 2/0 - D22

Total Rebar Area = 2323 mm²　($\rho_{st}$ = 0.0097)

## Design Force and Moment

$M_u$　= -200.0 kN·m,　　$T_u$ =　0.0 kN·m

$V_u$　=　100.0 kN

## Check Tention Bar Ratio and Crack Width

$A_{s,min}$　=　$\text{Max}\left[\dfrac{0.25\sqrt{f_{ck}}}{f_y}Bd,\ \dfrac{1.4}{f_y}Bd\right]$　=　755　<　$A_{s.ten}$　=　1548 mm²　---> O.K.

$S_{max}$　=　$\text{Min}[380(280/f_s)-2.5c_c,\ 300(280/f_s)]$　=　275　>　s =　93 mm　---> O.K.

## Check Bending Moment Capacity

Strength Reduction Factor　　$\phi$　= 0.850

Balanced Axis Depth　　　　$c_b$　=　324 mm

Neutral Axis Depth　　　　　c　=　77 mm

Max. Tensile strain　　　　$\varepsilon_t$　= 0.0180　>　0.0040　---> O.K.

　Tension : Rebar　　　　$T_s$　= -619.4 kN

　Compression : Rebar　　$C_s$　=　83.9 kN

　Compression : Concrete　$C_c$　=　535.5 kN

Design Moment Capacity　　$\phi M_n$ = -264.7 kN·m

$M_u/\phi M_n$　= 0.756　　<　1.000　---> O.K.

## Calculate Shear Reinf.

Strength Reduction Factor　$\phi$ = 0.750

$\phi V_c + \phi V_s$ = 132.1 + 0.0　　= 132.1 kN

Required Stirrup Reinf. : 2 - D10 @ 260 mm

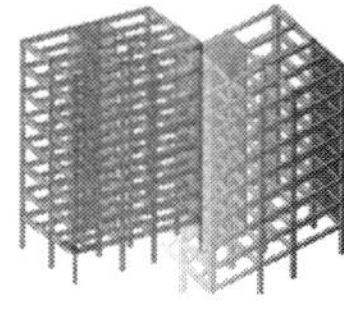

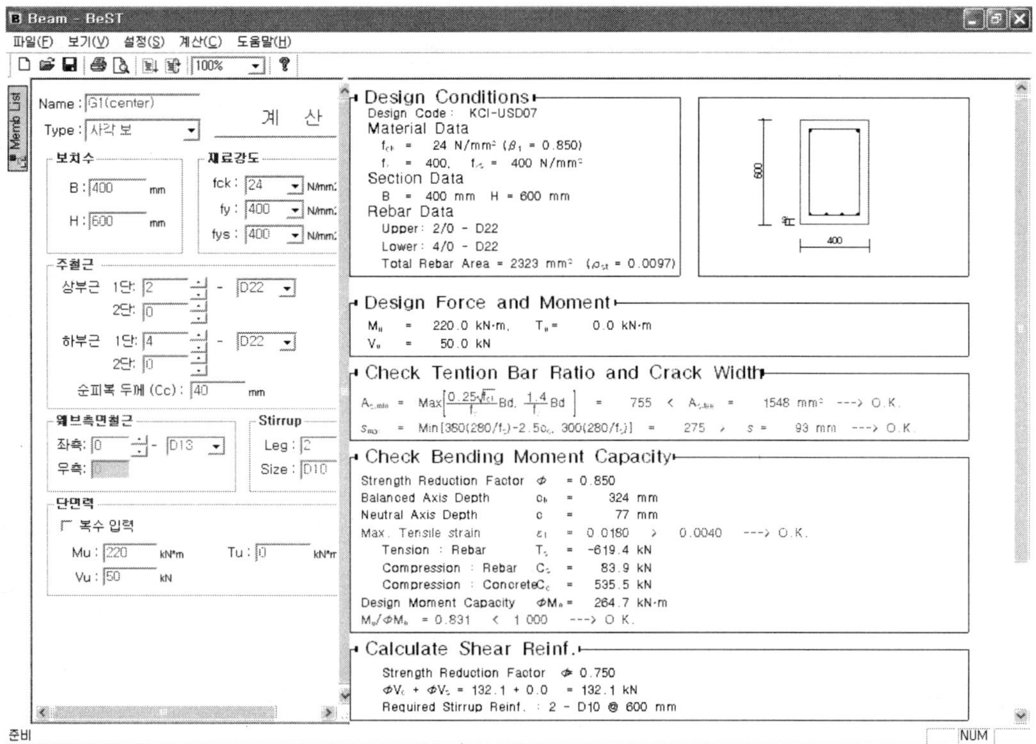


B Beam - BeST
파일(F)  보기(V)  설정(S)  계산(C)  도움말(H)

Name : G1(center)
Type : 사각 보
계 산

보치수
B : 400  mm
H : 600  mm

재료강도
fck : 24  N/mm²
fy : 400  N/mm²
fys : 400  N/mm²

주철근
상부근  1단 : 2 - D22
        2단 : 0
하부근  1단 : 4 - D22
        2단 : 0
순피복 두께 (Cc) : 40  mm

웨브측면철근
좌측 : 0 - D13
우측 :

Stirrup
Leg : 2
Size : D10

단면력
복수입력
Mu : 220  kN*m    Tu : 0  kN*m
Vu : 50  kN

Design Conditions
Design Code : KCI-USD07
Material Data
    $f_{ck}$ =    24 N/mm² ($\beta_1$ = 0.850)
    $f_y$ =   400,   $f_{ys}$ =  400 N/mm²
Section Data
    B =   400 mm   H = 600 mm
Rebar Data
    Upper : 2/0 - D22
    Lower : 4/0 - D22
    Total Rebar Area = 2323 mm²  ($\rho_{st}$ = 0.0097)

Design Force and Moment
    $M_u$   =    220.0 kN·m,    $T_u$ =      0.0 kN·m
    $V_u$   =     50.0 kN

Check Tention Bar Ratio and Crack Width
$A_{s,min}$ =  Max$\left[\frac{0.25\sqrt{f_{ck}}}{f_y}Bd, \frac{1.4}{f_y}Bd\right]$  =    755  <  $A_{s,use}$  =    1548 mm²  ---> O.K.
$s_{max}$   =  Min[350(280/$f_s$)-2.5$c_c$, 300(280/$f_s$)]  =    275  >   s =    93 mm  ---> O.K.

Check Bending Moment Capacity
Strength Reduction Factor  $\phi$   = 0.850
Balanced Axis Depth          $c_b$   =     324 mm
Neutral Axis Depth           c    =      77 mm
Max. Tensile strain          $\varepsilon_t$   =  0.0180   >    0.0040    ---> O.K.
    Tension : Rebar          $T_s$   =   -619.4 kN
    Compression : Rebar   $C_s$   =     83.9 kN
    Compression : Concrete $C_c$  =    535.5 kN
Design Moment Capacity    $\phi M_n$ =    264.7 kN·m
$M_u/\phi M_n$ = 0.831   <   1.000    ---> O.K.

Calculate Shear Reinf.
    Strength Reduction Factor  $\phi$ 0.750
    $\phi V_c$ + $\phi V_s$ = 132.1 + 0.0  = 132.1 kN
    Required Stirrup Reinf. : 2 - D10 @ 600 mm

준비
NUM

## BeST

MEMBER : **G1(cente**

Project Name :      Designer : 건축과      Date : 10/01/2008     Page : 1

### ▪ Design Conditions ▪

Design Code : KCI-USD07

**Material Data**

$f_{ck}$ = 24 N/mm² ($\beta_1$ = 0.850)

$f_y$ = 400,   $f_{ys}$ = 400 N/mm²

**Section Data**

B = 400 mm   H = 600 mm

**Rebar Data**

Upper : 2/0 - D22

Lower : 4/0 - D22

Total Rebar Area = 2323 mm² ($\rho_{st}$ = 0.0097)

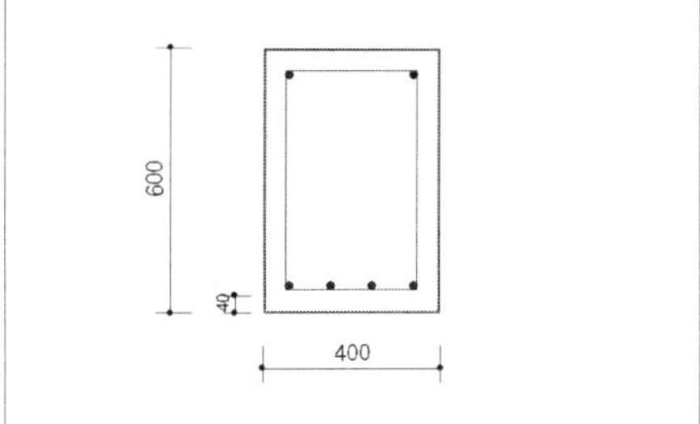

### ▪ Design Force and Moment ▪

$M_u$ = 220.0 kN·m,    $T_u$ = 0.0 kN·m

$V_u$ = 50.0 kN

### ▪ Check Tention Bar Ratio and Crack Width ▪

$A_{s.min}$ = $\text{Max}\left[\dfrac{0.25\sqrt{f_{ck}}}{f_y}Bd, \dfrac{1.4}{f_y}Bd\right]$ = 755 < $A_{s.ten}$ = 1548 mm² ---> O.K.

$S_{max}$ = Min[380(280/$f_s$)−2.5$C_c$, 300(280/$f_s$)] = 275 > s = 93 mm ---> O.K.

### ▪ Check Bending Moment Capacity ▪

Strength Reduction Factor    $\Phi$ = 0.850

Balanced Axis Depth    $C_b$ = 324 mm

Neutral Axis Depth    c = 77 mm

Max. Tensile strain    $\varepsilon_t$ = 0.0180 > 0.0040 ---> O.K.

   Tension : Rebar    $T_s$ = −619.4 kN

   Compression : Rebar    $C_s$ = 83.9 kN

   Compression : Concrete    $C_c$ = 535.5 kN

Design Moment Capacity    $\Phi M_n$ = 264.7 kN·m

$M_u / \Phi M_n$ = 0.831 < 1.000 ---> O.K.

### ▪ Calculate Shear Reinf. ▪

Strength Reduction Factor    $\Phi$ = 0.750

$\Phi V_c + \Phi V_s$ = 132.1 + 0.0 = 132.1 kN

Required Stirrup Reinf. : 2 - D10 @ 600 mm

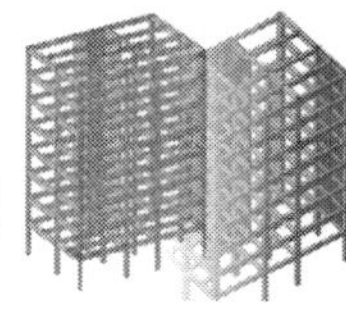

## 2.2.2  복근장방형보 설계

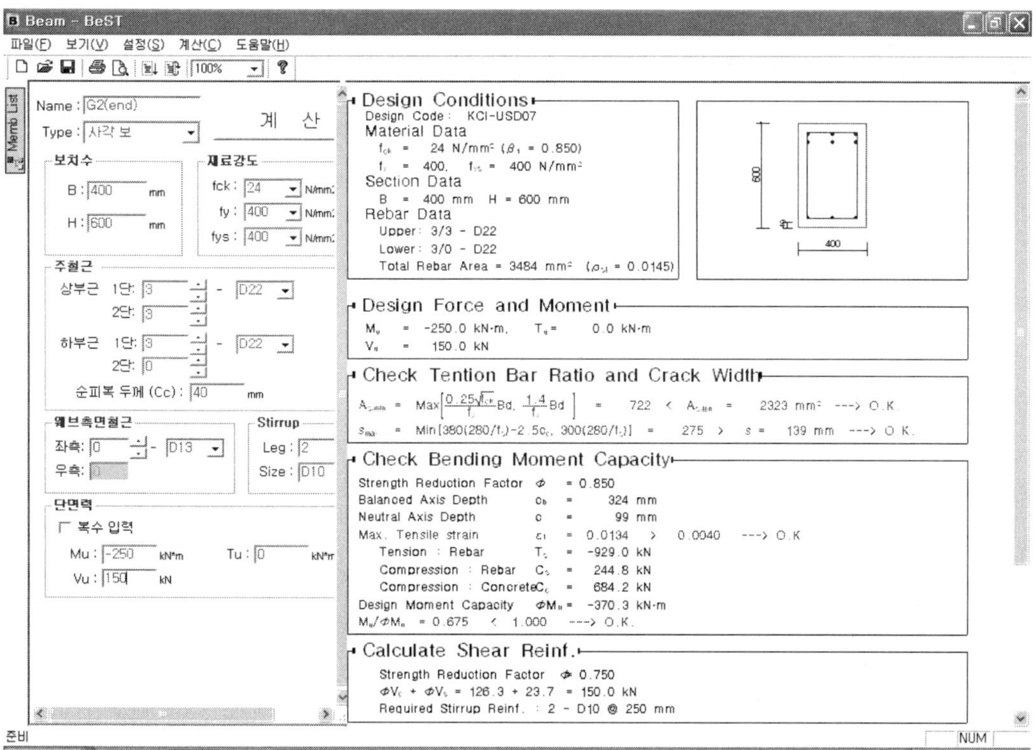

## BeST

MEMBER : **G2(end)**

Project Name :　　　　　　　　　　　Designer : 건축과　　　Date : 10/01/2008　　Page : 1

### ▪ Design Conditions ▪

Design Code : KCI-USD07
**Material Data**
$f_{ck}$ = 24 N/mm² ($\beta_1$ = 0.850)
$f_y$ = 400, $f_{ys}$ = 400 N/mm²
**Section Data**
B = 400 mm　H = 600 mm
**Rebar Data**
Upper : 3/3 - D22
Lower : 3/0 - D22
Total Rebar Area = 3484 mm² ($\rho_{st}$ = 0.0145)

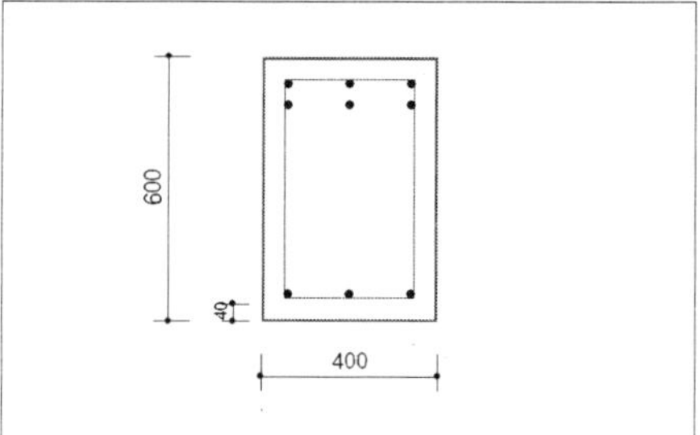

### ▪ Design Force and Moment ▪

$M_u$ = -250.0 kN·m,　　$T_u$ = 0.0 kN·m
$V_u$ = 150.0 kN

### ▪ Check Tention Bar Ratio and Crack Width ▪

$A_{s.min}$ = $\text{Max}\left[\dfrac{0.25\sqrt{f_{ck}}}{f_y}Bd,\ \dfrac{1.4}{f_y}Bd\right]$ = 722 < $A_{s.ten}$ = 2323 mm² ---> O.K.

$S_{max}$ = $\text{Min}[380(280/f_s)-2.5C_c,\ 300(280/f_s)]$ = 275 > s = 139 mm ---> O.K.

### ▪ Check Bending Moment Capacity ▪

Strength Reduction Factor　　$\phi$ = 0.850
Balanced Axis Depth　　$C_b$ = 324 mm
Neutral Axis Depth　　c = 99 mm
Max. Tensile strain　　$\varepsilon_t$ = 0.0134 > 0.0040 ---> O.K.
　Tension : Rebar　　$T_s$ = -929.0 kN
　Compression : Rebar　　$C_s$ = 244.8 kN
　Compression : Concrete　　$C_c$ = 684.2 kN
Design Moment Capacity　　$\phi M_n$ = -370.3 kN·m
$M_u/\phi M_n$ = 0.675 < 1.000 ---> O.K.

### ▪ Calculate Shear Reinf. ▪

Strength Reduction Factor　$\phi$ = 0.750
$\phi V_c + \phi V_s$ = 126.3 + 23.7 = 150.0 kN
Required Stirrup Reinf. : 2 - D10 @ 250 mm

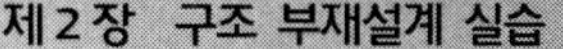
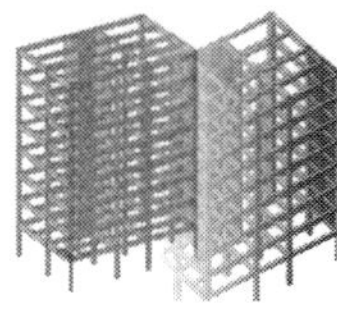

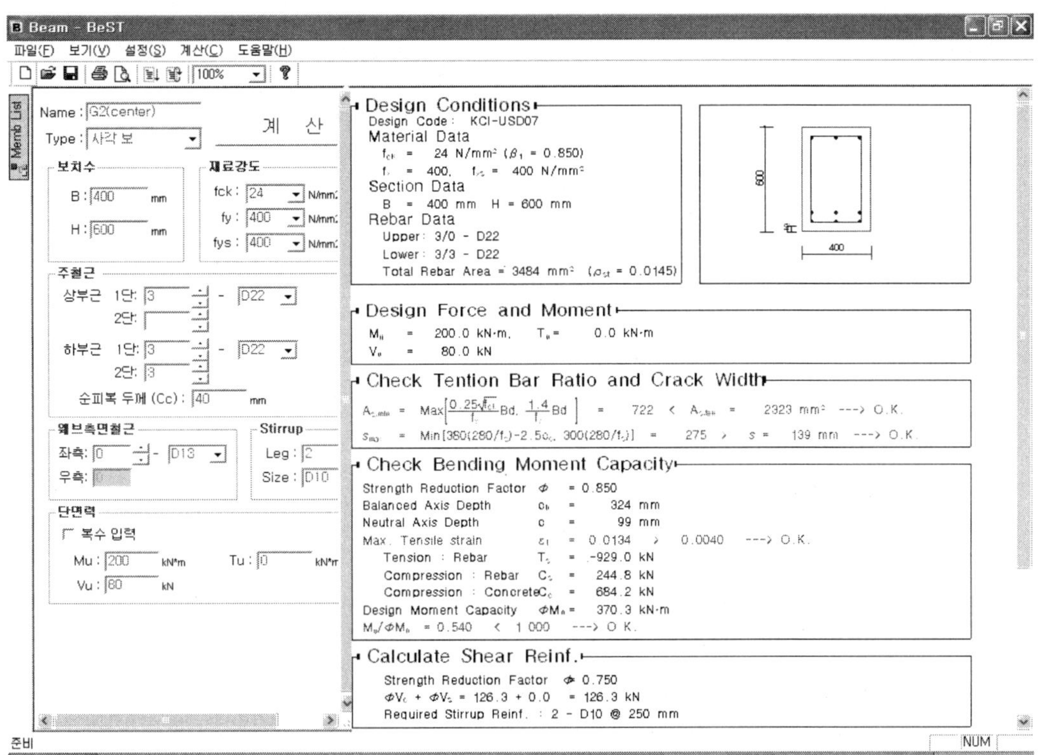

B Beam - BeST

파일(F)  보기(V)  설정(S)  계산(C)  도움말(H)

Name : G2(center)

계 산

Type : 사각 보

보치수
B : 400 mm
H : 600 mm

재료강도
fck : 24 N/mm²
fy : 400 N/mm²
fys : 400 N/mm²

주철근
상부근  1단 : 3 - D22
        2단 :
하부근  1단 : 3 - D22
        2단 : 3
순피복 두께 (Cc) : 40 mm

웨브측면철근
좌측 : 0 - D13
우측 : 0

Stirrup
Leg : 2
Size : D10

단면력
복수 입력
Mu : 200 kN*m    Tu : 0 kN*m
Vu : 80 kN

Design Conditions
Design Code :  KCI-USD07
Material Data
    $f_{ck}$ =    24 N/mm² ($\beta_1$ = 0.850)
    $f_y$ =  400,   $f_{ys}$ =  400 N/mm²
Section Data
    B  =  400 mm  H = 600 mm
Rebar Data
    Upper : 3/0 - D22
    Lower : 3/3 - D22
    Total Rebar Area =  3484 mm²  ($\rho_{st}$ = 0.0145)

Design Force and Moment
    $M_u$     =    200.0 kN·m,    $T_u$ =      0.0 kN·m
    $V_u$     =     80.0 kN

Check Tention Bar Ratio and Crack Width
    $A_{s,min}$ =  Max$\left[\frac{0.25\sqrt{f_{ck}}}{f_y}Bd, \frac{1.4}{f_y}Bd\right]$   =     722  <  $A_{s,use}$  =     2323 mm²  ---> O.K.
    $s_{mo}$  =  Min[380(280/$f_s$)-2.5$c_c$, 300(280/$f_s$)]   =     275  >   s =    139 mm  ---> O.K.

Check Bending Moment Capacity
Strength Reduction Factor   $\phi$   = 0.850
Balanced Axis Depth          $c_b$   =     324 mm
Neutral Axis Depth            c    =      99 mm
Max. Tensile strain           $\varepsilon_t$  =  0.0134   >   0.0040    ---> O.K.
    Tension : Rebar           $T_s$   =  -929.0 kN
    Compression : Rebar       $C_s$   =   244.8 kN
    Compression : Concrete    $C_c$   =   684.2 kN
Design Moment Capacity       $\phi M_n$   =   370.3 kN·m
$M_u/\phi M_n$ = 0.540   <   1.000   ---> O.K.

Calculate Shear Reinf.
Strength Reduction Factor   $\phi$  0.750
$\phi V_c + \phi V_s$ = 126.3 + 0.0   = 126.3 kN
Required Stirrup Reinf. : 2 - D10 @ 250 mm

준비

NUM

 **BeST**

MEMBER : **G2(center**

Project Name :    Designer : 건축과    Date : 10/01/2008    Page : 1

## Design Conditions

Design Code : KCI-USD07

### Material Data

$f_{ck}$ =    24 N/mm$^2$ ($\beta_1$ = 0.850)

$f_y$ =    400,    $f_{ys}$ =    400 N/mm$^2$

### Section Data

B  =    400 mm   H = 600 mm

### Rebar Data

Upper : 3/0 - D22

Lower : 3/3 - D22

Total Rebar Area = 3484 mm$^2$   ($\rho_{st}$ = 0.0145)

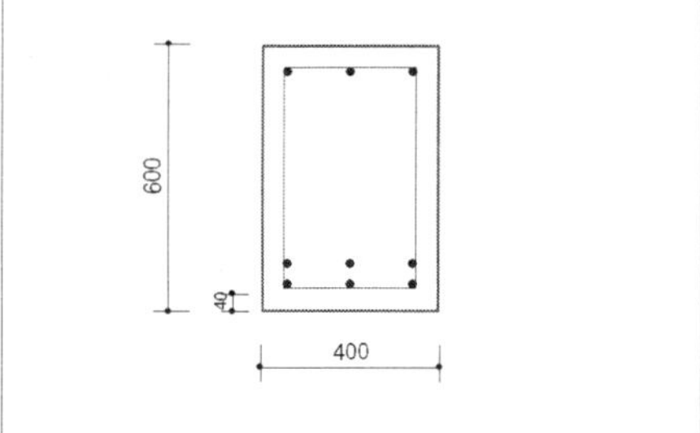

## Design Force and Moment

$M_u$  =    200.0 kN·m,    $T_u$ =    0.0 kN·m

$V_u$  =    80.0 kN

## Check Tention Bar Ratio and Crack Width

$A_{s.min}$ = $\text{Max}\left[\dfrac{0.25\sqrt{f_{ck}}}{f_y}Bd, \dfrac{1.4}{f_y}Bd\right]$ =    722 < $A_{s.ten}$ =    2323 mm$^2$ ---> O.K.

$S_{max}$ = $\text{Min}[380(280/f_s)-2.5C_c, 300(280/f_s)]$ =    275 > s =    139 mm ---> O.K.

## Check Bending Moment Capacity

Strength Reduction Factor    $\Phi$  = 0.850

Balanced Axis Depth    $c_b$  =    324 mm

Neutral Axis Depth    c  =    99 mm

Max. Tensile strain    $\varepsilon_t$  = 0.0134  >  0.0040  ---> O.K.

Tension : Rebar    $T_s$  =   -929.0 kN

Compression : Rebar    $C_s$  =    244.8 kN

Compression : Concrete    $C_c$  =    684.2 kN

Design Moment Capacity    $\Phi M_n$ =    370.3 kN·m

$M_u/\Phi M_n$ = 0.540  <  1.000  ---> O.K.

## Calculate Shear Reinf.

Strength Reduction Factor    $\Phi$ = 0.750

$\Phi V_c + \Phi V_s$ = 126.3 + 0.0    = 126.3 kN

Required Stirrup Reinf. : 2 - D10 @ 250 mm

## 2.2.3  보 저항모멘트 테이블에 의한 설계

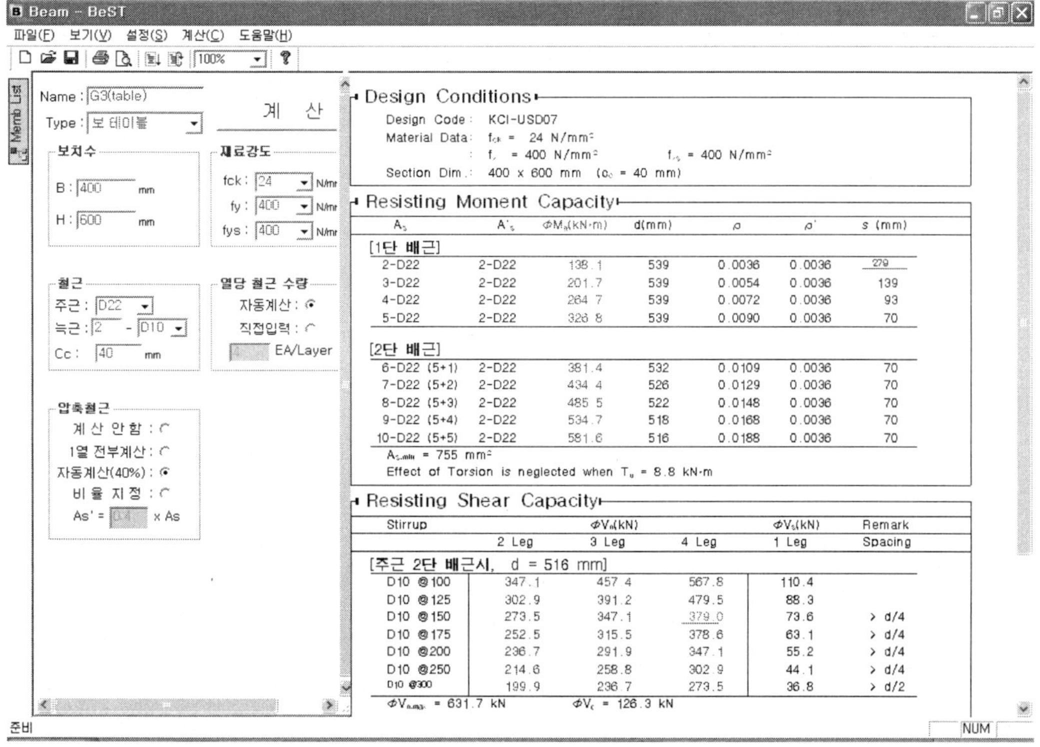



Design Conditions

Design Code :  KCI-USD07
Material Data :  $f_{ck}$ = 24 N/mm²
 $f_y$ = 400 N/mm²            $f_{ys}$ = 400 N/mm²
Section Dim. :  400 x 600 mm  ($c_c$ = 40 mm)

### Resisting Moment Capacity

| $A_s$ | $A'_s$ | $\phi M_n$(kN·m) | d(mm) | $\rho$ | $\rho'$ | $s$ (mm) |
|---|---|---|---|---|---|---|
| **[1단 배근]** | | | | | | |
| 2-D22 | 2-D22 | 138.1 | 539 | 0.0036 | 0.0036 | 279 |
| 3-D22 | 2-D22 | 201.7 | 539 | 0.0054 | 0.0036 | 139 |
| 4-D22 | 2-D22 | 264.7 | 539 | 0.0072 | 0.0036 | 93 |
| 5-D22 | 2-D22 | 326.8 | 539 | 0.0090 | 0.0036 | 70 |
| **[2단 배근]** | | | | | | |
| 6-D22 (5+1) | 2-D22 | 381.4 | 532 | 0.0109 | 0.0036 | 70 |
| 7-D22 (5+2) | 2-D22 | 434.4 | 526 | 0.0129 | 0.0036 | 70 |
| 8-D22 (5+3) | 2-D22 | 485.5 | 522 | 0.0148 | 0.0036 | 70 |
| 9-D22 (5+4) | 2-D22 | 534.7 | 518 | 0.0168 | 0.0036 | 70 |
| 10-D22 (5+5) | 2-D22 | 581.6 | 516 | 0.0188 | 0.0036 | 70 |

$A_{s,min}$ = 755 mm²
Effect of Torsion is neglected when $T_u$ = 8.8 kN·m

### Resisting Shear Capacity

| Stirrup | $\phi V_n$(kN) | | | $\phi V_s$(kN) | Remark |
|---|---|---|---|---|---|
| | 2 Leg | 3 Leg | 4 Leg | 1 Leg | Spacing |
| **[주근 2단 배근시,  d = 516 mm]** | | | | | |
| D10 @100 | 347.1 | 457.4 | 567.8 | 110.4 | |
| D10 @125 | 302.9 | 391.2 | 479.5 | 88.3 | |
| D10 @150 | 273.5 | 347.1 | 379.0 | 73.6 | > d/4 |
| D10 @175 | 252.5 | 315.5 | 378.6 | 63.1 | > d/4 |
| D10 @200 | 236.7 | 291.9 | 347.1 | 55.2 | > d/4 |
| D10 @250 | 214.6 | 258.8 | 302.9 | 44.1 | > d/4 |
| D10 @300 | 199.9 | 236.7 | 273.5 | 36.8 | > d/2 |

$\phi V_{n,max}$ = 631.7 kN        $\phi V_c$ = 126.3 kN

 **BeST**

MEMBER : **G3(table)**

Project Name :　　　　　　　　　Designer : 건축과　　　　Date : 10/01/2008　　Page : 1

## ◢ Design Conditions ◣

Design Code ： KCI-USD07
Material Data ： $f_{ck}$ = 24 N/mm$^2$
　　　　　　　： $f_y$ = 400 N/mm$^2$　　　　　　$f_{ys}$ = 400 N/mm$^2$
Section Dim. ： 400 x 600 mm　($c_c$ = 40 mm)

## ◢ Resisting Moment Capacity ◣

| $A_s$ | $A'_s$ | $\phi M_n$(kN·m) | d(mm) | $\rho$ | $\rho'$ | s (mm) |
|---|---|---|---|---|---|---|
| **[1단 배근]** | | | | | | |
| 2-D22 | 2-D22 | 138.1 | 539 | 0.0036 | 0.0036 | 279 |
| 3-D22 | 2-D22 | 201.7 | 539 | 0.0054 | 0.0036 | 139 |
| 4-D22 | 2-D22 | 264.7 | 539 | 0.0072 | 0.0036 | 93 |
| 5-D22 | 2-D22 | 326.8 | 539 | 0.0090 | 0.0036 | 70 |
| **[2단 배근]** | | | | | | |
| 6-D22 (5+1) | 2-D22 | 381.4 | 532 | 0.0109 | 0.0036 | 70 |
| 7-D22 (5+2) | 2-D22 | 434.4 | 526 | 0.0129 | 0.0036 | 70 |
| 8-D22 (5+3) | 2-D22 | 485.5 | 522 | 0.0148 | 0.0036 | 70 |
| 9-D22 (5+4) | 2-D22 | 534.7 | 518 | 0.0168 | 0.0036 | 70 |
| 10-D22 (5+5) | 2-D22 | 581.6 | 516 | 0.0188 | 0.0036 | 70 |

$A_{s.min}$ = 755 mm$^2$

Effect of Torsion is neglected when $T_u$ = 8.8 kN·m

## ◢ Resisting Shear Capacity ◣

| Stirrup | $\phi V_n$(kN) | | | $\phi V_s$(kN) | Remark |
|---|---|---|---|---|---|
| | 2 Leg | 3 Leg | 4 Leg | 1 Leg | Spacing |
| **[주근 2단 배근시,　d = 516 mm]** | | | | | |
| D10 @100 | 347.1 | 457.4 | 567.8 | 110.4 | |
| D10 @125 | 302.9 | 391.2 | 479.5 | 88.3 | |
| D10 @150 | 273.5 | 347.1 | 379.0 | 73.6 | > d/4 |
| D10 @175 | 252.5 | 315.5 | 378.6 | 63.1 | > d/4 |
| D10 @200 | 236.7 | 291.9 | 347.1 | 55.2 | > d/4 |
| D10 @250 | 214.6 | 258.8 | 302.9 | 44.1 | > d/4 |
| D10 @300 | 199.9 | 236.7 | 273.5 | 36.8 | > d/2 |

$\phi V_{n.max}$ = 631.7 kN　　　$\phi V_c$ = 126.3 kN

| Stirrup | $\phi V_n$(kN) | | | $\phi V_s$(kN) | Remark |
|---|---|---|---|---|---|
| **[주근 1단 배근시,　d = 539 mm]** | | | | | |
| D10 @100 | 363.0 | 478.4 | 593.8 | 115.4 | |
| D10 @125 | 316.8 | 409.1 | 501.5 | 92.3 | |
| D10 @150 | 286.0 | 363.0 | 396.4 | 76.9 | > d/4 |
| D10 @175 | 264.0 | 330.0 | 395.9 | 66.0 | > d/4 |
| D10 @200 | 247.5 | 305.2 | 363.0 | 57.7 | > d/4 |
| D10 @250 | 224.5 | 270.6 | 316.8 | 46.2 | > d/4 |
| D10 @300 | 209.1 | 247.5 | 286.0 | 38.5 | > d/2 |

$\phi V_{n.max}$ = 660.6 kN　　　$\phi V_c$ = 132.1 kN

# 2.3  기둥 설계

Column - BeST
파일(F)  보기(V)  설정(S)  계산(C)  도움말(H)
100%
Name : C1
Type : 사각기둥
계 산
기둥치수
Cx : 400  mm
Cy : 400  mm
KLu : 4.5  m
재료강도
fck : 24  N/mm2
fy : 400  N/mm2
fys : 400  N/mm2
Cm, βd 입력
철근
주근 : 8  EA - 3  Row - D22
2단 배근
Hoop : D10  @  250  자동계산
순피복 두께 (Cc) : 40  mm
단면력
복수 입력
Pu : 1200  kN
Mux : 20  kN*m      Vuy : 0  kN
Muy : 15  kN*m      Vux : 0  kN

Design Conditions
Design Code  KCI-USD07
Material Data
fck  =  24 N/mm² (β1 = 0.850)
fy  =  400,  fys  =  400 N/mm²
Section Data
Cx  =  400 mm   Cy = 400 mm
KLu = 4500 mm
Rebar Data
Vert. = 8EA - 3Row - D22  (Cc = 40 mm)
Total Rebar Area = 3097 mm²  (ρg = 0.0194)

Design Force and Moment
Pu  =  1200.0 kN
Mux  =  20.0,   Muy  =  15.0 kN·m
KLu/rx = 4500/120 = 37.50  >  34-12(M1/M2) = 22.00
δx  =  MAX[1.00/(1-Pu/0.75/5720), 1.0] = 1.388
δx·Mux =  δx·MAX[Mux, Pu·emin]  =  45.0 kN·m
KLu/ry = 4500/120 = 37.50  >  34-12(M1/M2) = 22.00
δy  =  MAX[1.00/(1-Pu/0.75/5720), 1.0] = 1.388
δy·Muy  =  δy·Muy  =  20.8 kN·m

Check Flexure Capacity
Strength Reduction Factor Φ  =  0.6500
Depth to the Neutral Axis c  =  319 mm
Pu/ΦPn(max)  =  1200.0 / 2308.6  =  0.520  <  1.000  ---> O.K.
δx·Mux/ΦMnx  =  45.0 / 139.2  =  0.323  <  1.000  ---> O.K.
δy·Muy/ΦMny  =  20.8 / 64.5  =  0.323  <  1.000  ---> O.K.

준비
NUM

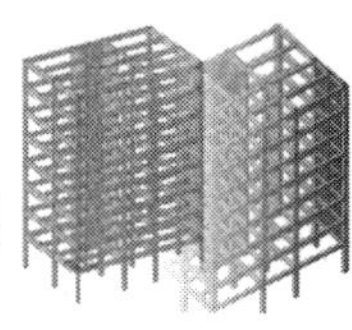

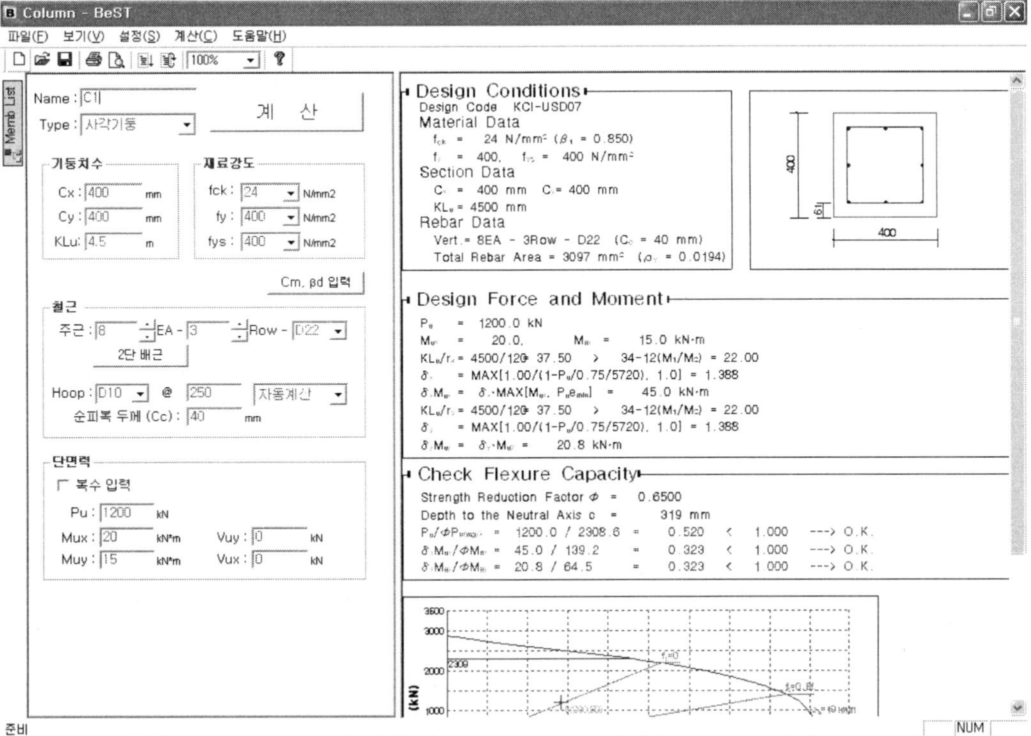

## BeST

MEMBER : **C1**

Project Name :　　　　　　　　　　Designer : 건축과　　　　Date : 10/01/2008　　Page : 1

### ▪ Design Conditions ▪

Design Code : KCI-USD07

**Material Data**

$f_{ck}$ = 24 N/mm$^2$ ($\beta_1$ = 0.850)

$f_y$ = 400, $f_{ys}$ = 400 N/mm$^2$

**Section Data**

$C_x$ = 400 mm　$C_y$ = 400 mm

$KL_u$ = 4500 mm

**Rebar Data**

Vert. = 8EA − 3Row − D22　($C_c$ = 40 mm)

Total Rebar Area = 3097 mm$^2$　($\rho_v$ = 0.0194)

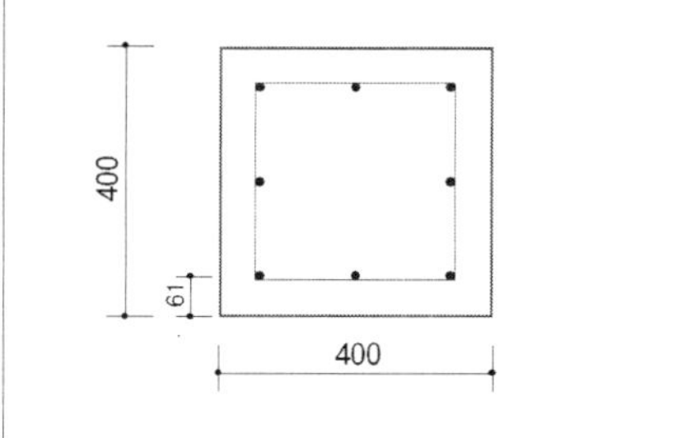


### ▪ Design Force and Moment ▪

$P_u$ = 1200.0 kN

$M_{ux}$ = 20.0,　　　$M_{uy}$ = 15.0 kN·m

$KL_u/r_x$ = 4500/120 = 37.50　>　34−12($M_1/M_2$) = 22.00

$\delta_x$ = MAX[1.00/(1−$P_u$/0.75/5720), 1.0] = 1.388

$\delta_x M_{ux}$ = $\delta_x$·MAX[$M_{ux}$, $P_u e_{min}$] = 45.0 kN·m

$KL_u/r_y$ = 4500/120 = 37.50　>　34−12($M_1/M_2$) = 22.00

$\delta_y$ = MAX[1.00/(1−$P_u$/0.75/5720), 1.0] = 1.388

$\delta_y M_{uy}$ = $\delta_y$·$M_{uy}$ = 20.8 kN·m

### ▪ Check Flexure Capacity ▪

Strength Reduction Factor　$\Phi$ = 0.6500

Depth to the Neutral Axis　c = 319 mm

$P_u/\Phi P_{n(max)}$ = 1200.0 / 2308.6　= 0.520　<　1.000　---> O.K.

$\delta_x M_{ux}/\Phi M_{nx}$ = 45.0 / 139.2　= 0.323　<　1.000　---> O.K.

$\delta_x M_{uy}/\Phi M_{ny}$ = 20.8 / 64.5　= 0.323　<　1.000　---> O.K.

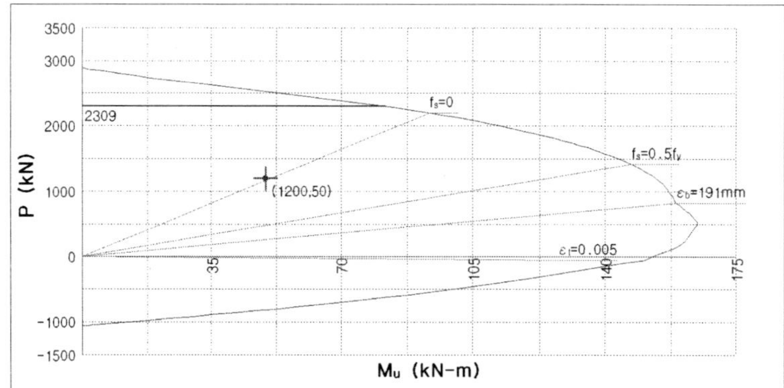

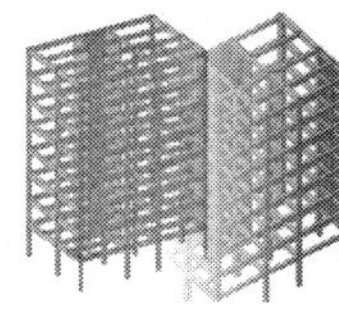

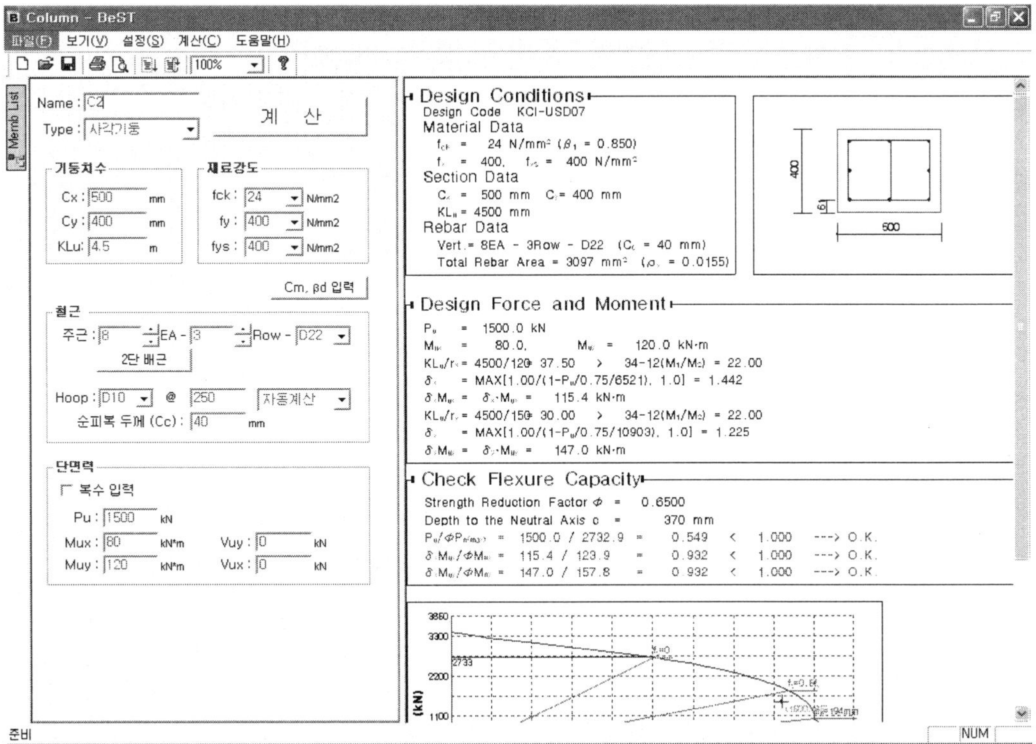

B Column - BeST
파일(F)  보기(V)  설정(S)  계산(C)  도움말(H)
100%
Memb List
Name : C4
Type : 사각기둥
계 산
기둥치수
Cx : 500  mm
Cy : 400  mm
KLu : 4.5  m
재료강도
fck : 24  N/mm2
fy : 400  N/mm2
fys : 400  N/mm2
Cm, βd 입력
철근
주근 : 8  EA - 3  Row - D22
2단 배근
Hoop : D10  @  250  자동계산
순피복 두께 (Cc) : 40  mm
단면력
복수 입력
Pu : 1500  kN
Mux : 80  kN*m    Vuy : 0  kN
Muy : 120  kN*m    Vux : 0  kN
400
61
500
Design Conditions
Design Code  KCI-USD07
Material Data
fck =  24 N/mm² (β₁ = 0.850)
fy =  400,  fys = 400 N/mm²
Section Data
Cx =  500 mm  Cy = 400 mm
KLu = 4500 mm
Rebar Data
Vert.= 8EA - 3Row - D22  (Cc = 40 mm)
Total Rebar Area = 3097 mm²  (ρg = 0.0155)
Design Force and Moment
Pu =  1500.0 kN
Mux =  80.,  Muy =  120.0 kN·m
KLu/rx = 4500/120= 37.50  >  34-12(M₁/M₂) = 22.00
δx = MAX[1.00/(1-Pu/0.75/6521), 1.0] = 1.442
δx·Mux = δx·Mux =  115.4 kN·m
KLu/ry = 4500/150= 30.00  >  34-12(M₁/M₂) = 22.00
δy = MAX[1.00/(1-Pu/0.75/10903), 1.0] = 1.225
δy·Muy = δy·Muy =  147.0 kN·m
Check Flexure Capacity
Strength Reduction Factor Φ =  0.6500
Depth to the Neutral Axis c =  370 mm
Pu/ΦPn(max) =  1500.0 / 2732.9 =  0.549  <  1.000  ---> O.K.
δx·Mux/ΦMnx =  115.4 / 123.9  =  0.932  <  1.000  ---> O.K.
δy·Muy/ΦMny =  147.0 / 157.8  =  0.932  <  1.000  ---> O.K.
3850
3300
2733
2200
1100
(kN)
준비
NUM

## BeST

MEMBER : **C1**

Project Name :　　　　　　　　　　　Designer : 건축과　　　　Date : 10/01/2008　　Page : 1

### ◀ Design Conditions ▶

Design Code: KCI-USD07

**Material Data**

$f_{ck}$ = 24 N/mm² ($\beta_1$ = 0.850)

$f_y$ = 400, $f_{ys}$ = 400 N/mm²

**Section Data**

$C_x$ = 500 mm　$C_y$ = 400 mm

$KL_u$ = 4500 mm

**Rebar Data**

Vert. = 8EA - 3Row - D22　($C_c$ = 40 mm)

Total Rebar Area = 3097 mm² ($\rho_v$ = 0.0155)

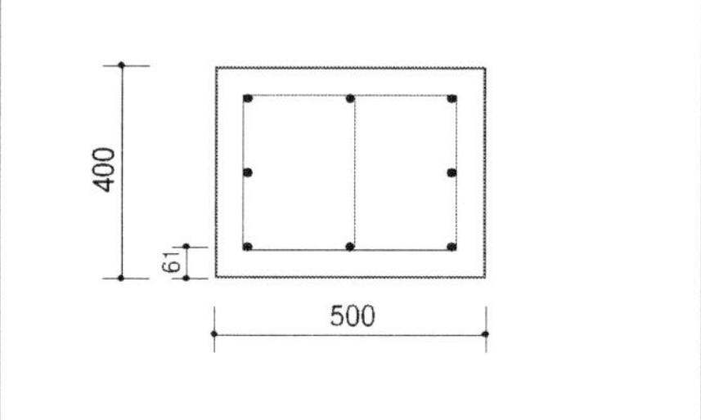

### ◀ Design Force and Moment ▶

$P_u$ = 1500.0 kN

$M_{ux}$ = 80.0,　　　$M_{uy}$ = 120.0 kN·m

$KL_u/r_x$ = 4500/120 = 37.50 > 34−12($M_1/M_2$) = 22.00

$\delta_x$ = MAX[1.00/(1−$P_u$/0.75/6521), 1.0] = 1.442

$\delta_x M_{ux}$ = $\delta_x$·$M_{ux}$ = 115.4 kN·m

$KL_u/r_y$ = 4500/150 = 30.00 > 34−12($M_1/M_2$) = 22.00

$\delta_y$ = MAX[1.00/(1−$P_u$/0.75/10903), 1.0] = 1.225

$\delta_y M_{uy}$ = $\delta_y$·$M_{uy}$ = 147.0 kN·m

### ◀ Check Flexure Capacity ▶

Strength Reduction Factor　$\Phi$ = 0.6500

Depth to the Neutral Axis　c = 370 mm

$P_u/\Phi P_{n(max)}$ = 1500.0 / 2732.9 = 0.549 < 1.000 ---> O.K.

$\delta_x M_{ux}/\Phi M_{nx}$ = 115.4 / 123.9 = 0.932 < 1.000 ---> O.K.

$\delta_x M_{uy}/\Phi M_{ny}$ = 147.0 / 157.8 = 0.932 < 1.000 ---> O.K.

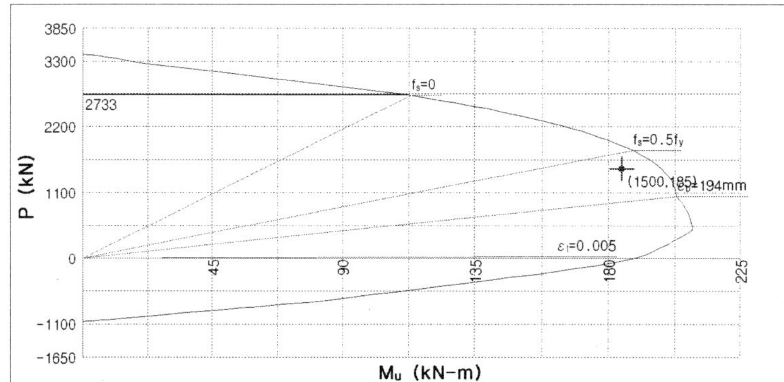

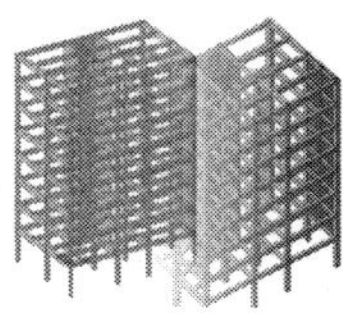

# 2.4  기초 설계

## 2.4.1  독립기초 설계

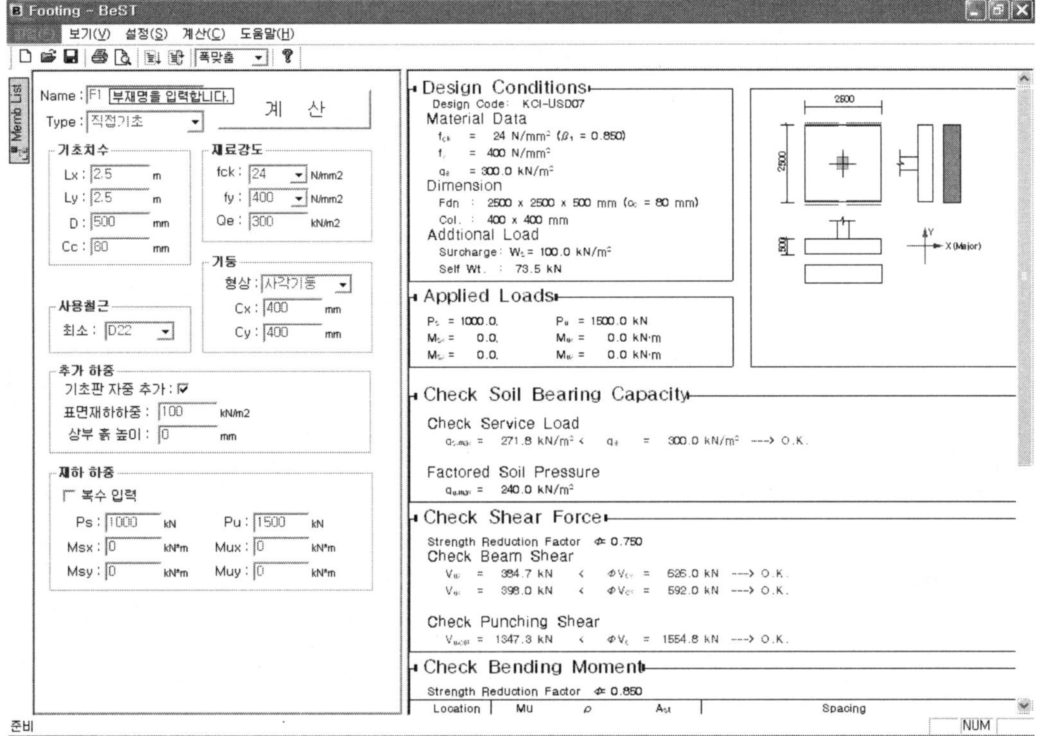

## BeST

**MEMBER : F1**

Project Name :   Designer : 건축과   Date : 10/01/2008   Page : 1

## ◢ Design Conditions ◣

Design Code : KCI-USD07

### Material Data

$f_{ck}$  =  24 N/mm² ($\beta_1$ = 0.850)

$f_y$  =  400 N/mm²

$q_e$  =  300.0 kN/m²

### Dimension

Fdn :  2500 x 2500 x 500 mm ($c_c$ = 80 mm)

Col. :  400 x 400 mm

### Addtional Load

Surcharge : $W_s$ = 100.0 kN/m²

Self Wt. :  73.5 kN

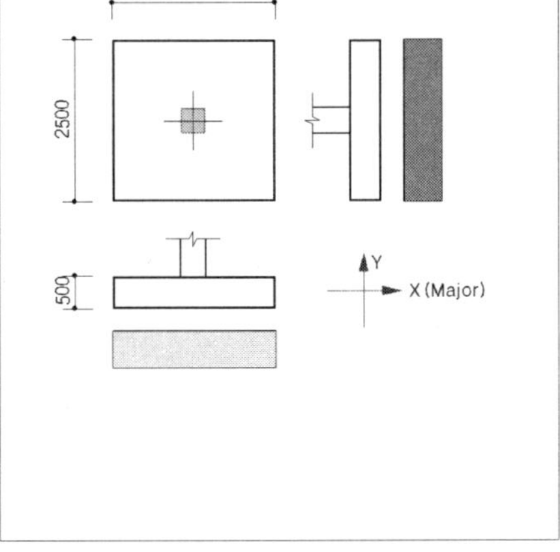

## ◢ Applied Loads ◣

$P_s$ = 1000.0,   $P_u$ = 1500.0 kN

$M_{sx}$ = 0.0,   $M_{ux}$ = 0.0 kN·m

$M_{sy}$ = 0.0,   $M_{uy}$ = 0.0 kN·m

## ◢ Check Soil Bearing Capacity ◣

### Check Service Load

$q_{s.max}$ = 271.8 kN/m² <  $q_e$  =  300.0 kN/m² ---> O.K.

### Factored Soil Pressure

$q_{u.max}$ = 240.0 kN/m²

## ◢ Check Shear Force ◣

Strength Reduction Factor  $\Phi$ = 0.750

### Check Beam Shear

$V_{uy}$  =  384.7 kN   <   $\Phi V_{cy}$  =  626.0 kN  ---> O.K.

$V_{ux}$  =  398.0 kN   <   $\Phi V_{cx}$  =  592.0 kN  ---> O.K.

### Check Punching Shear

$V_{u.col}$  =  1347.3 kN   <   $\Phi V_c$  =  1554.8 kN  ---> O.K.

## ◢ Check Bending Moment ◣

Strength Reduction Factor  $\Phi$ = 0.850

| Location | Mu (kN·m/m) | $\rho$ (%) | $A_{st}$ (mm²/m) | Spacing D22 | D25 | D29 | D32 |
|---|---|---|---|---|---|---|---|
| Major Dir. | 132.30 | 0.238 | 974 | @300 | @300 | @300 | @300 |
| Minor Dir. | 132.30 | 0.267 | 1033 | @300 | @300 | @300 | @300 |
| Min Bar |  | -0.000 | -0 | @300 | @300 | @300 | @300 |

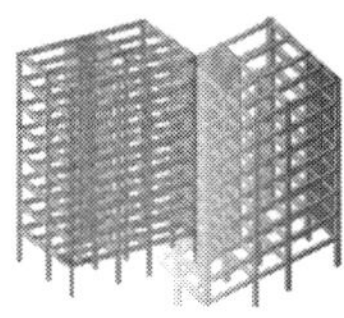

## 2.4.2 파일기초 설계

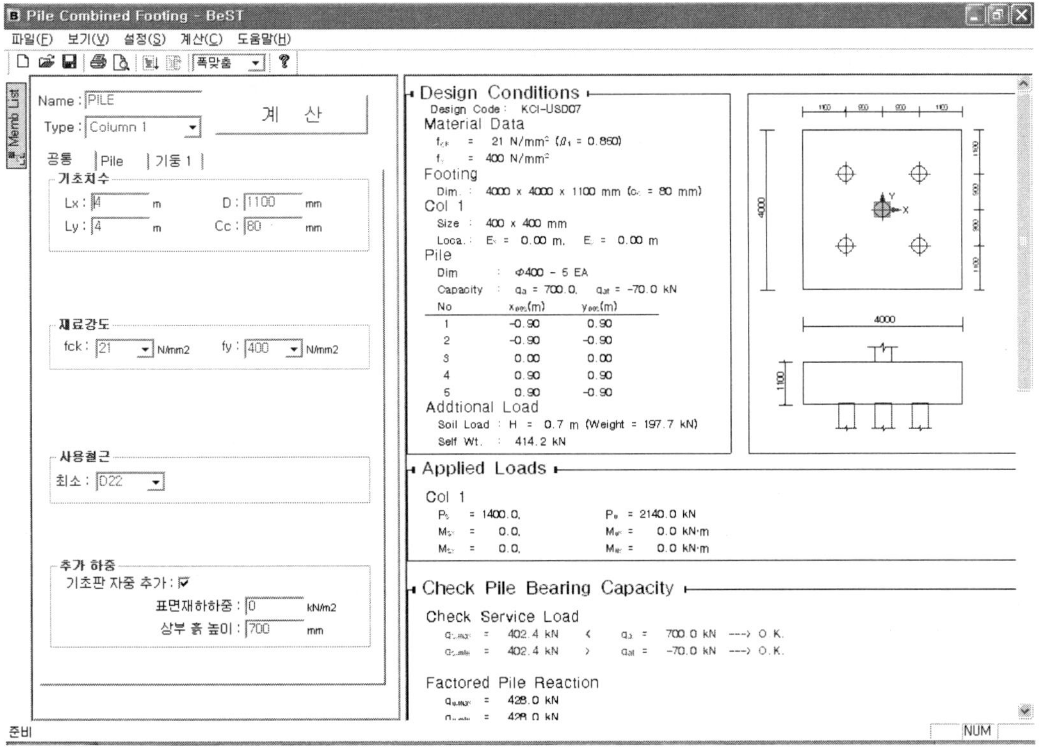

## BeST

MEMBER : **PILE**

Project Name :　　　　　　　　　　　Designer : 건축과　　　　Date : 10/01/2008　　Page : 1

## ▪ Design Conditions ▪

Design Code : KCI-USD07

### Material Data

$f_{ck}$ = 21 N/mm² ($\beta_1$ = 0.850)

$f_y$ = 400 N/mm²

### Footing

Dim. : 4000 x 4000 x 1100 mm ($c_c$ = 80 mm)

### Col 1

Size : 400 x 400 mm

Loca. : $E_x$ = 0.00 m,　$E_y$ = 0.00 m

### Pile

Dim　　: $\phi$400 – 5 EA

Capacity : $q_a$ = 700.0,　$q_{at}$ = –70.0 kN

| No | $x_{pos}$(m) | $y_{pos}$(m) |
|----|----|----|
| 1 | -0.90 | 0.90 |
| 2 | -0.90 | -0.90 |
| 3 | 0.00 | 0.00 |
| 4 | 0.90 | 0.90 |
| 5 | 0.90 | -0.90 |

### Addtional Load

Soil Load : H = 0.7 m (Weight = 197.7 kN)

Self Wt. : 414.2 kN

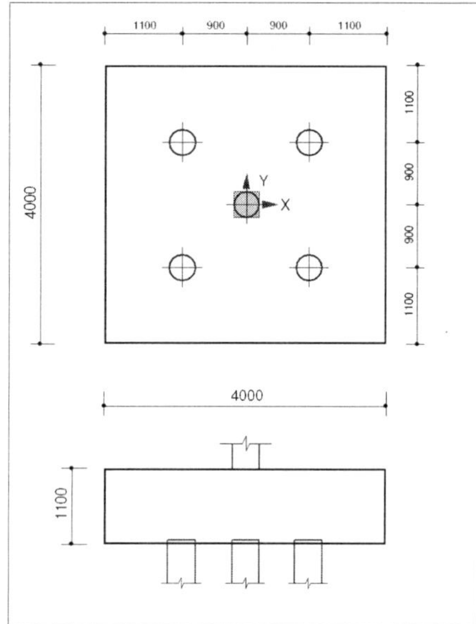


## ▪ Applied Loads ▪

### Col 1

$P_s$ = 1400.0,　　　　　$P_u$ = 2140.0 kN

$M_{sx}$ = 0.0,　　　　　$M_{ux}$ = 0.0 kN·m

$M_{sy}$ = 0.0,　　　　　$M_{uy}$ = 0.0 kN·m

## ▪ Check Pile Bearing Capacity ▪

### Check Service Load

$q_{s.max}$ = 402.4 kN 　<　 $q_a$ = 700.0 kN ---> O.K.

$q_{s.min}$ = 402.4 kN 　>　 $q_{at}$ = –70.0 kN ---> O.K.

### Factored Pile Reaction

$q_{u.max}$ = 428.0 kN

$q_{u.min}$ = 428.0 kN

## ▪ Check Shear Force ▪

Strength Reduction Factor　$\phi$ = 0.750

### Check Beam Shear

$V_{ux}$ = 53.0 kN/m < 　$\phi V_{cx}$ = 565.2 kN/m ---> O.K.

$V_{uy}$ = 0.0 kN/m < 　$\phi V_{cy}$ = 577.9 kN/m ---> O.K.

### Check Punching Shear : Column

$V_{u.c1}$ = 1712.0 kN 　<　 $\phi V_c$ = 6391.4 kN ---> O.K.

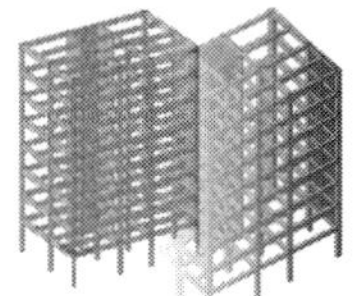

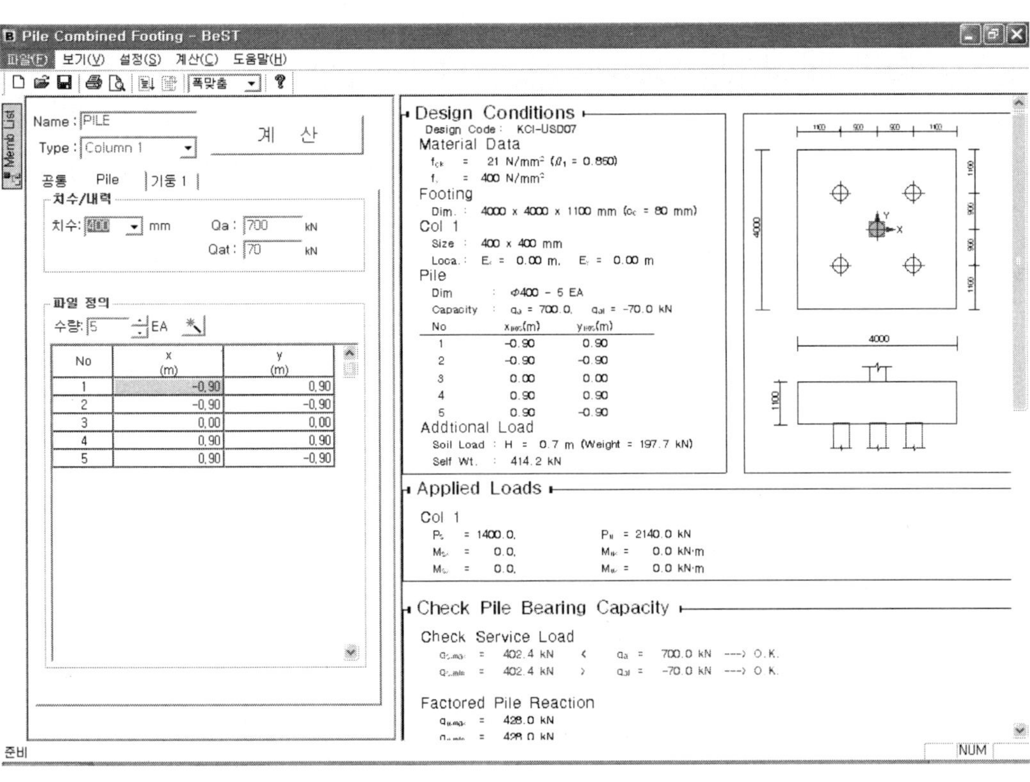

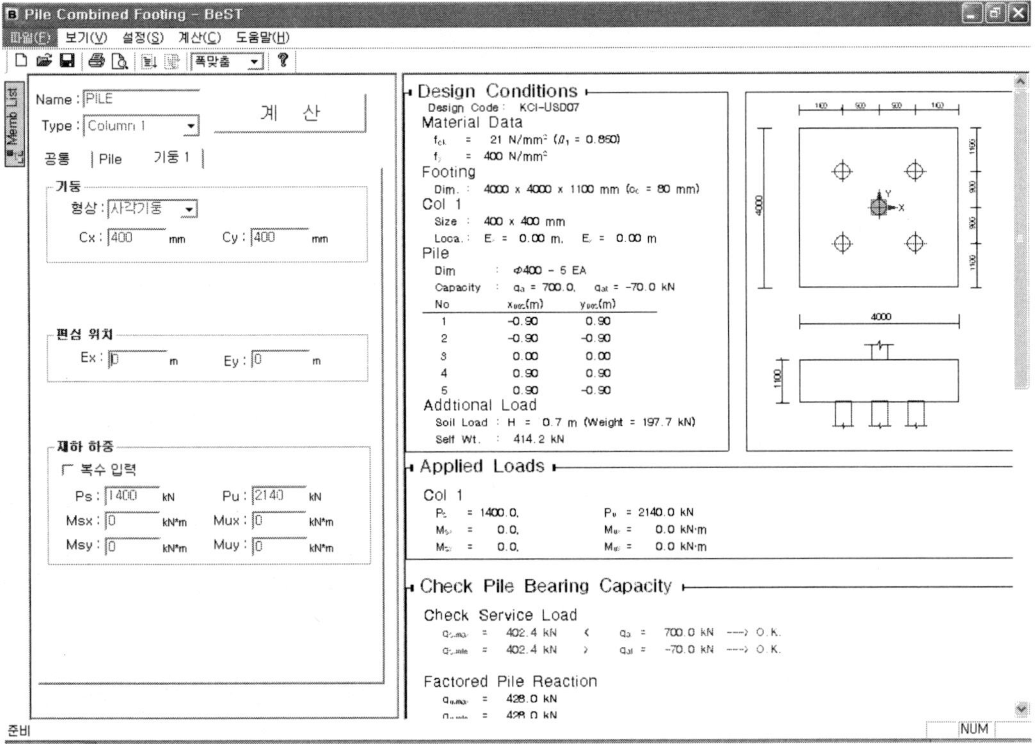

# 2.5 계단 설계

## 2.5.1 1방향 계단 설계

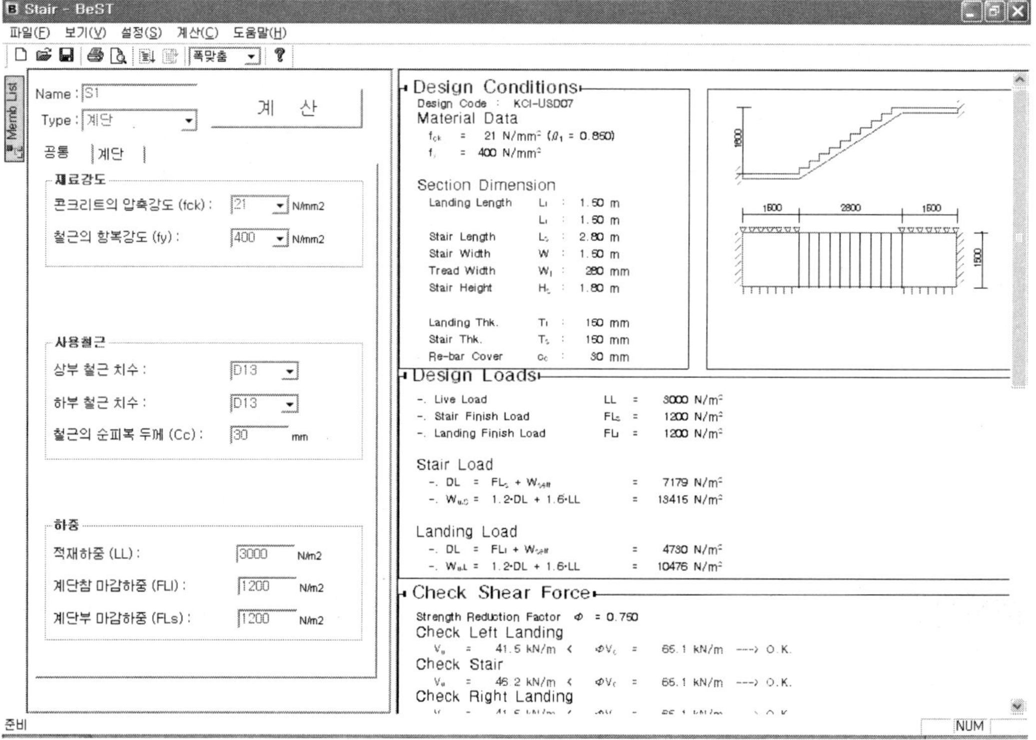

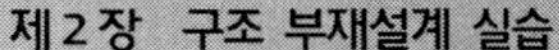
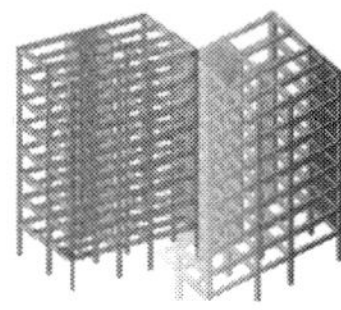

**Stair - BeST**

파일(F)  보기(V)  설정(S)  계산(C)  도움말(H)

폭맞춤

Name : S1

Type : 계단

계 산

공통  계단

**계단 길이**

좌측 계단참 길이 (Ll) : 1.5 m

계단부 길이 (Ls) : 2.8 m

우측 계단참 길이 (Lr) : 1.5 m

한쪽 계단의 폭 (W) : 1.5 m

**계단 높이 ...**

계단부 높이 (Hs) : 1.8 m

답판의 폭 (Wt) : 280 mm

**두께**

계단참 두께 (Tl) : 150 mm

계단부 두께 (Ts) : 150 mm

**지지조건**

좌측 단부 : 고정

좌측 계단참 위측 : 핀

좌측 계단참 아래측 : 연속

우측 단부 : 고정

우측 계단참 위측 : 핀

우측 계단참 아래측 : 연속

---

## Design Conditions

Design Code : KCI-USD07

### Material Data

$f_{ck}$ = 21 N/mm$^2$ ($\beta_1$ = 0.850)

$f_y$ = 400 N/mm$^2$

### Section Dimension

| | | | |
|---|---|---|---|
| Landing Length | $L_l$ | : | 1.50 m |
| | $L_r$ | : | 1.50 m |
| Stair Length | $L_s$ | : | 2.80 m |
| Stair Width | W | : | 1.50 m |
| Tread Width | $W_t$ | : | 280 mm |
| Stair Height | $H_s$ | : | 1.80 m |
| Landing Thk. | $T_l$ | : | 150 mm |
| Stair Thk. | $T_s$ | : | 150 mm |
| Re-bar Cover | $c_c$ | : | 30 mm |

## Design Loads

| | | | |
|---|---|---|---|
| -. Live Load | LL | = | 3000 N/m$^2$ |
| -. Stair Finish Load | $FL_s$ | = | 1200 N/m$^2$ |
| -. Landing Finish Load | $FL_l$ | = | 1200 N/m$^2$ |

### Stair Load

-. DL = $FL_s$ + $W_{self}$  =  7179 N/m$^2$

-. $W_{u,s}$ = 1.2·DL + 1.6·LL  =  13415 N/m$^2$

### Landing Load

-. DL = $FL_l$ + $W_{self}$  =  4730 N/m$^2$

-. $W_{u,L}$ = 1.2·DL + 1.6·LL  =  10476 N/m$^2$

## Check Shear Force

Strength Reduction Factor $\phi$ = 0.750

### Check Left Landing

$V_u$ = 41.5 kN/m < $\phi V_c$ = 65.1 kN/m ---> O.K.

### Check Stair

$V_u$ = 46.2 kN/m < $\phi V_c$ = 65.1 kN/m ---> O.K.

### Check Right Landing

$V_u$ = 41.5 kN/m < $\phi V_c$ = 65.1 kN/m ---> O.K.

준비

NUM

**BeST**  MEMBER : **S1**

Project Name :  Designer : 건축과  Date : 10/01/2008  Page : 1

## Design Conditions

Design Code : KCI-USD07

### Material Data

$f_{ck}$ = 21 N/mm² ($\beta_1$ = 0.850)

$f_y$ = 400 N/mm²

### Section Dimension

| | | | |
|---|---|---|---|
| Landing Length | $L_l$ | : | 1.50 m |
| | $L_r$ | : | 1.50 m |
| Stair Length | $L_s$ | : | 2.80 m |
| Stair Width | W | : | 1.50 m |
| Tread Width | $W_t$ | : | 280 mm |
| Stair Height | $H_s$ | : | 1.80 m |
| Landing Thk. | $T_l$ | : | 150 mm |
| Stair Thk. | $T_s$ | : | 150 mm |
| Re-bar Cover | $C_c$ | : | 30 mm |

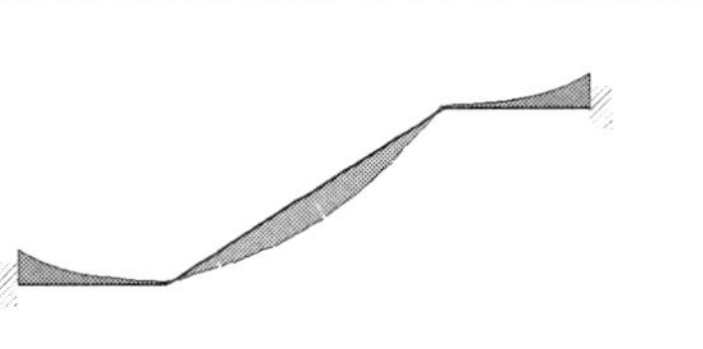


## Design Loads

-. Live Load  LL = 3000 N/m²

-. Stair Finish Load  $FL_s$ = 1200 N/m²

-. Landing Finish Load  $FL_l$ = 1200 N/m²

### Stair Load

-. DL = $FL_s$ + $W_{self}$ = 7179 N/m²

-. $W_{u.S}$ = 1.2·DL + 1.6·LL = 13415 N/m²

### Landing Load

-. DL = $FL_l$ + $W_{self}$ = 4730 N/m²

-. $W_{u.L}$ = 1.2·DL + 1.6·LL = 10476 N/m²

## Check Shear Force

Strength Reduction Factor  $\phi$ = 0.750

### Check Left Landing

$V_u$ = 41.5 kN/m < $\phi V_c$ = 65.1 kN/m ---> O.K.

### Check Stair

$V_u$ = 46.2 kN/m < $\phi V_c$ = 65.1 kN/m ---> O.K.

### Check Right Landing

$V_u$ = 41.5 kN/m < $\phi V_c$ = 65.1 kN/m ---> O.K.

## Check Bending Moment

Strength Reduction Factor  $\phi$ = 0.850

### Stair Negative Moment

-. $M_{u.neg}$ = -34.1 kN·m/m

-. $A_{s.req}$ = 975 mm²/m  ==> D13 @ 120

### Stair Positive Moment

-. $M_{u.pos}$ = 12.8 kN·m/m

-. $A_{s.req}$ = 344 mm²/m  ==> D13 @ 300

제 **3** 장

# 철근콘크리트건물 모델링 실습

## 3.1 1층 철근콘크리트건물 모델링 실습

# 철근콘크리트건물 모델링 실습

제**3**장

## 3.1 1층 철근콘크리트건물 모델링 실습

**예제**

| 입력조건 | 지상1층, 철근콘크리트 건물 |
|---|---|
| 건물의 크기 | $Lx \times Ly = 6m \times 8m$ |
| 보의 크기 | G1  300mm $\times$ 500mm |
| | G2  300mm $\times$ 600mm |
| 기둥 크기 | C1  300mm $\times$ 400mm |
| 콘크리트 강도 | $Fc = 24MPa$ |
| 철근 항복강도 | $Fy = 400MPa$ |
| 작용하중 | D.L | $4.8kN/m^2$ |
| | L.L | 2.5 |
| T.L | $7.3kN/m^2$ (Factored load) |

## 실습 따라하기

**01** 메뉴에서 구조계산 건물에 대한 설명자료를 입력한다.

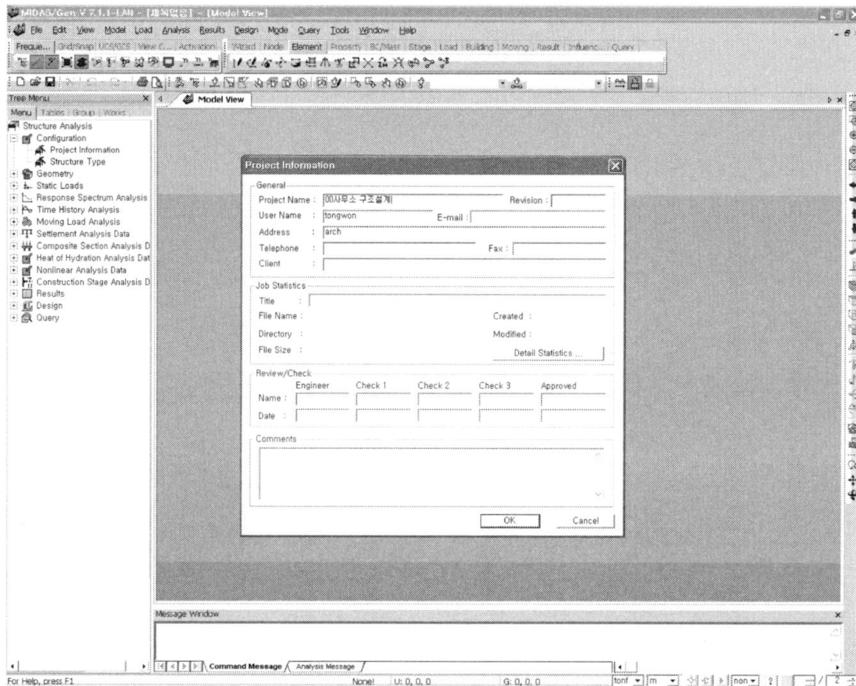

**02** 건물형태에 대한 관련자료와 모델링자료를 입력한다.(3D로 모델링)

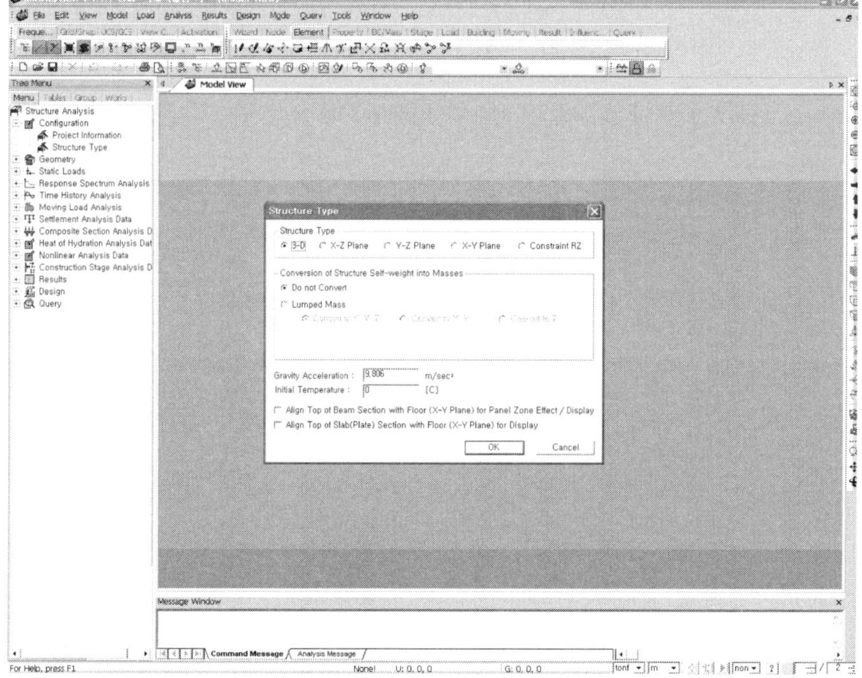

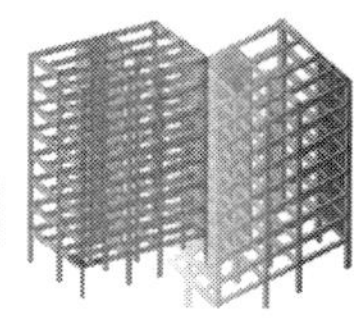

**03** 건물의 좌표계를 X-Y로 설정한다.(평면을 기준으로 입력 설정함)

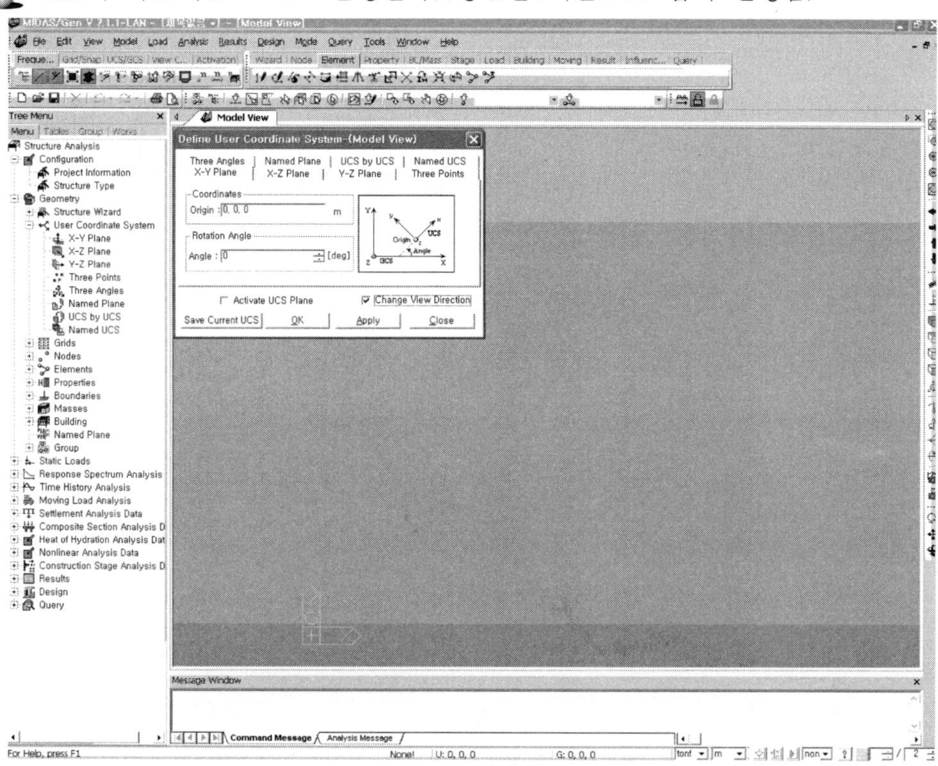

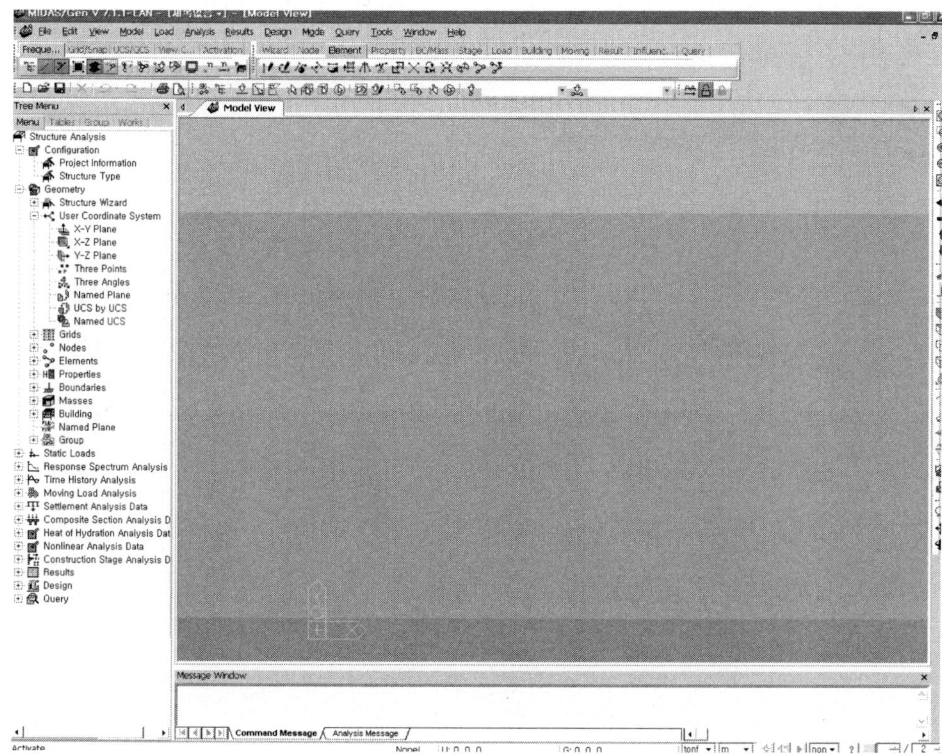

**04** 평면 기둥위치를 입력하고자 할 때는 그리드 메뉴를 사용한다.

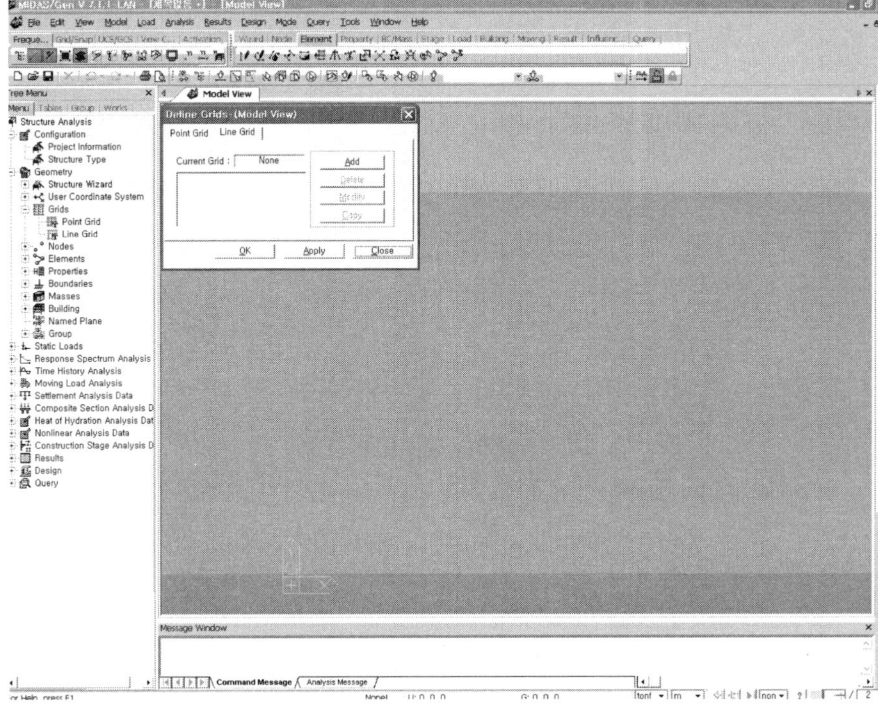

**05** 그리드 메뉴의 좌표입력창을 이용하여 가로, 세로축의 좌표를 입력한다.
(우측하단에 설정된 단위계를 이용하여 확인한 후 입력한다. m, cm 등)

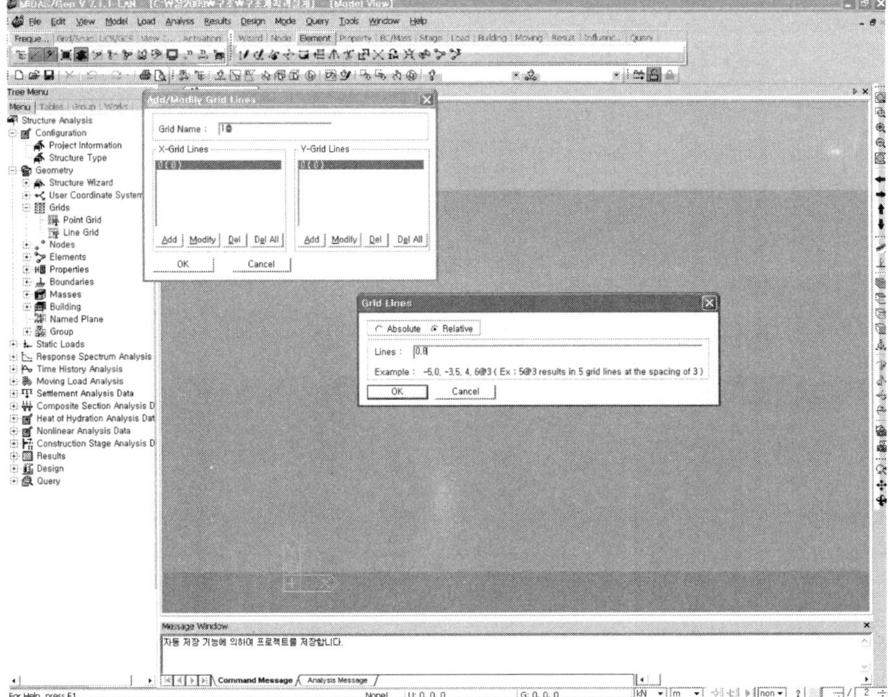

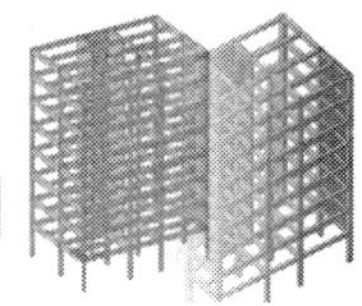

**06** 좌표입력의 단위는 우측하단에 있는 단위계와 동일하게 입력한다.

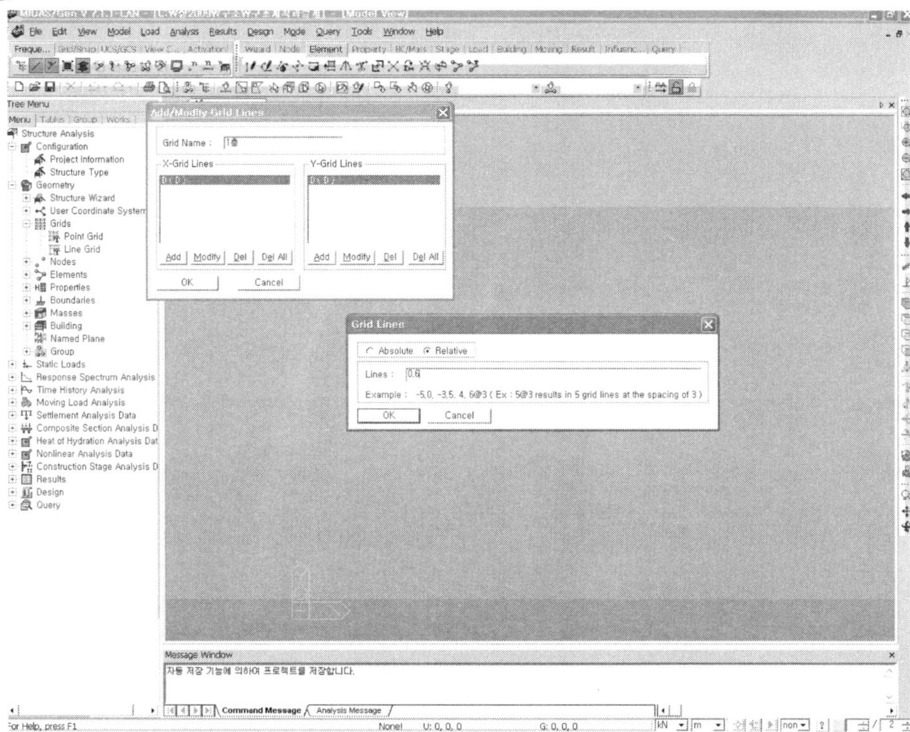

**07** X축, Y축 좌표를 상대좌표 또는 절대좌표로 전부 입력한다.

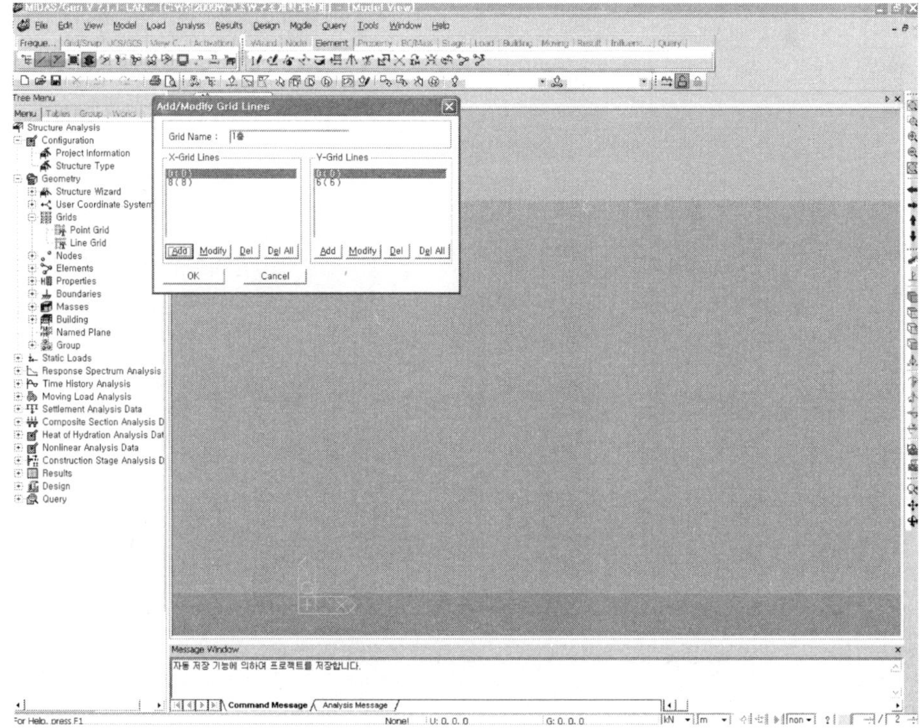

**08** 좌표입력이 완료되면 상위메뉴로 빠져 나온다.

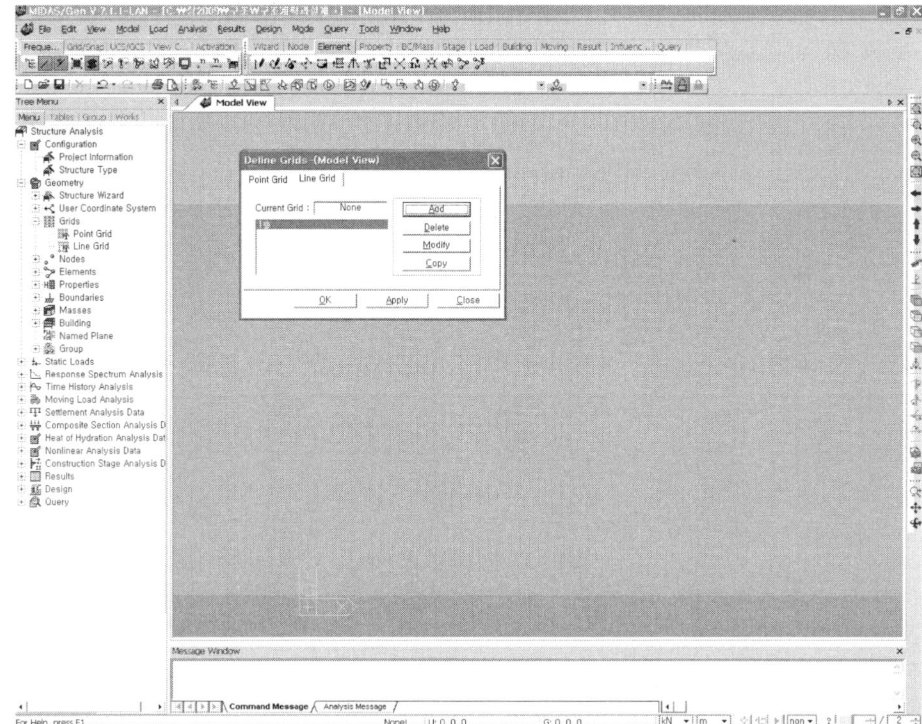

**09** 상위메뉴를 실행하면 화면상에 점선으로 건물 형태가 그려진다.

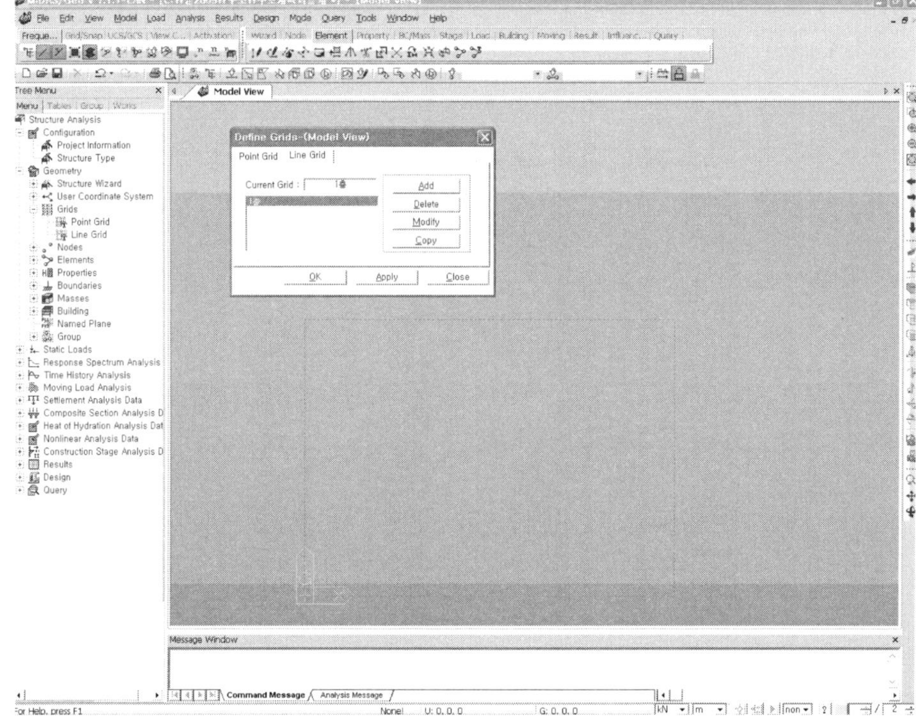

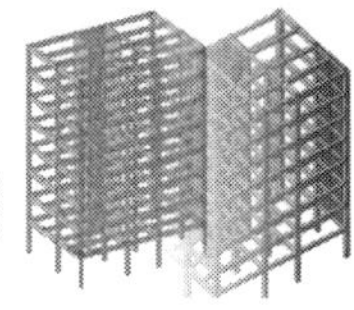

**⑩** 건물 형태가 그리드로 표시되어 화면에 점선으로 나타난다.

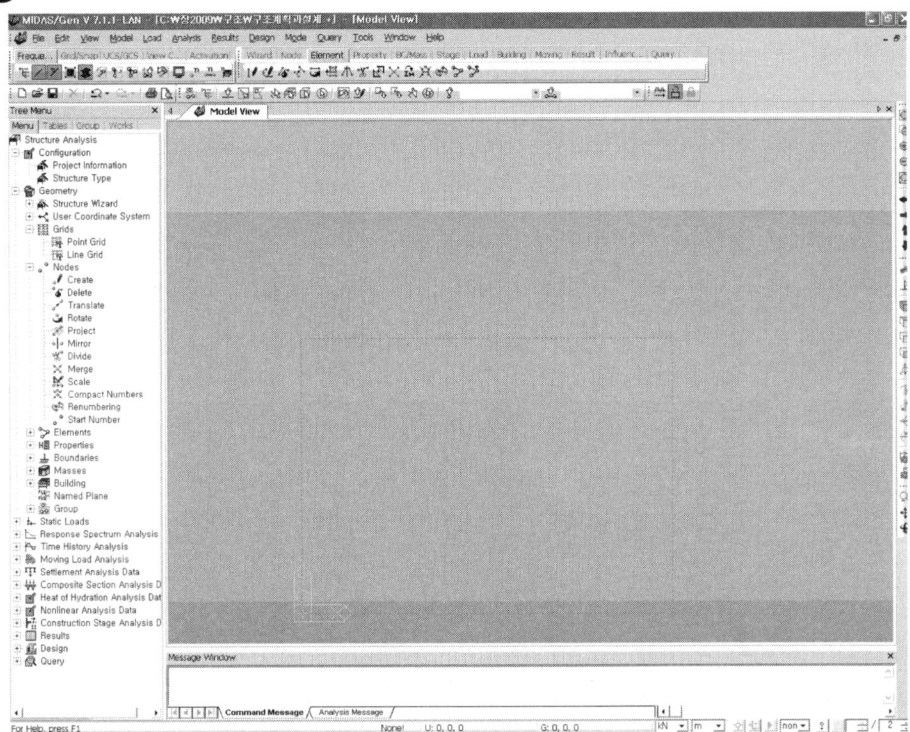

**⑪** 건물 좌표를 입력하고 빠져나온 상태 화면이다.

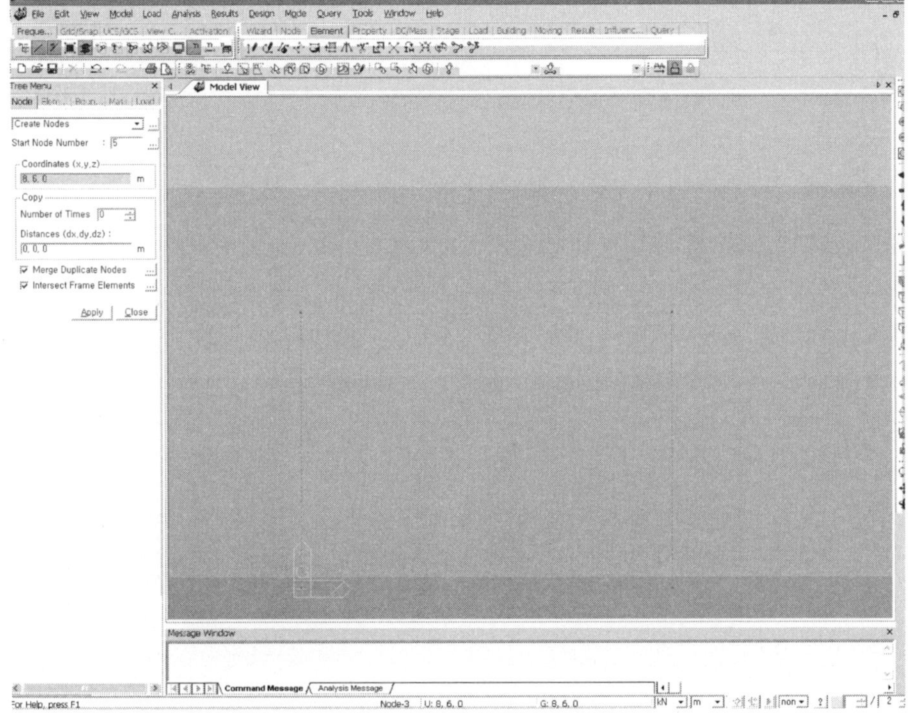

**12** 건물 형태 완성 후 모델링시 사용재료(material)에 대한 자료를 입력한다.

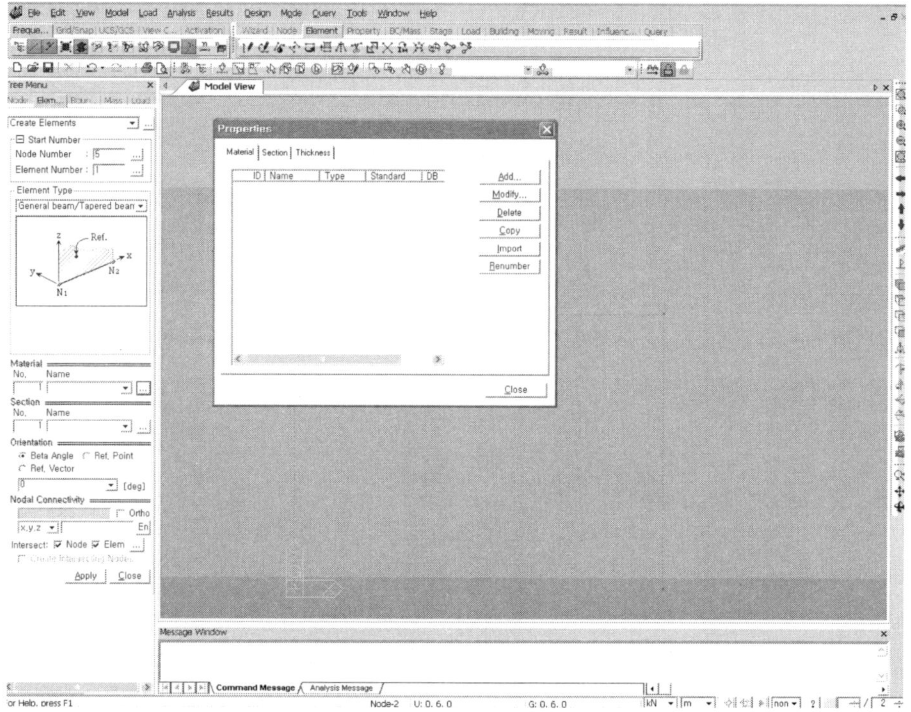

**13** 철근콘크리트 건물이므로 콘크리트에 대한 재료계수를 입력한다.

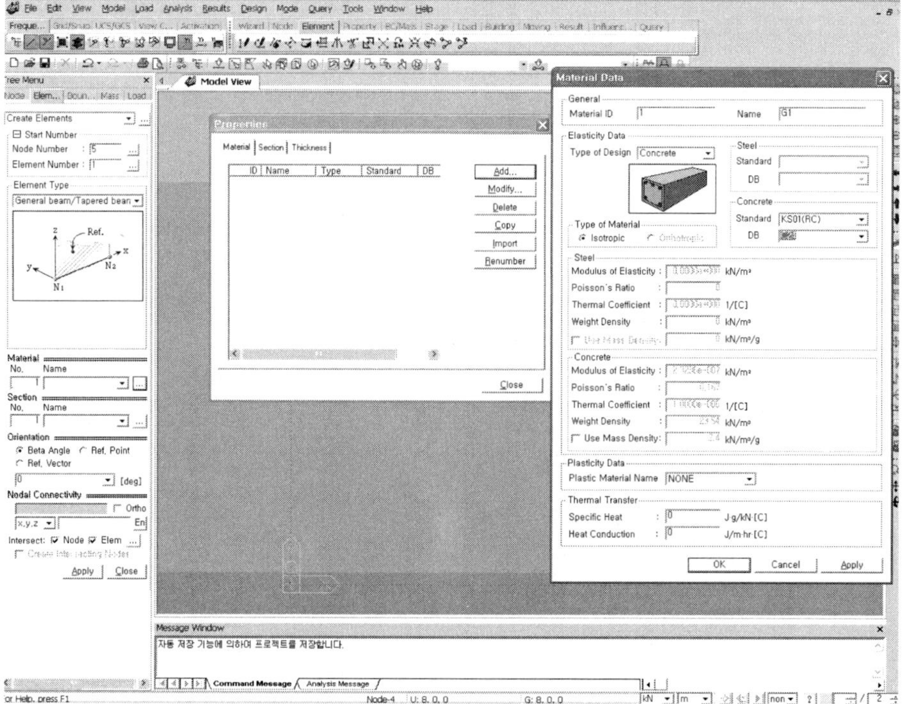

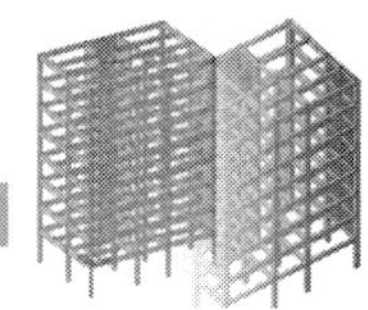

⑭ 콘크리트의 강도, 철근의 항복강도를 메뉴에서 선택할 수도 있다.

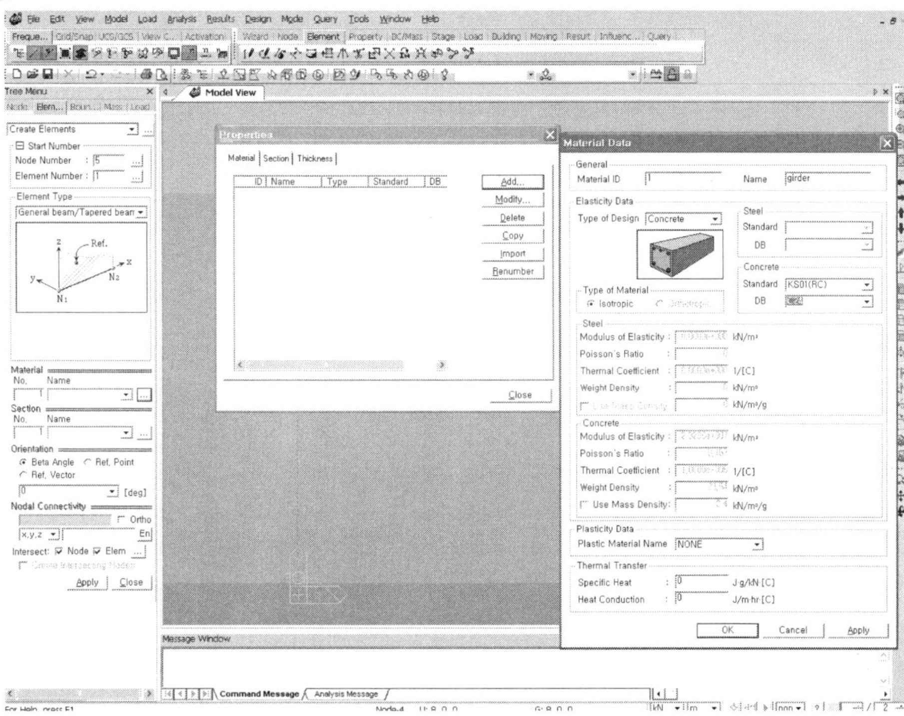

⑮ 보와 기둥, 기초, 벽 등 부재를 별도로 입력한다.

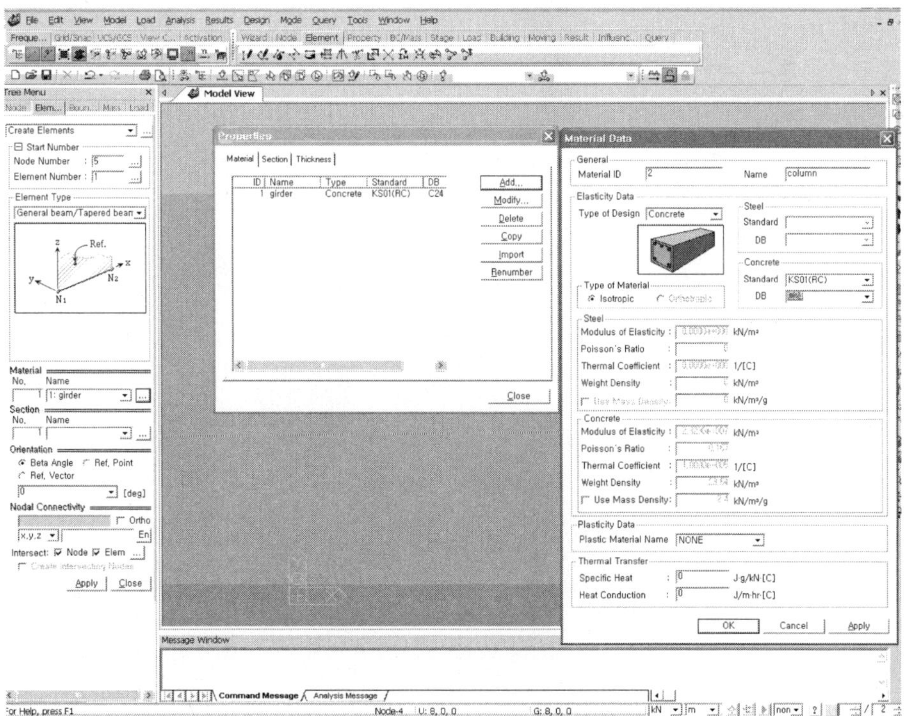

**16** 보와 기둥의 콘크리트 강도를 입력한 화면

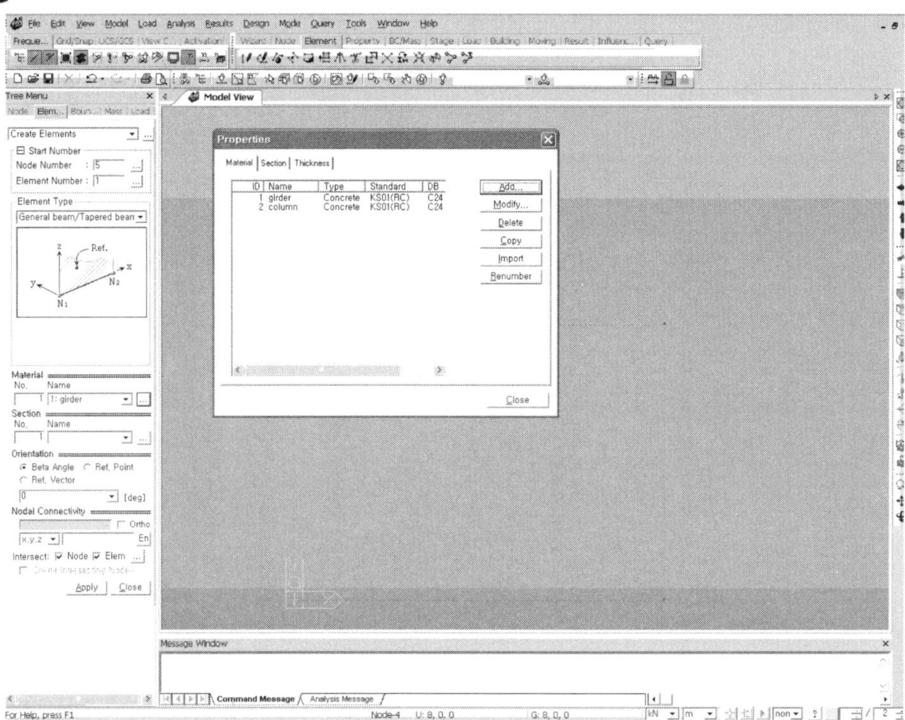

**17** 보 및 기둥의 단면의 크기를 입력한다.(H=보높이, B=보폭)

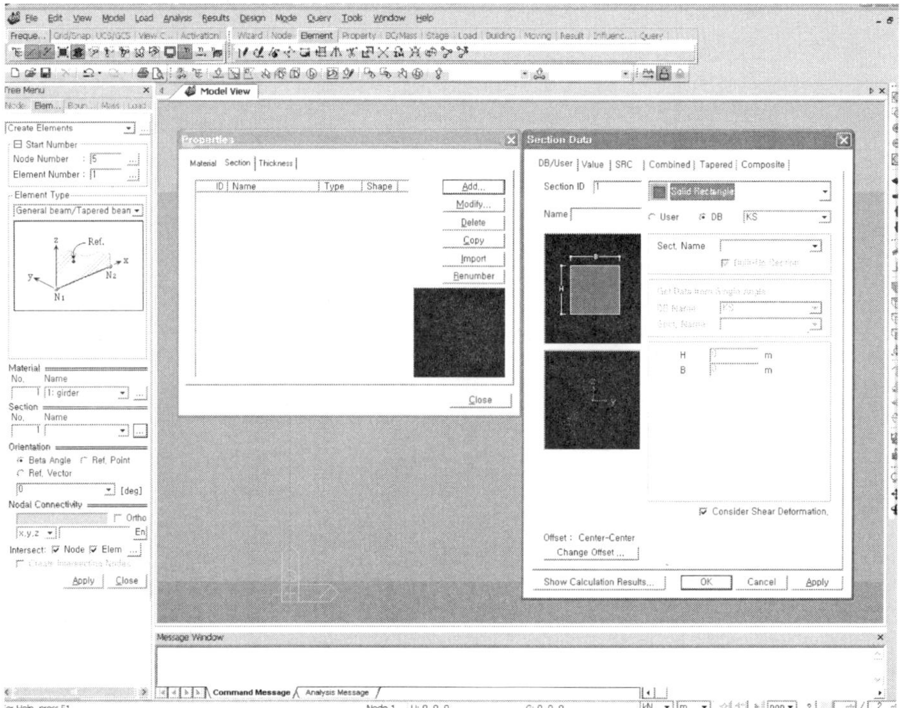

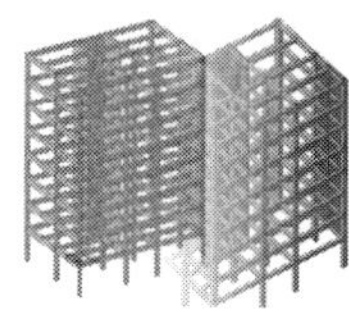

**18** 설계시 가정된 보의 크기를 단위계에 맞춰 입력한다.

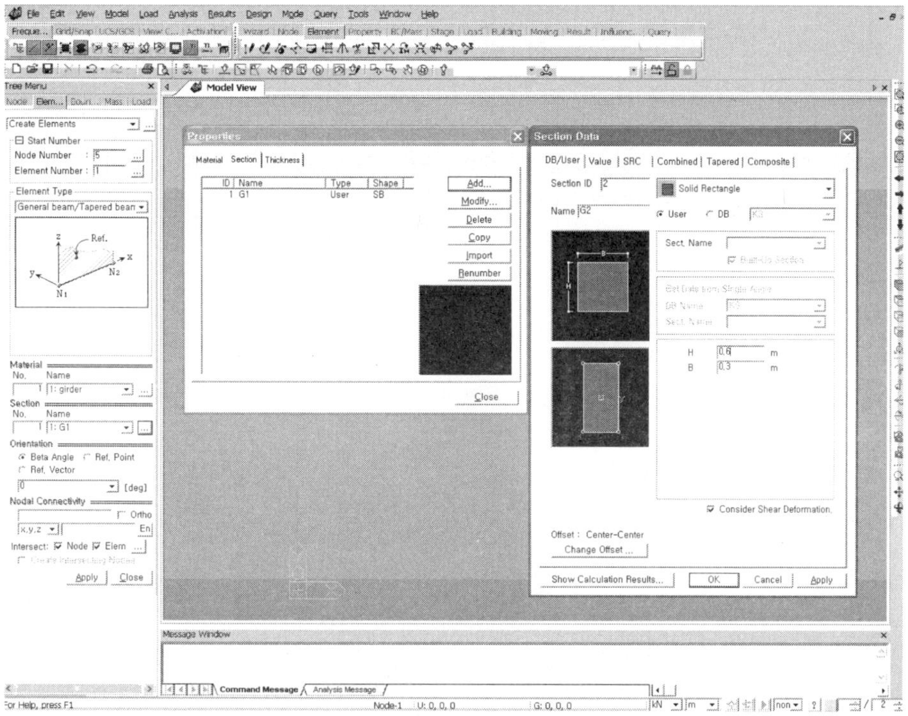

**19** 기둥에 대한 치수도 가로, 세로폭을 입력한다.

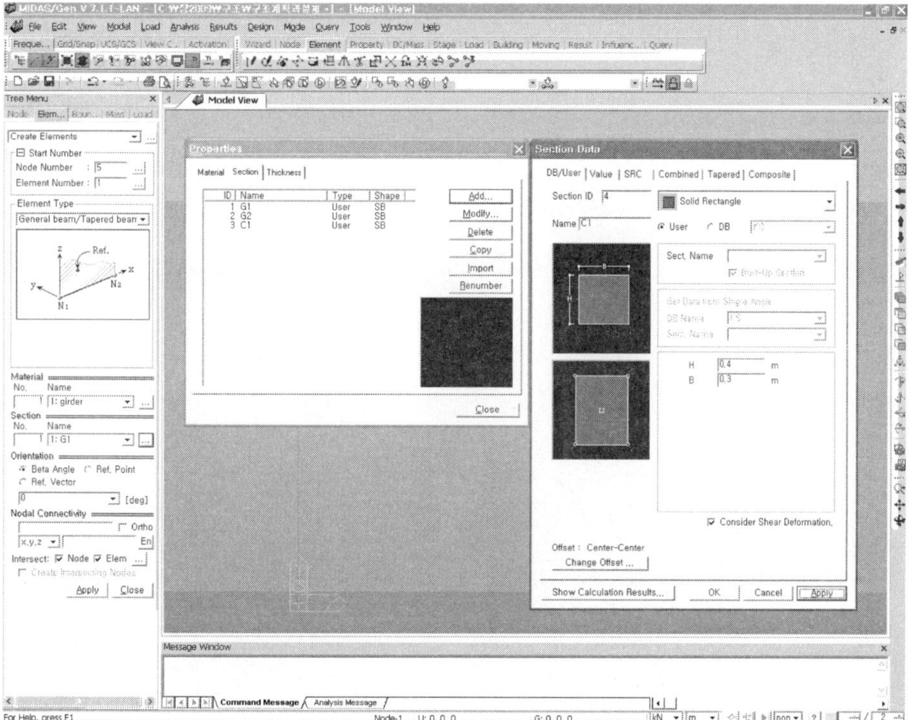

**20** 입력한 보 번호를 토대로 절점 사이의 연결보를 설치한다.

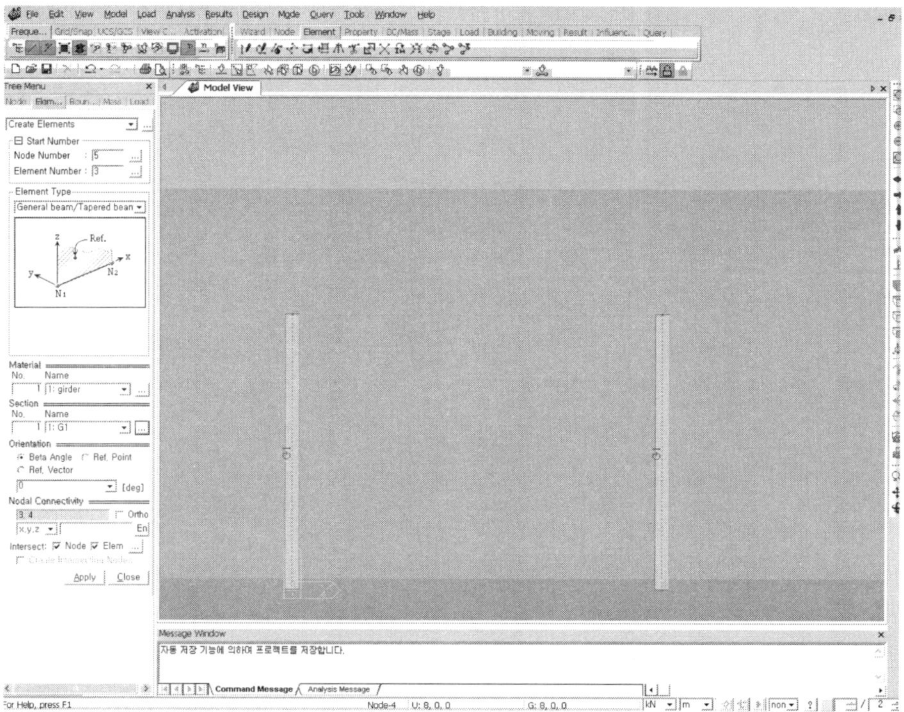

**21** 입력한 보 번호를 토대로 절점 사이의 연결보를 설치한다.

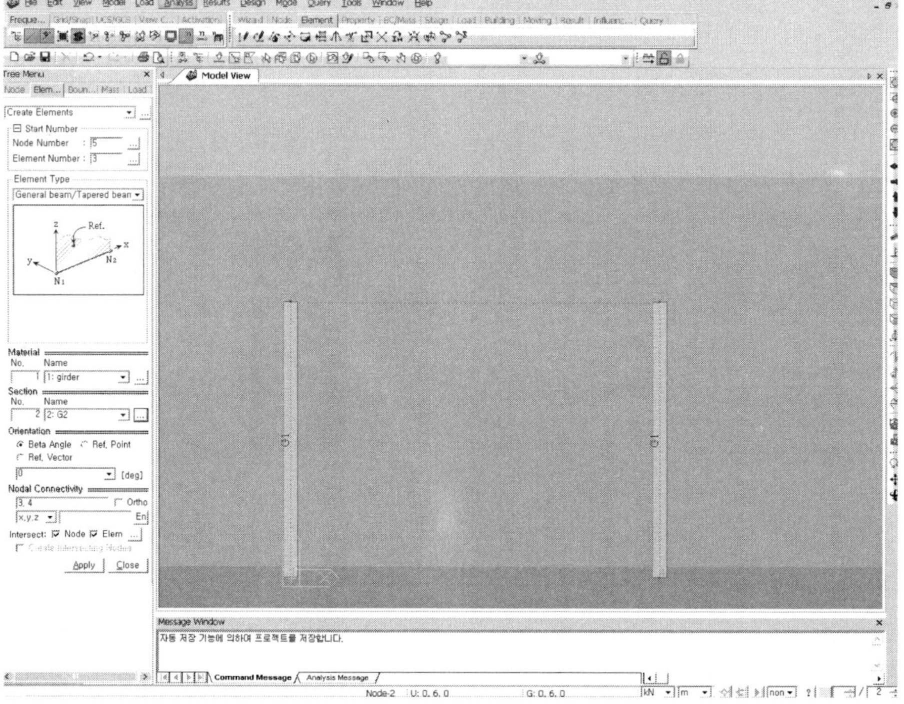

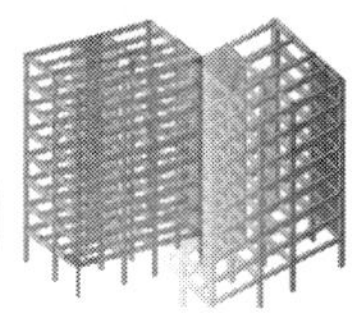

**22** 입력한 보 번호를 토대로 가로 절점 사이의 연결 보를 설치한다.

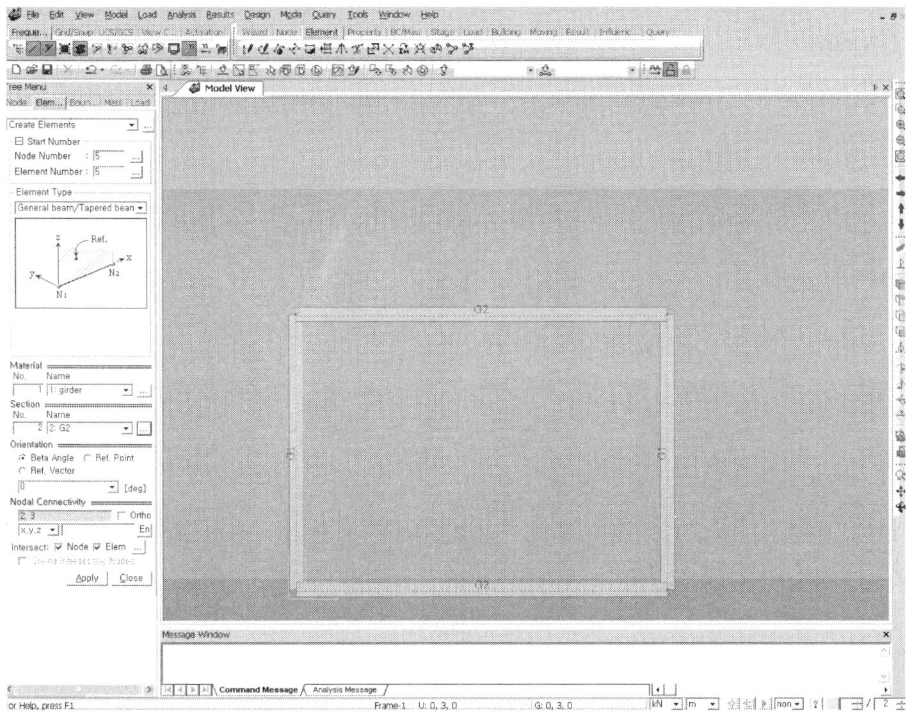

**23** 화면을 입체로 전환한다.

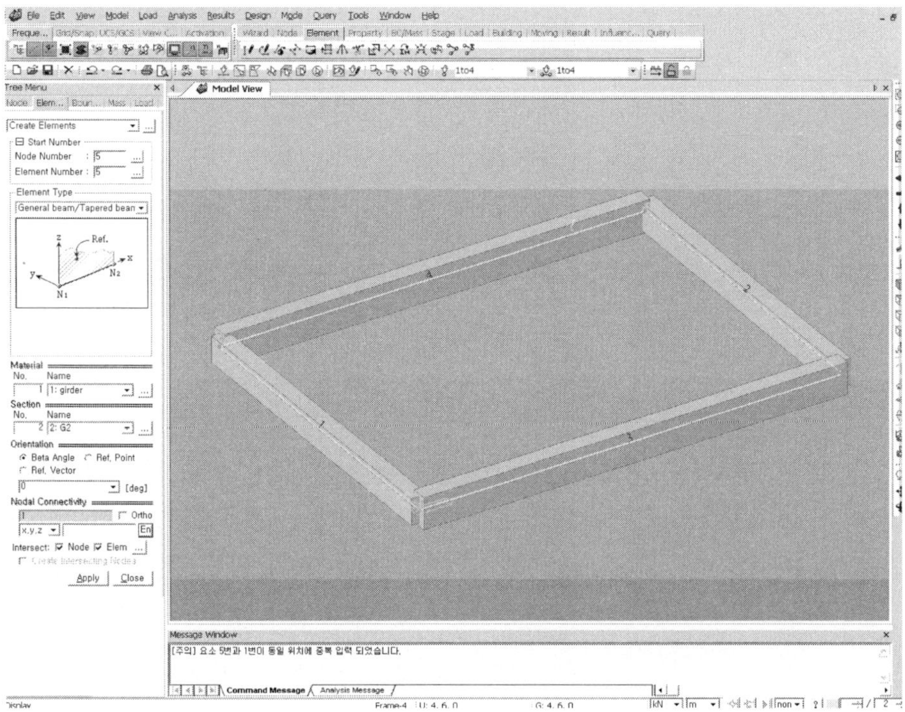

**24** 절점 위치를 선택하고 선택된 절점을 하향으로 늘려 기둥을 완성한다.(EXTRUDE)

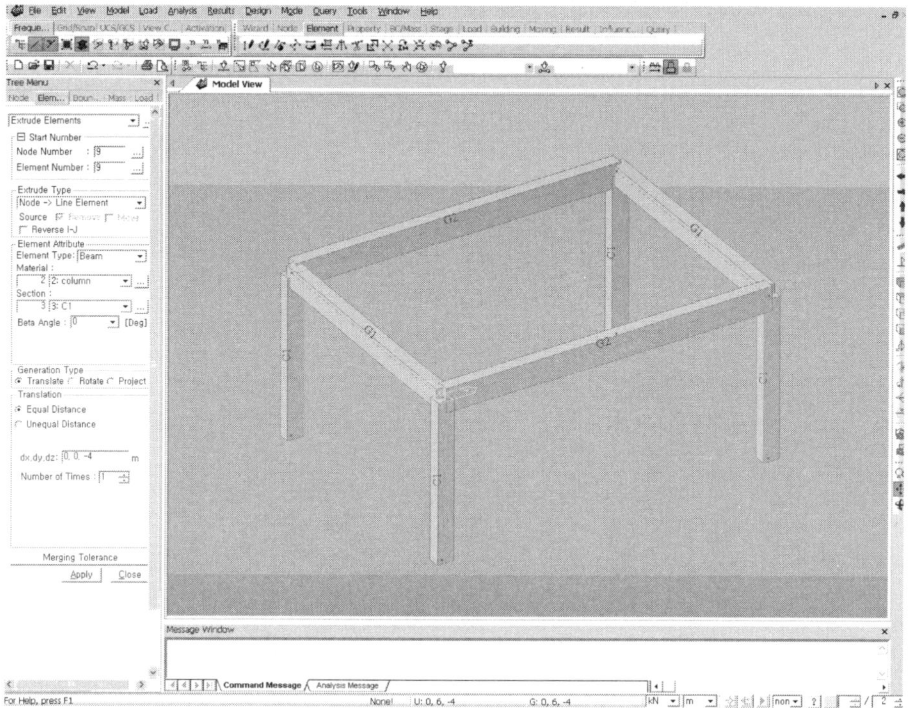

**25** 설치된 기둥의 위치와 크기 등을 확인하고 수정한다.

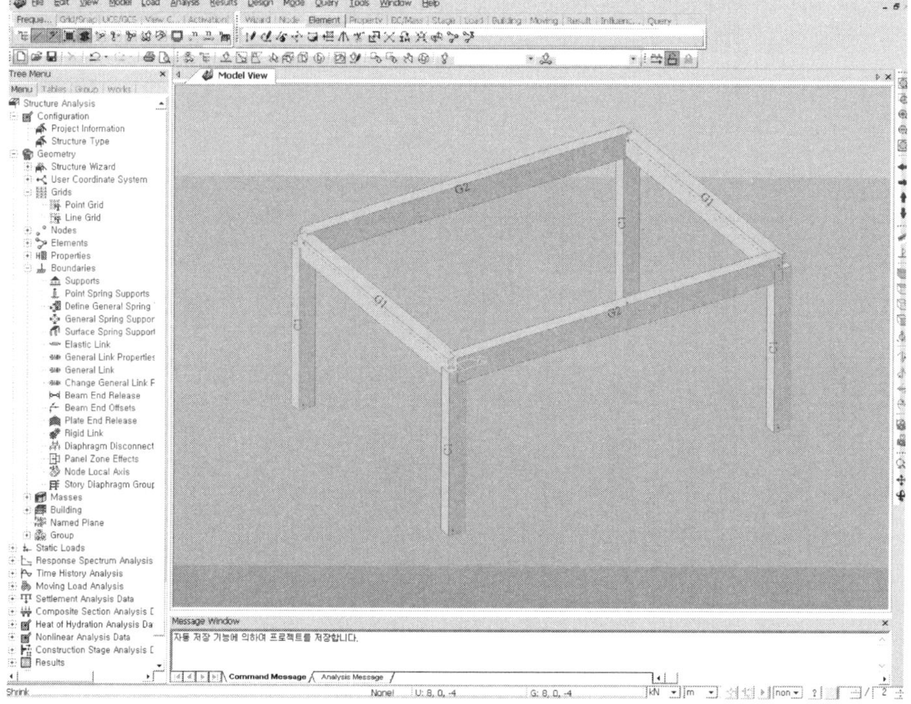

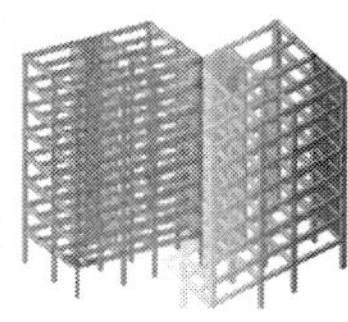

**26** 기둥절점 하부에 지점의 고정상태를 결정한다.(Support=Fix, Pin)

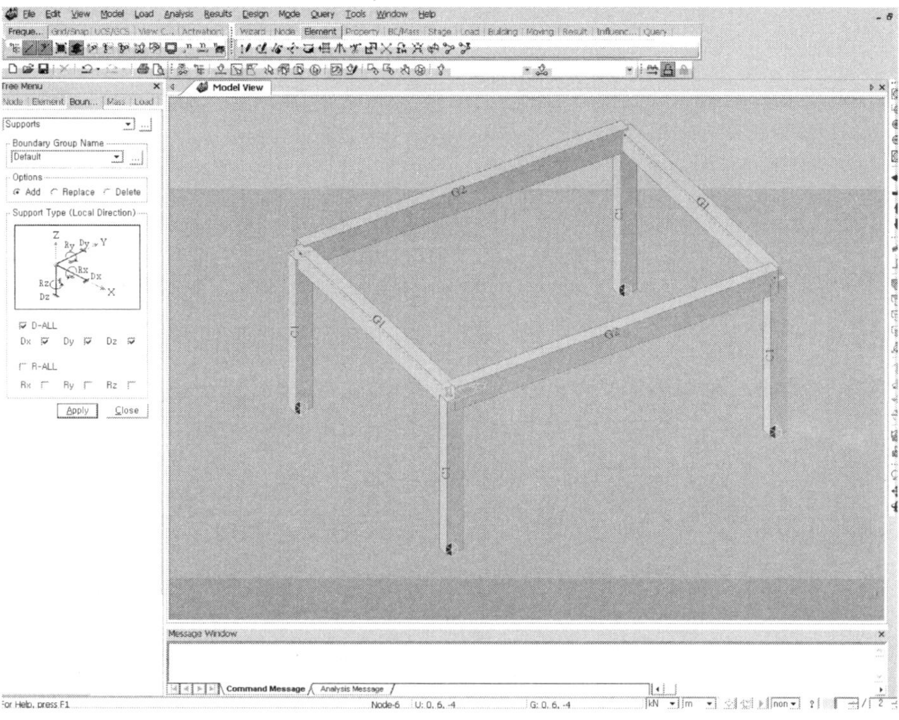

**27** 건물에 작용하는 하중을 입력한다.(고정하중, 활하중, 풍하중, 지진하중, 기타)

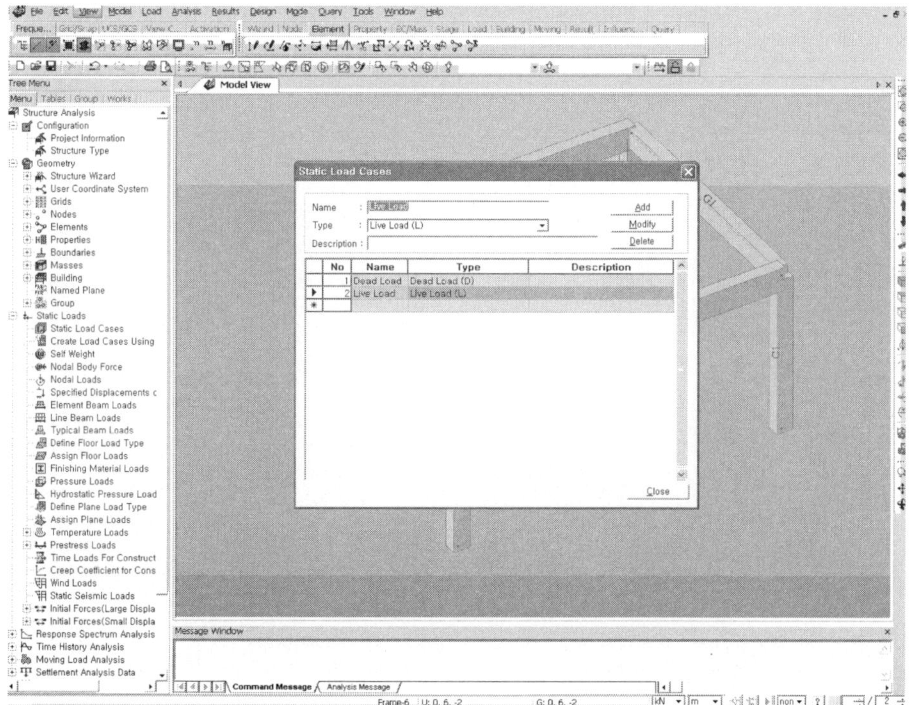

**28** 건물의 자중을 입력한다.(고정하중)

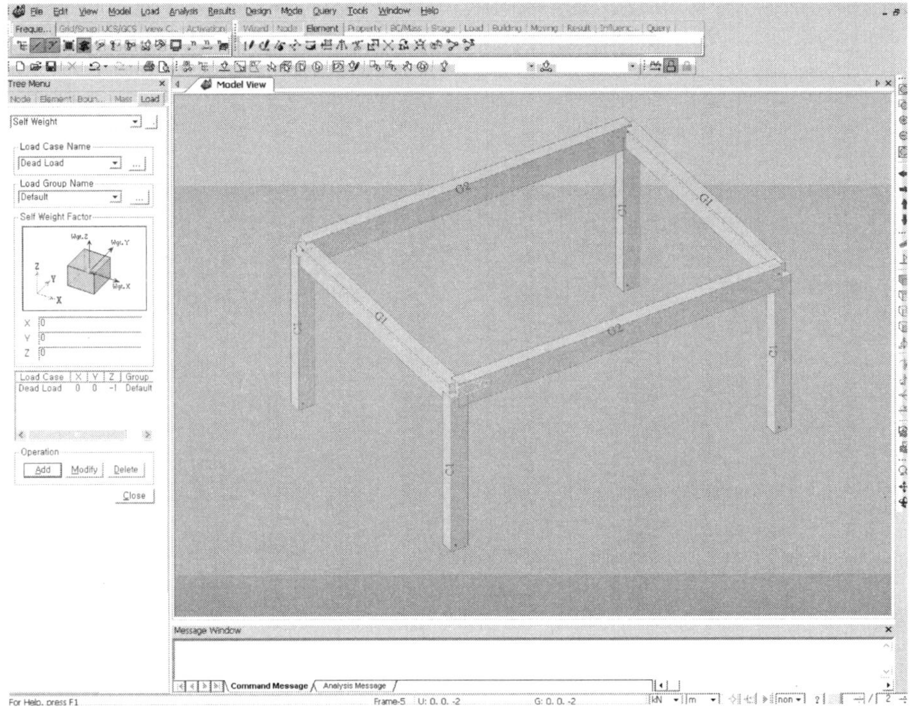

**29** 건물에 작용하는 실의 용도별 하중을 분류하여 입력한다.

(단, 하중은 중력방향이므로 −0.00으로 입력한다.)

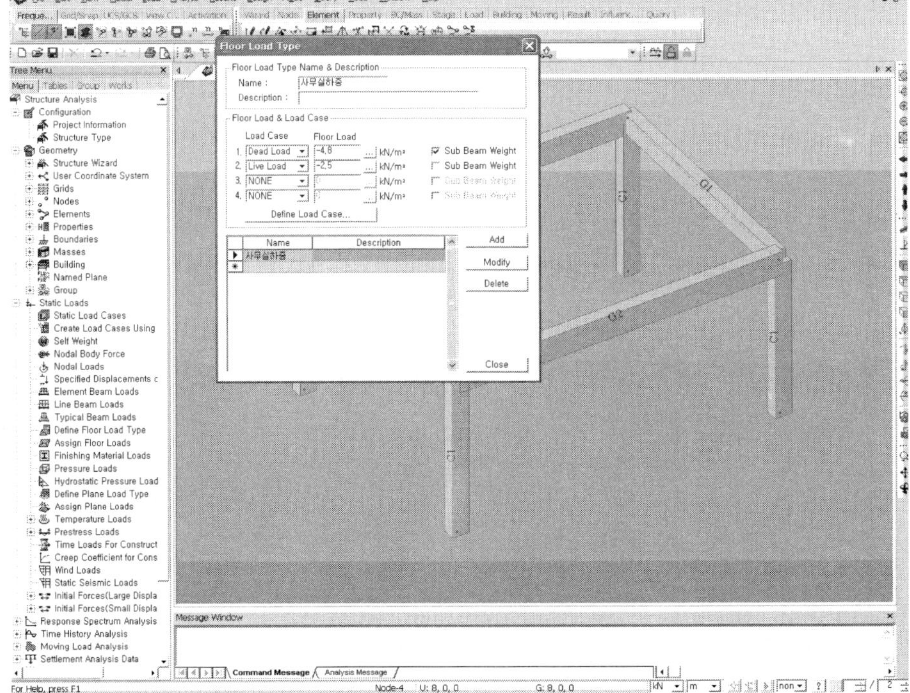

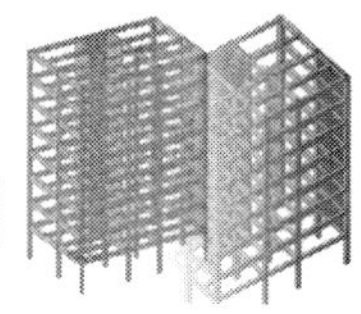

**30** 입력된 하중을 Display메뉴에서 화면상에 표시하여 입력을 검토한다.

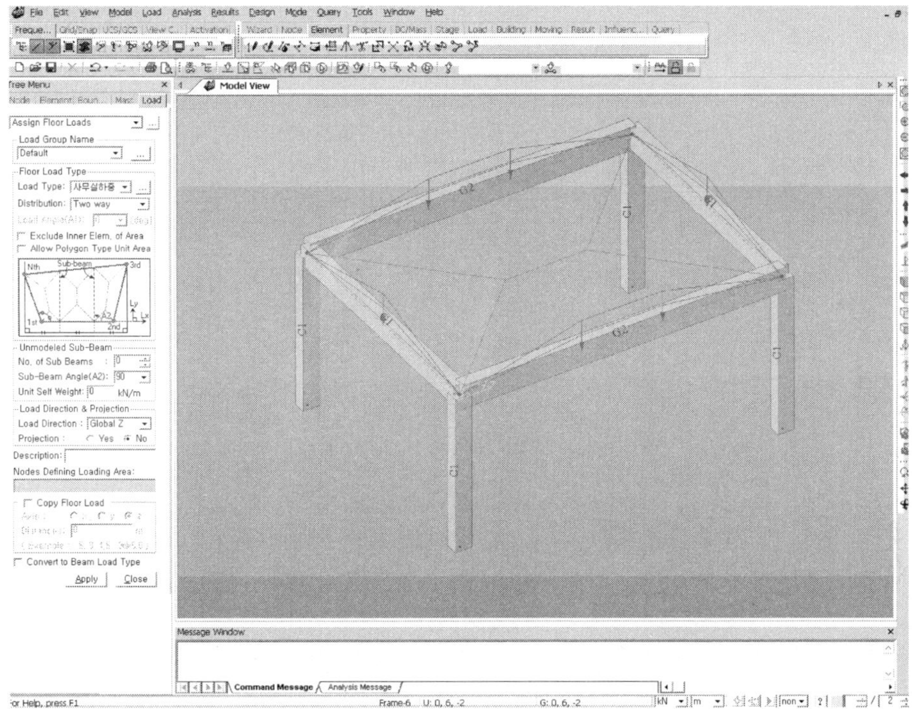

**31** Story Data에서 건물의 층수를 설정한다.

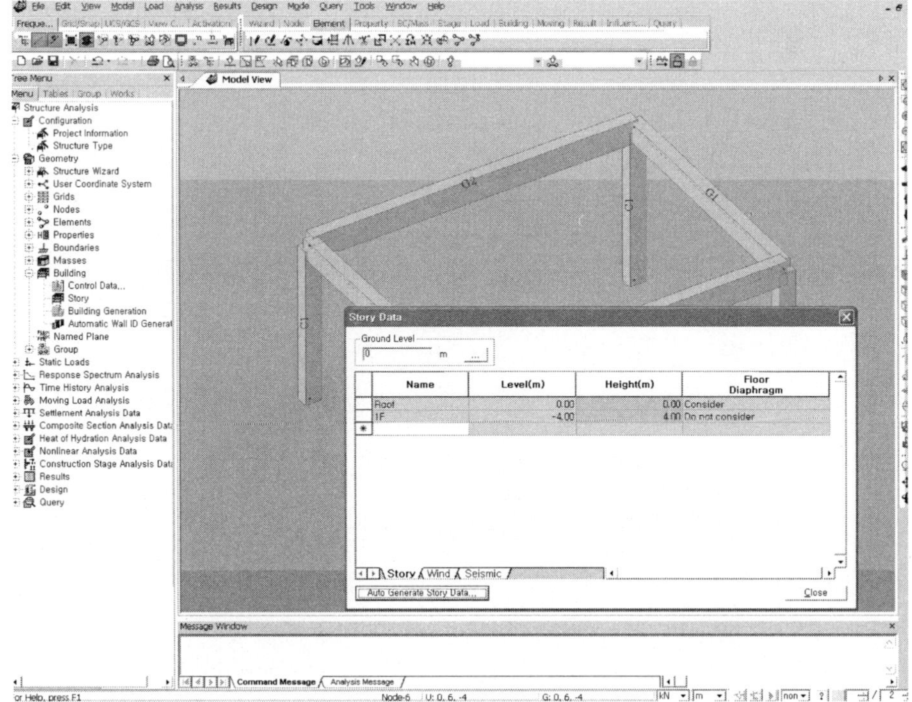

**32** 건물의 자료입력을 완료한 후 해석화면으로 전환한다.

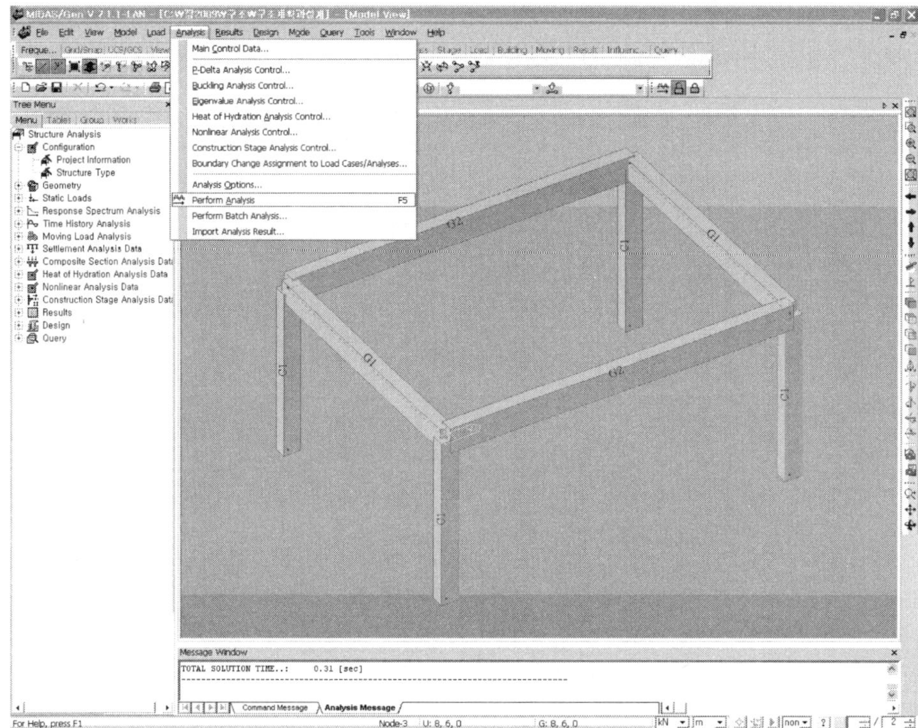

**33** 건물을 해석하고 결과치를(보, 기둥의 휨모멘트, 전단력 등) 확인한다.

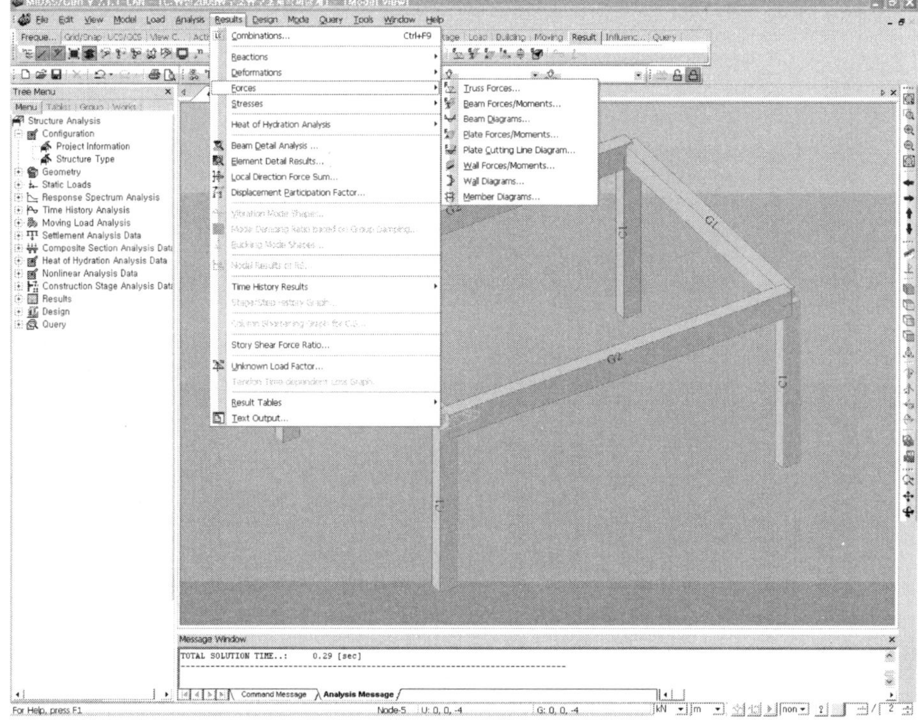

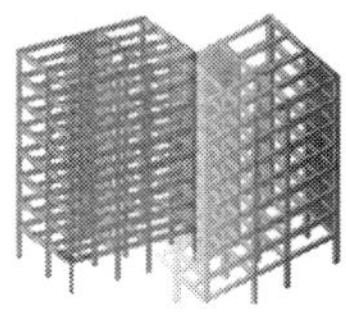

**34** 해석 결과치를 토대로 보 및 기둥을 디자인한다.(철근배근 및 단면검토)

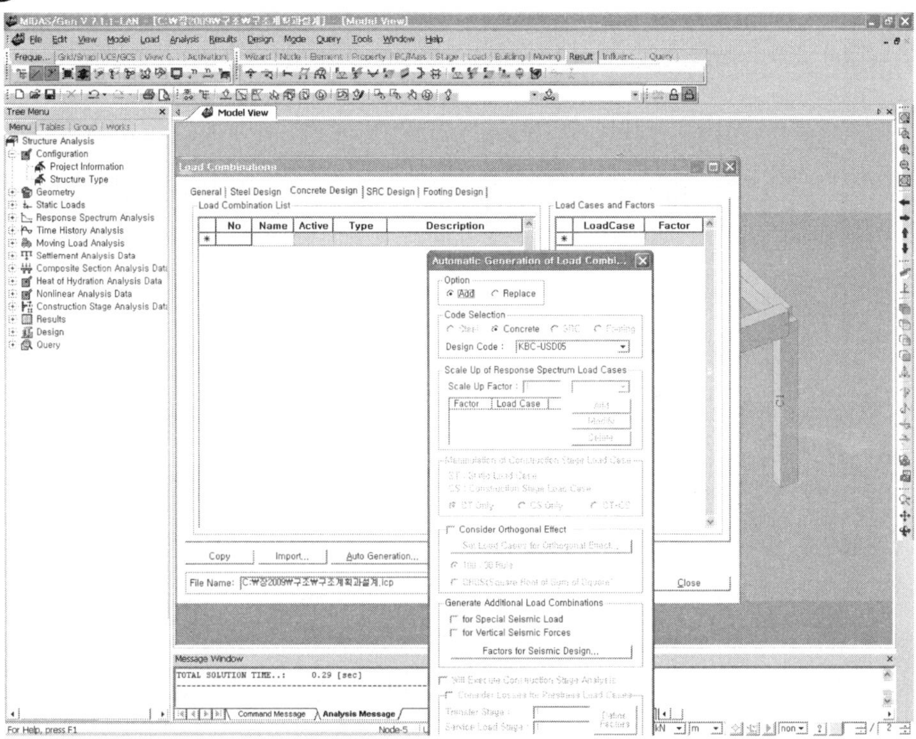

**35** 건축법 기준에 맞도록 계수값을 설정한다.

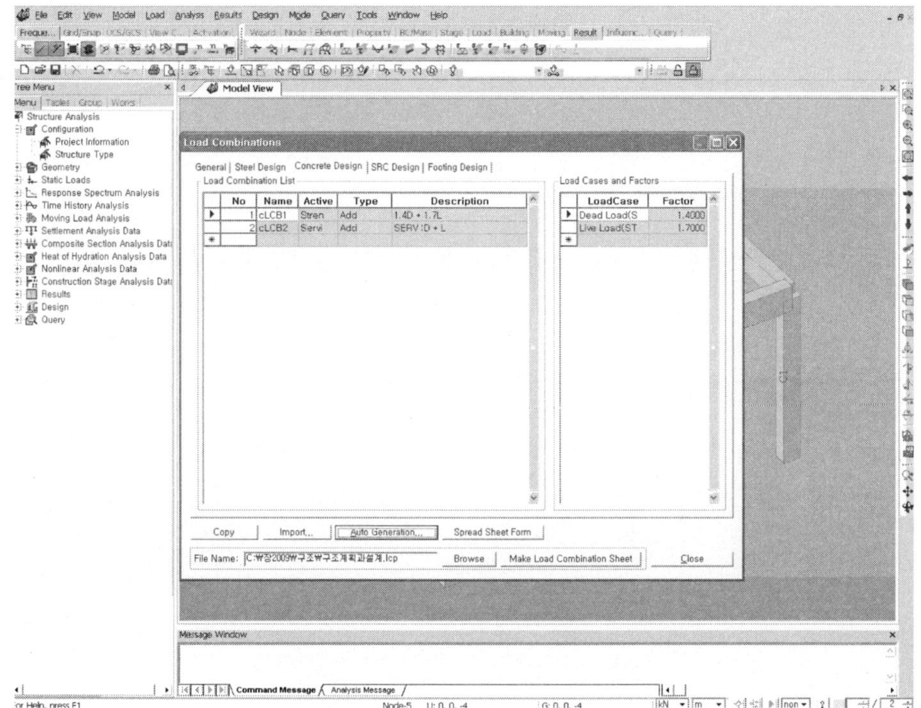

**36** 기초부위에 발생되는 반력값을 확인 검토한다.

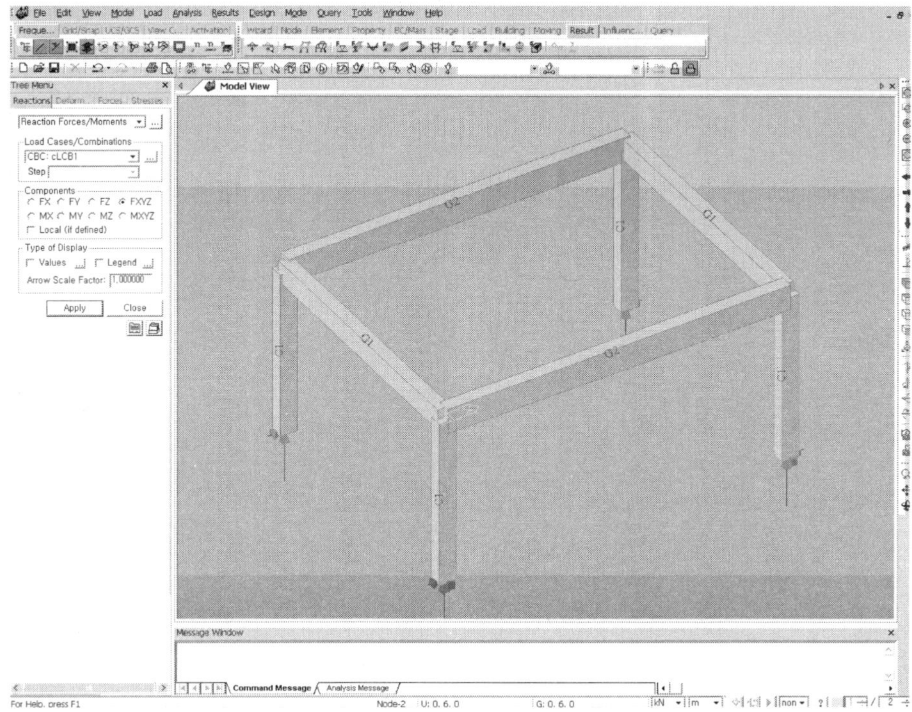

**37** 보 및 기둥에 생기는 단면력을 확인한다.

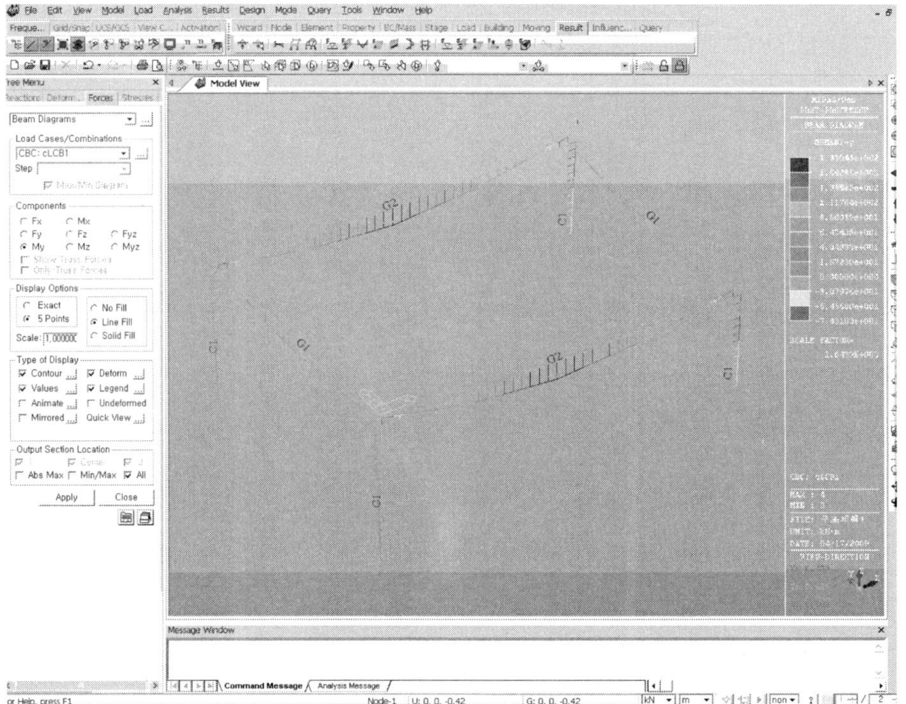

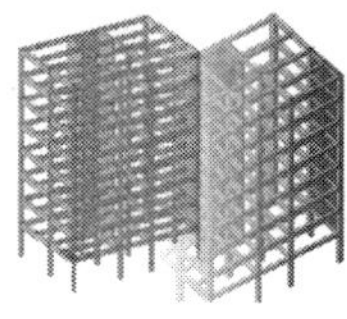

**38** 보 및 기둥을 적절하게 설계한다.

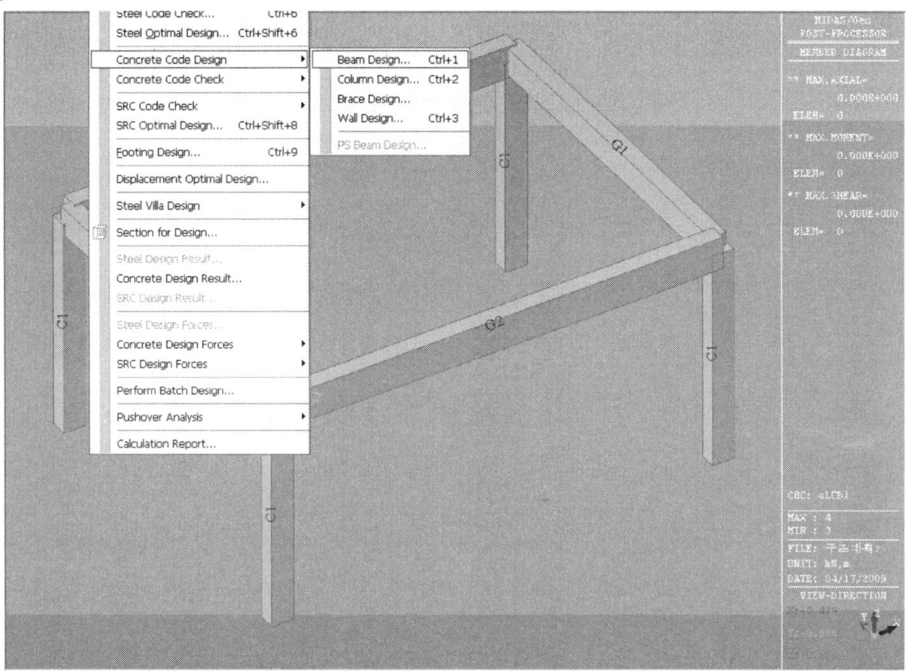

**39** 설계된 보 중에서 한 개를 선택하여 자세히 점검한다.

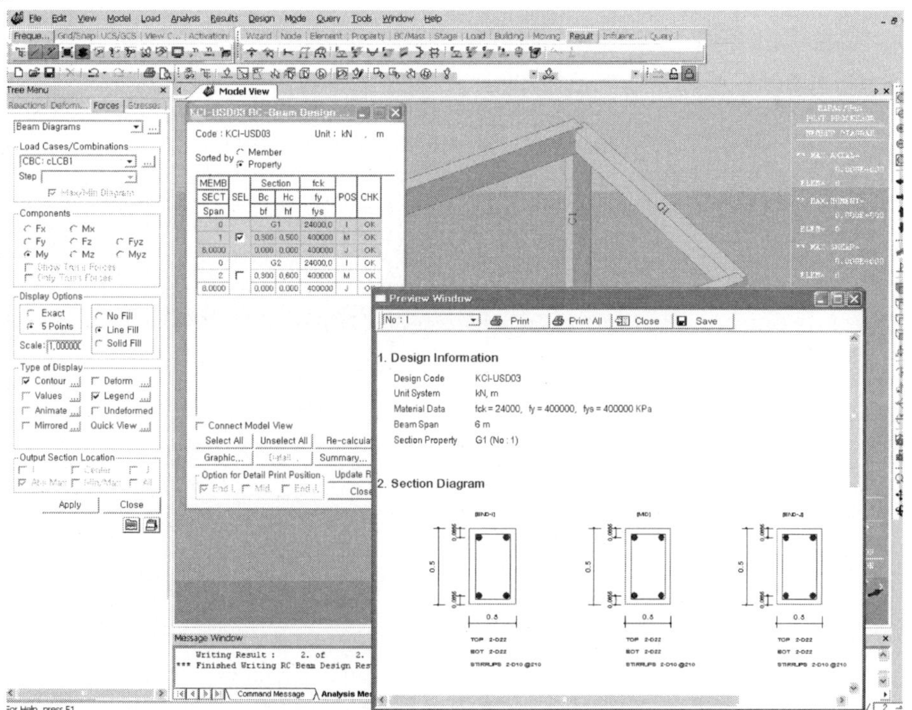

**40** 설계된 기둥 중에서 한 개를 선택하여 자세히 점검한다.

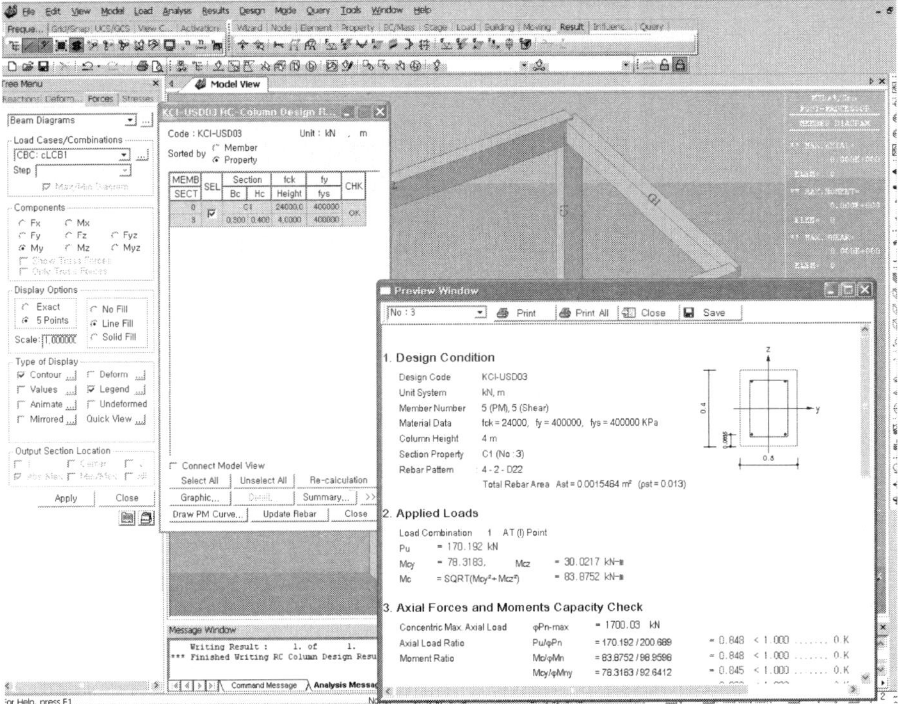

**41** 기초를 적절하게 설계한다.

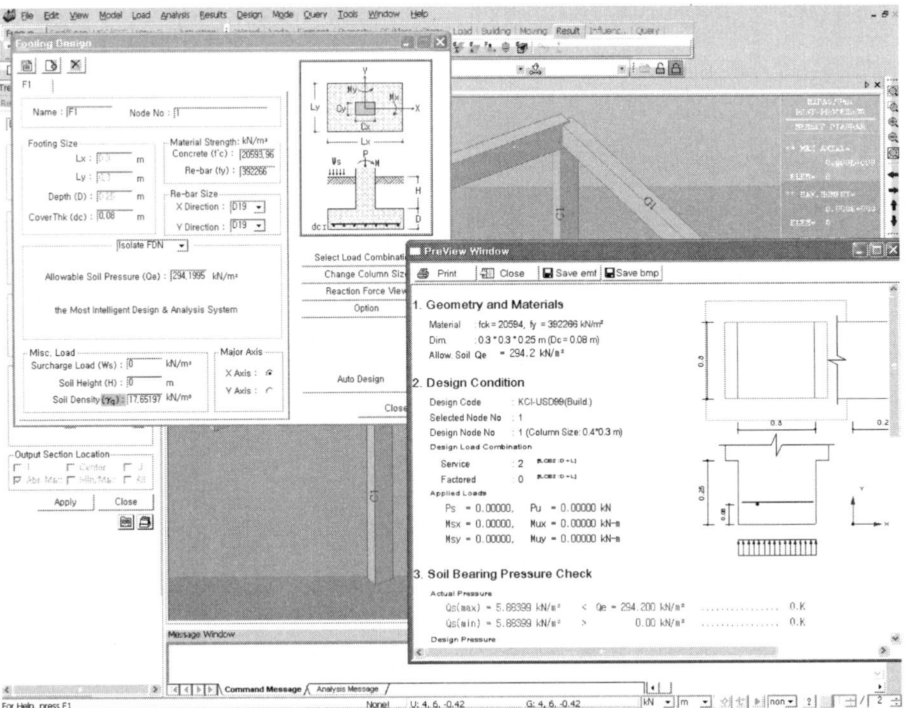

제 **4** 장

# 구조설계 모델링 실습

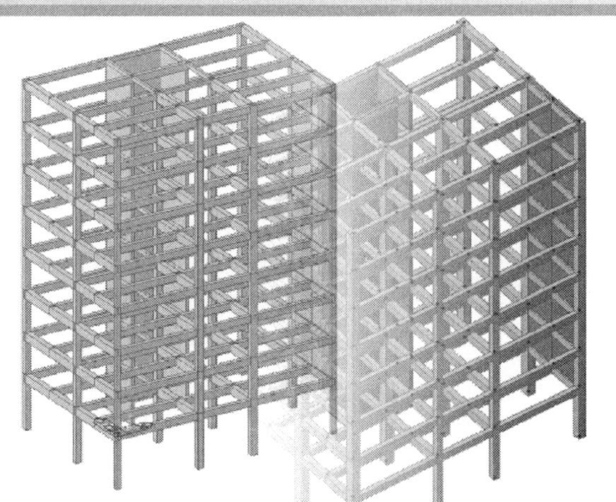

## 4.1 MIDAS GEN.의 시작

# 구조설계 모델링 실습

## 4.1 MIDAS GEN. 의 시작

예제에 주어진 철근콘크리트(지상 4층/지하 1층) 구조물을 순서에 따라서 설계한다.

**01** 초기화면 실행화면이다.

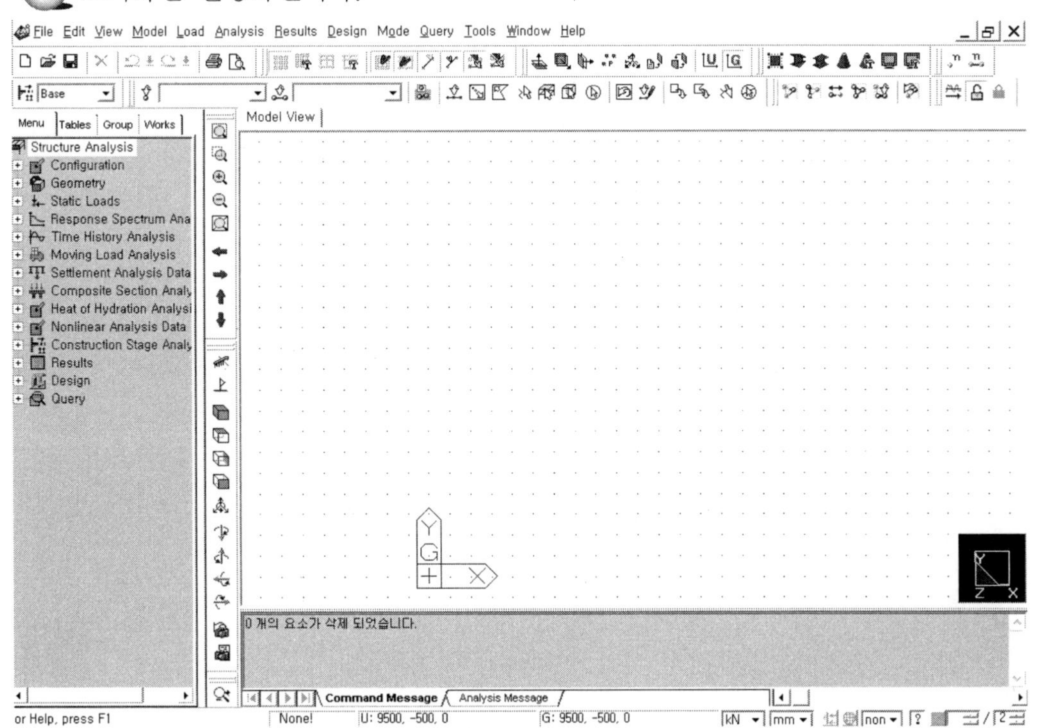

**02** 작업할 기준평면을 UCS좌표계로 변경한다. 기둥 위치 입력은 그리드 기능을 이용한다. 공간좌표계로 변경하여 입력한다.

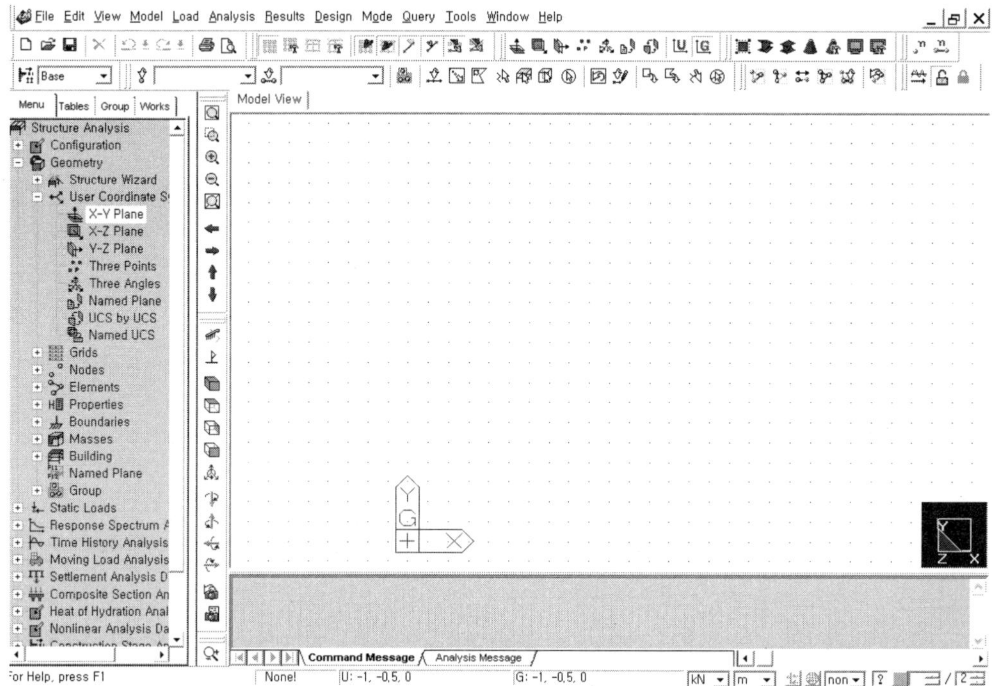

**03** 메뉴에서 좌표계를 X-Y 평면상에서 평면좌표계로 Change view direction을 실행한다.

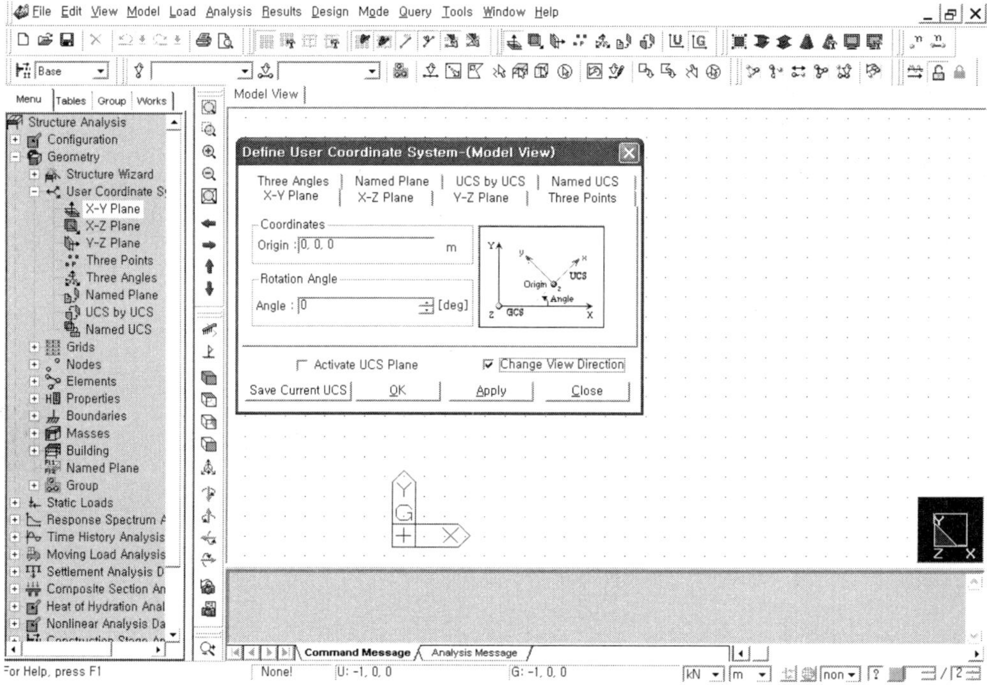

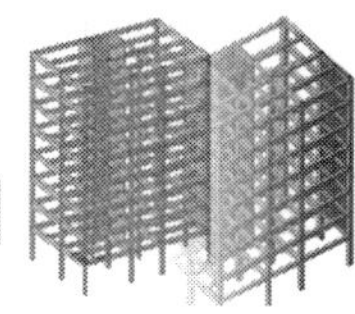

**04** 좌표계를 공간좌표계에서 평면좌표계로 변경하여 입력한다.(0, 0, 0)

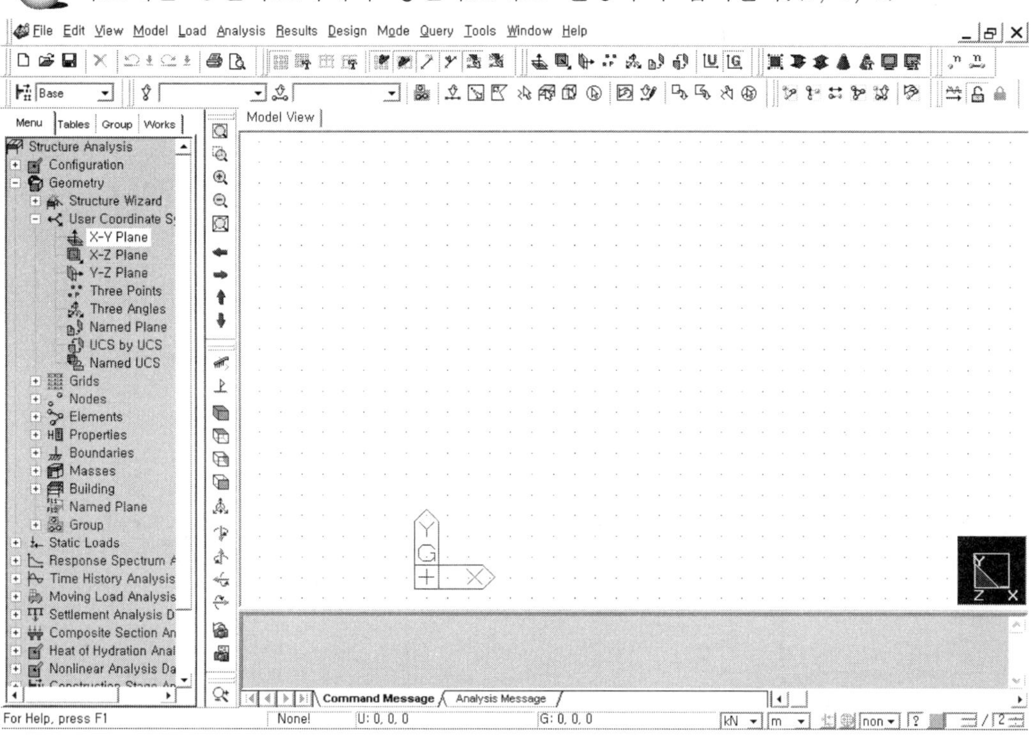

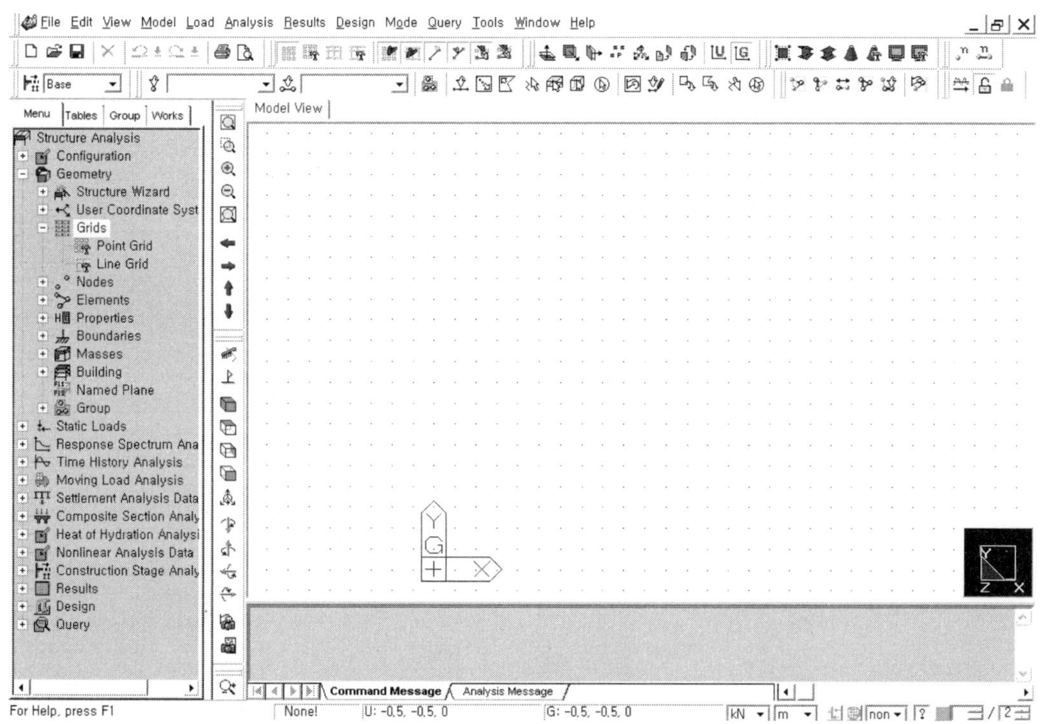

### 4.1.1  평면도 좌표 입력

기둥을 공간좌표계 상의 평면좌표계로 변환 후 화면 변경하여 평면 상의 건물의 좌측, 우측길이를 X, Y방향으로 절댓값 또는 상댓값으로 기둥간격을 기준으로 스팬의 길이를 입력한다.

＊ TREE 메뉴의 X, Y그리드 기능을 이용한다.

**01** 그리드좌표의 Line Grid를 선택하여 기둥축선을 따라 그리드설정을 위해 메뉴의 ADD를 선택한다. 설정된 그리드를 따라 평면상에서 1층 바닥구조평면도를 작도한다.

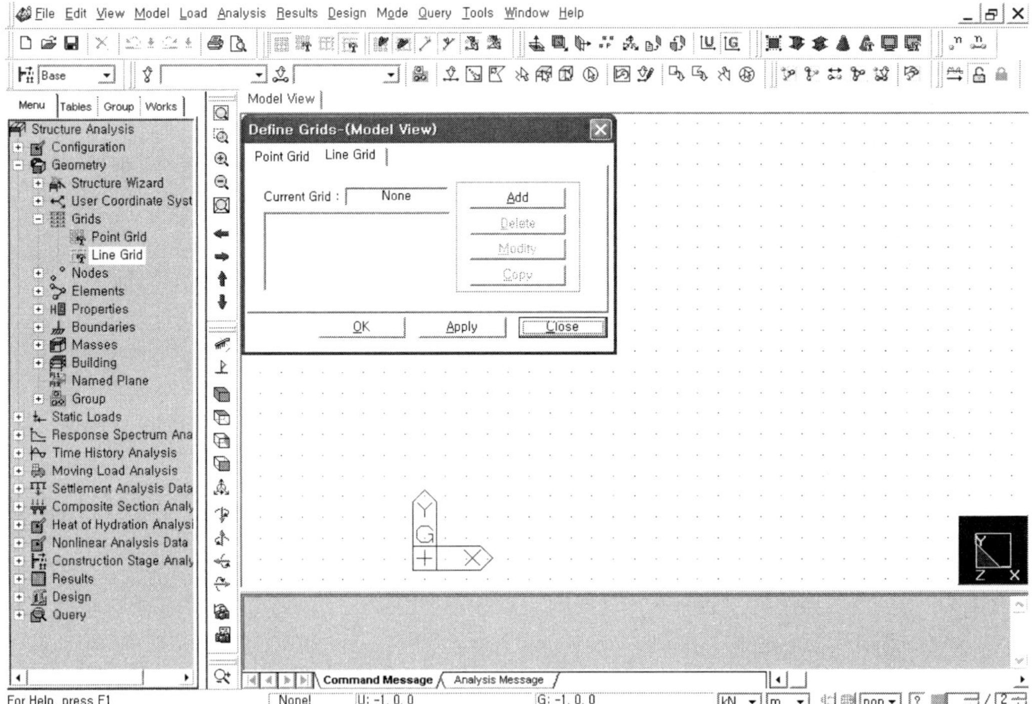

**02** 1층 평면도 좌표입력 준비한다.

Tree 메뉴의 X-Grid Lines 입력한 후 Add 선택한다.

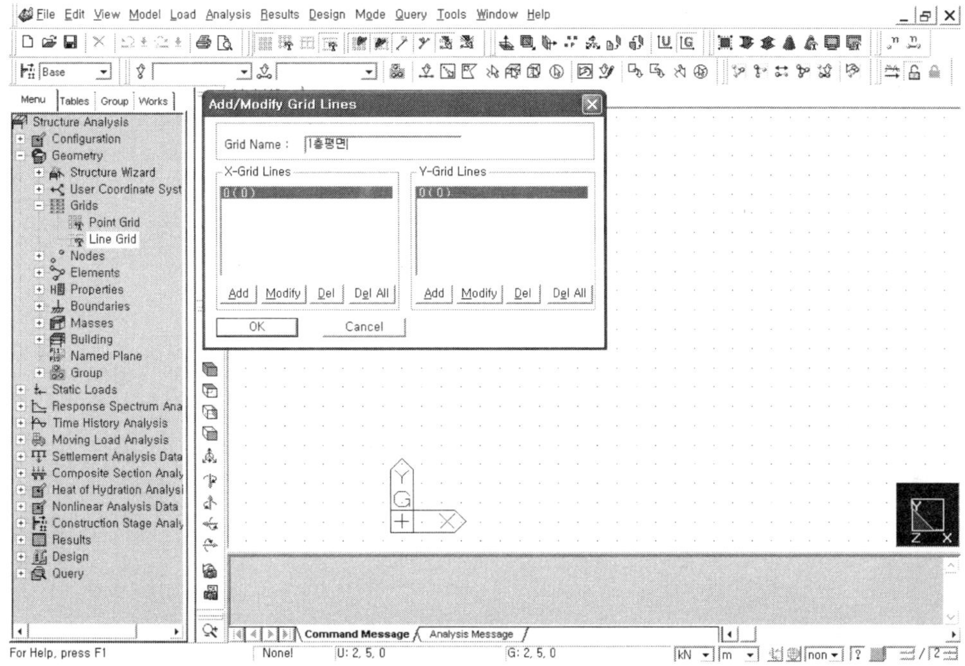

**03** 수평방향(X방향)으로 첫 번째 기둥부터 기둥간격에 따라서 미터단위로 입력한다.
입력이 끝나고 나면 OK 키를 누른다.

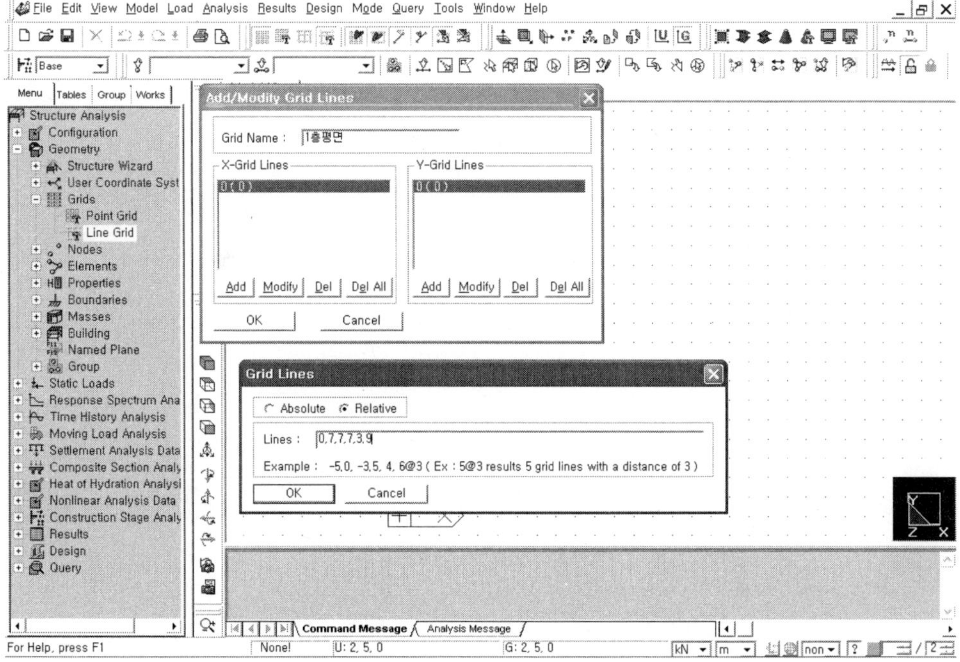

**04** 수직방향(Y방향)으로 기둥간격에 따라서 숫자를 미터단위로 입력한다.
Add키를 사용하여 다음 입력화면이 생성된다.
입력이 끝나고 나면 OK 키를 누른다.

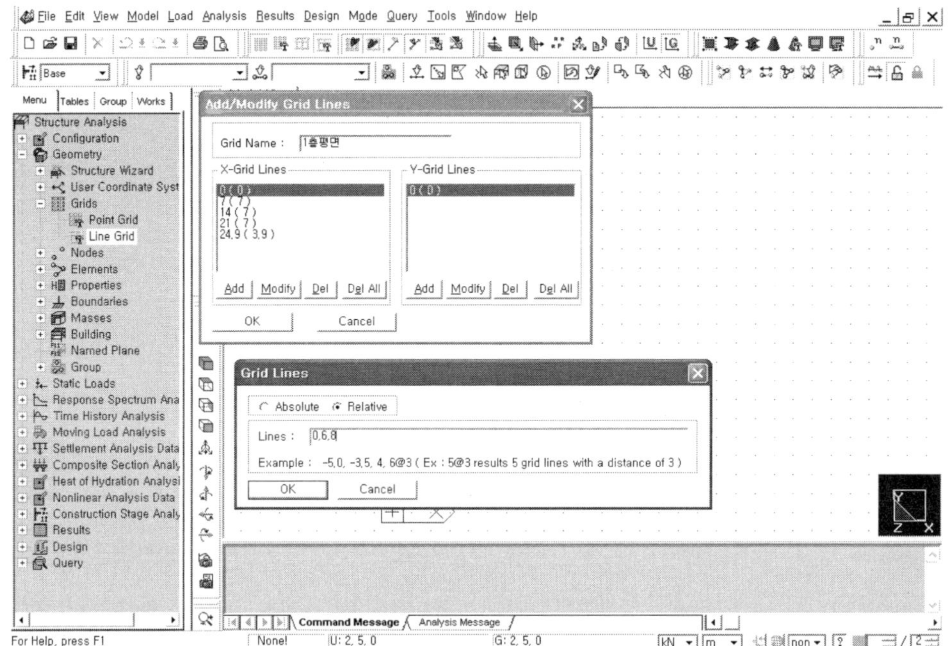

**05** 전체평면상의 X축, Y축의 기둥간격을 같은 방법으로 입력한다.
OK 선택한 후 좌측 메뉴의 Line Grid 선택한다.

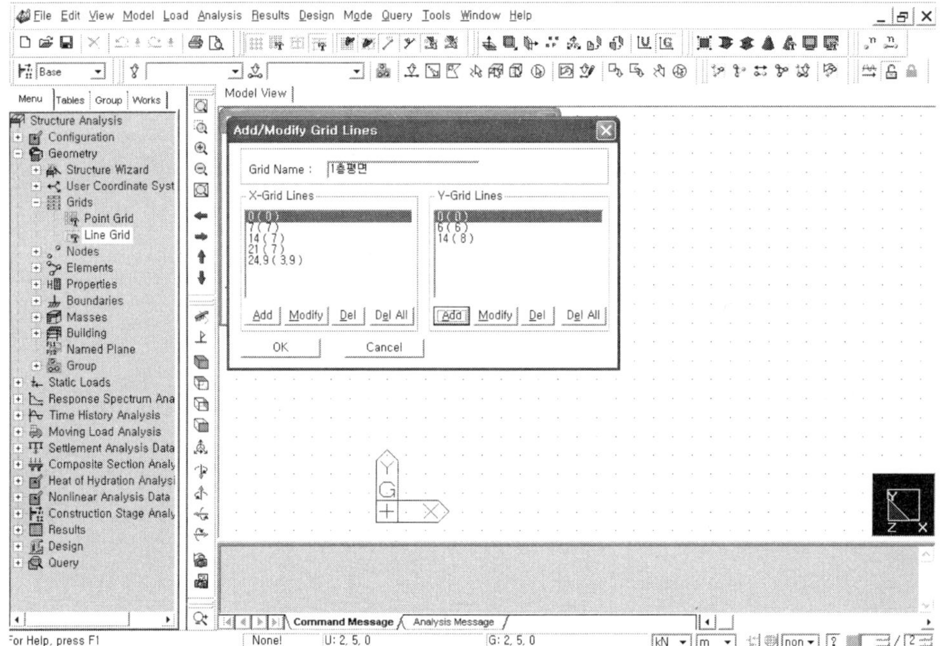

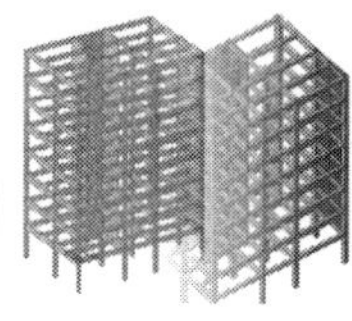

**06** 1층 평면도의 Grid Line이 설정되어 화면상에 나타난다.

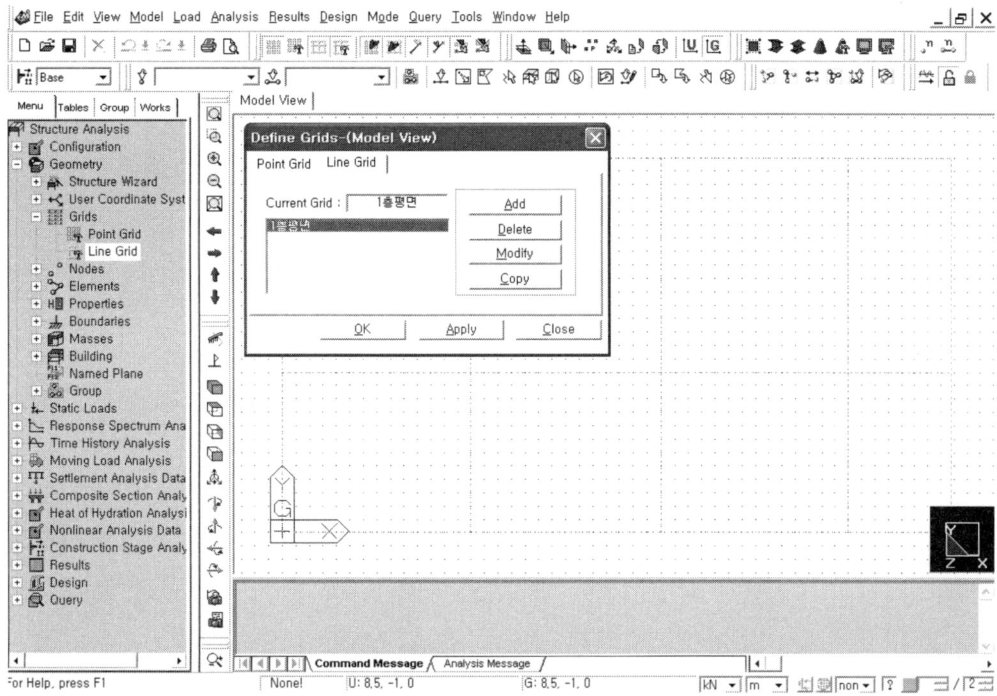

**07** 좌표상의 그리드가 전체화면에 나타나도록 정렬한다.

Zoom Fit 기능을 이용하여 전체화면이 나타나도록 한다.

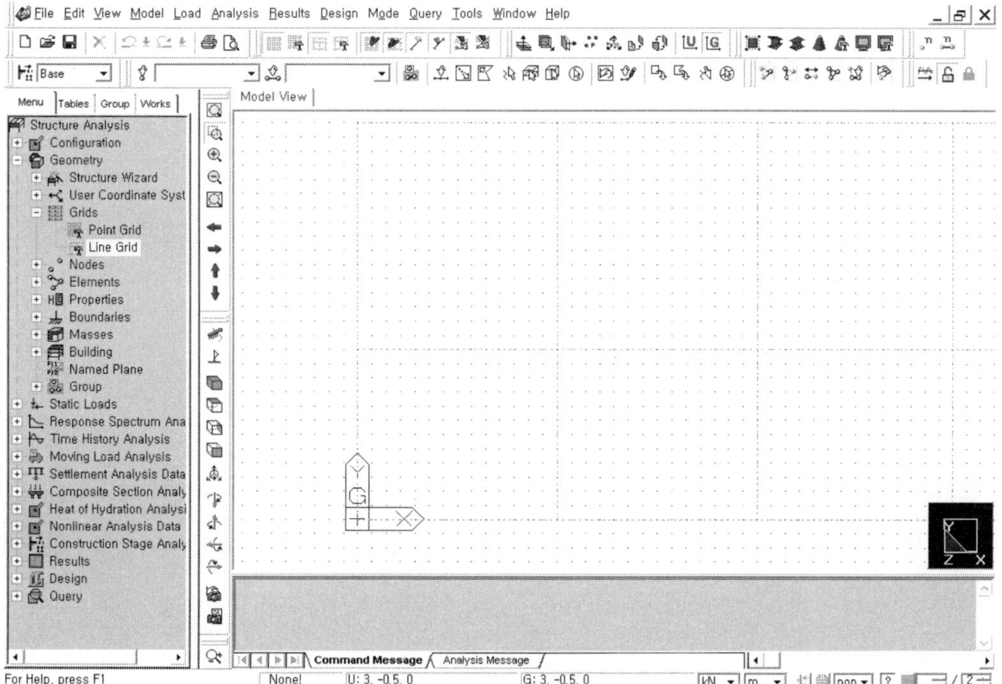

**08** 전체 그리드 평면에서 그리드 교점의 좌표가 표시되고 번호가 생성된다.

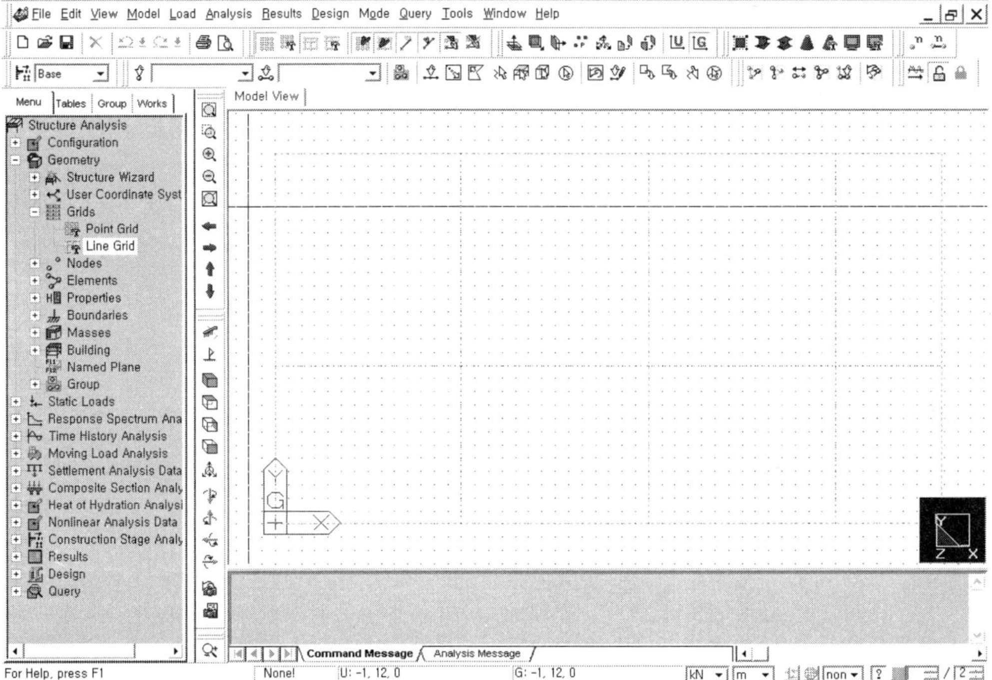

**09** Tree메뉴의 Node 기능을 사용하여 절점을 표시한다.

Node는 Toggle On 시킨 후 마우스좌표가 표시되도록 한다.

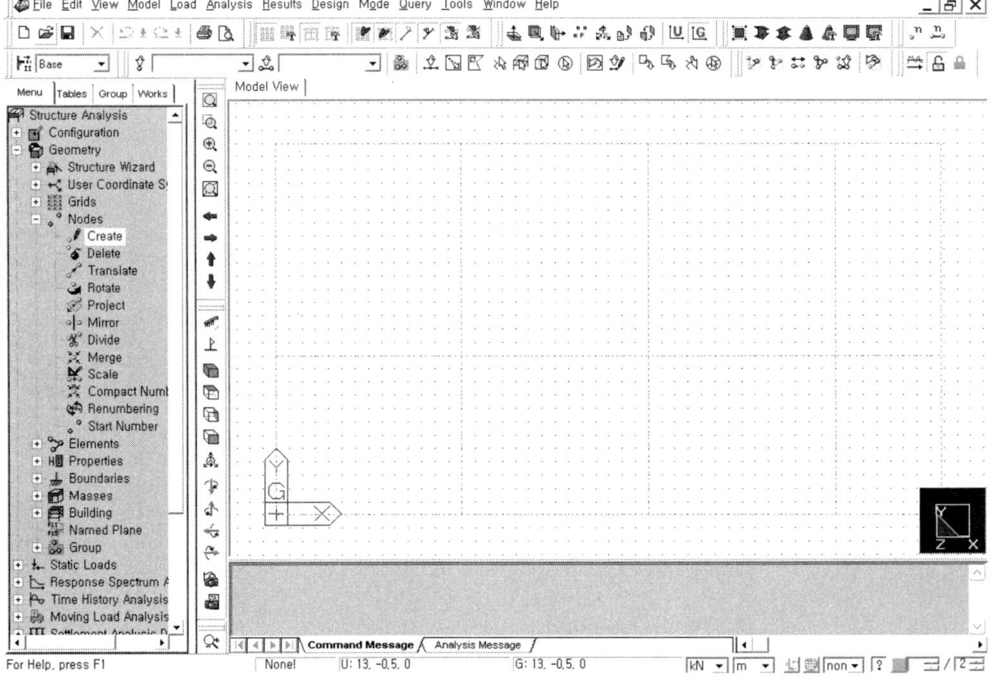

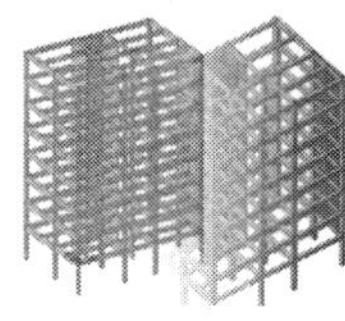

**⑩** Node의 절점번호는 메뉴상에서 자동으로 표시 되도록 하거나, 생략한다.

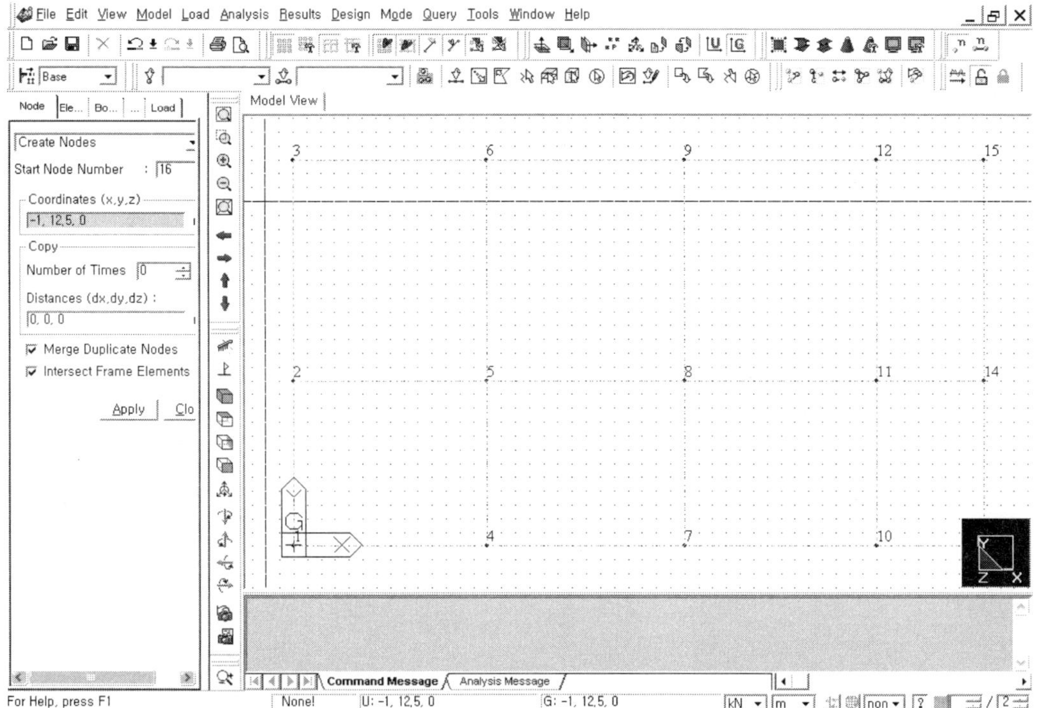

**⑪** • 메뉴에서 절점 사이의 재료성질(Material), 단면성질(Section), 부재(Element)를 입력

• 입력 순서는 Material → Section → Element 순으로 진행한다.

• Material은 부재의 재질을 나타내는 것으로 콘크리트인 경우 강도를 표시한다.

• Section은 부재의 단면의 크기를 나타내는 것으로 건물에서 생성되는 전체부재를 보, 기둥, 벽체의 순서대로 미리 가정한 후 입력한다.

• Element 는 Section에서 정해진 부재의 단면을 절점과 절점으로 연결시 선택하여 부재의 위치와 부재의 재질과 단면의 크기를 지정하는 단계이다.

• Element에서 Create Element의 Section을 선택하고 → Add를 실행한다.

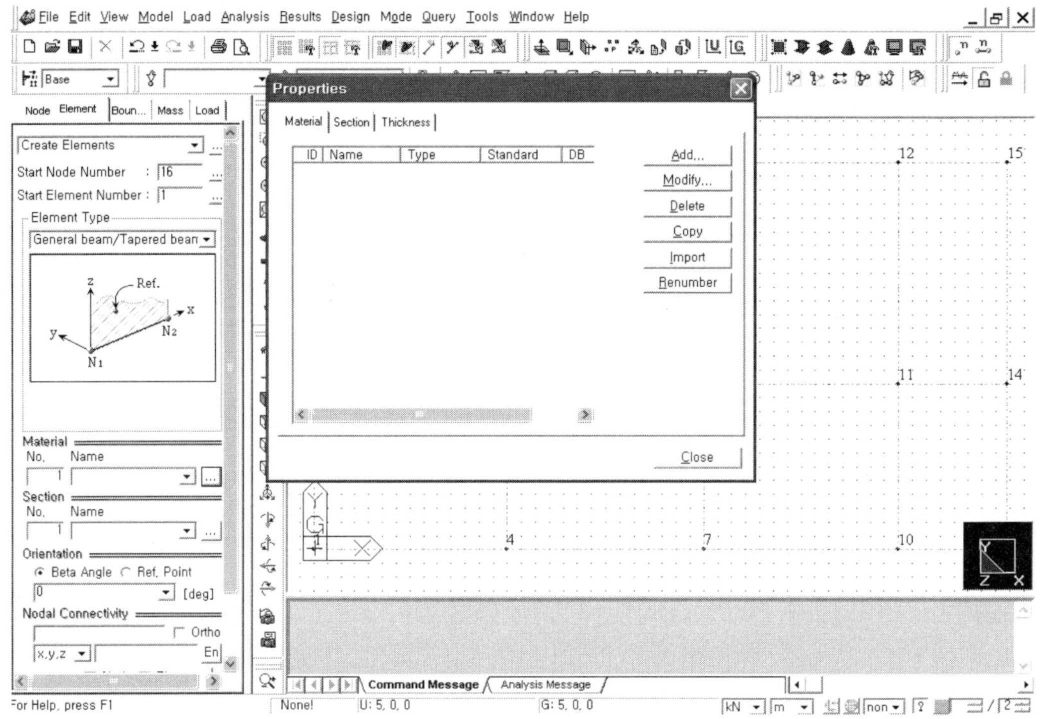

## 4.1.2   부재 재료상수 입력

$$콘크리트 \quad f_{ck} = 21\mathrm{MPa}(\mathrm{N/mm}^2)$$
$$철 \quad 근 \quad f_y = 400\mathrm{MPa}(\mathrm{N/mm}^2)$$

* TREE MENU의 Property의 Material 기능을 이용한다.

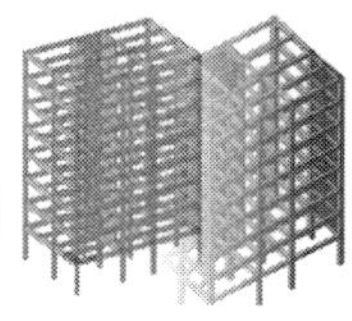

**01** Tree 메뉴의 Material 입력창이 나오면 부재의 재료상수를 입력한다.

Girder → KS(RC) → C21 → Apply 순서대로(보 - 기둥 - 벽) 다음 부재를 입력한다.

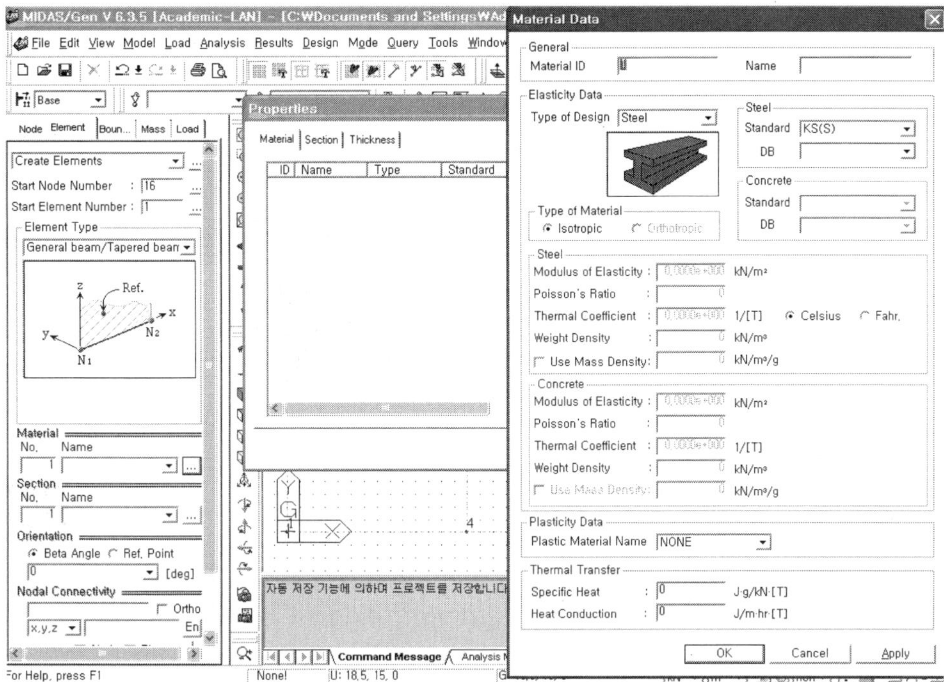

**02** 입력이 완료되면  OK를 누른 후 close를 선택한다.

추가사항이 없으면 Close, 있으면 Add로 선택한다.

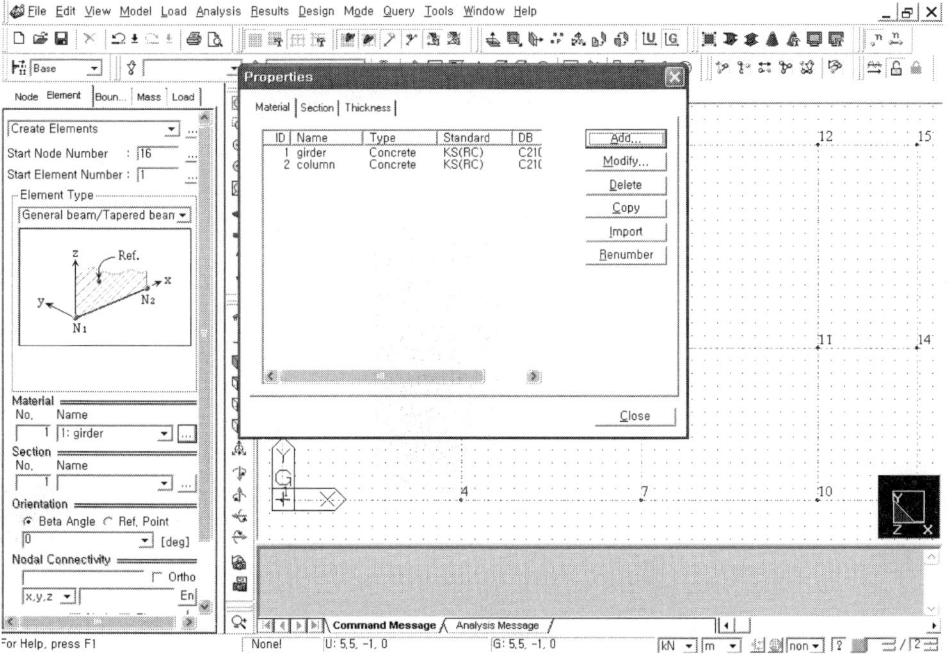

**03** Tree메뉴의 Section 입력창을 실행하여 부재의 단면성질을 입력.(300×500) 부재의 단면자료는 property의 section기능을 이용(H=500, B=300)하여 입력

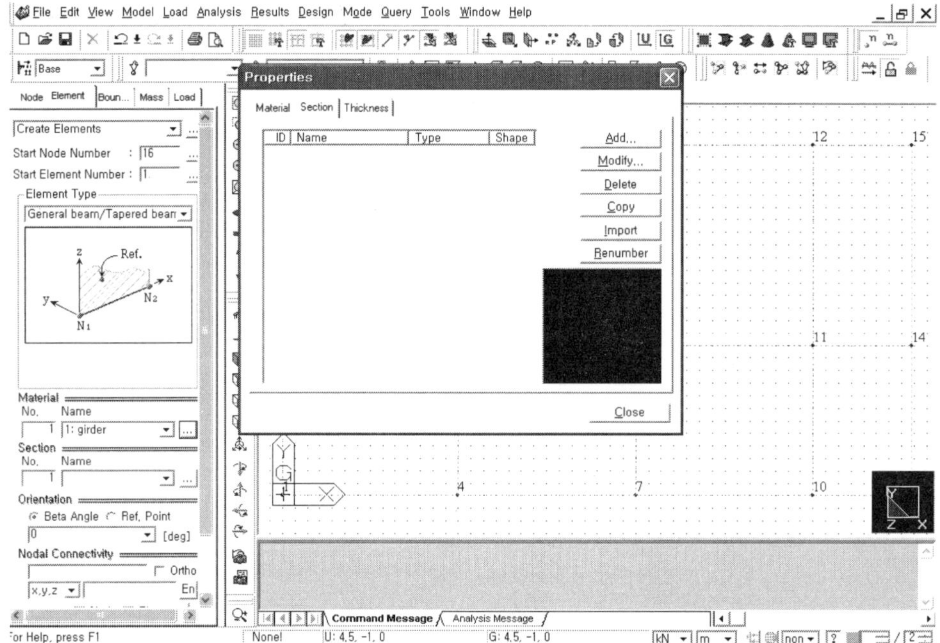

**04** Tree 메뉴의 Section ID : rG1

메뉴에서 사각형 단면형태인 Solid rectangle을 선택하고, User 항목에서 보 높이 H(0.7), 보 폭(0.4)을 입력한다.

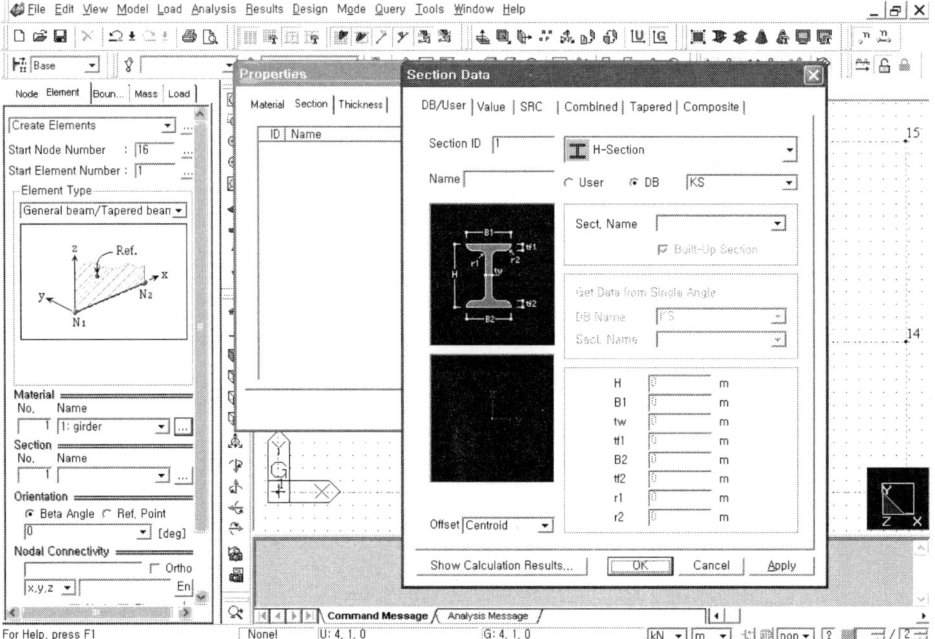

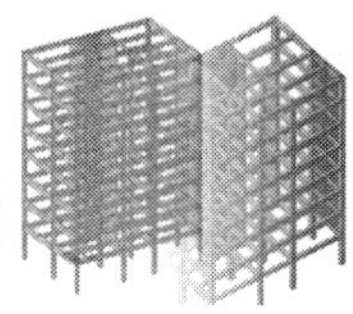



## 4.1.3 부재 단면 산정

TREE 메뉴의 Property의 Section기능을 이용한다. 단면의 크기를 입력 전에 미리 가정해 놓은 후 입력단계에서 보, 기둥, 벽의 순서에 따라 입력한다.

✱ 반드시 보와 기둥과 벽을 별도로 분리하여 순서대로 가정하여 작업한다.

예 1층 큰　보 : G101, G102, G103 …
　　2층 작은보 : B201, B202, B203 …
　　1층 기　둥 : C101, C102, C103 …
　　2층 기　둥 : C201, C202, C203 …

**01** 가정된 부재 입력 후에도 새로운 부재 추가 입력 및 부재의 변경이 가능하다. 추가로 생성된 부재는 일련번호에 따라서 나중번호로 입력한다.

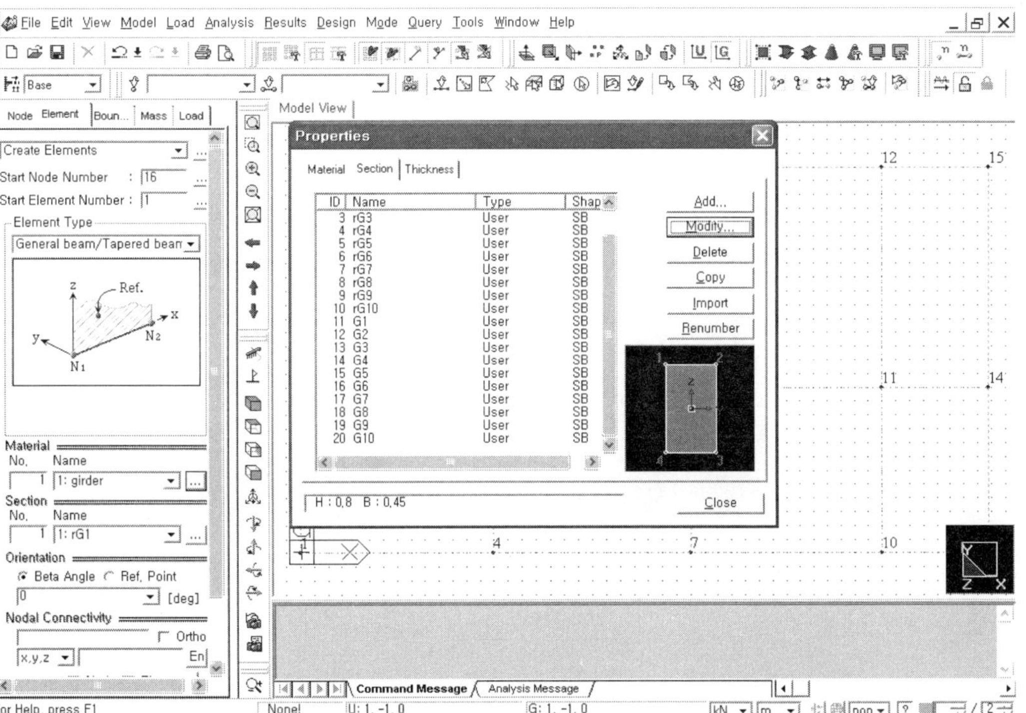

**02** Material, Section이 입력되면 평면상 절점 사이에 입력된 재료상수를 이용하여 부재를 입력한다.

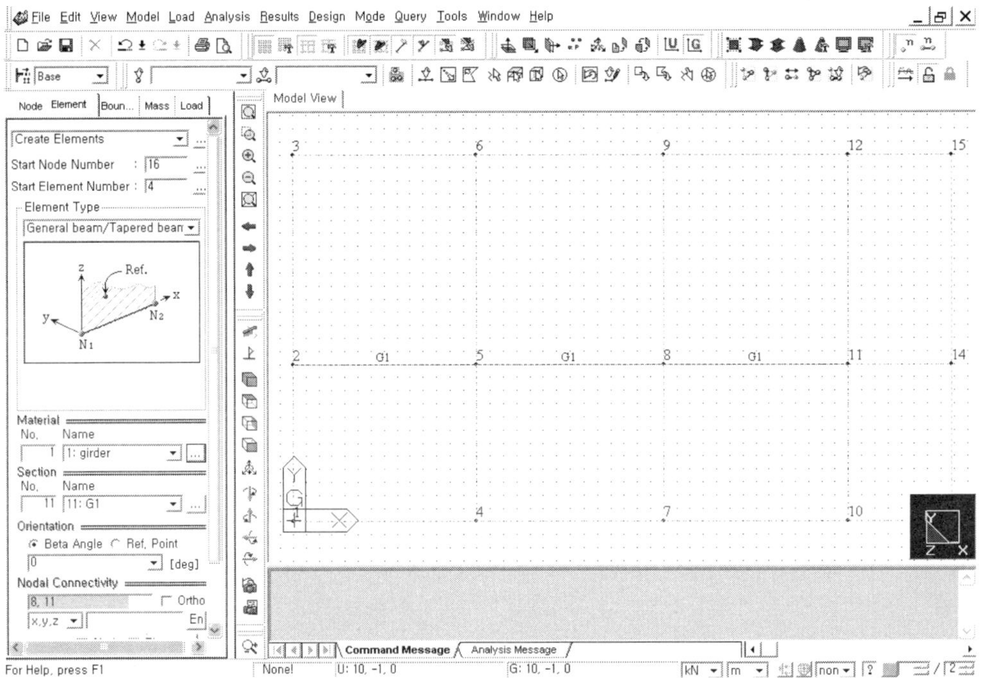

**03** G1, G2, G3 입력 후 → G9, G10까지 입력한다.

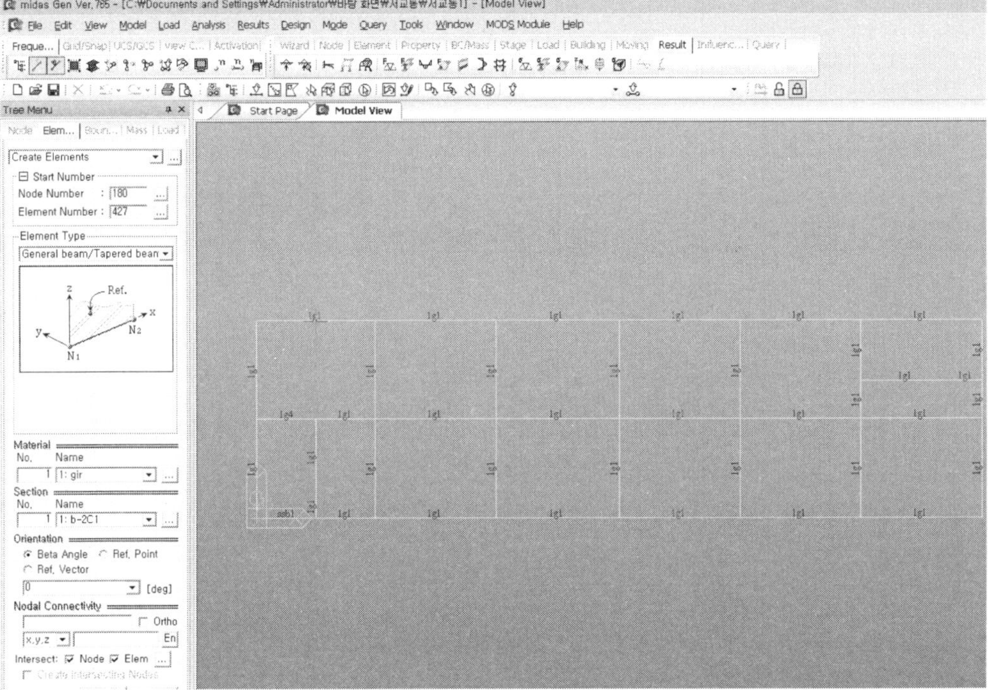

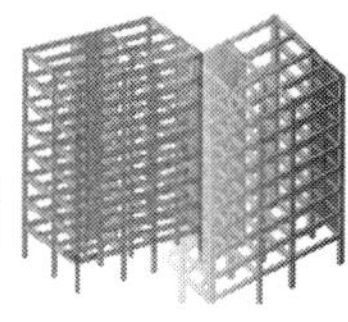

**04** 기둥부재 생성을 위해 입체화면으로 변경한다.

기둥위치의 절점을 선택하여 기둥생성 준비를 한다.(Element → Extrude 기능)

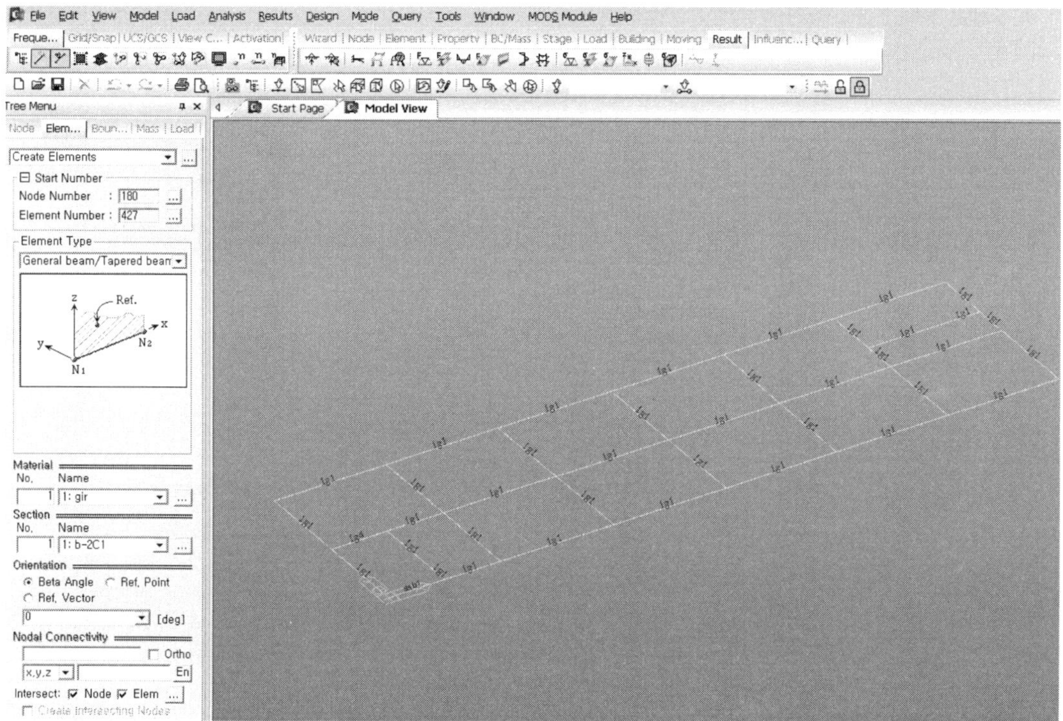

## 4.1.4 기둥 부재 생성

Element의 Extrude기능을 이용한다.

(Extrude 기능 = 절점을 늘어뜨려서 기둥을 생성하는 작업)

## 4.1.5 상부층 동일부재 생성

Model의 Building-Generation기능을 이용한다.

상단 메뉴의 Building Generation에서 Generation을 실행한다.

동일한 부재의 1개층을 여러 개층으로 복사할 경우 사용한다.

**01** 기둥이 생성될 절점을 모두 선택(select 기능을 이용)한다.

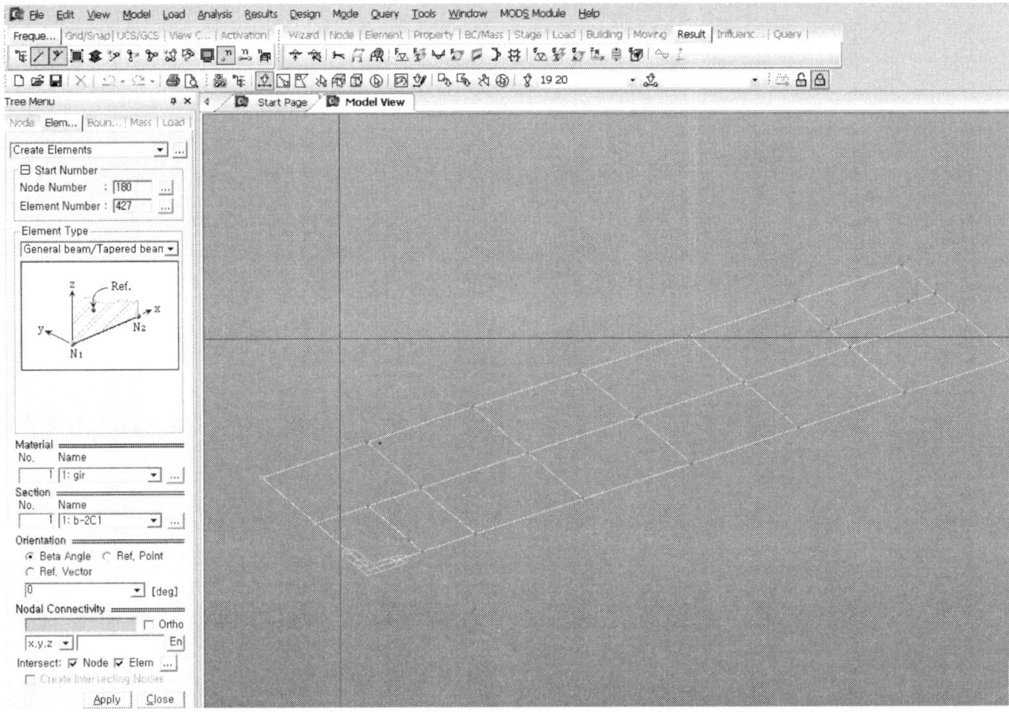

**02** 기둥절점이 선택되면 절점이 빨간색 또는 다른 색으로 변색된 상태로 표시된다.

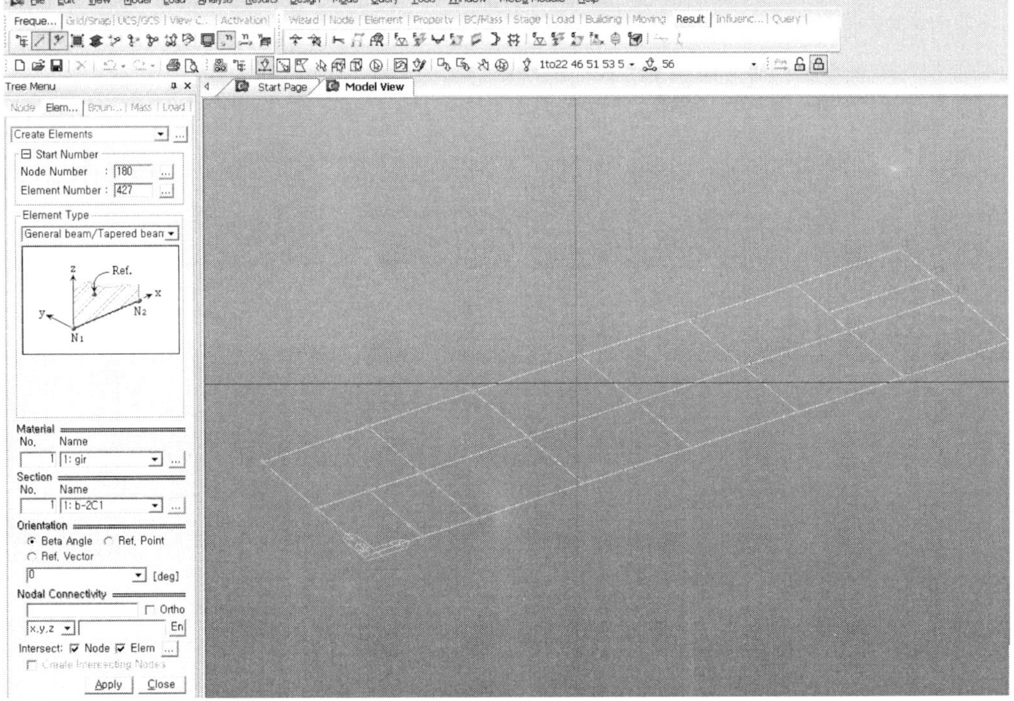

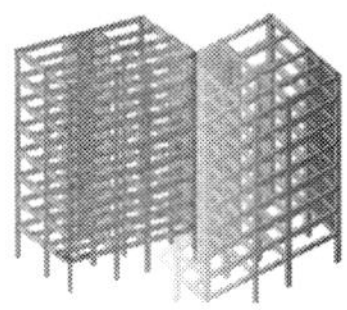

**03** Extrude → Column → C1 → dx, dy, dz(0, 0, −4.2) → Apply

벽을 이루는 절점 4개를 연결하여 벽도 모델링한다.

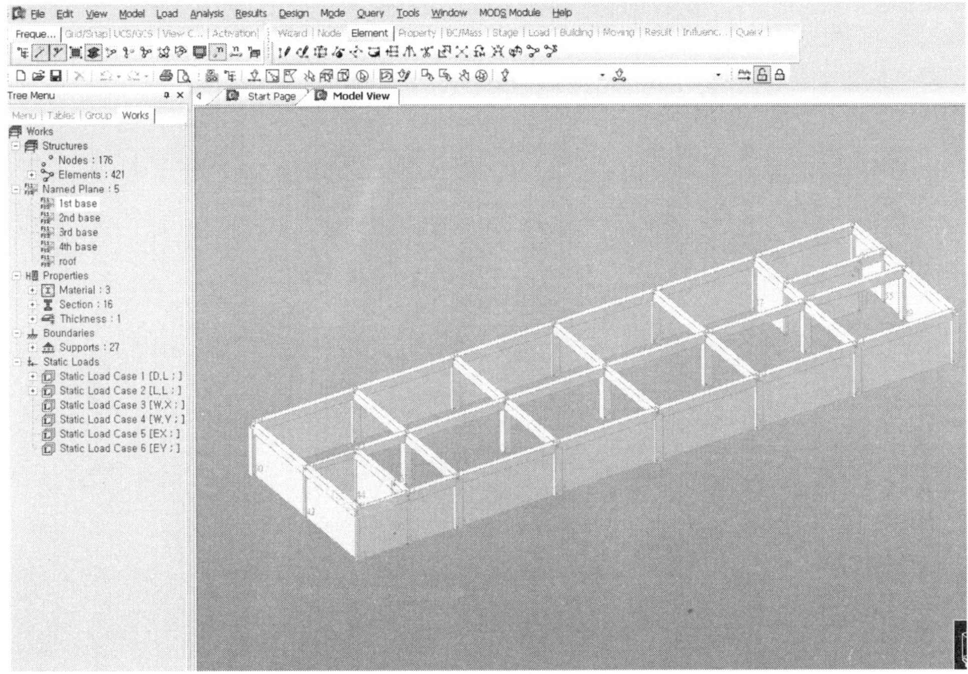

**04** 1개층이 완성되면 복사하여 3개층 위로 Generation(증분)시킨다.

메뉴의 Model → Building → Building Generation을 선택한다.

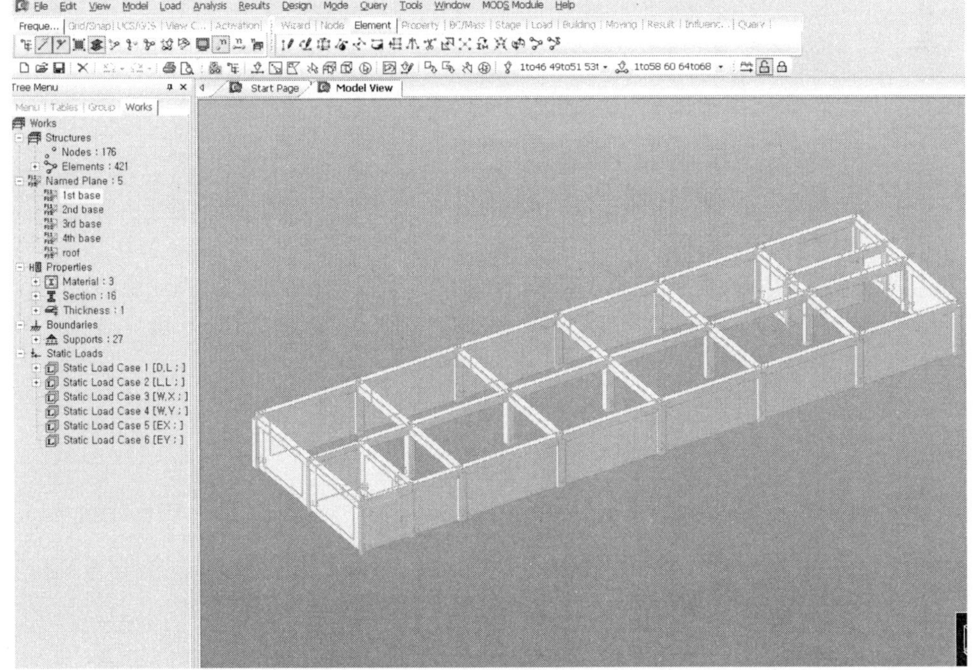

**05** 3개층 복사 방법(층고×층의 개수를 입력한다)

옆 메뉴의 Number of Copies = 3 : → Z = 3.3(복사할 각 층의 층고)

Add → Select All → Apply

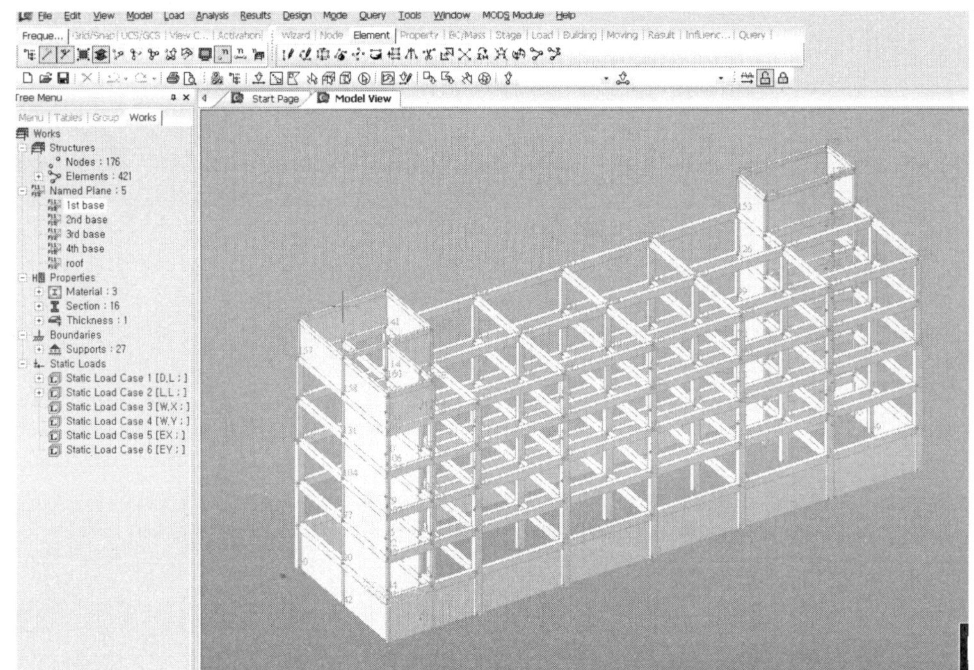

**06** 복사 후 전체화면(Scale Fit)으로 변경하여 완성된 골조를 확인한다.

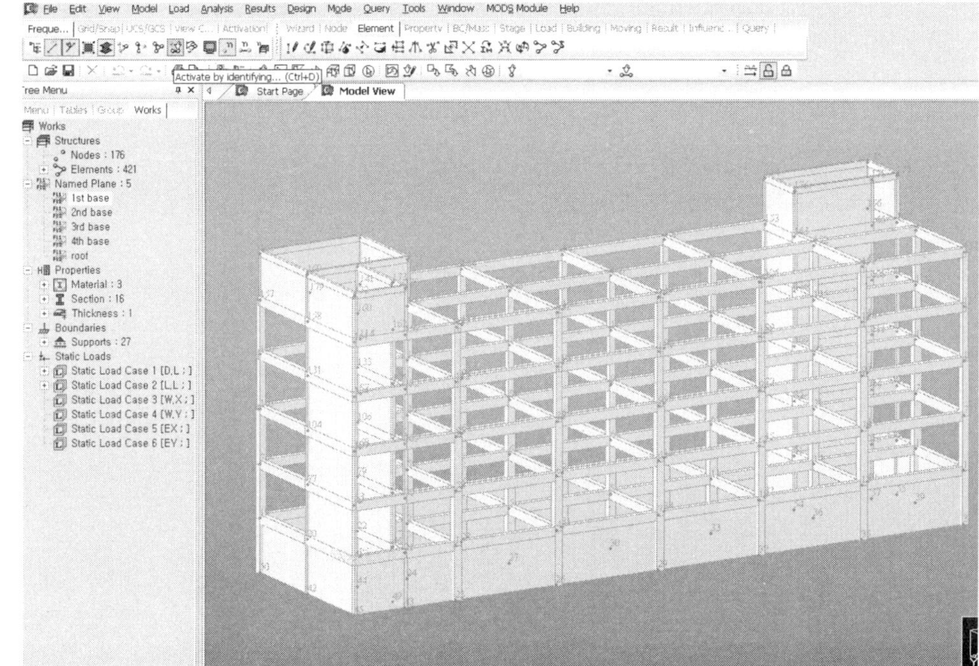

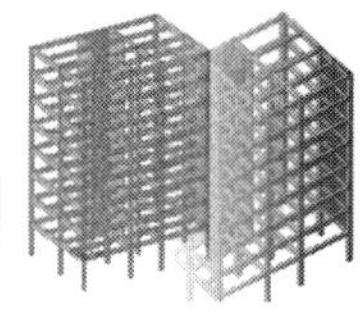

**07** Generation 실행 후 Roof층의 부재를 변경하고자(G1 → rG1) 하는 메뉴에서 X-Y plane을 선택하여 커서로 Roof층을 Select한다.

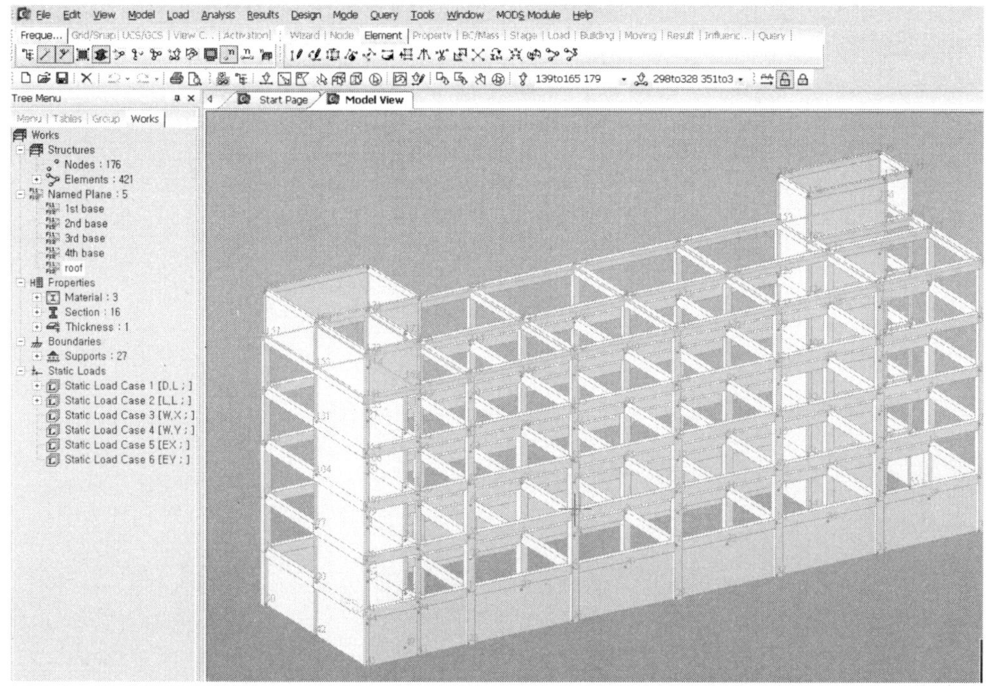

**08** Roof 부재를 변경하고자 화면에 지붕층을 선택해서 나타낸다.

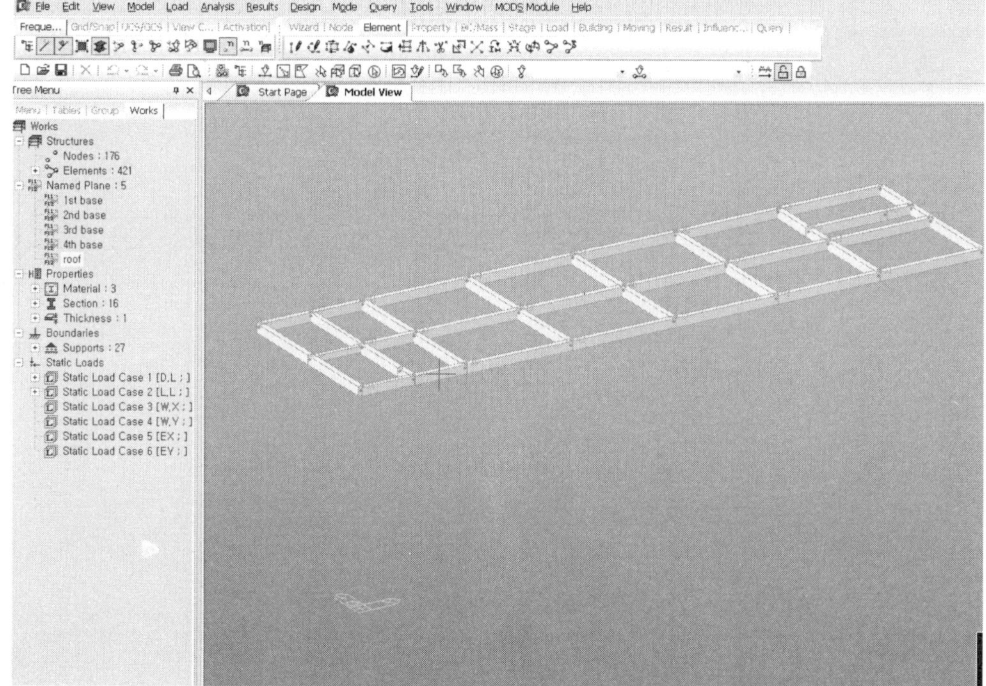

**09** Chang Element Parameter에서 변경하고자 하는 부재를 선택하고 Section ID를 찾아 rG1으로 선택하고 Apply한다.

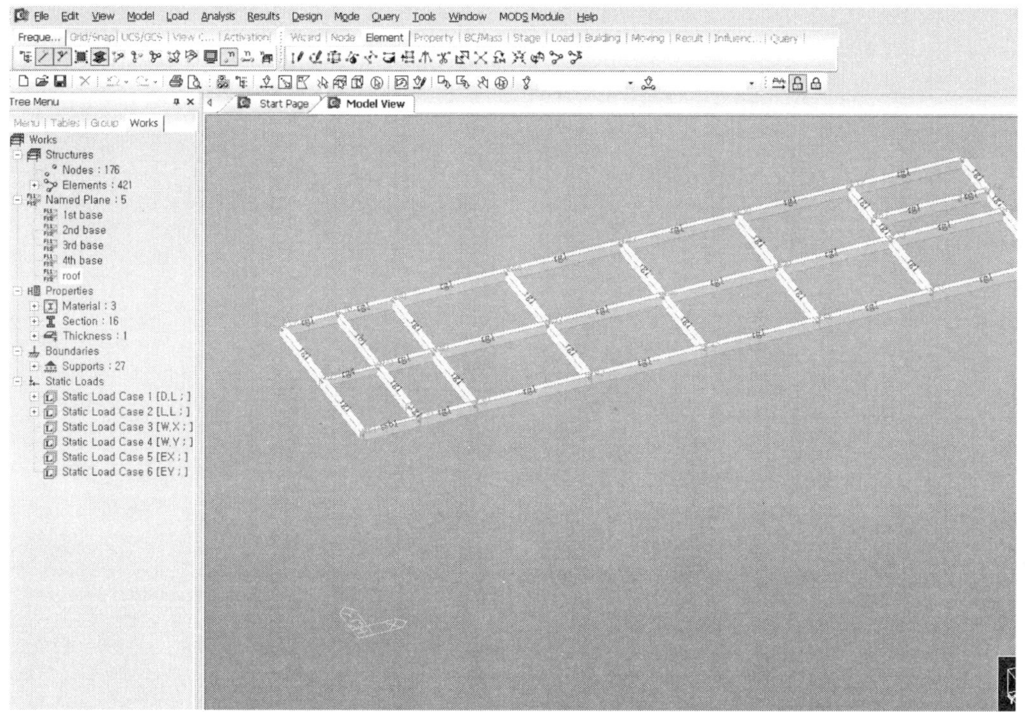

**10** G2 부재도 선택하여 rG(지붕) 부재로 변경한다.

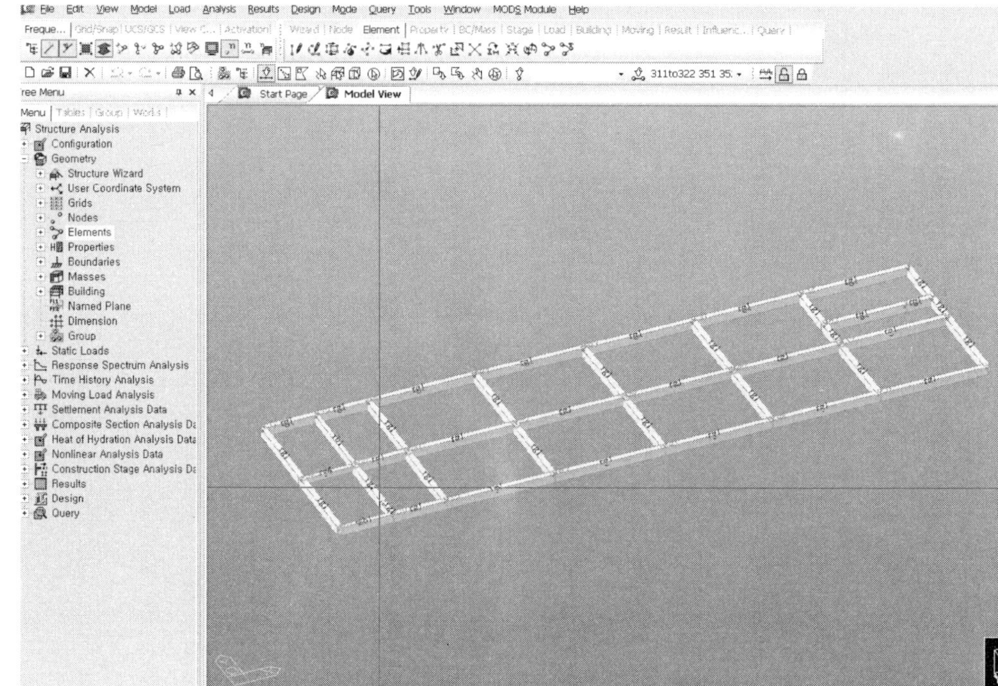

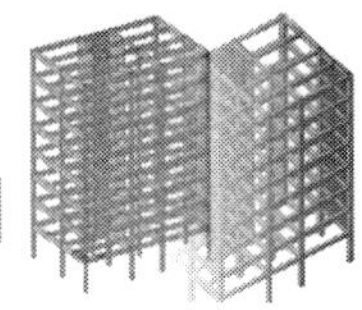

**11** G9 부재도 선택하여 rG(지붕) 부재로 변경한다.

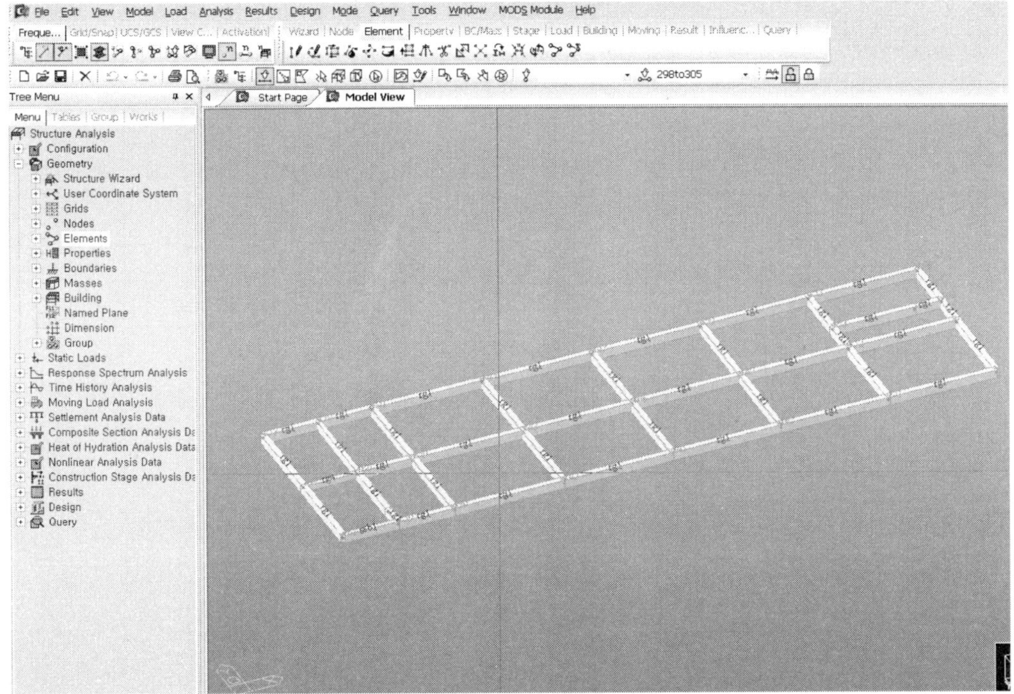

**12** 지붕 부재 전체를 변경 완료한다.
전체 건물 모델링한 후 화면에서 검토한다.

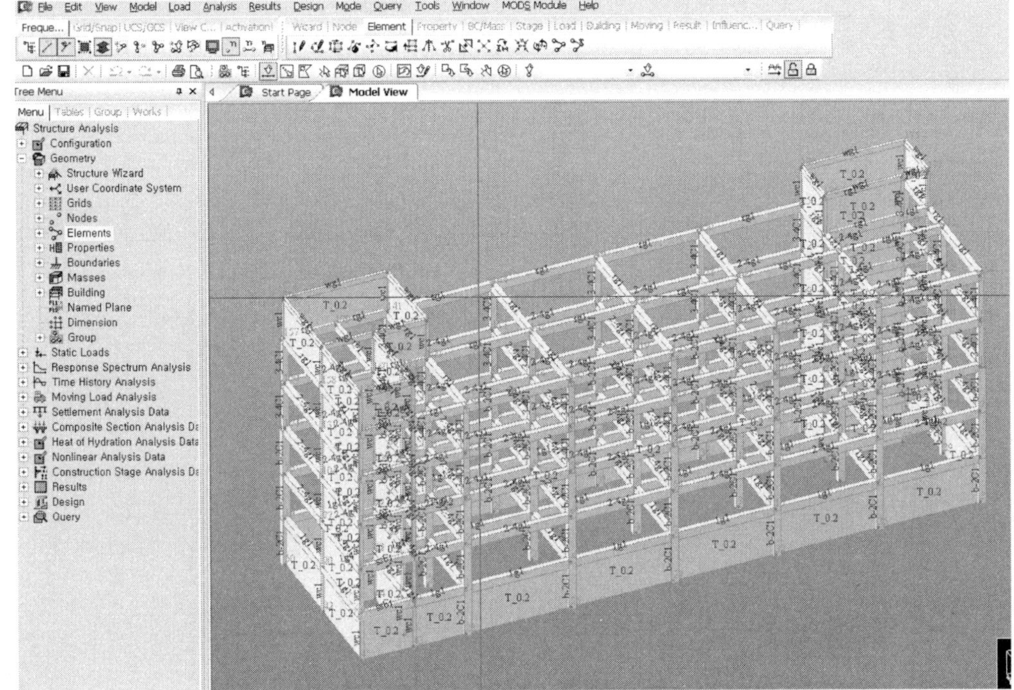

**13** 지붕층 부재를 전부 수정한 후 입체화면으로 전환한다.

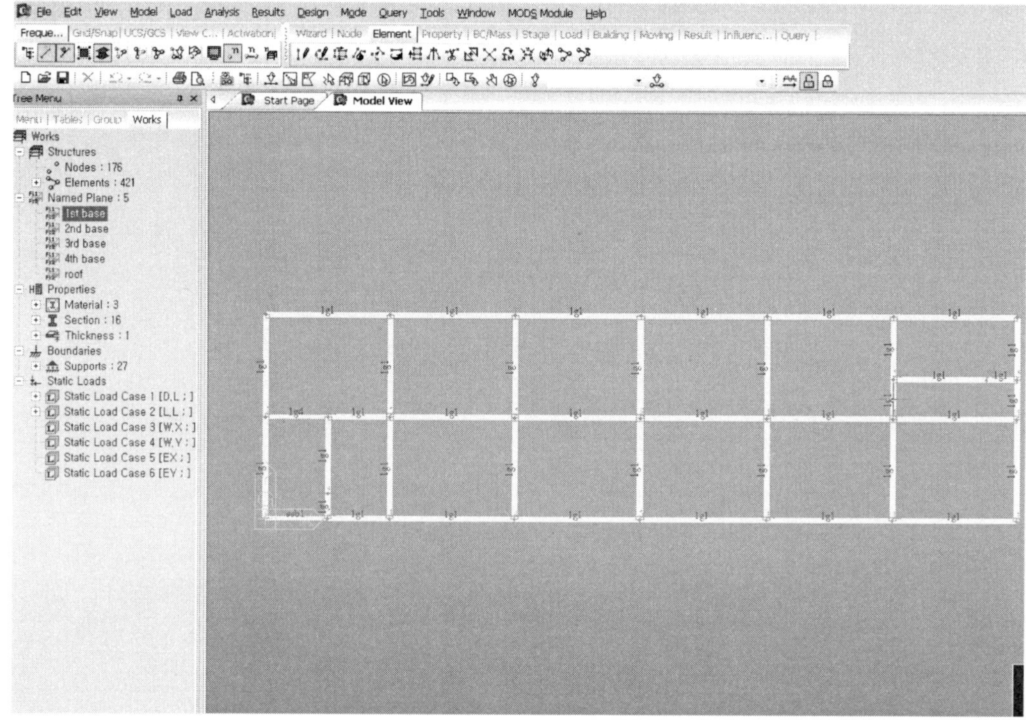

**14** 1층 바닥 구조 평면(X-Y Plane)을 선택하여 활성화시킨다.

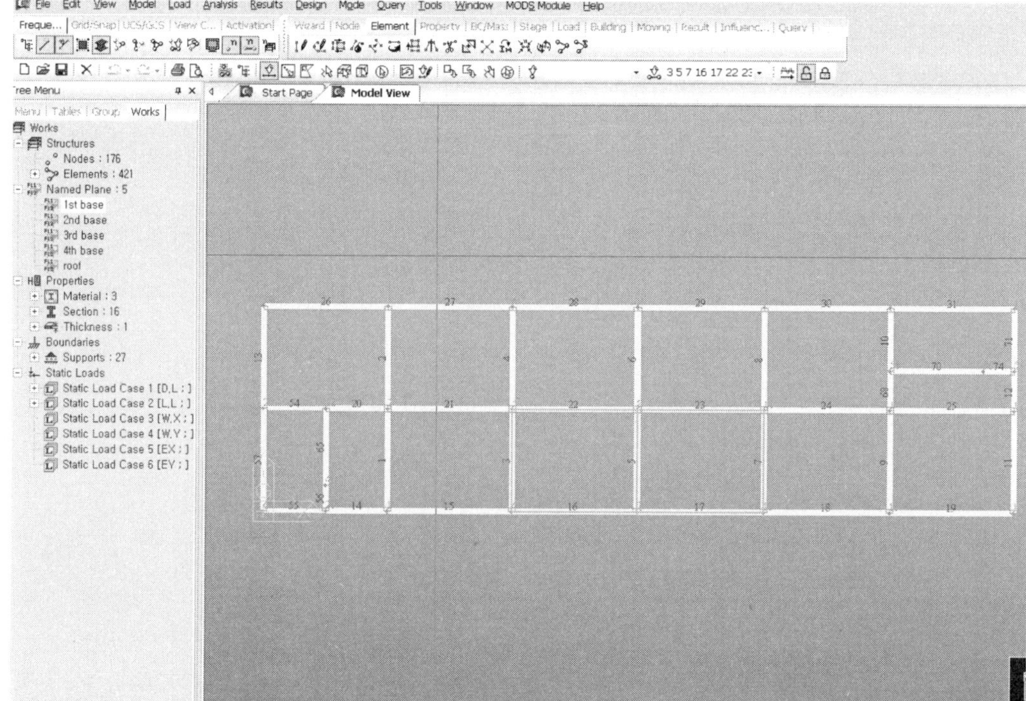

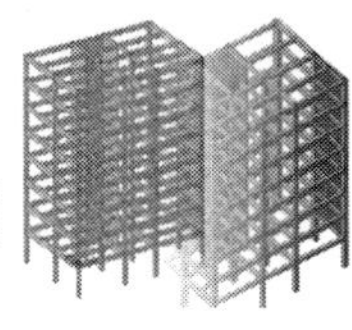

**15** 1층 바닥에 Beam을 설치하기 위해 G1, G2를 분할한다.

Change Element Parament → Divide Element 선택

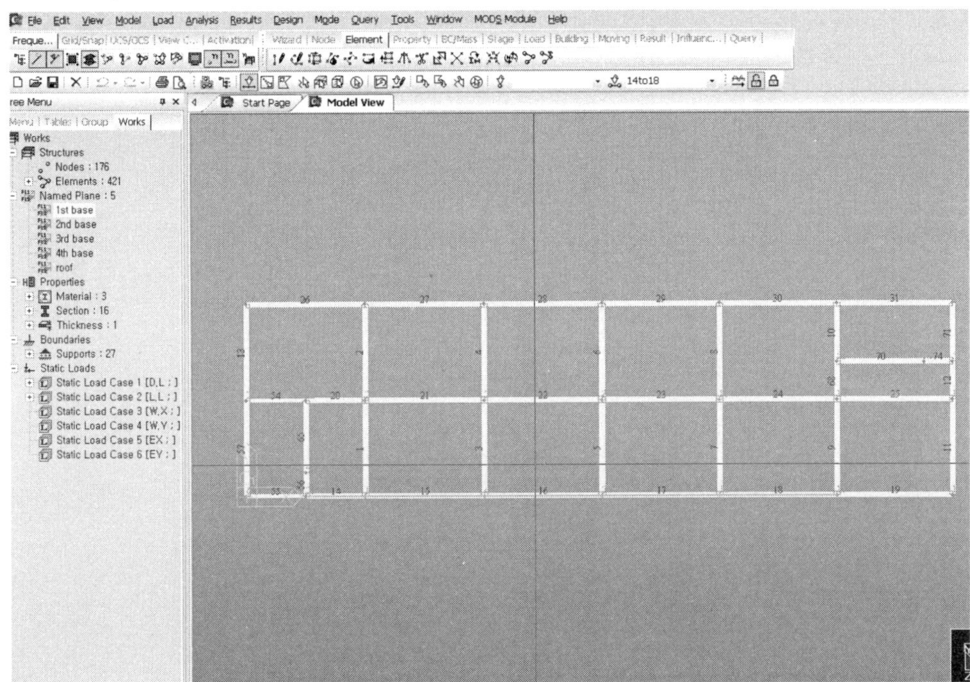

**16** G1, G2 부재가 2개로 분할한다. 분할거리는 Equal Distance로 하고 부재수(Number of Divisions)는 2개로 선택한다. → Apply

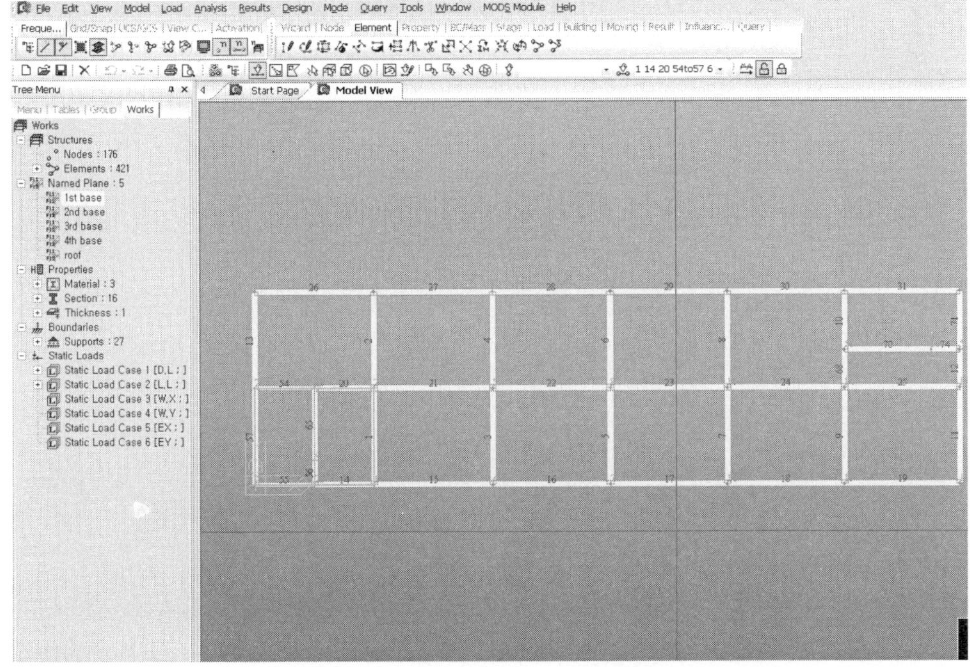

**17** 부재를 2개로 Divide 하면 중간에 절점이 생기며, 이때 절점을 서로 연결하여 B1을 생성한다.(Divide → Create Element → girder, B1 → Apply)

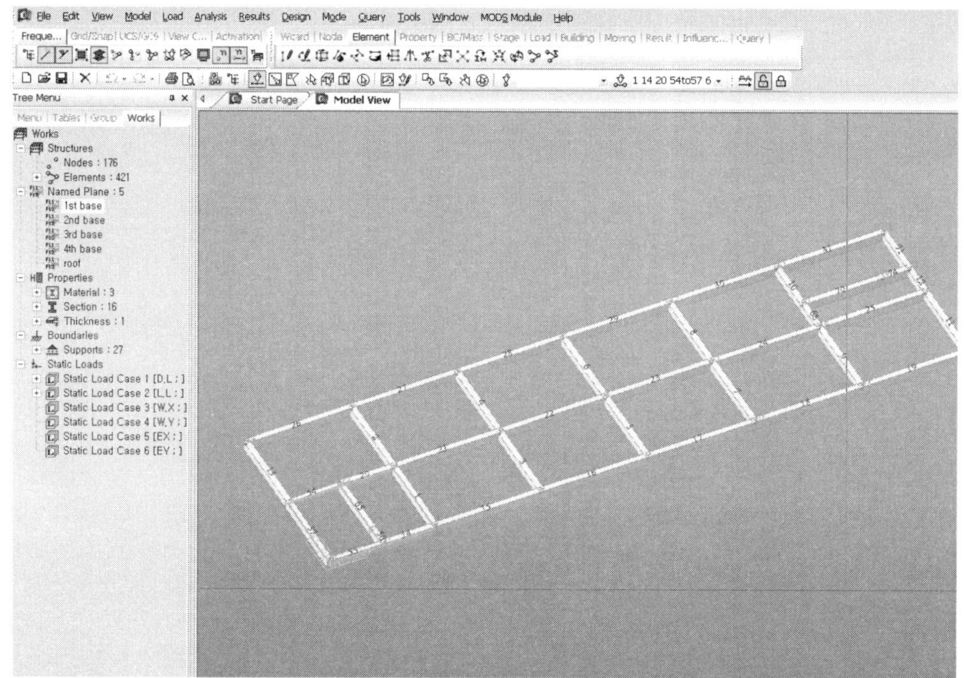

**18** 같은 방법으로 1층평면 내의 Beam을 전부 설치한다.
(Select → Divide → Create Element → girder, B2 → Apply)

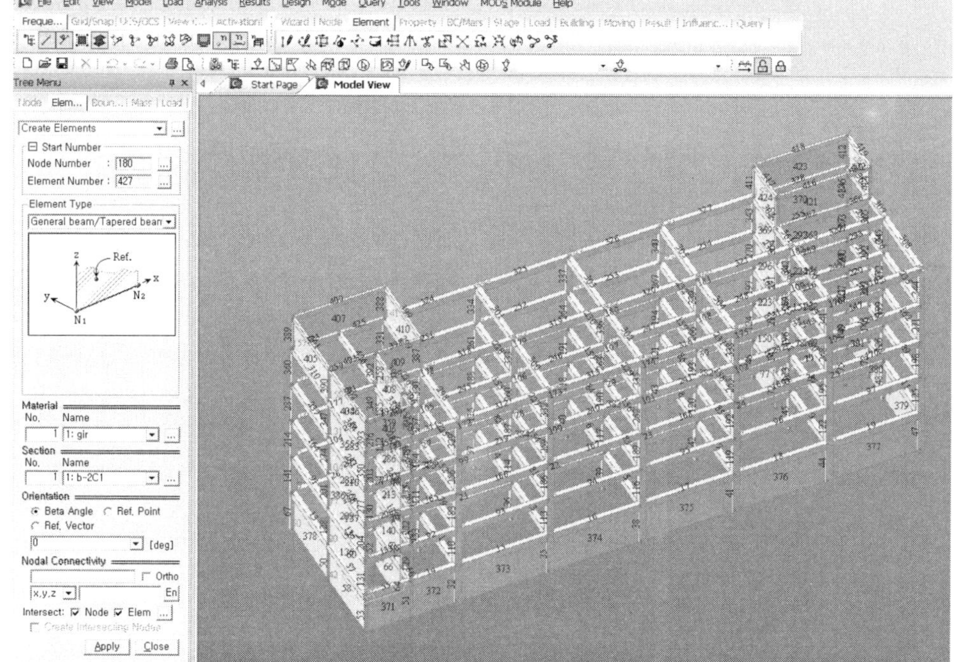

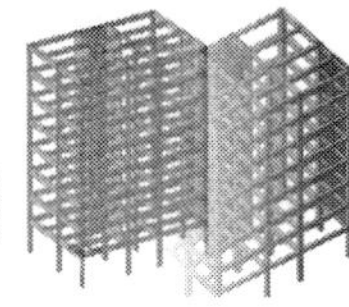

**19** 1층 Beam 설치를 완료한 후 입체화면으로 전환한다.

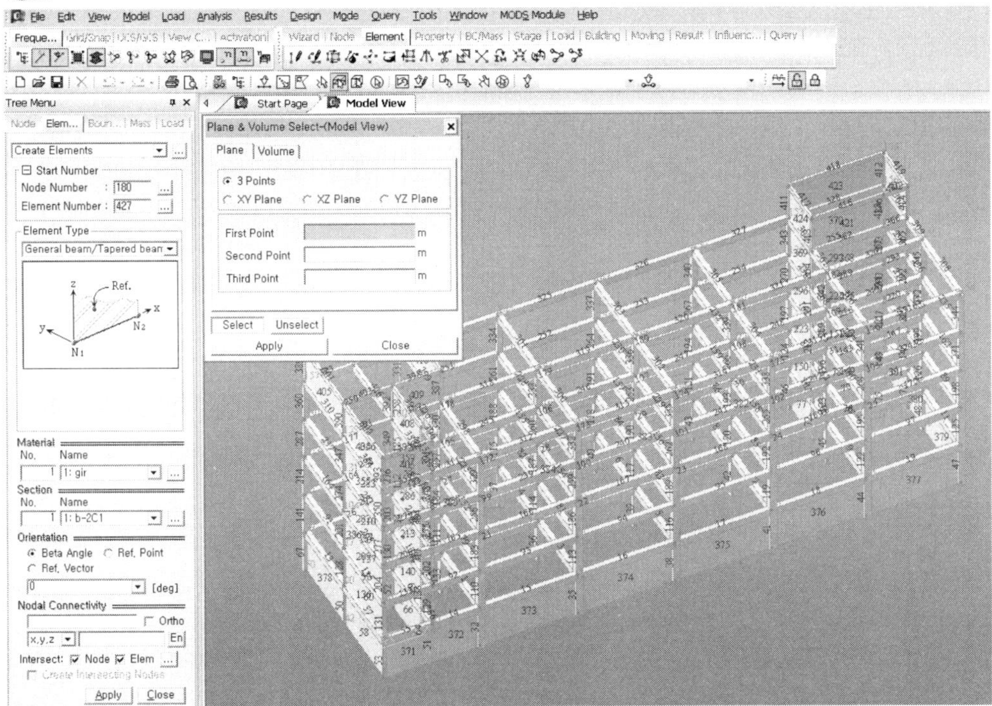

**20** XY-Plane 기능을 이용하여 2층 바닥을 Select하고 활성화시킨다.
동일한 방법으로 Beam을 설치하고 전 층을 완성한다.

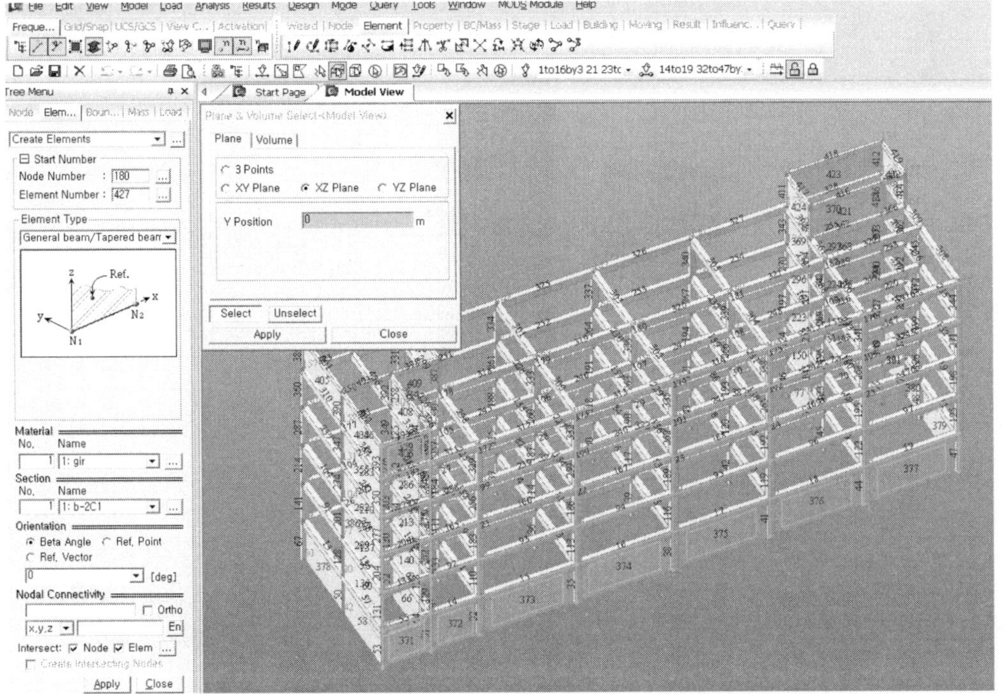

**21** A열 선택 → 활성화 → 외측 기둥 Select

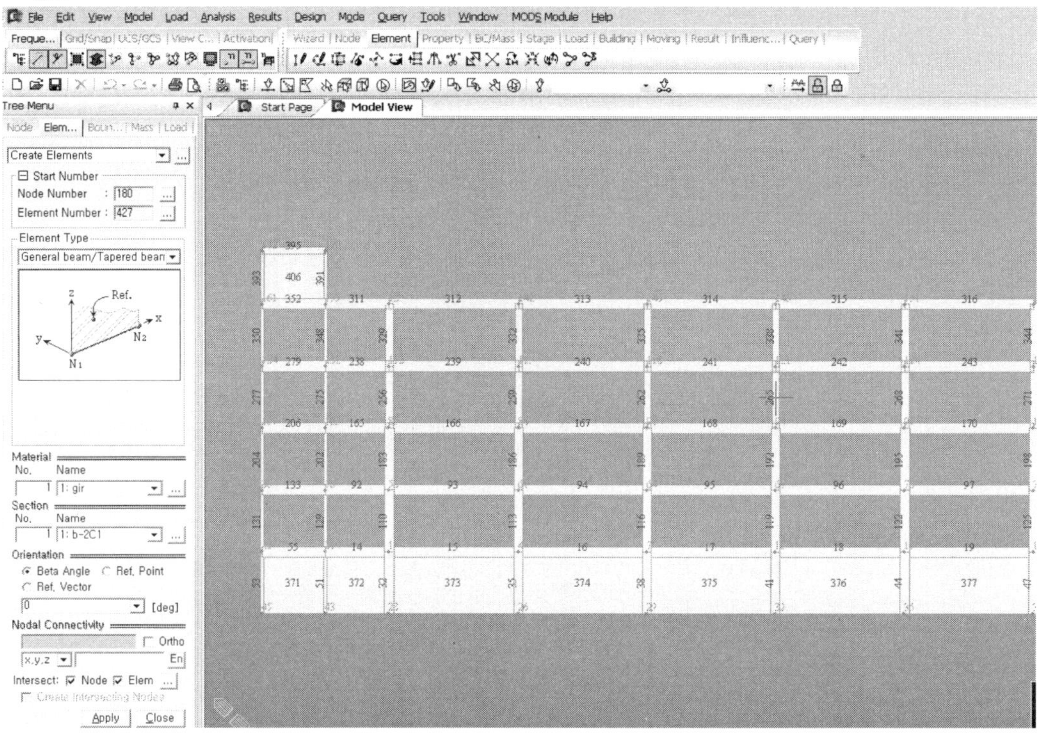

**22** 외측면을 활성화하여 표시한다.

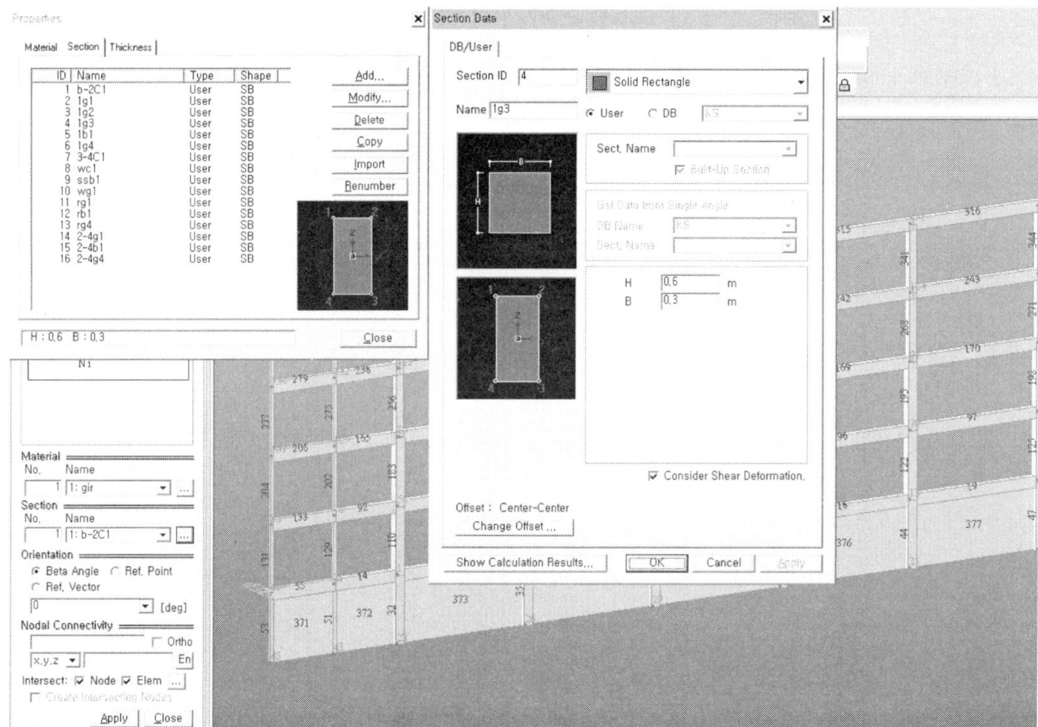

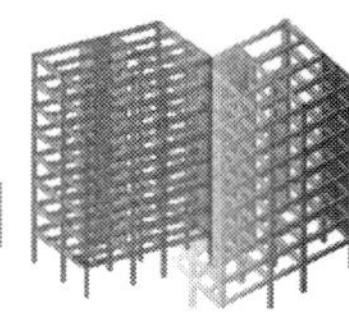

**23** Property  →  Section  →  C2  →  Check  or  Modify

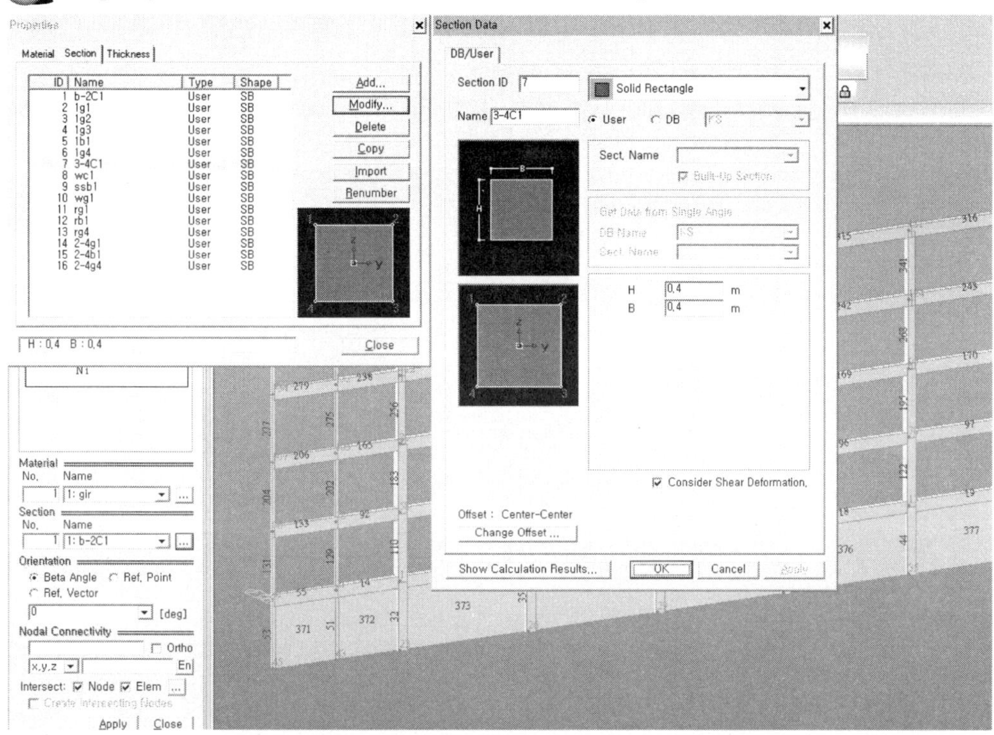

**24** C2 단면을 40cm×40cm로 변경한다.

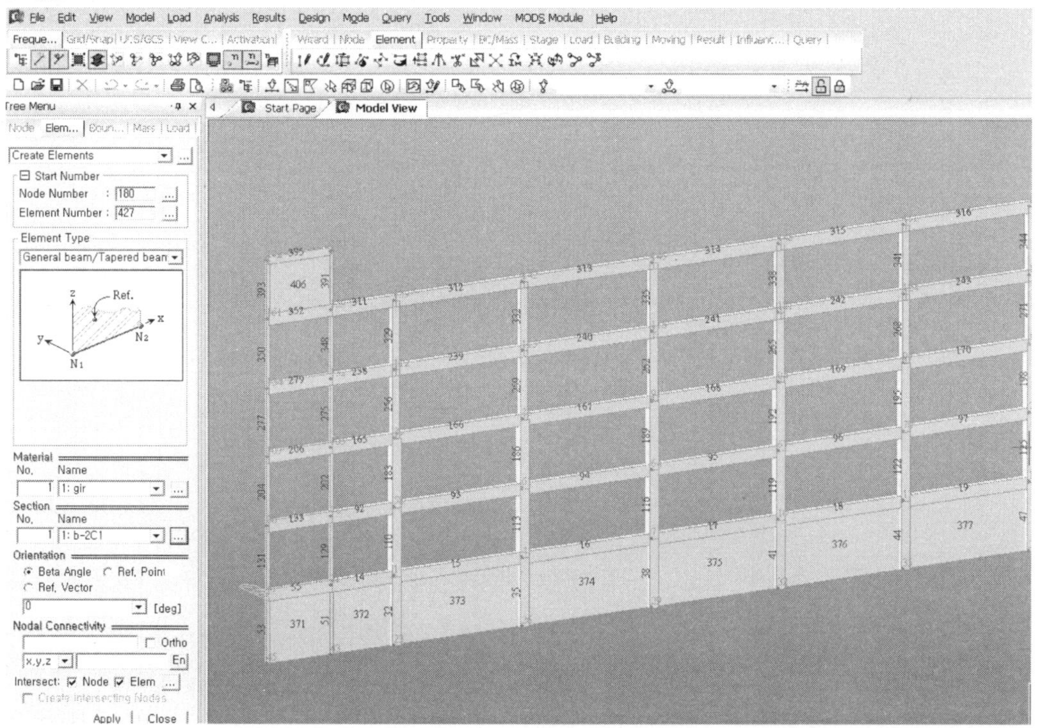

**25** 건물에서 계단층의 구조를 변경한다.
계단참이 있으므로 중간층에 보를 설치한다.

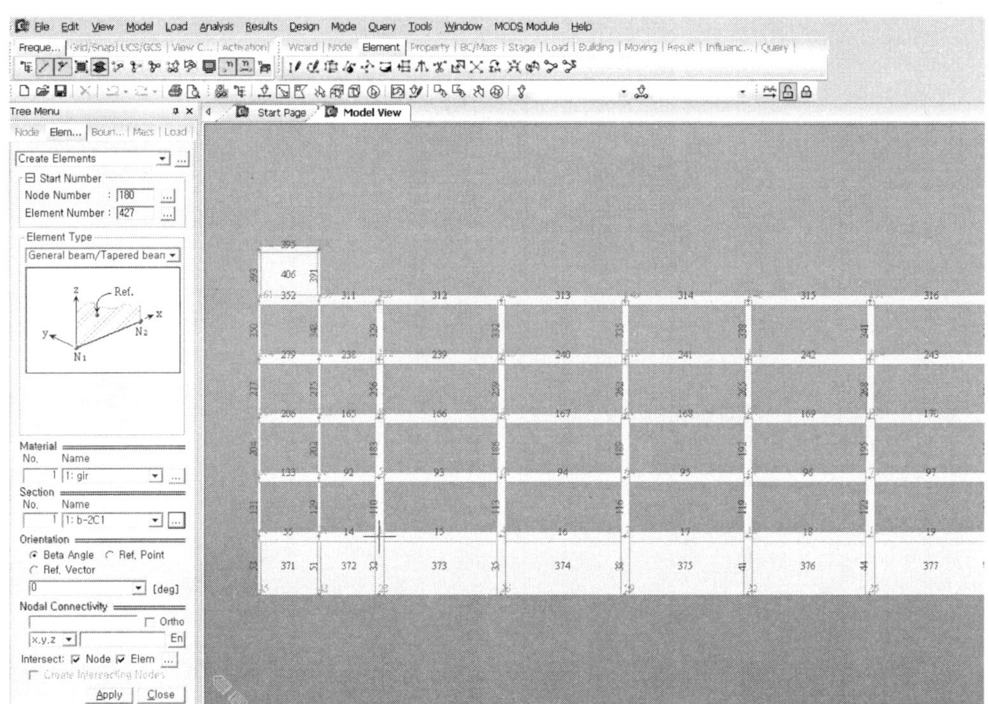

**26** 계단열 중간층에 계단참 설치용 보를 만들기 위해 기둥을 두 개로(Divide) 나눈다.

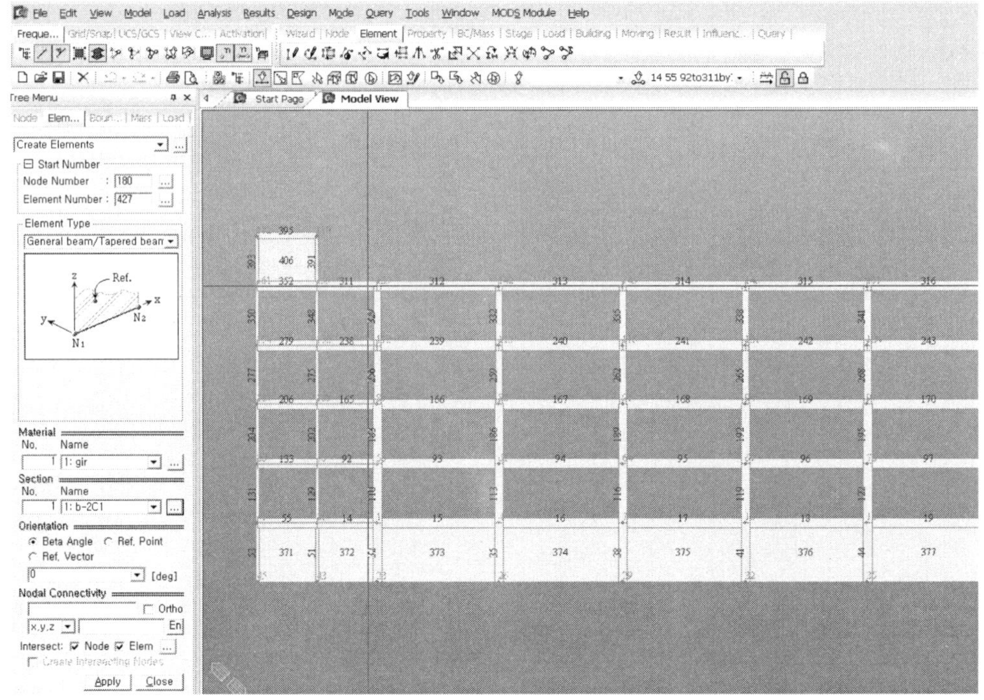

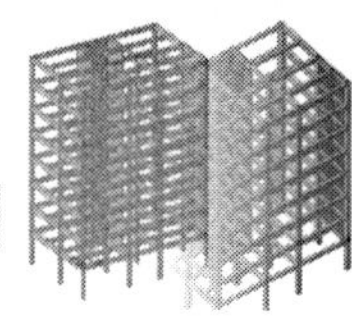

**27** 기존에 설치되어 있던 보를 삭제한다. Select → Delete

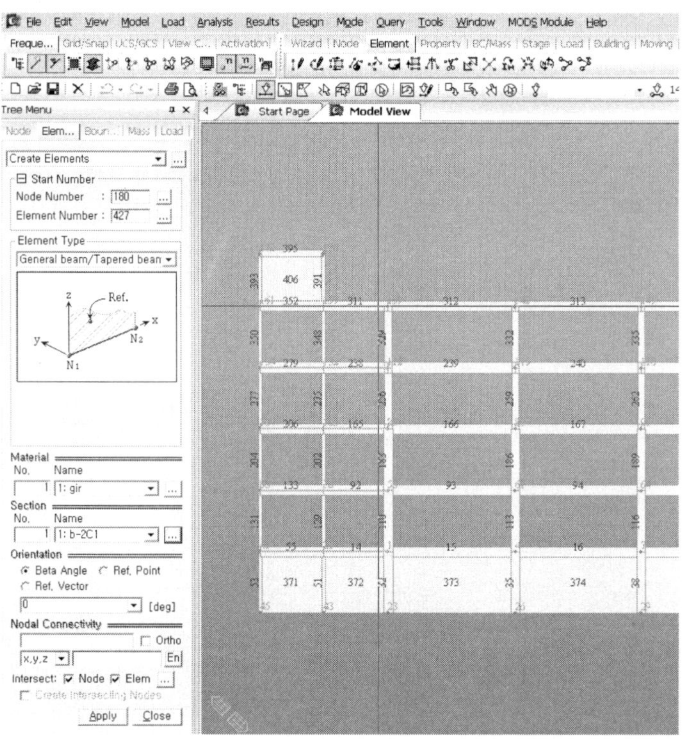

**28** Select한 후 → Element 메뉴에서 → Delete Element → Apply

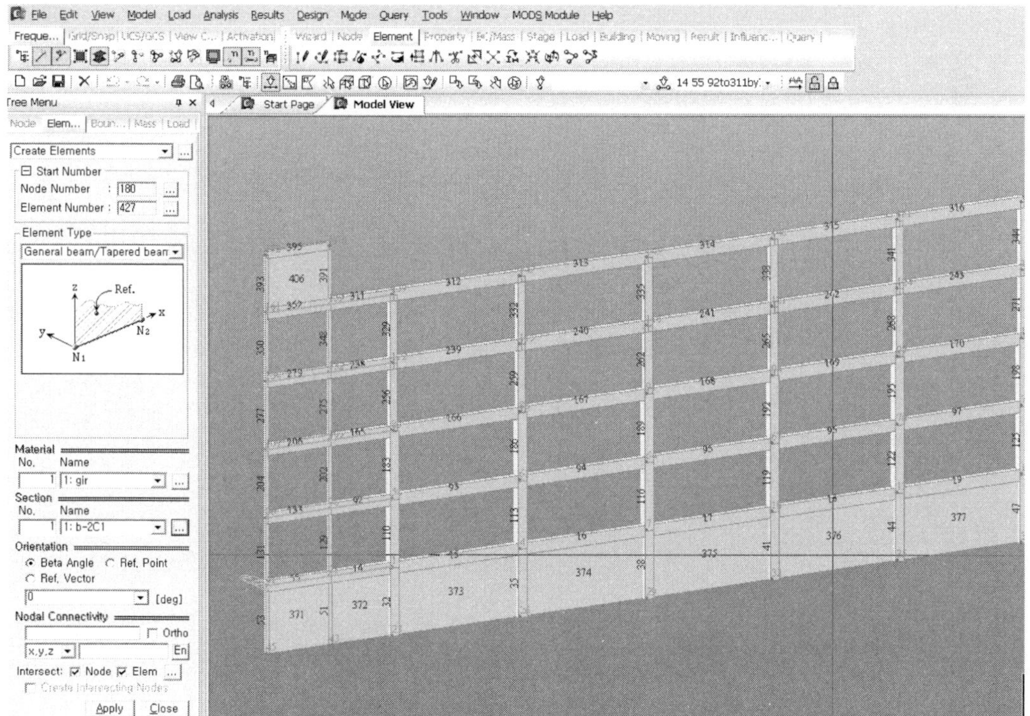

**29** 실행 후 계단참 보부분이 완성되었다.

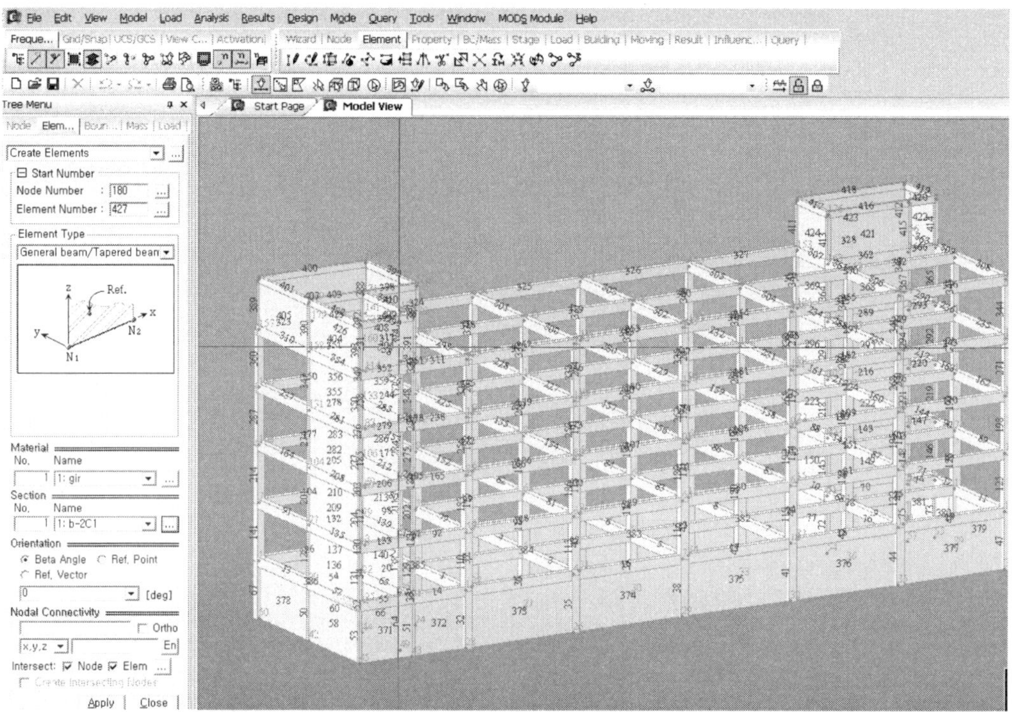

**30** 전체화면으로 전환한다.

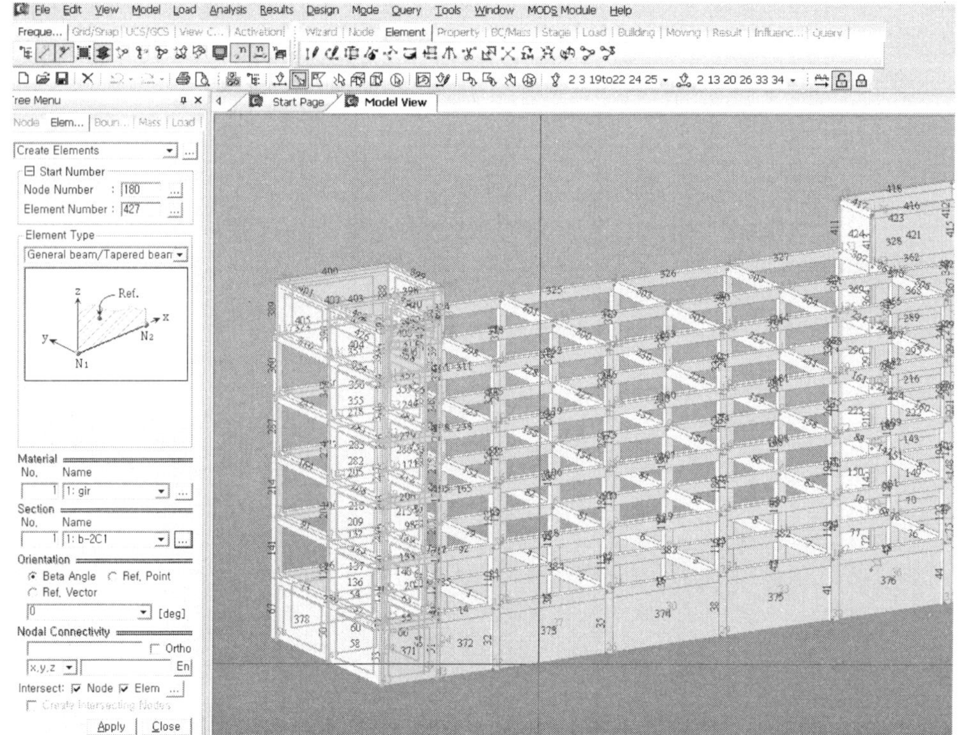

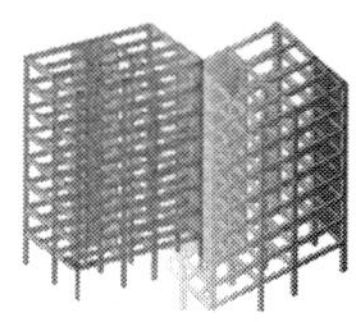

**31** 전체건물에서 계단부분을 선택하여 계단실 구조체를 변경한다.

Volume  Select  →  Select

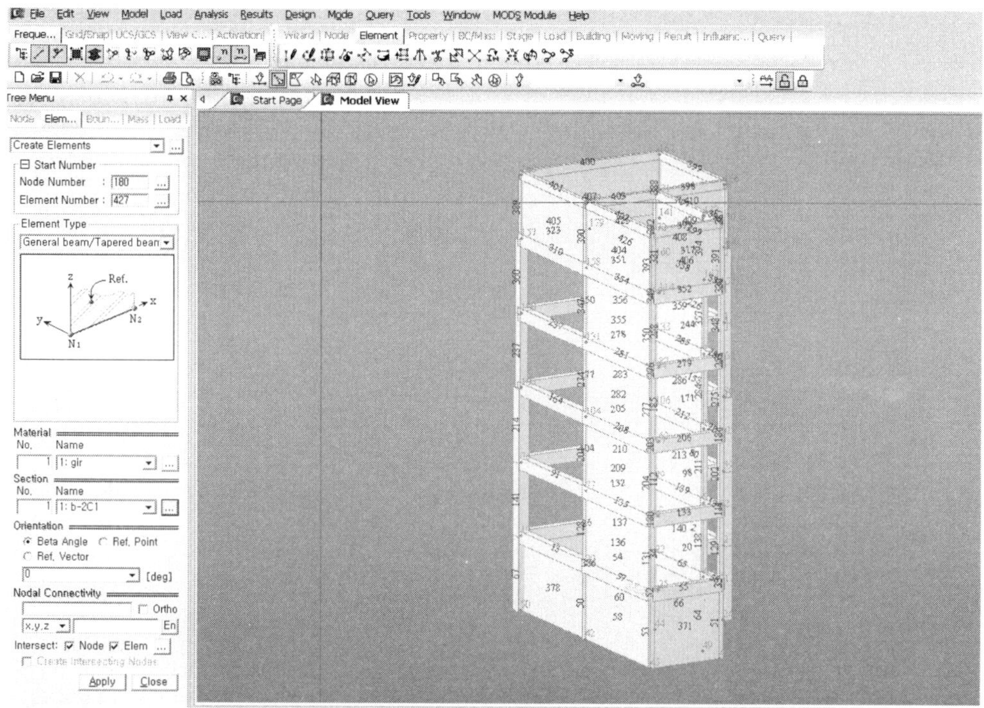

**32** 선택된 부분을 활성화한다.

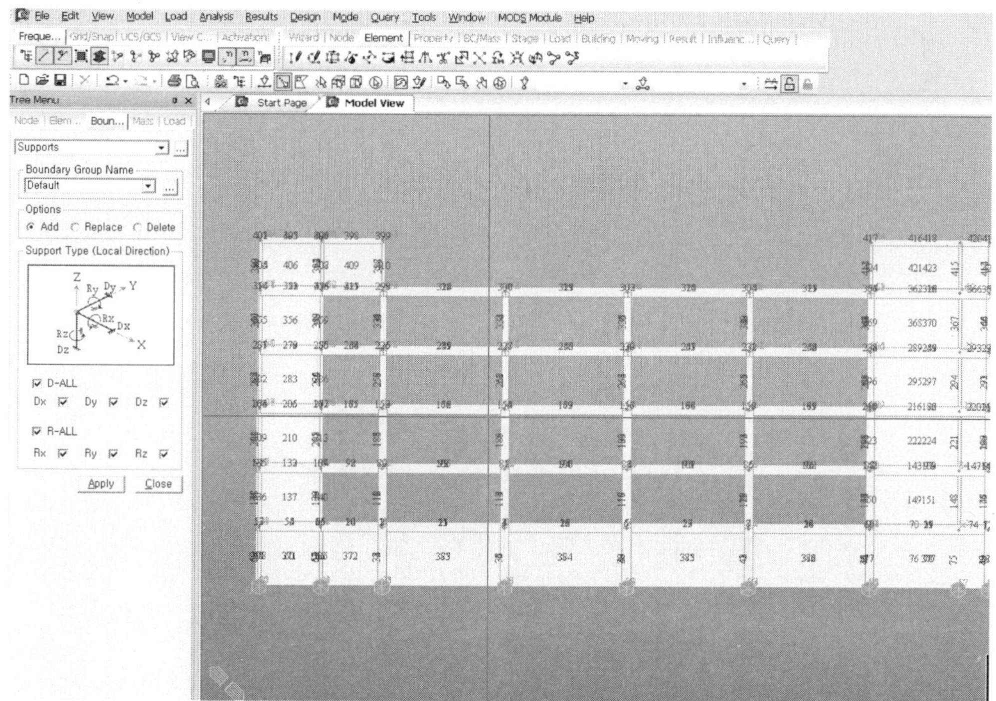

**33** 계단실이 완성되면 기둥하부의 고정도(Support Type)를 정의한다.
기초부분을 Hinge 조건으로 설정한다.

Select(바닥층) → Boundary → Support → D-All → Apply

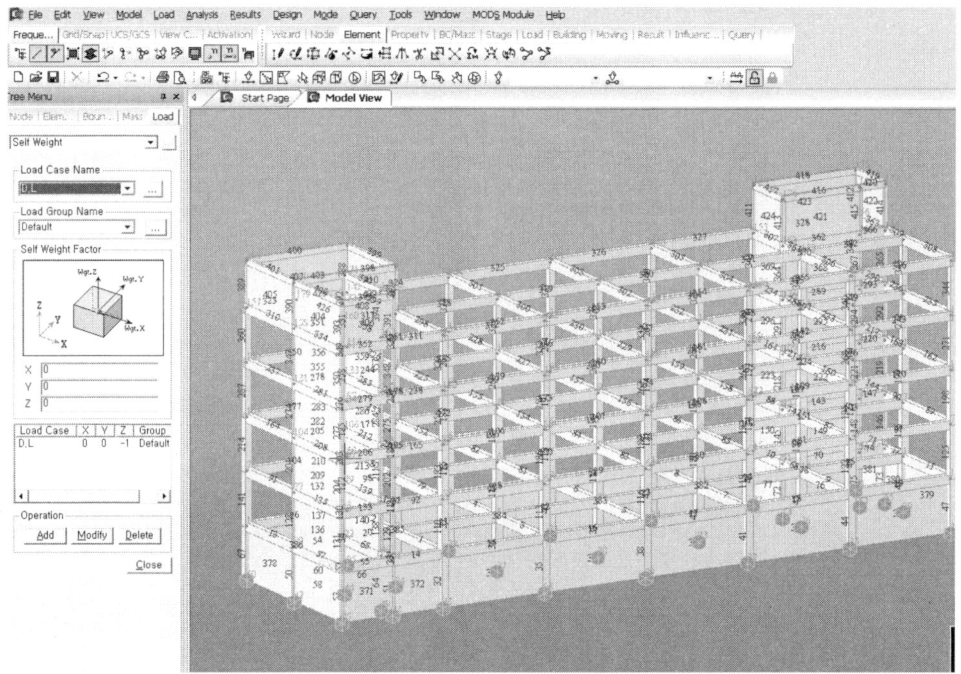

**34** 층별 하중입력을 준비한다. 먼저 부재의 자중(고정하중)을 입력한다.

Load → Self Weight → Load Case D.L → Z에(−1) → Add

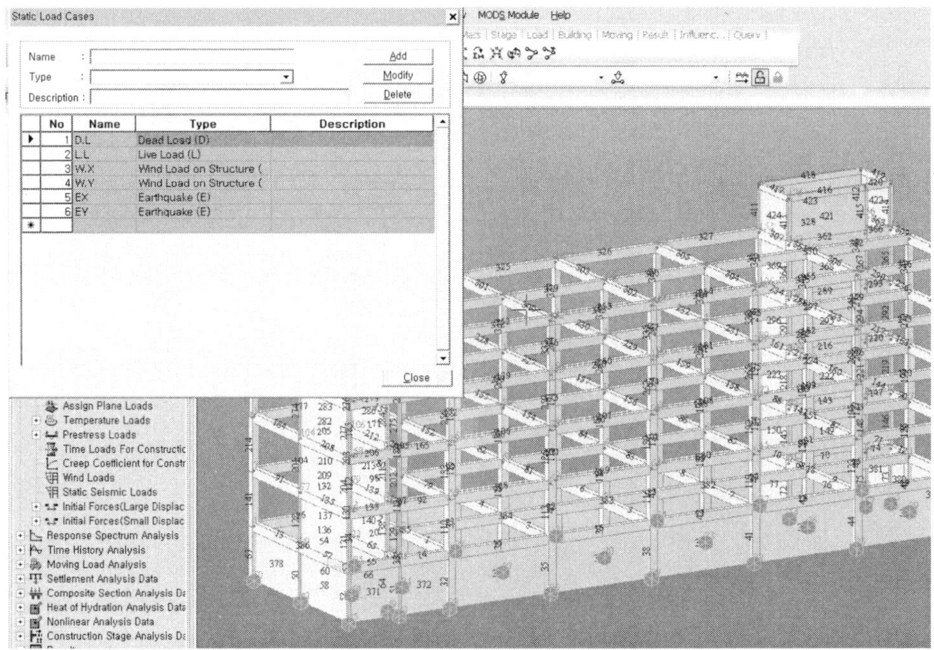

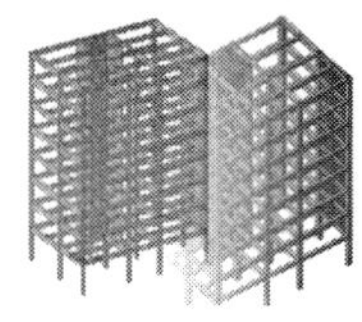

**35** 층별 하중을 입력하기 위해 필요한 하중의 종류를 정의한다.

D.L → Type → Dead Load → L.L → Type → Live Load

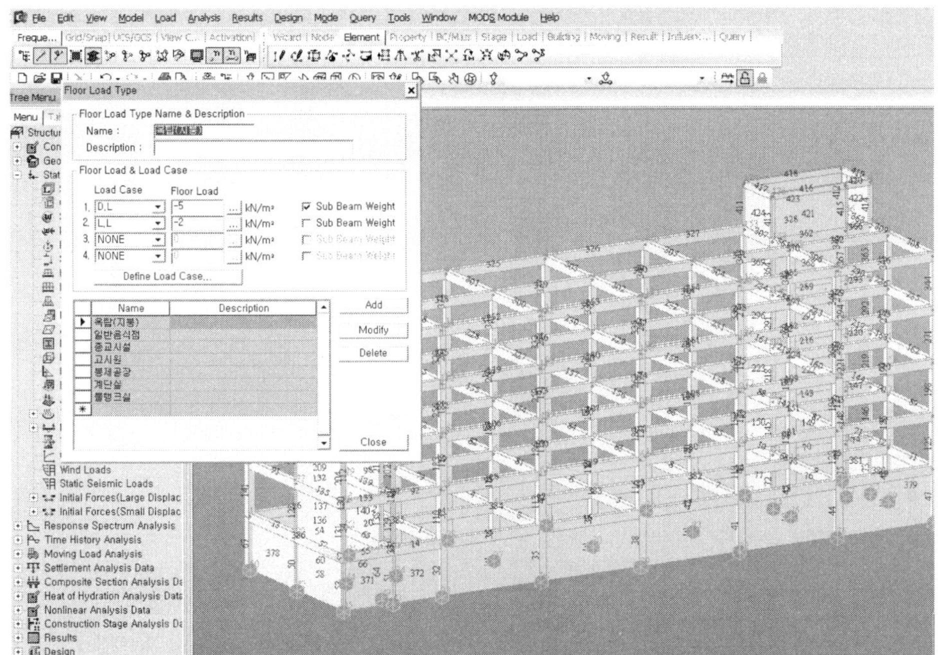

**36** Load Case를 지정한 후 하중 타입을 정의한다.(Load Type)

하중의 종류에는 옥탑, 지붕, 사무실, 화장실 등이 있다.

메뉴의 Define Floor Load Type을 선택한다.

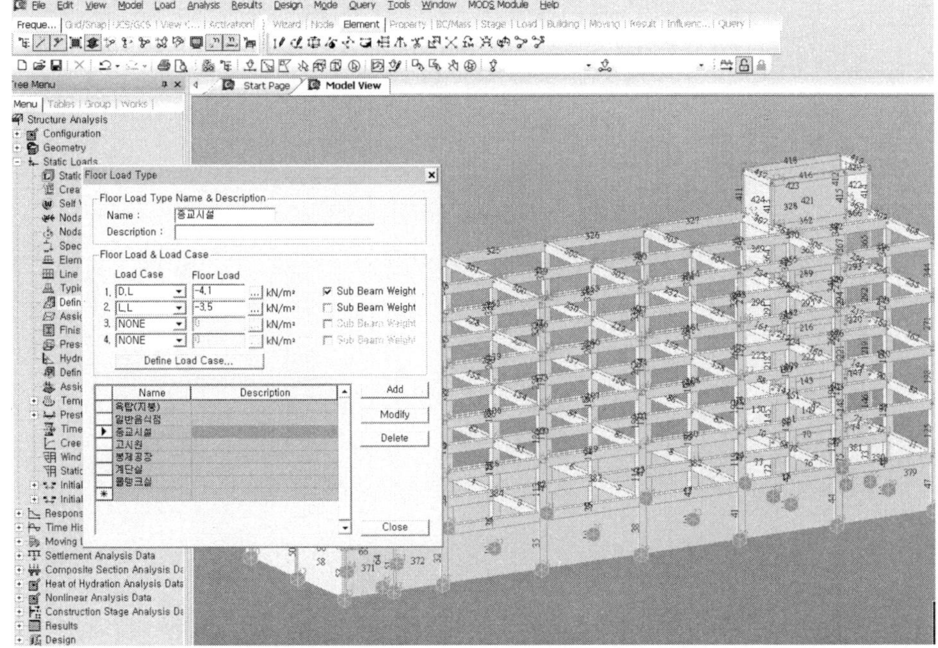

**37** 옥탑층 하중을 D.L $-5.2\text{kN/m}^2$, L.L $-2.0\text{kN/m}^2$ 하향하중은 $(-)$부호를 입력한다.

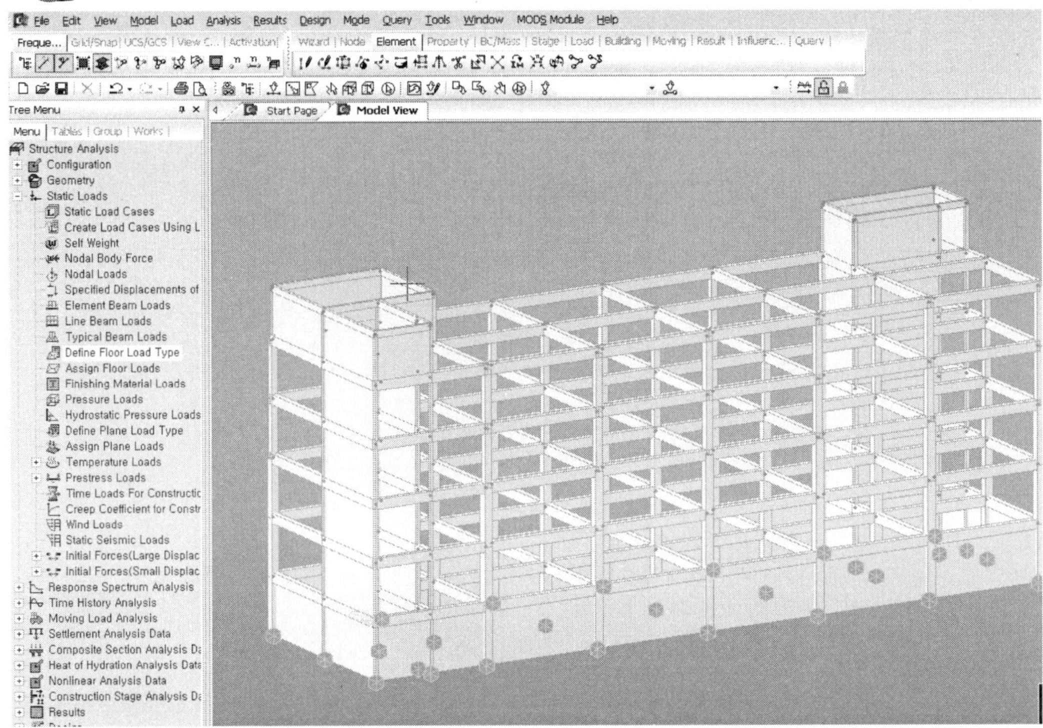

**38** 층별 하중 입력준비(Assign Floor Load)를 한다.

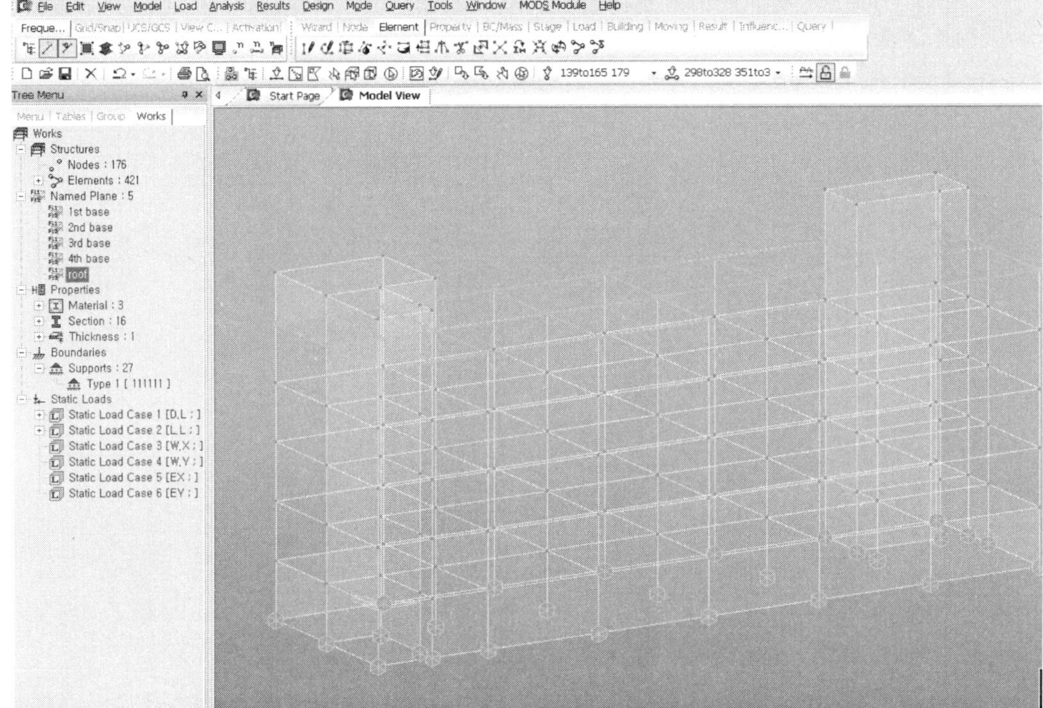

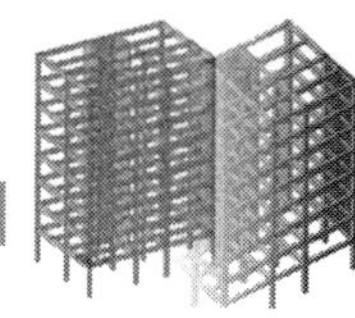

**39** Roof하중을 입력하기 위해 XY-Plane에서 Select → Active 실행한다.

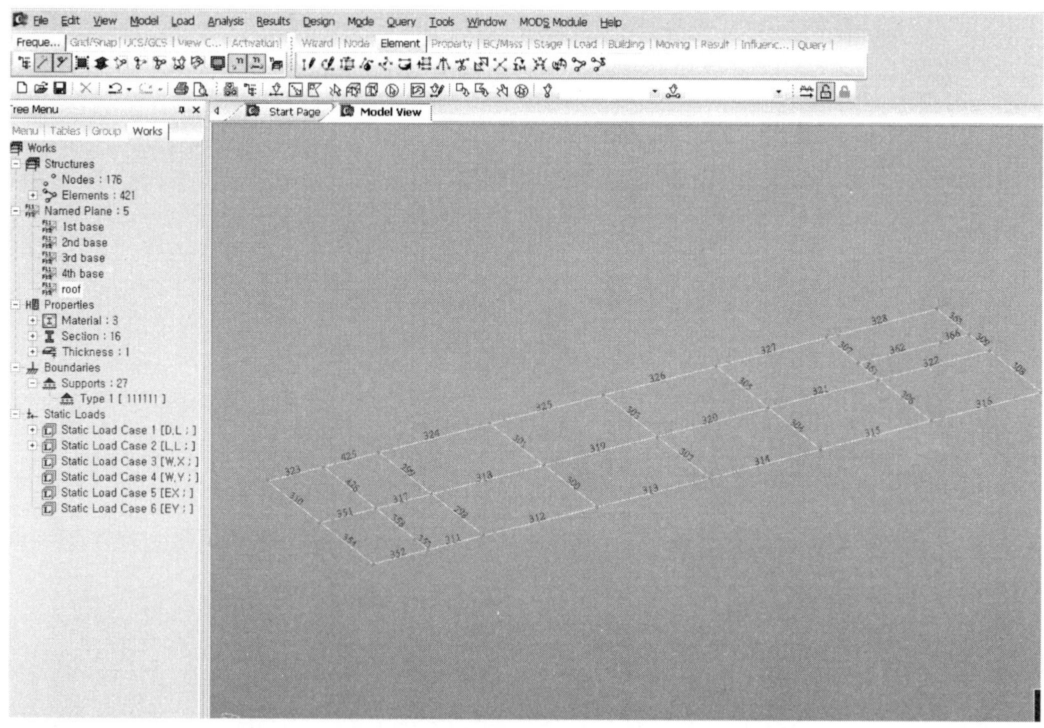

**40** 활성화(Active)된 Roof층을 나타낸다.

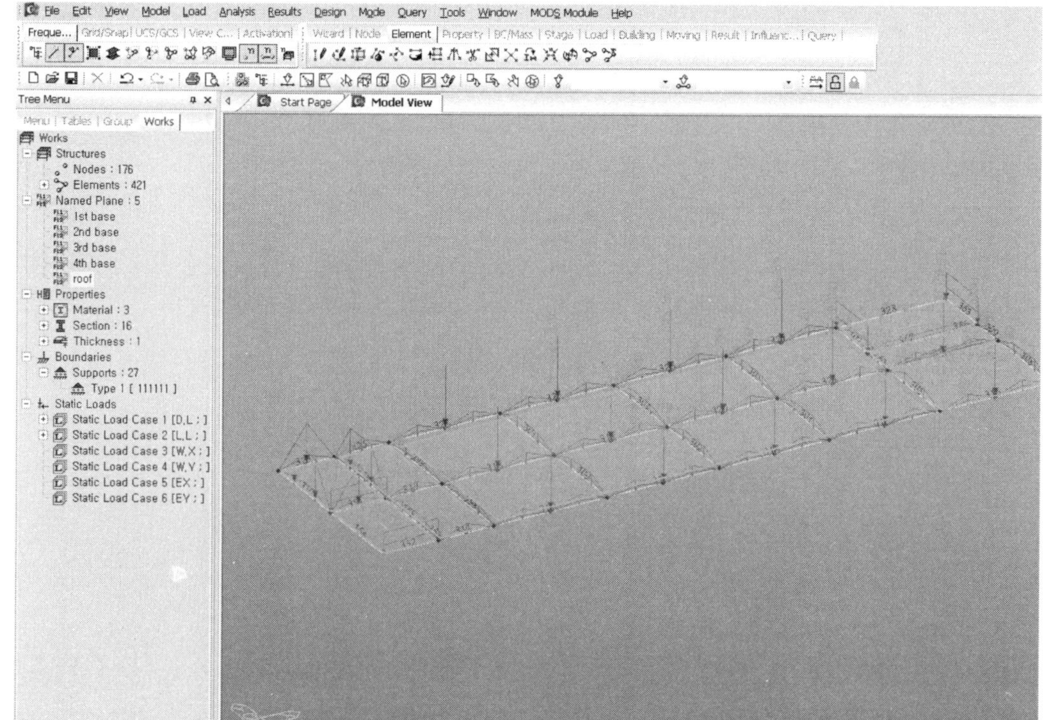

**41** 1열 - 2열 사이에 지붕하중을 입력하면 다음과 같이 나타난다.
삼각형하중과 사다리꼴하중이 나타나 있다.
Assign 방법은 입력할 면의 4점을 지정하면 된다.

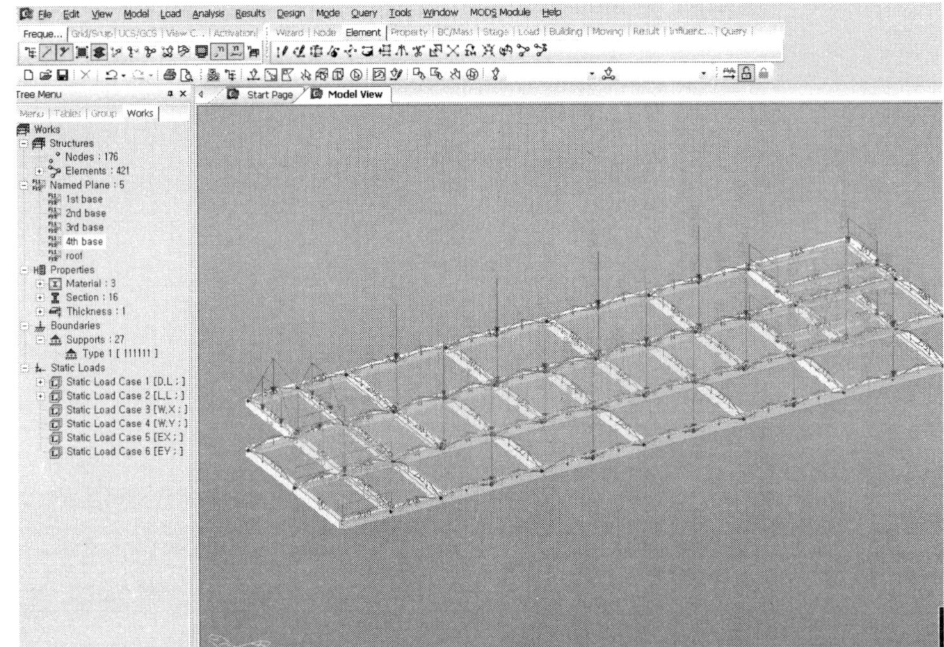

**42** 지붕하중을 전부 입력하고 Display 기능을 이용하여 표시

Assign Floor Load → Load Type(지붕) → Two Way → 4점을 지정

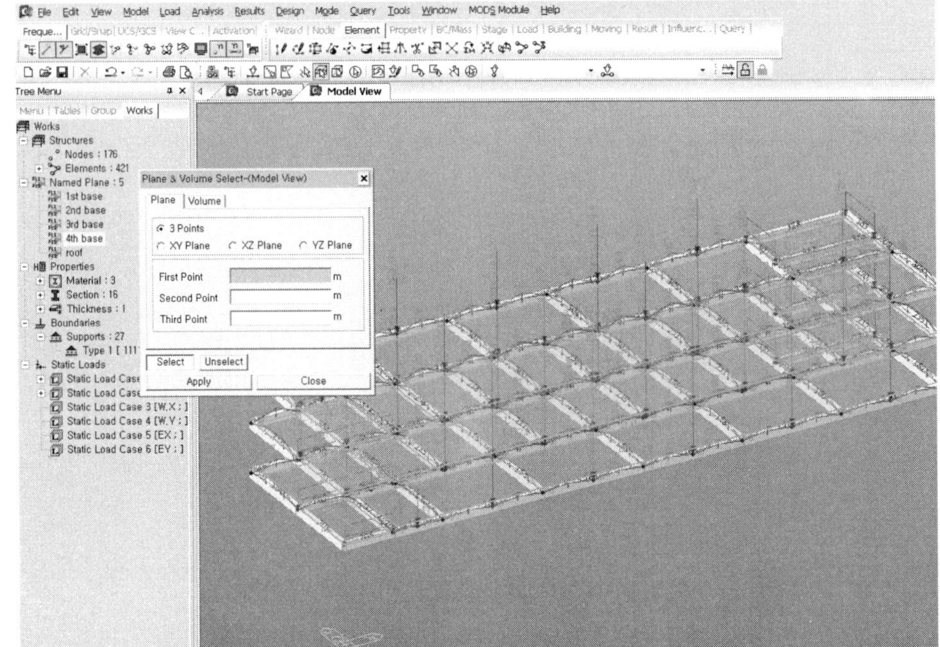

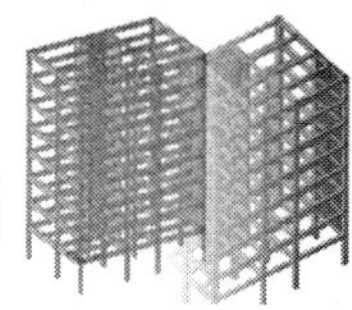

**43** 3층 - 2층 - 1층의 사무실하중을 Assign하면 그림과 같이 나타난다.

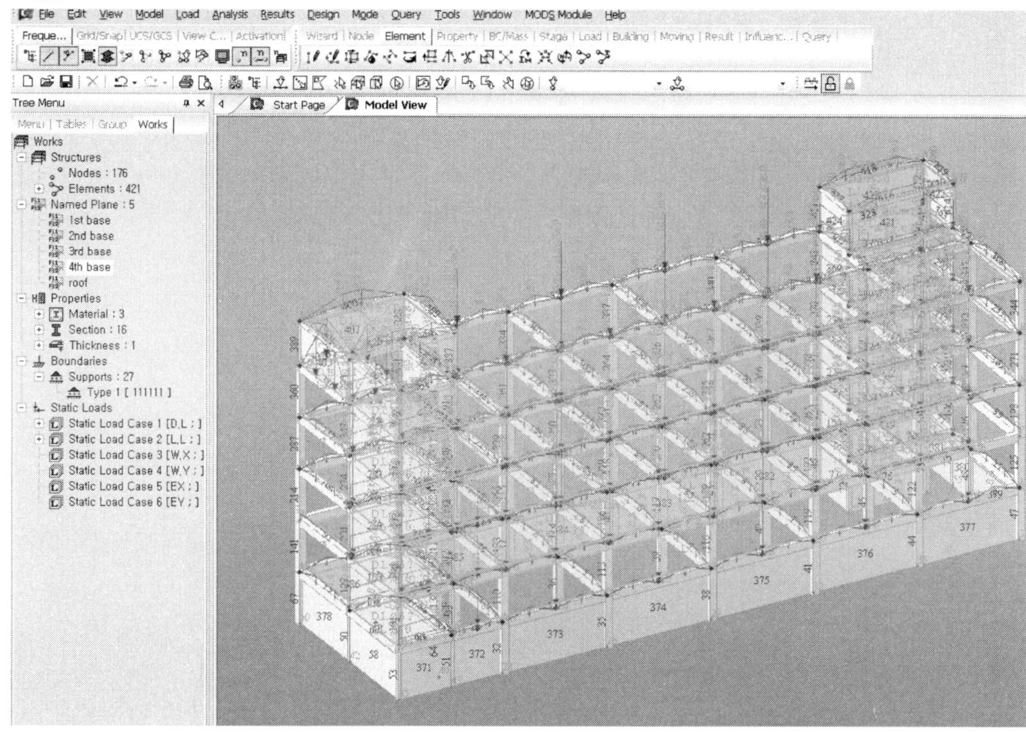

**44** 전체 건물화면으로 전환하여 하중의 입력상태를 확인한다.

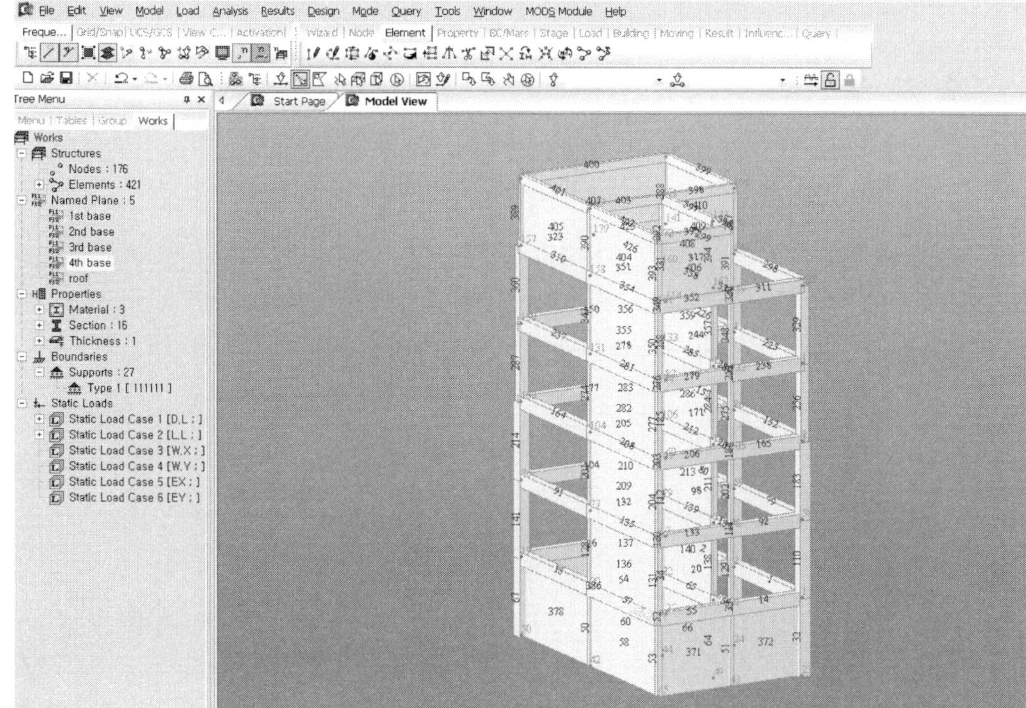

**45** 계단실하중을 입력하기 위해 계단실 부분을 활성화한다.

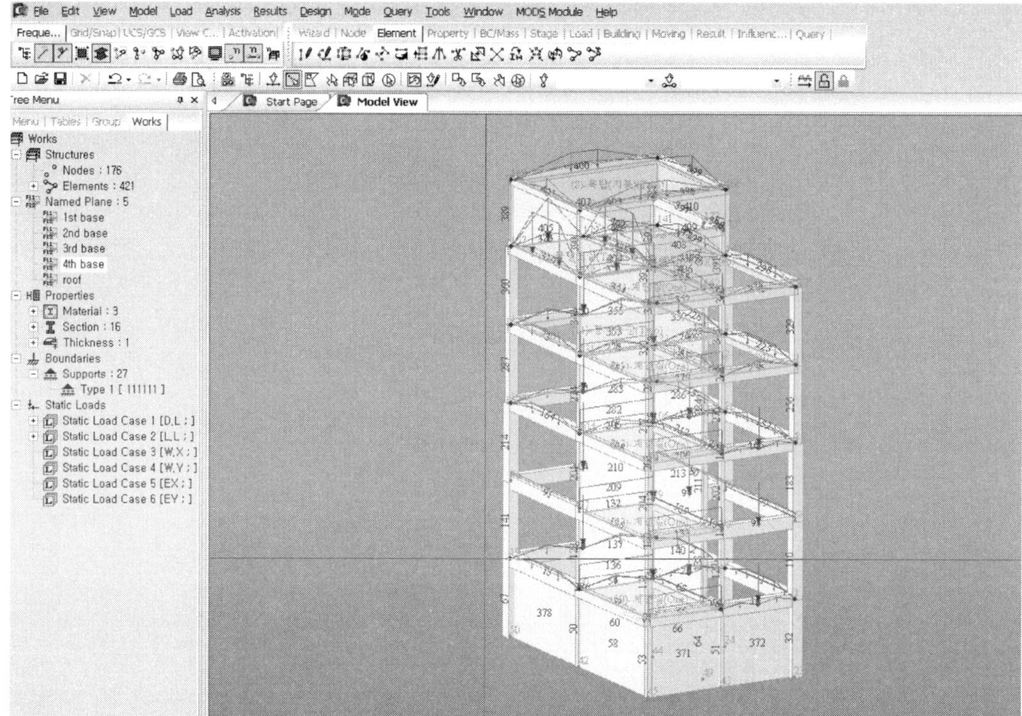

**46** 평면입력과 동일하게 계단실의 하중을 입력한다.(Typical Beam Load)

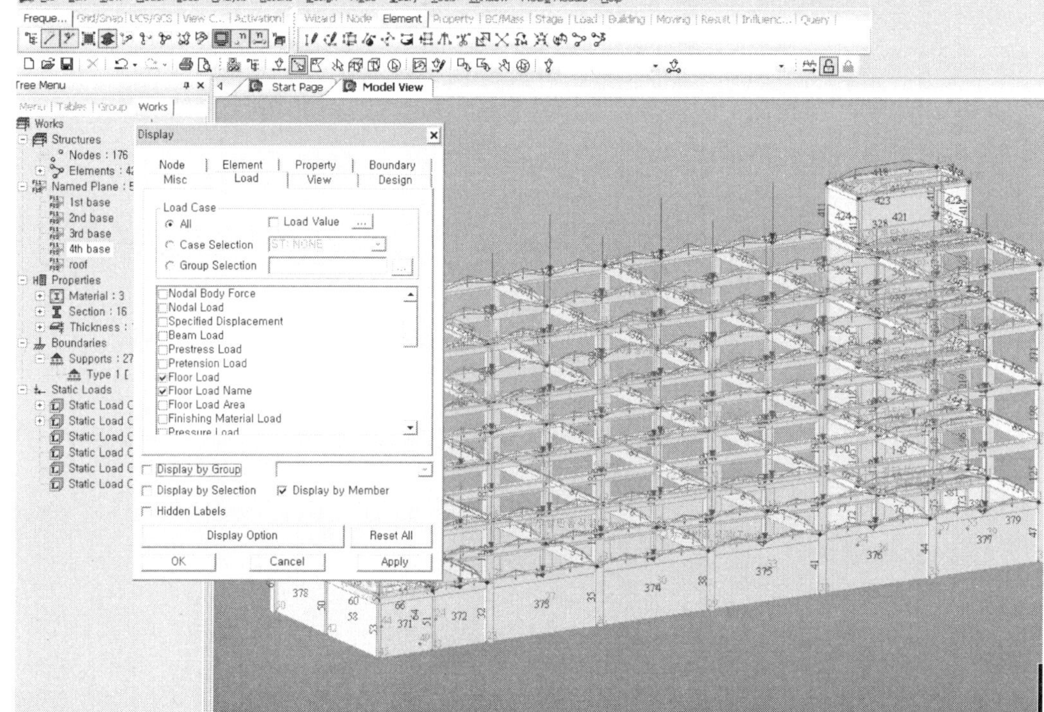

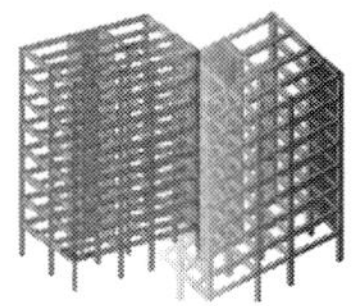

**47** 전체하중을 모두 입력한 후 Display 기능을 이용하여 입력 확인한다.

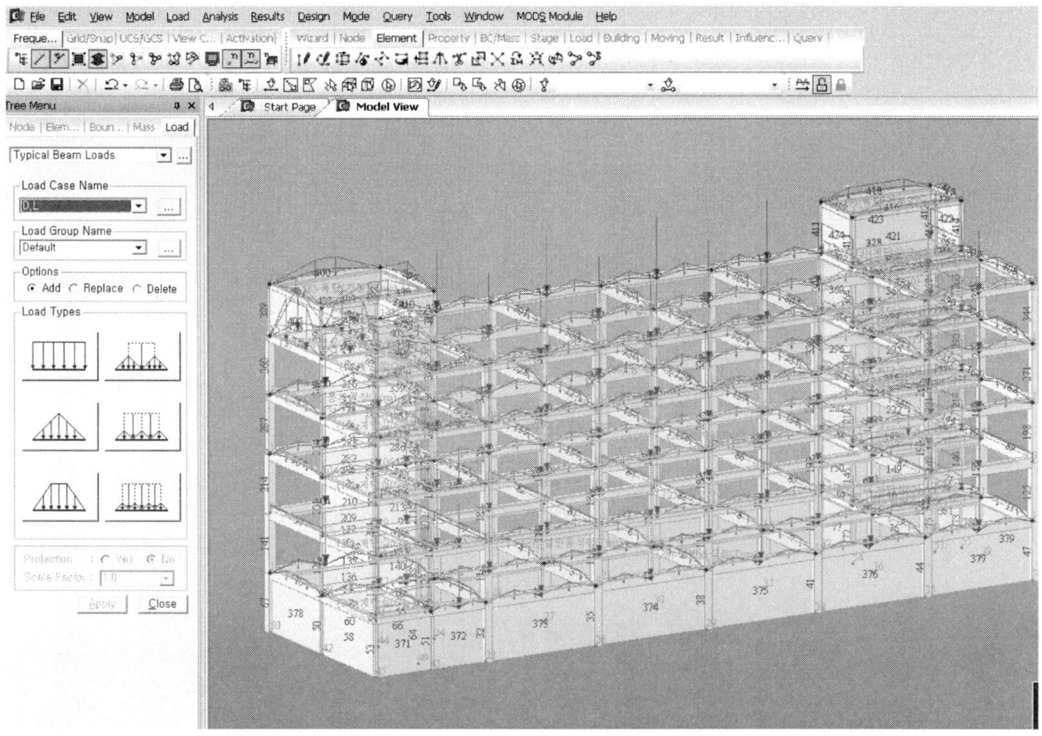

**48** 벽체하중 입력준비(Typical Beam Load) 기능을 이용

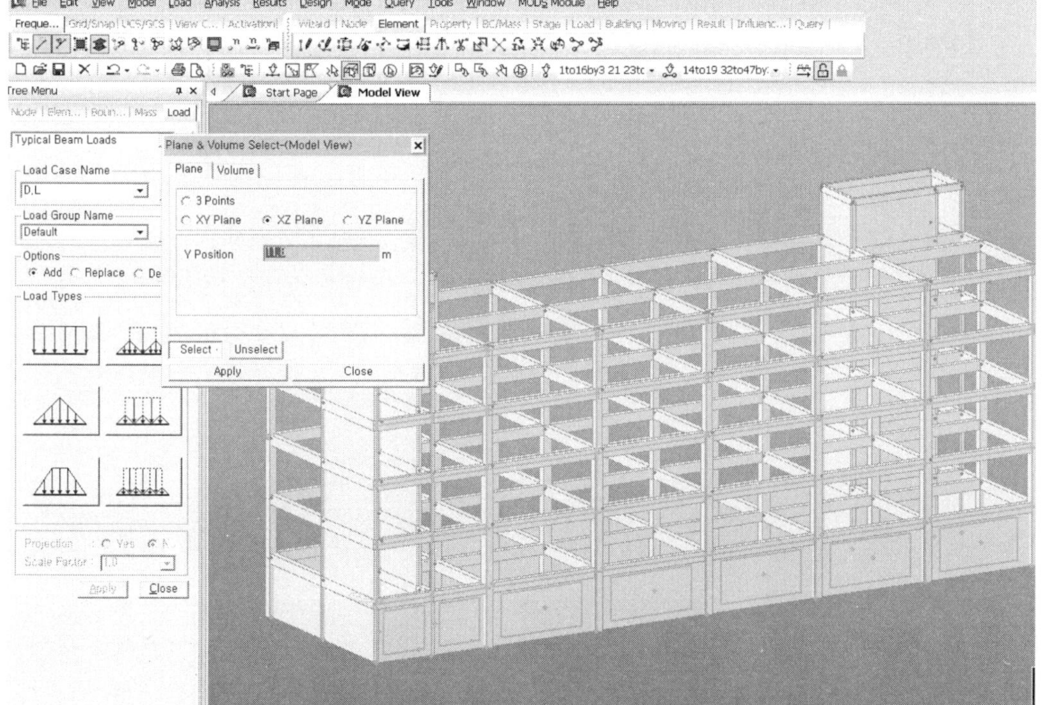

**49** XZ-Plane 기능을 이용하여 벽체를 입력할 벽면을 선택한다.

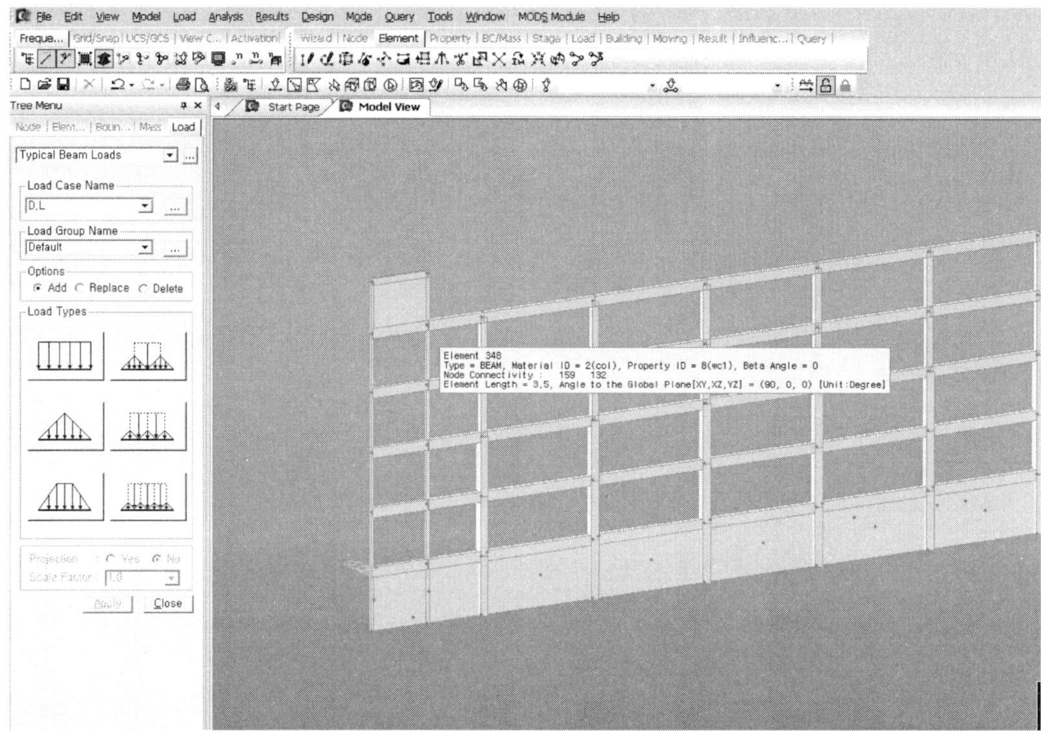

**50** 벽체 입력을 위해 선택된 A열을 활성화시킨다.

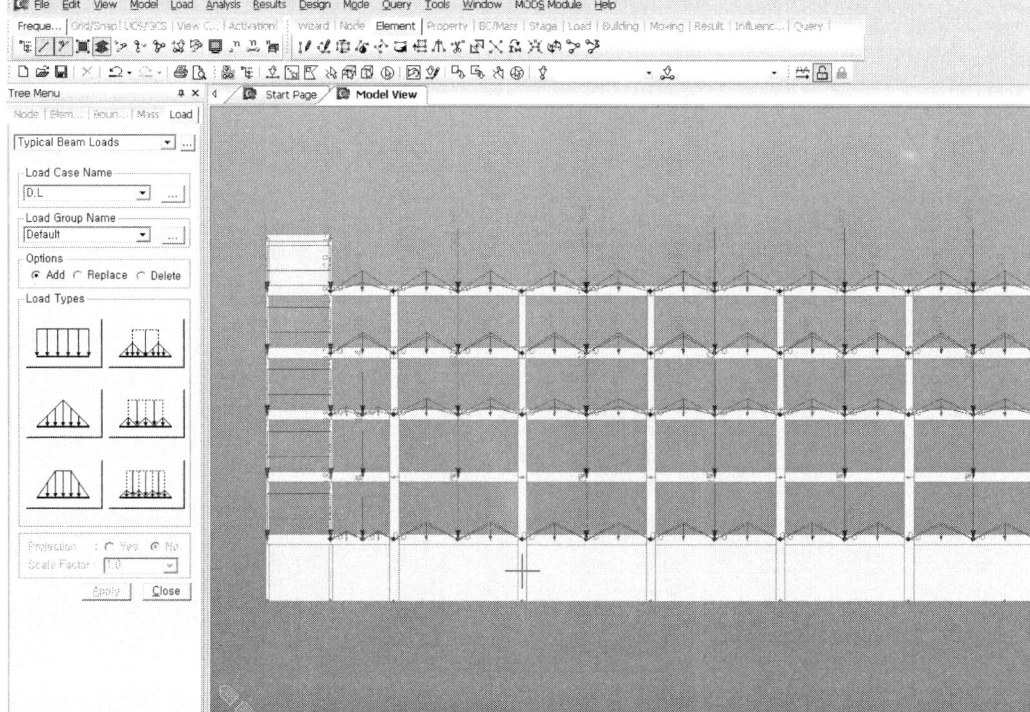

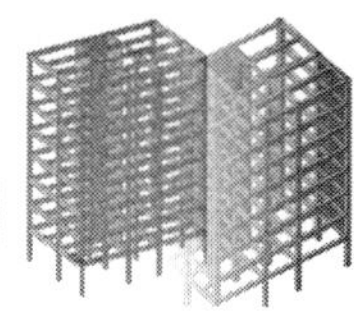

**51** D.L → 벽체하중  1.0B(4.8KN/m), 벽체높이  H = 1.8m  입력

(부재를 지정하고 → Apply) 옥상 파라펫(−4.5KN/m), 높이  1.5m

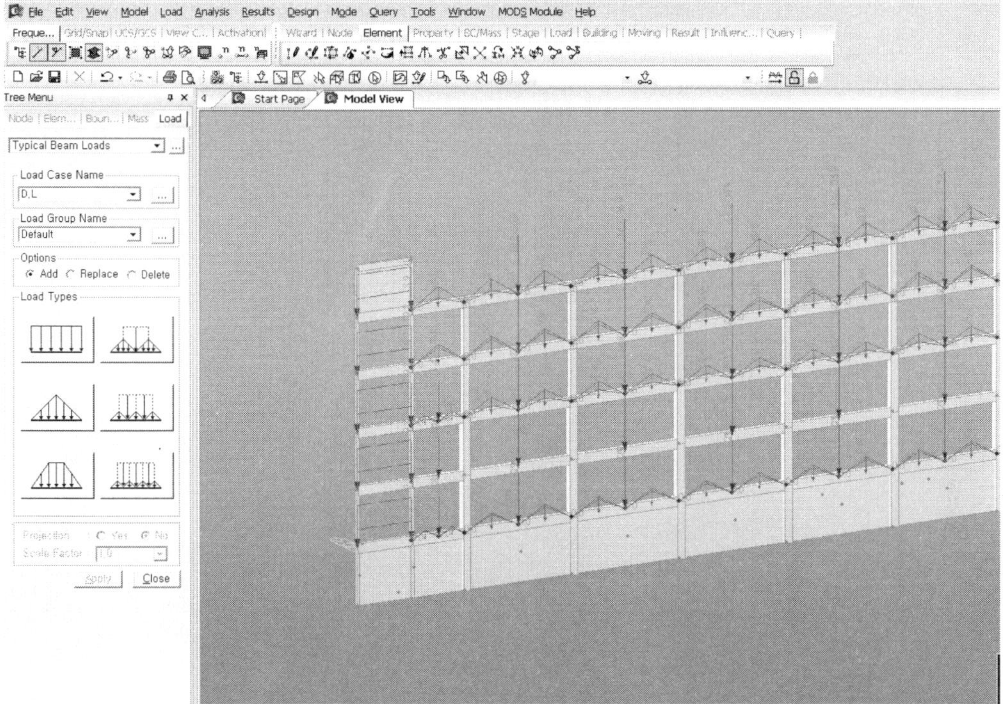

**52** 입체상태에서  입력 확인

## 53 1열 벽체하중 입력 준비

## 54 1열 벽체하중 입력 확인

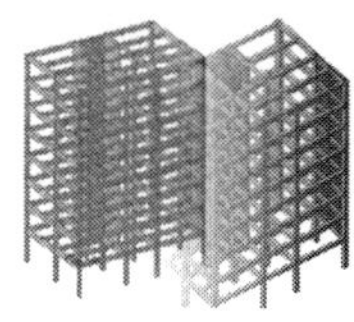

**55** 입체화면으로 1열벽체 입력 확인

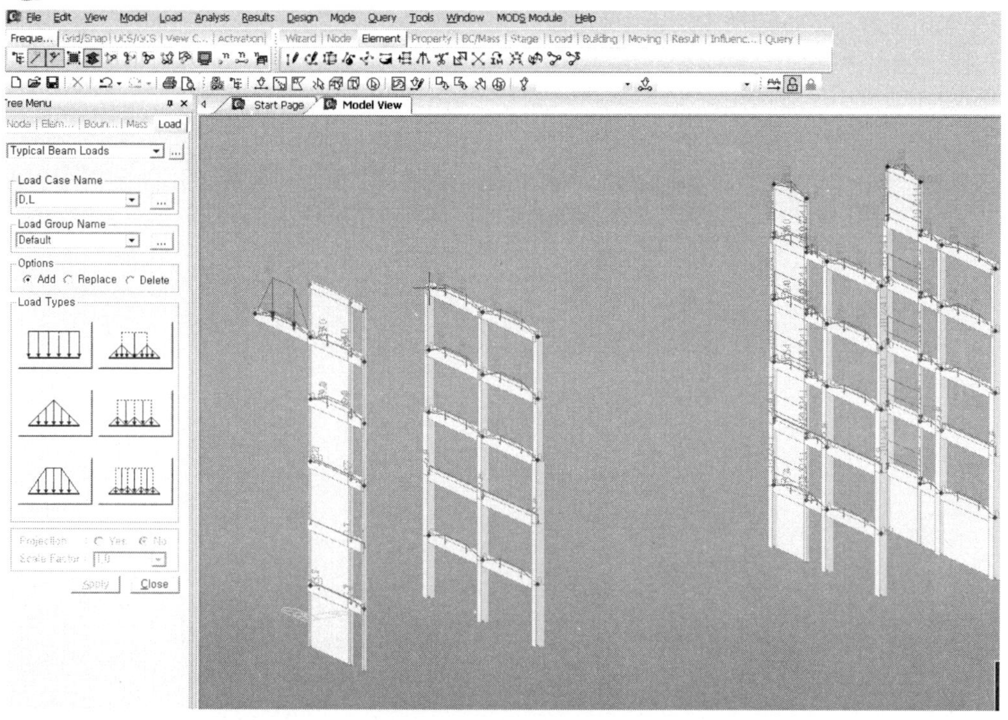

**56** 5열벽체 활성화, 벽체하중 입력 준비

YZ-Plane → Select → Active → Iso View로 전환

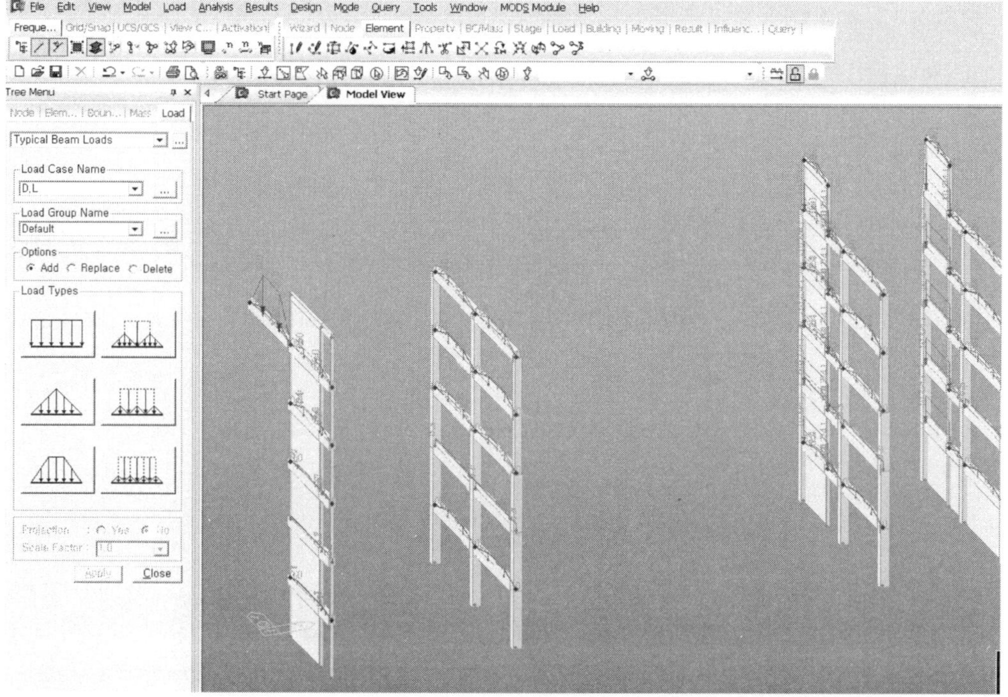

## 57 5열벽체 하중 입력 확인

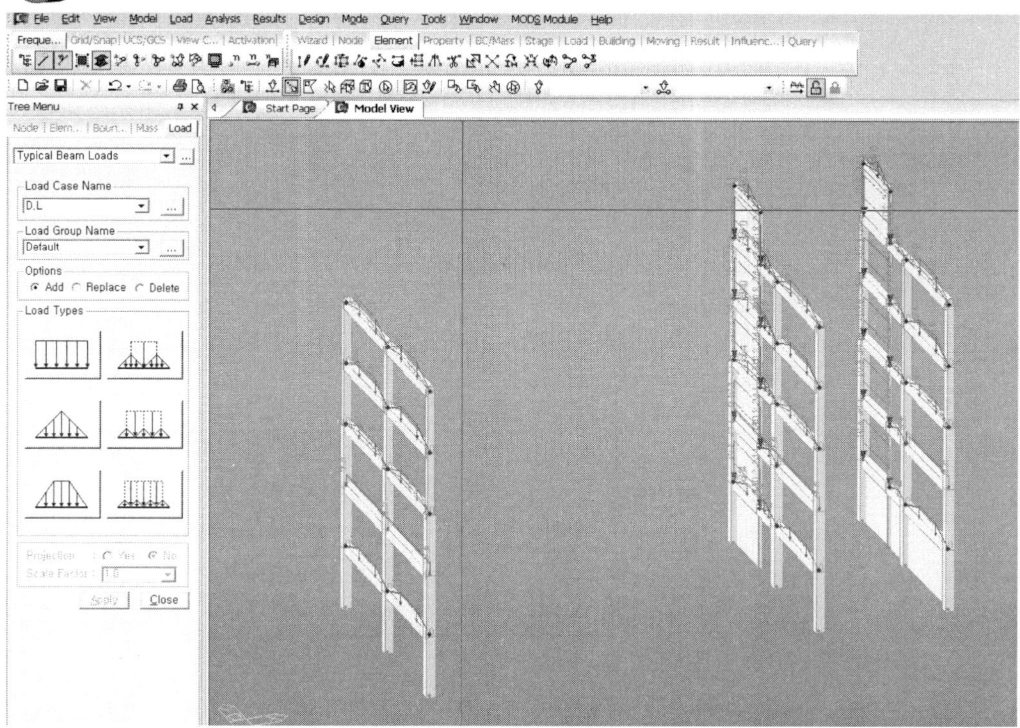

## 58 Iso View 상태(5열의 벽체하중 입력 확인)

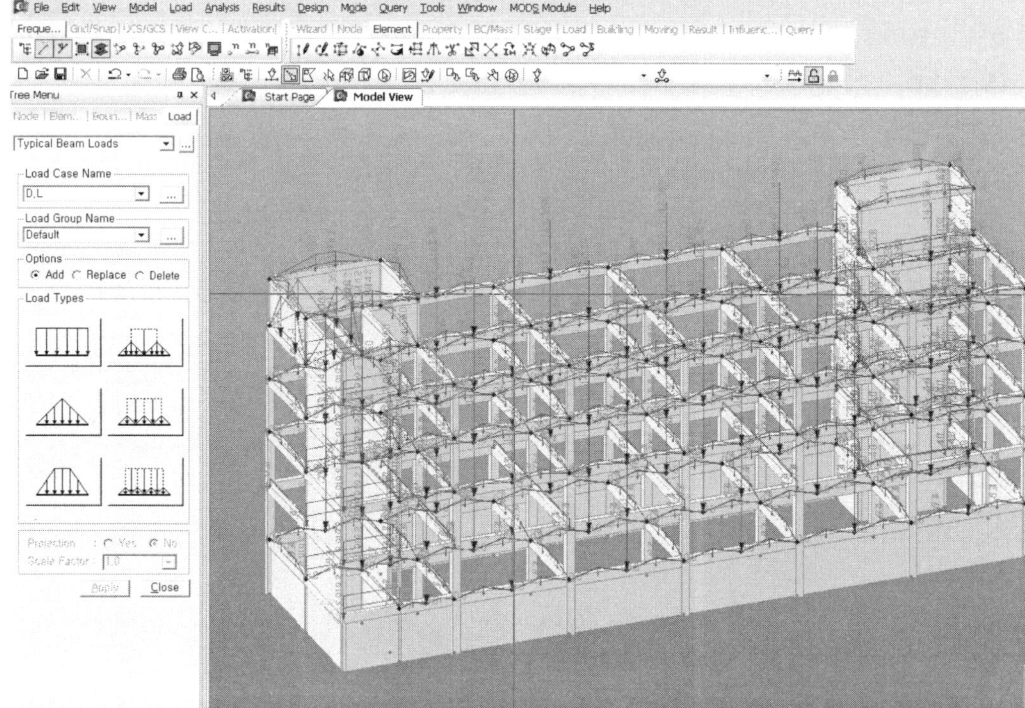

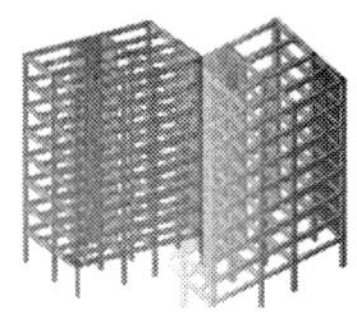

**59** Iso  View  상태(벽체하중＋층별  바닥하중)

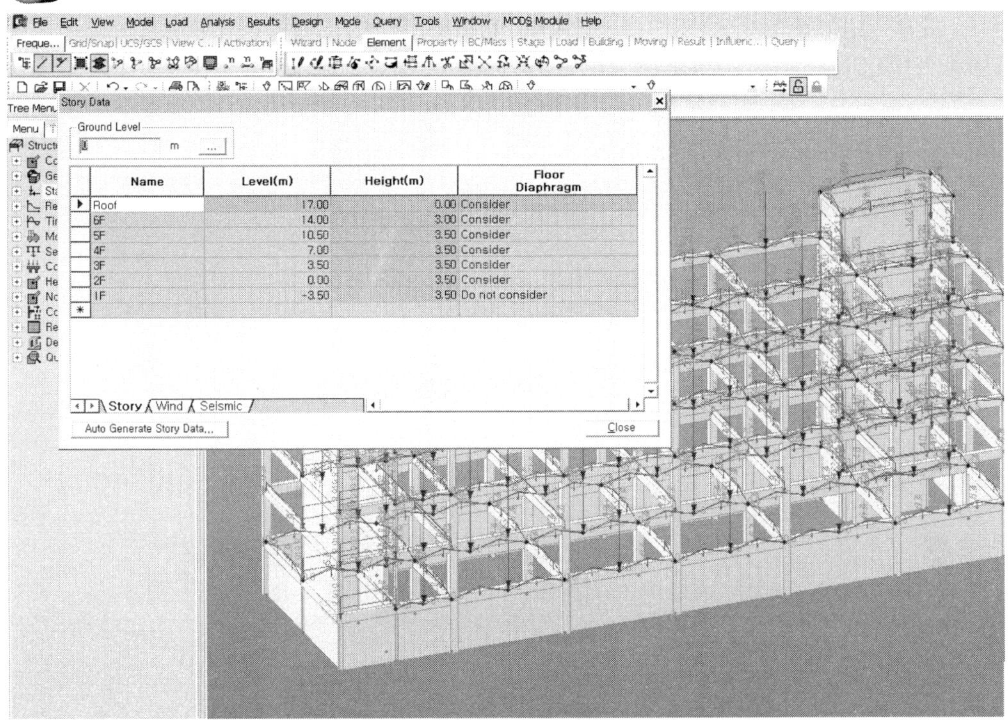

**60** 하중  입력  완료 → 건물에서  각  층(Story)  입력  확인

   Model → Building → Story(층별  인식)

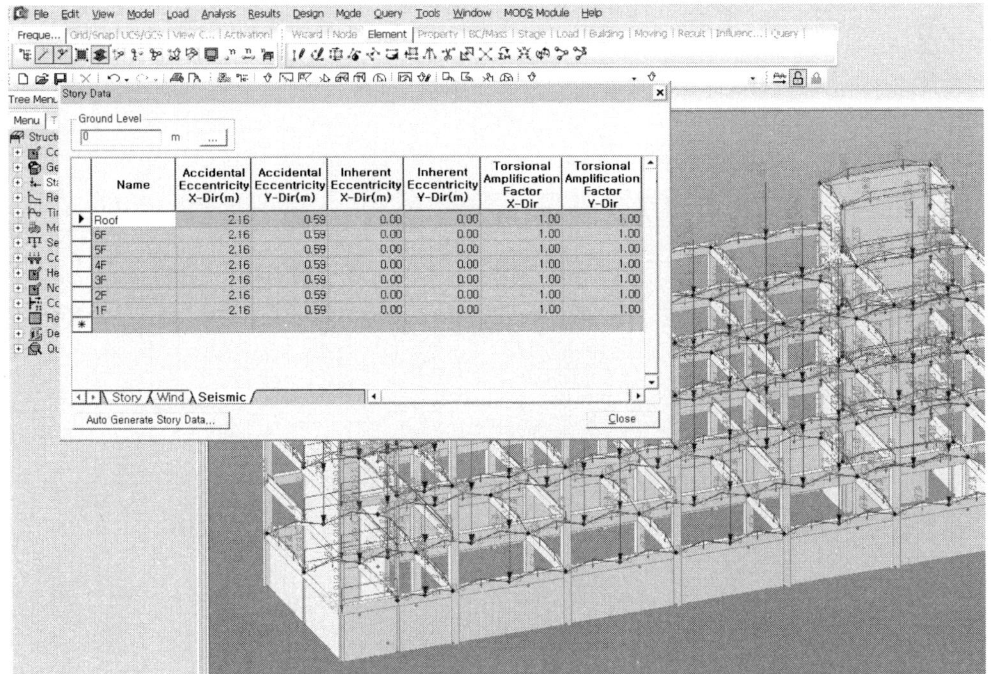

**61** 각 층은 자동으로 인식되고 수정할 수 있다.(Story Data 내에 Select 기능) 층높이도 조정이 가능하다. 정확한 층수와 층높이 입력

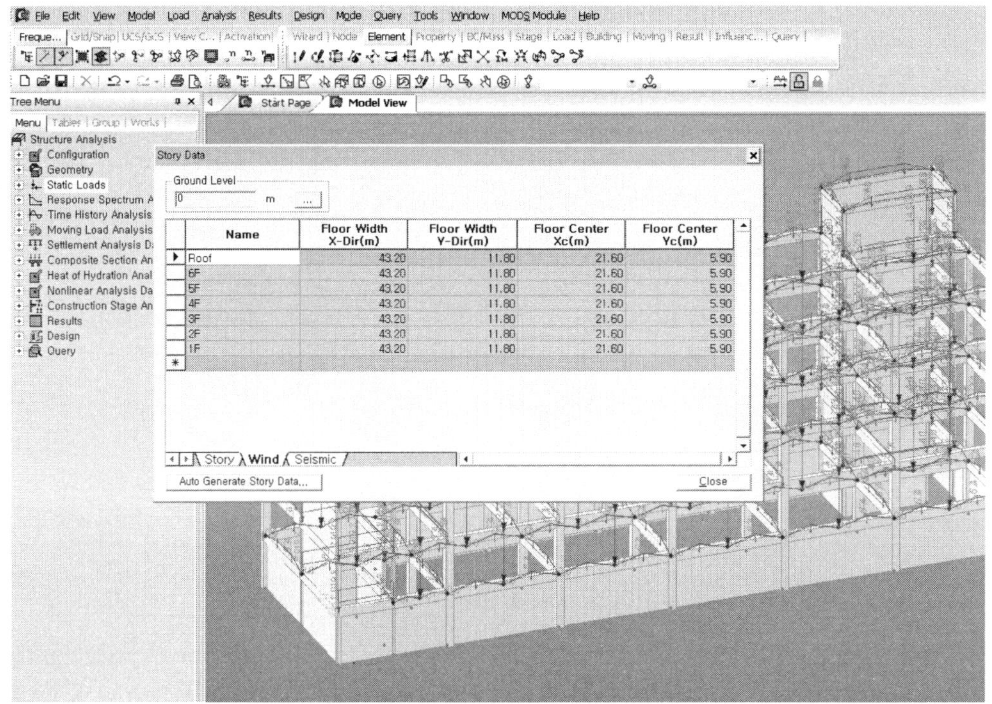

**62** 층수와 층높이를 입력하고 기준면을 설정한다.

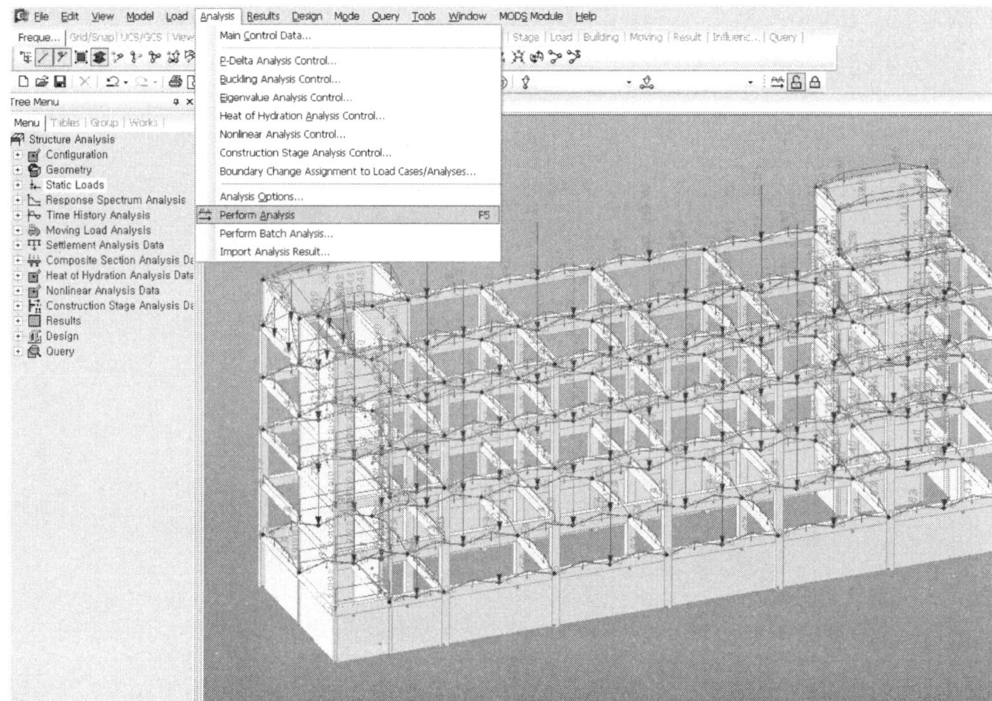

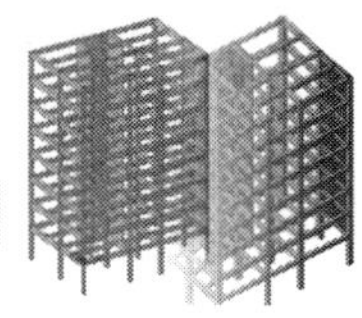

**63** 모든 Data 입력되어 구조해석을 수행한다.

Analysis → Perform Analysis 실행

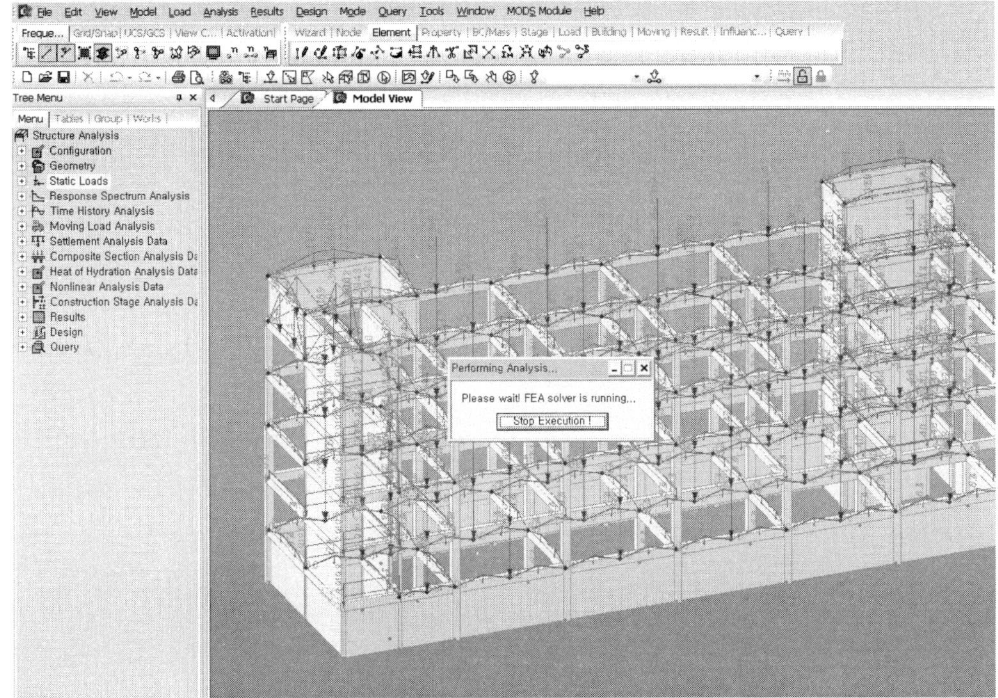

**64** 구조해석 진행 중이다.

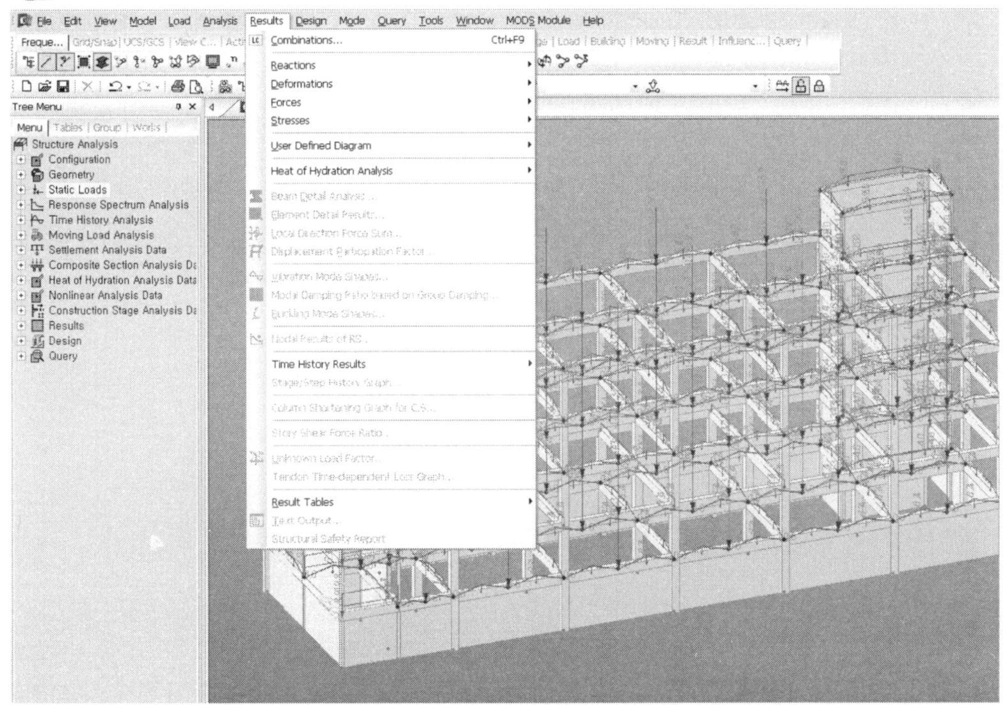

**65** 해석 완료 후 결과 확인을 위해 Result 기능을 수행

Result → Combination → Concrete → Auto Generation 준비

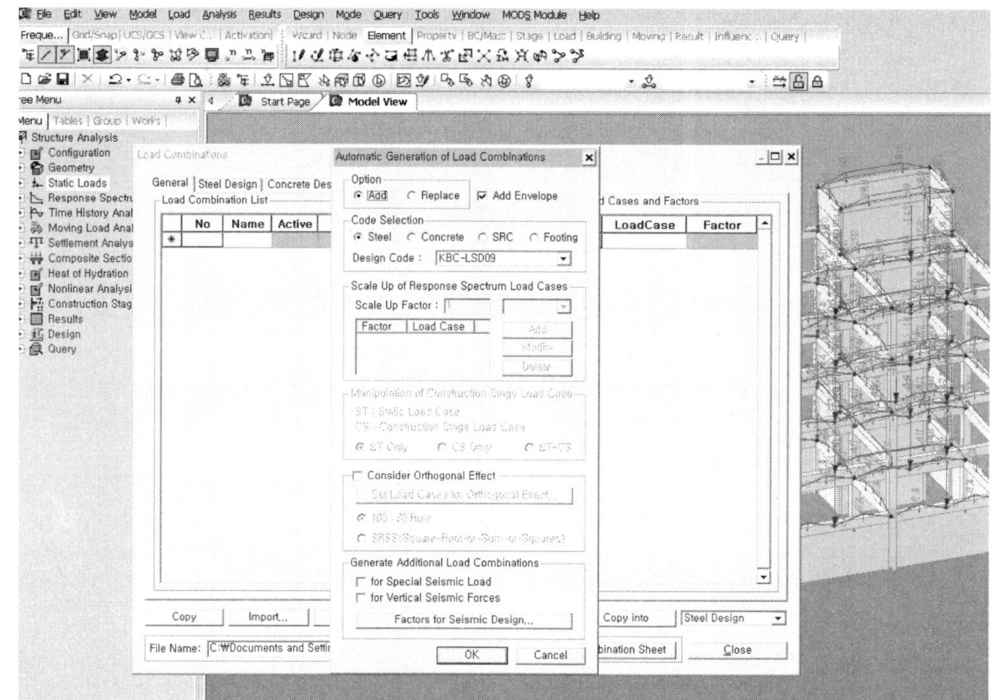

**66** Load Combination에서 Design 기준 설정(KCI-2012 기준)

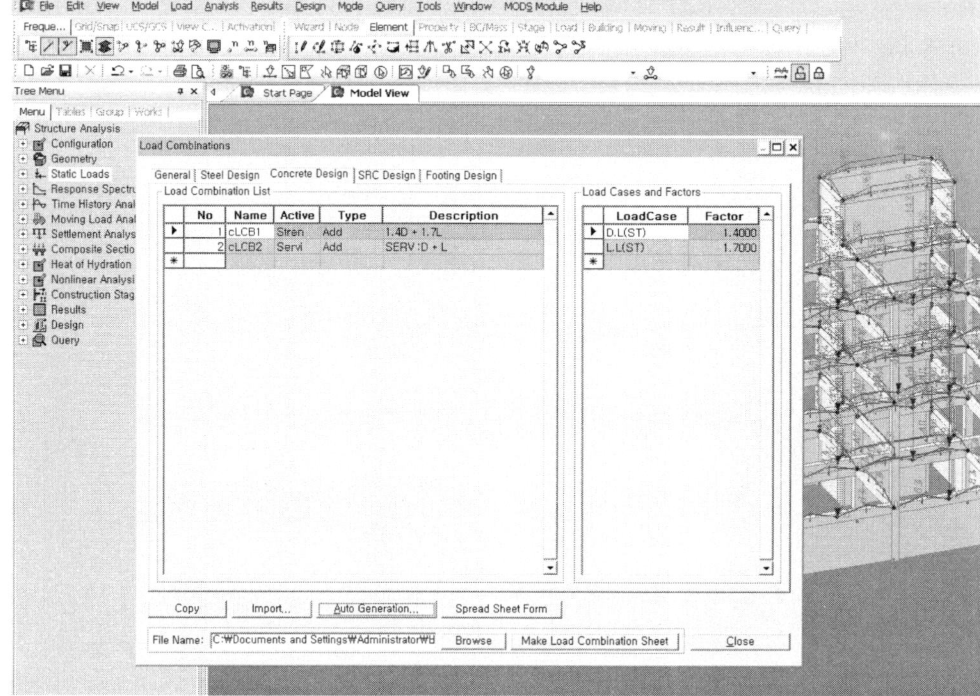

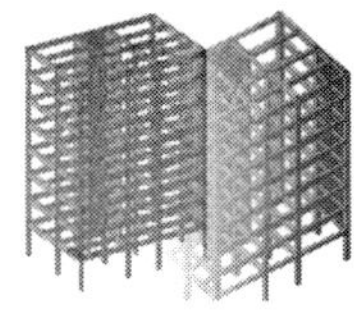

**67** Load Combination(cLCB1 = 1.2D.L+1.6L.L)를 설정한다.(자동입력)

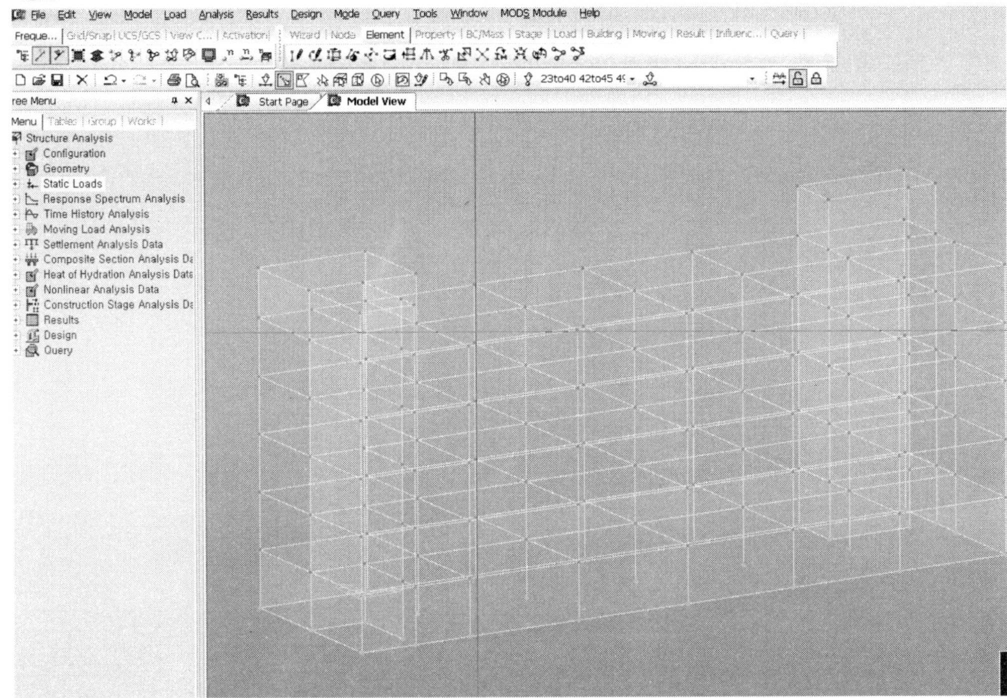

**68** 기초반력을 확인하기 위해 XY-Plane을 이용, 바닥면을 Select한다.

Result → Reaction → Reaction Force/Moment → Load Case → Apply

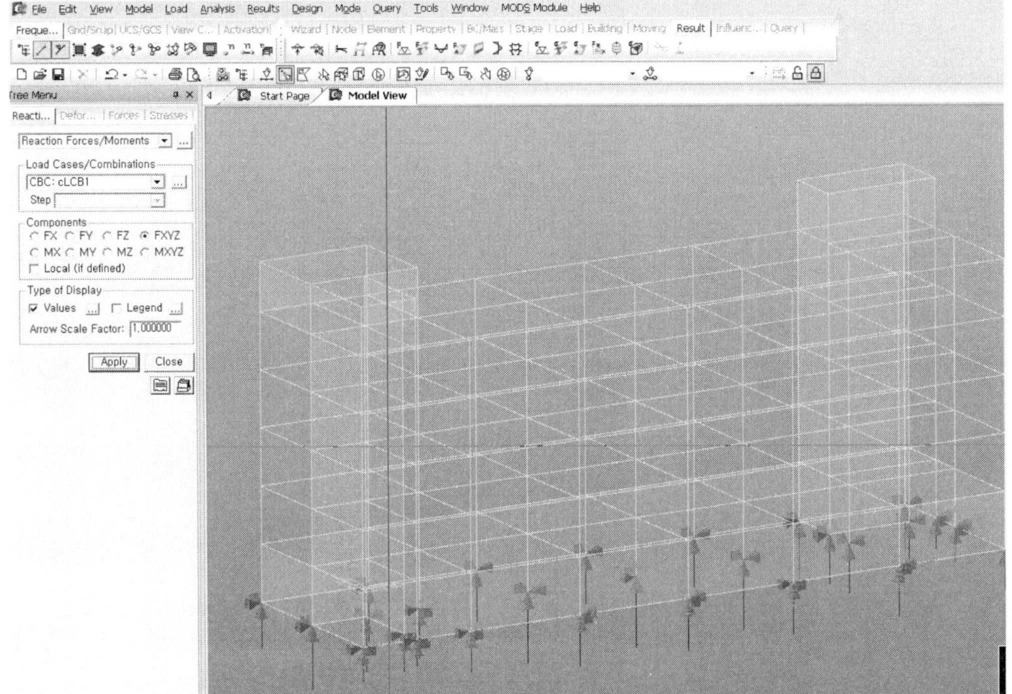

**69** 반력을 숫자로 표시되며. 최대값도 빨간색으로 표시된다.

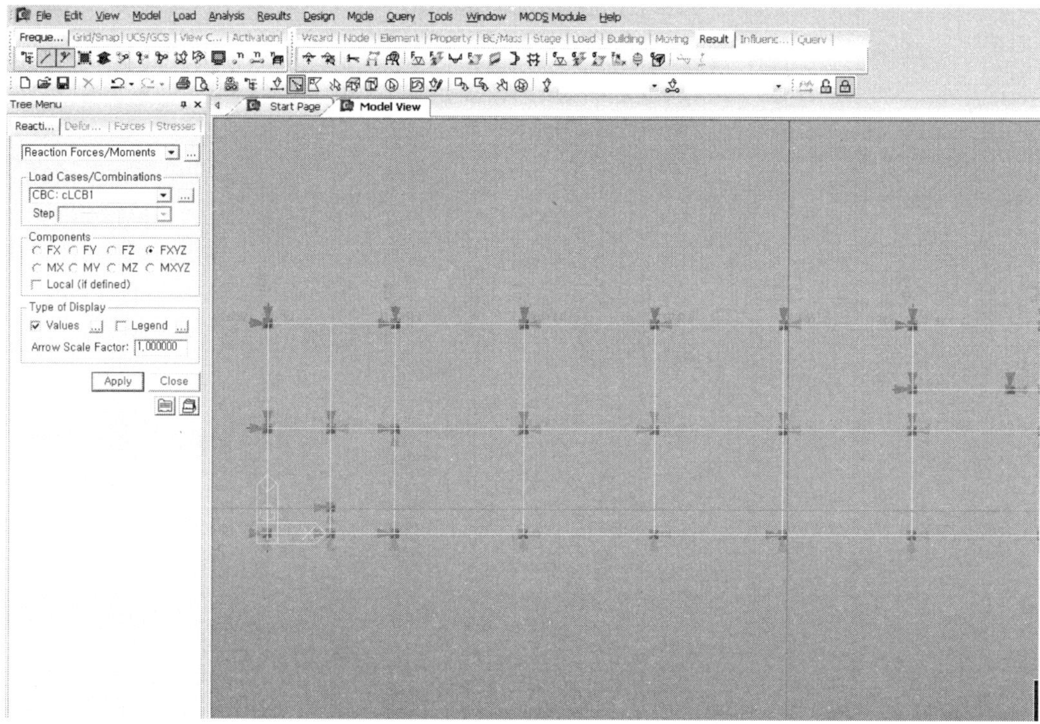

**70** XY-View 기능을 이용하여 변위도 화면상으로 확인한다.

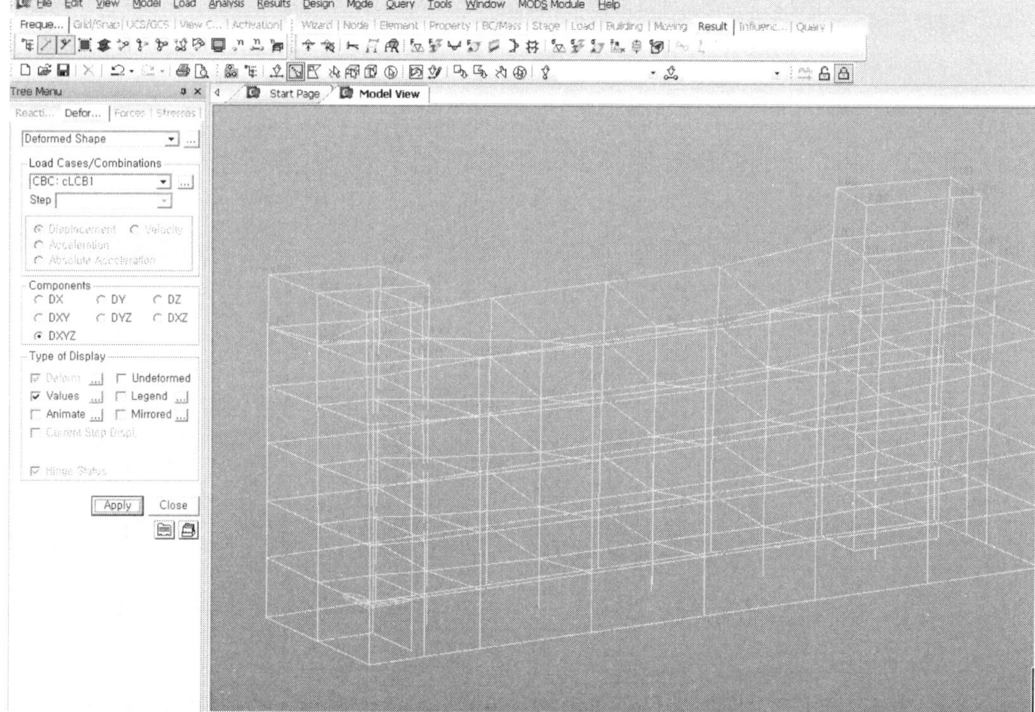

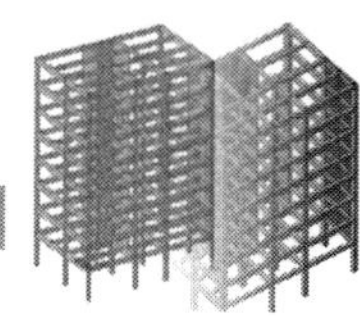

**71** 건물의 변형을 확인하기 위하여 입체화면으로 전환

Result → Deformation → Displacement Contour

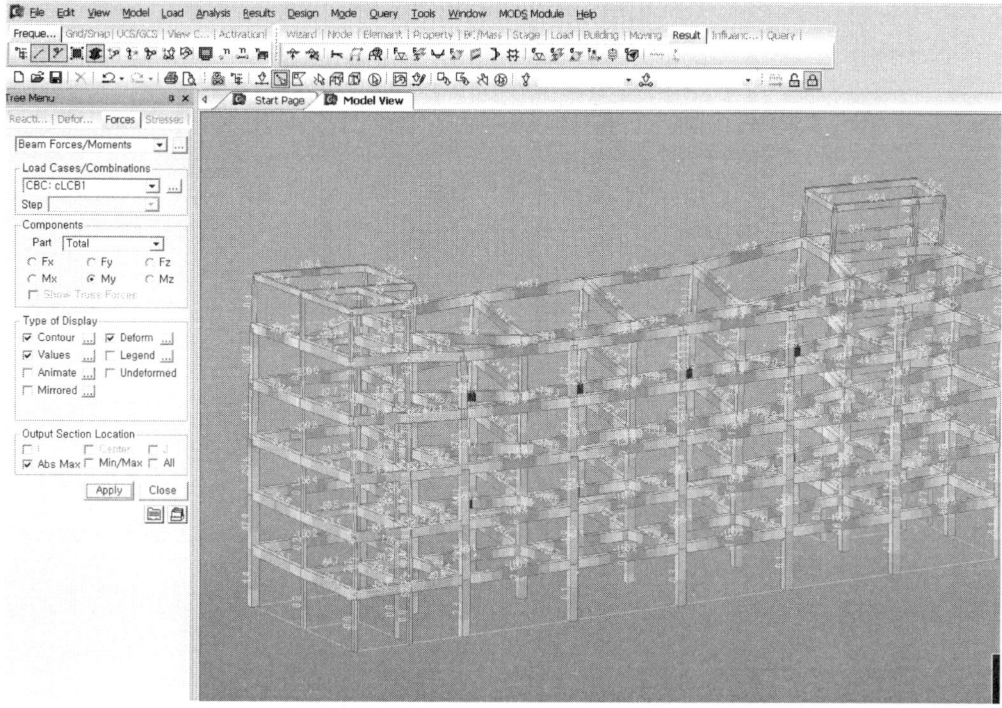

**72** 화면에 Load Case별로 변위를 구할 수 있다. 단위를 mm, cm로 조정

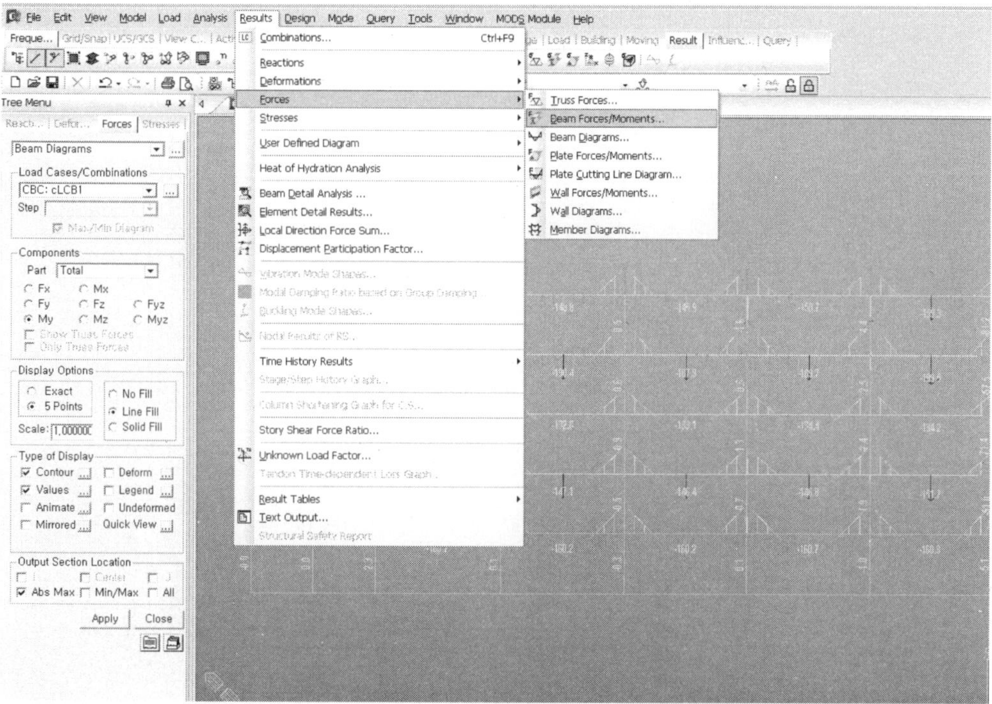

**73** 각 열별로 Load Case에 따른 휨모멘트와 전단력을 표시한다.

Force → Load Case → Beam Diagram

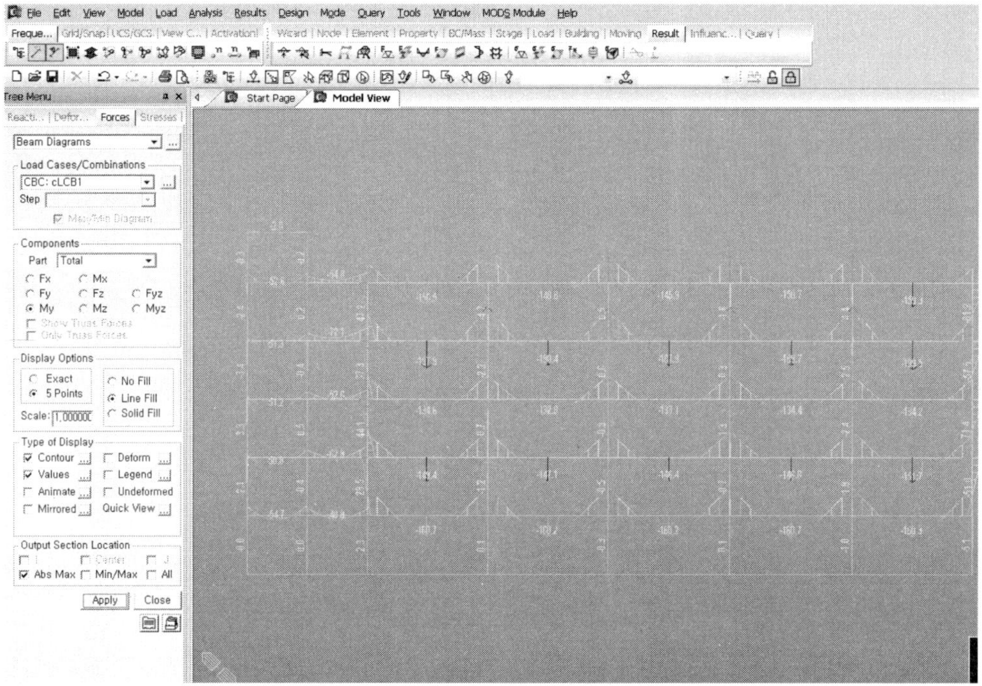

**74** B열의 휨모멘트도 표시

Beam Diagram → DC : cLCB1 → My → Values → All → Apply

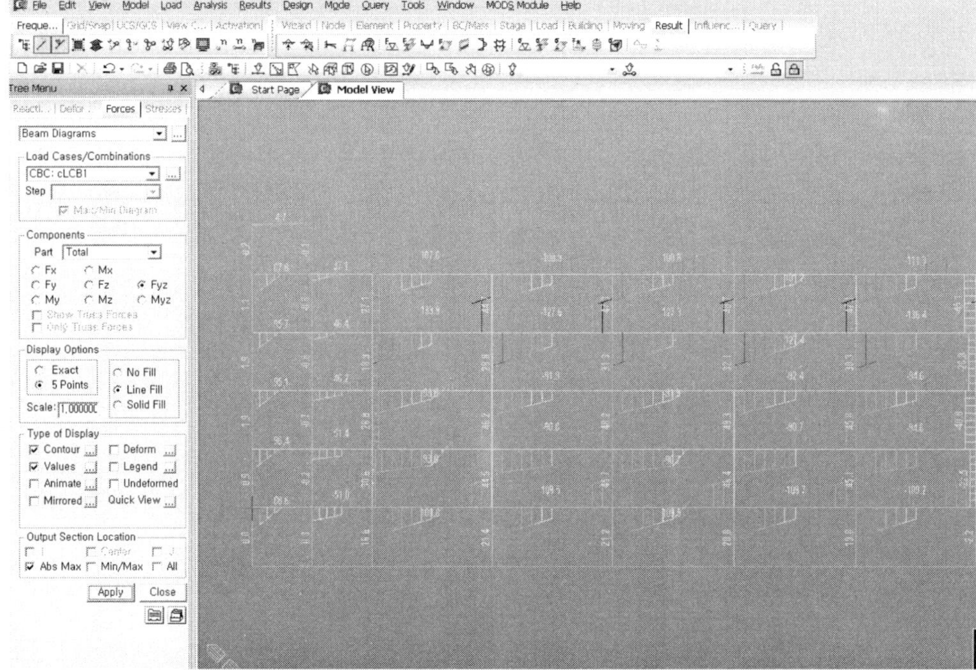

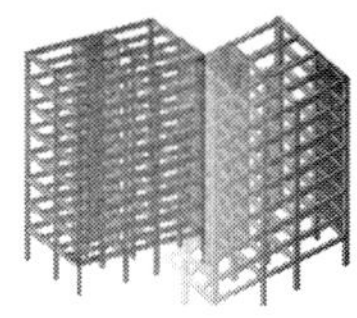

**75** B열의 전단력(cLCB1 상태)

cLCB1 → Fz → Values → All → Apply

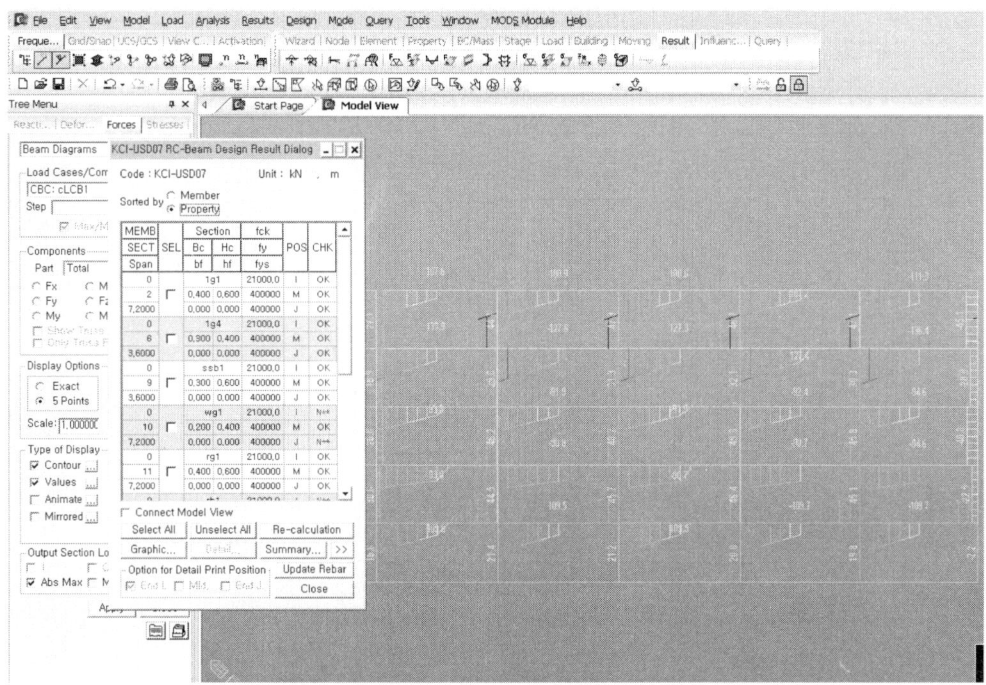

**76** 결과 출력 후 부재별로 Design 기능을 이용하여 부재를 설계한다.
Design Code 등 부재와 관련된 여러 조건을 입력한다.

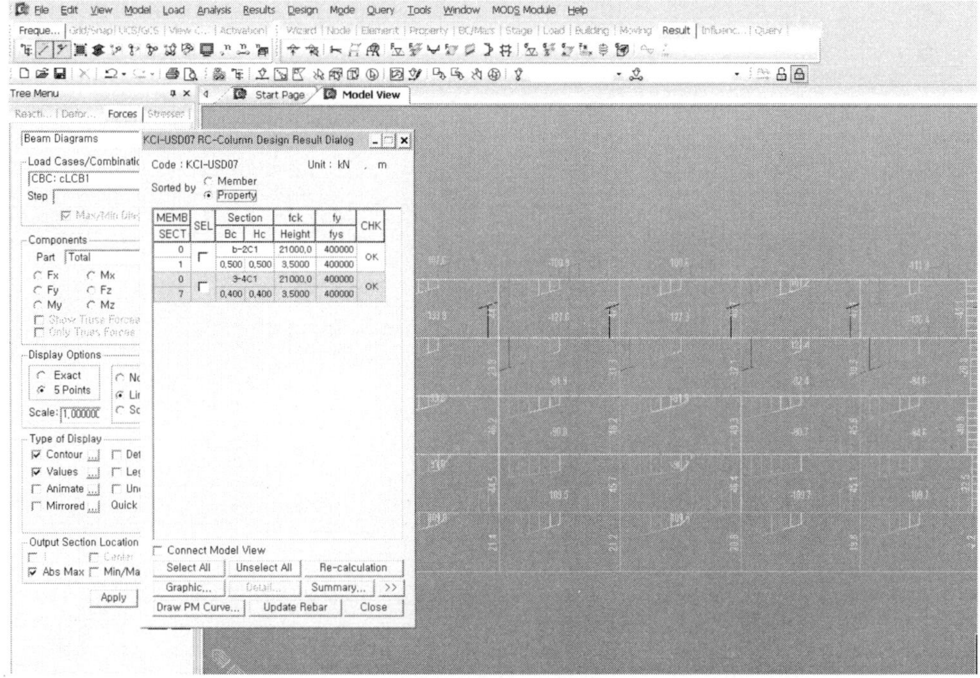

## 77 부재설계(Girder, Beam Design) 결과 확인

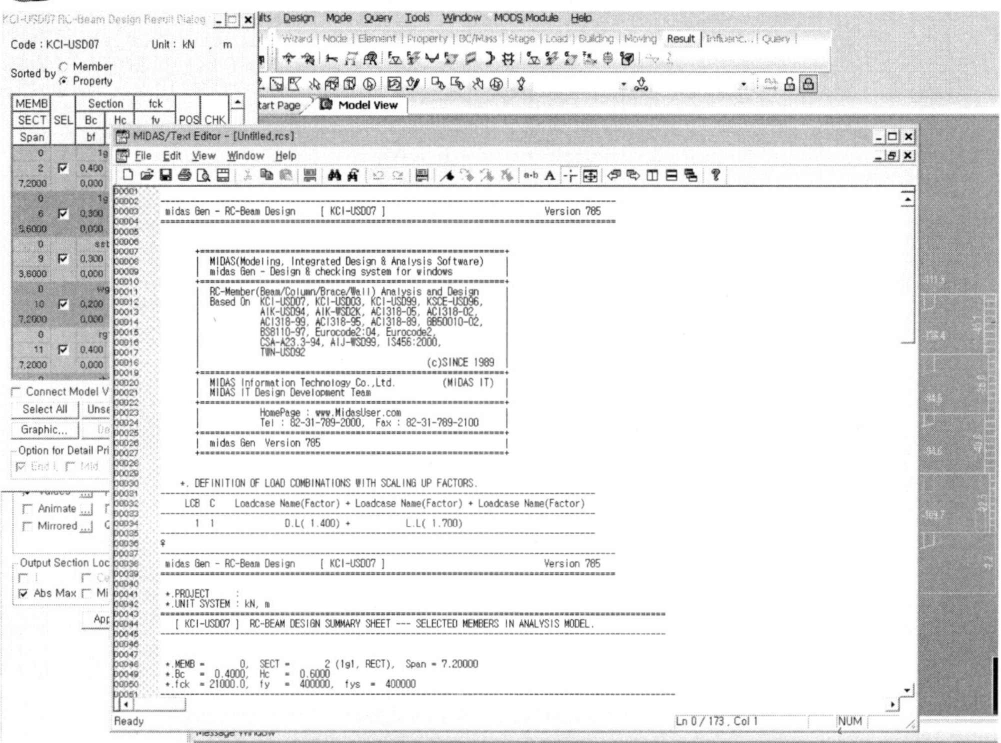

## 78 부재설계 결과치 확인

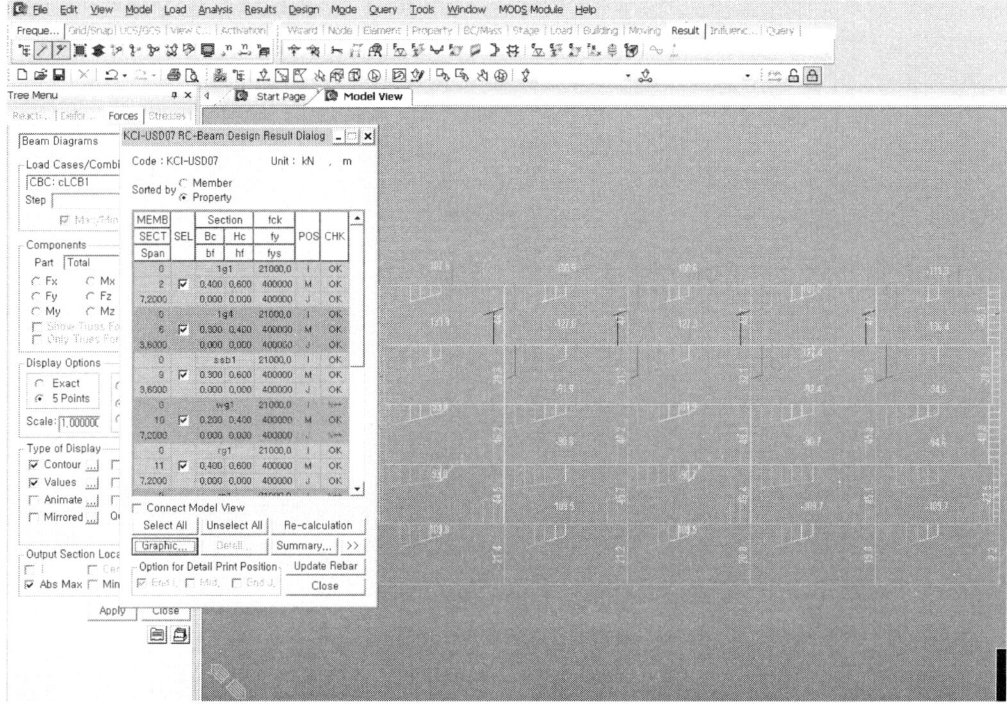

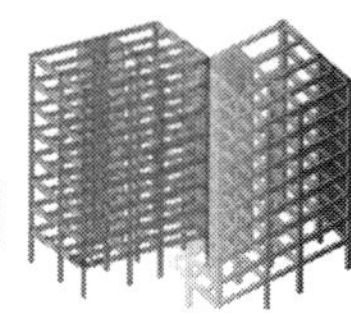

## 79 부재설계의 Summary 요약

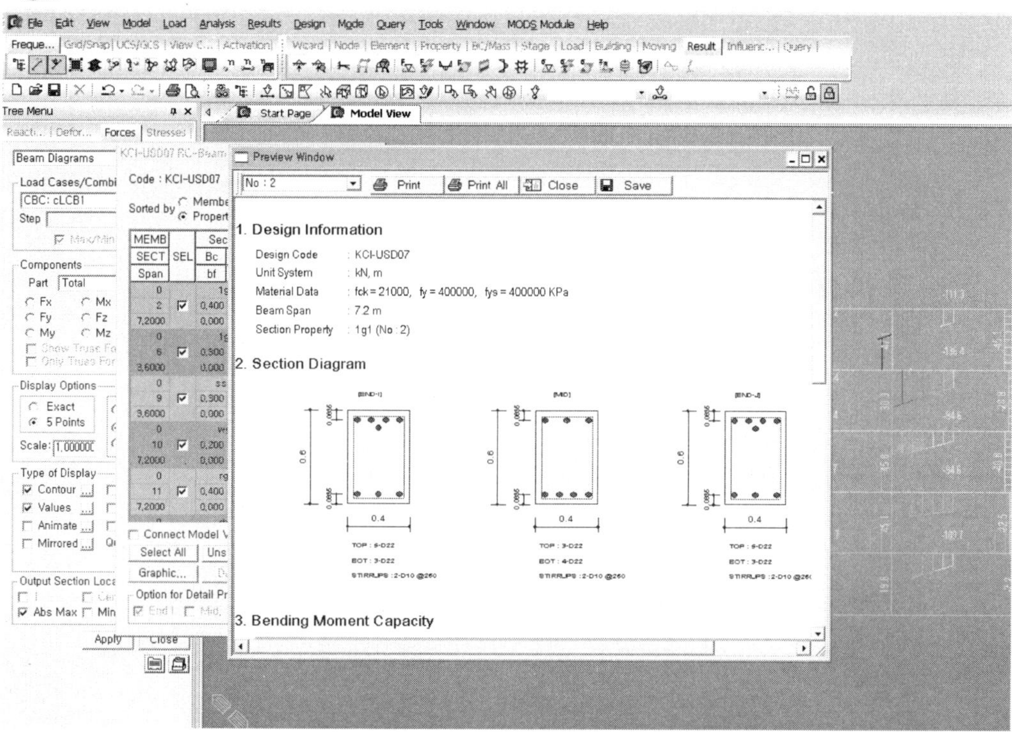

## 80 부재설계 결과치(그래픽 화면)

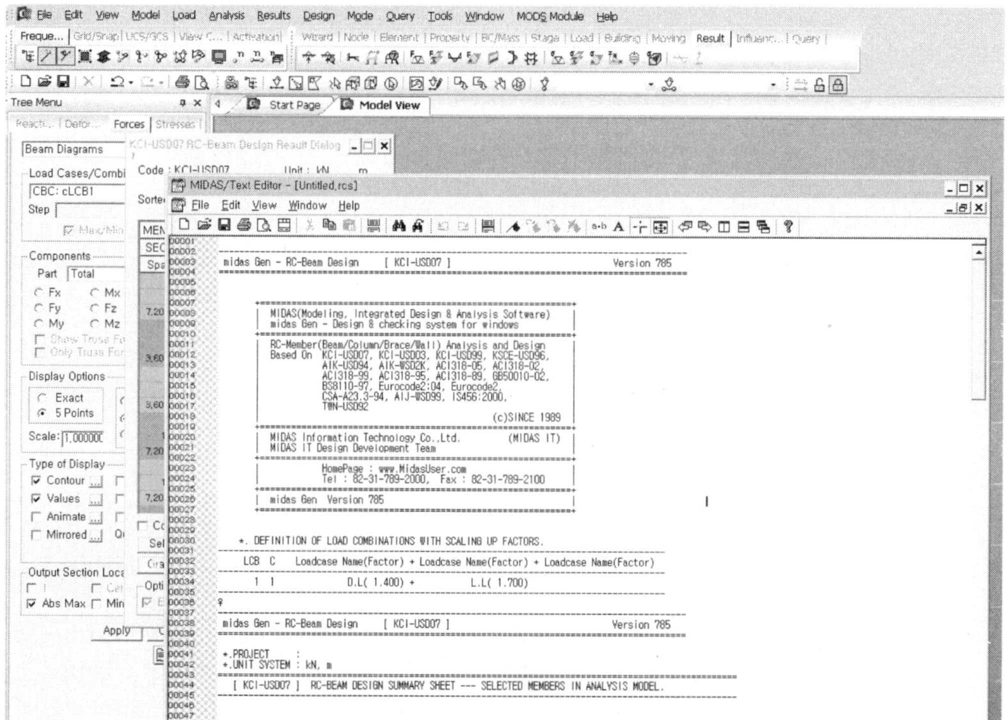

## 81 Beam Design 결과치 확인

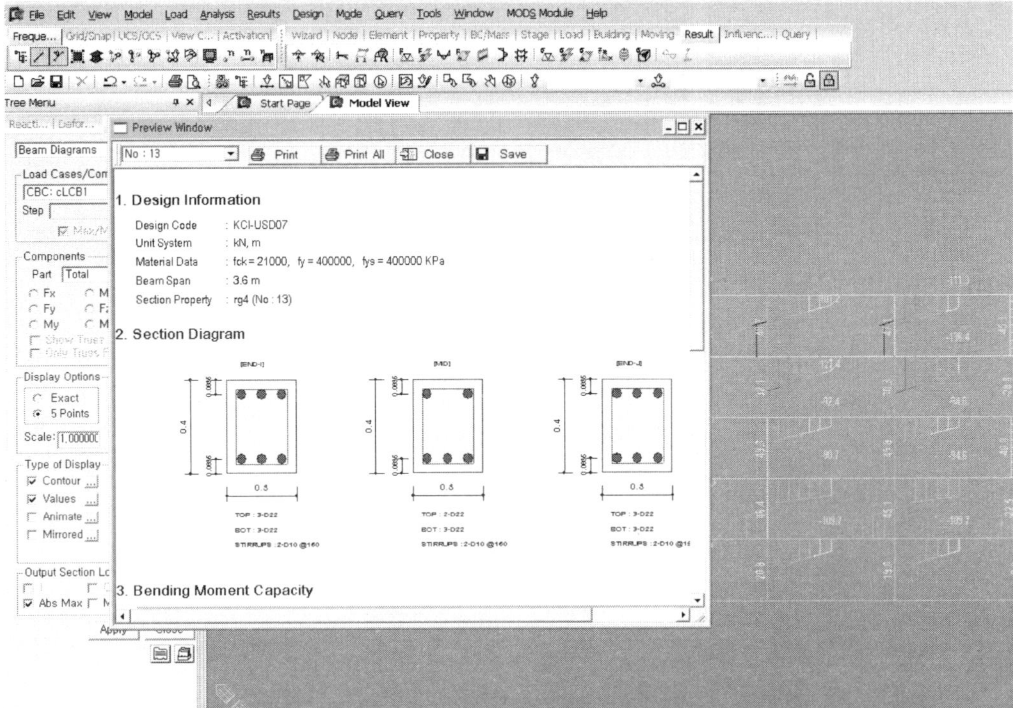

## 82 Beam Design 결과에 대한 Summary(요약) 창

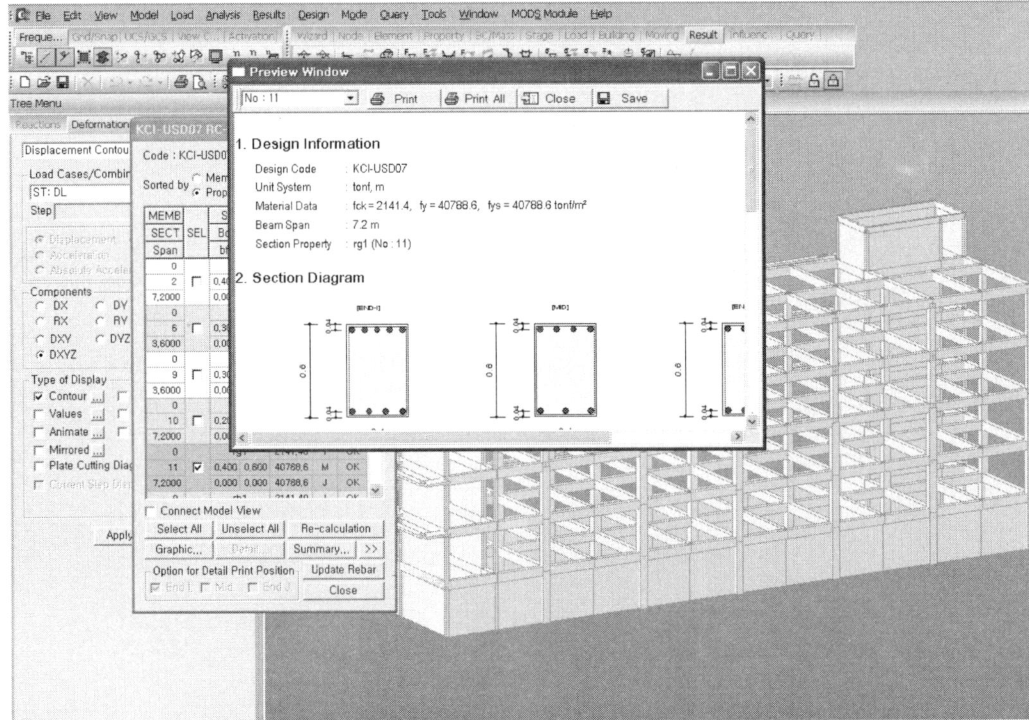

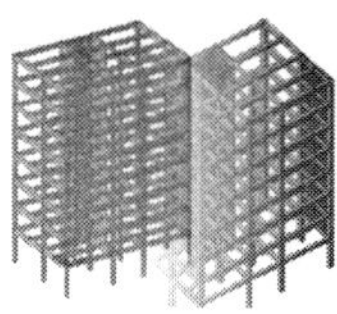

## 83 Frame Analysis 확인

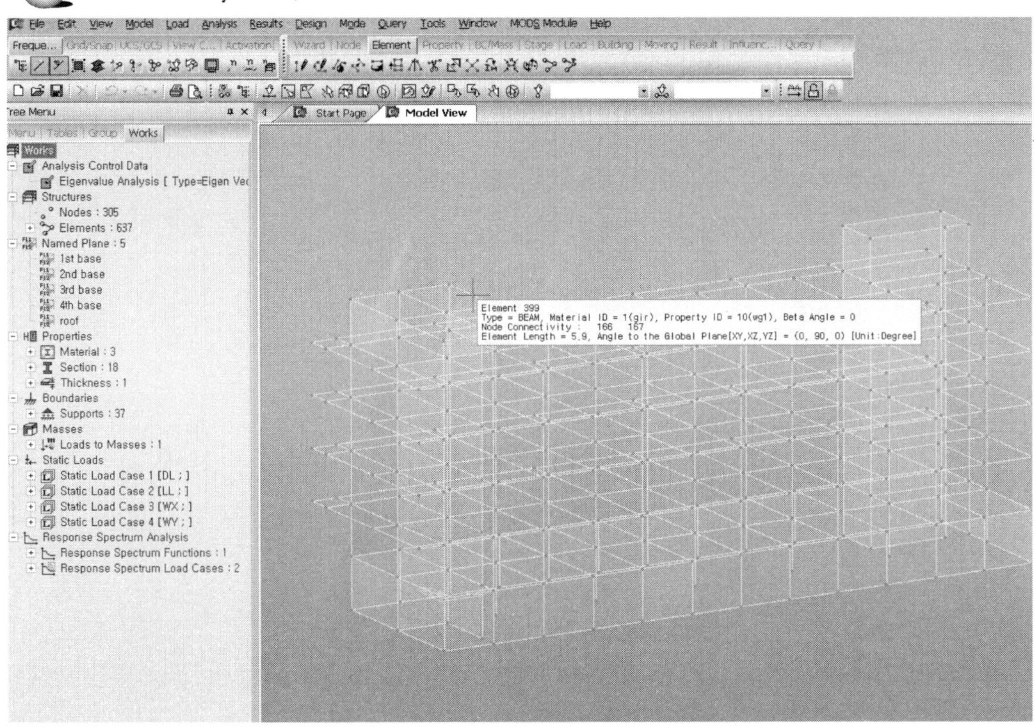

## 84 Beam Design 결과에 대한 Summary(요약) 창

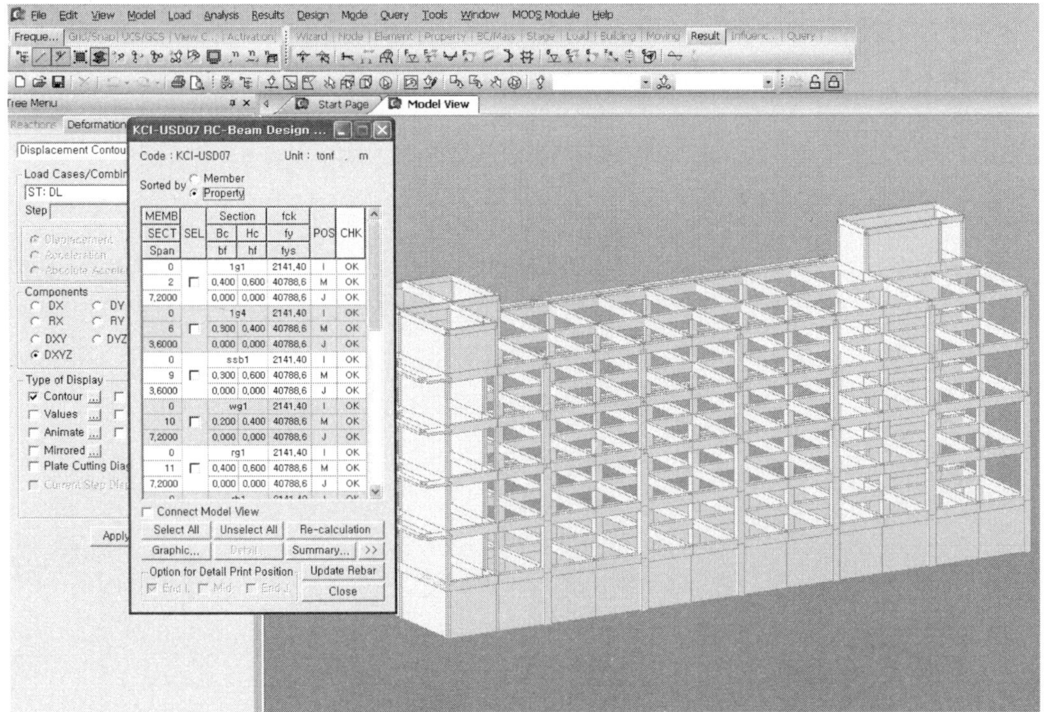

## 85 Frame Analysis 확인

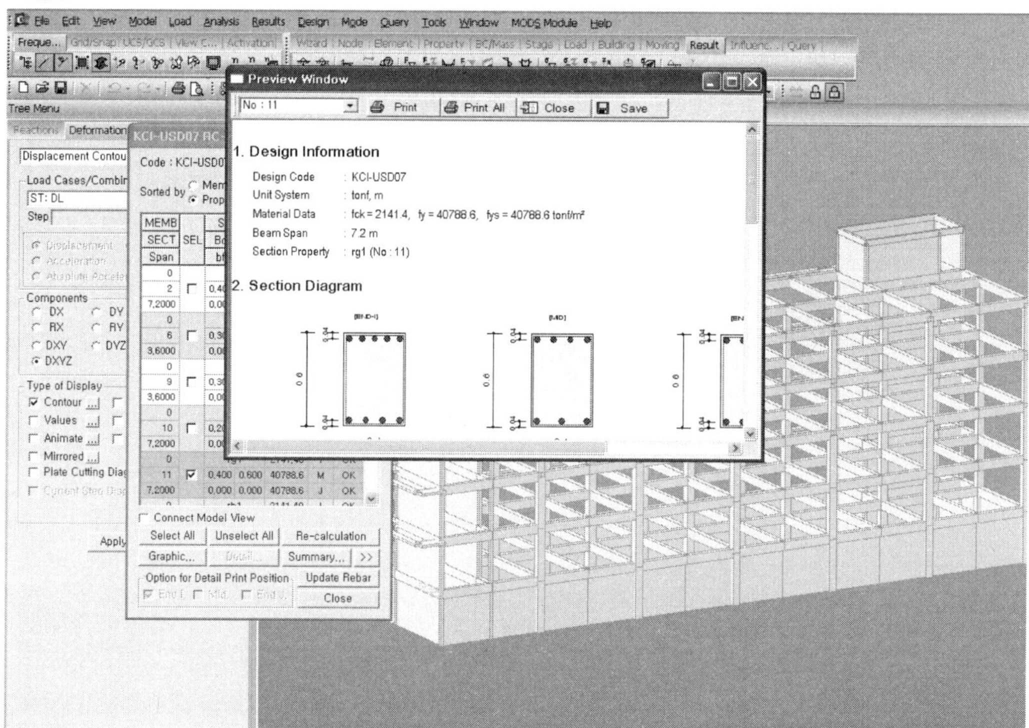

## 86 Frame Analysis 확인

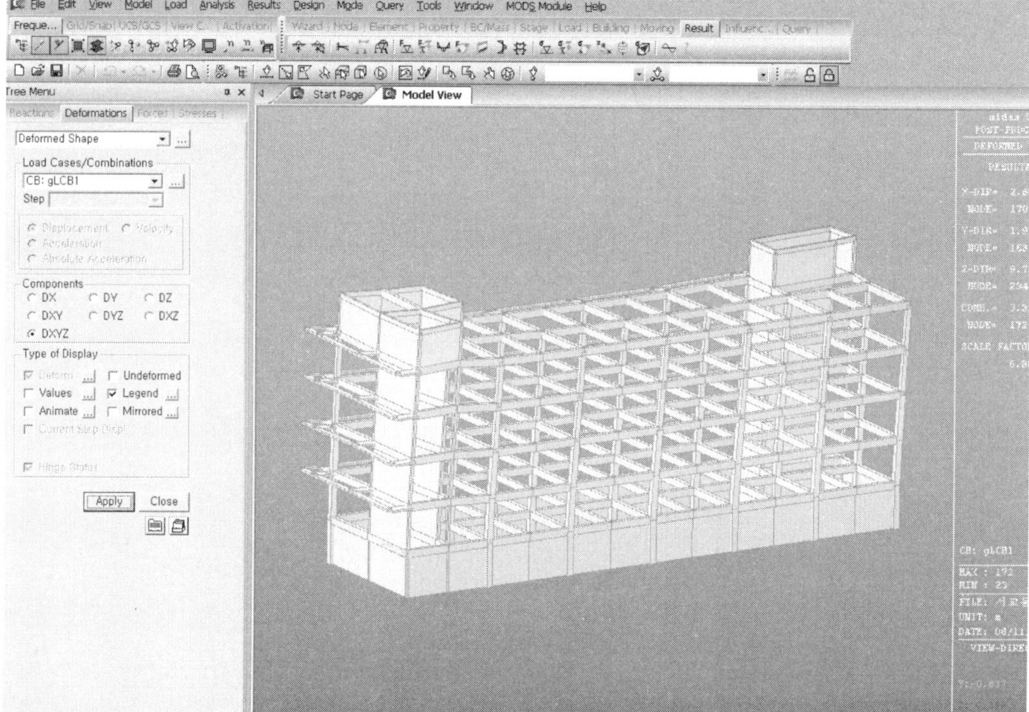

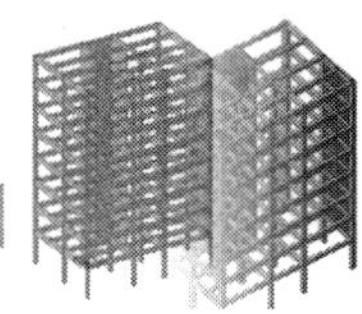

## 87 Frame Analysis 확인

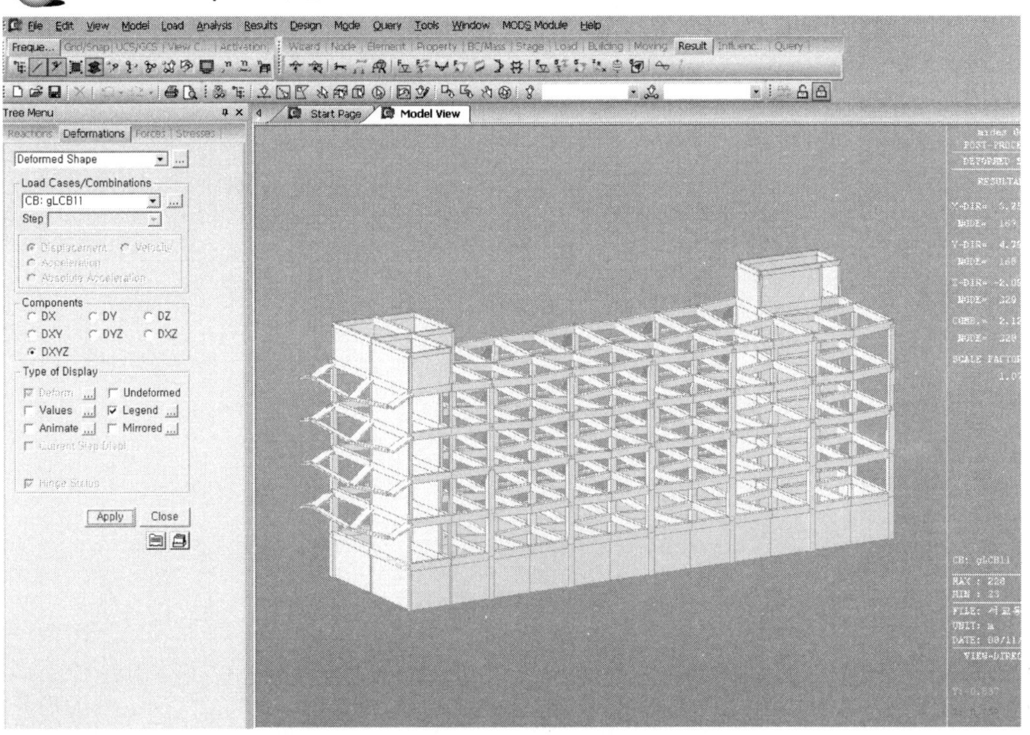

## 88 FRAME Analysis 결과에 대한 Summary(요약) 창

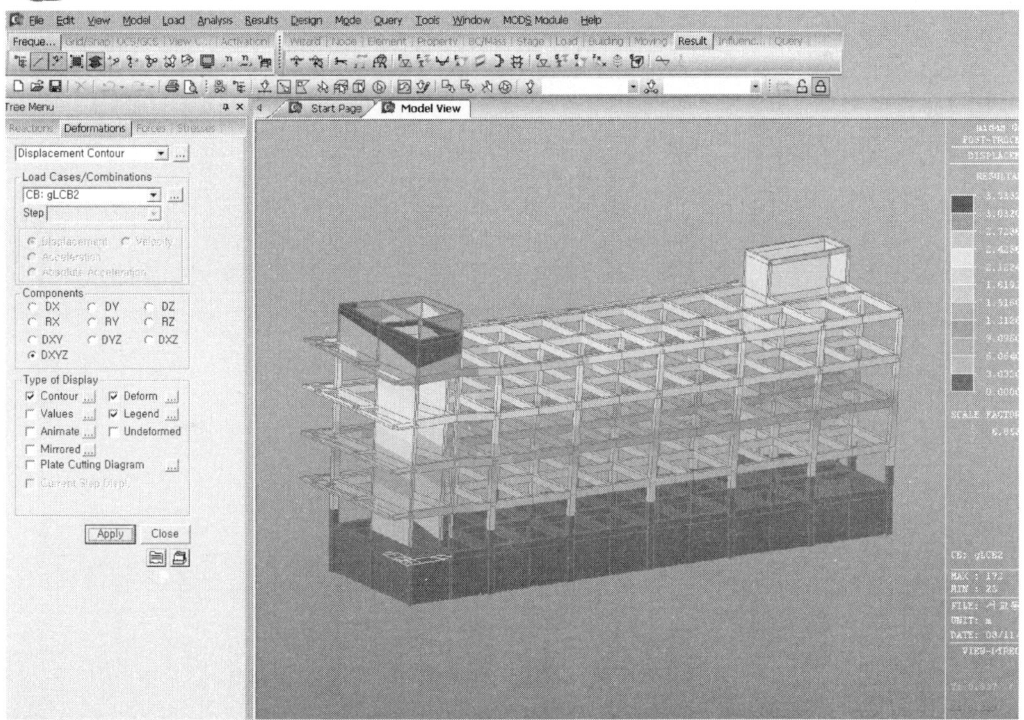

## 89 BEAM Design 결과치

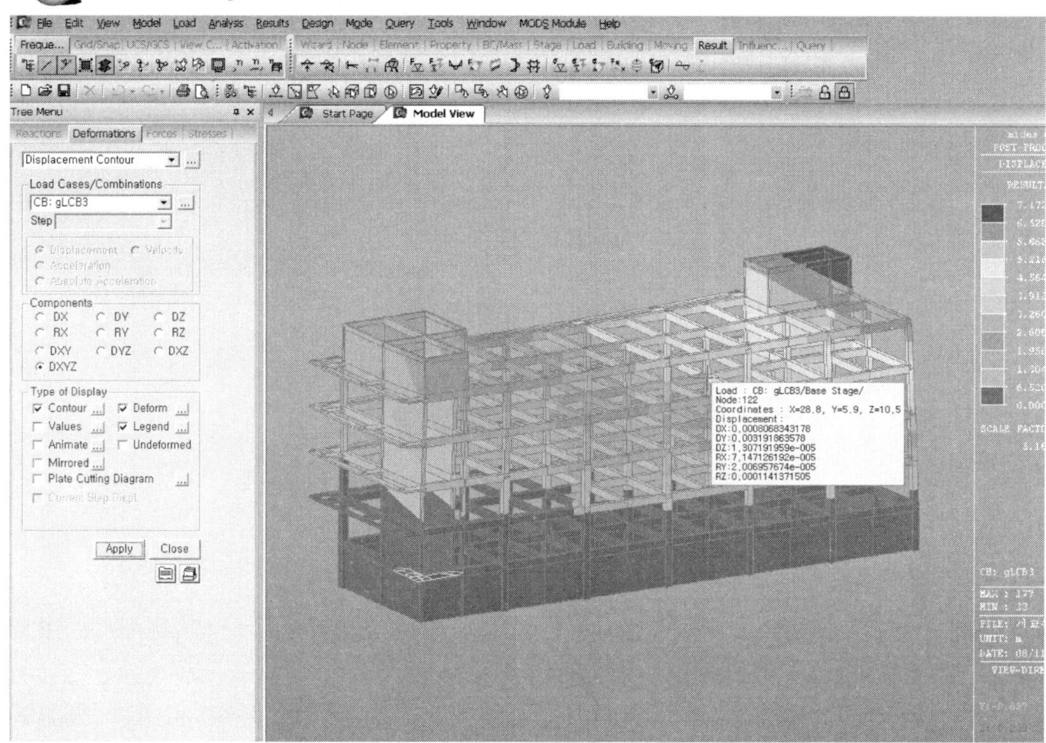

## 90 BEAM Design 결과에 대한 Summary

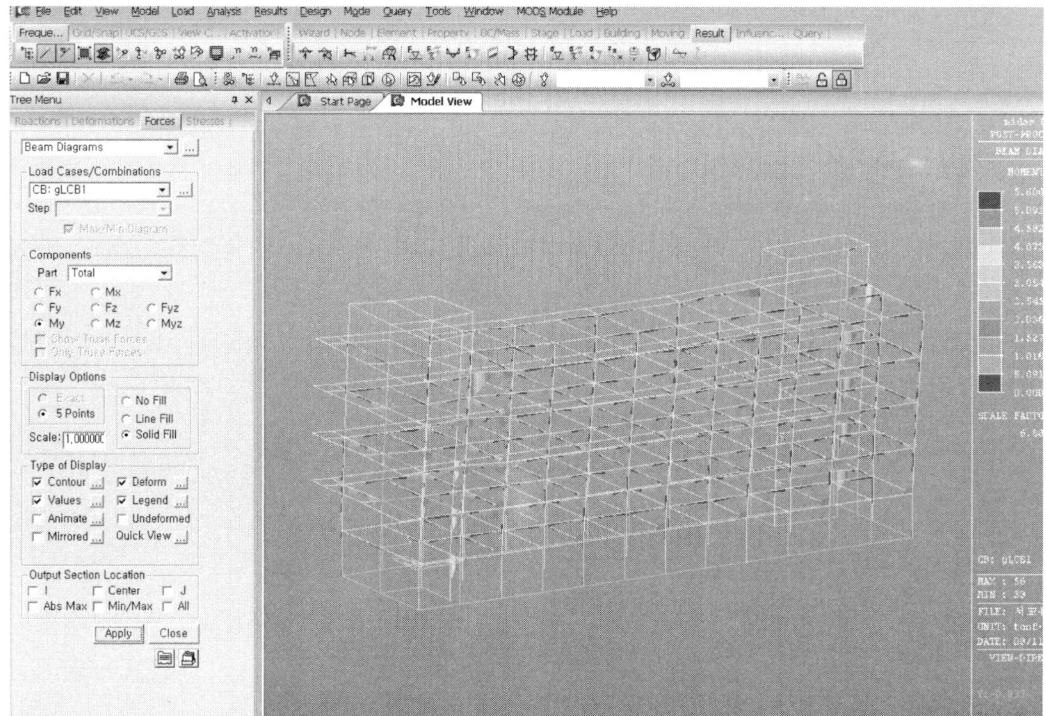

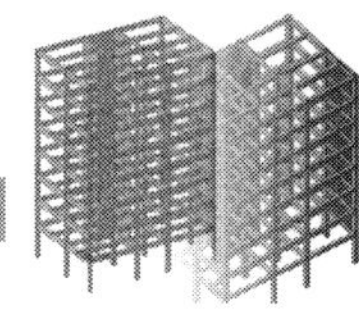

## ⑨1 BEAM Design 결과치 확인

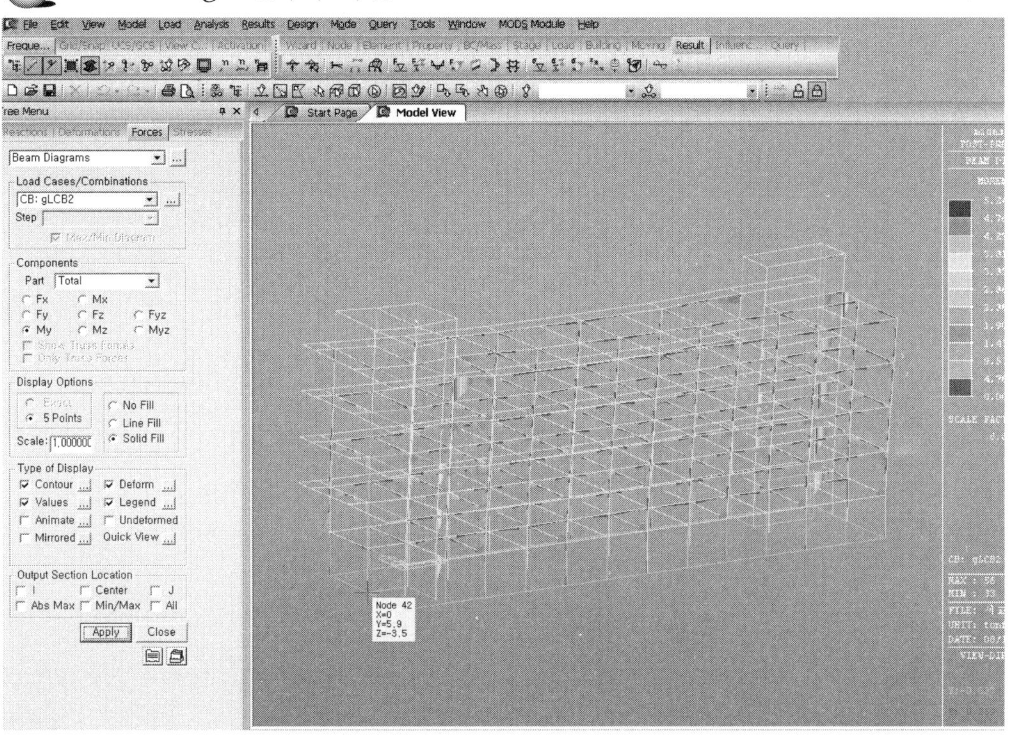

## ⑨2 BEAM Design 결과

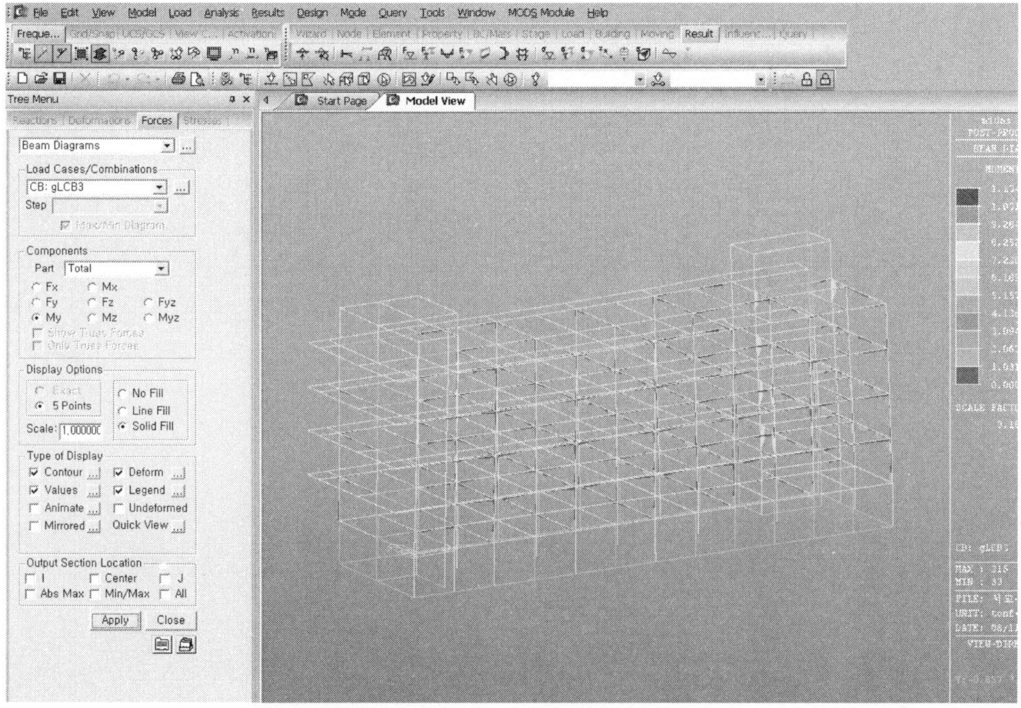

## 93 Column Design 결과치 확인

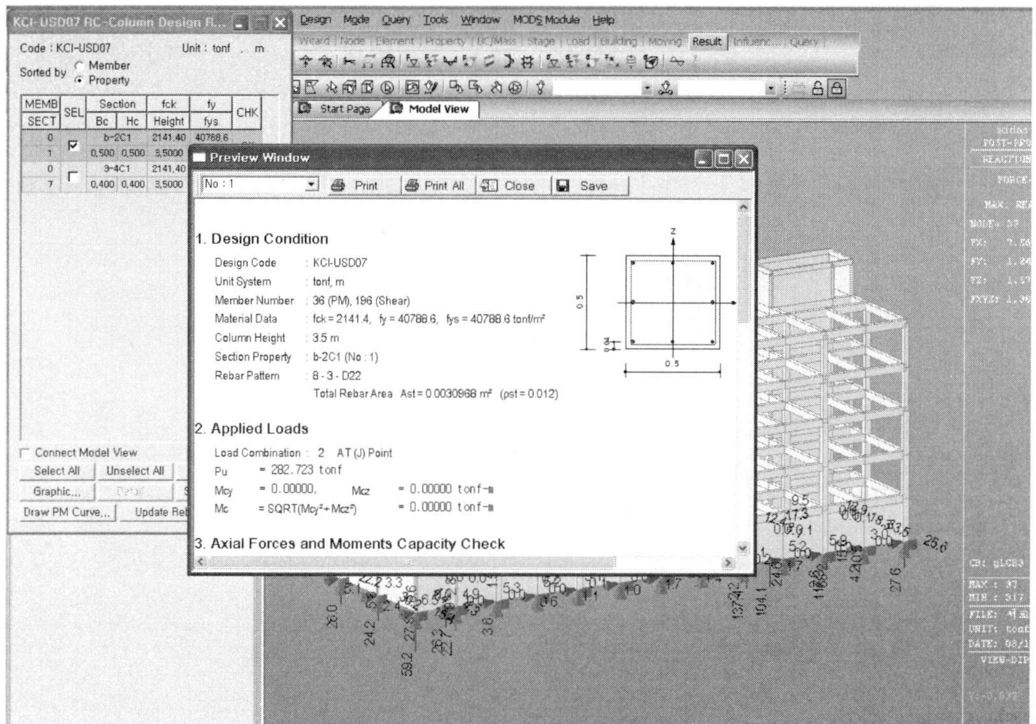

## 94 Column Design 결과에 대한 Summary(요약) 창

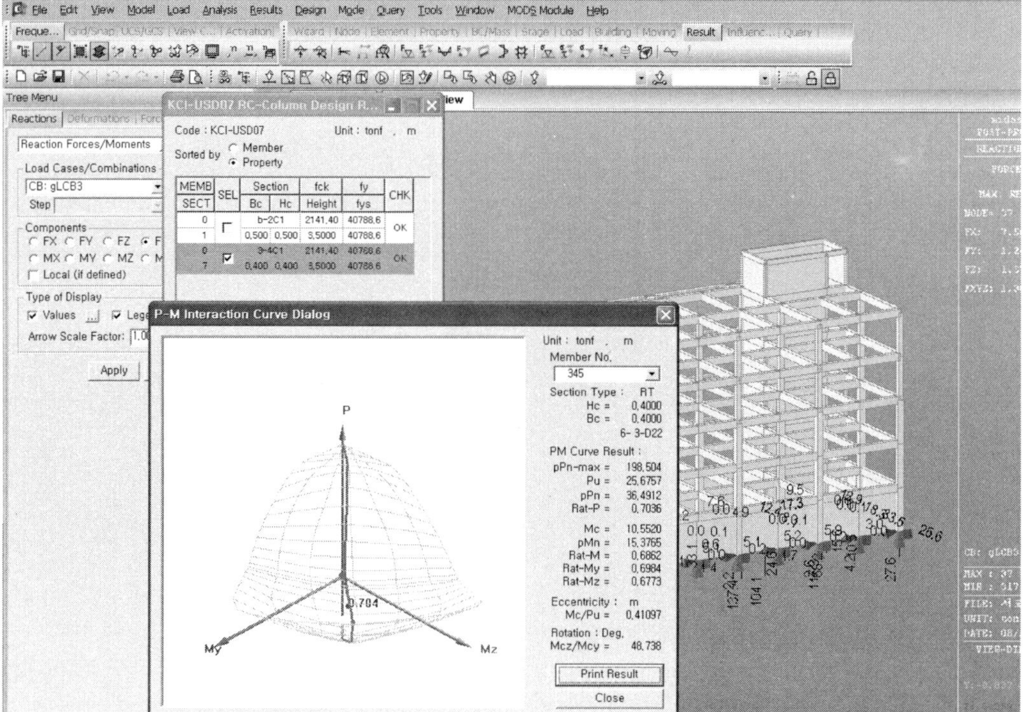

제 **5** 장

# 건물의 내진설계

# 건물의 내진설계

## 5.1 건물의 내진설계(응답스펙트럼 해석)

### 5.1.1 지진하중

지진하중의 산정 순서는 다음과 같다.
① 지역계수 및 지반종류 확인
② 중요도계수 및 내진등급 확인
③ 지진력 저항시스템 선정(반응수정계수, 변위증폭계수)
④ 지반증폭계수 선정
⑤ 단주기, 1초주기 설계스펙트럼가속도 산정($S_{DS}$, $S_{D1}$)
⑥ 주기산정($T_0$, $T_s$)
⑦ 설계스펙트럼가속도 작성
⑧ 내진설계범주 확인 및 해석법 결정
⑨ 고유주기 및 지진응답계수 산정
⑩ 유효질량 산정
⑪ 밑면전단력 산정
⑫ 층간변위 산정 및 검토

### (1) 지진하중 관련계수

#### 1) 지역계수 $S$

지역에 따라서 지진구역 1, 2로 구분하여 거기에 해당하는 지역계수 $S$값을 적용한다.(구역1 $S=0.22$, 구역2 $S=0.14$)

## 2) 지반종류

| 지반종류 | 호칭 | 상부 30m의 지반특성 | | |
|---|---|---|---|---|
| | | 전단파속도 (m/s) | 표준관입시험 $N$ | 비배수전단강도 $S_1$ |
| $S_A$ | 경암 | 1500 초과 | - | - |
| $S_B$ | 보통암 | 760 ~ 1500 | | |
| $S_C$ | 조밀한 토사, 연암 | 360 ~ 760 | > 50 | > 100 |
| $S_D$ | 단단한 토사 | 180 ~ 360 | 15 ~ 50 | 50 ~ 100 |
| $S_E$ | 연약한 토사 | 180 미만 | < 15 | < 50 |

## 5.2 설계스펙트럼가속도

응답스펙트럼은 다음 2개의 스펙트럼 값에 의해 결정된다.

$$S_{DS} = S(2.5)F_a(2/3)$$

- $F_a$ : 단주기증폭계수
- $S$ : 설계지반가속도
- $2/3$ : 확률적감소계수

$$S_{D1} = SF_v(2/3)$$

- $F_v$ : 장주기증폭계수
- $2.5$ : 단주기건축물에 대한 가속도 증폭계수

$S_{DS}$와 $S_{D1}$을 사용하여 작성된 응답스펙트럼의 형상은 다음 그림과 같다. 응답스펙트럼에 나타난 바와 같이 $T_0 - T_s$의 영역에서는 가속도가 최대로 증폭이 되며, 주기가 늘어날수록 가속도가 감소한다.

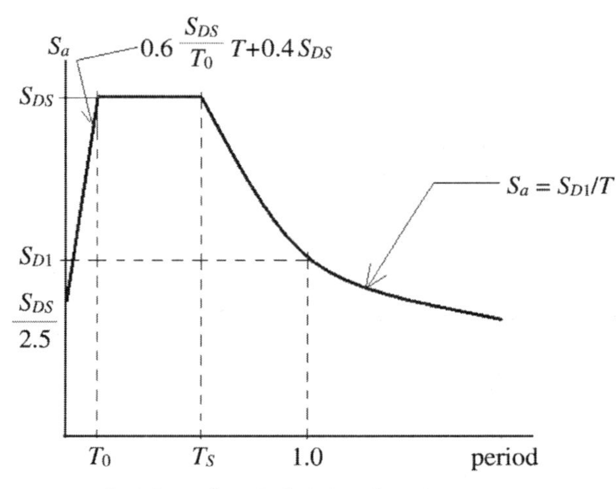


[그림 5-1] 탄성설계스펙트럼

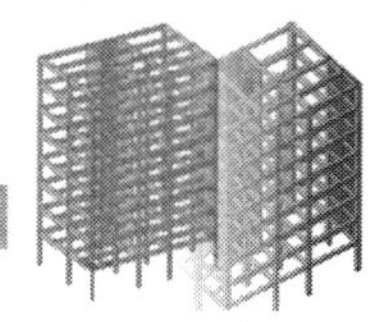

## 5.3  중요도

건물의 용도에 따라 3개의 등급으로 분류되며 지진하중 계산시 중요도가 높은 건물일수록 큰 지진하중에 대하여 설계한다.

**[표 5-1]  내진등급과 중요도계수**

| 중요도 | 내진등급 | 중요도계수 |
|---|---|---|
| 특 | (특) | 1.5 |
| 1 | I | 1.2 |
| 2, 3 | II | 1.0 |

## 5.4  내진설계 범주

내진해석 및 설계방법은 건축물의 내진설계 범주에 따라서 결정된다. 내진설계 범주는 A~D로 분류한다.

**[표 5-2]  단주기 설계스펙트럼가속도에 따른 내진설계 범주**

| $S_{DS}$의 값 | 내진등급 | | |
|---|---|---|---|
| | 특 | I | II |
| $0.5 \leq S_{DS}$ | D | D | D |
| $0.33 \leq S_{DS} < 0.50$ | D | C | C |
| $0.17 \leq S_{DS} < 0.33$ | C | B | B |
| $S_{DS} < 0.17$ | A | A | A |

**[표 5-3]  주기1초 설계스펙트럼가속도에 따른 내진설계 범주**

| $S_{DS}$의 값 | 내진등급 | | |
|---|---|---|---|
| | 특 | I | II |
| $0.2 \leq S_{D1}$ | D | D | D |
| $0.14 \leq S_{D1} < 0.20$ | D | C | C |
| $0.07 \leq S_{D1} < 0.14$ | C | B | B |
| $S_{D1} < 0.07$ | A | A | A |

## 5.5 등가정적설계

### (1) 밑면전단력

건축물에 재하되는 밑면전단력(총 지진력)을 다음과 같이 계산한다.

$$V = C_s \times W \quad \begin{cases} W : \text{유효무게(고정하중)} \\ C_s : \text{지진응답계수} \end{cases}$$

▶ 유효무게의 포함사항

창고, 저장고 활하중의 25%, 간벽은 최소 $0.5\text{kN}/\text{m}^2$, 영구설비의 총무게

▶ 지진응답계수

$$C_s = \frac{S_{D1}}{\left[\dfrac{R}{I_E}\right]T} \leq \frac{S_{DS}}{\left[\dfrac{R}{I_E}\right]} \text{이며, } 0.01 \text{ 이상 되어야 한다.}$$

$$\begin{cases} I_E : \text{중요도계수} \\ R : \text{반응수정계수} \\ S_{DS} : \text{단주기설계스펙트럼} \\ S_{D1} : \text{주기 1초에서 설계스펙트럼 가속도} \\ T : \text{건물의 주기} \end{cases}$$

### (2) 건물의 주기

건물의 근사 고유주기는 다음 식으로 계산한다.

$$① \quad T_a = C_T h_n^{3/4} \quad \begin{cases} C_T = 0.085 : \text{철골모멘트골조} \\ \quad\quad = 0.073 : \text{철근콘크리트모멘트골조,} \\ \quad\quad\quad\quad\quad\quad\quad \text{철골편심가새골조} \\ \quad\quad = 0.049 : \text{기타} \\ h_n : \text{건축높이(m)} \end{cases}$$

$$② \quad T_a = 0.0743\, h_n^{3/4} / \sqrt{A_c} \quad : \text{전단벽 구조의 경우}$$

$$A_c = \sum A_c[0.2 + (D_c/h_n)^2]$$

$$D_e/h_n \leq 0.9$$

$$\begin{cases} A_c : \text{1층에서 지진하중방향과 평행한 전단벽의 전단단면적}(\text{m}^2) \\ D_c : \text{1층에서 지진하중방향과 평행한 전단벽의 길이(m)} \end{cases}$$

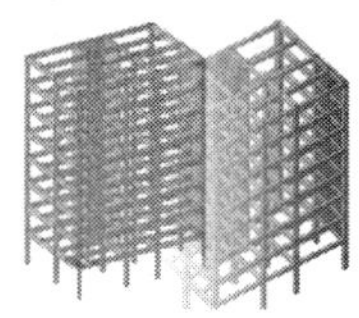

## (3) 층지진하중

각 층 지진하중은($F_x$) 밑면전단력($V$)에 수직분포계수 $C_{vx}$를 곱하여 산정한다.

$$F_x = C_{vx}\,V$$

$$C_{vx} = \frac{w_x h_x^k}{\displaystyle\sum_{i=1}^{n} w_i h_i^k}$$

$$k = 1 \;:\; 0.5초\ 이하의\ 주기를\ 가진\ 건축물$$
$$k = 2 \;:\; 2.5초\ 이상의\ 주기를\ 가진\ 건축물$$

건물의 주기가 중간의 영역인 경우는 $k$를 직선보간하여 사용한다.

## (4) 비틀림 모멘트

지진발생시 평면상에서 지지력의 중심과 하중의 중심 사이에 차이가 발생되면 그 편심에 의하여 비틀림 모멘트가 발생된다. 비틀림 모멘트는 횡하중에 의한 전단력에 부가적으로 발생하는 하중으로 구조부재에 발생되는 하중이 증가되고 비탄성변형이 증가되어 건물의 손상이 더 커진다. 따라서 기준에서는 편심을 고려하도록 하고 우발편심을 하중방향에 대한 건물의 가로폭의 5%를 고려하도록 규정하고 있다.

## (5) 층간변위

지진발생시 구조물의 비탄성변형을 발생시키며 이 비탄성변형을 억제하여야 한다. x층의 층변위는($\delta_x$)는 다음 식으로 구한다.

$$\delta_x = \frac{C_d\,\delta_{xe}}{I_E}$$

$$C_d \;:\; 변위증폭계수(R계수로부터\ 초과강도영향배제)$$
$$\delta_{xe} \;:\; 탄성해석에\ 의한\ 층변위$$

등가정적해석에서는 주어진 지진하중에 대하여 탄성해석을 하므로 항복변위만 계산된다. 이를 비탄성변형으로 환산하기 위하여 구조시스템별로 변위증폭계수 $C_d$가 규정되어 있다. 이 변위증폭계수를 항복변위에 곱하여 비탄성변형을 구한다. 변위증폭계수는 구조물의 연성도와 같다. 이렇게 구한 층변위를 사용하여 층간변위 $\Delta$를 구한다.(단, $\Delta \leq \Delta_a$ : 허용층간변위)

$$\Delta = \delta_{x+1} - \delta_x \leq \Delta_a \qquad 허용층간변위각$$

$$\Delta_a / h_x = 0.010 \;:\; 내진등급(특)$$
$$= 0.015 \;:\; 내진등급(1)$$
$$= 0.020 \;:\; 내진등급(2)$$

## (6) 지진력 저항시스템

밑면전단력, 부재력, 층간변위를 산정할 때는 적절한 반응수정계수(R), 시스템초과강도계수($\Omega_0$), 변위증폭계수($C_d$)를 사용해야 한다.

- 반응수정계수(R) : 구조물의 연성능력과 설계시 고려되는 초과강도를 고려하여 지진하중을 감소시키기 위한 계수
- 시스템초과강도계수($\Omega_0$) : 특별지진하중의 산정을 위하여 사용되는 계수
- 변위증폭계수($C_d$) : 층간변위계산에 사용된다.

모멘트골조와 전단벽 또는 가새골조로 이루어진 이중골조시스템에 있어서 전체 지진력은 각 골조의 횡강성비에 비례하여 분배하되 모멘트골조가 설계지진력의 최소한 25%를 부담해야 한다. 그렇지 않으면 건물골조시스템을 적용하여야 한다.

**[표 5-4] 〈0306.4.4〉 평면비정형성의 유형과 정의**

| 유형<br>번호 | 유 형 | 정 의 | 관련항목 | 적용내진<br>설계범주 |
|---|---|---|---|---|
| H-1 | 비틀림 비정형 | 격막이 유연하지 않을 때 고려함.<br>어떤 축에 직교하는 구조물의 한 단부에서 우발편심을 고려한 최대 층변위가 그 구조물 양단부 층변위평균값의 1.2배보다 클 때 비틀림 비정형인 것으로 간주한다. | 0306.5.6.4 | C, D |
| | | | [표 5-6]<br>0306.4.6 | D |
| | | | 0306.5.7.1 | C, D |
| H-2 | 요철형 평면 | 돌출한 부분의 치수가 해당하는 방향의 평면치수의 15%를 초과하면 요철형 평면을 갖는 것으로 간주한다. | — | — |
| H-3 | 격막의 불연속 | 격막에서 잘려나간 부분이나 뚫린 부분이 전체 격막면적의 50%를 초과하거나 인접한 층간 격막강성의 변화가 50%를 초과하는 급격한 불연속이나 강성의 변화가 있는 격막 | — | — |
| H-4 | 면외 어긋남 | 수직부재의 면외 어긋남 등과 같이 횡력전달 경로에 있어서의 불연속성 | 0306.8.3 | B, C, D |
| H-5 | 비평행 시스템 | 횡력저항수직요소가 전체 횡력저항시스템에 직교하는 주축에 평행하지 않거나 대칭이 아닌 경우 | 0306.8.4.2 | C |
| | | | 0306.8.4.3 | D |

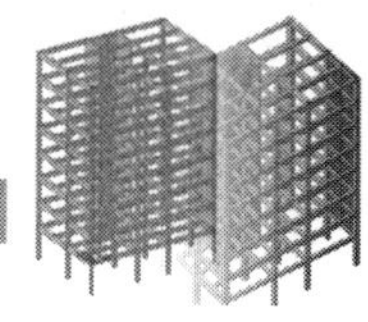

## [표 5-5] 〈0306.4.5〉 수직비정형성의 유형과 정의

| 유형<br>번호 | 유 형 | 정 의 | 관련 절 | 내진설계<br>범주 |
|---|---|---|---|---|
| V-1 | 강성비정형-연층 | 어떤 층의 횡강성이 인접한 상부층 횡강성의 70% 미만이거나 상부 3개 층 평균강성의 80% 미만인 연층이 존재하는 경우에는 강성분포의 비정형이 있는 것으로 간주한다. | [표 5-6]<br>0306.4.6 | D |
| V-2 | 중량비정형 | 어떤 층의 유효중량이 인접층 유효중량의 150%를 초과할 때 중량분포의 비정형인 것으로 간주한다. 단, 지붕층이 하부층보다 가벼운 경우는 이를 적용하지 않는다. | [표 5-6]<br>0306.4.6 | D |
| V-3 | 기하학적 비정형 | 횡력저항시스템의 수평치수가 인접층치수의 130%를 초과할 경우에는 기하학적 비정형이 존재하는 것으로 간주한다. | [표 5-6]<br>0306.4.6 | D |
| V-4 | 횡력저항수직항요소의 비정형 | 횡력저항요소의 면내 어긋남이 그 요소의 길이보다 크거나 인접한 하부층 저항요소에 강성감소가 일어나는 경우에는 수직저항요소의 면내불연속에 의한 비정형이 있는 것으로 간주한다. | 0306.8.3 | B, C, D |
| V-5 | 강도의 불연속 — 약층 | 임의 층의 횡강도가 직상층 횡강도의 80% 미만인 약층이 존재하는 경우에는 강도의 불연속에 의한 비정형이 존재하는 것으로 간주한다. 각 층의 횡강도는 층전단력을 부담하는 내진요소들의 저항방향 강도의 합을 말한다. | 0306.8.1 | B, C, D |

## [표 5-6] 〈0306.4.6〉 내진설계범주 'D'에 대한 해석법

| 구조물 형태 | 내진설계를 위한 해석방법 |
|---|---|
| 1. 3층 이하인 경량골조구조와 각 층에서 유연한 격막을 갖는 2층 이하인 기타 구조로서 내진등급Ⅱ의 구조물 | 등가정적해석법 또는 동적해석법 |
| 2. 상기 1항 이외의 높이 70m 미만의 정형구조물 | 등가정적해석법 또는 동적해석법 |
| 3. [표 5-5] 〈0306.4.5〉에서 유형 1, 2 혹은 3의 수직비정형성을 가지거나 [표 5-4] 〈0306.4.4〉의 유형 1의 비정형성을 가지면서 높이가 5층 또는 20m 초과하는 구조물 또는 높이가 70m를 초과하는 정형구조물 | 동적해석법 |
| 4. 평면 및 수직 비정형성을 가지는 기타 구조물 | 동적해석법 |

**[표 5-7] 〈0306.6.1〉 지진력저항시스템에 대한 설계계수**

| 기본 지진력저항시스템[1] | 설계계수 | | | 시스템의 제한과 높이(m) 제한 | | |
|---|---|---|---|---|---|---|
| | 반응수정 계수 R | 시스템초 과강도계 수 $\Omega_0$ | 변위증폭 계수 $C_d$ | 내진설계 범주 A 또는 B | 내진설계 범주 C | 내진설계 범주 D |
| 1. 내력벽 시스템 | | | | | | |
| 1-a. 철근콘크리트 특수전단벽 | 5 | 2.5 | 5 | - | - | - |
| 1-b. 철근콘크리트 보통전단벽 | 4 | 2.5 | 4 | - | - | 60 |
| 1-c. 철근보강 조적 전단벽 | 2.5 | 2.5 | 1.5 | - | 60 | 불가 |
| 1-d. 무보강 조적 전단벽 | 1.5 | 2.5 | 1.5 | - | 불가 | 불가 |
| 2. 건물골조 시스템 | | | | | | |
| 2-a. 철골 편심가새골조(링크 타단 모멘트저항 접합) | 8 | 2 | 4 | - | - | - |
| 2-b. 철골 편심가새골조(링크 타단 비모멘트 저항접합) | 7 | 2 | 4 | - | - | - |
| 2-c. 철골 특수중심가새골조 | 6 | 2 | 5 | - | - | - |
| 2-d. 철골 보통중심가새골조 | 3.25 | 2 | 3.25 | - | - | - |
| 2-e. 합성 편심가새골조 | 8 | 2 | 4 | - | - | - |
| 2-f. 합성 특수중심가새골조 | 5 | 2 | 4.5 | - | - | - |
| 2-g. 합성 보통중심가새골조 | 3 | 2 | 3 | - | - | - |
| 2-h. 합성 강판전단벽 | 6.5 | 2.5 | 5.5 | - | - | - |
| 2-i. 합성 특수전단벽 | 6 | 2.5 | 5 | - | - | - |
| 2-j. 합성 보통전단벽 | 5 | 2.5 | 4.5 | - | - | 60 |
| 2-k. 철골 특수강판전단벽 | 7 | 2 | 6 | - | - | - |
| 2-l. 철골 좌굴방지가새골조 (모멘트 저항 접합) | 8 | 2.5 | 5 | - | - | - |
| 2-m. 철골 좌굴방지가새골조 (비모멘트 저항 접합) | 7 | 2 | 5.5 | - | - | - |
| 2-n. 철근콘크리트 특수전단벽 | 6 | 2.5 | 5 | - | - | - |
| 2-o. 철근콘크리트 보통전단벽 | 5 | 2.5 | 4.5 | - | - | 60 |
| 2-p. 철근보강 조적 전단벽 | 3 | 2.5 | 2 | - | 60 | 불가 |
| 2-q. 무보강 조적 전단벽 | 1.5 | 2.5 | 1.5 | - | 불가 | 불가 |
| 3. 모멘트 - 저항골조 시스템 | | | | | | |
| 3-a. 철골 특수모멘트골조 | 8 | 3 | 5.5 | - | - | - |
| 3-b. 철골 중간모멘트골조 | 4.5 | 3 | 4 | - | - | - |
| 3-c. 철골 보통모멘트골조 | 3.5 | 3 | 3 | - | - | - |
| 3-d. 합성 특수모멘트골조 | 8 | 3 | 5.5 | - | - | - |
| 3-e. 합성 중간모멘트골조 | 5 | 3 | 4.5 | - | - | - |
| 3-f. 합성 보통모멘트골조 | 3 | 3 | 2.5 | - | - | - |
| 3-g. 합성 반강접모멘트골조 | 6 | 3 | 5.5 | - | - | - |

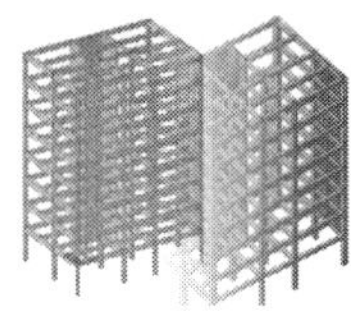

| 기본 지진력저항시스템[1] | 설계계수 | | | 시스템의 제한과 높이(m) 제한 | | |
|---|---|---|---|---|---|---|
| | 반응수정 계수 R | 시스템초과강도계 수 $\Omega_0$ | 변위증폭 계수 $C_d$ | 내진설계 범주 A 또는 B | 내진설계 범주 C | 내진설계 범주 D |
| 3-h. 철근콘크리트 특수모멘트 골조 | 8 | 3 | 5.5 | - | - | - |
| 3-i. 철근콘크리트 중간모멘트 골조 | 5 | 3 | 4.5 | - | - | - |
| 3-j. 철근콘크리트 보통모멘트 골조 | 3 | 3 | 2.5 | - | - | 불가 |
| 4. 특수모멘트골조를 가진 이중골조 시스템 | | | | | | |
| 4-a. 철골 편심가새골조 | 8 | 2.5 | 4 | - | - | - |
| 4-b. 철골 특수중심가새골조 | 7 | 2.5 | 5.5 | - | - | - |
| 4-c. 합성 편심가새골조 | 8 | 2.5 | 4 | - | - | - |
| 4-d. 합성 특수중심가새골조 | 6 | 2.5 | 5 | - | - | - |
| 4-e. 합성 강판전단벽 | 7.5 | 2.5 | 6 | - | - | - |
| 4-f. 합성 특수전단벽 | 7 | 2.5 | 6 | - | - | - |
| 4-g. 합성 보통전단벽 | 6 | 2.5 | 5 | - | - | - |
| 4-h. 철골 좌굴방지가새골조 | 8 | 2.5 | 5 | - | - | - |
| 4-i. 철골 특수강판전단벽 | 8 | 2.5 | 6.5 | - | - | - |
| 4-j. 철근콘크리트 특수전단벽 | 7 | 2.5 | 5.5 | - | - | - |
| 4-k. 철근콘크리트 보통전단벽 | 6 | 2.5 | 5 | - | - | - |
| 5. 중간 모멘트골조를 가진 이중골조 시스템 | | | | | | |
| 5-a. 철골 특수중심가새골조 | 6 | 2.5 | 5 | - | - | - |
| 5-b. 철근콘크리트 특수전단벽 | 6.5 | 2.5 | 5 | - | - | - |
| 5-c. 철근콘크리트 보통전단벽 | 5.5 | 2.5 | 4.5 | - | - | 60 |
| 5-d. 합성 특수중심가새골조 | 5.5 | 2.5 | 4.5 | - | - | - |
| 5-e. 합성 보통중심가새골조 | 3.5 | 2.5 | 3 | - | - | - |
| 5-f. 합성 보통전단벽 | 5 | 3 | 4.5 | - | - | 60 |
| 5-g. 철근보강 조적 전단벽 | 3 | 3 | 2.5 | - | 60 | 불가 |
| 6. 역추형 시스템 | | | | | | |
| 6-a. 캔틸레버 기둥 시스템 | 2.5 | 2.0 | 2.5 | - | - | 10 |
| 6-b. 철골 특수모멘트골조 | 2.5 | 2.0 | 2.5 | - | - | - |
| 6-c. 철골 보통모멘트골조 | 1.25 | 2.0 | 2.5 | - | - | 불가 |
| 6-d. 철근콘크리트 특수모멘트골조 | 2.5 | 2.0 | 1.25 | - | - | - |
| 7. 철근콘크리트 보통모멘트골조 | 4.5 | 2.25 | 4 | - | - | 60 |
| 8. 강구조설계기준의 일반규정만을 만족하는 철골구조시스템 | 3 | 3 | 3 | - | - | 60 |

1) 시스템별 상세는 각 재료별 설계기준 및 또는 신뢰성 있는 연구기관에서 실시한 실험, 해석 등의 입증자료를 따른다.

## 5.6 내진설계 방법 예제

### 5.6.1 구조물 개요

① 건물위치 : 서울
② 구조형식 : 철근콘크리트조
③ 건물용도 : 업무시설
④ 건물규모 : 지상 8층
⑤ 구조시스템 : 건물골조 시스템 철근콘크리트 전단벽
⑥ 층고 : 1층 4.0m, 2~8층 3.0m

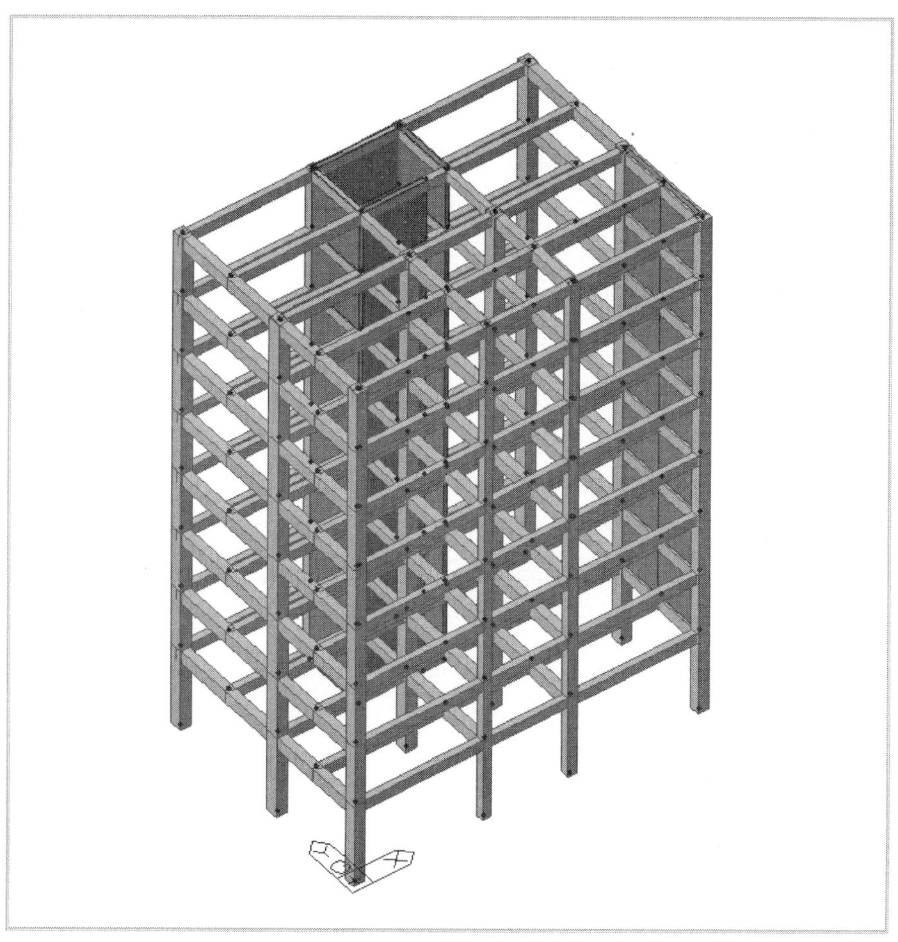

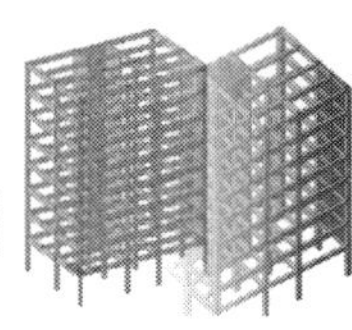

## (1) 1층 구조평면도

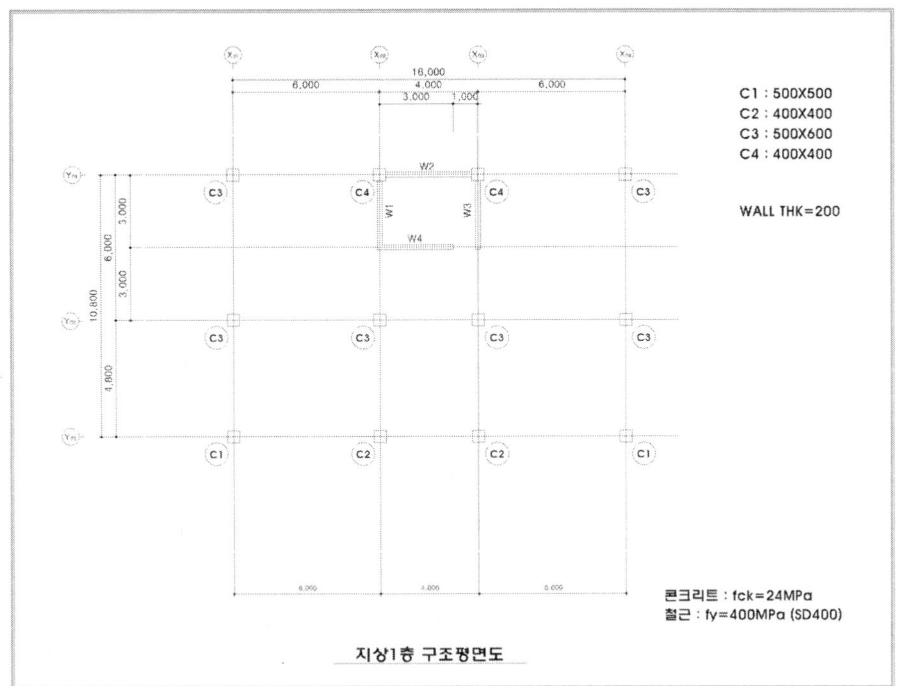


## (2) 2~8층 구조평면도

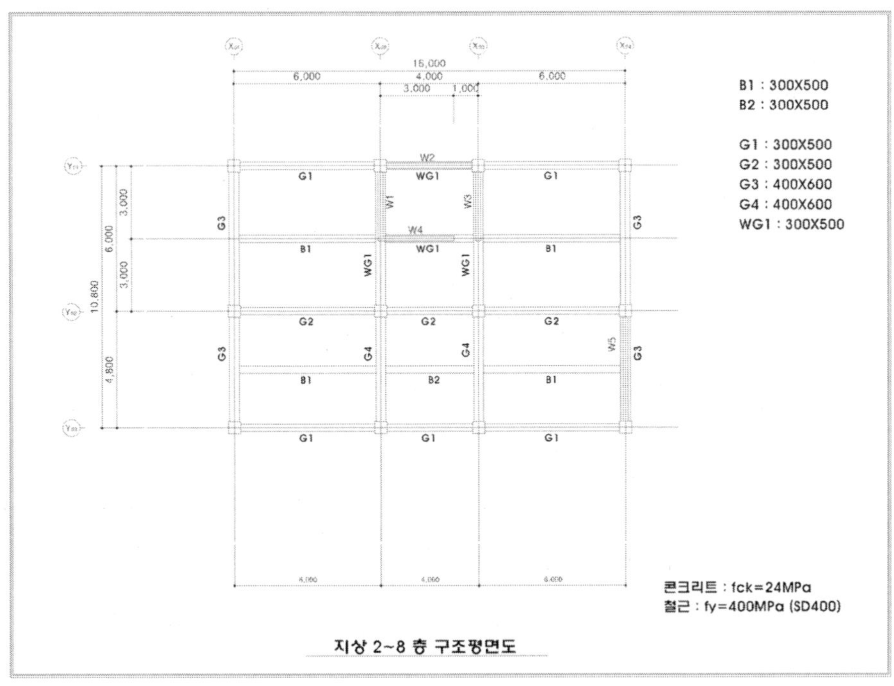

## (3) 지붕층 구조평면도

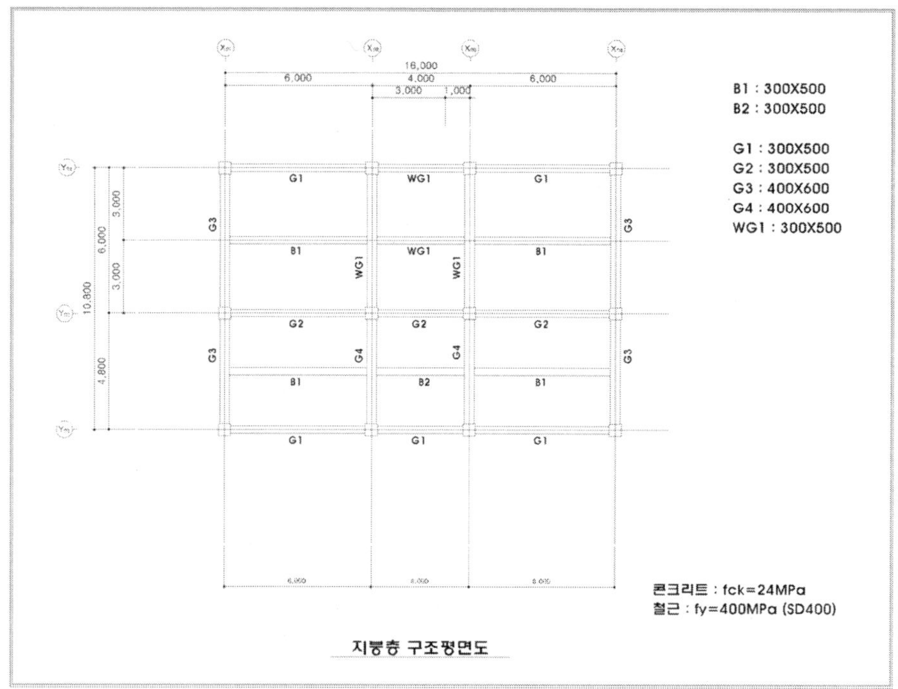


## (4) 적용기준

① 건축구조설계기준(KBC 2009) / 건설교통부
② 콘크리트 구조설계기준(KCI-USD12, 토목/건축 통합기준) / 한국콘크리트학회

## (5) 사용재료

① 콘크리트 : $f_{ck} = 24\text{Mpa}$
② 철 근 : KSD 3504  SD400 $f_y = 400\text{Mpa}$

## (6) 적용하중

① 중력방향 하중

(단위 : kN/mm$^2$)

|  | 지붕 | 사무소 | 계단실 |
|---|---|---|---|
| 고정하중 | 5.6 | 4.8 | 6.7 |
| 적재하중 | 2.0 | 2.5 | 3.0 |

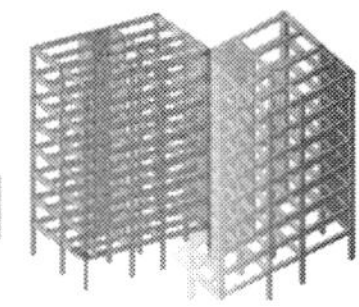

② 풍하중

| 설계 기본 풍속 | 30m/sec  (서울지역) |
| --- | --- |
| 노풍도 | $B$ |
| 중요도 계수 | 1.0 |

③ 지진하중

| 지역계수 | $A=0.22$  (지진구역 Ⅰ) |
| --- | --- |
| 지반종류 | $Sd$ |
| 내진등급 | Ⅰ |
| 중요도계수 | $I_E=1.2$  (내진등급 Ⅰ, 도시계획구역) |
| 내진설계범주 | $D$ |
| 건물의 높이 | $H_n=25\text{m}$ |
| 건물의 폭 | $B_x=16\text{m},\ B_y=10.8\text{m}$ |
| 반응수정계수 | $R=5.0$ |

## 5.6.2  Building Control Data

건축구조기준(KBC 2009)에 따른 내진설계를 위해서 반드시 체크해야 하는 항목 중 전도모멘트(Overturning Moment), 안정계수(Stability Coefficient), 강성 비정형 평가(Stiffness Irregularity Check)는 Story Shear를 사용한다. 그러므로 Building Control Data의 Story Shear Force Ratio 옵션을 확인한다.

**01** 해석조건 입력(CONTROL DATA) ― 1

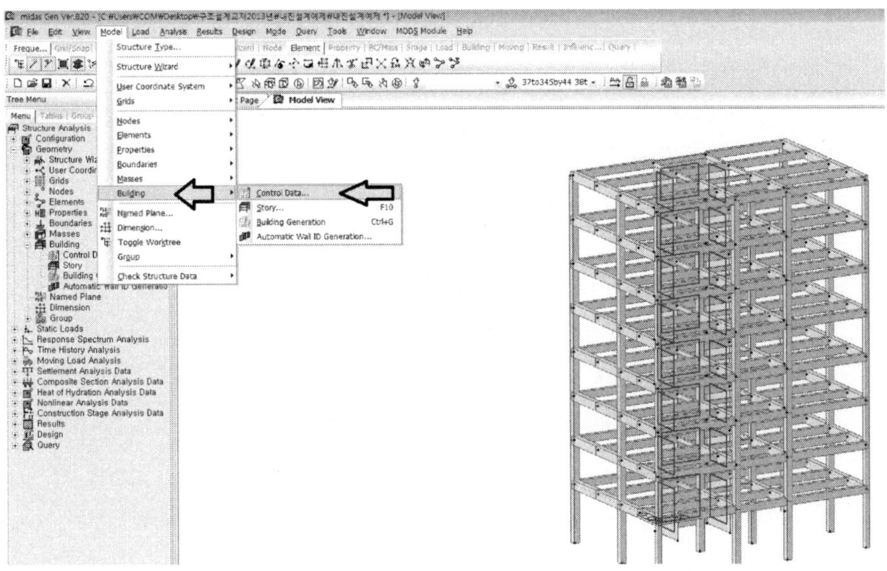

**02** 해석조건 입력(CONTROL DATA) − 2

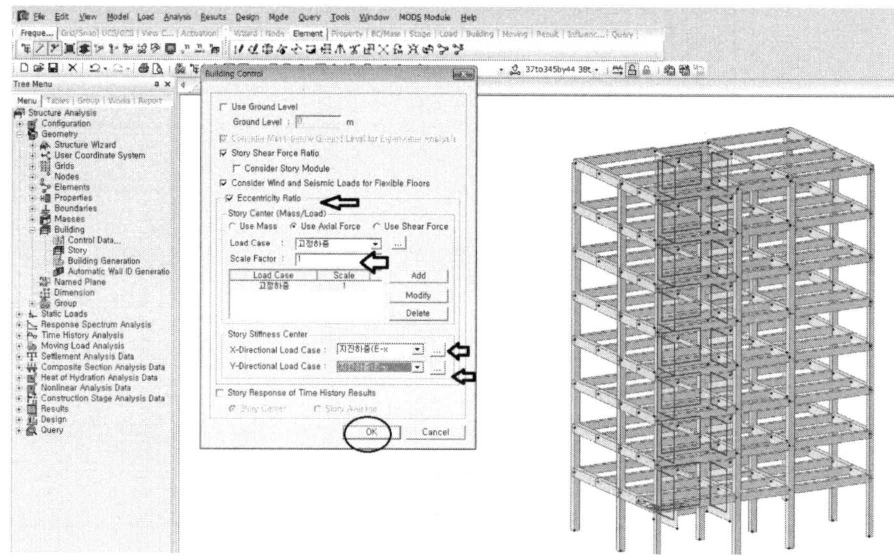

## 5.6.3  내진설계범주 판정 및 1차 해석법 결정

지진지역과 지반종류를 선택하면 단주기 및 1초주기 설계스펙트럼 가속도 (Sds, Sd1)가 자동으로 계산된다. 그리고 내진등급을 선택하면 내진설계범주가 자동 판정된다.

---

1. Load Menu에서 **Lateral Loads > Static Seismic Loads** 선택
2. Add 버튼 클릭
3. Seismic Load Code 선택란에서 **KBC(2009)** 확인
4. **Seismic Load Parameters**의 **Design Spectral Response Acceleration**에 서 **Seismic Zone** 선택란에 '**1**' 확인
5. Zone Factor 선택란에서 '**0.22**' 확인
6. Site Class 선택란에서 '**Sd**' 확인[1]
7. Seis. Use Group 선택란에서 '**I**' 확인
8. Importance(Ie) 선택란에서 '**1.2**' 확인
9. Seis. Design Category에서 '**Sds(C), Sd1(D) ⇨ D**' 확인 후
10. Cancel 버튼 클릭

---

1) 지진지역과 지반종류가 결정되면 단주기 및 1초주기 설계스펙트럼 가속도(Sds, Sd1)가 자동 으로 계산된다. Sds와 Sd1의 내진설계범주 중에서 불리한 값을 선택한다.

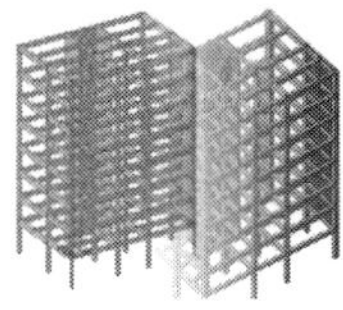

[그림 5-2]  내진설계 범주 결정

내진설계범주가 'D'이므로 구조물의 비정형성을 판정하여 해석법을 결정해야 한다. 본 구조물을 비정형으로 가정하고 응답스펙트럼 해석에 의한 비정형 평가를 한 후에 최종 해석법을 결정한다.

## 내진설계범주 'D'에 대한 해석법(KBC2009-0306.4.5.3)

내진설계범주 'D'에 해당하는 구조물의 해석에는 [표 5-6] 〈0306.4.6〉에 지정된 해석방법 또는 그보다 정밀한 해석방법을 사용하여야 한다. 이 경우에 구조물이 [표 5-4] 〈0306.4.4〉의 H-1 혹은 H-4에 해당하는 평면 비정형성이 없거나 [표 5-5] 〈0306.4.5〉의 V-1, V-4 혹은 V-5에 해당하는 수직 비정형성이 없는 경우 정형으로 볼 수 있다.

## 5.6.4  응답스펙트럼 해석조건 입력

건축구조설계기준(KBC 2009)에 의한 설계용 응답스펙트럼을 설정한다.

구조물에 작용하는 지진하중을 응답스펙트럼 해석을 통해 고려하고자 할 때에는 먼저 고유치해석에 필요한 질량데이터와 고유치해석조건 및 응답스펙트럼이 입력되어야 한다.

본 예제에서는 구조물에 입력한 고정하중을 통해 질량데이터를 자동생성하고, 기준에 의한 응답스펙트럼 데이터를 자동 계산하여 구조해석에 적용한다.

**01** 먼저 구조물의 자중과 고정하중을 이용하여 질량데이터를 자동 생성한다.

---

1. Model Menu에서 *Structure Type* 선택
2. *Convert Self-weight into Masses*에 '✓' 표시 후 'Convert to X, Y' 선택
3. OK 버튼 클릭
4. Model Menu에서 *Masses > Loads to Masses* 선택
5. Mass Direction에서 'X, Y' 선택
6. Load Case 선택란에서 'DL' 선택
7. **Scale.Factor '1.0'** 확인 후 Add, OK 버튼 클릭

---

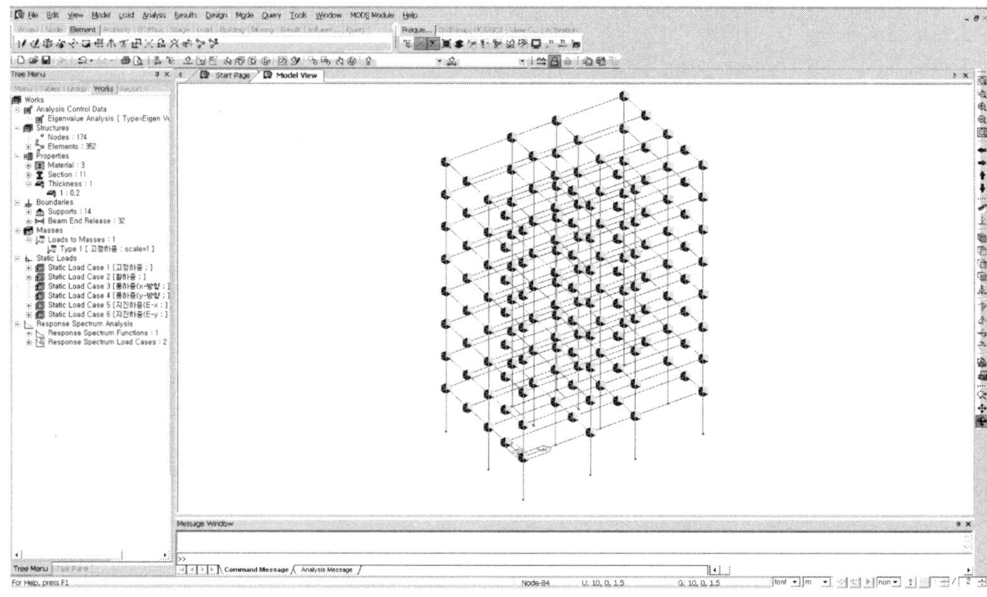

[그림 5-3]  질량데이터 자동생성

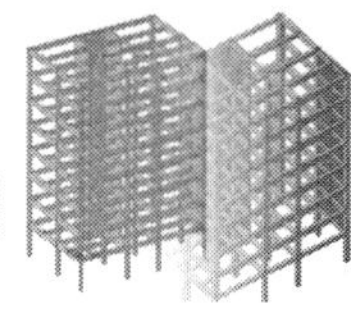

**02** 다음은 응답스펙트럼 해석 조건을 설정한다.

> 1. Load Menu에서 ***Response Spectrum Analysis Data > Response Spectrum Load Cases*** 선택
> 2. `Eigenvalue Analysis Control...` 클릭
> 3. Type of Analysis에서 **'Eigen Vectors'** 선택 확인
> 4. ***Number of Frequencies*** 입력란에 **'15'** 입력 후 OK 버튼 클릭

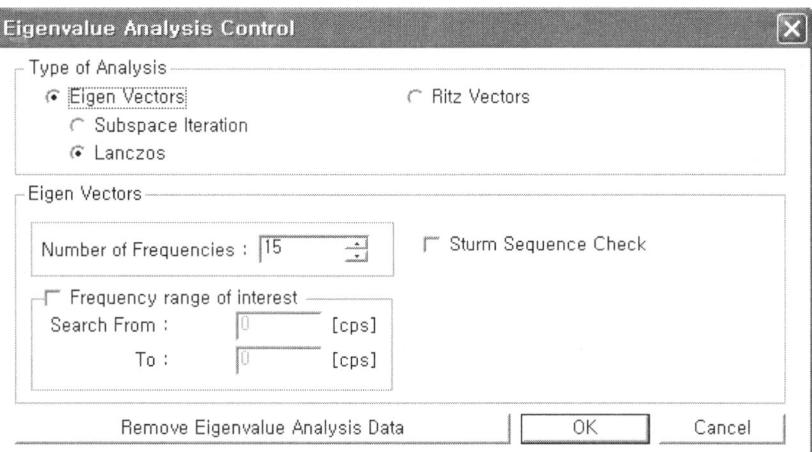

[그림 5-4] 고유치해석 조건 설정

**03** 각 모드별 해석결과를 조합하는 방법을 지정하고, 하중기준에 의한 설계용 응답스펙트럼을 생성한다.

> 1. `Response Spectrum Functions...` 클릭
> 2. Response Spectrum Functions 대화상자의 Add 버튼 클릭
> 3. `Design Spectrum` 버튼 클릭
> 4. Design Spectrum 선택란에 **'KBC(2009)'** 확인
> 5. Design Spectral Response Acceleration의 ***Seismic Zone*** 선택란에서 **'1'** 확인
> 6. Zone Factor(S) 선택란에서 **'0.22'** 확인
> 7. Site Class 선택란에서 **'Sd'** 확인[1]
> 8. Importance Factor(Ie) 선택란에서 **'1.2'** 확인
> 9. Response Modification Coef. (R) 선택란에서 **'5.0'** 선택
> 10. OK 버튼 클릭

---

1) 지진지역과 지반종류가 결정되면 단주기 및 1초주기 설계스펙트럼 가속도(Sds, Sd1)가 자동으로 계산된다.

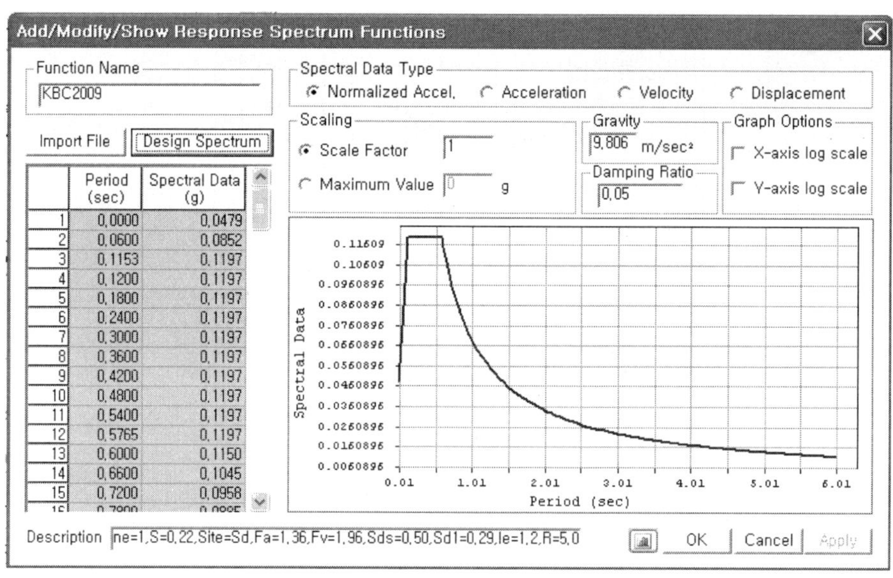


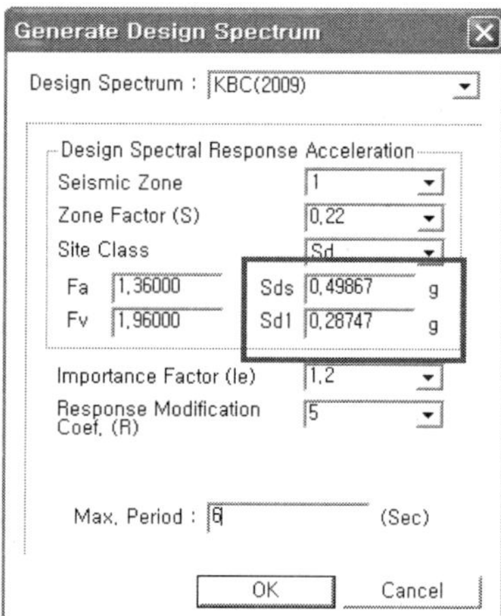


[그림 5-5]  Design Spectrum 자동 생성 대화상자

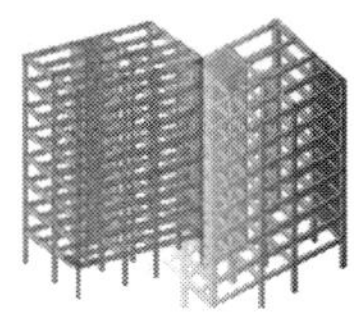

**04** 생성된 설계스펙트럼 데이터를 적용하여 응답스펙트럼 하중조건을 생성한다. 본 예제에서는 전체좌표계 X축과 Y축 방향을 고려한다.

1. Add/Modify/Show Response Spectrum Functions 대화상자 OK 버튼 클릭
2. Response Spectrum Functions 대화상자의 Close 버튼 클릭
3. Modal Combination Control 우측 버튼 ... 클릭
4. Modal Combination Type에서 **'SRSS'** 선택 확인 후 버튼 OK 버튼 클릭
5. Load Case Name 입력란에 **'RX'** 입력
6. Excitation Angle 입력란에 **'0'** 확인
7. Spectrum Functions의 **_Function Name(Damping Ratio)_**에서
   **KBC2009(0.05)**에 '✓' 표시
8. Accidental Eccentricity에 '✓' 표시[1]
9. Operations에서 Add 버튼 클릭
10. **_Load Case Name_** 입력란에 **'RY'** 입력
11. **_Excitation Angle_** 입력란에 **'90'** 입력
12. **_Operations_**에서 Add 버튼 클릭

1) 부재설계 및 비틀림비정형을 평가하기 위해서는 응답스펙트럼 해석시 우발편심모멘트를 고려해야 한다.

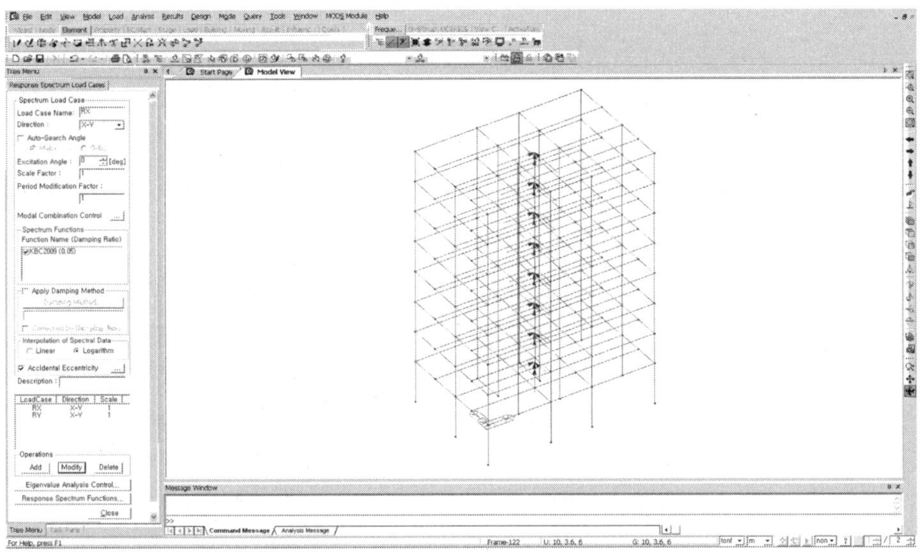

[그림 5-6]  응답스펙트럼 하중조건 입력

## 5.7 설계절차에 따라서 내진설계 따라하기

앞에서 설명한 내진설계의 진행절차를 실제 화면상에서 보면서 MIDAS Gen 예제파일을 실행하고 실행된 파일을 토대로 내진설계규정에 정해진 기준값과 계수값들을 입력하면서 진행해가는 과정을 따라하기를 통해서 자세히 설명하고자 한다.

**①** 내진설계 예제 시작화면

**②** 모델링 완료(5층 - X방향 3스팬/Y방향 2스팬)

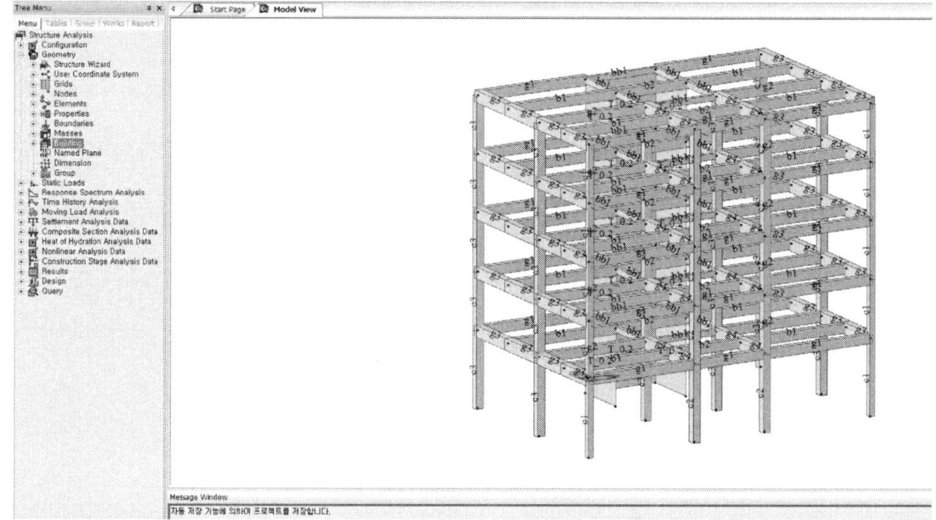

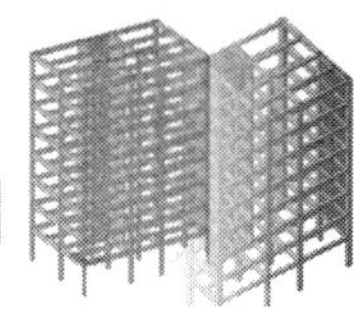

## ③ 해석조건 입력(CONTROL DATA) — 1

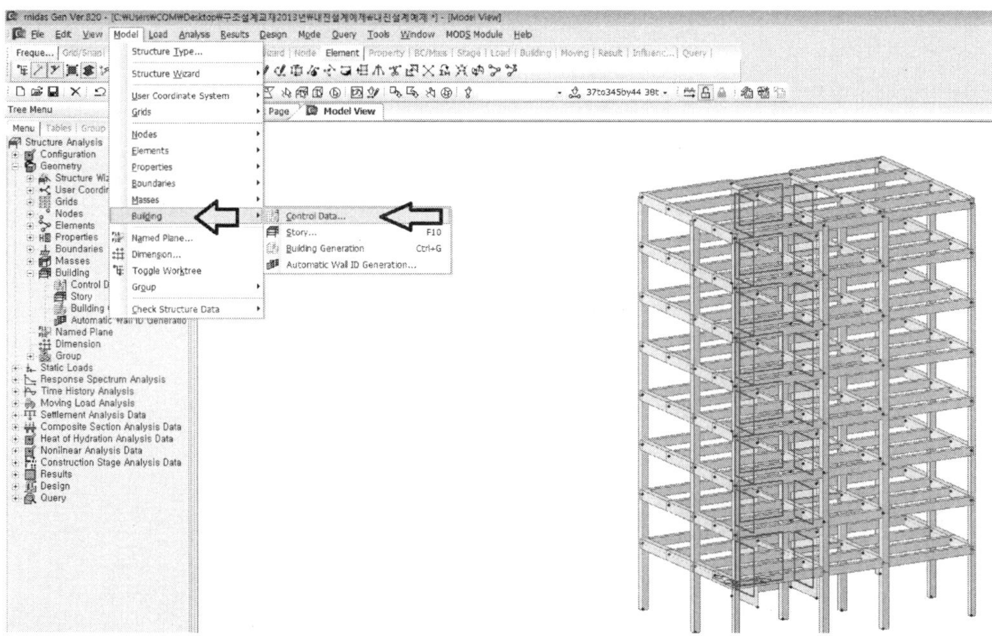

## ④ 해석조건 입력(CONTROL DATA) — 2

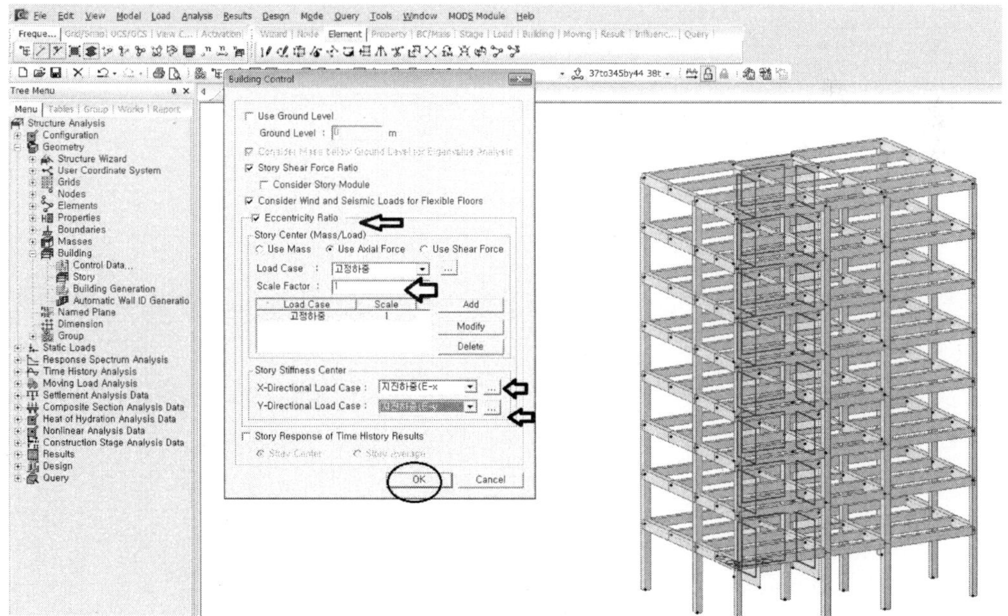

## 5 지진하중 선택(Lateral Load → Seismic Loads)

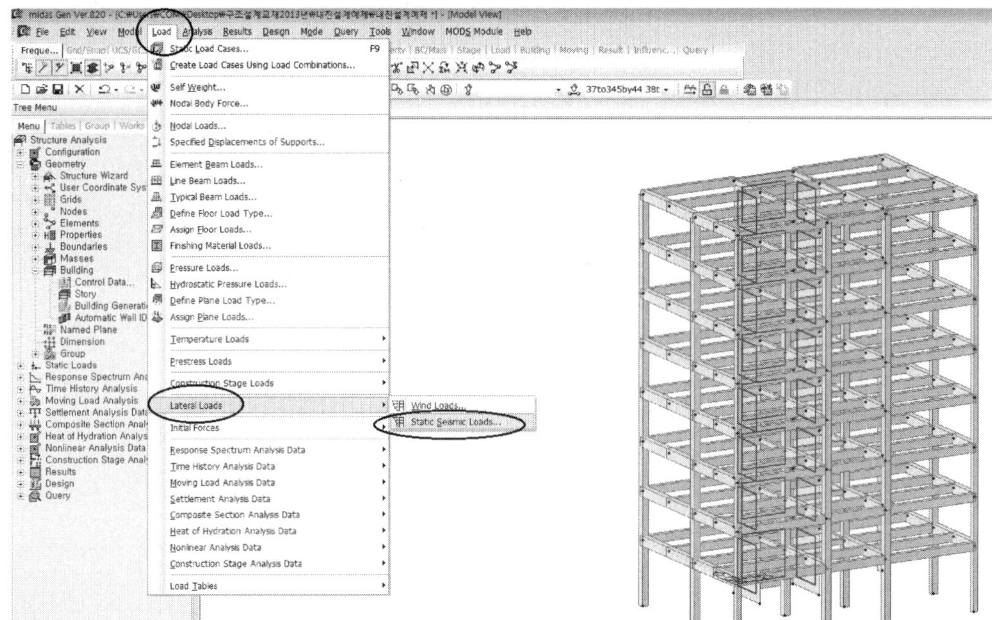

## 6 지진하중 조건입력(중요도계수/지진구역/반응수정계수 등)

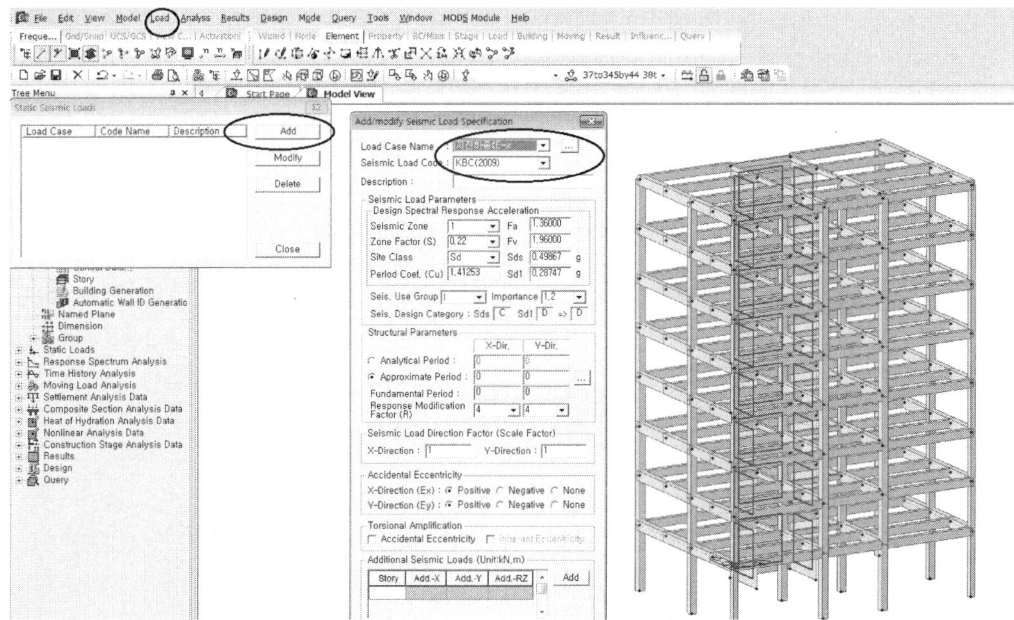

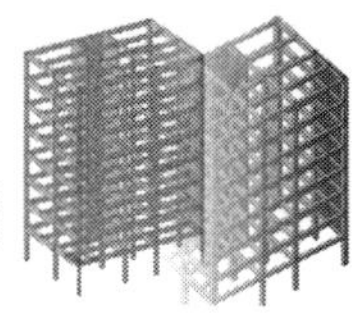

## ⑦ X방향 지진하중 입력(EX)

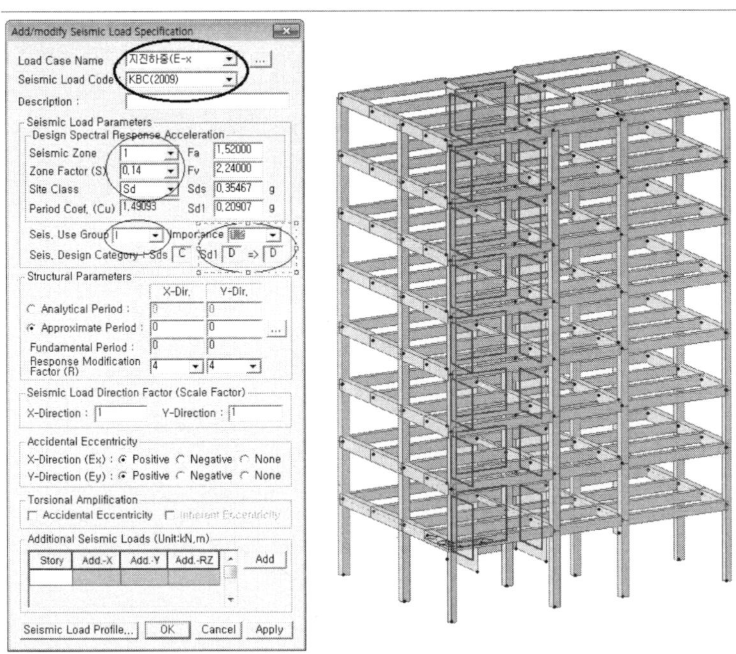

## ⑧ X방향 지진하중 입력(EX) → 지진하중 조건입력

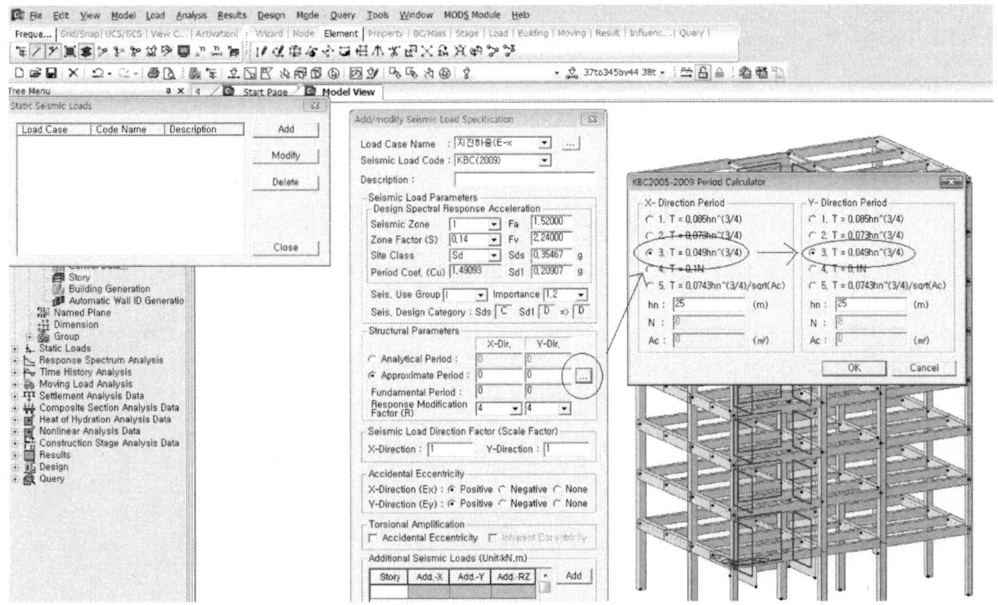

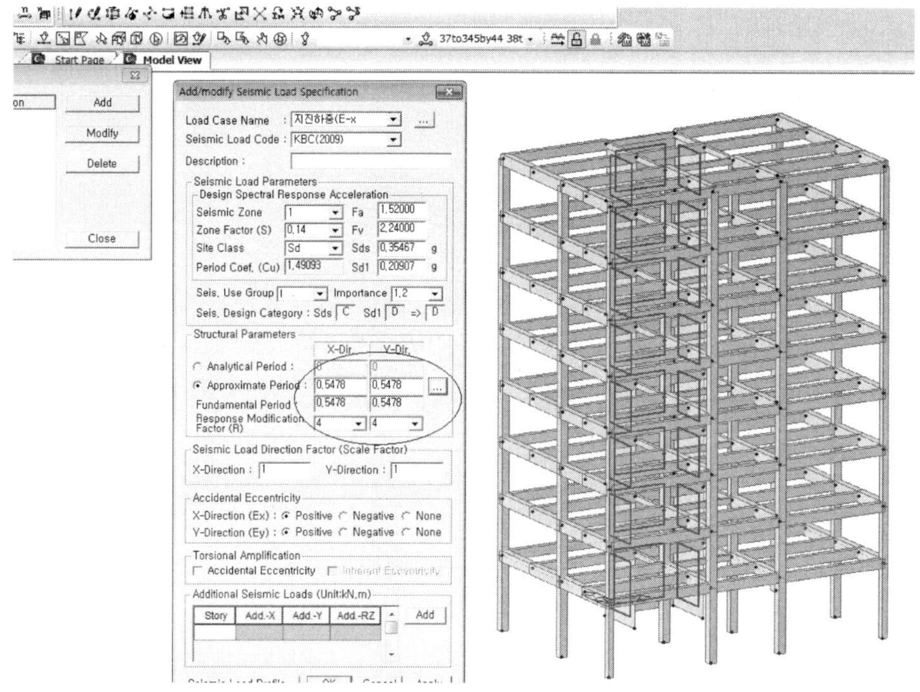

**9** 반응수정계수 R 입력(X방향이므로 Y방향은 0 입력)

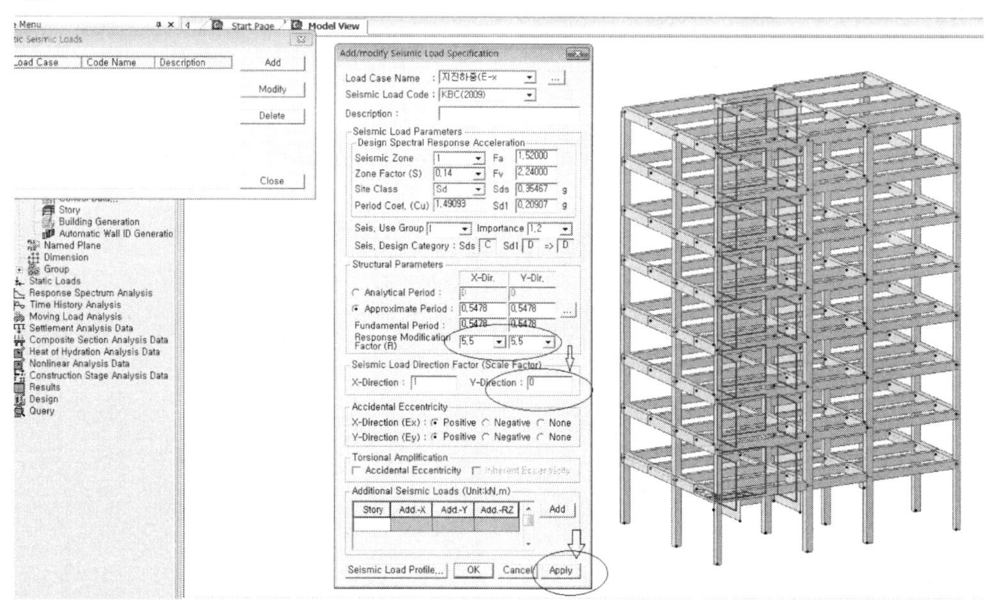

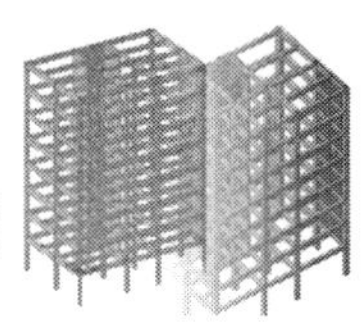

## 10  지진하중 입력값 계산완료 – X방향(Seismic Load Profile)

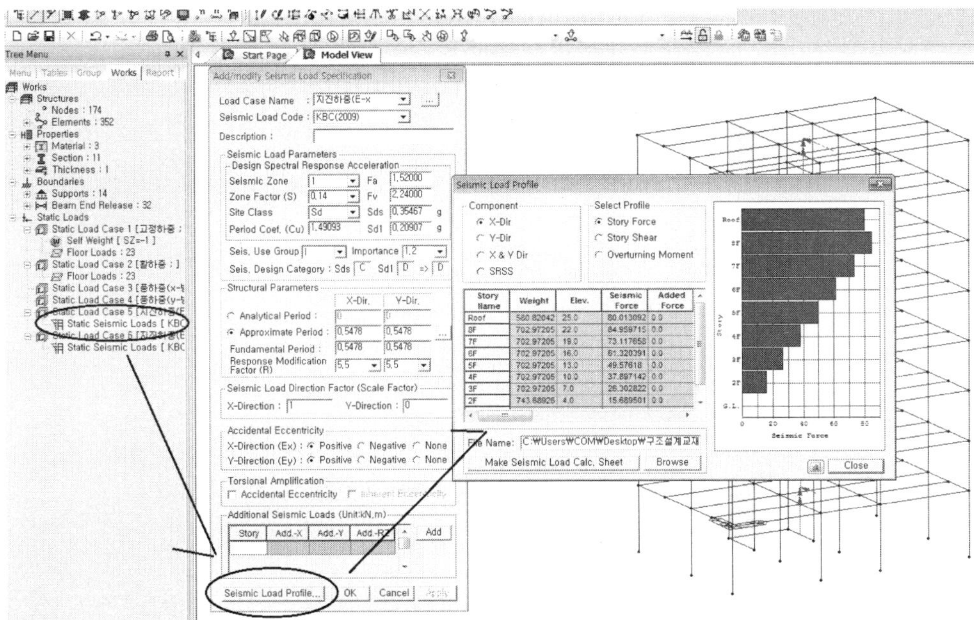

## 11  지진하중 입력값 계산완료 – Y방향(Seismic Load Profile)

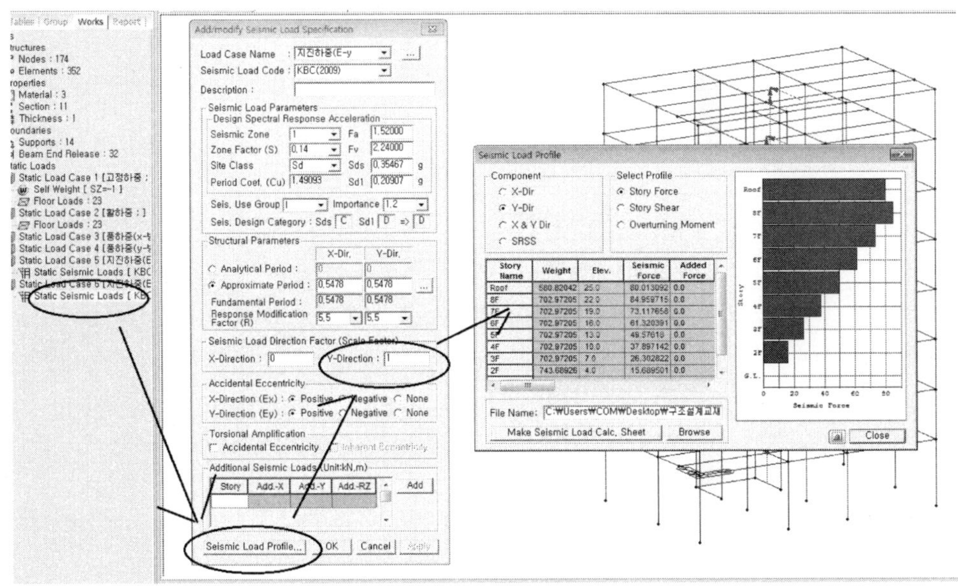

## 12 지진하중 입력값 적용

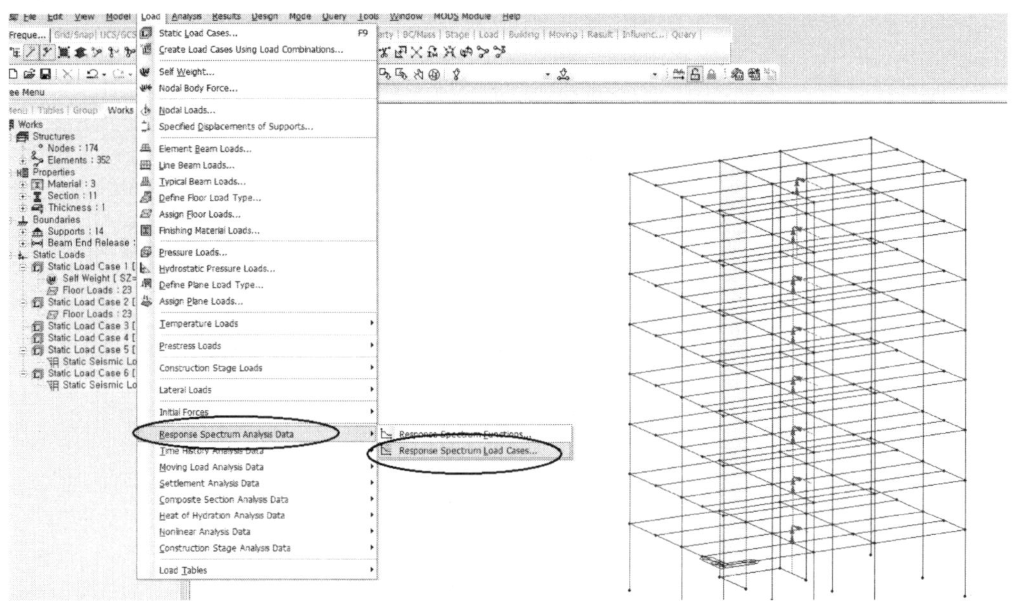

## 13 Eigenvalue Analysis 계수값 입력

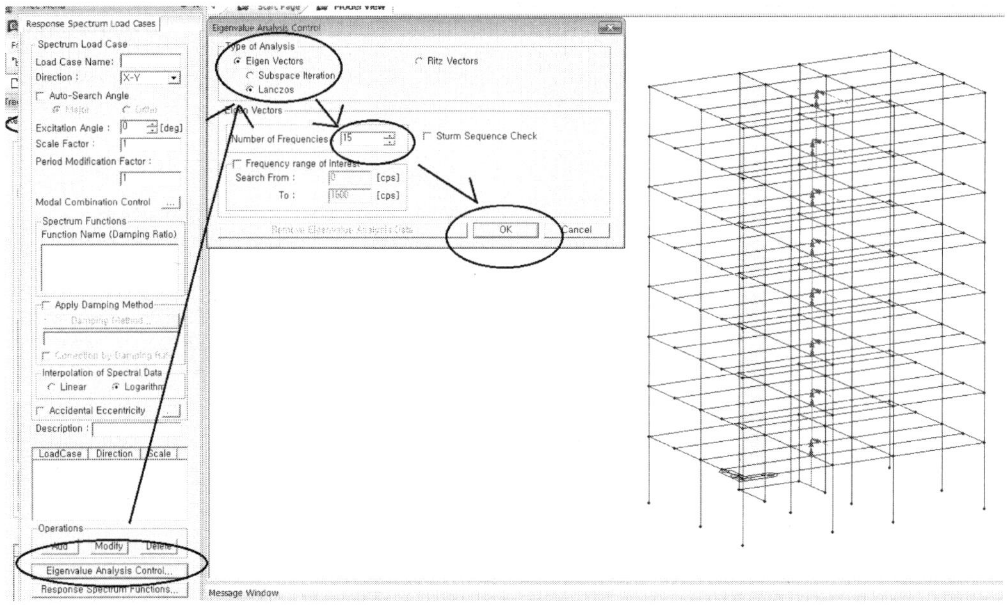

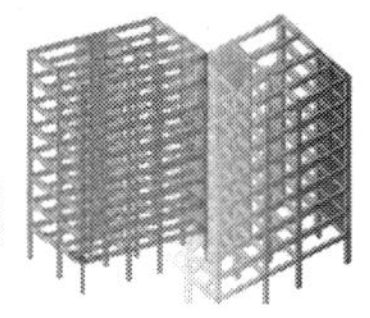

## 14 응답스펙트럼계수값(동적해석) 입력

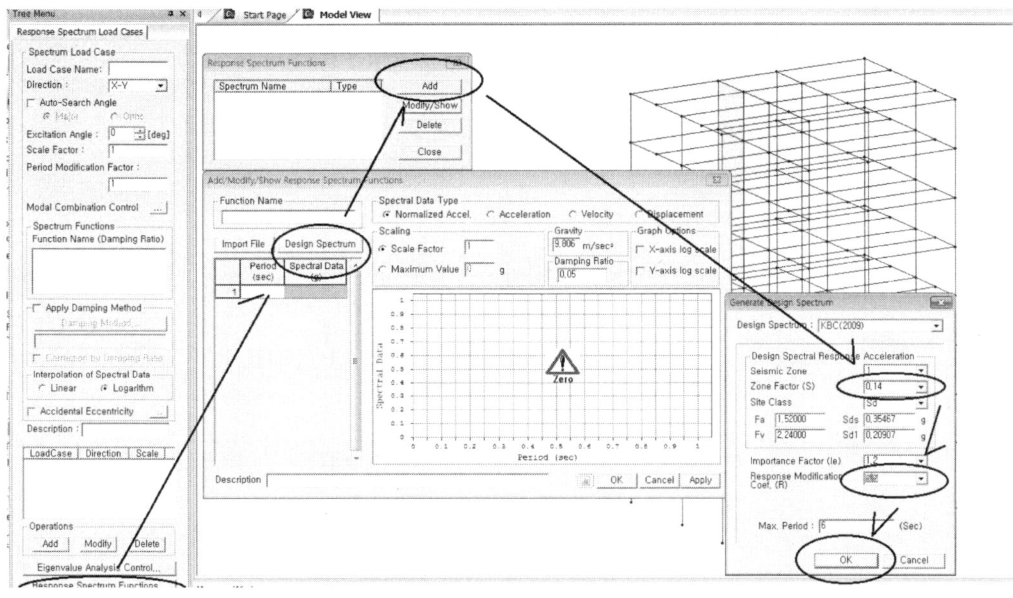

## 15 주기에 따른 동적해석 결과치 완료

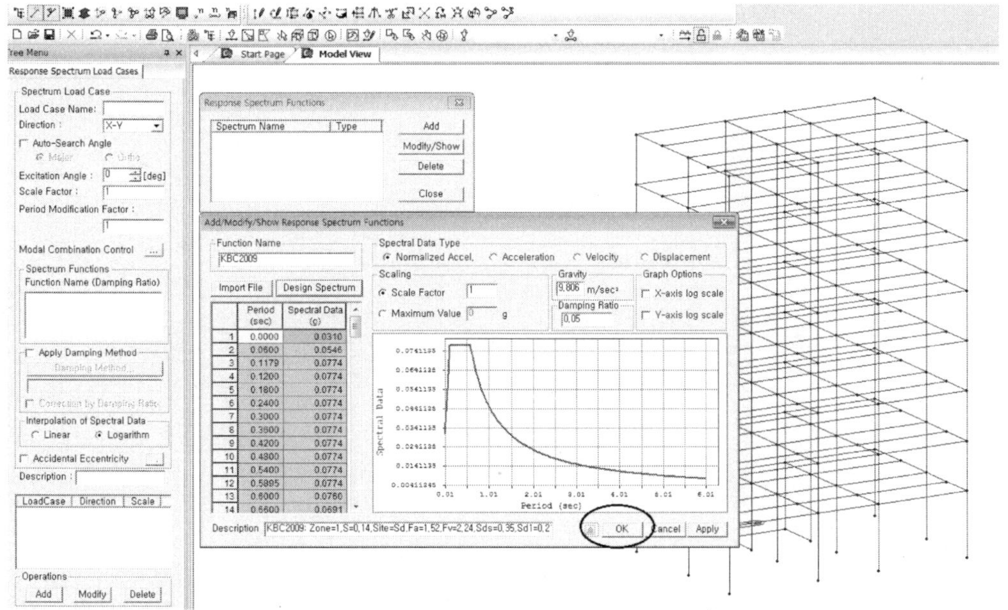

## 16. 해석결과치에 따른 기준값 설정(KBC2012)

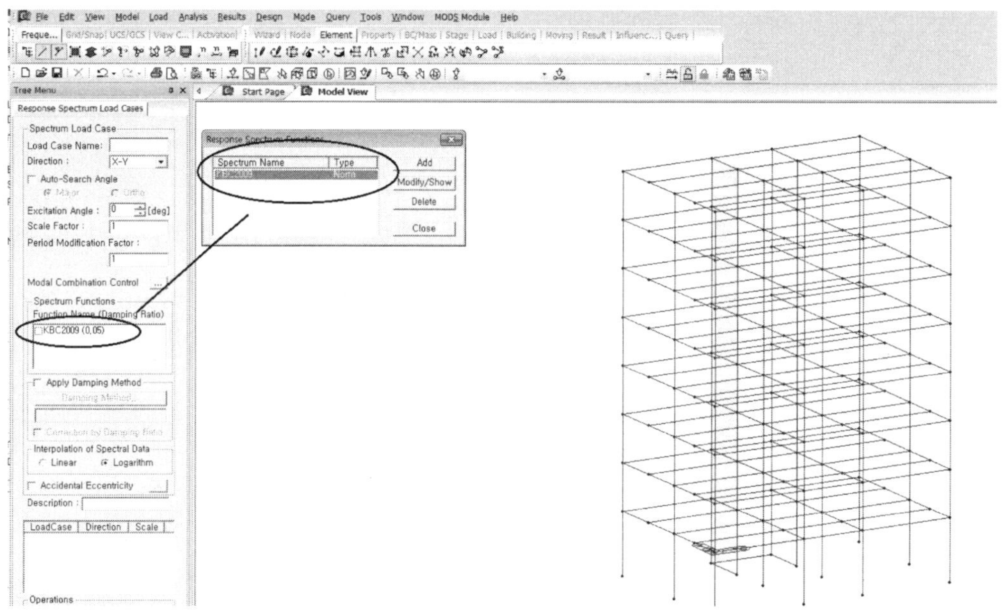

## 17. 해석결과치에 따른 기준값 설정(KBC2012) → Rx - Ry

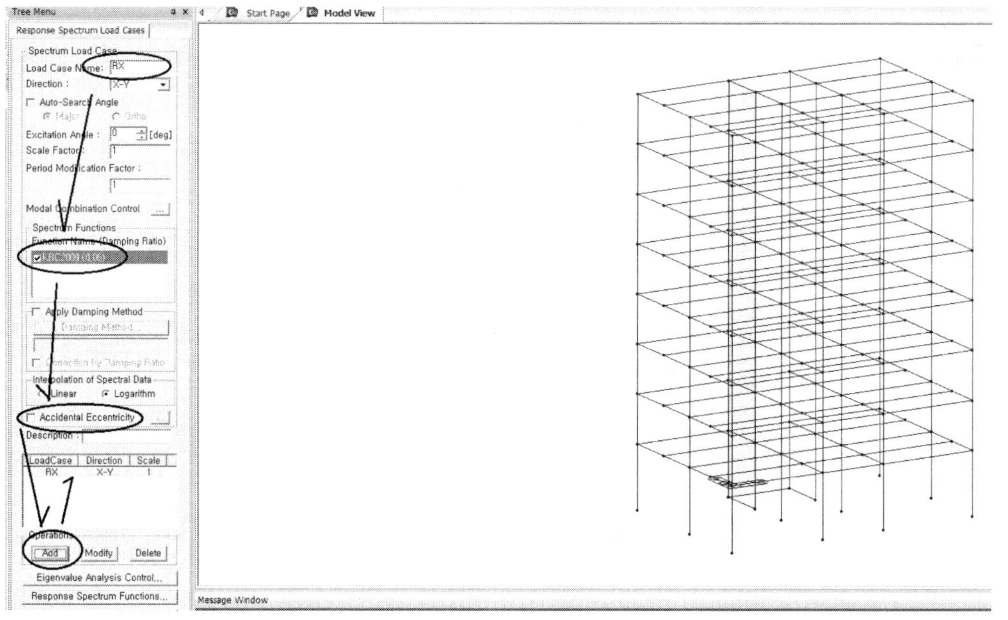

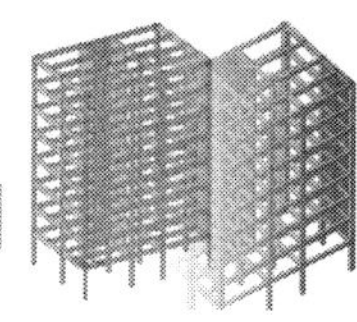

## 18 해석결과치에 따른 기준값 설정(KBC2012) → Rx - Ry

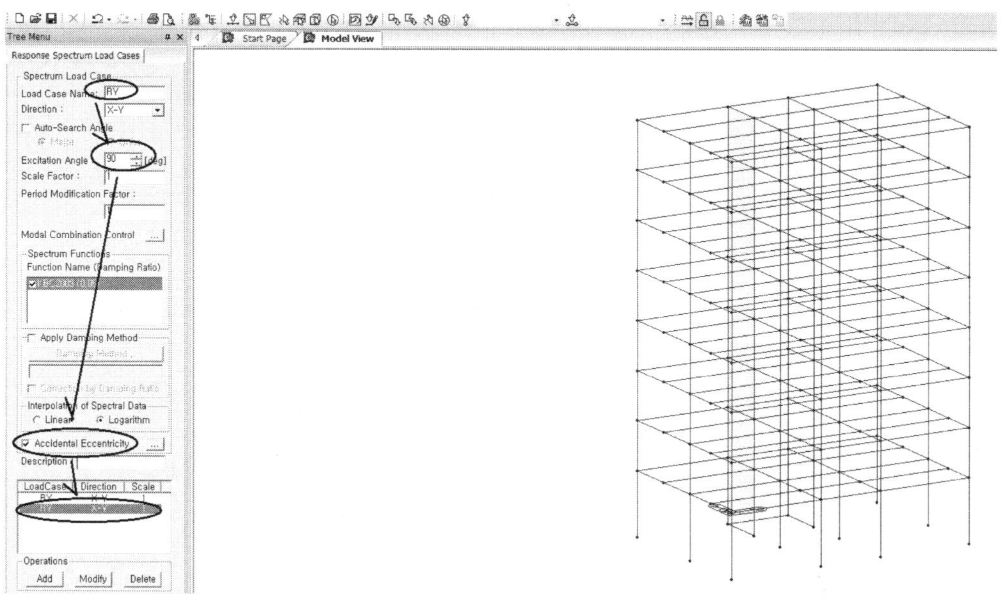

## 19 내진설계에 따른 해석법의 결정단계

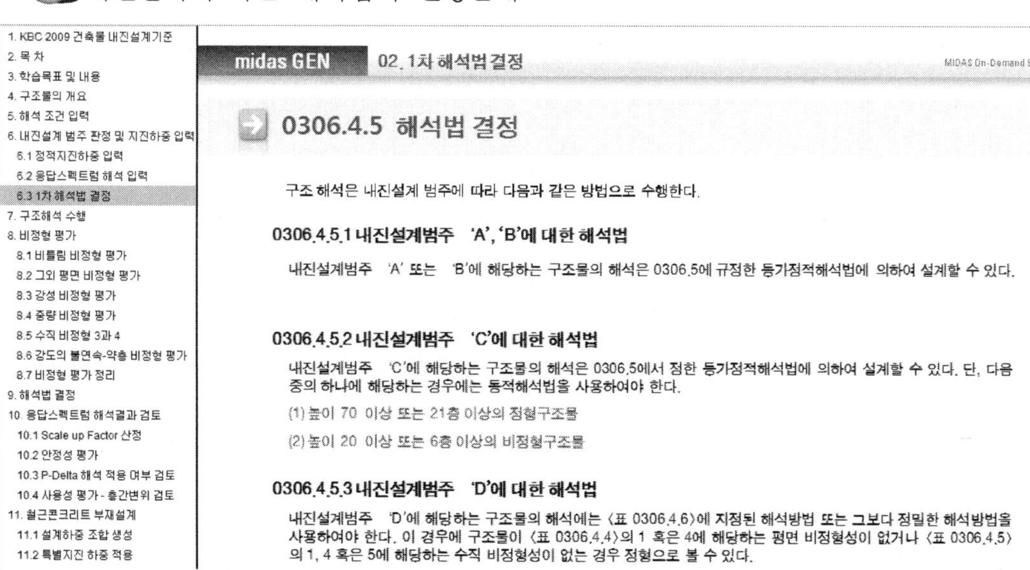

## 20 해석에 따른 건물의 평가

### ① 비정형 평가

| 비정형 구조물의 형태 | |
|---|---|
| 수평(평면)<br>비정형 구조물<br>Plan Structural<br>Irregularities | (1) 비틀림 비정형 (Torsional Irregularity) |
| | (2) 요철형 평면 (Re-entrant Corners) |
| | (3) 다이아프레임 불연속 (Diaphragms Discontinuity) |
| | (4) 면외 어긋남 (Out-of-plane Offsets) |
| | (5) 비평행 시스템 (Nonparallel System) |
| 수직(입면)<br>비정형 구조물<br>Vertical Structural<br>Irregularities | (1) 강성 비정형 (Stiffness Irregularity) → **Soft Story** |
| | (2) 중량 비정형 (Mass Irregularity) |
| | (3) 기하학적 비정형 (Geometry Irregularity) |
| | (4) 횡하중 저항요소의 면내불연속<br>(In-plane discontinuity in vertical lateral-force-resisting element) |
| | (5) 단면강도의 불연속 → **Weak Story** |

### ② 비정형 평가 항목 정리

| 번호 | 비정형유형 | 검토결과 | 적용규정 |
|---|---|---|---|
| H-1 | 비틀림 비정형 | 비정형 | 질량중심에서 모서리 층간변위 중 최대로 검토 |
| | | | 등가정적해석시 비틀림 증폭 계수 적용 |
| H-2 | 요철형 평면 | 정형 | - |
| H-3 | 격막의 불연속 | 정형 | - |
| H-4 | 면외 어긋남 | 비정형 | 횡력저항 불연속 수직부재의 특별하중 조합적용 |
| H-5 | 비평행 시스템 | 비정형 | 내진설계범주 'D'이면 Orthogonal Effect 고려 |
| V-1 | 강성 비정형 | 정형 | - |
| V-2 | 중량 비정형 | 정형 | - |
| V-3 | 기하학적 비정형 | 정형 | - |
| V-4 | 면내 어긋남 | 비정형 | 횡력저항 불연속 수직부재의 특별하중 조합적용 |
| V-5 | 강도 비정형 | 정형 | - |

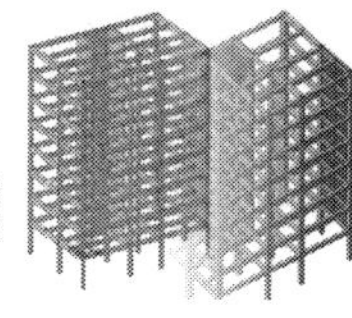

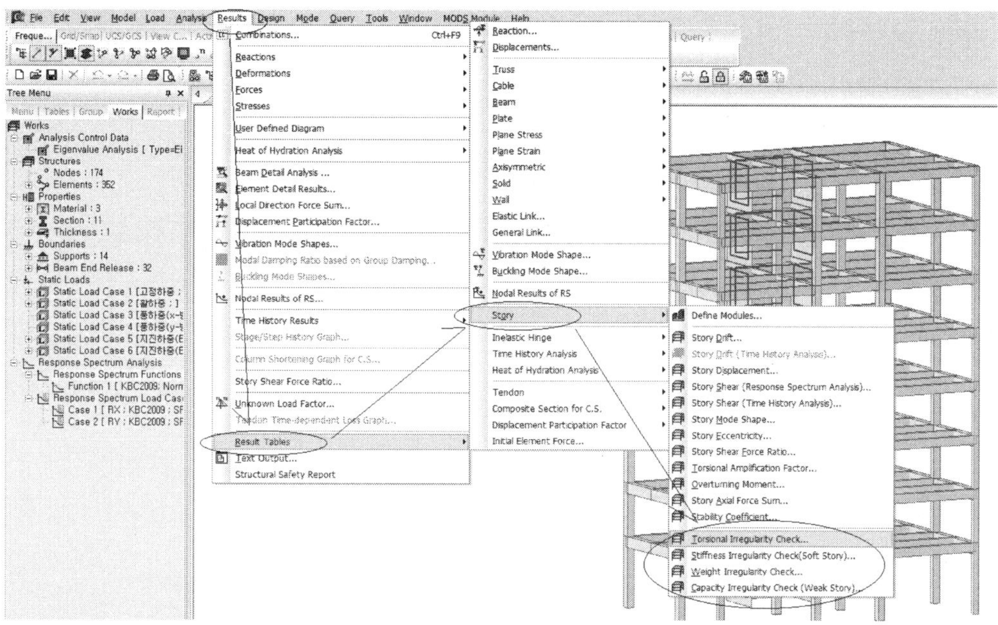

## ③ 비틀림 비정형 평가(평면 비정형 H-1)

비틀림의 발생 → 지진하중 작용 : 질량중심, 구조물의 저항 : 강성중심

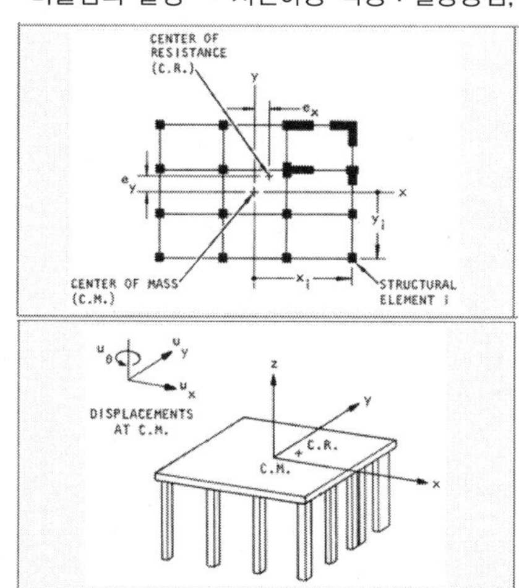



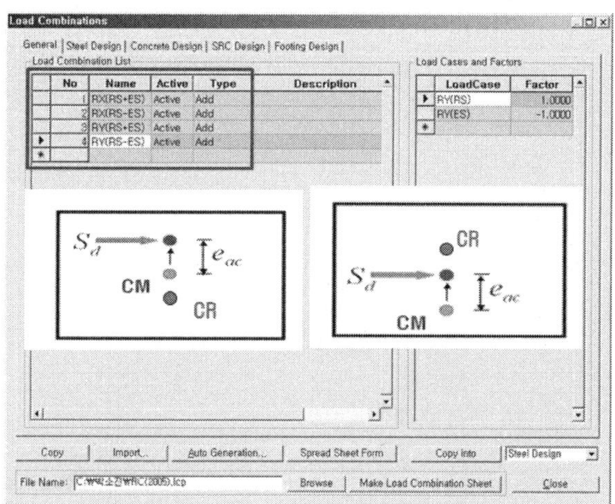

비틀림비정형평가를 위한 하중조합생성

### 21 건물의 비틀림에 대한 판정절차화면

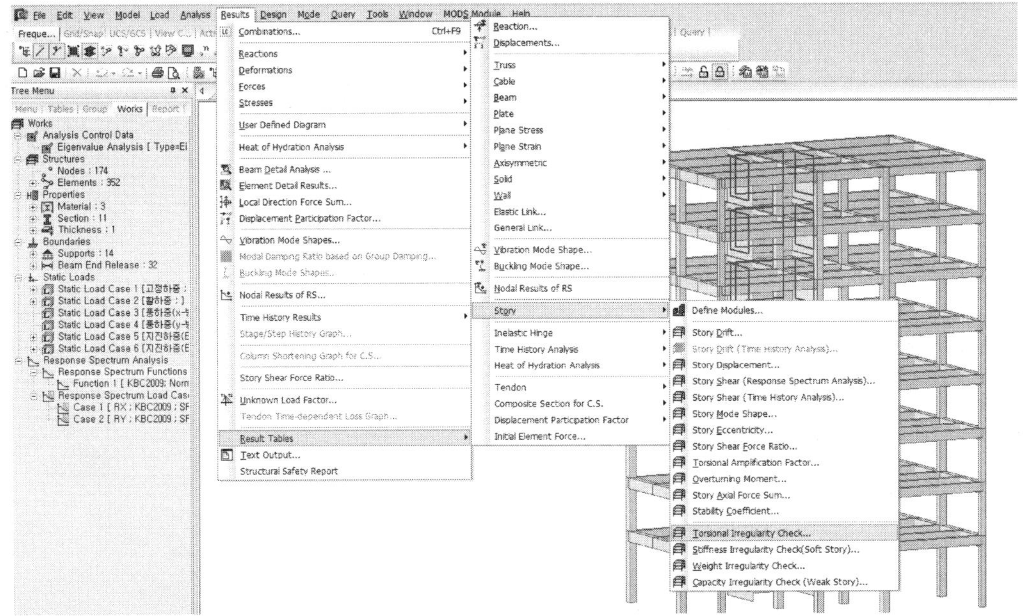

### 22 건물의 지진하중에 대해 비틀림을 판정

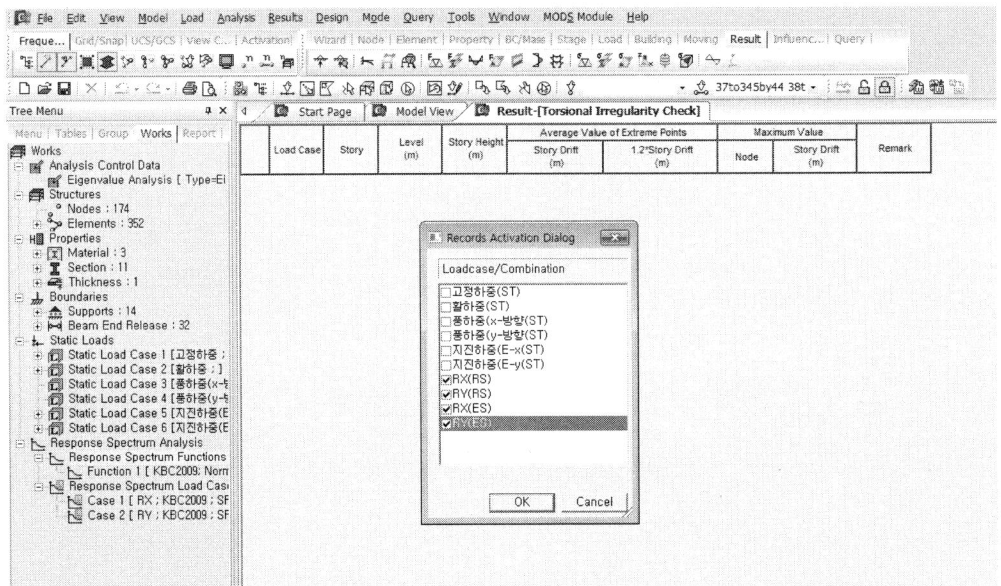

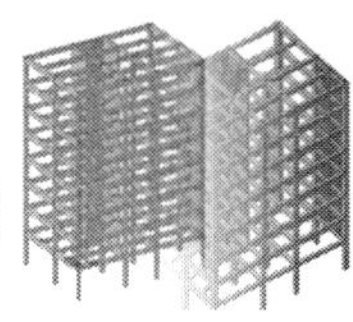

## 23. Remark란에 irregular로 표시된 항목으로 판정됨

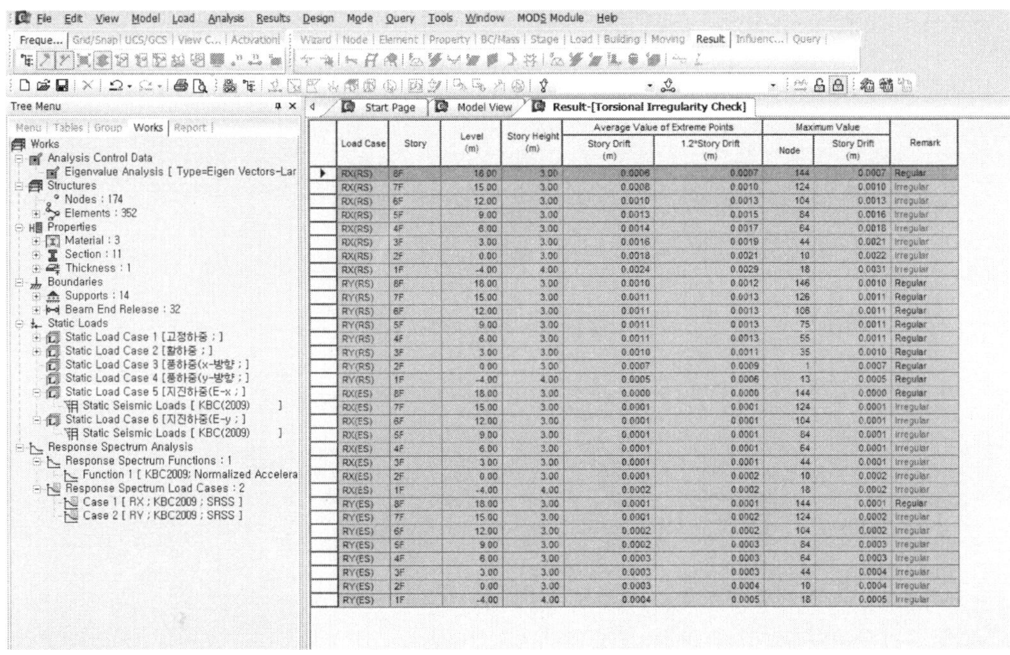

| Load Case | Story | Level (m) | Story Height (m) | Average Value of Extreme Points | | Maximum Value | | Remark |
|---|---|---|---|---|---|---|---|---|
| | | | | Story Drift (m) | 1.2*Story Drift (m) | Node | Story Drift (m) | |
| RX(RS) | 8F | 16.00 | 3.00 | 0.0006 | 0.0007 | 144 | 0.0007 | Regular |
| RX(RS) | 7F | 15.00 | 3.00 | 0.0008 | 0.0010 | 124 | 0.0010 | Irregular |
| RX(RS) | 6F | 12.00 | 3.00 | 0.0010 | 0.0013 | 104 | 0.0013 | Irregular |
| RX(RS) | 5F | 9.00 | 3.00 | 0.0013 | 0.0015 | 84 | 0.0016 | Irregular |
| RX(RS) | 4F | 6.00 | 3.00 | 0.0014 | 0.0017 | 64 | 0.0018 | Irregular |
| RX(RS) | 3F | 3.00 | 3.00 | 0.0016 | 0.0019 | 44 | 0.0021 | Irregular |
| RX(RS) | 2F | 0.00 | 3.00 | 0.0018 | 0.0021 | 10 | 0.0022 | Irregular |
| RX(RS) | 1F | -4.00 | 4.00 | 0.0024 | 0.0029 | 18 | 0.0031 | Irregular |
| RY(RS) | 8F | 18.00 | 3.00 | 0.0010 | 0.0012 | 146 | 0.0010 | Regular |
| RY(RS) | 7F | 15.00 | 3.00 | 0.0011 | 0.0013 | 126 | 0.0011 | Regular |
| RY(RS) | 6F | 12.00 | 3.00 | 0.0011 | 0.0013 | 108 | 0.0011 | Regular |
| RY(RS) | 5F | 9.00 | 3.00 | 0.0011 | 0.0013 | 75 | 0.0011 | Regular |
| RY(RS) | 4F | 6.00 | 3.00 | 0.0011 | 0.0013 | 55 | 0.0011 | Regular |
| RY(RS) | 3F | 3.00 | 3.00 | 0.0010 | 0.0011 | 35 | 0.0010 | Regular |
| RY(RS) | 2F | 0.00 | 3.00 | 0.0007 | 0.0009 | 1 | 0.0007 | Regular |
| RY(RS) | 1F | -4.00 | 4.00 | 0.0005 | 0.0006 | 13 | 0.0005 | Regular |
| RX(ES) | 8F | 18.00 | 3.00 | 0.0000 | 0.0000 | 144 | 0.0000 | Regular |
| RX(ES) | 7F | 15.00 | 3.00 | 0.0001 | 0.0001 | 124 | 0.0001 | Irregular |
| RX(ES) | 6F | 12.00 | 3.00 | 0.0001 | 0.0001 | 104 | 0.0001 | Irregular |
| RX(ES) | 5F | 9.00 | 3.00 | 0.0001 | 0.0001 | 84 | 0.0001 | Irregular |
| RX(ES) | 4F | 6.00 | 3.00 | 0.0001 | 0.0001 | 64 | 0.0001 | Irregular |
| RX(ES) | 3F | 3.00 | 3.00 | 0.0001 | 0.0001 | 44 | 0.0001 | Irregular |
| RX(ES) | 2F | 0.00 | 3.00 | 0.0001 | 0.0002 | 10 | 0.0002 | Irregular |
| RX(ES) | 1F | -4.00 | 4.00 | 0.0002 | 0.0002 | 18 | 0.0002 | Irregular |
| RY(ES) | 8F | 18.00 | 3.00 | 0.0001 | 0.0001 | 144 | 0.0001 | Regular |
| RY(ES) | 7F | 15.00 | 3.00 | 0.0001 | 0.0002 | 124 | 0.0002 | Irregular |
| RY(ES) | 6F | 12.00 | 3.00 | 0.0002 | 0.0002 | 104 | 0.0002 | Irregular |
| RY(ES) | 5F | 9.00 | 3.00 | 0.0002 | 0.0003 | 84 | 0.0003 | Irregular |
| RY(ES) | 4F | 6.00 | 3.00 | 0.0003 | 0.0003 | 64 | 0.0003 | Irregular |
| RY(ES) | 3F | 3.00 | 3.00 | 0.0003 | 0.0003 | 44 | 0.0004 | Irregular |
| RY(ES) | 2F | 0.00 | 3.00 | 0.0003 | 0.0004 | 10 | 0.0004 | Irregular |
| RY(ES) | 1F | -4.00 | 4.00 | 0.0004 | 0.0005 | 18 | 0.0005 | Irregular |

## 24. 내진설계의 강성비정형 판정절차 Ⅰ

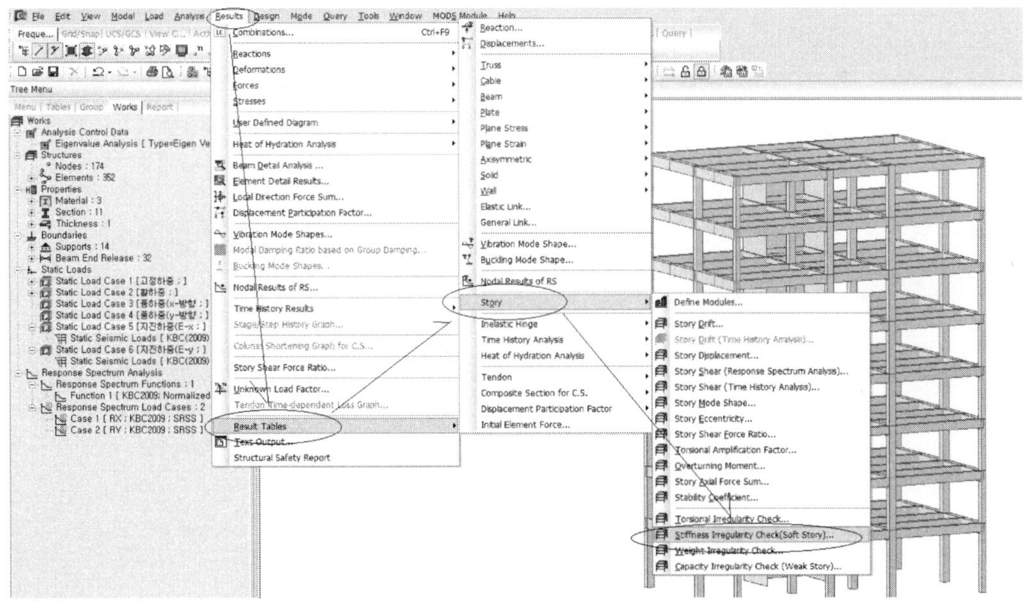

## 25 내진설계의 강성비정형 판정절차 II

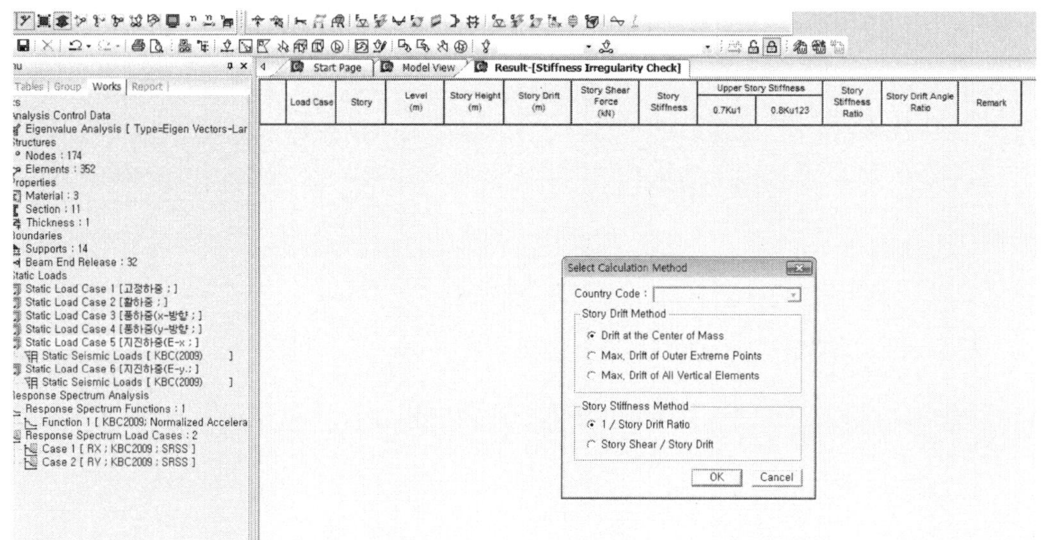

## 26 내진설계의 강성비정형 판정절차 III

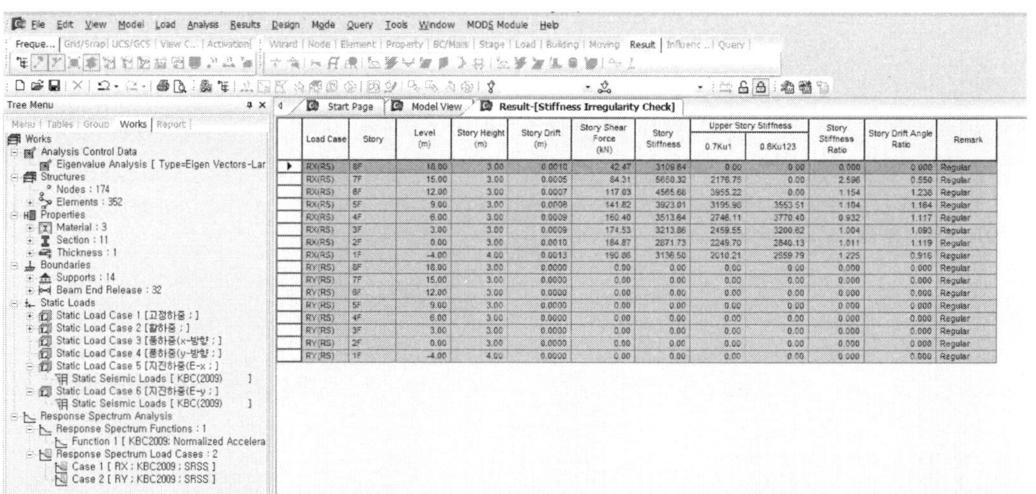

| Load Case | Story | Level (m) | Story Height (m) | Story Drift (m) | Story Shear Force (kN) | Story Stiffness | Upper Story Stiffness | | Story Stiffness Ratio | Story Drift Angle Ratio | Remark |
|---|---|---|---|---|---|---|---|---|---|---|---|
| | | | | | | | 0.7Ku1 | 0.8Ku123 | | | |
| RX(RS) | 8F | 18.00 | 3.00 | 0.0010 | 42.47 | 3109.64 | 0.00 | 0.00 | 0.000 | 0.000 | Regular |
| RX(RS) | 7F | 15.00 | 3.00 | 0.0005 | 84.31 | 5650.32 | 2176.75 | 0.00 | 2.596 | 0.550 | Regular |
| RX(RS) | 6F | 12.00 | 3.00 | 0.0007 | 117.03 | 4565.68 | 3955.22 | 0.00 | 1.154 | 1.238 | Regular |
| RX(RS) | 5F | 9.00 | 3.00 | 0.0008 | 141.82 | 3923.01 | 3195.98 | 3553.51 | 1.104 | 1.184 | Regular |
| RX(RS) | 4F | 6.00 | 3.00 | 0.0009 | 160.40 | 3513.64 | 2746.11 | 3770.40 | 0.932 | 1.117 | Regular |
| RX(RS) | 3F | 3.00 | 3.00 | 0.0009 | 174.53 | 3213.86 | 2459.55 | 3200.62 | 1.004 | 1.093 | Regular |
| RX(RS) | 2F | 0.00 | 3.00 | 0.0010 | 184.87 | 2871.73 | 2249.70 | 2840.13 | 1.011 | 1.119 | Regular |
| RX(RS) | 1F | -4.00 | 4.00 | 0.0013 | 190.86 | 3136.50 | 2010.21 | 2559.79 | 1.225 | 0.915 | Regular |
| RY(RS) | 8F | 18.00 | 3.00 | 0.0000 | 0.00 | 0.00 | 0.00 | 0.00 | 0.000 | 0.000 | Regular |
| RY(RS) | 7F | 15.00 | 3.00 | 0.0000 | 0.00 | 0.00 | 0.00 | 0.00 | 0.000 | 0.000 | Regular |
| RY(RS) | 6F | 12.00 | 3.00 | 0.0000 | 0.00 | 0.00 | 0.00 | 0.00 | 0.000 | 0.000 | Regular |
| RY(RS) | 5F | 9.00 | 3.00 | 0.0000 | 0.00 | 0.00 | 0.00 | 0.00 | 0.000 | 0.000 | Regular |
| RY(RS) | 4F | 6.00 | 3.00 | 0.0000 | 0.00 | 0.00 | 0.00 | 0.00 | 0.000 | 0.000 | Regular |
| RY(RS) | 3F | 3.00 | 3.00 | 0.0000 | 0.00 | 0.00 | 0.00 | 0.00 | 0.000 | 0.000 | Regular |
| RY(RS) | 2F | 0.00 | 3.00 | 0.0000 | 0.00 | 0.00 | 0.00 | 0.00 | 0.000 | 0.000 | Regular |
| RY(RS) | 1F | -4.00 | 4.00 | 0.0000 | 0.00 | 0.00 | 0.00 | 0.00 | 0.000 | 0.000 | Regular |

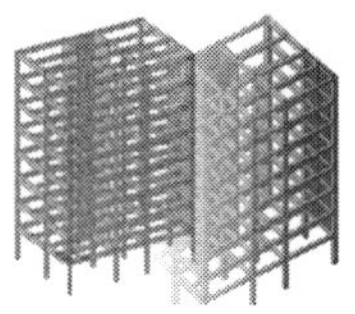

## 27 내진설계의 하중 비정형 판정절차 I

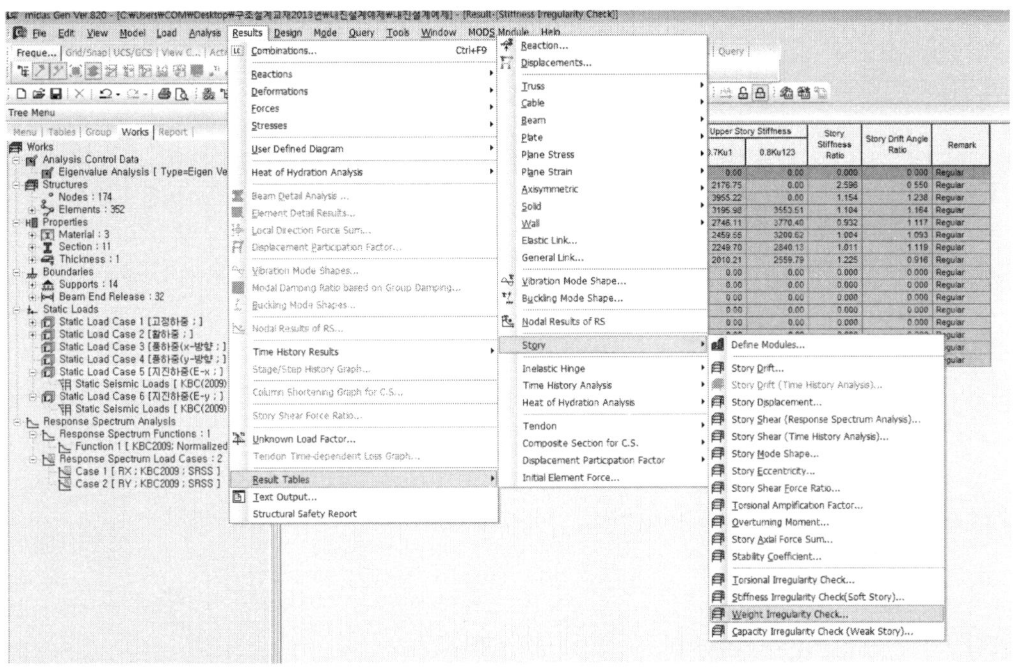

## 28 내진설계의 하중 비정형 판정절차 II

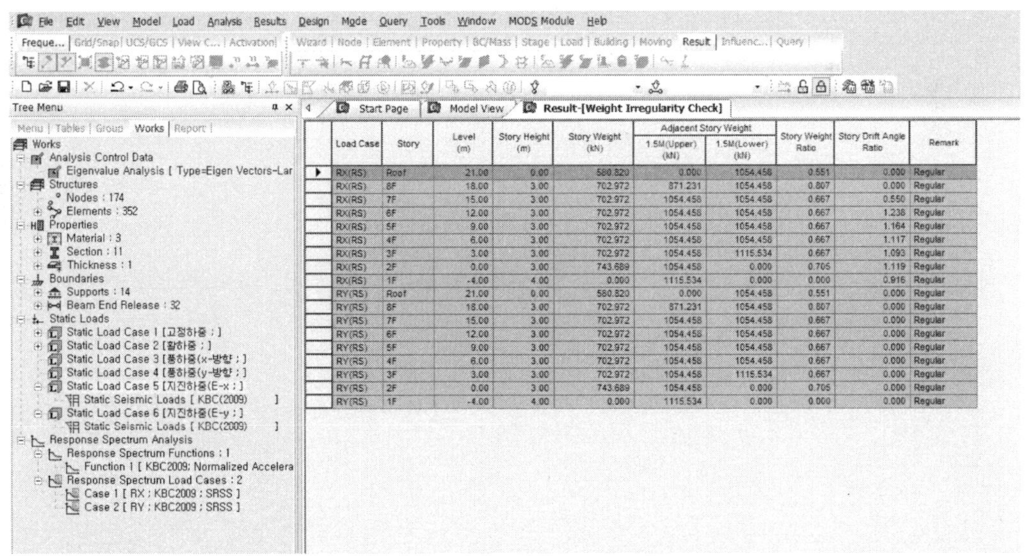

Result-[Weight Irregularity Check]

| Load Case | Story | Level (m) | Story Height (m) | Story Weight (kN) | Adjacent Story Weight | | Story Weight Ratio | Story Drift Angle Ratio | Remark |
|---|---|---|---|---|---|---|---|---|---|
| | | | | | 1.5M(Upper) (kN) | 1.5M(Lower) (kN) | | | |
| RX(RS) | Roof | 21.00 | 0.00 | 580.820 | 0.000 | 1054.458 | 0.551 | 0.000 | Regular |
| RX(RS) | 8F | 18.00 | 3.00 | 702.972 | 871.231 | 1054.458 | 0.807 | 0.000 | Regular |
| RX(RS) | 7F | 15.00 | 3.00 | 702.972 | 1054.458 | 1054.458 | 0.667 | 0.550 | Regular |
| RX(RS) | 6F | 12.00 | 3.00 | 702.972 | 1054.458 | 1054.458 | 0.667 | 1.238 | Regular |
| RX(RS) | 5F | 9.00 | 3.00 | 702.972 | 1054.458 | 1054.458 | 0.667 | 1.164 | Regular |
| RX(RS) | 4F | 6.00 | 3.00 | 702.972 | 1054.458 | 1054.458 | 0.667 | 1.117 | Regular |
| RX(RS) | 3F | 3.00 | 3.00 | 702.972 | 1054.458 | 1115.534 | 0.667 | 1.093 | Regular |
| RX(RS) | 2F | 0.00 | 3.00 | 743.689 | 1054.458 | 0.000 | 0.705 | 1.119 | Regular |
| RX(RS) | 1F | -4.00 | 4.00 | 0.000 | 1115.534 | 0.000 | 0.000 | 0.916 | Regular |
| RY(RS) | Roof | 21.00 | 0.00 | 580.820 | 0.000 | 1054.458 | 0.551 | 0.000 | Regular |
| RY(RS) | 8F | 18.00 | 3.00 | 702.972 | 871.231 | 1054.458 | 0.807 | 0.000 | Regular |
| RY(RS) | 7F | 15.00 | 3.00 | 702.972 | 1054.458 | 1054.458 | 0.667 | 0.000 | Regular |
| RY(RS) | 6F | 12.00 | 3.00 | 702.972 | 1054.458 | 1054.458 | 0.667 | 0.000 | Regular |
| RY(RS) | 5F | 9.00 | 3.00 | 702.972 | 1054.458 | 1054.458 | 0.667 | 0.000 | Regular |
| RY(RS) | 4F | 6.00 | 3.00 | 702.972 | 1054.458 | 1054.458 | 0.667 | 0.000 | Regular |
| RY(RS) | 3F | 3.00 | 3.00 | 702.972 | 1054.458 | 1115.534 | 0.667 | 0.000 | Regular |
| RY(RS) | 2F | 0.00 | 3.00 | 743.689 | 1054.458 | 0.000 | 0.705 | 0.000 | Regular |
| RY(RS) | 1F | -4.00 | 4.00 | 0.000 | 1115.534 | 0.000 | 0.000 | 0.000 | Regular |

## 29 Capacity Irregularity check I

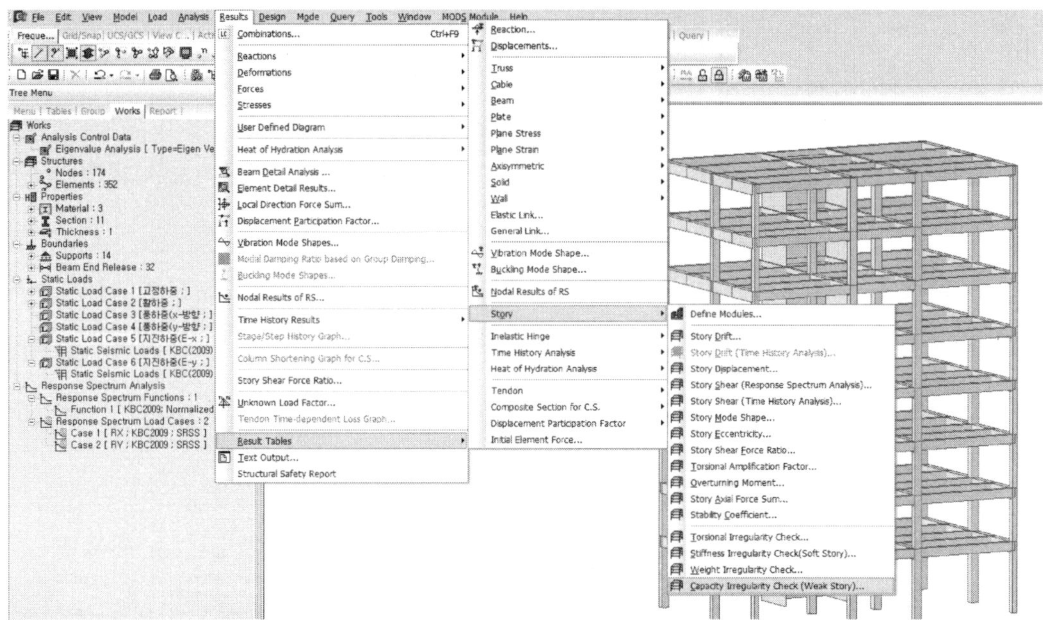

## 30 Capacity Irregularity check II

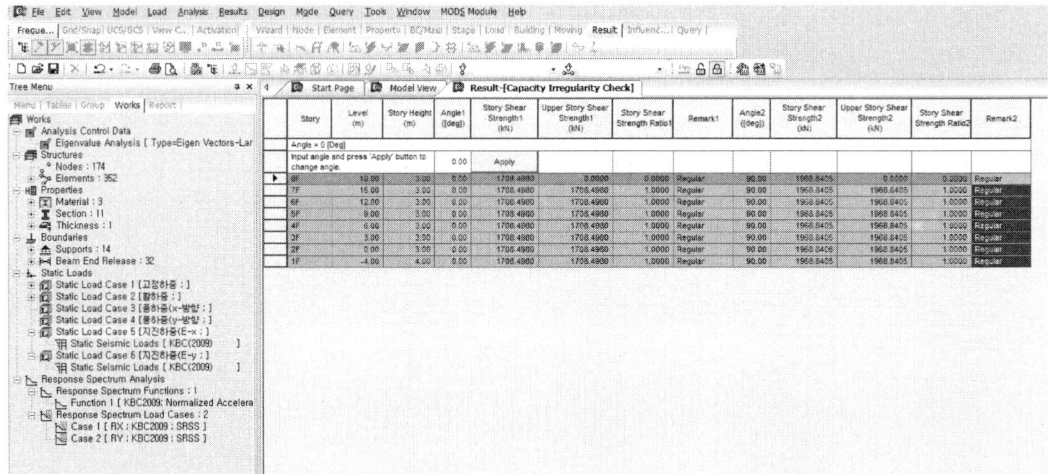

| Story | Level (m) | Story Height (m) | Angle1 ([deg]) | Story Shear Strength1 (kN) | Upper Story Shear Strength1 (kN) | Story Shear Strength Ratio1 | Remark1 | Angle2 ([deg]) | Story Shear Strength2 (kN) | Upper Story Shear Strength2 (kN) | Story Shear Strength Ratio2 | Remark2 |
|---|---|---|---|---|---|---|---|---|---|---|---|---|
| Angle = 0 [Deg] | | | | | | | | | | | | |
| Input angle and press 'Apply' button to change angle. | | | 0.00 | Apply | | | | | | | | |
| 8F | 18.00 | 3.00 | 0.00 | 1708.4980 | 0.0000 | 0.0000 | Regular | 90.00 | 1968.8405 | 0.0000 | 0.0000 | Regular |
| 7F | 15.00 | 3.00 | 0.00 | 1708.4980 | 1708.4980 | 1.0000 | Regular | 90.00 | 1968.8405 | 1968.8405 | 1.0000 | Regular |
| 6F | 12.00 | 3.00 | 0.00 | 1708.4980 | 1708.4980 | 1.0000 | Regular | 90.00 | 1968.8405 | 1968.8405 | 1.0000 | Regular |
| 5F | 9.00 | 3.00 | 0.00 | 1708.4980 | 1708.4980 | 1.0000 | Regular | 90.00 | 1968.8405 | 1968.8405 | 1.0000 | Regular |
| 4F | 6.00 | 3.00 | 0.00 | 1708.4980 | 1708.4980 | 1.0000 | Regular | 90.00 | 1968.8405 | 1968.8405 | 1.0000 | Regular |
| 3F | 3.00 | 3.00 | 0.00 | 1708.4980 | 1708.4980 | 1.0000 | Regular | 90.00 | 1968.8405 | 1968.8405 | 1.0000 | Regular |
| 2F | 0.00 | 3.00 | 0.00 | 1708.4980 | 1708.4980 | 1.0000 | Regular | 90.00 | 1968.8405 | 1968.8405 | 1.0000 | Regular |
| 1F | -4.00 | 4.00 | 0.00 | 1708.4980 | 1708.4980 | 1.0000 | Regular | 90.00 | 1968.8405 | 1968.8405 | 1.0000 | Regular |

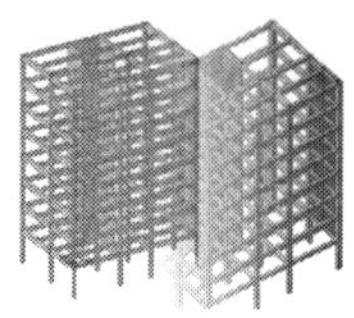

## 31 구조물반력 확인 I

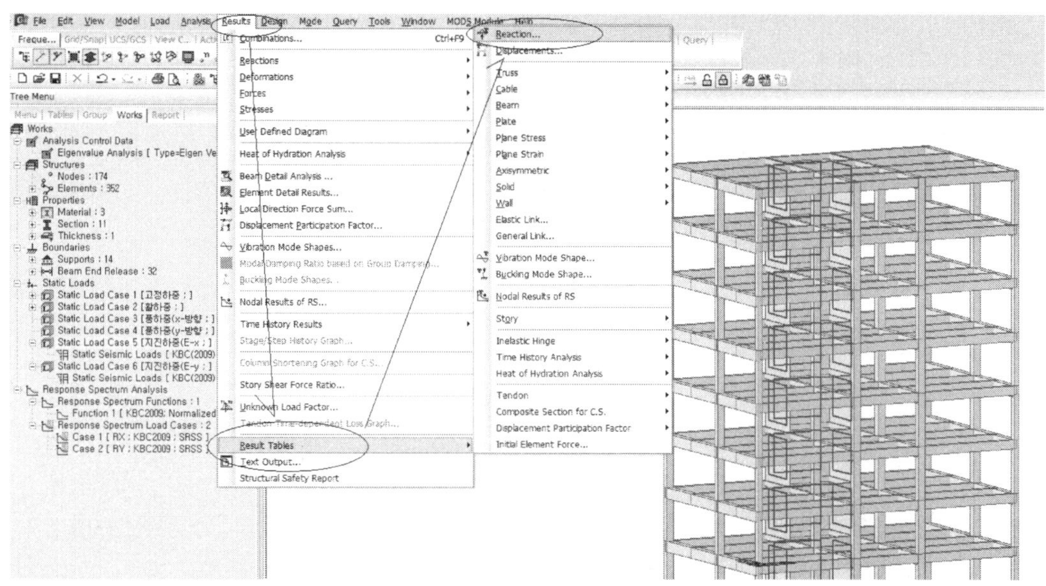

## 32 지진하중에 대한 구조물반력 확인 II

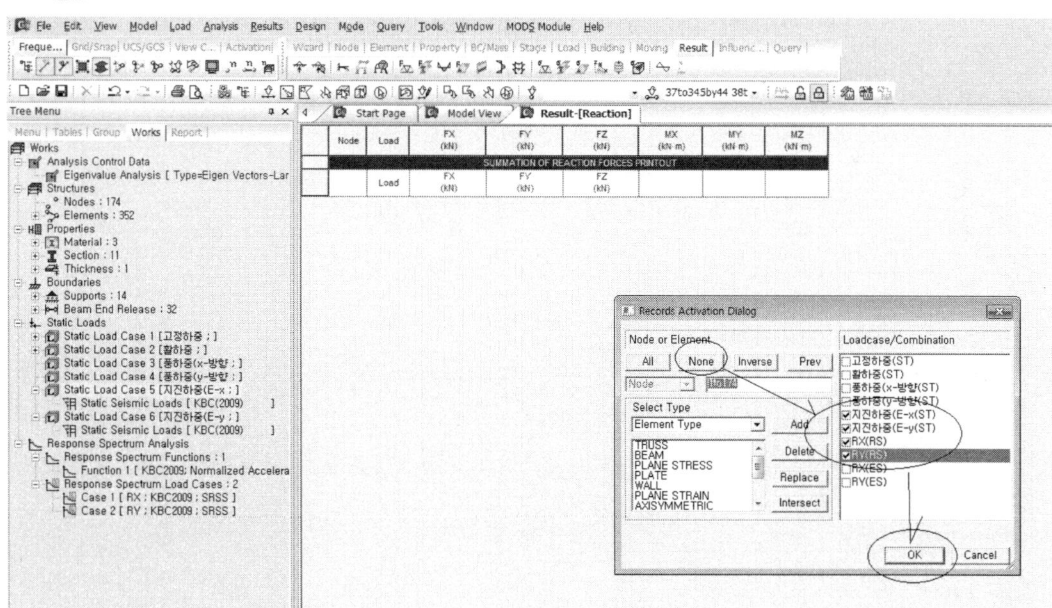

## 33 지진하중에 대한 구조물반력 확인 III

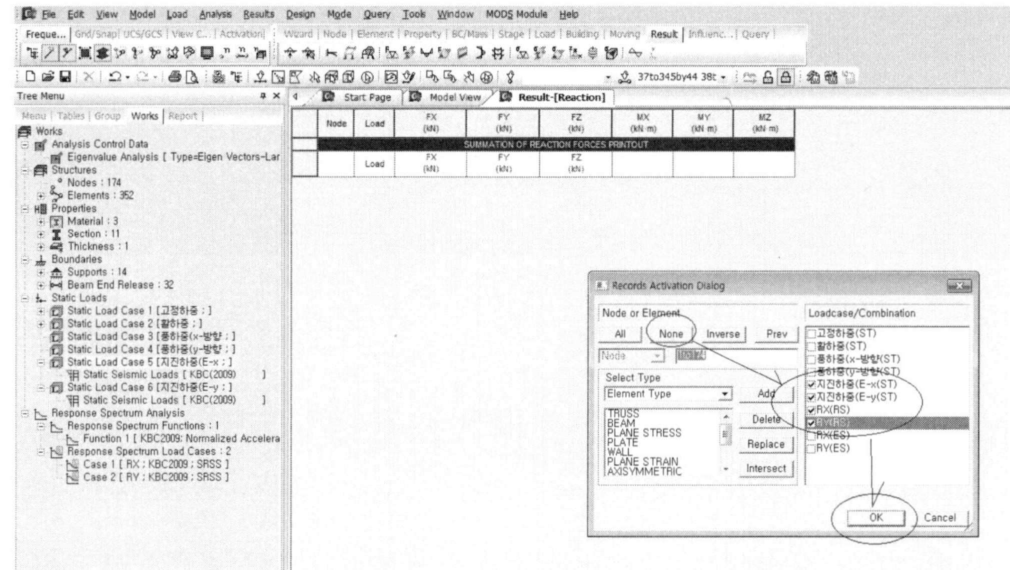

## 34 지진하중에 대한 구조물반력 확인 IV

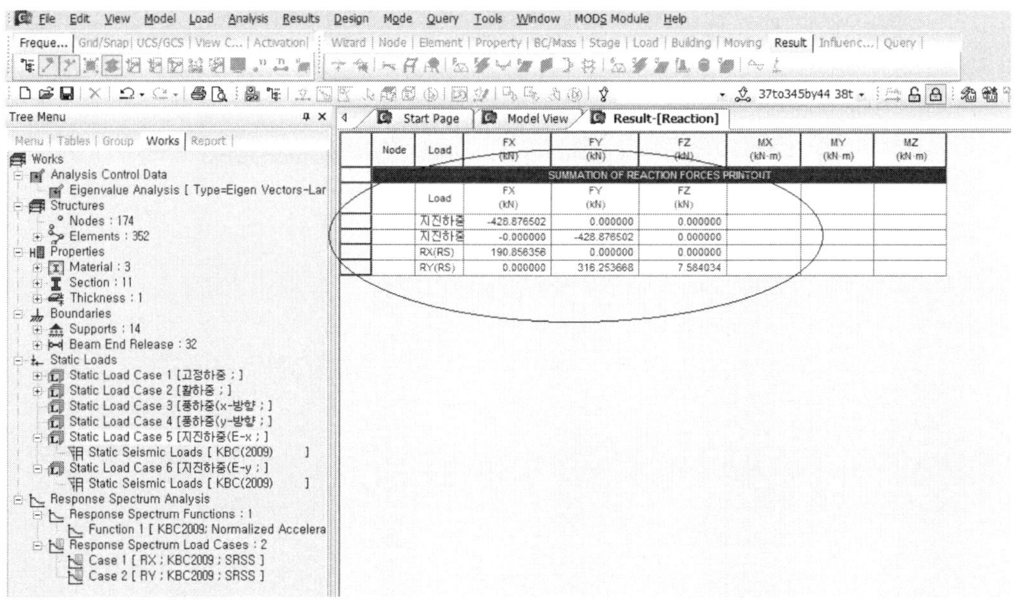

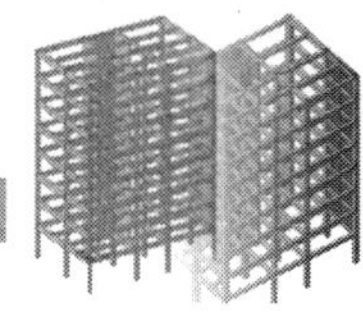

## 35  지진하중에 대한 구조물반력 확인 Ⅴ

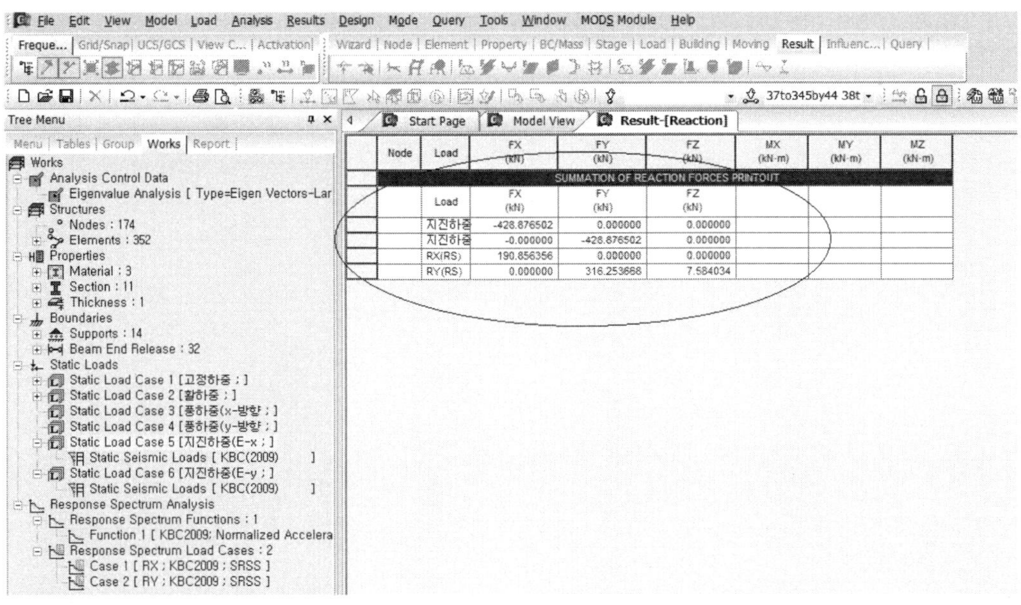

## 36  전도모멘트 확인 Ⅰ

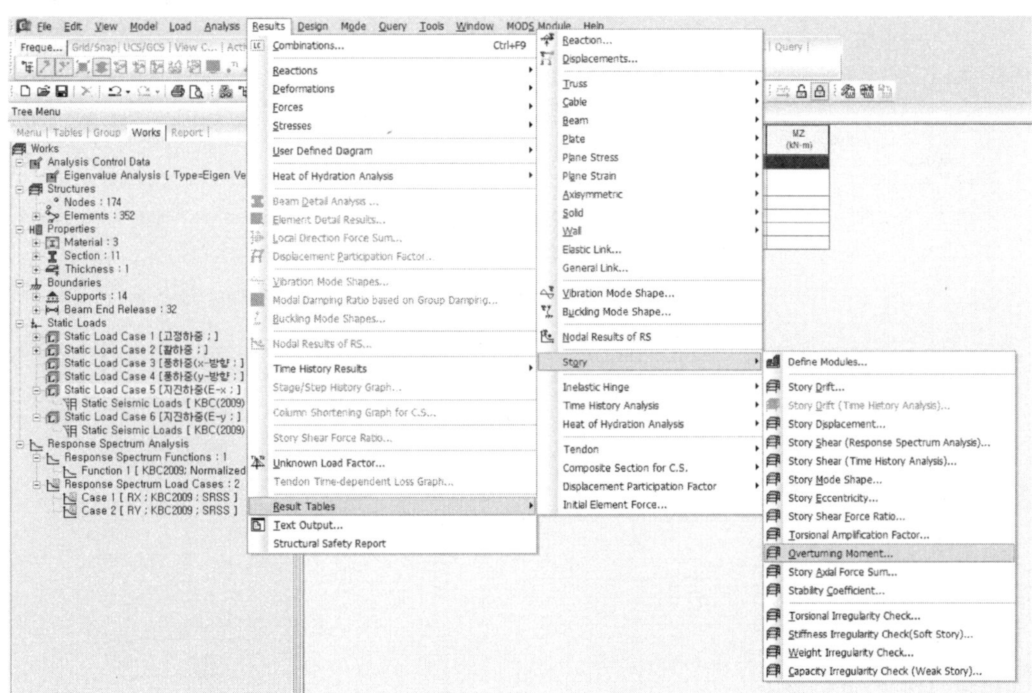

## 37. 전도모멘트 확인 Ⅱ

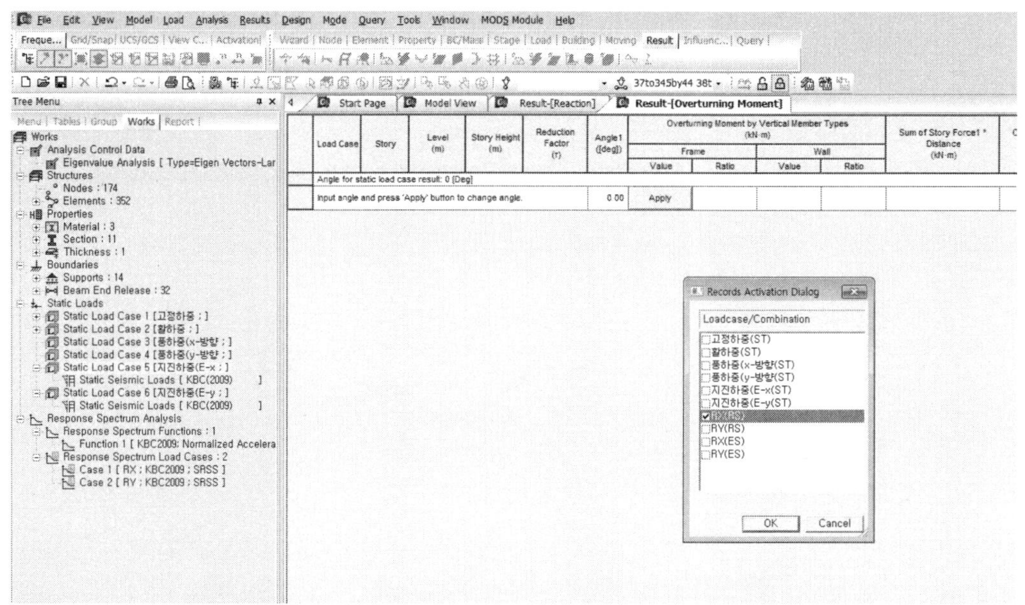

## 38. 전도모멘트 확인 Ⅲ

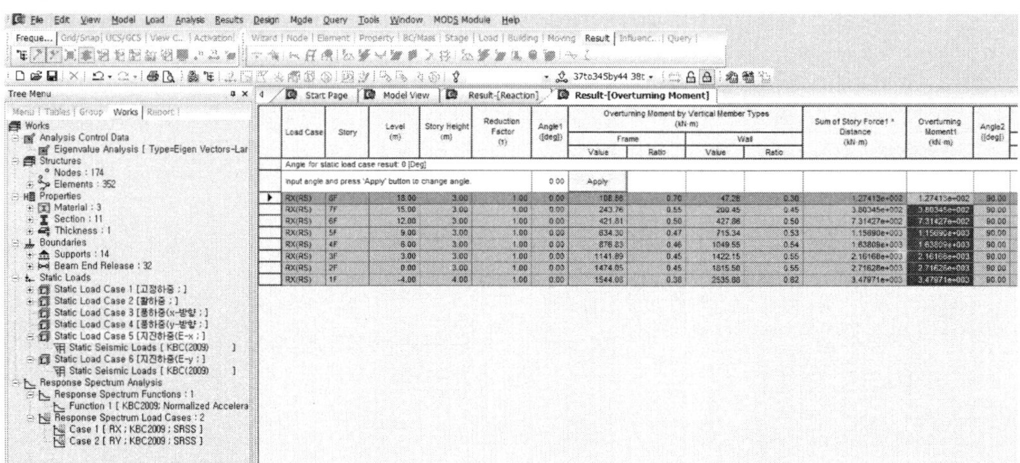

| Load Case | Story | Level (m) | Story Height (m) | Reduction Factor (r) | Angle1 ([deg]) | Overturning Moment by Vertical Member Types (kN·m) Frame Value | Frame Ratio | Wall Value | Wall Ratio | Sum of Story Force1 * Distance (kN·m) | Overturning Moment1 (kN·m) | Angle2 ([deg]) |
|---|---|---|---|---|---|---|---|---|---|---|---|---|
| Angle for static load case result: 0 [Deg] | | | | | | | | | | | | |
| Input angle and press 'Apply' button to change angle. | | | | | 0.00 | Apply | | | | | | |
| RX(RS) | 8F | 18.00 | 3.00 | 1.00 | 0.00 | 108.86 | 0.70 | 47.28 | 0.30 | 1.27413e+002 | 1.27413e+002 | 90.00 |
| RX(RS) | 7F | 15.00 | 3.00 | 1.00 | 0.00 | 243.76 | 0.55 | 200.45 | 0.45 | 3.80345e+002 | 3.80345e+002 | 90.00 |
| RX(RS) | 6F | 12.00 | 3.00 | 1.00 | 0.00 | 421.81 | 0.50 | 427.86 | 0.50 | 7.31427e+002 | 7.31427e+002 | 90.00 |
| RX(RS) | 5F | 9.00 | 3.00 | 1.00 | 0.00 | 634.30 | 0.47 | 715.34 | 0.53 | 1.15890e+003 | 1.15890e+003 | 90.00 |
| RX(RS) | 4F | 6.00 | 3.00 | 1.00 | 0.00 | 876.83 | 0.46 | 1049.55 | 0.54 | 1.63809e+003 | 1.63809e+003 | 90.00 |
| RX(RS) | 3F | 3.00 | 3.00 | 1.00 | 0.00 | 1141.89 | 0.45 | 1422.15 | 0.55 | 2.16168e+003 | 2.16168e+003 | 90.00 |
| RX(RS) | 2F | 0.00 | 3.00 | 1.00 | 0.00 | 1474.85 | 0.45 | 1815.50 | 0.55 | 2.71628e+003 | 2.71628e+003 | 90.00 |
| RX(RS) | 1F | -4.00 | 4.00 | 1.00 | 0.00 | 1544.08 | 0.38 | 2535.88 | 0.82 | 3.47971e+003 | 3.47971e+003 | 90.00 |

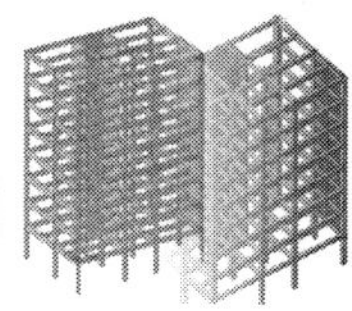

## 39 각층별 수직하중 확인절차 Ⅰ

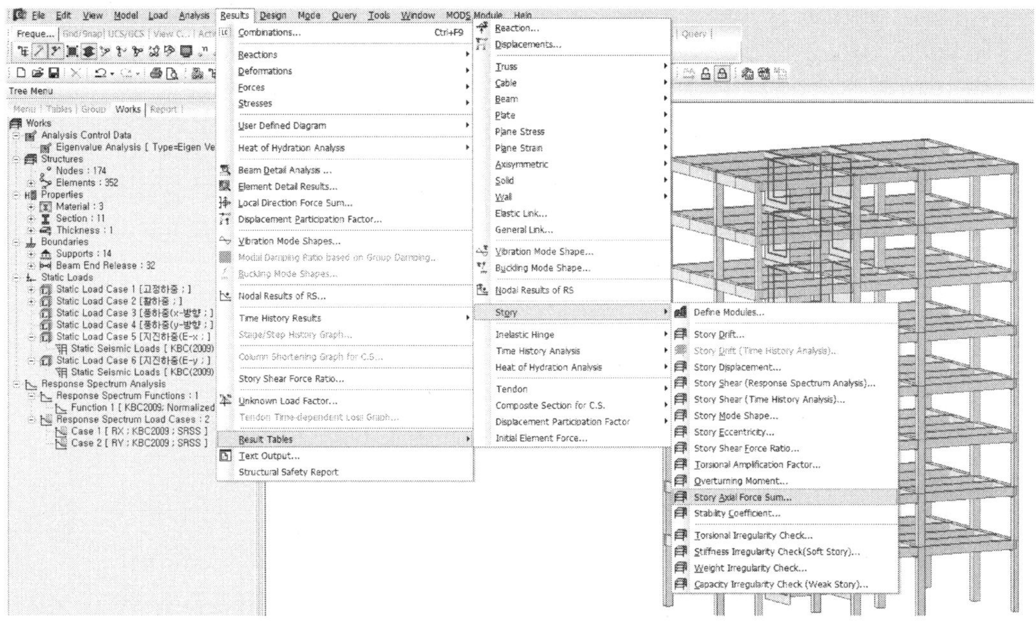

## 40 각층별 수직하중 확인절차 Ⅱ

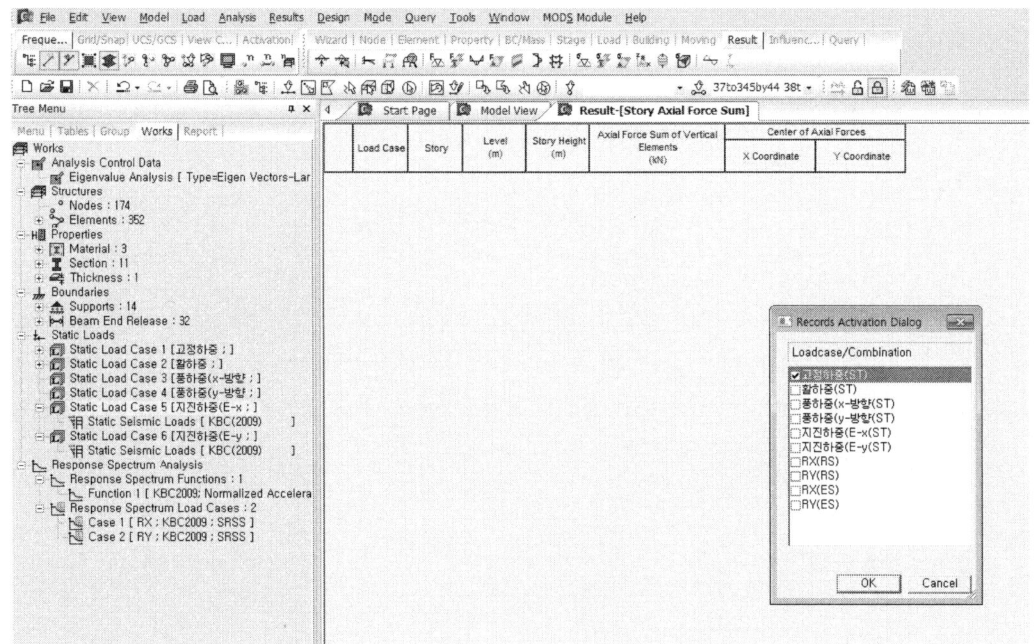

## 41 각층별 수직하중 확인절차 III

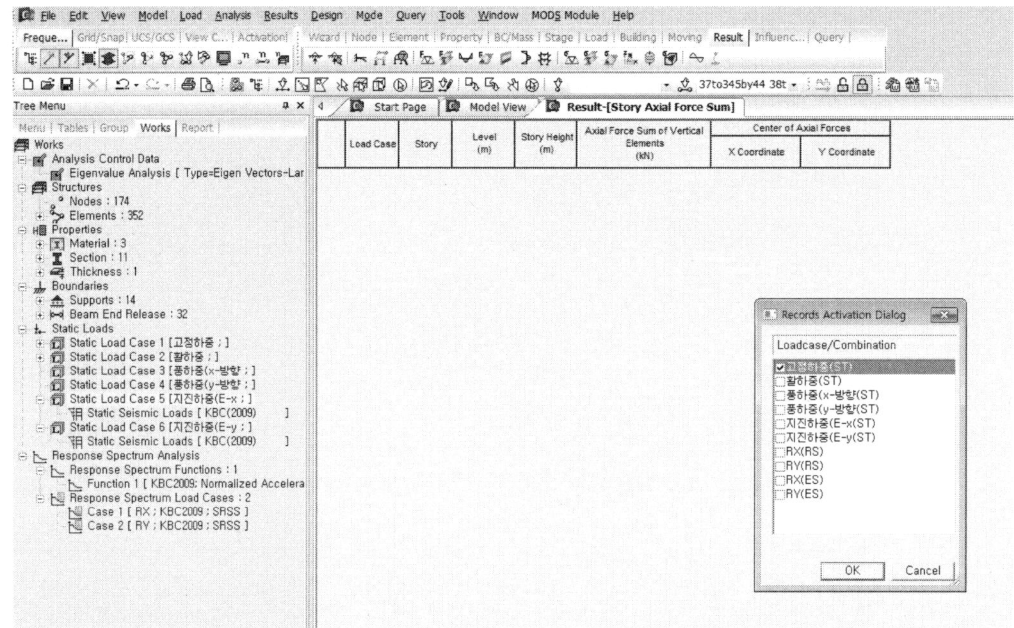

## 42 각층별 수직하중 확인절차 IV

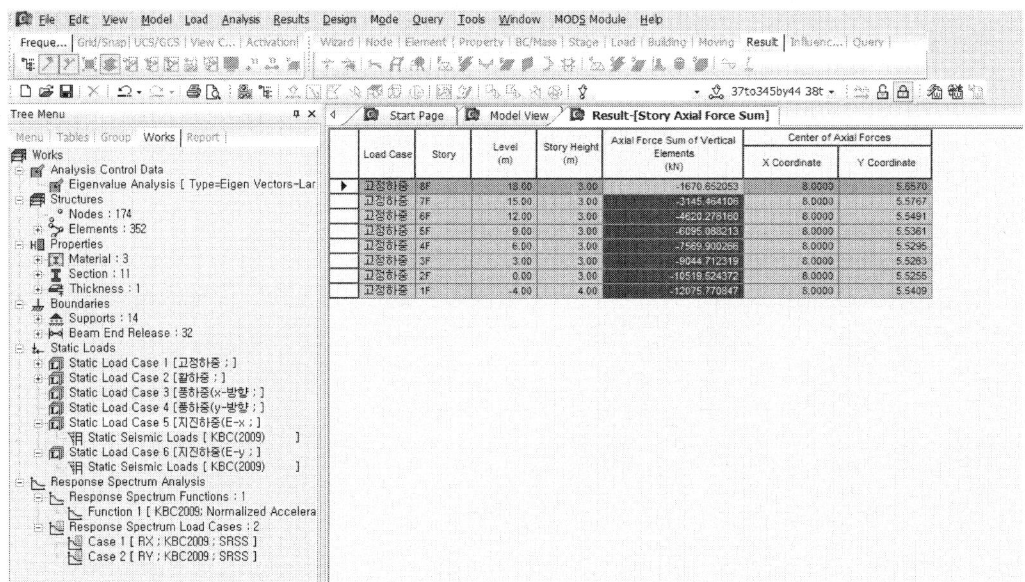

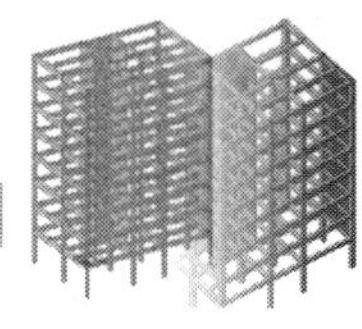

## 5.8  구조해석 수행

구조해석에 필요한 모델의 기하형상과 Property, 경계조건 그리고 하중까지 모두 입력되었으므로 구조해석을 수행한다.

＊ Analysis를 클릭하여 구조해석 수행

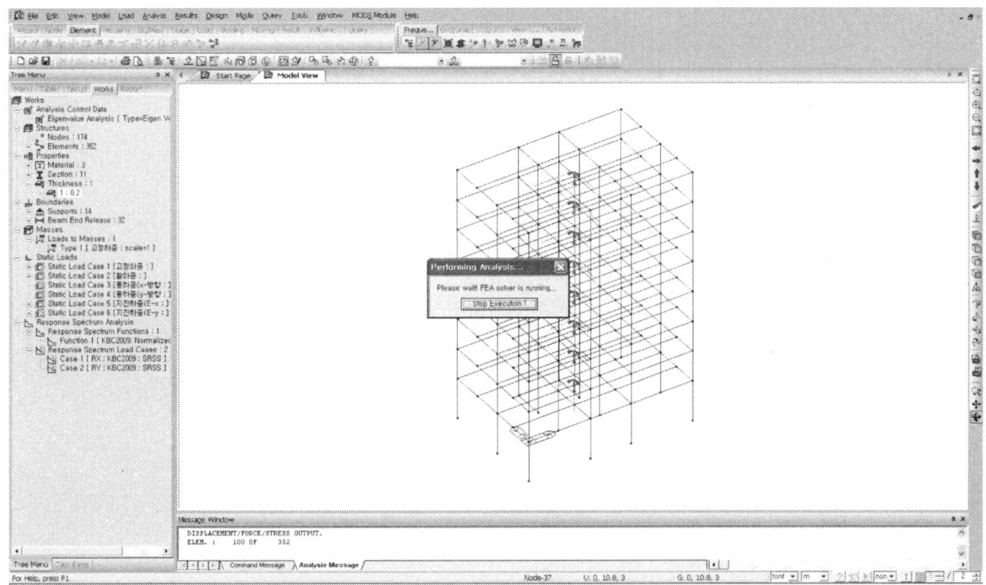

[그림 5-7]  구조해석 수행

## 5.9  해석결과 확인

### 5.9.1  비정형 평가 – 하중조합

내진설계범주 'D'인 경우에는 평면비정형 1, 4, 5항목과 수직비정형 1~5항목을 반드시 평가해야 한다. 그러나 이 항목들이 모두 정형으로 판정되어도 평면비정형 2, 3항목도 평가하여 보정계수(Cm : Scale Factor) 산정 시 고려해야 한다.

프로그램에서 평가 가능한 4가지 항목과 그 외 비정형항목을 평가한다.

## (1) 평면비정형 1 : 비틀림 비정형 평가

**01** 비틀림 비정형을 평가하기 위해서 우발편심모멘트를 고려한 응답스펙트럼 하중조합을 생성한다. 우발편심모멘트는 [그림 5-8 (b)]와 같이 각 방향별로 두 가지를 고려해야 하므로 4가지의 하중조합을 생성한다.

KBC 2009 [표 5-4] <0306.4.4>

비틀림 비정형 : 어떤 축에 직교하는 구조물의 한 단부에서 우발 편심을 고려한 최대 층변위가 그 구조물 양단부 층변위평균값의 1.2배보다 클 때 비틀림 비정형인 것으로 간주한다.

1. Result Menu에서 **_Combination_** 선택
2. Load Combinations에서 **_General Tab_** 선택
3. Auto Generation... 클릭
4. Code Selection에서 **_Concrete_** 선택
5. Design Code에서 **'KBC-USD12'** 확인
6. OK 버튼 클릭
7. Load Combination List의 **_Name_**에서 **'gLCB1, gLCB2, gLCB3, gLCB4'** 확인

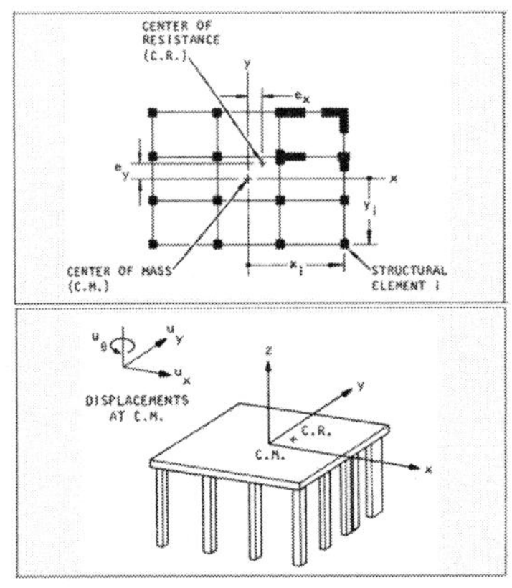


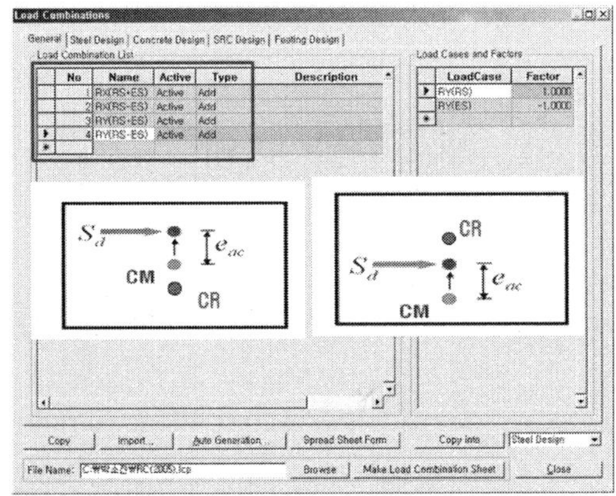


(a) 각 방향별 우발편심모멘트

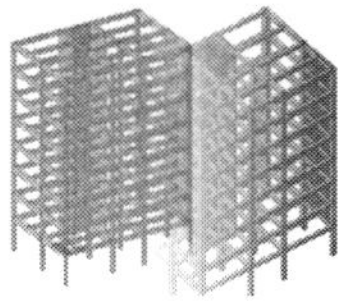

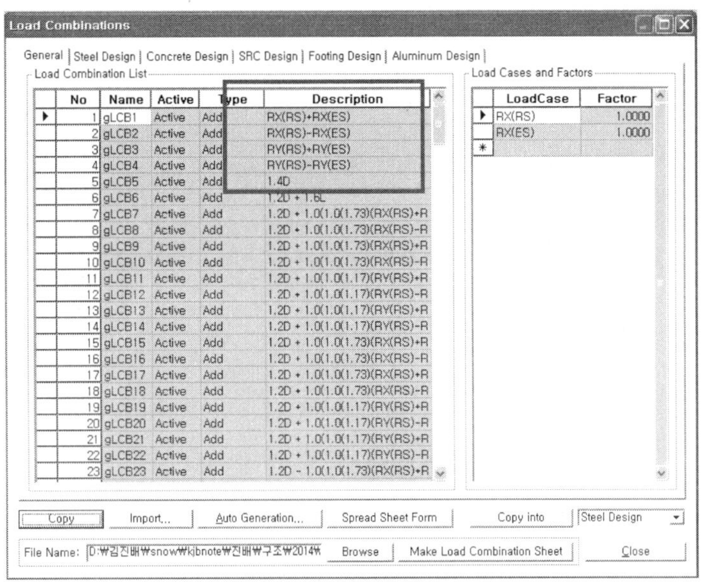

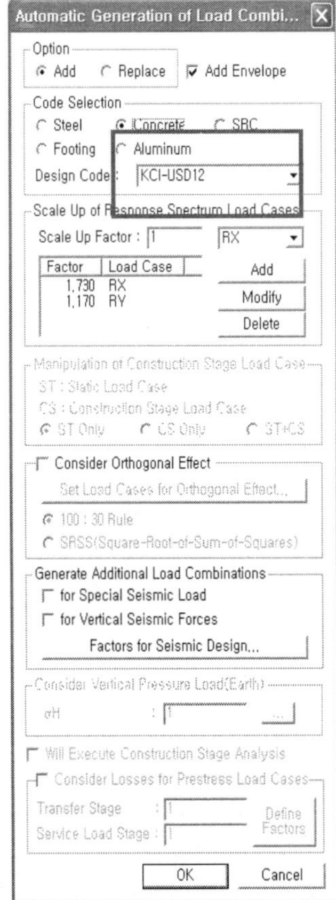

(b) 우발편심모멘트를 고려한 응답스펙트럼 하중조합 생성

[그림 5-8]  비틀림 비정형을 평가하기 위한 하중조합 생성

**02** 미리 생성해 두었던 우발편심모멘트를 고려한 응답스펙트럼 하중조합을 이용하여 비틀림 비정형을 평가한다.

> 1. *Result Menu*에서 *Result Tables* > *Story* > *Torsional Irregularity Check* 선택
> 2. *Load Case/Combination* 대화상자에서 **gLCB1, gLCB2, gLCB3, gLCB4** '✓' 표시 후 버튼 클릭

**03** 비틀림 비정형 평가 결과 Maximum Story Drift값이 1.2×Average Story Drift of Extreme Points보다 크기 때문에 본 예제는 비틀림 비정형구조물에 해당한다.

| | Load Case | Story | Level (m) | Story Height (m) | Average Value of Extreme Points | | Maximum Value | | Remark |
|---|---|---|---|---|---|---|---|---|---|
| | | | | | Story Drift (m) | 1.2*Story Drift (m) | Node | Story Drift (m) | |
| ▶ | gLCB1 | 8F | 18.00 | 3.00 | 0.0015 | 0.0018 | 135 | 0.0020 | Irregular |
| | gLCB1 | 7F | 15.00 | 3.00 | 0.0016 | 0.0020 | 115 | 0.0022 | Irregular |
| | gLCB1 | 6F | 12.00 | 3.00 | 0.0018 | 0.0021 | 95 | 0.0024 | Irregular |
| | gLCB1 | 5F | 9.00 | 3.00 | 0.0019 | 0.0022 | 75 | 0.0026 | Irregular |
| | gLCB1 | 4F | 6.00 | 3.00 | 0.0019 | 0.0023 | 55 | 0.0026 | Irregular |
| | gLCB1 | 3F | 3.00 | 3.00 | 0.0018 | 0.0022 | 35 | 0.0026 | Irregular |
| | gLCB1 | 2F | 0.00 | 3.00 | 0.0017 | 0.0020 | 1 | 0.0024 | Irregular |
| | gLCB1 | 1F | -4.00 | 4.00 | 0.0039 | 0.0047 | 18 | 0.0051 | Irregular |
| | gLCB2 | 8F | 18.00 | 3.00 | 0.0015 | 0.0017 | 135 | 0.0019 | Irregular |
| | gLCB2 | 7F | 15.00 | 3.00 | 0.0016 | 0.0019 | 115 | 0.0022 | Irregular |
| | gLCB2 | 6F | 12.00 | 3.00 | 0.0017 | 0.0021 | 95 | 0.0024 | Irregular |
| | gLCB2 | 5F | 9.00 | 3.00 | 0.0018 | 0.0022 | 75 | 0.0025 | Irregular |
| | gLCB2 | 4F | 6.00 | 3.00 | 0.0019 | 0.0022 | 55 | 0.0026 | Irregular |
| | gLCB2 | 3F | 3.00 | 3.00 | 0.0018 | 0.0022 | 35 | 0.0025 | Irregular |
| | gLCB2 | 2F | 0.00 | 3.00 | 0.0017 | 0.0020 | 1 | 0.0023 | Irregular |
| | gLCB2 | 1F | -4.00 | 4.00 | 0.0037 | 0.0044 | 13 | 0.0048 | Irregular |
| | gLCB3 | 8F | 18.00 | 3.00 | 0.0015 | 0.0018 | 135 | 0.0016 | Regular |
| | gLCB3 | 7F | 15.00 | 3.00 | 0.0016 | 0.0019 | 115 | 0.0017 | Regular |
| | gLCB3 | 6F | 12.00 | 3.00 | 0.0016 | 0.0019 | 95 | 0.0017 | Regular |
| | gLCB3 | 5F | 9.00 | 3.00 | 0.0016 | 0.0019 | 75 | 0.0018 | Regular |
| | gLCB3 | 4F | 6.00 | 3.00 | 0.0015 | 0.0018 | 55 | 0.0017 | Regular |
| | gLCB3 | 3F | 3.00 | 3.00 | 0.0014 | 0.0016 | 35 | 0.0015 | Regular |
| | gLCB3 | 2F | 0.00 | 3.00 | 0.0011 | 0.0014 | 10 | 0.0013 | Regular |
| | gLCB3 | 1F | -4.00 | 4.00 | 0.0023 | 0.0028 | 18 | 0.0036 | Irregular |
| | gLCB4 | 8F | 18.00 | 3.00 | 0.0015 | 0.0018 | 137 | 0.0019 | Irregular |
| | gLCB4 | 7F | 15.00 | 3.00 | 0.0016 | 0.0019 | 117 | 0.0026 | Irregular |
| | gLCB4 | 6F | 12.00 | 3.00 | 0.0016 | 0.0020 | 97 | 0.0027 | Irregular |
| | gLCB4 | 5F | 9.00 | 3.00 | 0.0016 | 0.0020 | 77 | 0.0027 | Irregular |
| | gLCB4 | 4F | 6.00 | 3.00 | 0.0016 | 0.0019 | 57 | 0.0026 | Irregular |
| | gLCB4 | 3F | 3.00 | 3.00 | 0.0014 | 0.0017 | 37 | 0.0018 | Irregular |
| | gLCB4 | 2F | 0.00 | 3.00 | 0.0011 | 0.0013 | 1 | 0.0014 | Irregular |
| | gLCB4 | 1F | -4.00 | 4.00 | 0.0018 | 0.0021 | 18 | 0.0027 | Regular |

[그림 5-9]  각 방향별 비틀림 비정형 평가결과 Table

### 수직비정형 1 : 강성 비정형 평가(KBC 2009 [표 5-5]) <0306.4.5>

강성 비정형 : 어떤 층의 횡강성이 인접한 상부층 횡강성의 70% 미만이거나 상부 3개층 평균 강성의 80% 미만인 연층이 존재하는 경우 강성분포의 비정형이 있는 것으로 간주한다. 단, 임의의 층의 층간변위각에 대한 인접한 상부층의 층간변위각의 비가 130% 이하이면 예외로 한다.(0306.4.4.2)

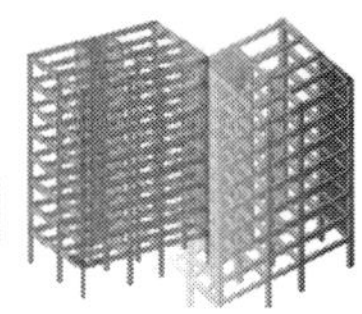

> 1. Result Menu에서 **Result Tables > Story > Stiffness Irregularity Check (Soft Story)** 선택
> 2. Load Case/Load Combination에서 **RX(RS), RY(RS)**에 '✓' 표시 후 버튼 클릭
> 3. Select Calculation Method의 **Story Drift Method**에서 '**Drift at the Center of Mass.**' 확인
> 4. Story Stiffness Method 에서 '**1/Story Drift Ratio**' 확인 후 OK 버튼 클릭
> 5. '**Stiffness Irregularity(X) Tab**', '**Stiffness Irregularity(Y) Tab**' 확인

**04** 층간변위(Story Drift)와 층강성(Story Stiffness)을 계산하는 방법을 지정한다. 본 예제에서는 질량중심에서의 층간변위와 층간변위각(Story Drift Ratio)의 역수로 계산된 층강성 계산방법을 선택한다.

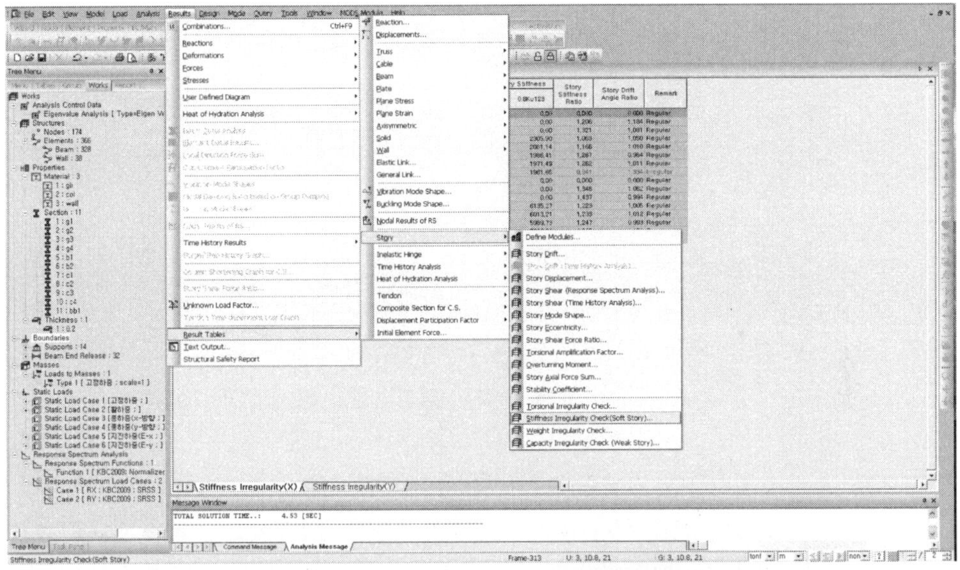

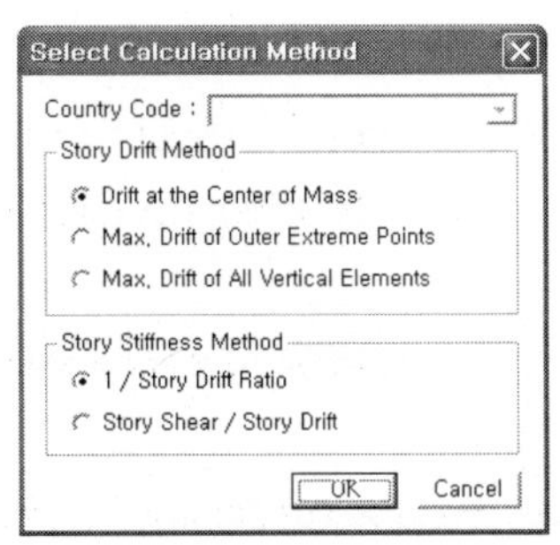

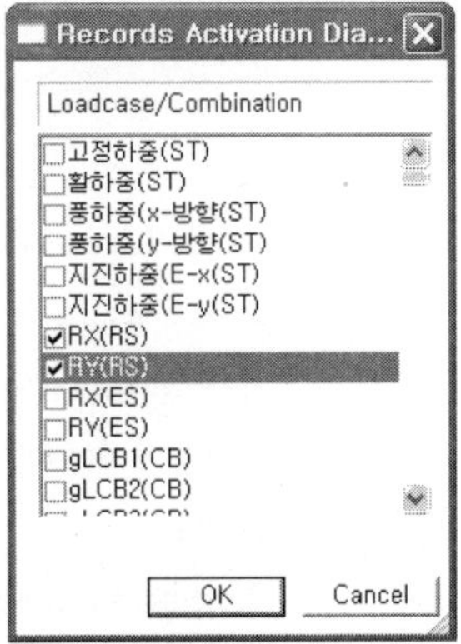

[그림 5-10] Story Drift와 Stiffness 계산 방법 지정

**05** 강성비정형 평가 결과 Story Stiffness Ratio가 1.0보다 크기 때문에 본 예제는 강성비정형이 아니다. 만약 Story Stiffness Ratio가 1.0보다 작더라도 Story Drift Angle Ratio가 1.3보다 작으므로 강성비정형에 해당하지 않는다.

- Story Stiffness Ratio : Max [(Story Stiffness / 0.7Ku1), (Story Stiffness / 0.8Ku123)]
- Story Drift Angle Ratio : Story Drift / 상부층의 Story Drift

◁ Start Page　Model View　Result-[Stiffness Irregularity Check]

| Load Case | Story | Level (m) | Story Height (m) | Story Drift (m) | Story Shear Force (kN) | Story Stiffness | Upper Story Stiffness | | Story Stiffness Ratio | Story Drift Angle Ratio | Remark |
|---|---|---|---|---|---|---|---|---|---|---|---|
| | | | | | | | 0.7Ku1 | 0.8Ku123 | | | |
| RX(RS) | 8F | 22.00 | 3.00 | 0.0019 | 195.98 | 1620.64 | 0.00 | 0.00 | 0.000 | 0.00 | Regular |
| RX(RS) | 7F | 19.00 | 3.00 | 0.0016 | 360.94 | 1861.51 | 1134.45 | 0.00 | 1.641 | 0.87 | Regular |
| RX(RS) | 6F | 16.00 | 3.00 | 0.0017 | 492.82 | 1766.40 | 1303.06 | 0.00 | 1.356 | 1.05 | Regular |
| RX(RS) | 5F | 13.00 | 3.00 | 0.0017 | 599.33 | 1725.94 | 1236.48 | 1399.61 | 1.233 | 1.02 | Regular |
| RX(RS) | 4F | 10.00 | 3.00 | 0.0017 | 685.84 | 1761.35 | 1208.16 | 1427.69 | 1.234 | 0.98 | Regular |
| RX(RS) | 3F | 7.00 | 3.00 | 0.0016 | 755.06 | 1910.60 | 1232.95 | 1400.98 | 1.364 | 0.92 | Regular |
| RX(RS) | 2F | 4.00 | 3.00 | 0.0014 | 807.77 | 2133.34 | 1337.42 | 1439.44 | 1.482 | 0.89 | Regular |
| RX(RS) | 1F | 0.00 | 4.00 | 0.0018 | 842.68 | 2219.32 | 1493.34 | 1548.08 | 1.434 | 0.96 | Regular |
| RY(RS) | 8F | 22.00 | 3.00 | 0.0004 | 82.93 | 7217.78 | 0.00 | 0.00 | 0.000 | 0.00 | Regular |
| RY(RS) | 7F | 19.00 | 3.00 | 0.0004 | 144.23 | 6899.75 | 5052.44 | 0.00 | 1.366 | 1.04 | Regular |
| RY(RS) | 6F | 16.00 | 3.00 | 0.0004 | 196.20 | 7009.31 | 4829.83 | 0.00 | 1.451 | 0.96 | Regular |
| RY(RS) | 5F | 13.00 | 3.00 | 0.0004 | 240.26 | 7288.41 | 4906.51 | 5633.82 | 1.294 | 0.96 | Regular |
| RY(RS) | 4F | 10.00 | 3.00 | 0.0004 | 272.99 | 7825.72 | 5101.89 | 5652.66 | 1.384 | 0.93 | Regular |
| RY(RS) | 3F | 7.00 | 3.00 | 0.0003 | 296.04 | 8816.13 | 5478.01 | 5899.59 | 1.494 | 0.88 | Regular |
| RY(RS) | 2F | 4.00 | 3.00 | 0.0003 | 317.42 | 9791.94 | 6171.29 | 6381.40 | 1.534 | 0.90 | Regular |
| RY(RS) | 1F | 0.00 | 4.00 | 0.0005 | 337.31 | 7740.32 | 6854.36 | 7049.01 | 1.098 | 1.26 | Regular |

◁ Start Page　Model View　Result-[Stiffness Irregularity Check]

| Load Case | Story | Level (m) | Story Height (m) | Story Drift (m) | Story Shear Force (kN) | Story Stiffness | Upper Story Stiffness | | Story Stiffness Ratio | Story Drift Angle Ratio | Remark |
|---|---|---|---|---|---|---|---|---|---|---|---|
| | | | | | | | 0.7Ku1 | 0.8Ku123 | | | |
| RX(RS) | 8F | 22.00 | 3.00 | 0.0006 | 79.95 | 5183.80 | 0.00 | 0.00 | 0.000 | 0.00 | Regular |
| RX(RS) | 7F | 19.00 | 3.00 | 0.0004 | 144.71 | 7111.04 | 3628.66 | 0.00 | 1.960 | 0.72 | Regular |
| RX(RS) | 6F | 16.00 | 3.00 | 0.0005 | 199.13 | 6538.17 | 4977.73 | 0.00 | 1.313 | 1.08 | Regular |
| RX(RS) | 5F | 13.00 | 3.00 | 0.0005 | 244.06 | 6184.41 | 4576.72 | 5022.13 | 1.231 | 1.05 | Regular |
| RX(RS) | 4F | 10.00 | 3.00 | 0.0005 | 278.35 | 6131.87 | 4329.08 | 5288.96 | 1.159 | 1.00 | Regular |
| RX(RS) | 3F | 7.00 | 3.00 | 0.0005 | 304.52 | 6546.39 | 4292.31 | 5027.85 | 1.302 | 0.93 | Regular |
| RX(RS) | 2F | 4.00 | 3.00 | 0.0003 | 324.19 | 9516.75 | 4582.47 | 5030.04 | 1.892 | 0.68 | Regular |
| RX(RS) | 1F | 0.00 | 4.00 | 0.0002 | 337.31 | 17138.12 | 6661.72 | 5918.67 | 2.573 | 0.55 | Regular |
| RY(RS) | 8F | 22.00 | 3.00 | 0.0014 | 293.86 | 2212.45 | 0.00 | 0.00 | 0.000 | 0.00 | Regular |
| RY(RS) | 7F | 19.00 | 3.00 | 0.0014 | 550.80 | 2143.52 | 1548.72 | 0.00 | 1.384 | 1.03 | Regular |
| RY(RS) | 6F | 16.00 | 3.00 | 0.0015 | 756.56 | 2062.65 | 1500.47 | 0.00 | 1.375 | 1.03 | Regular |
| RY(RS) | 5F | 13.00 | 3.00 | 0.0015 | 920.00 | 2046.42 | 1443.85 | 1711.63 | 1.196 | 1.00 | Regular |
| RY(RS) | 4F | 10.00 | 3.00 | 0.0014 | 1049.19 | 2120.01 | 1432.49 | 1667.36 | 1.271 | 0.96 | Regular |
| RY(RS) | 3F | 7.00 | 3.00 | 0.0013 | 1147.57 | 2328.59 | 1484.01 | 1661.09 | 1.402 | 0.91 | Regular |
| RY(RS) | 2F | 4.00 | 3.00 | 0.0011 | 1214.87 | 2784.20 | 1630.01 | 1732.01 | 1.608 | 0.83 | Regular |
| RY(RS) | 1F | 0.00 | 4.00 | 0.0009 | 1251.50 | 4361.83 | 1948.94 | 1928.75 | 2.238 | 0.63 | Regular |

[그림 5-11]　강성비정형 평가 결과 Table

## 수직비정형 2 : 중량 비정형 평가(KBC 2009 [표 5-5]) <0306.4.5>

중량 비정형 : 어떤 층의 유효중량이 인접층 유효중량의 150%를 초과할 때 중량 분포의 비정형으로 간주한다. 단, 임의의 층의 층간변위각에 대한 인접한 상부층의 층간변위각의 비가 130% 이하인 경우와 지붕층이 하부층보다 가벼운 경우이면 예외로 한다. (0306.4.4.2)

1. Result Menu에서 **Result Tables > Story > Weight Irregularity Check** 선택
2. Load Case/Load Combination 에서 **RX(RS), RY(RS)**에 '✓' 표시 후 OK 버튼 클릭
3. Select Calculation Method의 **Story Drift Method**에서 **Drift at the Center of Mass** 선택 후 OK버튼 클릭
4. **Weight Irregularity(X) Tab, Weight Irregularity(Y) Tab** 확인

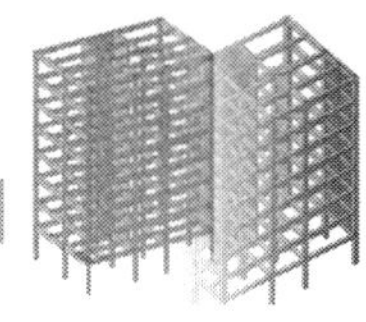

**06** 중량비정형 평가 결과 Story Weight Ratio가 1.0보다 작기 때문에 본 예제는 중량비정형이 아니다. 만약 Story Weight Ratio가 1.0보다 크더라도 Story Drift Angle Ratio가 1.3보다 작은 경우는 중량비정형에 해당하지 않는다.

- Story Weight Ratio : Max K(Story Weight / 1.5M(U)), (Story Weight / 1.5M(L))

- Story Drift Angle Ratio : Story Drift / 상부층의 Story Drift

4 / Start Page / Model View / Result-[Weight Irregularity Check]

| Load Case | Story | Level (m) | Story Height (m) | Story Weight (kN) | Adjacent Story Weight | | Story Weight Ratio | Story Drift Angle Ratio | Remark |
|---|---|---|---|---|---|---|---|---|---|
| | | | | | 1.5M(Upper) (kN) | 1.5M(Lower) (kN) | | | |
| RX(RS) | Roof | 25.00 | 0.00 | 1698.189 | 0.000 | 2718.337 | 0.625 | 0.00 | Regular |
| RX(RS) | 8F | 22.00 | 3.00 | 1812.225 | 2547.284 | 2718.337 | 0.711 | 0.00 | Regular |
| RX(RS) | 7F | 19.00 | 3.00 | 1812.225 | 2718.337 | 2718.337 | 0.667 | 0.87 | Regular |
| RX(RS) | 6F | 16.00 | 3.00 | 1812.225 | 2718.337 | 2718.337 | 0.667 | 1.05 | Regular |
| RX(RS) | 5F | 13.00 | 3.00 | 1812.225 | 2718.337 | 2718.337 | 0.667 | 1.02 | Regular |
| RX(RS) | 4F | 10.00 | 3.00 | 1812.225 | 2718.337 | 2718.337 | 0.667 | 0.98 | Regular |
| RX(RS) | 3F | 7.00 | 3.00 | 1812.225 | 2718.337 | 2765.291 | 0.667 | 0.92 | Regular |
| RX(RS) | 2F | 4.00 | 3.00 | 1843.528 | 2718.337 | 391.168 | 4.713 | 0.89 | Regular |
| RX(RS) | 1F | 0.00 | 4.00 | 260.778 | 2765.291 | 0.000 | 0.094 | 0.96 | Regular |
| RY(RS) | Roof | 25.00 | 0.00 | 1698.189 | 0.000 | 2718.337 | 0.625 | 0.00 | Regular |
| RY(RS) | 8F | 22.00 | 3.00 | 1812.225 | 2547.284 | 2718.337 | 0.711 | 0.00 | Regular |
| RY(RS) | 7F | 19.00 | 3.00 | 1812.225 | 2718.337 | 2718.337 | 0.667 | 1.04 | Regular |
| RY(RS) | 6F | 16.00 | 3.00 | 1812.225 | 2718.337 | 2718.337 | 0.667 | 0.98 | Regular |
| RY(RS) | 5F | 13.00 | 3.00 | 1812.225 | 2718.337 | 2718.337 | 0.667 | 0.96 | Regular |
| RY(RS) | 4F | 10.00 | 3.00 | 1812.225 | 2718.337 | 2718.337 | 0.667 | 0.93 | Regular |
| RY(RS) | 3F | 7.00 | 3.00 | 1812.225 | 2718.337 | 2765.291 | 0.667 | 0.88 | Regular |
| RY(RS) | 2F | 4.00 | 3.00 | 1843.528 | 2718.337 | 391.168 | 4.713 | 0.90 | Regular |
| RY(RS) | 1F | 0.00 | 4.00 | 260.778 | 2765.291 | 0.000 | 0.094 | 1.26 | Regular |

4 / Start Page / Model View / Result-[Weight Irregularity Check]

| Load Case | Story | Level (m) | Story Height (m) | Story Weight (kN) | Adjacent Story Weight | | Story Weight Ratio | Story Drift Angle Ratio | Remark |
|---|---|---|---|---|---|---|---|---|---|
| | | | | | 1.5M(Upper) (kN) | 1.5M(Lower) (kN) | | | |
| RX(RS) | Roof | 25.00 | 0.00 | 1698.189 | 0.000 | 2718.337 | 0.625 | 0.00 | Regular |
| RX(RS) | 8F | 22.00 | 3.00 | 1812.225 | 2547.284 | 2718.337 | 0.711 | 0.00 | Regular |
| RX(RS) | 7F | 19.00 | 3.00 | 1812.225 | 2718.337 | 2718.337 | 0.667 | 0.72 | Regular |
| RX(RS) | 6F | 16.00 | 3.00 | 1812.225 | 2718.337 | 2718.337 | 0.667 | 1.08 | Regular |
| RX(RS) | 5F | 13.00 | 3.00 | 1812.225 | 2718.337 | 2718.337 | 0.667 | 1.05 | Regular |
| RX(RS) | 4F | 10.00 | 3.00 | 1812.225 | 2718.337 | 2718.337 | 0.667 | 1.00 | Regular |
| RX(RS) | 3F | 7.00 | 3.00 | 1812.225 | 2718.337 | 2765.291 | 0.667 | 0.93 | Regular |
| RX(RS) | 2F | 4.00 | 3.00 | 1843.528 | 2718.337 | 391.168 | 4.713 | 0.68 | Regular |
| RX(RS) | 1F | 0.00 | 4.00 | 260.778 | 2765.291 | 0.000 | 0.094 | 0.55 | Regular |
| RY(RS) | Roof | 25.00 | 0.00 | 1698.189 | 0.000 | 2718.337 | 0.625 | 0.00 | Regular |
| RY(RS) | 8F | 22.00 | 3.00 | 1812.225 | 2547.284 | 2718.337 | 0.711 | 0.00 | Regular |
| RY(RS) | 7F | 19.00 | 3.00 | 1812.225 | 2718.337 | 2718.337 | 0.667 | 1.03 | Regular |
| RY(RS) | 6F | 16.00 | 3.00 | 1812.225 | 2718.337 | 2718.337 | 0.667 | 1.03 | Regular |
| RY(RS) | 5F | 13.00 | 3.00 | 1812.225 | 2718.337 | 2718.337 | 0.667 | 1.00 | Regular |
| RY(RS) | 4F | 10.00 | 3.00 | 1812.225 | 2718.337 | 2718.337 | 0.667 | 0.96 | Regular |
| RY(RS) | 3F | 7.00 | 3.00 | 1812.225 | 2718.337 | 2765.291 | 0.667 | 0.91 | Regular |
| RY(RS) | 2F | 4.00 | 3.00 | 1843.528 | 2718.337 | 391.168 | 4.713 | 0.83 | Regular |
| RY(RS) | 1F | 0.00 | 4.00 | 260.778 | 2765.291 | 0.000 | 0.094 | 0.63 | Regular |

[그림 5-12]  중량비정형 평가 결과 Table

### 수직비정형 5 : 강도 비정형 평가(KBC 2005 [표 5-4]) <0306.4.4>

강도 비정형 : 임의 층의 횡강도가 직상층 횡강도의 80% 미만인 약층이 존재하는 경우 강도의 불연속에 의한 비정형이 존재하는 것으로 간주한다. 각층의 횡강도는 층 전단력을 부담하는 내진요소들의 저항 방향 강도의 합을 말한다.

1. Result Menu에서 ***Result Tables > Story > Capacity Irregularity Check (Weak Story)*** 선택
2. **Capacity Irregularity Tab** 확인

**07** 강도비정형 평가 결과 Story Shear Strength Ratio가 0.8보다 작은값이 있으므로 본 예제는 강도비정형이다.

- Story Shear Strength Ratio : Story Shear Strength / Upper Story Shear Strength

Angle은 요소의 강도를 계산하는 기준이 되는 방향이며 일반적으로 Angle 1을 하중이 작용하는 방향으로 지정하면 입력된 하중과 층전단강도가 일치하게 되어서 그 때의 각 층별 강도를 확인할 수 있다.

| 4   Start Page   Model View   Result-[Capacity Irregularity Check] | | | | | | | | | | | | |
|---|---|---|---|---|---|---|---|---|---|---|---|---|
| | Story | Level (m) | Story Height (m) | Angle1 ([deg]) | Story Shear Strength1 (kN) | Upper Story Shear Strength1 (kN) | Story Shear Strength Ratio1 | Remark1 | Angle2 ([deg]) | Story Shear Strength2 (kN) | Upper Story Shear Strength2 (kN) | Story Shear Strength Ratio2 | Remark2 |
| | Angle = 0 [Deg] | | | | | | | | | | | | |
| | Input angle and press 'Apply' button to change angle. | | | 0.00 | Apply | | | | | | | | |
| ▶ | 8F | 22.00 | 3.00 | 0.00 | 9434.8556 | 0.0000 | 0.0000 | Regular | 90.00 | 13258.1758 | 0.0000 | 0.0000 | Regular |
| | 7F | 19.00 | 3.00 | 0.00 | 9434.8556 | 9434.8556 | 1.0000 | Regular | 90.00 | 13258.1758 | 13258.1758 | 1.0000 | Regular |
| | 6F | 16.00 | 3.00 | 0.00 | 9434.8556 | 9434.8556 | 1.0000 | Regular | 90.00 | 13258.1758 | 13258.1758 | 1.0000 | Regular |
| | 5F | 13.00 | 3.00 | 0.00 | 9434.8556 | 9434.8556 | 1.0000 | Regular | 90.00 | 13258.1758 | 13258.1758 | 1.0000 | Regular |
| | 4F | 10.00 | 3.00 | 0.00 | 9434.8556 | 9434.8556 | 1.0000 | Regular | 90.00 | 13258.1758 | 13258.1758 | 1.0000 | Regular |
| | 3F | 7.00 | 3.00 | 0.00 | 9434.8556 | 9434.8556 | 1.0000 | Regular | 90.00 | 13258.1758 | 13258.1758 | 1.0000 | Regular |
| | 2F | 4.00 | 3.00 | 0.00 | 9434.8556 | 9434.8556 | 1.0000 | Regular | 90.00 | 13258.1758 | 13258.1758 | 1.0000 | Regular |
| | 1F | 0.00 | 4.00 | 0.00 | 9434.8556 | 9434.8556 | 1.0000 | Regular | 90.00 | 8426.7186 | 13258.1758 | 0.6357 | Height Limit |

[그림 5-13] 강도 비정형 평가 결과 Table

- **그 외 비정형 평가**

  midas Gen에서는 앞서 설명한 프로그램으로 판단 가능한 4가지 비정형평가를 자동으로 수행한다. 그 외의 6가지 비정형평가 항목에 대해서도 평가해야 한다.

- **평면비정형 2 – 요철형 평면**
  - 내용 : 돌출한 부분의 치수가 해당하는 방향의 평면치수의 15%를 초과하면 요철형 평면을 갖는 것으로 간주한다.
  - 평가 : 본 예제는 직사각형 정형적인 평면이고 돌출한 부분이 없기 때문에 요철형 평면에 해당하지 않는다.(Regular)

- **평면비정형 3 – 격막의 불연속**
  - 내용 : 격막에서 잘려나간 부분이나 뚫린 부분이 전체 격막면적의 50%를 초과하거나 인접한 층간 격막 강성의 변화가 50%를 초과하는 급격한 불연속이나 강성의 변화가 있는 격막
  - 평가 : 본 예제는 격막에서 잘려나간 부분이나 뚫린 부분이 없고, 전층 격막 강성의 변화가 없기 때문에 격막의 불연속에 해당하지 않는다.(Regular)

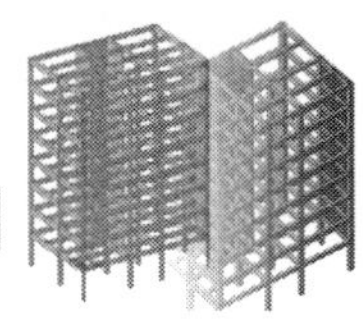

- **평면비정형 4 – 면외 어긋남**
  - 내용 : 수직부재의 면외 어긋남 등과 같이 횡력전달 경로에 있어서의 불연
    속성.
  - 평가 : [그림 5-14]와 같이 전단벽의 면외 어긋남으로 횡하중 전달 경로가
    불연속이 되었으므로 비정형에 해당된다.(Irregular)

- **평면비정형 5 – 비평행 시스템**
  - 내용 : 횡력저항 수직요소가 전체 횡력저항 시스템에 직교하는 주축에 평
    행하지 않거나 대칭이 아닌 경우.
  - 평가 : 횡력저항 수직요소가 주축에 평행하지만, 평면이 대칭이 아니기
    때문에 비평행 시스템에 해당된다.(Irregular)

- **수직비정형 3 – 기하학적 비정형**
  - 내용 : 횡력 저항시스템의 수평치수가 인접층 치수의 130%를 초과할 경우
    기하학적 비정형이 존재하는 것으로 간주한다.
  - 평가 : 본 예제는 직사각형 정형적인 평면이고 수직적인 변화가 없기 때문
    에 기하학적 비정형에 해당하지 않는다.(Regular)

- **수직비정형 4 – 면내 어긋남(횡력저항 수직 저항요소의 비정형)**
  - 내용 : 횡력 저항요소의 면내 어긋남이 그 요소의 길이보다 크거나, 인접한
    하부층 저항요소에 강성감소가 일어나는 경우 수직 저항요소의 면
    내 불연속에 의한 비정형 있는 것으로 간주한다.
  - 평가 : [그림 5-14]와 같이 전단벽이 최하부층까지 연속되어 있지 않으므로
    비정형에 해당된다.(Irregular)

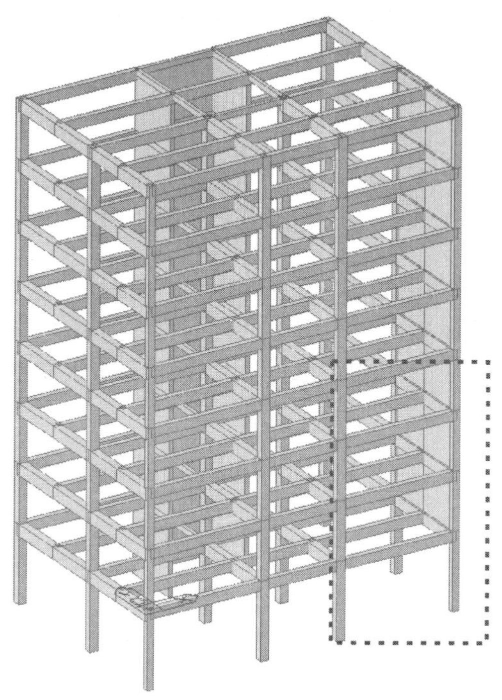

[그림 5-14]  면내 및 면외 어긋난 부분

[표 5-8]  비정형 평가 정리

| 번 호 | 유 형 | 판 정 | 비 고 |
|---|---|---|---|
| H-1 | 비틀림 비정형 | Irregular | 등가정적 해석시 비틀림 증폭계수 적용 |
| H-2 | 요철형 평면 | Regular | - |
| H-3 | 격막의 불연속 | Regular | - |
| H-4 | 면외 어긋남 | Irregular | 횡력저항 불연속 수직부재의 특별 하중조합적용 |
| P-5 | 비평행 시스템 | Irregular | 비정형 여부에 관계없이, 내진설계 범주 D이기 때문에 Orthogonal Effect 고려 |
| V-1 | 강성 비정형 | Irregular | - |
| V-2 | 중량 비정형 | Regular | - |
| V-3 | 기하학적 비정형 | Regular | - |
| V-4 | 면내 어긋남 | Irregular | 횡력저항 불연속 수직부재의 특별 하중조합적용 |
| V-5 | 강도 비정형 | Irregular | - |

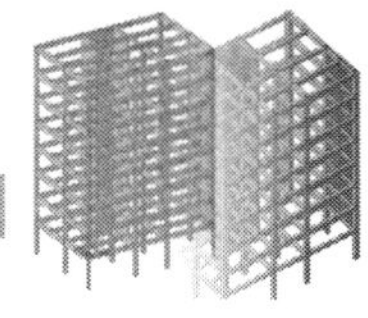

## 5.9.2  해석법 결정

본 구조물은 내진설계범주가 'D'이고 5층 이상의 비틀림 비정형구조물이므로 동적해석법으로 구조물을 해석해야 한다.(KBC 2009-0306.4.6 [표 5-9] 참조)

[표 5-9] 〈0306.4.6〉 내진설계범주 'D'에 대한 해석법

| 구조물의 형태 | 내진설계를 위한 해석방법 |
|---|---|
| 1. 3층 이하인 경량골조 구조와 각 층에서 유연한 격막을 갖는 2층 이하인 기타 구조로서 내진등급 II의 구조물 | 등가정적 해석법 또는 동적 해석법 |
| 2. 상기 1항 이외의 높이 70m 미만의 정형 구조물 | 등가정적 해석법 또는 동적 해석법 |
| 3. [표 5-5] 〈0306.4.5〉에서 유형 1,2 혹은 3의 수직비정형성을 가지거나 [표 5-4] 〈0306.4.4〉의 유형 1의 비정형성을 가지면서 높이가 5층 또는 20m 초과하는 구조물 또는 높이가 70m를 초과하는 정형구조물 | 동적 해석법 |
| 4. 평면 및 수직 비정형성을 가지는 기타 구조물 | 동적 해석법 |

## 5.9.3  고유치 해석결과 검토

1. Results Menu에서 ***Result Tables > Vibration Mode Shape*** 선택
2. ***Records Activation Dialog***에서 Cancel 클릭 후 테이블에서 X, Y 방향 주기 확인

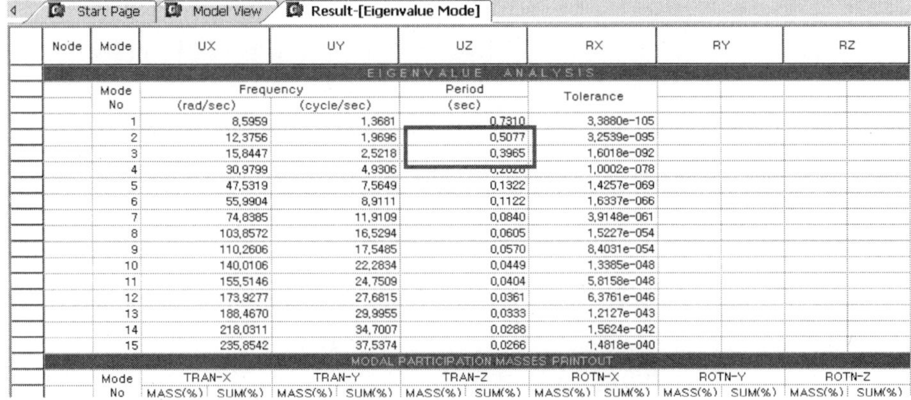

| Node | Mode | UX | UY | UZ | RX | RY | RZ |
|---|---|---|---|---|---|---|---|

EIGENVALUE ANALYSIS

| Mode No | Frequency (rad/sec) | (cycle/sec) | Period (sec) | Tolerance |
|---|---|---|---|---|
| 1 | 8,5959 | 1,3681 | 0,7310 | 3,3880e-105 |
| 2 | 12,3756 | 1,9696 | 0,5077 | 3,2539e-095 |
| 3 | 15,8447 | 2,5218 | 0,3965 | 1,6018e-092 |
| 4 | 30,9799 | 4,9306 | 0,2020 | 1,0002e-078 |
| 5 | 47,5319 | 7,5649 | 0,1322 | 1,4257e-069 |
| 6 | 55,9904 | 8,9111 | 0,1122 | 1,6337e-066 |
| 7 | 74,8385 | 11,9109 | 0,0840 | 3,9148e-061 |
| 8 | 103,8572 | 16,5294 | 0,0605 | 1,5227e-054 |
| 9 | 110,2606 | 17,5485 | 0,0570 | 8,4031e-054 |
| 10 | 140,0106 | 22,2834 | 0,0449 | 1,3385e-048 |
| 11 | 155,5146 | 24,7509 | 0,0404 | 5,8158e-048 |
| 12 | 173,9277 | 27,6815 | 0,0361 | 6,3761e-046 |
| 13 | 188,4670 | 29,9955 | 0,0333 | 1,2127e-043 |
| 14 | 218,0311 | 34,7007 | 0,0288 | 1,5624e-042 |
| 15 | 235,8542 | 37,5374 | 0,0266 | 1,4818e-040 |

MODAL PARTICIPATION MASSES PRINTOUT

| Mode No | TRAN-X | | TRAN-Y | | TRAN-Z | | ROTN-X | | ROTN-Y | | ROTN-Z | |
|---|---|---|---|---|---|---|---|---|---|---|---|---|
| | MASS(%) | SUM(%) | MASS(%) | SUM(%) | MASS(%) | SUM(%) | MASS(%) | SUM(%) | MASS(%) | SUM(%) | MASS(%) | SUM(%) |

[그림 5-15]  Vibration Mode Shape

## 5.9.4 응답스펙트럼 해석결과 검토

본 예제는 동적 해석이 요구되기 때문에 먼저 응답스펙트럼 해석결과를 검토하고 참고로 등가정적 해석을 한 경우의 검토 절차도 따라해 보자.

- 보정계수(Cm : Modification Factor) 산정

    응답스펙트럼 해석을 통해서 구한 구조물의 밑면전단력을 등가정적 해석의 밑면전단력과 비교하여, 그 차이를 보정하기 위한 보정계수를 산정한다.

    등가정적 해석법에서의 밑면전단력은 midas Gen의 등가정적 지진하중 자동연산기능을 이용하여 산정한다.

---

1. Results Menu에서 **Result Tables > Story > Story Shear(Response Spectrum Analysis)** 선택
2. Spectrum Load Cases에서 **RX(RS), RY(RS)**에 '✓' 표시 후 OK 버튼 클릭
3. **RX조건에서 밑면전단력 335.69kN**과 **RY조건에서 566.65kN** 확인

---

◁ ▣ Start Page　▣ Model View　▣ Result-[Story Shear(Response Spectrum Analysis)]

| Story | Level (m) | Spectrum | Inertia Force | | Shear Force | | | | | | Eccentricity (m) | Story Force (kN) | Eccentric Moment (kN·m) |
| | | | | | Spring Reactions | | Without Spring | | With Spring | | | | |
| | | | X (kN) | Y (kN) | X (kN) | Y (kN) | X (kN) | Y (kN) | X (kN) | Y (kN) | | | |
| Roof | 25.0000 | RX(RS) | 1.9598e+002 | 7.9947e+001 | 0.0000e+000 | 0.0000e+000 | 0.0000e+000 | 0.0000e+000 | 0.0000e+000 | 0.0000e+000 | 5.4000e-001 | 1.9598e+002 | 1.0563e+002 |
| 8F | 22.0000 | RX(RS) | 1.6913e+002 | 6.9065e+001 | 0.0000e+000 | 0.0000e+000 | 1.9598e+002 | 7.9947e+001 | 1.9598e+002 | 7.9947e+001 | 5.4000e-001 | 1.6913e+002 | 9.1330e+001 |
| 7F | 19.0000 | RX(RS) | 1.4436e+002 | 6.3174e+001 | 0.0000e+000 | 0.0000e+000 | 3.6094e+002 | 1.4471e+002 | 3.6094e+002 | 1.4471e+002 | 5.4000e-001 | 1.4436e+002 | 7.7954e+001 |
| 6F | 16.0000 | RX(RS) | 1.2933e+002 | 5.3559e+001 | 0.0000e+000 | 0.0000e+000 | 4.9282e+002 | 1.9913e+002 | 4.9282e+002 | 1.9913e+002 | 5.4000e-001 | 1.2933e+002 | 6.9837e+001 |
| 5F | 13.0000 | RX(RS) | 1.1892e+002 | 4.7938e+001 | 0.0000e+000 | 0.0000e+000 | 5.9933e+002 | 2.4406e+002 | 5.9933e+002 | 2.4406e+002 | 5.4000e-001 | 1.1892e+002 | 6.4217e+001 |
| 4F | 10.0000 | RX(RS) | 1.0937e+002 | 4.7343e+001 | 0.0000e+000 | 0.0000e+000 | 6.8584e+002 | 2.7835e+002 | 6.8584e+002 | 2.7835e+002 | 5.4000e-001 | 1.0937e+002 | 5.9061e+001 |
| 3F | 7.0000 | RX(RS) | 9.6122e+001 | 4.4964e+001 | 0.0000e+000 | 0.0000e+000 | 7.5506e+002 | 3.0452e+002 | 7.5506e+002 | 3.0452e+002 | 5.4000e-001 | 9.6122e+001 | 5.1906e+001 |
| 2F | 4.0000 | RX(RS) | 7.3542e+001 | 3.6762e+001 | 0.0000e+000 | 0.0000e+000 | 8.0777e+002 | 3.2419e+002 | 8.0777e+002 | 3.2419e+002 | 5.4000e-001 | 7.3542e+001 | 3.9713e+001 |
| 1F | 0.0000 | RX(RS) | 8.4268e+002 | 3.3731e+002 | 0.0000e+000 | 0.0000e+000 | 8.4268e+002 | 3.3731e+002 | 8.4268e+002 | 3.3731e+002 | 0.0000e+000 | 0.0000e+000 | 0.0000e+000 |
| Roof | 25.0000 | RY(RS) | 8.2933e+001 | 2.9366e+002 | 0.0000e+000 | 0.0000e+000 | 0.0000e+000 | 0.0000e+000 | 0.0000e+000 | 0.0000e+000 | 8.0000e-001 | 2.9366e+002 | 2.3509e+002 |
| 8F | 22.0000 | RY(RS) | 6.9302e+001 | 2.5953e+002 | 0.0000e+000 | 0.0000e+000 | 8.2933e+001 | 2.9386e+002 | 8.2933e+001 | 2.9386e+002 | 8.0000e-001 | 2.5953e+002 | 2.0762e+002 |
| 7F | 19.0000 | RY(RS) | 6.6466e+001 | 2.1594e+002 | 0.0000e+000 | 0.0000e+000 | 1.4423e+002 | 5.5080e+002 | 1.4423e+002 | 5.5060e+002 | 8.0000e-001 | 2.1594e+002 | 1.7275e+002 |
| 6F | 16.0000 | RY(RS) | 5.6136e+001 | 1.8662e+002 | 0.0000e+000 | 0.0000e+000 | 1.9620e+002 | 7.5656e+002 | 1.9620e+002 | 7.5656e+002 | 8.0000e-001 | 1.8662e+002 | 1.4946e+002 |
| 5F | 13.0000 | RY(RS) | 4.5174e+001 | 1.6502e+002 | 0.0000e+000 | 0.0000e+000 | 2.4026e+002 | 9.2000e+002 | 2.4026e+002 | 9.2000e+002 | 8.0000e-001 | 1.6502e+002 | 1.3202e+002 |
| 4F | 10.0000 | RY(RS) | 5.0571e+001 | 1.4029e+002 | 0.0000e+000 | 0.0000e+000 | 2.7239e+002 | 1.0492e+003 | 2.7239e+002 | 1.0492e+003 | 8.0000e-001 | 1.4029e+002 | 1.1223e+002 |
| 3F | 7.0000 | RY(RS) | 5.5389e+001 | 1.0791e+002 | 0.0000e+000 | 0.0000e+000 | 2.9604e+002 | 1.1476e+003 | 2.9604e+002 | 1.1476e+003 | 8.0000e-001 | 1.0791e+002 | 8.6328e+001 |
| 2F | 4.0000 | RY(RS) | 5.3129e+001 | 7.0218e+001 | 0.0000e+000 | 0.0000e+000 | 3.1742e+002 | 1.2149e+003 | 3.1742e+002 | 1.2149e+003 | 8.0000e-001 | 7.0218e+001 | 5.6175e+001 |
| 1F | 0.0000 | RY(RS) | 3.3731e+002 | 1.2515e+003 | 0.0000e+000 | 0.0000e+000 | 3.3731e+002 | 1.2515e+003 | 3.3731e+002 | 1.2515e+003 | 0.0000e+000 | 0.0000e+000 | 0.0000e+000 |

[그림 5-16] 동적 밑면 전단력 확인

---

1. Load Menu의 **Lateral Loads > Static Seismic Loads** 선택
2. Static Seismic Loads 대화상자의 Add 버튼 클릭
3. Seismic Load Code 선택란에서 **KBC(2009)** 확인
4. **Seismic Zone '1', Zone Factor(S) 0.22, Site Class Sd** 선택
5. Seis. Use Group란에 **'I', Importance(Ie)**란에 **1.2** 확인
6. Approximate Period의 오른쪽 ... 버튼 클릭
7. **X-Direction Period, Y-Direction Period** 선택란에 **.3. T=0.049hn^(3/4)** 선택 후 OK 버튼 클릭
8. **Analytical Period**의 **X-Dir**에 **0.5478, Y-Dir**에 **0.5478** 확인

---

9. **Response Modification Factor(R)**에 **X-Direction, Y-Direction** 선택란에서 **5.0** 선택

10. **Seismic Load Profile...** 버튼 클릭

11. *Scroll Bar*를 조정하여 **GL**의 *Story Shear*에서 **1725.2kN** 확인

12. *Component* 선택란에서 **Y-Dir.** 선택 후 *Scroll Bar*를 조정하여 **GL**의 *Story Shear*에서 **1725.2kN** 확인

13. 모든 창 닫기

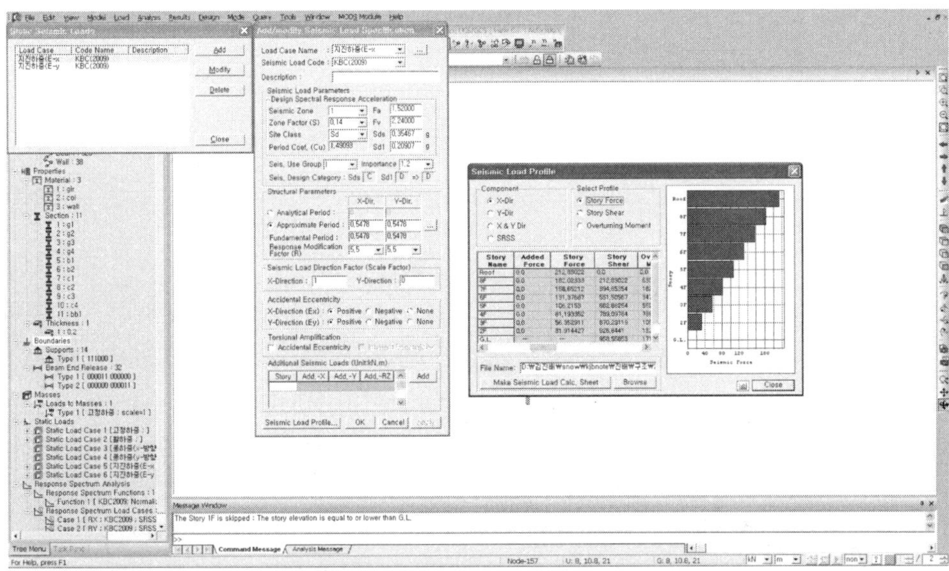

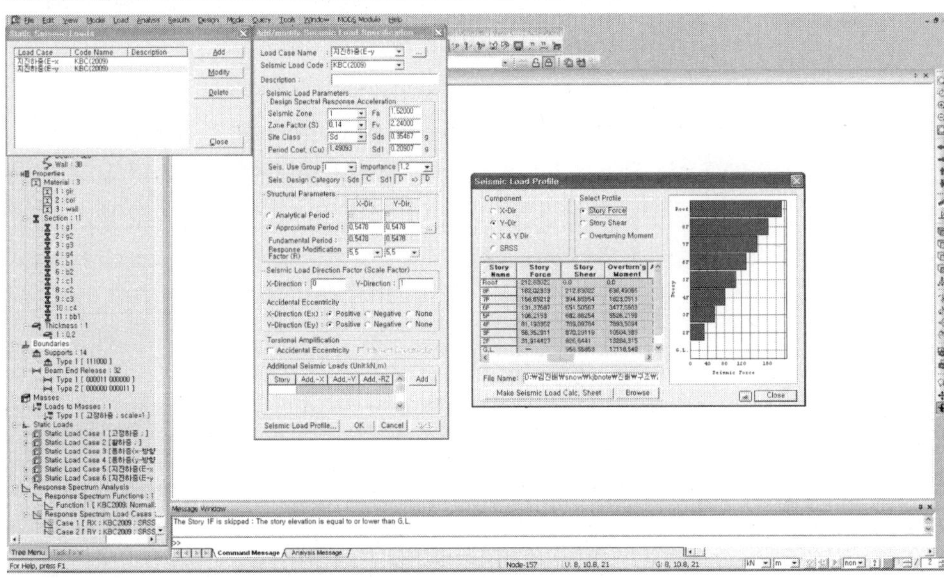

$$X\text{-Dir Scale-Up Factor} : 0.85 \times (1725.2/842.7) = 1.74$$

$$Y\text{-Dir Scale-Up Factor} : 0.85 \times (1725.2/1251.5) = 1.17$$

## 5.9.5 전도 모멘트 검토

midas Gen에서는 지진하중에 의한 각 층의 전도모멘트가 자동으로 산출된다. KBC 2005 내진설계기준에서는 전도모멘트에 저항할 수 있도록 저항모멘트를 계산해야 한다. 그러나 저항모멘트는 하중방향과 구조물의 형상에 따라서 변하므로 midas Gen에서는 수직부재의 축력의 합과 중심을 자동 계산한다.

### KBC 2009 [0306.5.6.5]

건물은 0306.5에 따라 결정된 지진하중으로 인한 전도모멘트에 대하여 저항할 수 있도록 설계하여야 한다.

---

1. Results Menu에서 **Result Tables > Story > Overturning Moment** 선택
2. Load Case/Load Combination에서 **RX(RS)**에 '✓' 표시 후 버튼 클릭
3. 마우스 오른쪽 클릭하여 **Context Menu**의 **Set Overturning Moment Parameters**클릭
4. Scale Factor for Response Spectrum 입력란에 **1.74** 입력
5. Define Reduction Factor에서 **Fixed(1.0)** 선택 후 버튼 클릭[1]
6. Context Menu의 **Activate Records** 클릭
7. Load Case/Load Combination에서 **RY(RS)**에만 '✓' 표시 후 버튼 클릭
8. Context Menu의 **Set Overturning Moment Parameters** 클릭
9. Scale Factor for Response Spectrum 입력란에 **1.17** 넣고 버튼 클릭

---

1) 전도모멘트 감소계수($\tau$)는 정적해석에서 구한 결과에 고층 구조물에서 고차모드의 영향을 고려하는 계수로써 등가정적 지진해석의 경우에는 층에 따라 감소계수를 다르게 적용한다. 그러나 동적해석에 대해서는 $\tau$=1.0으로 적용할 수 있다.

| Load Case | Story | Level (m) | Story Height (m) | Reduction Factor (τ) | Angle1 ([deg]) | Frame Value | Frame Ratio | Wall Value | Wall Ratio | Sum of Story Force1 * Distance (kN·m) | Overturning Moment1 (kN·m) | Angle2 ([deg]) | Frame Value | Frame Ratio | Wall Value | Wall Ratio | Sum of Story Force2 * Distance (kN·m) | Overturning Moment2 (kN·m) |
|---|---|---|---|---|---|---|---|---|---|---|---|---|---|---|---|---|---|---|
| RX(RS) | 8F | 22.00 | 3.00 | 1.00 | 0.00 | 1106.30 | 0.75 | 364.06 | 0.25 | 1.02301e+003 | 1.02301e+003 | 90.00 | 501.83 | 0.65 | 271.78 | 0.35 | 4.17325e+002 | 4.17325e+002 |
| RX(RS) | 7F | 19.00 | 3.00 | 1.00 | 0.00 | 2042.47 | 0.60 | 1371.15 | 0.40 | 2.90714e+003 | 2.90714e+003 | 90.00 | 973.12 | 0.58 | 716.97 | 0.42 | 1.17270e+003 | 1.17270e+003 |
| RX(RS) | 6F | 16.00 | 3.00 | 1.00 | 0.00 | 3094.24 | 0.51 | 2931.88 | 0.49 | 5.47965e+003 | 5.47966e+003 | 90.00 | 1519.13 | 0.52 | 1385.57 | 0.48 | 2.21218e+003 | 2.21218e+003 |
| RX(RS) | 5F | 13.00 | 3.00 | 1.00 | 0.00 | 4186.72 | 0.46 | 5002.77 | 0.54 | 8.60817e+003 | 8.60817e+003 | 90.00 | 2116.50 | 0.48 | 2255.90 | 0.52 | 3.46616e+003 | 3.46616e+003 |
| RX(RS) | 4F | 10.00 | 3.00 | 1.00 | 0.00 | 5280.68 | 0.41 | 7524.70 | 0.59 | 1.21882e+004 | 1.21882e+004 | 90.00 | 2739.82 | 0.45 | 3293.01 | 0.55 | 4.93915e+003 | 4.93915e+003 |
| RX(RS) | 3F | 7.00 | 3.00 | 1.00 | 0.00 | 6313.64 | 0.38 | 10473.26 | 0.62 | 1.61297e+004 | 1.61297e+004 | 90.00 | 3335.65 | 0.43 | 4464.24 | 0.57 | 6.52875e+003 | 6.52875e+003 |
| RX(RS) | 2F | 4.00 | 3.00 | 1.00 | 0.00 | 7182.76 | 0.34 | 13845.26 | 0.66 | 2.09462e+004 | 2.09462e+004 | 90.00 | 3844.66 | 0.40 | 5766.94 | 0.60 | 8.22103e+003 | 8.22103e+003 |
| RX(RS) | 1F | 0.00 | 4.00 | 1.00 | 0.00 | 7482.31 | 0.28 | 19461.79 | 0.72 | 2.62113e+004 | 2.62113e+004 | 90.00 | 3926.99 | 0.33 | 8127.37 | 0.67 | 1.05687e+004 | 1.05687e+004 |

(a) 보정계수(Cm)=1.74 적용한 경우(RX Load Case)

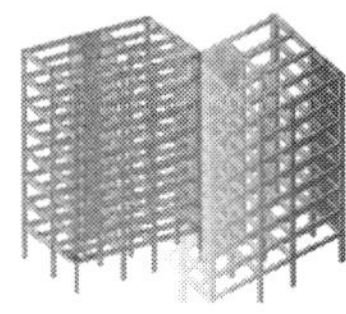

| | Load Case | Story | Level (m) | Story Height (m) | Reduction Factor (τ) | Angle1 ([deg]) | Frame Value | Frame Ratio | Wall Value | Wall Ratio | Sum of Story Force1 * Distance (kN·m) | Overturning Moment1 (kN·m) | Angle2 ([deg]) | Frame Value | Frame Ratio | Wall Value | Wall Ratio | Sum of Story Force2 * Distance (kN·m) | Overturning Moment2 (kN·m) |
|---|---|---|---|---|---|---|---|---|---|---|---|---|---|---|---|---|---|---|---|
| | Angle for static load case result: 0 [Deg] | | | | | | | | | | | | | | | | | | |
| | Input angle and press 'Apply' button to change angle. | | | | | 0.00 | Apply | | | | | | | | | | | | |
| ▶ | RY(RS) | 8F | 22.00 | 3.00 | 1.00 | 90.00 | 934.57 | 0.78 | 258.22 | 0.22 | 1.03144e+003 | 1.03144e+003 | 180.00 | 202.14 | 0.59 | 137.62 | 0.41 | 2.91095e+002 | 2.91095e+002 |
| | RY(RS) | 7F | 19.00 | 3.00 | 1.00 | 90.00 | 1741.79 | 0.55 | 1402.47 | 0.45 | 2.96475e+003 | 2.96475e+003 | 180.00 | 550.01 | 0.41 | 511.34 | 0.59 | 7.97344e+002 | 7.97344e+002 |
| | RY(RS) | 6F | 16.00 | 3.00 | 1.00 | 90.00 | 2647.98 | 0.46 | 3159.18 | 0.54 | 5.62027e+003 | 5.62027e+003 | 180.00 | 506.27 | 0.32 | 1058.79 | 0.68 | 1.48600e+003 | 1.48600e+003 |
| | RY(RS) | 5F | 13.00 | 3.00 | 1.00 | 90.00 | 3589.26 | 0.40 | 5449.78 | 0.60 | 8.84946e+003 | 8.84946e+003 | 180.00 | 662.19 | 0.27 | 1768.91 | 0.73 | 2.32931e+003 | 2.32931e+003 |
| | RY(RS) | 4F | 10.00 | 3.00 | 1.00 | 90.00 | 4531.10 | 0.36 | 8192.84 | 0.64 | 1.25321e+004 | 1.25321e+004 | 180.00 | 810.58 | 0.24 | 2600.31 | 0.76 | 3.28540e+003 | 3.28540e+003 |
| | RY(RS) | 3F | 7.00 | 3.00 | 1.00 | 90.00 | 5407.67 | 0.32 | 11347.56 | 0.68 | 1.65601e+004 | 1.65601e+004 | 180.00 | 946.25 | 0.21 | 3529.44 | 0.79 | 4.32448e+003 | 4.32448e+003 |
| | RY(RS) | 2F | 4.00 | 3.00 | 1.00 | 90.00 | 6275.68 | 0.30 | 14747.02 | 0.70 | 2.08243e+004 | 2.08243e+004 | 180.00 | 1060.21 | 0.19 | 4558.60 | 0.81 | 5.43861e+003 | 5.43861e+003 |
| | RY(RS) | 1F | 0.00 | 4.00 | 1.00 | 90.00 | 6369.77 | 0.24 | 20511.71 | 0.76 | 2.66813e+004 | 2.66813e+004 | 180.00 | 1146.77 | 0.16 | 6071.18 | 0.84 | 7.01721e+003 | 7.01721e+003 |

(b) 보정계수(Cm)=1.17 적용한 경우(RY Load Case)

[그림 5-17]  전도모멘트 평가결과 Table

수직부재 축력과 그 중심 좌표를 확인하여 전도모멘트에 저항하는 저항모멘트를 계산한다.

1. Results Menu에서 *Result Tables > Story > Story Axial Force Sum* 선택

2. Load Case/Load Combination에서 **고정하중(ST)**에 '✓' 표시 후 OK 버튼 클릭

| | Load Case | Story | Level (m) | Story Height (m) | Axial Force Sum of Vertical Elements (kN) | Center of Axial Forces X Coordinate | Y Coordinate |
|---|---|---|---|---|---|---|---|
| ▶ | 고정하중 | 8F | 22.00 | 3.00 | -1927.664736 | 8.2957 | 5.6508 |
| | 고정하중 | 7F | 19.00 | 3.00 | -3739.889473 | 8.2809 | 5.6655 |
| | 고정하중 | 6F | 16.00 | 3.00 | -5552.114209 | 8.2812 | 5.6759 |
| | 고정하중 | 5F | 13.00 | 3.00 | -7364.338946 | 8.2823 | 5.6811 |
| | 고정하중 | 4F | 10.00 | 3.00 | -9176.563682 | 8.2829 | 5.6840 |
| | 고정하중 | 3F | 7.00 | 3.00 | -10988.788419 | 8.2834 | 5.6857 |
| | 고정하중 | 2F | 4.00 | 3.00 | -12801.013155 | 8.2842 | 5.6879 |
| | 고정하중 | 1F | 0.00 | 4.00 | -14675.843545 | 8.2505 | 5.7071 |

[그림 5-18]  Story Axial Force Sum Table

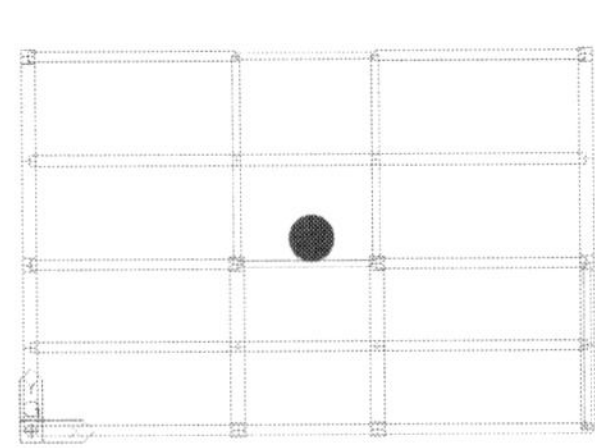

(a) Center of Axial Force Sum

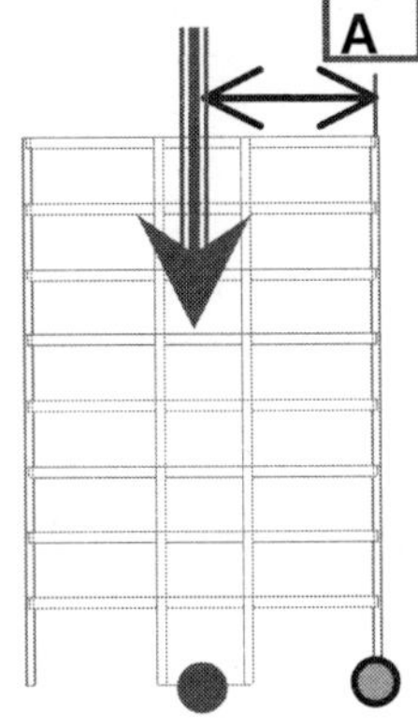


(b) Resistance Moment

[그림 5-19]  저항모멘트 개념

**[표 5-10]  저항모멘트 비교(kN, m)**

| Story | Axial Force Sum | X Coordinate | Resistance Moment(X) | Overturning Moment(RX) | Remark (R.M≥O.M) |
|---|---|---|---|---|---|
| 8F | 1927.66 | 8.2957 | 15,991.29 | 417.33 | O.K |
| 7F | 3739.89 | 8.2809 | 30,969.66 | 1172.7 | O.K |
| 6F | 5552.11 | 8.2812 | 45,978.13 | 2212.18 | O.K |
| 5F | 7364.34 | 8.2823 | 60,993.67 | 3486.16 | O.K |
| 4F | 9176.56 | 8.2829 | 76,008.53 | 4939.15 | O.K |
| 3F | 10988.79 | 8.2834 | 91,024.54 | 6528.75 | O.K |
| 2F | 12801.01 | 8.2842 | 106,046.13 | 8221.03 | O.K |
| 1F | 14675.84 | 8.2505 | 121,083.02 | 10568.7 | O.K |
| Story | Axial Force Sum | Y Coordinate | Resistance Moment(Y) | Overturning Moment(RY) | Remark |
| 8F | 1927.66 | 5.5608 | 10,719.33 | 291.10 | O.K |
| 7F | 3739.89 | 5.6655 | 21,188.35 | 797.34 | O.K |
| 6F | 5552.11 | 5.6759 | 31,513.22 | 1486.0 | O.K |
| 5F | 7364.34 | 5.6811 | 41,837.55 | 2329.3 | O.K |
| 4F | 9176.56 | 5.6840 | 52,159.57 | 3285.4 | O.K |
| 3F | 10988.79 | 5.6857 | 62,478.96 | 4324.48 | O.K |
| 2F | 12801.01 | 5.6879 | 72,810.86 | 5438.6 | O.K |
| 1F | 14675.84 | 5.7071 | 83,756.49 | 7017.2 | O.K |

## 9.5.6  P-delta 해석적용 여부 검토

안정계수를 확인하여 P-delta 해석적용 여부를 검토한다. (KBC2009 [0306.5.7.2])

### KBC 2009 [0306.5.7.2]

안정계수($\theta$)가 0.1보다 크고, $\theta$max 이하일 경우에는 층간변위와 부재력은 P-$\varDelta$ 효과를 고려하여 산정하며, 특히 $\theta$가 $\theta$max보다 클 경우, 건물은 잠재적으로 불안정하므로 재설계해야 한다.

1. Results Menu에서 ***Result Tables > Story > Stability Coefficient*** 선택
2. Load Case/Load Combination에서 **RX(RS)**에 '✓' 표시 후 OK 버튼 클릭
3. Deflection Amplification Factor(Cd) 입력란에 **4.5** 입력
4. Importance Factor(Ie) 입력란에 **1.2**
5. Scale Factor에 **1.74** 입력
6. Vertical Load Combination 선택란에 **DL** 선택
7. Add 버튼 클릭

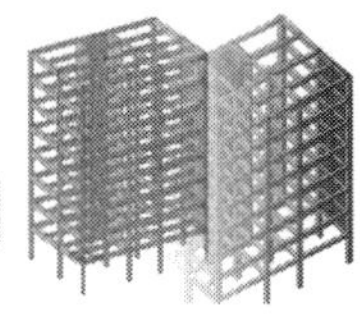

8. Vertical Load Combination 선택란에 **LL** 선택

9. Add 버튼 클릭

10. *Story Drift Method*에서 **Drift on the Center of Mass** 선택

11. OK 버튼 클릭

12. *Remark* 열에서 **OK** 확인

13. **RY(RS) Load Case**도 같은 방법으로 *Stability Coefficient(Y) Tab*에서 확인

[그림 5-21]에서 P-delta 해석적용 여부를 확인한 결과가 'OK'이기 때문에 P-delta 해석을 수행할 필요는 없다.(그림 5-21 참조) 만약 Remark에서 'P-delta Req.'가 출력되면 P-delta 해석을 수행해야 하고, 'Redesign'이 출력되면 건물은 잠재적으로 불안정하므로 재설계해야 한다.

[그림 5-20]  안정계수의 Parameters

Start Page | Model View | Result-[Stability Coefficient]

Cd=4,5, le=1,2, Scale Factor=1,74
Press right mouse button and click 'Set Stability Coefficient Parameters...' menu to change Cd/le/Scale Factor/Beta!

| Load Case | Story | Story Height (m) | Vertical Load (kN) | Story Shear Force (kN) | Modified Story Drift (m) | Beta (β) | Stability Coefficient (θ) | Allowable Limit | Remark | P-Delta Incremental Factor (ad) |
|---|---|---|---|---|---|---|---|---|---|---|
| RX(RS) | 8F | 3,00 | 2273,2647 | 195,9787 | 0,0121 | 1,0000 | 0,0060 | 0,111 | OK | 1,0000 |
| RX(RS) | 7F | 3,00 | 4523,4895 | 360,9444 | 0,0105 | 1,0000 | 0,0056 | 0,111 | OK | 1,0000 |
| RX(RS) | 6F | 3,00 | 6773,7142 | 492,8200 | 0,0111 | 1,0000 | 0,0065 | 0,111 | OK | 1,0000 |
| RX(RS) | 5F | 3,00 | 9023,9389 | 599,3326 | 0,0113 | 1,0000 | 0,0073 | 0,111 | OK | 1,0000 |
| RX(RS) | 4F | 3,00 | 11274,1637 | 685,8351 | 0,0111 | 1,0000 | 0,0078 | 0,111 | OK | 1,0000 |
| RX(RS) | 3F | 3,00 | 13524,3884 | 755,0631 | 0,0102 | 1,0000 | 0,0078 | 0,111 | OK | 1,0000 |
| RX(RS) | 2F | 3,00 | 15774,6132 | 807,7745 | 0,0092 | 1,0000 | 0,0076 | 0,111 | OK | 1,0000 |
| RX(RS) | 1F | 4,00 | 18087,4435 | 842,6806 | 0,0118 | 1,0000 | 0,0081 | 0,111 | OK | 1,0000 |

Start Page | Model View | Result-[Stability Coefficient]

Cd=4,5, le=1,2, Scale Factor=1,17
Press right mouse button and click 'Set Stability Coefficient Parameters...' menu to change Cd/le/Scale Factor/Beta!

| Load Case | Story | Story Height (m) | Vertical Load (kN) | Story Shear Force (kN) | Modified Story Drift (m) | Beta (β) | Stability Coefficient (θ) | Allowable Limit | Remark | P-Delta Incremental Factor (ad) |
|---|---|---|---|---|---|---|---|---|---|---|
| RY(RS) | 8F | 3,00 | 2273,2647 | 293,8575 | 0,0059 | 1,0000 | 0,0029 | 0,1111 | OK | 1,0000 |
| RY(RS) | 7F | 3,00 | 4523,4895 | 550,8007 | 0,0061 | 1,0000 | 0,0032 | 0,1111 | OK | 1,0000 |
| RY(RS) | 6F | 3,00 | 6773,7142 | 756,5596 | 0,0064 | 1,0000 | 0,0036 | 0,1111 | OK | 1,0000 |
| RY(RS) | 5F | 3,00 | 9023,9389 | 919,9966 | 0,0064 | 1,0000 | 0,0040 | 0,1111 | OK | 1,0000 |
| RY(RS) | 4F | 3,00 | 11274,1637 | 1049,1935 | 0,0062 | 1,0000 | 0,0042 | 0,1111 | OK | 1,0000 |
| RY(RS) | 3F | 3,00 | 13524,3884 | 1147,5731 | 0,0057 | 1,0000 | 0,0042 | 0,1111 | OK | 1,0000 |
| RY(RS) | 2F | 3,00 | 15774,6132 | 1214,8675 | 0,0047 | 1,0000 | 0,0039 | 0,1111 | OK | 1,0000 |
| RY(RS) | 1F | 4,00 | 18087,4435 | 1251,5001 | 0,0040 | 1,0000 | 0,0028 | 0,1111 | OK | 1,0000 |

[그림 5-21] 안정계수 평가결과 Table

## 5.9.7 사용성 평가

사용하중조건에서 지진하중 작용 시 층간변위를 검토한다. 이 구조물은 비틀림 비정형구조물이므로 모서리 층간변위 중 최대로 허용층간 변위와 비교하여 안정성을 평가한다. 만약, 비틀림 비정형이 아닌 경우에는 질량중심에서의 층간변위로 구조물의 안정성을 검토한다.

1. Results Menu에서 **Result Tables > Story > Story Drift** 선택
2. Load Case/Combination에서 **RX(RS), RY(RS)**에 '✓' 표시 후 OK 버튼 클릭
3. Deflection Amplification Factor(Cd)에 **4.5** 입력
4. Importance Factor(Ie)에 **1.2** 입력
5. Scale Factor에 **1** 입력
6. Allowable Ratio에서 **0.015** 입력
7. Vertical Load Combination 선택란에 **DL** 선택 후 Add 버튼 클릭
8. Vertical Load Combination 선택란에 **LL** 선택 후 Add 버튼 클릭
9. OK 클릭
10. **Maximum Drift of All Vertical Elements > Remark** 열에서 **OK** 확인
11. **Drift on the Center of Mass > Remark** 열에서 **OK** 확인
12. 같은 방법으로 **RY(RS)** 하중조합을 **Drift(Y)Tab**에서 확인

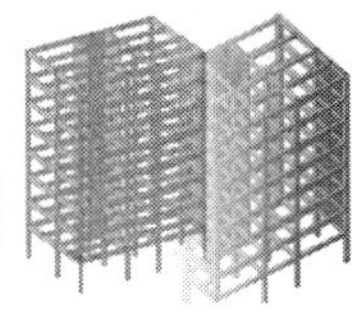

| | Load Case | Story | Story Height (m) | P-Delta Incremental Factor (ad) | Allowable Story Drift Ratio | Maximum Drift of All Vertical Elements | | | | | Drift at the Center of Mass | | | | |
|---|---|---|---|---|---|---|---|---|---|---|---|---|---|---|---|
| | | | | | | Node | Story Drift (m) | Modified Drift (m) | Story Drift Ratio | Remark | Story Drift (m) | Modified Drift (m) | Drift Factor (Maximum/Current) | Story Drift Ratio | Remark |
| | RX(RS) | 8F | 3.00 | 1.00 | 0.0150 | 135 | 0.0019 | 0.0073 | 0.0024 | OK | 0.0019 | 0.0069 | 1.0505 | 0.0023 | OK |
| | RX(RS) | 7F | 3.00 | 1.00 | 0.0150 | 115 | 0.0022 | 0.0081 | 0.0027 | OK | 0.0016 | 0.0060 | 1.3374 | 0.0020 | OK |
| | RX(RS) | 6F | 3.00 | 1.00 | 0.0150 | 95 | 0.0023 | 0.0087 | 0.0029 | OK | 0.0017 | 0.0064 | 1.3636 | 0.0021 | OK |
| | RX(RS) | 5F | 3.00 | 1.00 | 0.0150 | 75 | 0.0024 | 0.0091 | 0.0030 | OK | 0.0017 | 0.0065 | 1.3898 | 0.0022 | OK |
| | RX(RS) | 4F | 3.00 | 1.00 | 0.0150 | 55 | 0.0024 | 0.0090 | 0.0030 | OK | 0.0017 | 0.0064 | 1.4160 | 0.0021 | OK |
| | RX(RS) | 3F | 3.00 | 1.00 | 0.0150 | 35 | 0.0023 | 0.0085 | 0.0028 | OK | 0.0016 | 0.0059 | 1.4412 | 0.0020 | OK |
| | RX(RS) | 2F | 3.00 | 1.00 | 0.0150 | 1 | 0.0020 | 0.0074 | 0.0025 | OK | 0.0014 | 0.0053 | 1.3946 | 0.0018 | OK |
| | RX(RS) | 1F | 4.00 | 1.00 | 0.0150 | 13 | 0.0036 | 0.0136 | 0.0034 | OK | 0.0018 | 0.0068 | 2.0153 | 0.0017 | OK |
| | RY(RS) | 8F | 3.00 | 1.00 | 0.0150 | 137 | 0.0005 | 0.0018 | 0.0006 | OK | 0.0004 | 0.0016 | 1.1429 | 0.0005 | OK |
| | RY(RS) | 7F | 3.00 | 1.00 | 0.0150 | 117 | 0.0005 | 0.0019 | 0.0006 | OK | 0.0004 | 0.0016 | 1.1672 | 0.0005 | OK |
| | RY(RS) | 6F | 3.00 | 1.00 | 0.0150 | 97 | 0.0005 | 0.0020 | 0.0007 | OK | 0.0004 | 0.0016 | 1.2293 | 0.0005 | OK |
| | RY(RS) | 5F | 3.00 | 1.00 | 0.0150 | 77 | 0.0005 | 0.0020 | 0.0007 | OK | 0.0004 | 0.0015 | 1.2813 | 0.0005 | OK |
| | RY(RS) | 4F | 3.00 | 1.00 | 0.0150 | 57 | 0.0005 | 0.0019 | 0.0006 | OK | 0.0004 | 0.0014 | 1.3210 | 0.0005 | OK |
| | RY(RS) | 3F | 3.00 | 1.00 | 0.0150 | 37 | 0.0005 | 0.0017 | 0.0006 | OK | 0.0003 | 0.0013 | 1.3585 | 0.0004 | OK |
| | RY(RS) | 2F | 3.00 | 1.00 | 0.0150 | 3 | 0.0004 | 0.0015 | 0.0005 | OK | 0.0003 | 0.0011 | 1.2993 | 0.0004 | OK |
| | RY(RS) | 1F | 4.00 | 1.00 | 0.0150 | 13 | 0.0010 | 0.0037 | 0.0009 | OK | 0.0005 | 0.0019 | 1.8911 | 0.0005 | OK |

RMC=Not Used, Cd=4,5, Ie=1,2, Scale Factor=1, Allowable Ratio=0,015
Press right mouse button and click 'Set Story Drift Parameters...' menu to change RMC or Cd/Ie/Scale Factor/Allowable Ratio/Beta!

(a) 사용성 평가-RX

| | Load Case | Story | Story Height (m) | P-Delta Incremental Factor (ad) | Allowable Story Drift Ratio | Maximum Drift of All Vertical Elements | | | | | Drift at the Center of Mass | | | | |
|---|---|---|---|---|---|---|---|---|---|---|---|---|---|---|---|
| | | | | | | Node | Story Drift (m) | Modified Drift (m) | Story Drift Ratio | Remark | Story Drift (m) | Modified Drift (m) | Drift Factor (Maximum/Current) | Story Drift Ratio | Remark |
| | RX(RS) | 8F | 3.00 | 1.00 | 0.0150 | 135 | 0.0019 | 0.0073 | 0.0024 | OK | 0.0019 | 0.0069 | 1.0505 | 0.0023 | OK |
| | RX(RS) | 7F | 3.00 | 1.00 | 0.0150 | 115 | 0.0022 | 0.0081 | 0.0027 | OK | 0.0016 | 0.0060 | 1.3374 | 0.0020 | OK |
| | RX(RS) | 6F | 3.00 | 1.00 | 0.0150 | 95 | 0.0023 | 0.0087 | 0.0029 | OK | 0.0017 | 0.0064 | 1.3636 | 0.0021 | OK |
| | RX(RS) | 5F | 3.00 | 1.00 | 0.0150 | 75 | 0.0024 | 0.0091 | 0.0030 | OK | 0.0017 | 0.0065 | 1.3898 | 0.0022 | OK |
| | RX(RS) | 4F | 3.00 | 1.00 | 0.0150 | 55 | 0.0024 | 0.0090 | 0.0030 | OK | 0.0017 | 0.0064 | 1.4160 | 0.0021 | OK |
| | RX(RS) | 3F | 3.00 | 1.00 | 0.0150 | 35 | 0.0023 | 0.0085 | 0.0028 | OK | 0.0016 | 0.0059 | 1.4412 | 0.0020 | OK |
| | RX(RS) | 2F | 3.00 | 1.00 | 0.0150 | 1 | 0.0020 | 0.0074 | 0.0025 | OK | 0.0014 | 0.0053 | 1.3946 | 0.0018 | OK |
| | RX(RS) | 1F | 4.00 | 1.00 | 0.0150 | 13 | 0.0036 | 0.0136 | 0.0034 | OK | 0.0018 | 0.0068 | 2.0153 | 0.0017 | OK |
| | RY(RS) | 8F | 3.00 | 1.00 | 0.0150 | 137 | 0.0005 | 0.0018 | 0.0006 | OK | 0.0004 | 0.0016 | 1.1429 | 0.0005 | OK |
| | RY(RS) | 7F | 3.00 | 1.00 | 0.0150 | 117 | 0.0005 | 0.0019 | 0.0006 | OK | 0.0004 | 0.0016 | 1.1672 | 0.0005 | OK |
| | RY(RS) | 6F | 3.00 | 1.00 | 0.0150 | 97 | 0.0005 | 0.0020 | 0.0007 | OK | 0.0004 | 0.0016 | 1.2293 | 0.0005 | OK |
| | RY(RS) | 5F | 3.00 | 1.00 | 0.0150 | 77 | 0.0005 | 0.0020 | 0.0007 | OK | 0.0004 | 0.0015 | 1.2813 | 0.0005 | OK |
| | RY(RS) | 4F | 3.00 | 1.00 | 0.0150 | 57 | 0.0005 | 0.0019 | 0.0006 | OK | 0.0004 | 0.0014 | 1.3210 | 0.0005 | OK |
| | RY(RS) | 3F | 3.00 | 1.00 | 0.0150 | 37 | 0.0005 | 0.0017 | 0.0006 | OK | 0.0003 | 0.0013 | 1.3585 | 0.0004 | OK |
| | RY(RS) | 2F | 3.00 | 1.00 | 0.0150 | 3 | 0.0004 | 0.0015 | 0.0005 | OK | 0.0003 | 0.0011 | 1.2993 | 0.0004 | OK |
| | RY(RS) | 1F | 4.00 | 1.00 | 0.0150 | 13 | 0.0010 | 0.0037 | 0.0009 | OK | 0.0005 | 0.0019 | 1.8911 | 0.0005 | OK |

RMC=Not Used, Cd=4,5, Ie=1,2, Scale Factor=1, Allowable Ratio=0,015
Press right mouse button and click 'Set Story Drift Parameters...' menu to change RMC or Cd/Ie/Scale Factor/Allowable Ratio/Beta!

(b) 사용성 평가-RY

[그림 5-22]  사용성 평가 결과 Table

앞에서 설명한 부분을 화면상에 나타나는 상태를 보고 내진설계부분만 한 단계씩 따라하기를 진행하면서 내진설계절차를 알아보고자 한다.

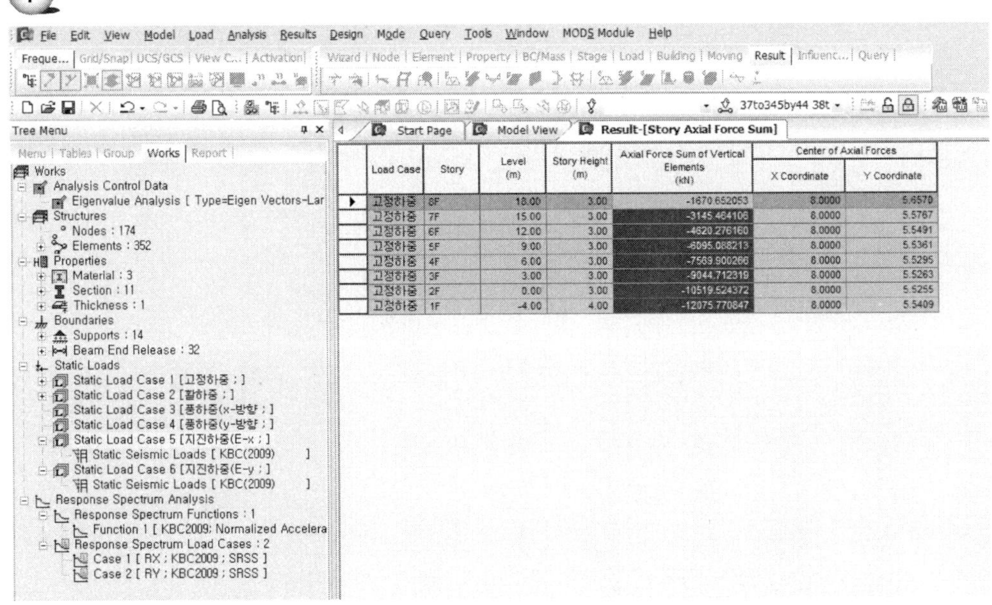


| Load Case | Story | Level (m) | Story Height (m) | Axial Force Sum of Vertical Elements (kN) | Center of Axial Forces | |
|---|---|---|---|---|---|---|
| | | | | | X Coordinate | Y Coordinate |
| 고정하중 | 8F | 18.00 | 3.00 | -1670.652053 | 8.0000 | 5.6570 |
| 고정하중 | 7F | 15.00 | 3.00 | -3145.464108 | 8.0000 | 5.5767 |
| 고정하중 | 6F | 12.00 | 3.00 | -4620.276160 | 8.0000 | 5.5491 |
| 고정하중 | 5F | 9.00 | 3.00 | -6095.088213 | 8.0000 | 5.5361 |
| 고정하중 | 4F | 6.00 | 3.00 | -7569.900266 | 8.0000 | 5.5295 |
| 고정하중 | 3F | 3.00 | 3.00 | -9044.712319 | 8.0000 | 5.5263 |
| 고정하중 | 2F | 0.00 | 3.00 | -10519.524372 | 8.0000 | 5.5255 |
| 고정하중 | 1F | -4.00 | 4.00 | -12075.770847 | 8.0000 | 5.5409 |

## ② 

### (2) 안정성 평가 (전도 모멘트)

**Results > Result Tables > Story > Overturning Moment, Vertical Axial Force Sum**

| Load Case | Story | Level (m) | Story Height (m) | Reduction Factor (τ) | Angle1 ([deg]) | Sum of Story Force1 * Distance (tonf·m) | Overturning Moment1 (tonf·m) |
|---|---|---|---|---|---|---|---|
| Angle for static load case result 0 [Deg] | | | | | | | |
| Input angle and press 'Apply' button to change angle. | | | | 0.00 | | | |
| R_x(RS) | 12F | 44.50 | 3.50 | 1.00 | 0.00 | 2.09414e+002 | 2.09414e+002 |
| R_x(RS) | 11F | 41.00 | 3.50 | 1.00 | 0.00 | 5.97227e+002 | 5.97227e+002 |
| R_x(RS) | 10F | 37.50 | 3.50 | 1.00 | 0.00 | 1.11193e+003 | 1.11193e+003 |
| R_x(RS) | 9F | 34.00 | 3.50 | 1.00 | 0.00 | 1.71702e+003 | 1.71702e+003 |
| R_x(RS) | 8F | 29.50 | 4.50 | 1.00 | 0.00 | 2.58693e+003 | 2.58693e+003 |
| R_x(RS) | 7F | 25.00 | 4.50 | 1.00 | 0.00 | 3.53119e+003 | 3.53119e+003 |
| R_x(RS) | 6F | 20.50 | 4.50 | 1.00 | 0.00 | 4.55002e+003 | 4.55002e+003 |
| R_x(RS) | 5F | 16.00 | 4.50 | 1.00 | 0.00 | 5.65318e+003 | 5.65318e+003 |
| R_x(RS) | 4F | 12.00 | 4.00 | 1.00 | 0.00 | 6.71601e+003 | 6.71601e+003 |
| R_x(RS) | 3F | 8.00 | 4.00 | 0.98 | 0.00 | 7.86242e+003 | 7.70517e+003 |
| R_x(RS) | 2F | 4.00 | 4.00 | 0.96 | 0.00 | 9.06236e+003 | 8.71906e+003 |
| R_x(RS) | 1F | 0.00 | 4.00 | 0.94 | 0.00 | 1.03977e+004 | 9.71745e+003 |

**전도 모멘트 계산 결과 확인**

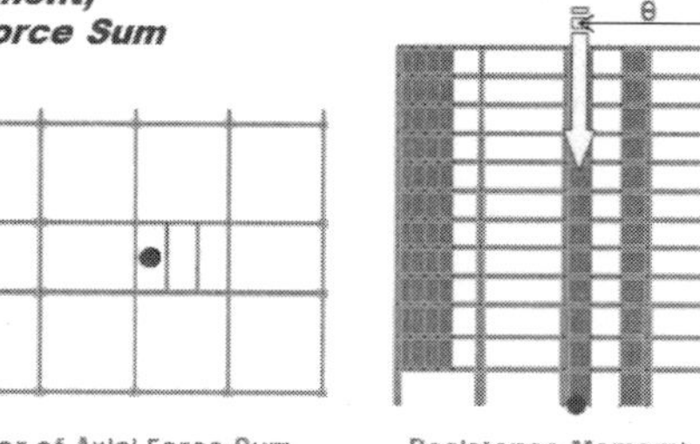


| Load Case | Story | Level (m) | Story Height (m) | Axial Force Sum of Vertical Elements (tonf) | Center of Axial Forces | |
|---|---|---|---|---|---|---|
| | | | | | X Coordinate | Y Coordinate |
| 고정하중 | 12F | 44.50 | 3.50 | −921.816000 | 15.8659 | 11.9452 |
| 고정하중 | 11F | 41.00 | 3.50 | −1843.632000 | 15.8556 | 11.9455 |
| 고정하중 | 10F | 37.50 | 3.50 | −2765.448000 | 15.8564 | 11.9451 |
| 고정하중 | 9F | 34.00 | 3.50 | −3687.264000 | 15.8556 | 11.9452 |
| 고정하중 | 8F | 29.50 | 4.50 | −4671.480000 | 15.8570 | 11.9430 |
| 고정하중 | 7F | 25.00 | 4.50 | −5655.696000 | 15.8579 | 11.9416 |
| 고정하중 | 6F | 20.50 | 4.50 | −6639.912000 | 15.8581 | 11.9407 |
| 고정하중 | 5F | 16.00 | 4.50 | −7624.128000 | 15.8582 | 11.9402 |
| 고정하중 | 4F | 12.00 | 4.00 | −8577.144000 | 15.8575 | 11.9405 |
| 고정하중 | 3F | 8.00 | 4.00 | −9530.160000 | 15.8578 | 11.9408 |
| 고정하중 | 2F | 4.00 | 4.00 | −10474.032000 | 15.8740 | 11.9446 |
| 고정하중 | 1F | 0.00 | 4.00 | −11411.688000 | 15.8901 | 11.9502 |

**저항 모멘트 산정을 위한 수직하중 및 Center 확인**

| Story | Overturning Moment(RX) | Axial Force Sum | X-Distance | Resistance Moment(X) | Remark |
|---|---|---|---|---|---|
| 12F | 209.4 | 921.8 | 15.87 | 14,625.4 | OK |
| 11F | 597.2 | 1,843.6 | 15.86 | 29,231.9 | OK |
| 10F | 1,111.9 | 2,765.4 | 15.86 | 43,850.0 | OK |
| 9F | 1,717.0 | 3,687.3 | 15.86 | 58,463.8 | OK |
| 8F | 2,586.9 | 4,671.5 | 15.86 | 74,075.7 | OK |
| 7F | 3,531.2 | 5,655.7 | 15.86 | 89,687.5 | OK |
| 6F | 4,550.0 | 6,639.9 | 15.86 | 105,296.4 | OK |
| 5F | 5,653.2 | 7,624.1 | 15.86 | 120,904.9 | OK |
| 4F | 6,716.0 | 8,577.1 | 15.86 | 136,012.1 | OK |
| 3F | 7,705.2 | 9,530.2 | 15.86 | 151,127.4 | OK |
| 2F | 8,719.1 | 10,474.0 | 15.87 | 166,264.8 | OK |
| 1F | 9,717.5 | 11,411.7 | 15.89 | 181,332.9 | OK |

**Overturning Check**

## ③

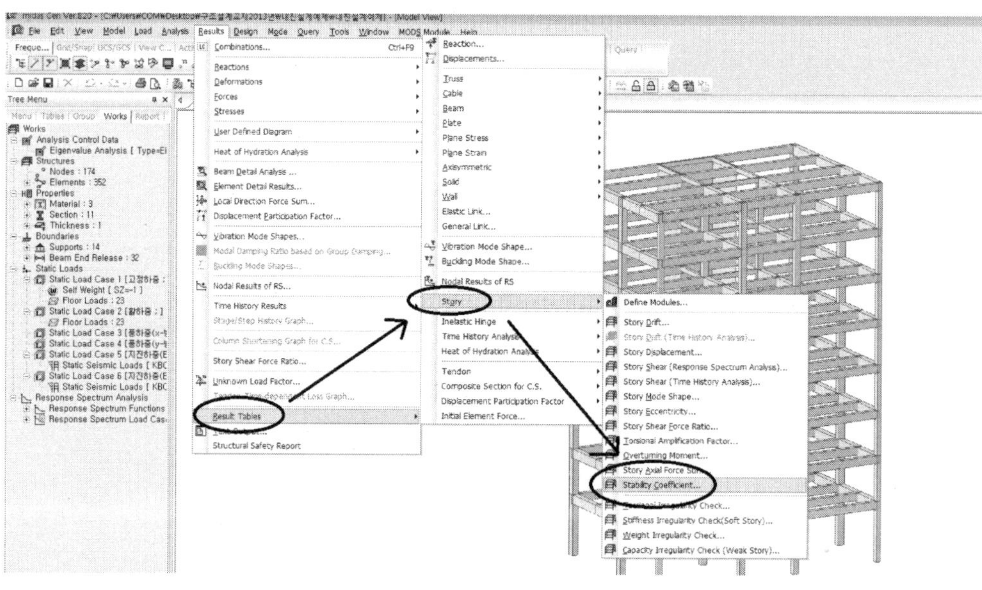

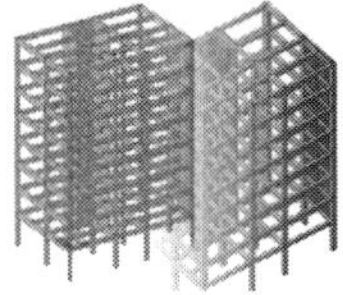

④

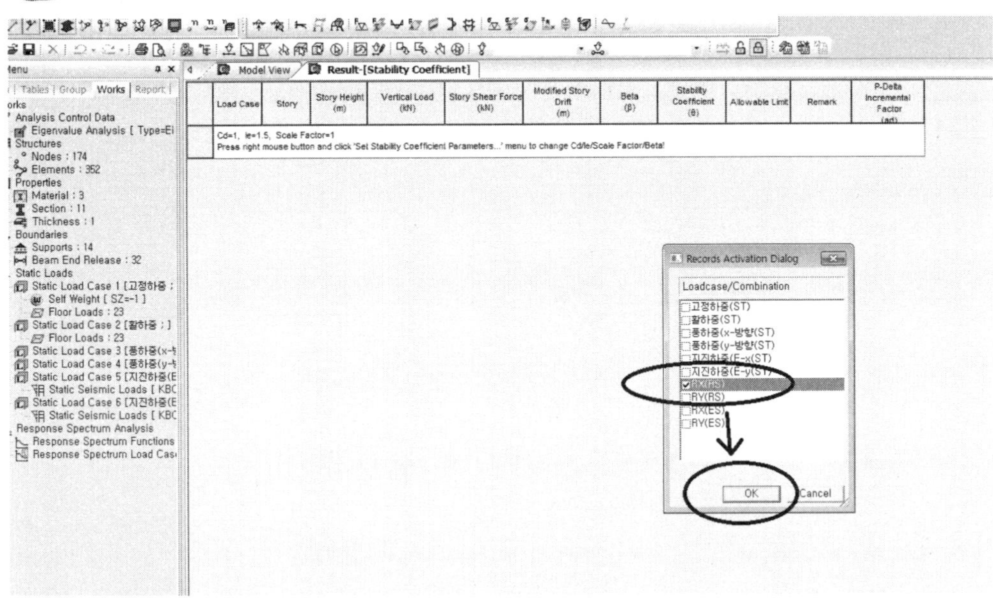

⑤

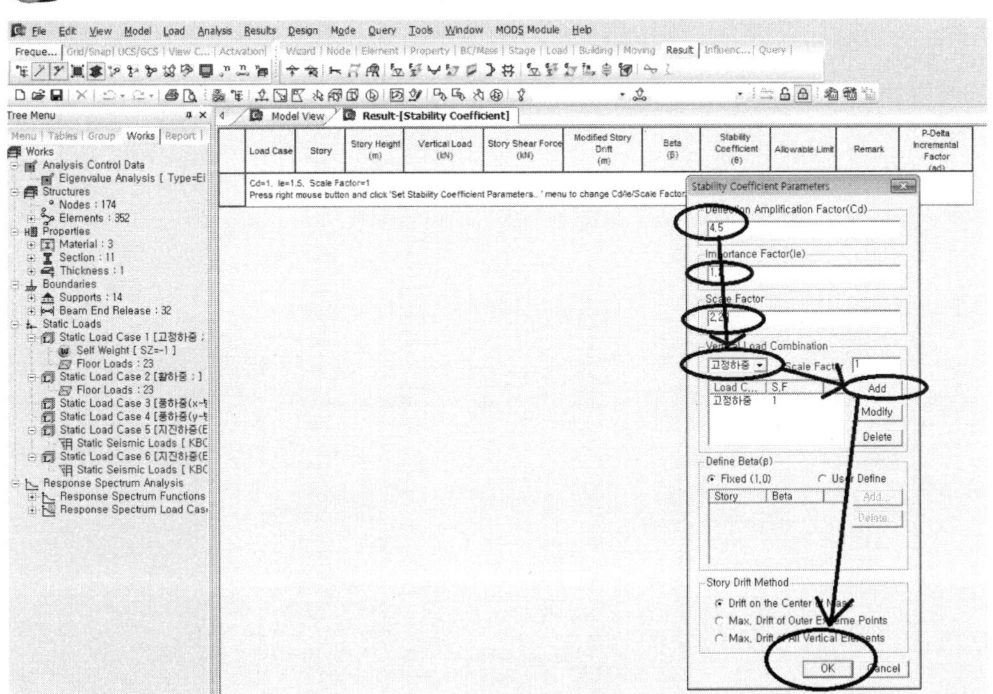

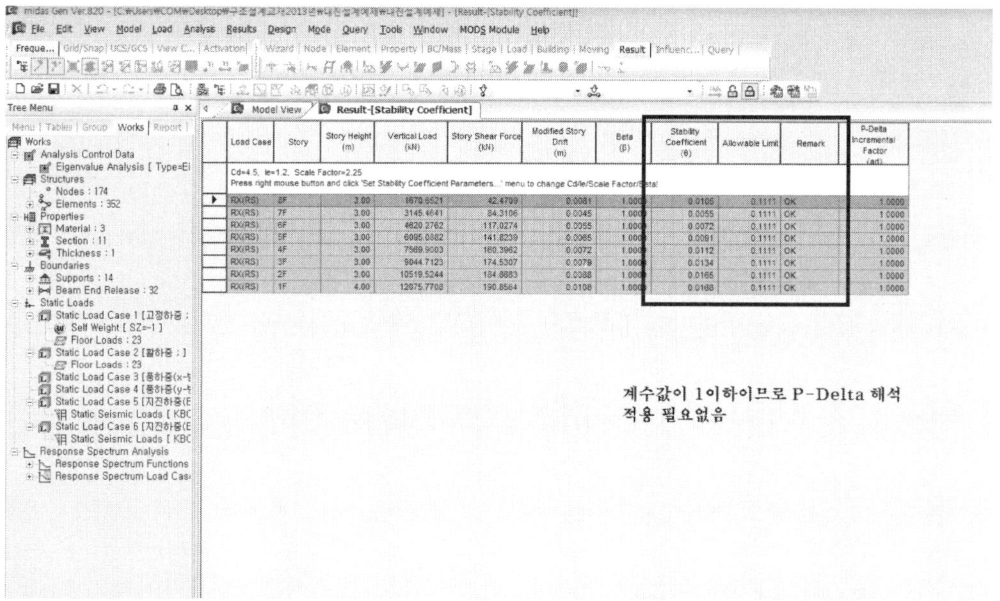

계수값이 1이하이므로 P-Delta 해석
적용 필요없음

## 5.9.8 설계하중 조합생성

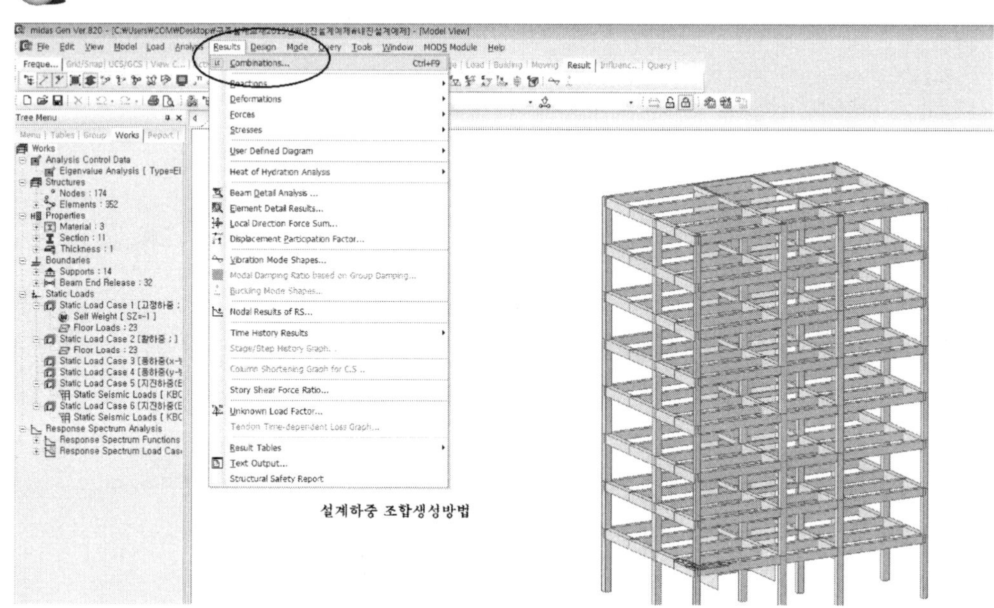

설계하중 조합생성방법

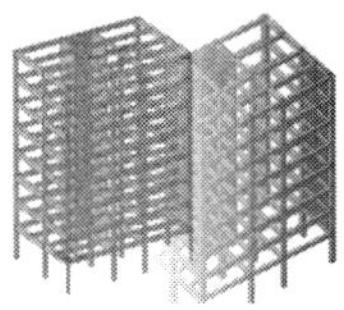

②

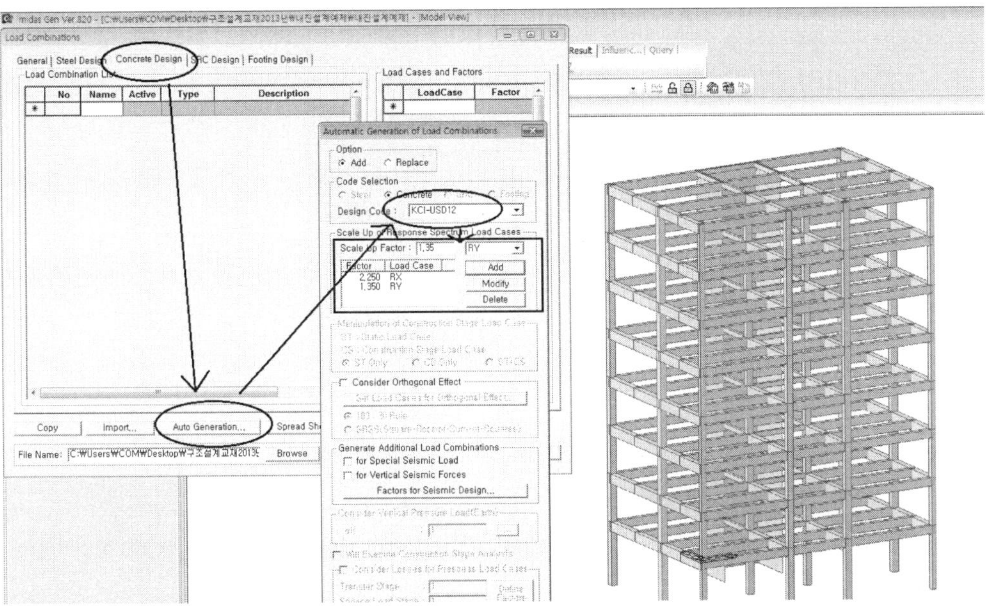

③

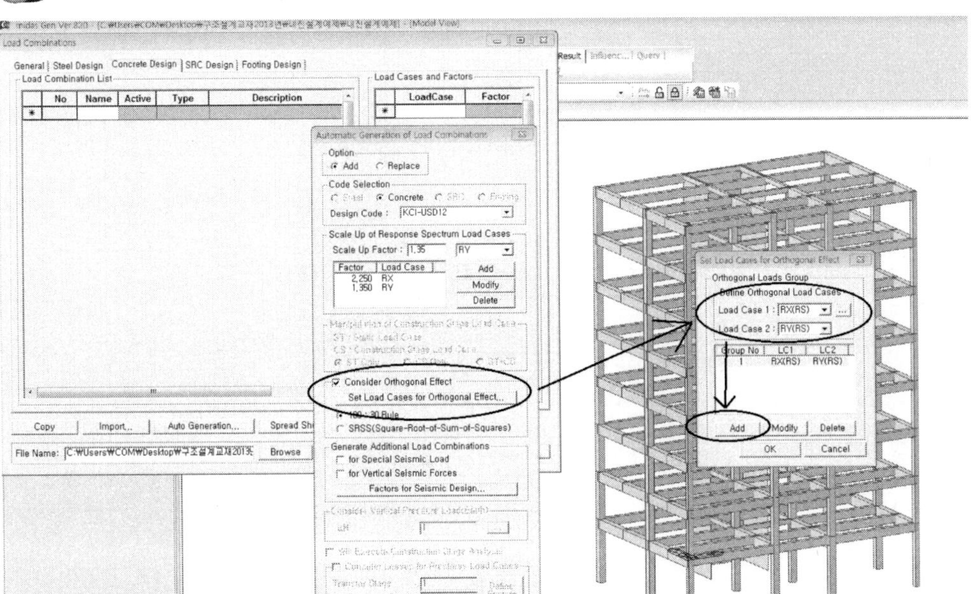

④

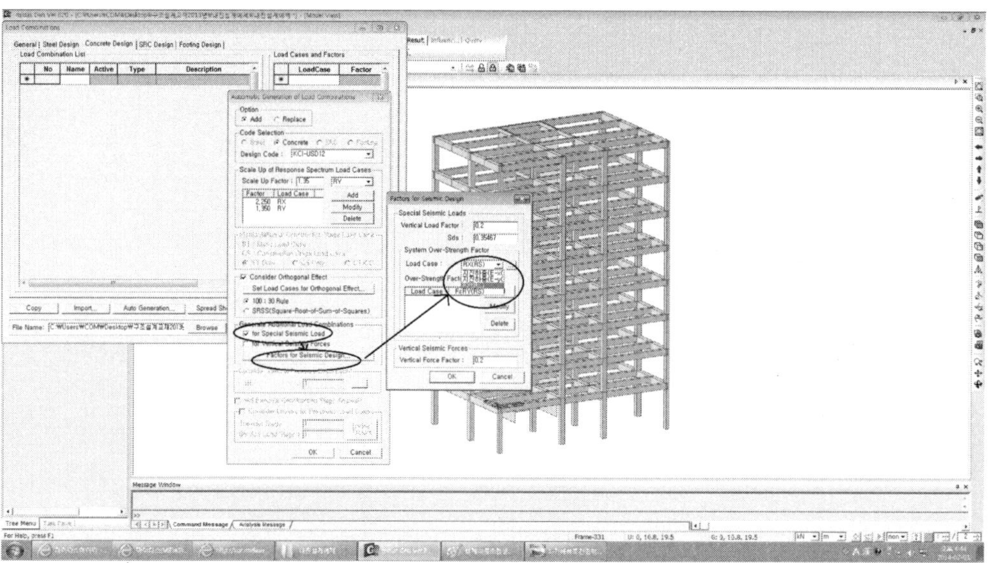

⑤

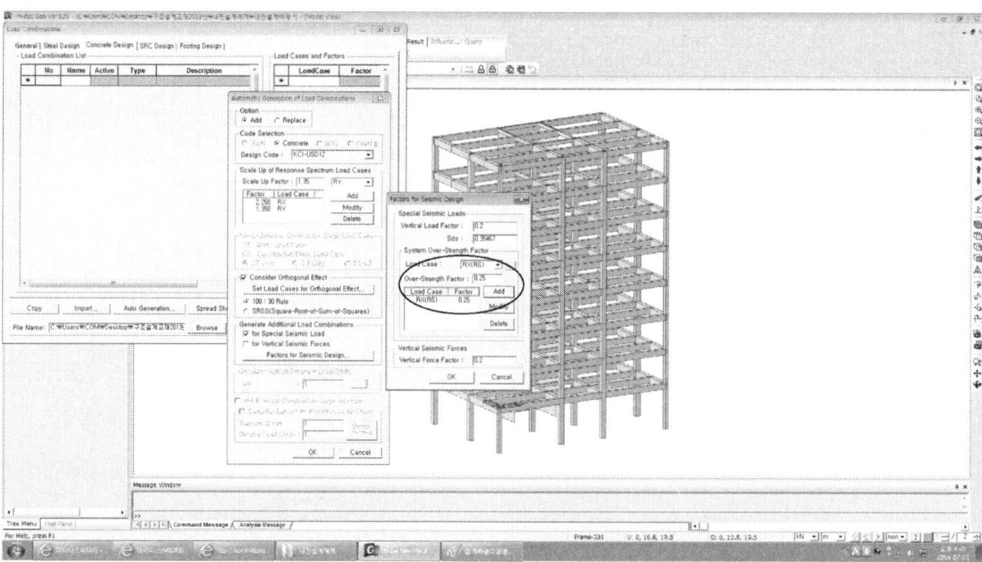

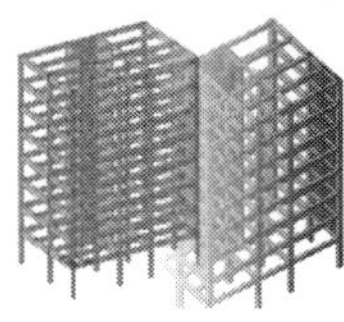

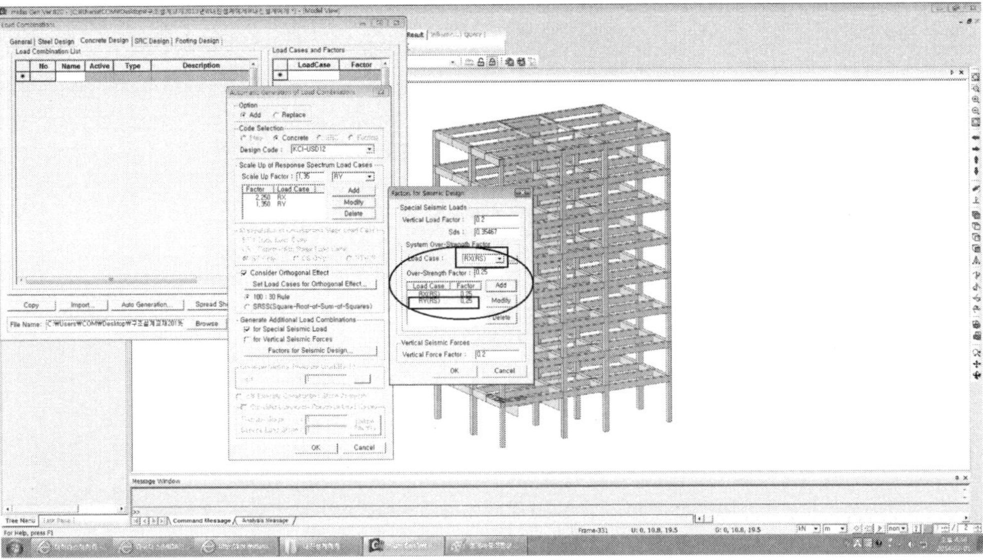

## 5.9.9  층간변위 검토 여부

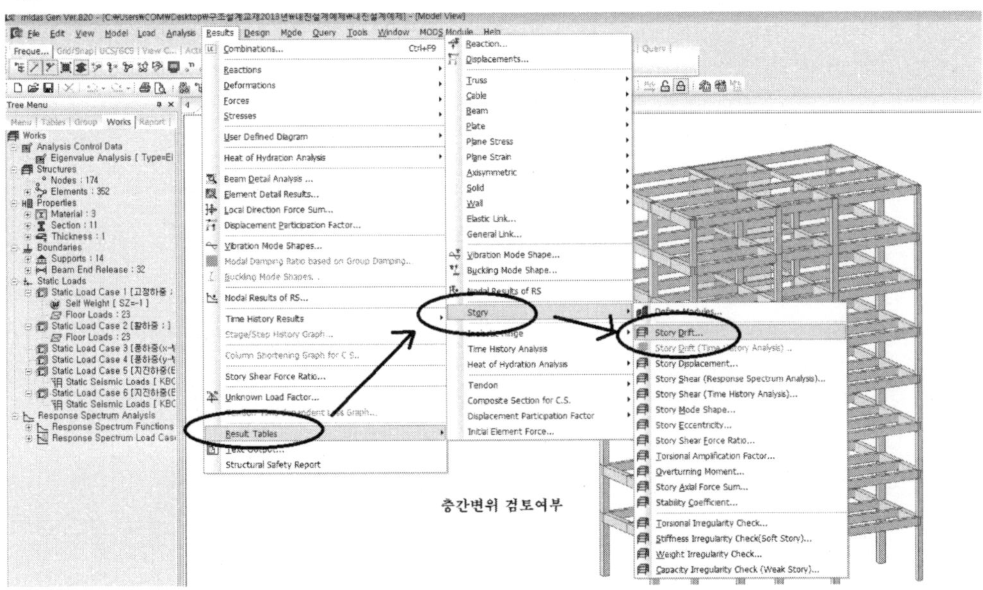

②

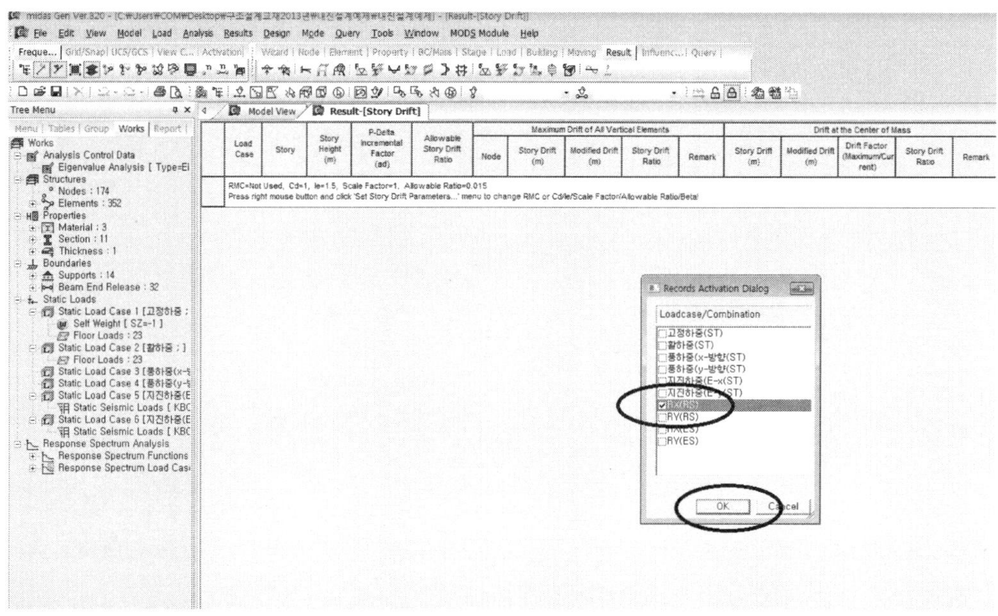

③

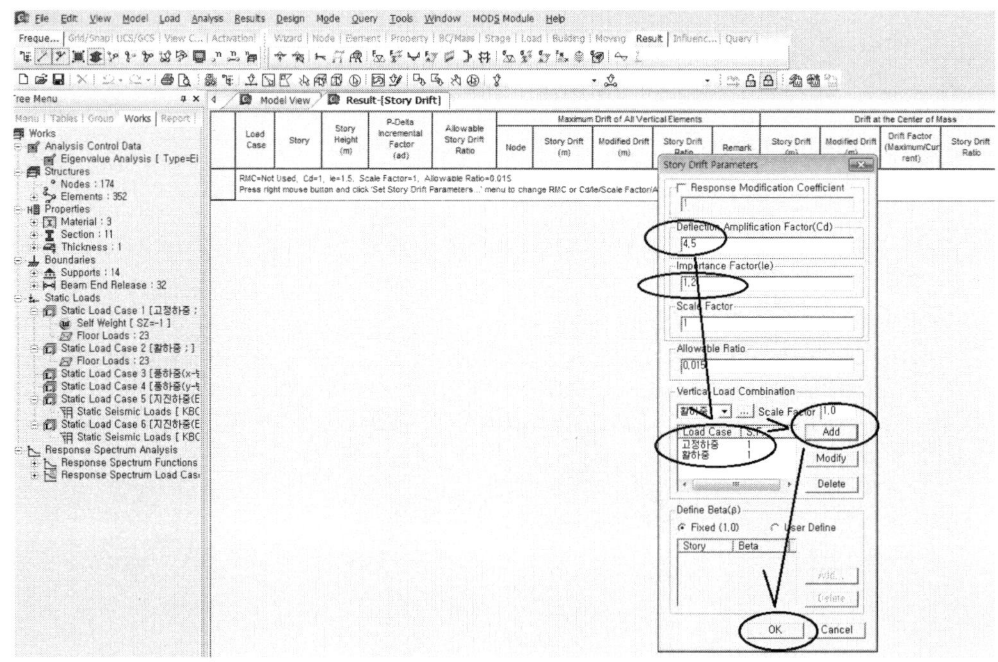

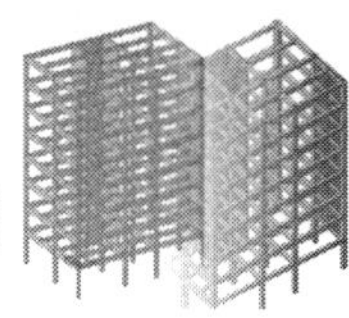

## 5.9.10  층간변위 검토 완료

| Load Case | Story | Story Height (m) | P-Delta Incremental Factor (ad) | Allowable Story Drift Ratio | Maximum Drift of All Vertical Elements | | | | | Drift at the Center of Mass | | | | |
|---|---|---|---|---|---|---|---|---|---|---|---|---|---|---|
| | | | | | Node | Story Drift (m) | Modified Drift (m) | Story Drift Ratio | Remark | Story Drift (m) | Modified Drift (m) | Drift Factor (Maximum/Current) | Story Drift Ratio | Remark |
| RMC=Not Used, Cd=4.5, Ie=1.2, Scale Factor=1, Allowable Ratio=0.015 | | | | | | | | | | | | | | |
| Press right mouse button and click 'Set Story Drift Parameters...' menu to change RMC or Cd/Ie/Scale Factor/Allowable Ratio/Beta! | | | | | | | | | | | | | | |
| RX(RS) | 8F | 3.00 | 1.00 | 0.0150 | 135 | 0.0008 | 0.0022 | 0.0007 | OK | 0.0010 | 0.0036 | 0.5975 | 0.0012 | OK |
| RX(RS) | 7F | 3.00 | 1.00 | 0.0150 | 115 | 0.0008 | 0.0032 | 0.0011 | OK | 0.0005 | 0.0020 | 1.5880 | 0.0007 | OK |
| RX(RS) | 6F | 3.00 | 1.00 | 0.0150 | 95 | 0.0011 | 0.0042 | 0.0014 | OK | 0.0007 | 0.0025 | 1.8666 | 0.0008 | OK |
| RX(RS) | 5F | 3.00 | 1.00 | 0.0150 | 75 | 0.0013 | 0.0050 | 0.0017 | OK | 0.0008 | 0.0029 | 1.7510 | 0.0010 | OK |
| RX(RS) | 4F | 3.00 | 1.00 | 0.0150 | 55 | 0.0015 | 0.0058 | 0.0019 | OK | 0.0009 | 0.0032 | 1.8019 | 0.0011 | OK |
| RX(RS) | 3F | 3.00 | 1.00 | 0.0150 | 35 | 0.0017 | 0.0065 | 0.0022 | OK | 0.0009 | 0.0035 | 1.8461 | 0.0012 | OK |
| RX(RS) | 2F | 3.00 | 1.00 | 0.0150 | 1 | 0.0019 | 0.0071 | 0.0024 | OK | 0.0010 | 0.0039 | 1.8026 | 0.0013 | OK |
| RX(RS) | 1F | 4.00 | 1.00 | 0.0150 | 13 | 0.0026 | 0.0096 | 0.0024 | OK | 0.0013 | 0.0048 | 2.0120 | 0.0012 | OK |

층간변위 값이 0.015이하이므로
층간변위는 문제가 없음

## 5.10  하중조합

1. Results Menu에서 *Combinations* 클릭
2. Concrete Design Tab 탭 선택
3. Auto Generation 클릭
4. Design Code에서 **KBC-USD12** 확인
5. Scale Up Factor에 **RX** 선택하고 **1.74** 입력
6. Add 클릭
7. RY 선택하고 **1.17** 입력 클릭
8. Consider Orthogonal Effect에 '✓' 표시
9. Add 클릭
10. *Load Case 1*에 **RX(RS)**, *Load Case 2*에 **RY(RS)** 선택
11. Add 클릭
12. OK 클릭

13. **100 : 30 Rule** 확인

14. *For Special Seismic Load*에 '✓' 표시

15. *For Vertical Seismic Forces*에 '✓' 표시

16. *Factors for Seismic Design...* 클릭

17. *Vertical Load Factor*에 **0.2** 확인

18. *Sds*에 **0.49867** 입력

19. *Load Case*에 **RX(RS)** 선택

20. *Over-Strength Factor*에 **2.5** 입력 후 Add 클릭

21. *Load Case*에 **RY(RS)** 선택 후 Add 클릭

22. *Vertical Load Factor*에 **0.2** 확인 후 OK 클릭

23. OK 클릭 후 Close 클릭

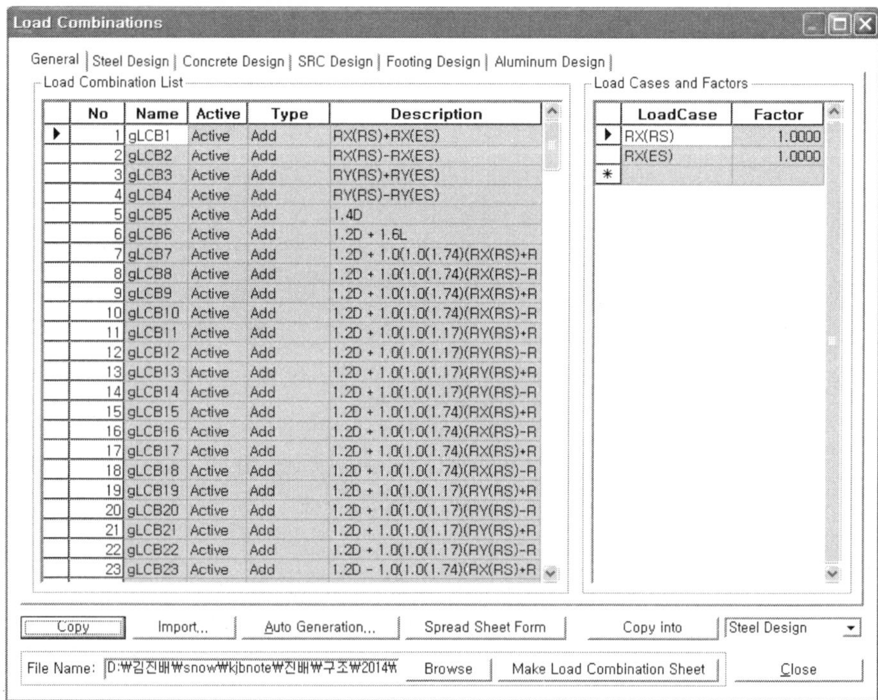

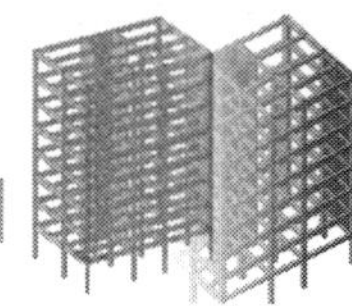

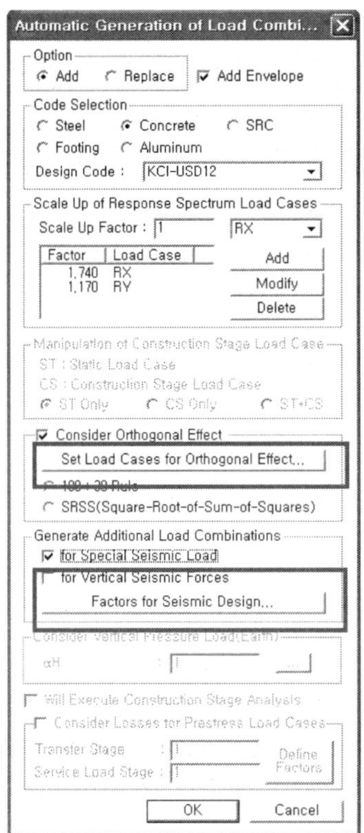

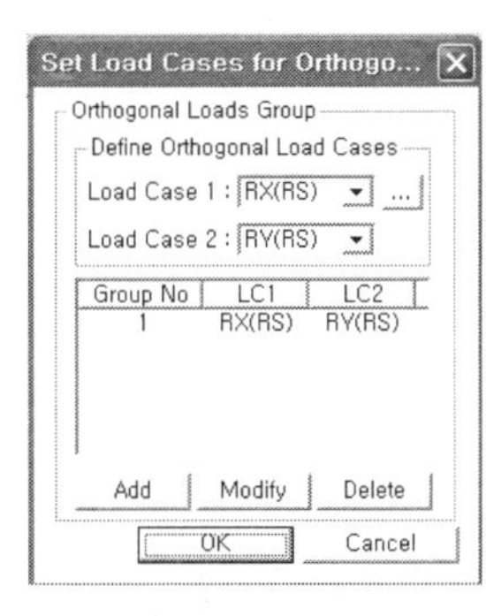

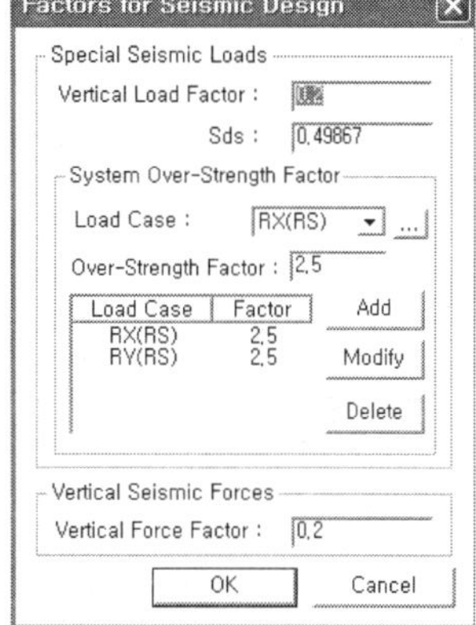

[그림 5-23]  하중조합

## 5.10.1  반력 및 부재력 확인

구조해석 결과의 타당성 및 사용성 검토 과정은 Steel Application을 참조하기 바란다.

본 장에서는 구조해석의 결과로 구해진 반력 및 부재력을 Text Output형식으로 출력, 확인한다.

1. Results Menu에서 **Text Output** 선택
2. Text Printout Wizard의 Add New Load Set 버튼 클릭
3. Output Load Set Name 입력란에 **'Factored Load Set'** 입력
4. OK 버튼 클릭
5. Add New Load Set 버튼 클릭
6. **Output Load Set Name** 입력란에 **'Service Load Set'** 입력

7. **Unselect All Load Comb's** 클릭하여 선택된 하중조합조건의 '✓' 표시 해제

8. 69번 항목(***SERV*** : ***D***+***L***)과 횡방향 단위하중조건(WX, WY)에 '✓' 표시하여 선택한 후 OK 버튼 클릭

9. 다음(N) 버튼 클릭

10. ***Element Output Selection*** 대화상자의 ***Output Load Set for Element Output*** 선택란에 'Factored Load Set' 확인

11. **Beam** 선택란에 '✓' 표시 후 ... 버튼 클릭(그림 5-25 참조)

12. ***Element Selection Detail*** 대화상자의 ***Material*** 탭 선택

13. '**2 : Column**'을 선택한 후 < 버튼을 클릭하여 ***Unselected***로 이동

14. ***Select Outputs*** 선택란에서 '**Frc : Min/Max by property**'만 **Check on**

15. ***Output Detail*** 선택란에서 '**5pt**' 선택(그림 5-25 참조)

16. 확인 버튼 클릭

17. 다음(N) 버튼 클릭

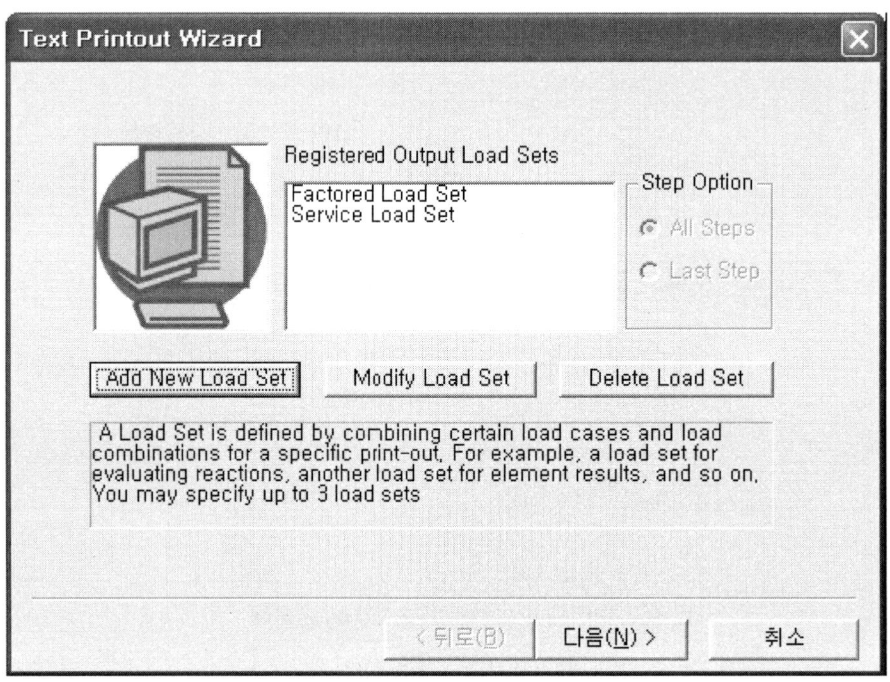


[그림 5-24] Text Printout Wizard

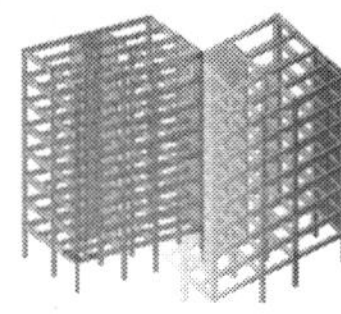

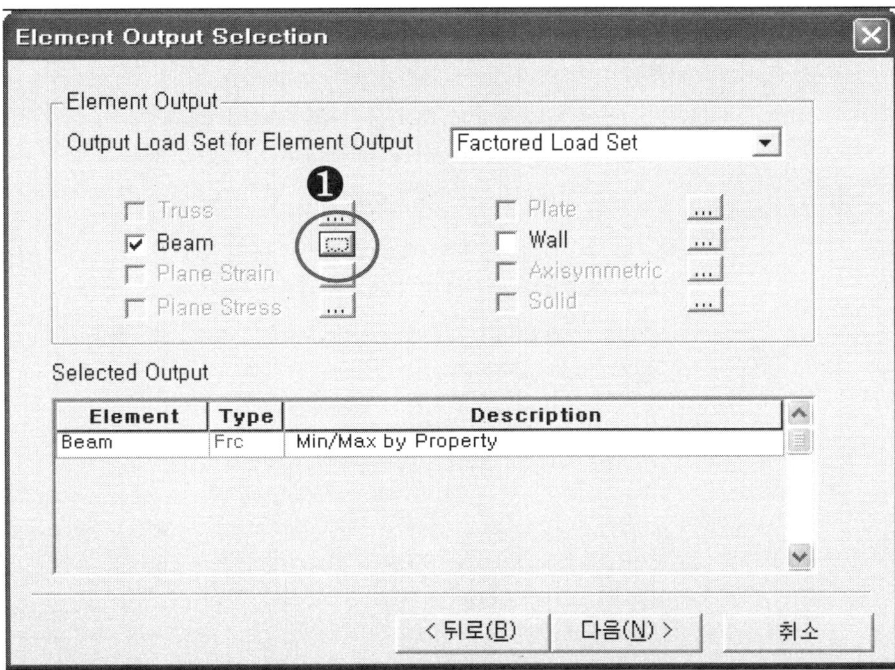


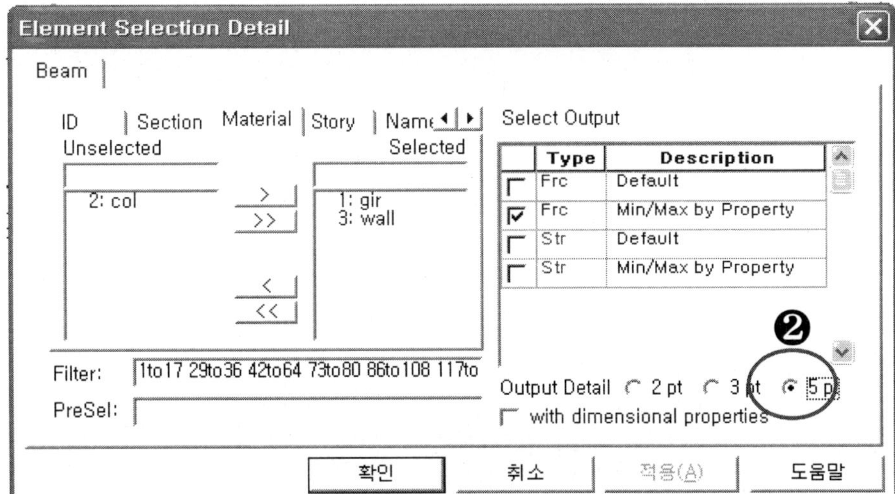


[그림 5-25]  Element Selection Detail

1. Displ & React. Output Selection 대화상자의 ***Output Load Set for Displacement Output*** 선택란에 **'Service Load Set'** 선택
2. Output Load Set for React. Output 선택란에 **'Service Load Set'** 선택 (그림 5-26 참조)

3. Displacement, Reaction 선택란에 '✓' 표시 후, ***Displacement***의 ... 버튼 클릭

4. ID 탭에 ***Selected***에 위치한 모든 절점번호 확인[1]

5. [그림 5-27(a)]의 ***Story*** 탭을 클릭하여 버튼 클릭

6. Unselected에서 **13 : Roof** 선택한 후 버튼 클릭[2]

7. [그림 5-27(a)]의 ***Use*** 선택란에 '✓' 표시

8. Node Selection Detail 대화상자의 ***Reaction*** 탭 선택

9. ***Select Output***에서 ***Local (if defined)***에 '✓' 표시 해제[3]

10. 확인 버튼 클릭

11. 다음 버튼 클릭

12. ***Result Output List*** 대화상자의 **마침** 버튼 클릭

1) 절점을 선택하는 구분자로 사용되는 ID, Story, Named Plane, Group들은 각각의 선택된 범위의 공통분모를 Text File 형식으로 출력한다.
2) 최상층의 절점을 선택하여 최대변위를 확인한다.
3) 반력데이터는 별도로 대상 절점을 지정하지 않더라도 Support 조건이 부여되어 있는 지점에 대해서만 반력이 출력된다.

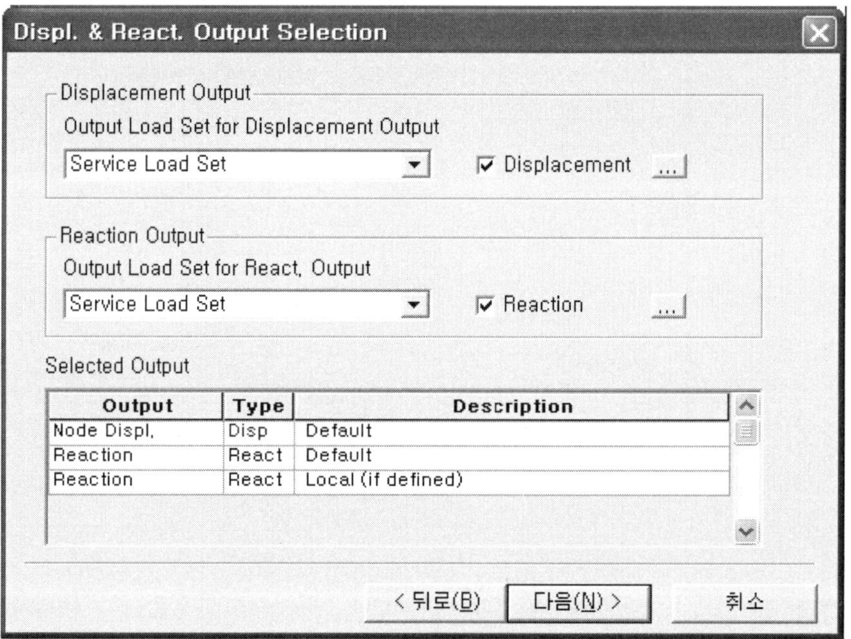

[그림 5-26] Output 별 Load Set 선택

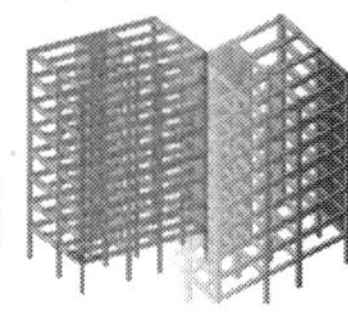

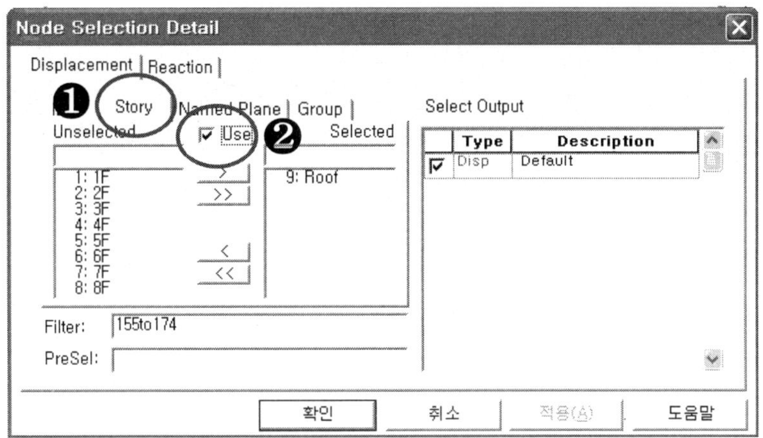


[그림 5-27(a)]  Node Selection Detail-Displacement

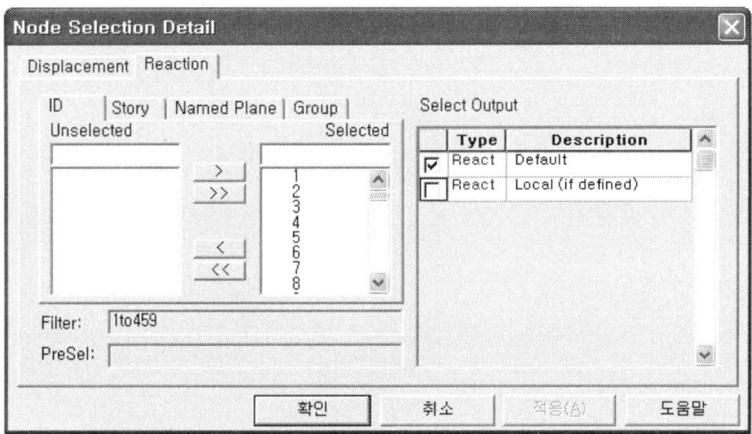


[그림 5-27(b)]  Node Selection Detail-Reaction

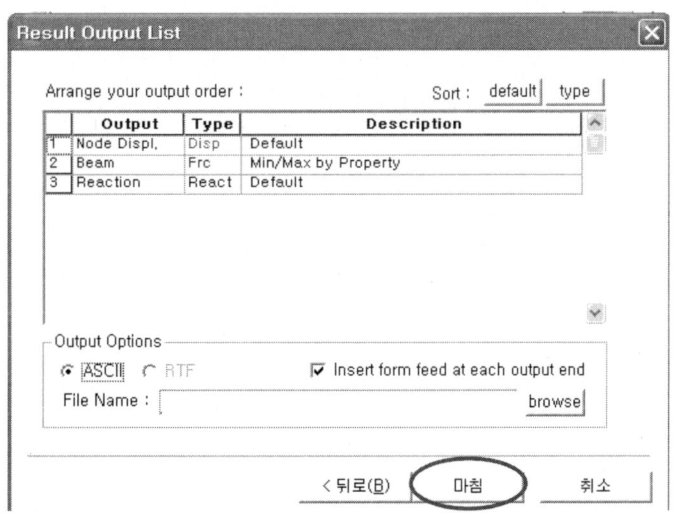


[그림 5-27(c)]  Result Output List

1. MIDAS/Text Editor의 *Edit Menu*에 *Find* 선택

2. Find 대화상자의 *Find What* 입력란에 '**Reaction**' 입력 후

3. Find Next 버튼 클릭을 반복하여 "**REACTON FORCES & MOMENTS DEFAULT PRINTOUT**" 찾기

4. 사용성 평가용 *Load Set*에 의한 반력확인(그림 5-28 참조)

5. 키보드를 사용하여 *Ctrl+F* 누른 후 *Find* 대화상자의 *Find What* 입력란에 '**MIN/MAX**' 입력 후 Find Next 버튼 클릭

6. 부재력의 하중조합별 최대/최소값 출력 확인(그림 5-29 참조)

7. Find 대화상자의 *Find What* 입력란에 '**Displacement**' 입력 후 Find Next 버튼 클릭

8. Load Set에 대한 지붕층에 변위값 확인(그림 5-30 참조)

9. × 클릭하여 *MIDAS/Text Editor* 종료

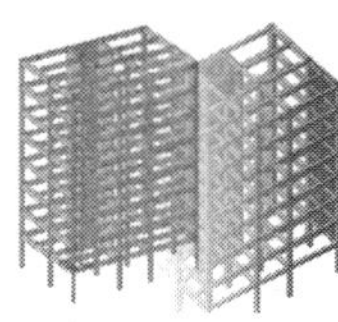

```
MIDAS/Text Editor - [내진설계예제.anl]
File  Edit  View  Window  Help

REACTION FORCES & MOMENTS DEFAULT PRINTOUT                    Unit System : tonf , m
-----------------------------------------------------

 Node     LC              FX          FY          FZ          MX          MY          MZ
 ----  --------  ----  ----------  ----------  ----------  ----------  ----------  ----------
   13  풍하중~1              0.0         0.0         0.0         0.0         0.0         0.0
       풍하중~2              0.0         0.0         0.0         0.0         0.0         0.0

       RC ENV~1  Max         2.0         1.6       119.7         0.0         0.0         0.0
                 Min        -1.7        -1.4         3.4         0.0         0.0         0.0

       RC ENV~2  Max         0.6         0.5        77.6         0.0         0.0         0.0
                 Min        -0.4        -0.3        42.9         0.0         0.0         0.0
       cLCB69                0.1         0.1        66.9         0.0         0.0         0.0

   14  풍하중~1              0.0         0.0         0.0         0.0         0.0         0.0
       풍하중~2              0.0         0.0         0.0         0.0         0.0         0.0

       RC ENV~1  Max         2.9         4.5       201.9         0.0         0.0         0.0
                 Min        -2.2        -4.4         3.0         0.0         0.0         0.0

       RC ENV~2  Max         1.1         1.3       149.4         0.0         0.0         0.0
                 Min        -0.4        -1.2       102.0         0.0         0.0         0.0
       cLCB69                0.4         0.1       140.6         0.0         0.0         0.0

   15  풍하중~1              0.0         0.0         0.0         0.0         0.0         0.0
       풍하중~2              0.0         0.0         0.0         0.0         0.0         0.0

       RC ENV~1  Max         0.4         3.3       185.0         0.0         0.0         0.0
                 Min        -0.1        -3.9       -40.1         0.0         0.0         0.0

       RC ENV~2  Max         0.3         0.7       102.3         0.0         0.0         0.0
                 Min         0.1        -1.3        36.4         0.0         0.0         0.0
       cLCB69                0.2        -0.4        76.6         0.0         0.0         0.0

   16  풍하중~1              0.0         0.0         0.0         0.0         0.0         0.0
       풍하중~2              0.0         0.0         0.0         0.0         0.0         0.0

       RC ENV~1  Max         5.3         1.4       206.7         0.0         0.0         0.0
                 Min        -5.7        -0.6         3.9         0.0         0.0         0.0

       RC ENV~2  Max         1.4         0.7       143.3         0.0         0.0         0.0
                 Min        -1.7         0.1        87.2         0.0         0.0         0.0
       cLCB69               -0.2         0.4       129.2         0.0         0.0         0.0

   17  풍하중~1              0.0         0.0         0.0         0.0         0.0         0.0
       풍하중~2              0.0         0.0         0.0         0.0         0.0         0.0

       RC ENV~1  Max         5.9         1.5       217.6         0.0         0.0         0.0
                 Min        -5.5        -0.7         7.2         0.0         0.0         0.0

       RC ENV~2  Max         1.8         0.7       146.0         0.0         0.0         0.0
                 Min        -1.4         0.1        83.7         0.0         0.0         0.0
       cLCB69                0.2         0.4       128.8         0.0         0.0         0.0

   18  풍하중~1              0.0         0.0         0.0         0.0         0.0         0.0
       풍하중~2              0.0         0.0         0.0         0.0         0.0         0.0

       RC ENV~1  Max         1.9         1.2       401.7         0.0         0.0         0.0
                 Min        -2.1        -1.1      -186.2         0.0         0.0         0.0

       RC ENV~2  Max         0.5         0.3       186.6         0.0         0.0         0.0
                 Min        -0.7        -0.3        19.5         0.0         0.0         0.0
       cLCB69               -0.1         0.0       112.8         0.0         0.0         0.0

   19  풍하중~1              0.0         0.0         0.0         0.0         0.0         0.0
       풍하중~2              0.0         0.0         0.0         0.0         0.0         0.0

       RC ENV~1  Max         2.2         3.6       445.3         0.0         0.0         0.0
                 Min        -2.8        -3.8      -149.0         0.0         0.0         0.0

       RC ENV~2  Max         0.4         0.9       226.7         0.0         0.0         0.0
                 Min        -1.0        -1.1        56.7         0.0         0.0         0.0
       cLCB69               -0.4        -0.1       155.2         0.0         0.0         0.0

   20  풍하중~1              0.0         0.0         0.0         0.0         0.0         0.0
       풍하중~2              0.0         0.0         0.0         0.0         0.0         0.0

       RC ENV~1  Max         0.0         3.7       175.3         0.0         0.0         0.0
                 Min        -0.4        -4.4       -36.9         0.0         0.0         0.0

       RC ENV~2  Max        -0.1         0.8        97.2         0.0         0.0         0.0

Ready                                              Ln 31 / 1626 , Col 87        NUM
```

[그림 5-28]  지지점들의 반력확인(Service Load Set)

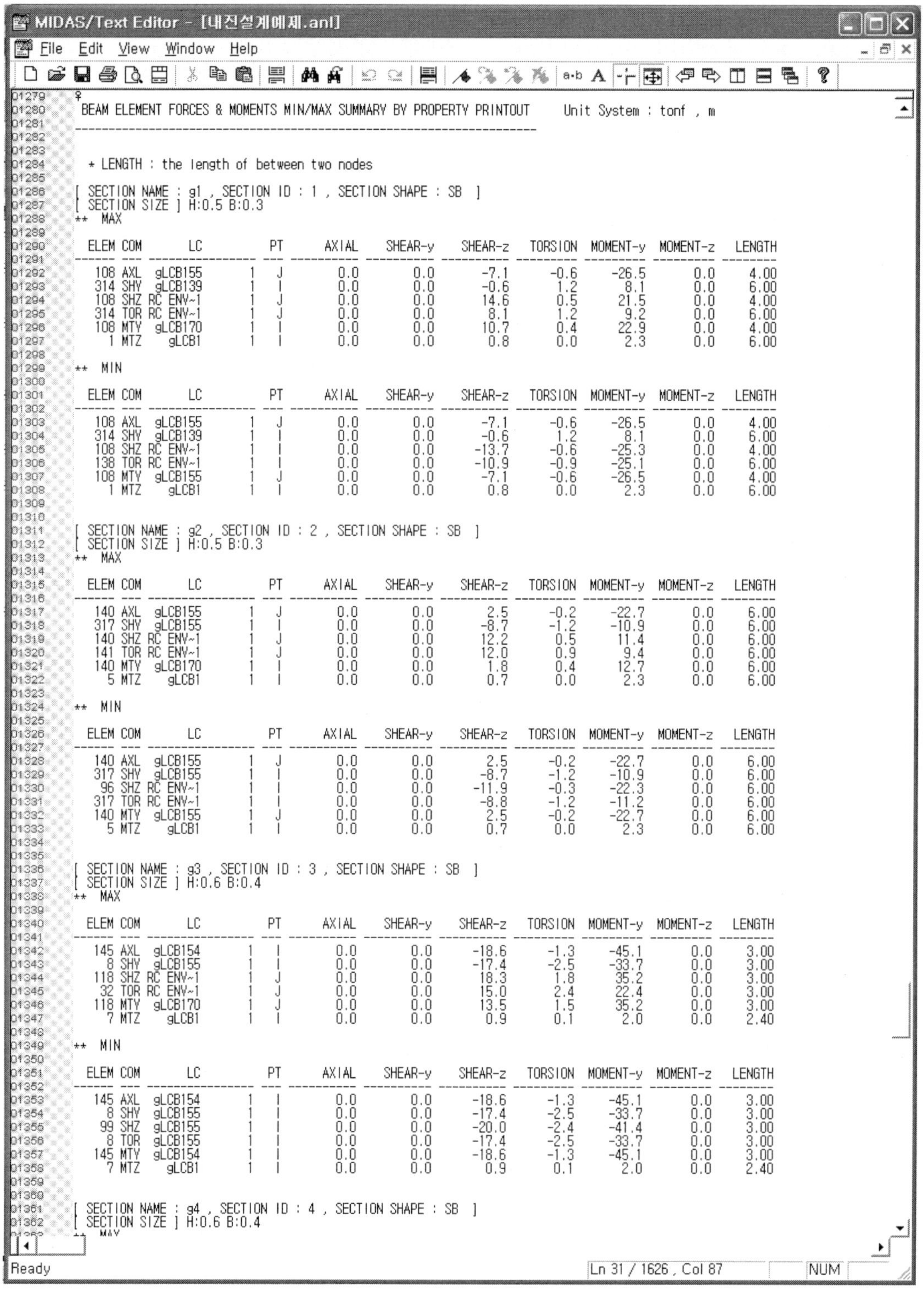

```
 MIDAS/Text Editor – [내진설계예제.anl]
 File  Edit  View  Window  Help

01279  우
01280      BEAM ELEMENT FORCES & MOMENTS MIN/MAX SUMMARY BY PROPERTY PRINTOUT        Unit System : tonf , m
01281      ------------------------------------------------------------------------------------
01282
01283
01284      * LENGTH : the length of between two nodes
01285
01286      [ SECTION NAME : g1 , SECTION ID : 1 , SECTION SHAPE : SB  ]
01287      [ SECTION SIZE ] H:0.5 B:0.3
01288      ** MAX
01289
01290      ELEM COM      LC        PT     AXIAL     SHEAR-y    SHEAR-z    TORSION   MOMENT-y   MOMENT-z   LENGTH
01291      ----------------------  ---  --------- ---------- ---------- --------- ---------- ---------- --------
01292       108 AXL  gLCB155       1  J    0.0        0.0       -7.1      -0.6      -26.5       0.0      4.00
01293       314 SHY  gLCB139       1  I    0.0        0.0       -0.6       1.2        8.1       0.0      6.00
01294       108 SHZ  RC ENV~1      1  J    0.0        0.0       14.6       0.5       21.5       0.0      4.00
01295       314 TOR  RC ENV~1      1  J    0.0        0.0        8.1       1.2        9.2       0.0      6.00
01296       108 MTY  gLCB170       1  I    0.0        0.0       10.7       0.4       22.9       0.0      4.00
01297         1 MTZ  gLCB1         1  I    0.0        0.0        0.8       0.0        2.3       0.0      6.00
01298
01299      ** MIN
01300
01301      ELEM COM      LC        PT     AXIAL     SHEAR-y    SHEAR-z    TORSION   MOMENT-y   MOMENT-z   LENGTH
01302      ----------------------  ---  --------- ---------- ---------- --------- ---------- ---------- --------
01303       108 AXL  gLCB155       1  J    0.0        0.0       -7.1      -0.6      -26.5       0.0      4.00
01304       314 SHY  gLCB139       1  I    0.0        0.0       -0.6       1.2        8.1       0.0      6.00
01305       108 SHZ  RC ENV~1      1  I    0.0        0.0      -13.7      -0.6      -25.3       0.0      4.00
01306       138 TOR  RC ENV~1      1  I    0.0        0.0      -10.9      -0.9      -25.1       0.0      6.00
01307       108 MTY  gLCB155       1  J    0.0        0.0       -7.1      -0.6      -26.5       0.0      4.00
01308         1 MTZ  gLCB1         1  I    0.0        0.0        0.8       0.0        2.3       0.0      6.00
01309
01310
01311      [ SECTION NAME : g2 , SECTION ID : 2 , SECTION SHAPE : SB  ]
01312      [ SECTION SIZE ] H:0.5 B:0.3
01313      ** MAX
01314
01315      ELEM COM      LC        PT     AXIAL     SHEAR-y    SHEAR-z    TORSION   MOMENT-y   MOMENT-z   LENGTH
01316      ----------------------  ---  --------- ---------- ---------- --------- ---------- ---------- --------
01317       140 AXL  gLCB155       1  J    0.0        0.0        2.5      -0.2      -22.7       0.0      6.00
01318       317 SHY  gLCB155       1  I    0.0        0.0       -8.7      -1.2      -10.9       0.0      6.00
01319       140 SHZ  RC ENV~1      1  J    0.0        0.0       12.2       0.5       11.4       0.0      6.00
01320       141 TOR  RC ENV~1      1  J    0.0        0.0       12.0       0.9        9.4       0.0      6.00
01321       140 MTY  gLCB170       1  I    0.0        0.0        1.8       0.4       12.7       0.0      6.00
01322         5 MTZ  gLCB1         1  I    0.0        0.0        0.7       0.0        2.3       0.0      6.00
01323
01324      ** MIN
01325
01326      ELEM COM      LC        PT     AXIAL     SHEAR-y    SHEAR-z    TORSION   MOMENT-y   MOMENT-z   LENGTH
01327      ----------------------  ---  --------- ---------- ---------- --------- ---------- ---------- --------
01328       140 AXL  gLCB155       1  J    0.0        0.0        2.5      -0.2      -22.7       0.0      6.00
01329       317 SHY  gLCB155       1  J    0.0        0.0       -8.7      -1.2      -10.9       0.0      6.00
01330        96 SHZ  RC ENV~1      1  I    0.0        0.0      -11.9      -0.3      -22.3       0.0      6.00
01331       317 TOR  RC ENV~1      1  I    0.0        0.0       -8.8      -1.2      -11.2       0.0      6.00
01332       140 MTY  gLCB155       1  J    0.0        0.0        2.5      -0.2      -22.7       0.0      6.00
01333         5 MTZ  gLCB1         1  I    0.0        0.0        0.7       0.0        2.3       0.0      6.00
01334
01335
01336      [ SECTION NAME : g3 , SECTION ID : 3 , SECTION SHAPE : SB  ]
01337      [ SECTION SIZE ] H:0.6 B:0.4
01338      ** MAX
01339
01340      ELEM COM      LC        PT     AXIAL     SHEAR-y    SHEAR-z    TORSION   MOMENT-y   MOMENT-z   LENGTH
01341      ----------------------  ---  --------- ---------- ---------- --------- ---------- ---------- --------
01342       145 AXL  gLCB154       1  I    0.0        0.0      -18.6      -1.3      -45.1       0.0      3.00
01343         8 SHY  gLCB155       1  I    0.0        0.0      -17.4      -2.5      -33.7       0.0      3.00
01344       118 SHZ  RC ENV~1      1  J    0.0        0.0       18.3       1.8       35.2       0.0      3.00
01345        32 TOR  RC ENV~1      1  J    0.0        0.0       15.0       2.4       22.4       0.0      3.00
01346       118 MTY  gLCB170       1  J    0.0        0.0       13.5       1.5       35.2       0.0      3.00
01347         7 MTZ  gLCB1         1  I    0.0        0.0        0.9       0.1        2.0       0.0      2.40
01348
01349      ** MIN
01350
01351      ELEM COM      LC        PT     AXIAL     SHEAR-y    SHEAR-z    TORSION   MOMENT-y   MOMENT-z   LENGTH
01352      ----------------------  ---  --------- ---------- ---------- --------- ---------- ---------- --------
01353       145 AXL  gLCB154       1  I    0.0        0.0      -18.6      -1.3      -45.1       0.0      3.00
01354         8 SHY  gLCB155       1  I    0.0        0.0      -17.4      -2.5      -33.7       0.0      3.00
01355        99 SHZ  gLCB155       1  I    0.0        0.0      -20.0      -2.4      -41.4       0.0      3.00
01356         8 TOR  gLCB155       1  I    0.0        0.0      -17.4      -2.5      -33.7       0.0      3.00
01357       145 MTY  gLCB154       1  I    0.0        0.0      -18.6      -1.3      -45.1       0.0      3.00
01358         7 MTZ  gLCB1         1  I    0.0        0.0        0.9       0.1        2.0       0.0      2.40
01359
01360
01361      [ SECTION NAME : g4 , SECTION ID : 4 , SECTION SHAPE : SB  ]
01362      [ SECTION SIZE ] H:0.6 B:0.4
01363                 ** MAX

Ready                                                          Ln 31 / 1626 , Col 87              NUM
```

[그림 5-29]  부재력의 하중조합별 최대/최소값

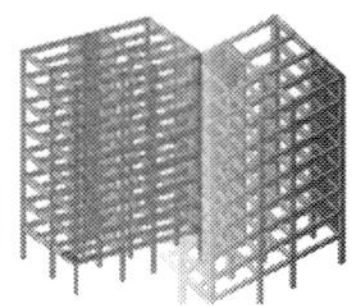

```
MIDAS/Text Editor - [내진설계예제.anl]
 File  Edit  View  Window  Help

우
NODE DISPLACEMENT AND ROTATIONS DEFAULT PRINTOUT                    Unit System : tonf , m
-----------------------------------------------------------------

NODE     LC            UX          UY          UZ          RX          RY          RZ
------ ------- ---- ----------- ----------- ----------- ----------- ----------- -----------
 155 풍하중~1           0.000       0.000       0.000        0.0         0.0         0.0
     풍하중~2           0.000       0.000       0.000        0.0         0.0         0.0

     RC ENV~1  Max     0.114       0.096       0.001        0.0         0.0         0.0
               Min    -0.108      -0.111      -0.007       -0.0        -0.0        -0.0

     RC ENV~2  Max     0.034       0.023      -0.003       -0.0         0.0         0.0
               Min    -0.028      -0.036      -0.005       -0.0        -0.0        -0.0
     cLCB69            0.003      -0.008      -0.004       -0.0         0.0         0.0

 156 풍하중~1           0.000       0.000       0.000        0.0         0.0         0.0
     풍하중~2           0.000       0.000       0.000        0.0         0.0         0.0

     RC ENV~1  Max     0.074       0.096       0.000        0.0         0.0         0.0
               Min    -0.071      -0.111      -0.007       -0.0        -0.0        -0.0

     RC ENV~2  Max     0.022       0.023      -0.003        0.0         0.0         0.0
               Min    -0.019      -0.036      -0.005       -0.0         0.0        -0.0
     cLCB69            0.002      -0.008      -0.005        0.0         0.0         0.0

 157 풍하중~1           0.000       0.000       0.000        0.0         0.0         0.0
     풍하중~2           0.000       0.000       0.000        0.0         0.0         0.0

     RC ENV~1  Max     0.031       0.096       0.001        0.0         0.0         0.0
               Min    -0.032      -0.111      -0.006       -0.0        -0.0        -0.0

     RC ENV~2  Max     0.008       0.023      -0.001        0.0         0.0         0.0
               Min    -0.010      -0.036      -0.003        0.0        -0.0        -0.0
     cLCB69           -0.001      -0.008      -0.003        0.0         0.0         0.0

 158 풍하중~1           0.000       0.000       0.000        0.0         0.0         0.0
     풍하중~2           0.000       0.000       0.000        0.0         0.0         0.0

     RC ENV~1  Max     0.114       0.052       0.000        0.0         0.0         0.0
               Min    -0.108      -0.062      -0.007       -0.0        -0.0        -0.0

     RC ENV~2  Max     0.034       0.011      -0.003       -0.0         0.0         0.0
               Min    -0.028      -0.021      -0.005       -0.0        -0.0        -0.0
     cLCB69            0.003      -0.006      -0.004       -0.0        -0.0         0.0

 159 풍하중~1           0.000       0.000       0.000        0.0         0.0         0.0
     풍하중~2           0.000       0.000       0.000        0.0         0.0         0.0

     RC ENV~1  Max     0.074       0.052       0.000        0.0         0.0         0.0
               Min    -0.071      -0.062      -0.006       -0.0        -0.0        -0.0

     RC ENV~2  Max     0.022       0.011      -0.004        0.0        -0.0         0.0
               Min    -0.019      -0.021      -0.005        0.0        -0.0        -0.0
     cLCB69            0.002      -0.006      -0.005        0.0        -0.0         0.0

 160 풍하중~1           0.000       0.000       0.000        0.0         0.0         0.0
     풍하중~2           0.000       0.000       0.000        0.0         0.0         0.0

     RC ENV~1  Max     0.031       0.052       0.003        0.0         0.0         0.0
               Min    -0.032      -0.062      -0.004       -0.0        -0.0        -0.0

     RC ENV~2  Max     0.008       0.011       0.000        0.0         0.0         0.0
               Min    -0.010      -0.021      -0.002       -0.0        -0.0        -0.0
     cLCB69           -0.001      -0.006      -0.001        0.0        -0.0         0.0

 161 풍하중~1           0.000       0.000       0.000        0.0         0.0         0.0
     풍하중~2           0.000       0.000       0.000        0.0         0.0         0.0

     RC ENV~1  Max     0.114       0.040       0.000        0.0         0.0         0.0
               Min    -0.108      -0.047      -0.007       -0.0        -0.0        -0.0

     RC ENV~2  Max     0.034       0.009      -0.003       -0.0         0.0         0.0
               Min    -0.028      -0.016      -0.005       -0.0        -0.0        -0.0
     cLCB69            0.003      -0.004      -0.004       -0.0         0.0         0.0

 162 풍하중~1           0.000       0.000       0.000        0.0         0.0         0.0
     풍하중~2           0.000       0.000       0.000        0.0         0.0         0.0

     RC ENV~1  Max     0.074       0.040       0.000        0.0         0.0         0.0
               Min    -0.071      -0.047      -0.006       -0.0        -0.0        -0.0
     RC ENV~2  Max     0.022       0.009      -0.003        0.0         0.0         0.0

Ready                                          Ln 31 / 1626 , Col 87        NUM
```

[그림 5-30]  지붕층 변위값 확인(Service Load Set)

1. Results Menu의 ***Text Output*** 선택
2. Text Printout Wizard의 Add New Load Set 버튼 클릭
3. Load Case / Comb Selection 대화상자의 ***Output Load Set Name*** 입력란에 '부재력 Load Set' 입력
4. OK, 다음(N) 버튼 클릭
5. Element Output Selection 대화상자의 ***Wall*** 선택 후 ... 버튼 클릭
6. ID 탭에서 ***Selected***에 위치한 모든 요소번호 확인
7. Element Selection Detail 대화상자의 ***Wall ID*** 탭 클릭
8. ≪ 버튼을 클릭하여 모든 ***Wall ID***를 ***Unselected***로 이동
9. Wall ID 에 '**1**'을 선택하고, > 버튼을 클릭하여 ***Selected***로 이동
10. 확인, 다음(N) 버튼 클릭
11. ***Displ. & React. Output Selection*** 대화상자의 ***Reaction*** 선택란에 '✓' 표시
12. ***Reaction*** 선택란 우측의 ... 버튼 클릭
13. ***Node Selection Detail*** 대화상자의 ***Reaction*** 탭에서 ***ID*** 탭 확인 후 ≪ 버튼 클릭
14. ***Unselected*** 입력란에 '**22, 24, 33, 34**' 선택[1] (그림 5-31 참조)
15. 선택된 절점번호를 > 버튼 클릭하여 ***Selected***로 이동
16. 확인 버튼 클릭
17. 다음(N) 버튼 클릭
18. 마침 버튼 클릭
19. 코어부의 반력 확인
20. 벽부재의 부재력 확인

1) 입력된 절점번호는 Base의 코어부를 구성하는 절점번호이다.

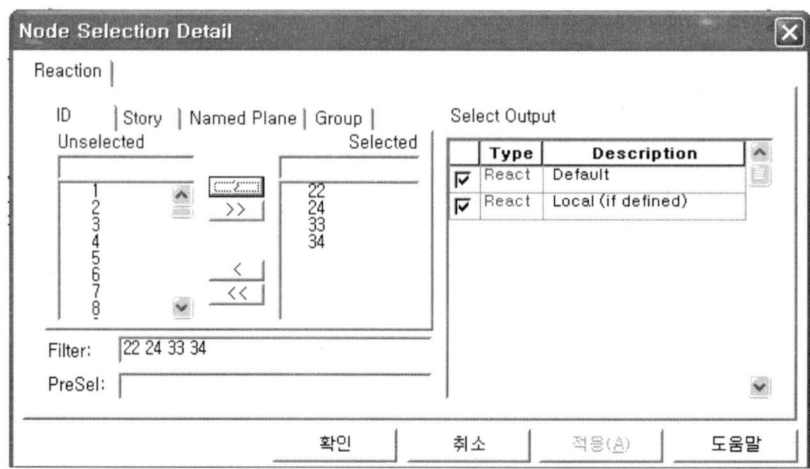

[그림 5-31] 코어부의 절점번호 선택

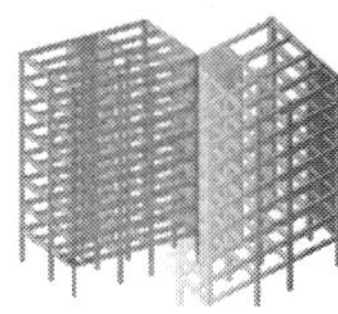

MIDAS/Text Editor - [내진설계예제.anl]

File　Edit　View　Window　Help

```
REACTION FORCES & MOMENTS DEFAULT PRINTOUT                    Unit System : tonf , m
-----------------------------------------------------

 Node    LC          FX         FY         FZ         MX        MY        MZ
 ----   ----      -------    -------    -------    -------   -------   -------
  22   gLCB1        19.6       33.8      127.0        0.0       0.0       0.0
       gLCB2        19.8       29.2      138.1        0.0       0.0       0.0
       gLCB3         6.5       19.7       31.5        0.0       0.0       0.0
       gLCB4         7.1       10.7       54.1        0.0       0.0       0.0
       gLCB5        11.8      -20.9      155.2        0.0       0.0       0.0
       gLCB6        12.6      -24.0      171.1        0.0       0.0       0.0
       gLCB7        62.0       68.8      478.9        0.0       0.0       0.0
       gLCB8        63.0       54.0      515.7        0.0       0.0       0.0
       gLCB9        56.4       51.8      451.7        0.0       0.0       0.0
       gLCB10       56.8       44.7      468.9        0.0       0.0       0.0
       gLCB11       35.3       31.2      294.8        0.0       0.0       0.0
       gLCB12       36.4       15.0      335.4        0.0       0.0       0.0
       gLCB13        6.8      -18.0      109.7        0.0       0.0       0.0
       gLCB14        7.5      -27.6      134.1        0.0       0.0       0.0
       gLCB15       62.3       65.0      488.7        0.0       0.0       0.0
       gLCB16       62.7       57.9      505.9        0.0       0.0       0.0
       gLCB17       56.2       55.7      441.9        0.0       0.0       0.0
       gLCB18       57.1       40.9      478.7        0.0       0.0       0.0
       gLCB19       35.5       28.0      302.9        0.0       0.0       0.0
       gLCB20       36.2       18.3      327.3        0.0       0.0       0.0
       gLCB21        6.6      -14.7      101.6        0.0       0.0       0.0
       gLCB22        7.7      -30.9      142.2        0.0       0.0       0.0
       gLCB23      -38.7     -112.2     -165.3        0.0       0.0       0.0
       gLCB24      -39.6      -97.4     -202.1        0.0       0.0       0.0
       gLCB25      -33.1      -95.2     -138.1        0.0       0.0       0.0
       gLCB26      -33.5      -88.1     -155.3        0.0       0.0       0.0
       gLCB27      -11.9      -74.6       18.8        0.0       0.0       0.0
       gLCB28      -13.1      -58.4      -21.8        0.0       0.0       0.0
       gLCB29       16.6      -25.4      203.9        0.0       0.0       0.0
       gLCB30       15.9      -15.8      179.5        0.0       0.0       0.0
       gLCB31      -39.0     -108.4     -175.1        0.0       0.0       0.0
       gLCB32      -39.3     -101.2     -192.3        0.0       0.0       0.0
       gLCB33      -32.8      -99.1     -128.3        0.0       0.0       0.0
       gLCB34      -33.7      -84.2     -165.1        0.0       0.0       0.0
       gLCB35      -12.1      -71.3       10.7        0.0       0.0       0.0
       gLCB36      -12.9      -61.7      -13.7        0.0       0.0       0.0
       gLCB37       16.8      -28.7      212.0        0.0       0.0       0.0
       gLCB38       15.7      -12.5      171.4        0.0       0.0       0.0
       gLCB39        7.6      -13.4       99.8        0.0       0.0       0.0
       gLCB40       58.0       77.1      421.9        0.0       0.0       0.0
       gLCB41       58.9       62.2      458.6        0.0       0.0       0.0
       gLCB42       52.3       60.1      394.7        0.0       0.0       0.0
       gLCB43       52.7       53.0      411.9        0.0       0.0       0.0
       gLCB44       31.2       39.5      237.7        0.0       0.0       0.0
       gLCB45       32.3       23.3      278.4        0.0       0.0       0.0
       gLCB46        2.7       -9.7       52.6        0.0       0.0       0.0
       gLCB47        3.4      -19.3       77.1        0.0       0.0       0.0
       gLCB48       58.2       73.2      431.7        0.0       0.0       0.0
       gLCB49       58.6       66.1      448.9        0.0       0.0       0.0
       gLCB50       52.1       64.0      384.9        0.0       0.0       0.0
       gLCB51       53.0       49.1      421.6        0.0       0.0       0.0
       gLCB52       31.4       36.2      245.8        0.0       0.0       0.0
       gLCB53       32.1       26.6      270.3        0.0       0.0       0.0
       gLCB54        2.5       -6.4       44.5        0.0       0.0       0.0
       gLCB55        3.6      -22.6       85.2        0.0       0.0       0.0
       gLCB56      -42.8     -104.0     -222.4        0.0       0.0       0.0
       gLCB57      -43.7      -89.1     -259.1        0.0       0.0       0.0
       gLCB58      -37.2      -87.0     -195.1        0.0       0.0       0.0
       gLCB59      -37.5      -79.9     -212.3        0.0       0.0       0.0
       gLCB60      -16.0      -66.4      -38.2        0.0       0.0       0.0
       gLCB61      -17.1      -50.1      -78.9        0.0       0.0       0.0
       gLCB62       12.5      -17.2      146.9        0.0       0.0       0.0
       gLCB63       11.8       -7.5      122.4        0.0       0.0       0.0
       gLCB64      -43.0     -100.1     -232.1        0.0       0.0       0.0
       gLCB65      -43.4      -93.0     -249.4        0.0       0.0       0.0
       gLCB66      -36.9      -90.8     -185.4        0.0       0.0       0.0
       gLCB67      -37.8      -76.0     -222.1        0.0       0.0       0.0
       gLCB68      -16.2      -63.1      -46.3        0.0       0.0       0.0
       gLCB69      -16.9      -53.4      -70.8        0.0       0.0       0.0
       gLCB70       12.7      -20.4      155.0        0.0       0.0       0.0
       gLCB71       11.6       -4.2      114.3        0.0       0.0       0.0
       gLCB72        8.4      -14.9      110.8        0.0       0.0       0.0
       gLCB73       10.0      -18.7      134.6        0.0       0.0       0.0
       gLCB74       45.2       44.7      360.1        0.0       0.0       0.0
       gLCB75       45.9       34.3      385.8        0.0       0.0       0.0
       gLCB76       41.3       32.8      341.0        0.0       0.0       0.0
       gLCB77       41.6       27.8      353.1        0.0       0.0       0.0
       gLCB78       26.5       18.3      231.2        0.0       0.0       0.0
       gLCB79       27.3        7.0      259.7        0.0       0.0       0.0
```

Ready　　　　　　　　　　　　　　　　　　　　　　　　　Ln 0 / 13935 , Col 1　　　　NUM

[그림 5-32]  코어부의 반력확인

```
MIDAS/Text Editor - [내진설계예제.anl]
 File  Edit  View  Window  Help

04219   우
04220
04221   WALL ELEMENT FORCES DEFAULT PRINTOUT                    Unit System : tonf , m
04222   ----------------------------------------
04223
04224
04225   WL.ID    STORY   HT    LC     PRT     AXIAL    SHEAR-y    SHEAR-z   TORSION   MOMENT-y   MOMENT-z
04226   -----    -----   --   ----    ---    -------  ---------  --------- --------- ---------- ----------
04227
04228      1      8F     3   gLCB1    TOP      3.0      0.0        5.2       0.0        2.8       0.0
04229                                 BOT      3.0      0.0        5.2       0.0       13.3       0.0
04230
04231                         gLCB2    TOP      2.6      0.0        5.7       0.0        2.8       0.0
04232                                 BOT      2.6      0.0        5.7       0.0       14.6       0.0
04233
04234                         gLCB3    TOP      4.3      0.0        2.3       0.0        2.2       0.0
04235                                 BOT      4.3      0.0        2.3       0.0        6.5       0.0
04236
04237                         gLCB4    TOP      3.5      0.0        3.4       0.0        2.2       0.0
04238                                 BOT      3.5      0.0        3.4       0.0        9.6       0.0
04239
04240                         gLCB5    TOP    -23.9      0.0       -7.4       0.0       18.8       0.0
04241                                 BOT    -29.9      0.0       -7.4       0.0       -3.3       0.0
04242
04243                         gLCB6    TOP    -27.9      0.0       -9.7       0.0       23.2       0.0
04244                                 BOT    -33.0      0.0       -9.7       0.0       -5.7       0.0
04245
04246                         gLCB7    TOP    -16.0      0.0        5.3       0.0       28.4       0.0
04247                                 BOT    -21.2      0.0        5.3       0.0       30.4       0.0
04248
04249                         gLCB8    TOP    -17.2      0.0        6.8       0.0       28.4       0.0
04250                                 BOT    -22.4      0.0        6.8       0.0       34.9       0.0
04251
04252                         gLCB9    TOP    -19.7      0.0        3.3       0.0       26.5       0.0
04253                                 BOT    -24.9      0.0        3.3       0.0       24.8       0.0
04254
04255                         gLCB10   TOP    -20.2      0.0        3.9       0.0       26.5       0.0
04256                                 BOT    -25.4      0.0        3.9       0.0       26.7       0.0
04257
04258                         gLCB11   TOP    -16.7      0.0       -1.2       0.0       25.8       0.0
04259                                 BOT    -21.9      0.0       -1.2       0.0       14.3       0.0
04260
04261                         gLCB12   TOP    -18.1      0.0        0.6       0.0       25.7       0.0
04262                                 BOT    -23.3      0.0        0.6       0.0       19.8       0.0
04263
04264                         gLCB13   TOP    -21.0      0.0       -8.9       0.0       21.7       0.0
04265                                 BOT    -26.2      0.0       -8.9       0.0       -5.0       0.0
04266
04267                         gLCB14   TOP    -22.0      0.0       -7.7       0.0       21.6       0.0
04268                                 BOT    -27.2      0.0       -7.7       0.0       -1.5       0.0
04269
04270                         gLCB15   TOP    -16.3      0.0        5.7       0.0       28.4       0.0
04271                                 BOT    -21.5      0.0        5.7       0.0       31.8       0.0
04272
04273                         gLCB16   TOP    -16.8      0.0        6.4       0.0       28.4       0.0
04274                                 BOT    -22.0      0.0        6.4       0.0       33.6       0.0
04275
04276                         gLCB17   TOP    -19.4      0.0        2.8       0.0       26.5       0.0
04277                                 BOT    -24.5      0.0        2.8       0.0       23.5       0.0
04278
04279                         gLCB18   TOP    -20.6      0.0        4.3       0.0       26.5       0.0
04280                                 BOT    -25.7      0.0        4.3       0.0       28.0       0.0
04281
04282                         gLCB19   TOP    -17.0      0.0       -0.9       0.0       25.8       0.0
04283                                 BOT    -22.1      0.0       -0.9       0.0       15.3       0.0
04284
04285                         gLCB20   TOP    -17.9      0.0        0.3       0.0       25.8       0.0
04286                                 BOT    -23.1      0.0        0.3       0.0       18.8       0.0
04287
04288                         gLCB21   TOP    -20.8      0.0       -9.2       0.0       21.7       0.0
04289                                 BOT    -26.0      0.0       -9.2       0.0       -6.0       0.0
04290
04291                         gLCB22   TOP    -22.2      0.0       -7.4       0.0       21.6       0.0
04292                                 BOT    -27.4      0.0       -7.4       0.0       -0.6       0.0
04293
04294                         gLCB23   TOP    -34.2      0.0      -22.1       0.0       12.7       0.0
04295                                 BOT    -39.4      0.0      -22.1       0.0      -39.7       0.0
04296
04297                         gLCB24   TOP    -33.0      0.0      -23.6       0.0       12.8       0.0
04298                                 BOT    -38.1      0.0      -23.6       0.0      -44.2       0.0
04299
04300                         gLCB25   TOP    -30.4      0.0      -20.1       0.0       14.6       0.0
04301                                 BOT    -35.6      0.0      -20.1       0.0      -34.1       0.0
04302
04303                         gLCB26   TOP    -29.9      0.0      -20.7       0.0       14.6       0.0
04304                                 BOT    -35.1      0.0      -20.7       0.0      -36.0       0.0
04305
04306                         gLCB27   TOP    -33.5      0.0      -15.5       0.0       15.3       0.0

Ready                                                         Ln 0 / 13935 , Col 1              NUM
```

[그림 5-33] 벽부재의 부재력 확인(Wall ID1)

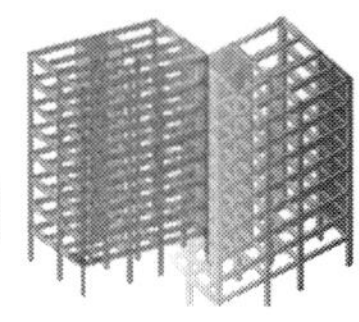

# 5.11  철근콘크리트 부재설계

이 장에서는 해석결과를 이용하여 철근콘크리트 보, 기둥, 벽체, 기초의 단면 설계 및 강도 검증 과정을 알아본다.

midas Gen에서는 다음과 같은 설계기준을 적용하여 철근콘크리트 부재 자동설계를 수행할 수 있다.

- 한국콘크리트학회 콘크리트 구조설계기준(KCI-USD12, 토목/건축 통합기준)
- 한국콘크리트학회 콘크리트 구조설계기준(KCI-USD99, 03, 토목/건축 통합기준)
- 대한건축학회 극한강도설계법에 의한 철근콘크리트 구조계산기준(AIK-USD94)
- 미국 콘크리트학회 철근콘크리트 구조계산규준(ACI318-89, 95, 99)
- 대한토목학회 콘크리트표준시방서(KSCE-USD96)

철근콘크리트 부재에 대한 단면 설계 및 강도검증은 사용자가 지정한 범위 또는 해석모델에 포함되어 있는 전체 철근콘크리트 부재에 대하여 수행한다.

이때, 단면 설계 또는 강도검증은 각 철근콘크리트 부재의 단면이 부재 전길이에 대하여 일정한 단면형상을 가지는 철근콘크리트 부재에 대해서만 수행한다.

부재의 양단부 또는 부재의 임의의 위치에서 단면의 모양이나 크기가 변하는 변단면 부재는 단면설계 또는 강도검증을 할 수 없다.

철근콘크리트 부재는 다음과 같은 방법으로 단면설계 또는 강도검증을 선택적으로 수행한다.

## (1) 단면설계(소요철근량 산출)

단면설계는 해석모델에 입력된 부재 단면치수 또는 사용자가 수정한 부재단면치수와 철근콘크리트 부재 설계용 하중조합조건에 의하여 산출된 계수하중을 기준으로 최적의 소요 철근량을 산출하는 과정이다. 즉, 부재의 단면치수만 결정되어 있고 철근배근에 대한 데이터가 없는 경우 수행한다.

## (2) 강도검증

강도검증 부재의 단면치수와 철근배근 데이터가 함께 입력된 경우에는 완전한 철근콘크리트 단면으로 간주하고, 이 단면에 대한 설계강도를 산출한 다음 해당부재의 소요강도와 비교 검증하는 과정이다.

## 5.11.1 설계변수

midas Gen의 철근콘크리트 부재의 설계기능은 Design 메뉴에서 제공되며 본 예제에서 사용되는 Design Parameter로는 General Design Parameter와 Concrete Design Parameter가 있다.

General Design Parameter는 구조재와 부재의 종류와 관계없이 설계과정에서 공통적으로 사용되는 설계변수 등을 입력하고, Concrete Design Parameter는 철근콘크리트부재의 설계과정에서 사용되는 설계기준이나 구조재료의 변경 그리고 부재단면 데이터의 입력 또는 수정한다. 자동설계에 적용할 설계변수를 입력한다.

midas Gen에서는 Seismic Load Combination Type... 기능이 추가되어 건축구조기준(KBC 2009)에 의한 특별지진하중 조합과 수직 지진력을 적용할 수 있다. 하중조합(Combinations)에서 설정한 Factor를 적용할 Member를 지정한다.

### KBC 2009 [0306.2.3]

필로티 등과 같이 전체 구조물의 불안정성이나 붕괴를 일으키거나 지진하중의 흐름을 급격히 변화시키는 주요 부재의 설계시에는 지진하중을 포함한 지진하중조합에 지진하중(E) 대신 특별지진하중(Em)을 사용하여야 한다.

### KBC 2009 [0306.8.3]

평면비정형 유형 H-4 또는 수직비정형 유형 V-4에 해당하는 구조물의 불연속 벽, 기둥 및 기타 부재는 0306.2의 특별 조합하중에 저항할 수 있도록 설계하여야 한다.

### KBC 2009 [0306.8.5]

내진설계범주 'D'로 분류된 구조물의 수평내민보와 프리스트레스를 받는 수평요소는 해당 하중조합에 추가하여 고정하중의 20% 이상에 해당하는 상향하중에 저항할 수 있도록 설계한다.

철근콘크리트 부재의 General Design Parameter와 Concrete Design Parameter를 지정한다.

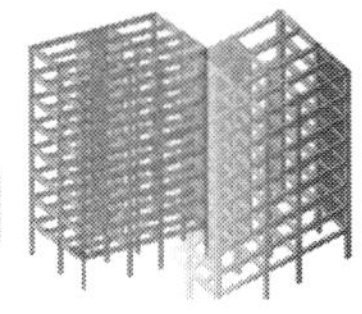

1. Design Menu에서 *General Design Parameter* > *Definition of Frame* 선택

2. X-Direction of Frame에 '**Braced | Non-Sway**' 선택

3. Y-Direction of Frame에 '**Braced | Non-Sway**' 선택

4. OK 버튼 클릭

5. *Front Veiw* 클릭

6. Select Window를 이용하여 **1, 2F** 지정

7. *Activate, Iso Veiw* 클릭

8. *Design* > *General Design Parameters* > *Seismic Load Combination Type...* 선택

9. *Assign Member* 선택란에서 '**for Special Seismic Loads**' 선택

10. *Select Single* 클릭

11. *Element No.* '**9, 31**' 선택

12. Apply 클릭

13. *Activate All* 클릭

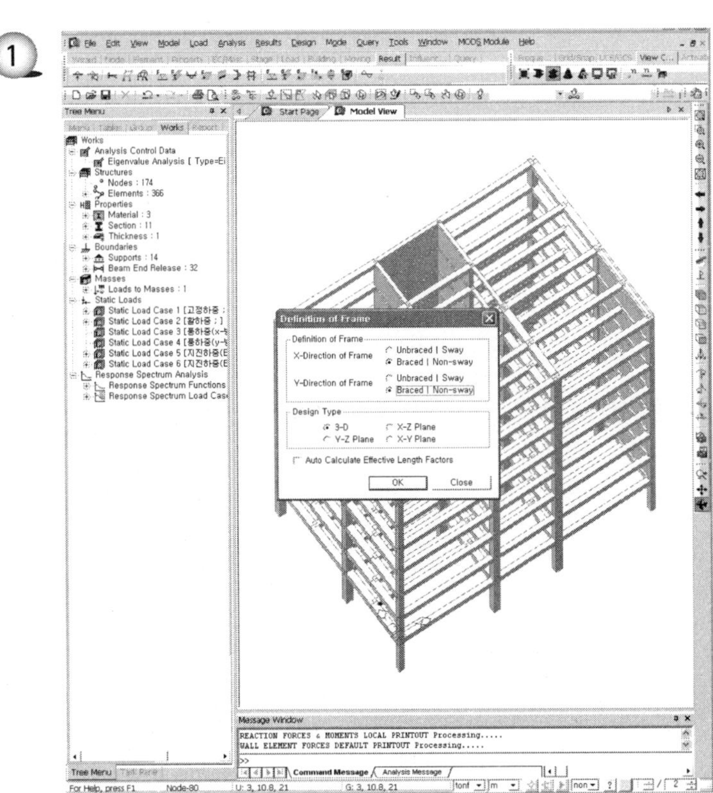

② 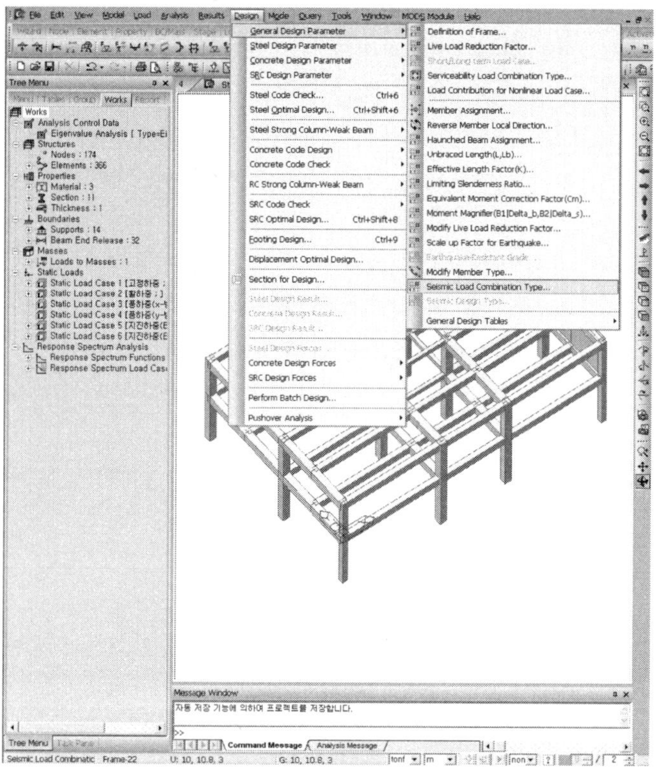

③  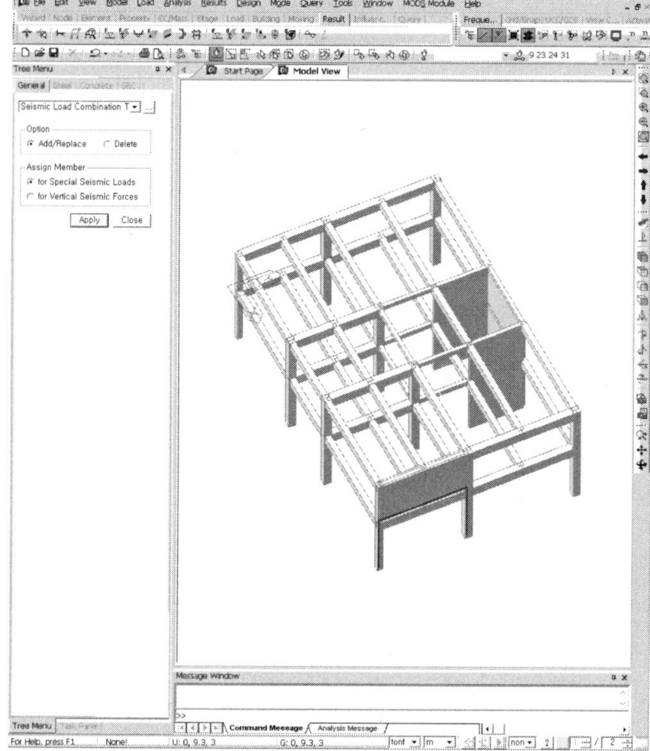

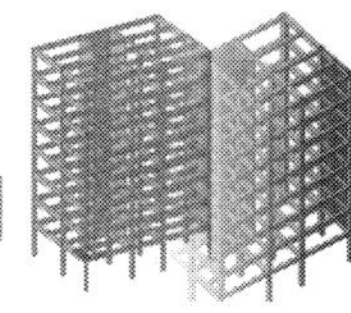

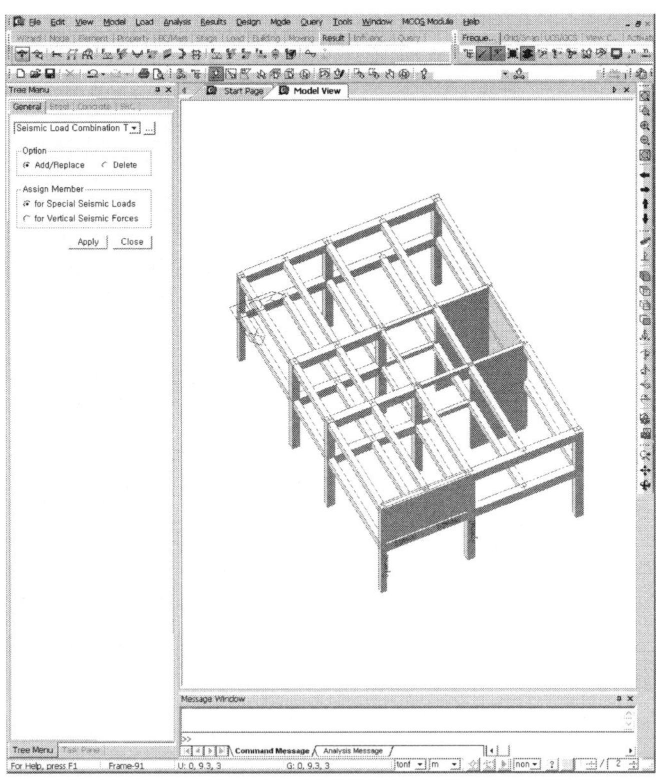

1.  Design Menu에서 *Concrete Design Parameter > Design Code* 선택
2.  Design Code 선택란에서 **'KCI-USD12'** 확인
3.  Apply Special Provisions for Seismic Design에 '✓' 표시[1]
4.  OK 버튼 클릭
5.  Design Menu에서 *Concrete Design Parameter > Strength Reduction Factor* 선택
6.  Strength Reduction Factors에서 *For Tensile Control(phi_t)* 입력란에 **'0.85'**, *Member with Spiral Reinforcement(phi_c1)* 입력란에 **'0.7'**, Other Reinforced *Member(phi_c2)* 입력란에 **'0.65'**, *For Shear and Torsion (phi_v)* 입력란에 **'0.75'** 확인[2]
7.  OK 버튼 클릭
8.  Design Menu에서 *Concrete Design Parameter > Design Criteria of Rebars* 선택
9.  Design Criteria of Rebars 대화상자에서 *For Beam Design*의 *Main Rebar*에 **'D22'** 확인[3]

10. ***Stirrups*** 선택란에서 **'D10'** 확인

11. ***Side Bar*** 선택란에서 **'D13'** 확인

12. OK 버튼 클릭

1) Applied Special Provision for Seismic Design은 내진설계 특별 규정의 적용 여부를 체크하는 데 사용된다.

2) 영어로 된 설명에 해당하는 계수를 각 항목에 입력하면 된다.

3) Main Rebar를 추가할 경우 Rebar... 버튼을 클릭하여 Rebar Data를 추가할 수 있다.

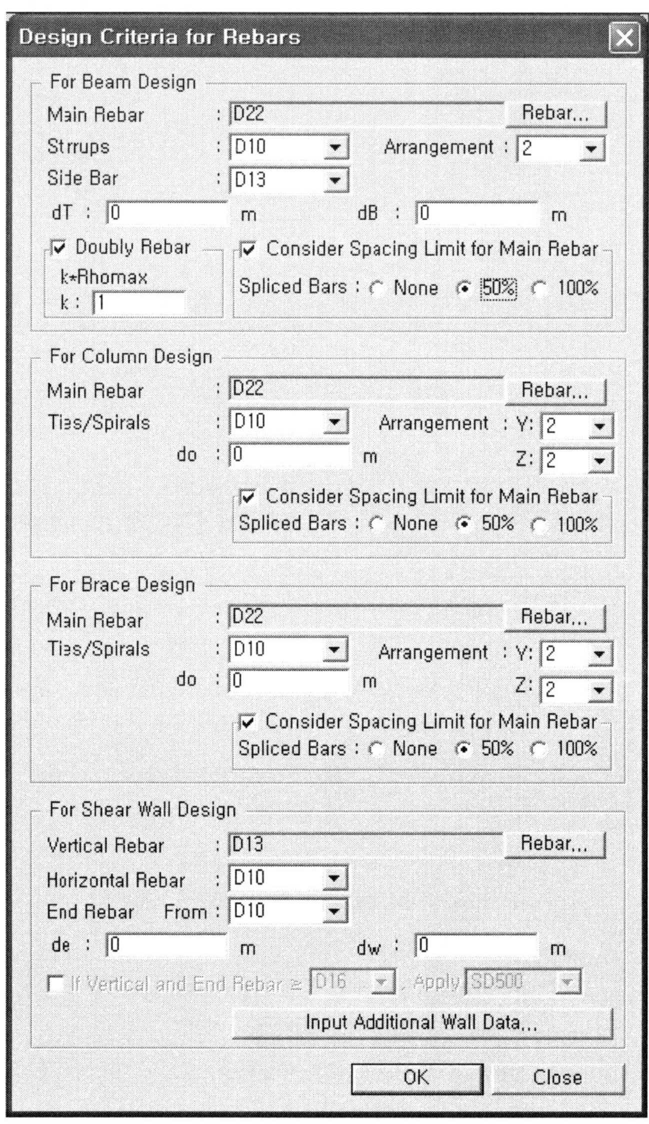

[그림 5-34]  Design Criteria of Rebars

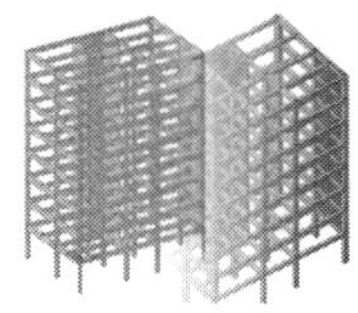

## 5.11.2  보부재 설계

midas Gen에 내장되어 있는 한국콘크리트학회 콘크리트 구조설계기준 (KCI-USD12)을 적용하여 보부재의 단면설계와 강도검증을 수행한다.

입력된 설계변수를 기준으로 Design Menu에서 *Concrete Code Design 〉 Beam Design*을 선택하여 보부재의 단면설계를 수행한다. *Beam Design Result Dialog*에서는 *Member*, 또는 *Property* 별로 단면설계 결과가 화면에 출력된다.

---

1. Design Menu에서 *Concrete Code Design > Beam Design* 선택
2. Beam Design Result Dialog 대화상자의 ≫ 버튼 클릭(그림 5-35 참조)
3. Result View Option의 All에 '✓' 표시
4. Property ID 1에 '✓' 표시하여 선택
5. Graphic... 버튼 클릭
6. Property ID 1 요약계산서에서 i, j단 휨강도비 확인(그림 5-36 참조)
7. Property ID 1 요약계산서의 Close 버튼 클릭
8. Connect Model View에 '✓' 표시
9. Select 버튼 클릭
10. *Design Menu*에서 *Concrete Design Parameter > Design Criteria for Rebars by Member* 선택
11. *Main Rebar*에 '**D22**' 선택
12. *Stirrups*에 '**D13**' 선택
13. *Arrangement*에 '**2**' 선택
14. Apply 클릭
15. *Beam Design Result Dialog* 대화상자의 Select All 클릭
16. Re-calculation 클릭
17. *Property* 확인 후 ≪ 클릭
18. *Design Menu*에서 *Section For Design* 선택
19. **1 : G1** 선택 후 Modify 클릭
20. **H : 0.5, B : 0.3**로 변경 후 OK 클릭
21. *Section For Design* 대화상자 Close 클릭
23. *Beam Design Result Dialog* 대화상자 Close 클릭
24. *Unselect All* 클릭
25. *Design Menu*에서 *Concrete Code Design > Beam Design* 선택

N** : 부모멘트에 대한 휨강도 부족

*P* : 정모멘트에 대한 휨강도 부족

**V : 전단력에 대한 전단강도부족

NP* : 부모멘트, 정모멘트에 대한 휨강도 부족

*PV : 정모멘트, 전단력에 대한 강도부족

N*V : 부모멘트, 전단력에 대한 강도부족

NPV : 부모멘트, 정모멘트 전단력에 대한 강도부족

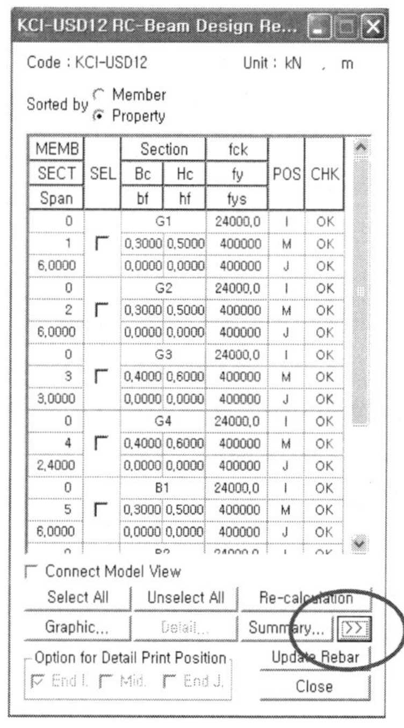

[그림 5-35]  Beam Design Result Dialog

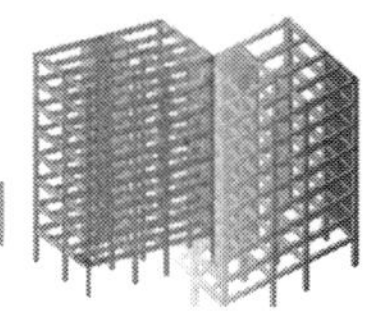

- [그림 5-35]의 Graphic... 버튼을 클릭하면 요약계산서가 나타나고, 사용자가 선택한 Property별 설계결과를 단면의 배근 형상과 함께 확인할 수 있다.
- [그림 5-35]의 Detail... 버튼을 클릭하면 사용자가 선택한 Member별 계산과정 및 상세결과를 Text 형식으로 확인할 수 있으며 *fn.rcs File*로 저장할 수 있다.
- [그림 5-35]의 Summary... 버튼을 클릭하면 사용자가 선택한 Member별 Property별 설계결과 요약을 Text 형식으로 확인할 수 있으며 *fn. rcs File*로 저장할 수 있다.

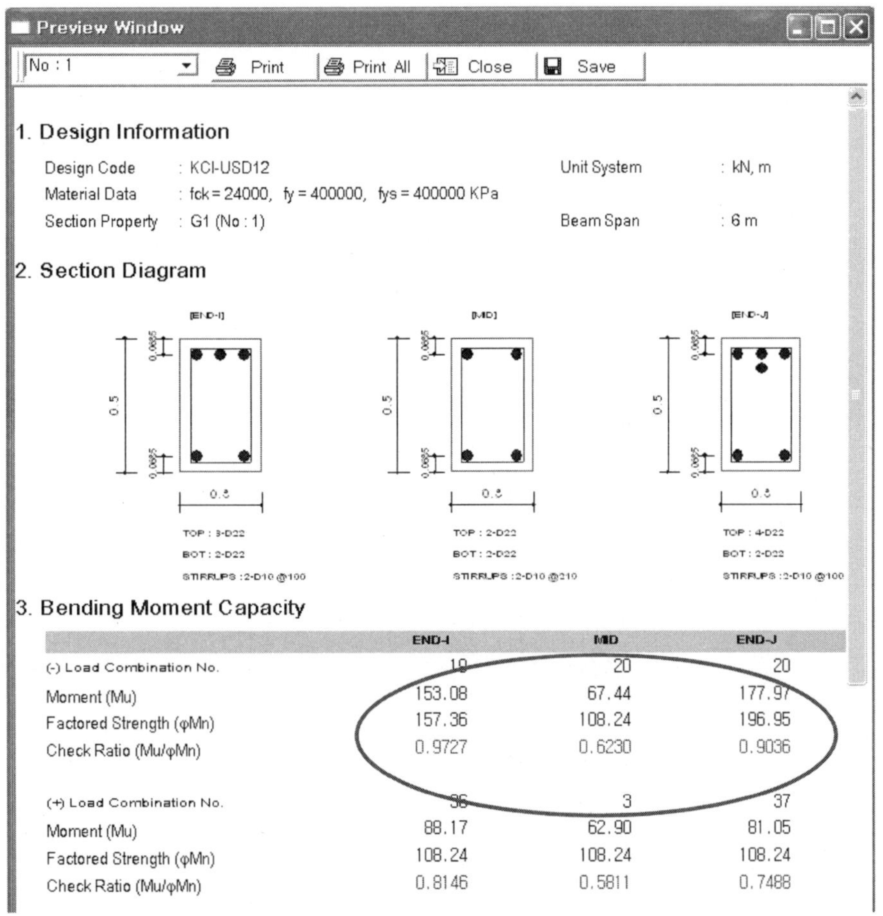

[그림 5-36]  Property ID 11의 요약계산서 출력

Concrete Code Design기능을 이용하여 단면설계 수행시 적절하지 않는 부재나 철근배근이 발생한 경우 본 예제와 같이 Design Menu에 Concrete

Design Parameter 〉 Design Criteria Rebar를 선택하여 철근정보를 변경하거나 Design Menu에 Section for Design를 선택하여 해당부재의 단면치수를 변경하여 재설계를 수행하면 된다.

> 1. 모든 부재의 설계결과가 **OK**인 것을 확인 후 ***Result View Option***의 **All** 선택
> 2. Select All 버튼 클릭
> 3. Summary... 버튼 클릭
> 4. 설계결과 요약 ***List*** 확인 후 X 버튼 클릭
> 5. 예(Y) 클릭 후 저장

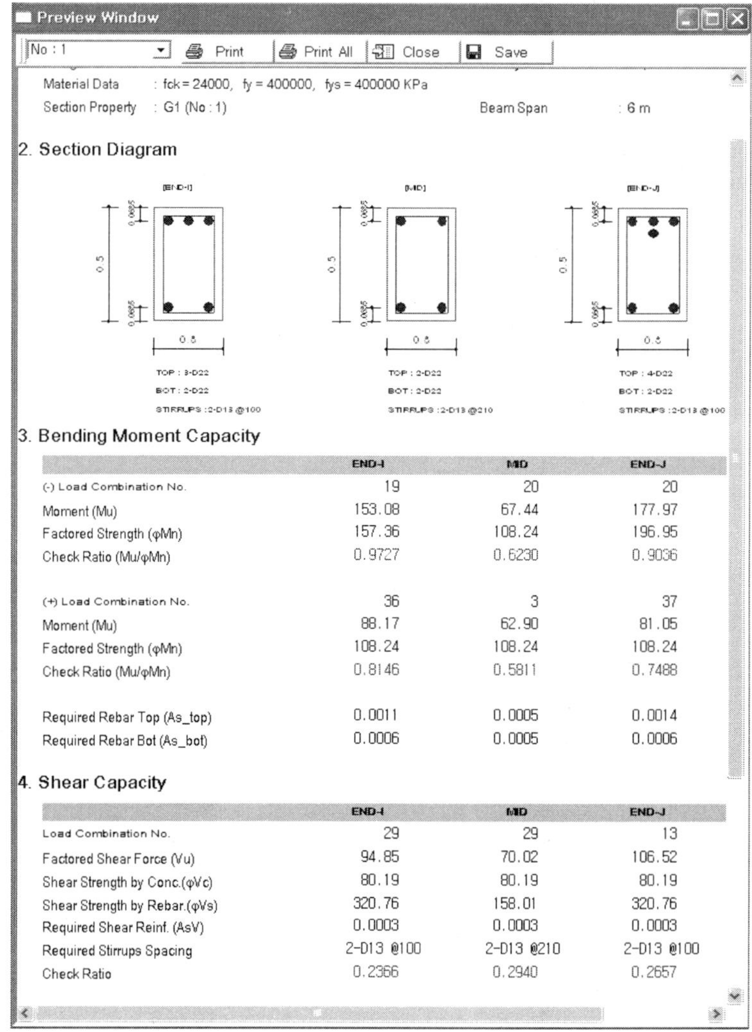

[그림 5-37] 재설계된 Property ID 11의 요약계산서

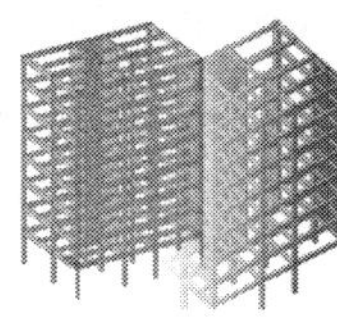

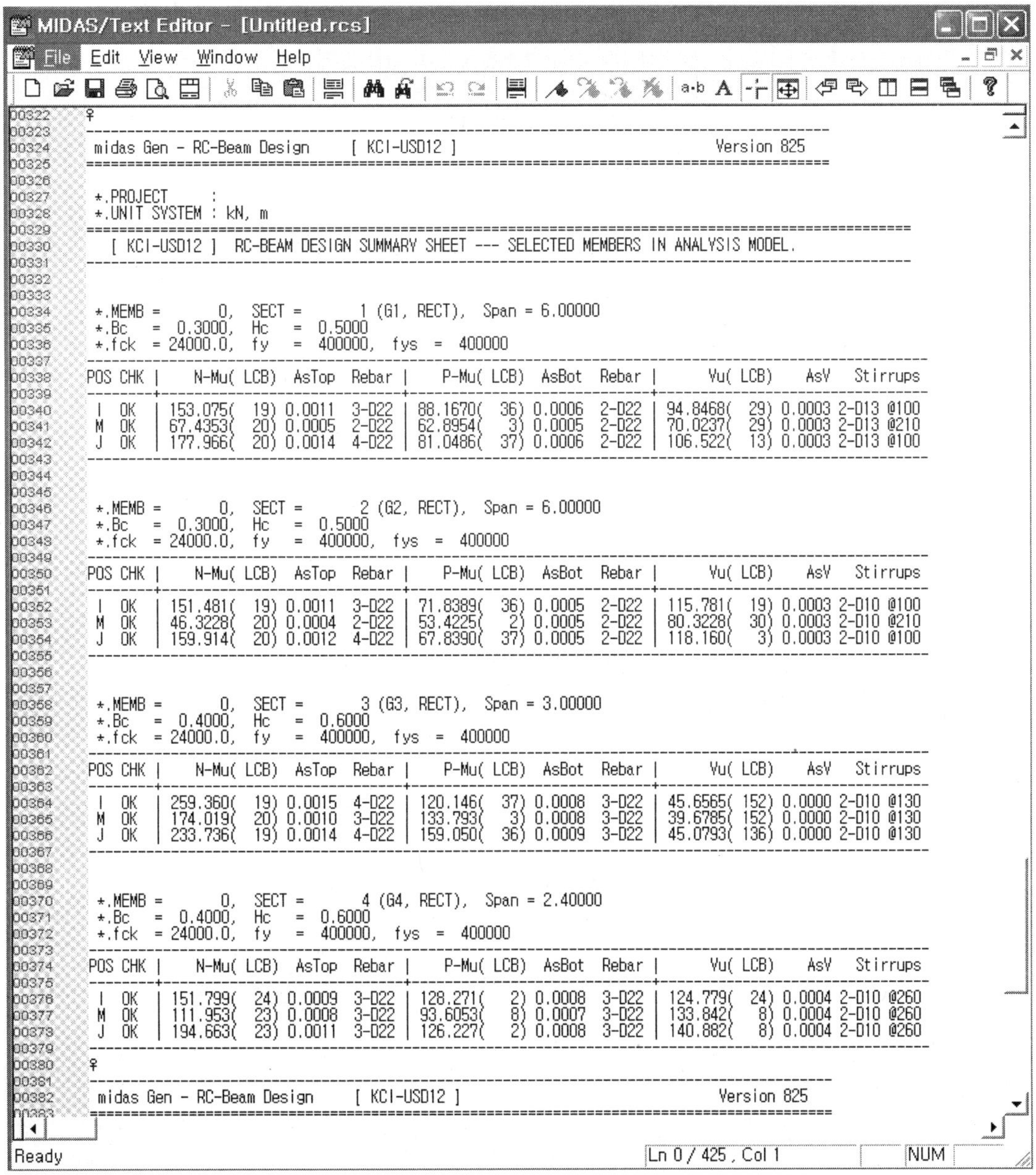

```
MIDAS/Text Editor - [Untitled.rcs]
File  Edit  View  Window  Help

00322  우
00323  -----------------------------------------------------------------------------
00324  midas Gen - RC-Beam Design      [ KCI-USD12 ]                      Version 825
00325  =============================================================================
00326
00327  *.PROJECT      :
00328  *.UNIT SYSTEM : kN, m
00329  =============================================================================
00330     [ KCI-USD12 ]   RC-BEAM DESIGN SUMMARY SHEET --- SELECTED MEMBERS IN ANALYSIS MODEL.
00331  -----------------------------------------------------------------------------
00332
00333
00334  *.MEMB =       0,  SECT =       1 (G1, RECT),  Span = 6.00000
00335  *.Bc   =  0.3000,  Hc   =  0.5000
00336  *.fck  = 24000.0,  fy   =  400000,  fys  =  400000
00337  -----------------------------------------------------------------------------
00338  POS CHK |   N-Mu( LCB)  AsTop  Rebar |   P-Mu( LCB)  AsBot  Rebar |    Vu( LCB)    AsV   Stirrups
00339  -----------------------------------------------------------------------------
00340  I   OK | 153.075(  19) 0.0011  3-D22 |  88.1670(  36) 0.0006  2-D22 |  94.8468(  29) 0.0003 2-D13 @100
00341  M   OK |  67.4353(  20) 0.0005  2-D22 |  62.8954(   3) 0.0005  2-D22 |  70.0237(  29) 0.0003 2-D13 @210
00342  J   OK | 177.966(  20) 0.0014  4-D22 |  81.0486(  37) 0.0006  2-D22 | 106.522(  13) 0.0003 2-D13 @100
00343  -----------------------------------------------------------------------------
00344
00345
00346  *.MEMB =       0,  SECT =       2 (G2, RECT),  Span = 6.00000
00347  *.Bc   =  0.3000,  Hc   =  0.5000
00348  *.fck  = 24000.0,  fy   =  400000,  fys  =  400000
00349  -----------------------------------------------------------------------------
00350  POS CHK |   N-Mu( LCB)  AsTop  Rebar |   P-Mu( LCB)  AsBot  Rebar |    Vu( LCB)    AsV   Stirrups
00351  -----------------------------------------------------------------------------
00352  I   OK | 151.481(  19) 0.0011  3-D22 |  71.8389(  36) 0.0005  2-D22 | 115.781(  19) 0.0003 2-D10 @100
00353  M   OK |  46.3228(  20) 0.0004  2-D22 |  53.4225(   2) 0.0005  2-D22 |  80.3228(  30) 0.0003 2-D10 @210
00354  J   OK | 159.914(  20) 0.0012  4-D22 |  67.8390(  37) 0.0005  2-D22 | 118.160(   3) 0.0003 2-D10 @100
00355  -----------------------------------------------------------------------------
00356
00357
00358  *.MEMB =       0,  SECT =       3 (G3, RECT),  Span = 3.00000
00359  *.Bc   =  0.4000,  Hc   =  0.6000
00360  *.fck  = 24000.0,  fy   =  400000,  fys  =  400000
00361  -----------------------------------------------------------------------------
00362  POS CHK |   N-Mu( LCB)  AsTop  Rebar |   P-Mu( LCB)  AsBot  Rebar |    Vu( LCB)    AsV   Stirrups
00363  -----------------------------------------------------------------------------
00364  I   OK | 259.360(  19) 0.0015  4-D22 | 120.146(  37) 0.0008  3-D22 |  45.6565( 152) 0.0000 2-D10 @130
00365  M   OK | 174.019(  20) 0.0010  3-D22 | 133.793(   3) 0.0008  3-D22 |  39.6785( 152) 0.0000 2-D10 @130
00366  J   OK | 233.736(  19) 0.0014  4-D22 | 159.050(  36) 0.0009  3-D22 |  45.0793( 136) 0.0000 2-D10 @130
00367  -----------------------------------------------------------------------------
00368
00369
00370  *.MEMB =       0,  SECT =       4 (G4, RECT),  Span = 2.40000
00371  *.Bc   =  0.4000,  Hc   =  0.6000
00372  *.fck  = 24000.0,  fy   =  400000,  fys  =  400000
00373  -----------------------------------------------------------------------------
00374  POS CHK |   N-Mu( LCB)  AsTop  Rebar |   P-Mu( LCB)  AsBot  Rebar |    Vu( LCB)    AsV   Stirrups
00375  -----------------------------------------------------------------------------
00376  I   OK | 151.799(  24) 0.0009  3-D22 | 128.271(   2) 0.0008  3-D22 | 124.779(  24) 0.0004 2-D10 @260
00377  M   OK | 111.953(  23) 0.0008  3-D22 |  93.6053(   8) 0.0007  3-D22 | 133.842(   8) 0.0004 2-D10 @260
00378  J   OK | 194.663(  23) 0.0011  3-D22 | 126.227(   2) 0.0008  3-D22 | 140.882(   8) 0.0004 2-D10 @260
00379  -----------------------------------------------------------------------------
00380  우
00381  -----------------------------------------------------------------------------
00382  midas Gen - RC-Beam Design      [ KCI-USD12 ]                      Version 825
00383  =============================================================================

Ready                                          Ln 0 / 425 , Col 1              NUM
```

[그림 5-38]  설계결과 요약 List

1. Sorted by Member 선택
2. Member 9에 '✓' 표시 후 Detail... 버튼 클릭
3. Special Seismic Load Combination이 적용된 것을 확인 후 창 닫기

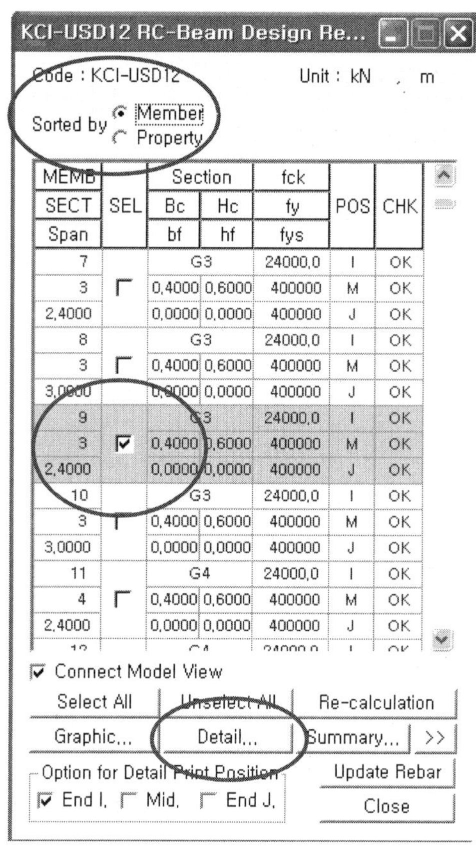



| MEMB SECT Span | SEL | Section Bc bf | Hc hf | fck fy fys | POS | CHK |
|---|---|---|---|---|---|---|
| 7 | | G3 | | 24000,0 | I | OK |
| 3 | ☐ | 0,4000 | 0,6000 | 400000 | M | OK |
| 2,4000 | | 0,0000 | 0,0000 | 400000 | J | OK |
| 8 | | G3 | | 24000,0 | I | OK |
| 3 | ☐ | 0,4000 | 0,6000 | 400000 | M | OK |
| 3,0000 | | 0,0000 | 0,0000 | 400000 | J | OK |
| 9 | | G3 | | 24000,0 | I | OK |
| 3 | ☑ | 0,4000 | 0,6000 | 400000 | M | OK |
| 2,4000 | | 0,0000 | 0,0000 | 400000 | J | OK |
| 10 | | G3 | | 24000,0 | I | OK |
| 3 | ☐ | 0,4000 | 0,6000 | 400000 | M | OK |
| 3,0000 | | 0,0000 | 0,0000 | 400000 | J | OK |
| 11 | | G4 | | 24000,0 | I | OK |
| 4 | ☐ | 0,4000 | 0,6000 | 400000 | M | OK |
| 2,4000 | | 0,0000 | 0,0000 | 400000 | J | OK |
| 12 | | G4 | | 24000,0 | I | OK |

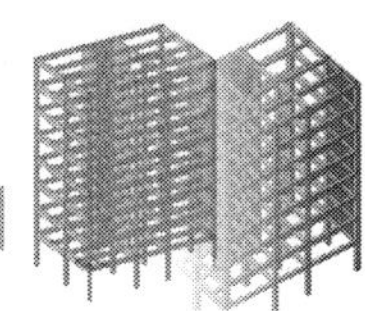

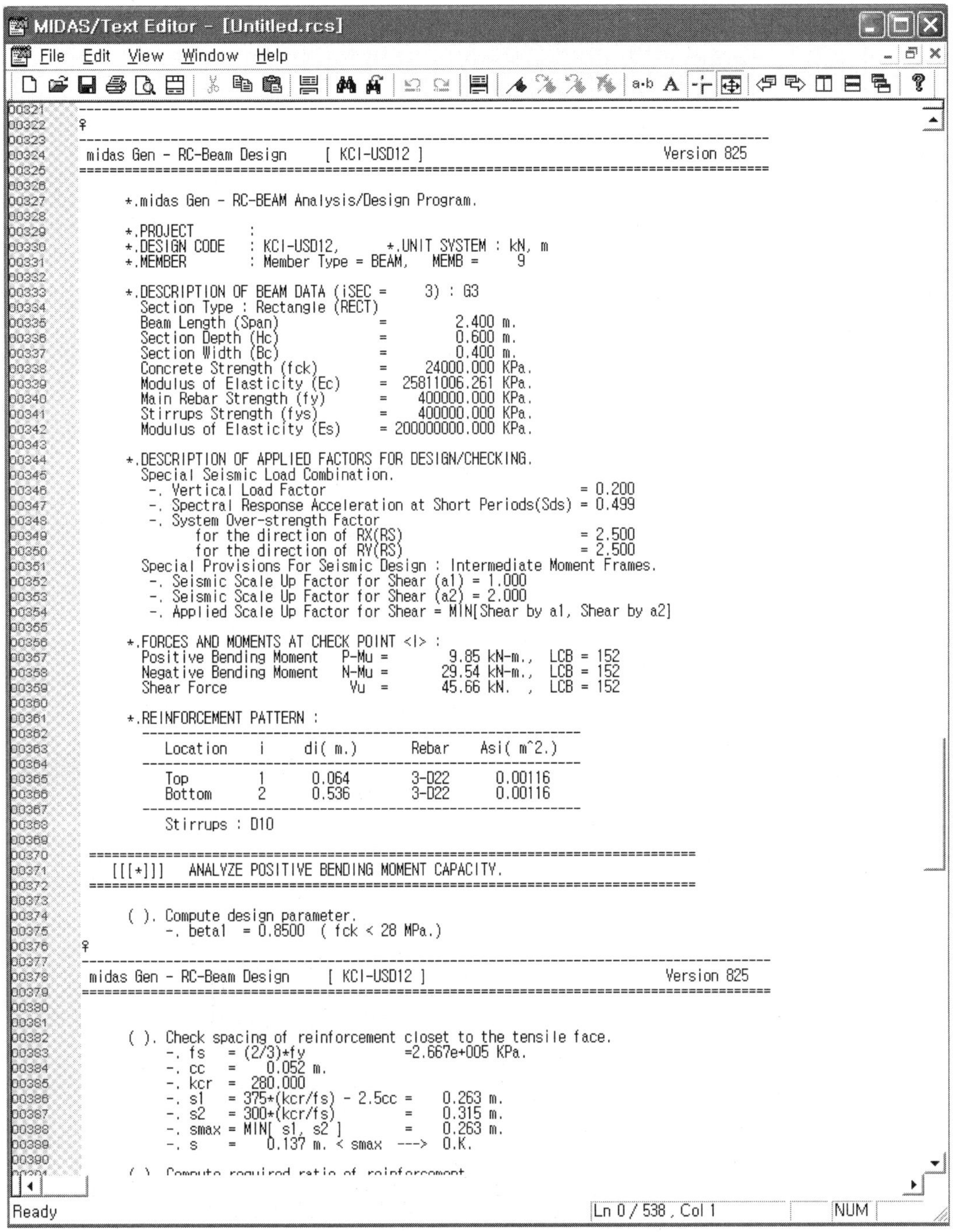

```
MIDAS/Text Editor - [Untitled.rcs]
File   Edit   View   Window   Help

00321 ------------------------------------------------------------------------
00322 ♀
00323 ------------------------------------------------------------------------
00324 midas Gen - RC-Beam Design      [ KCI-USD12 ]                 Version 825
00325 ========================================================================
00326
00327        *.midas Gen - RC-BEAM Analysis/Design Program.
00328
00329        *.PROJECT        :
00330        *.DESIGN CODE    : KCI-USD12,     *.UNIT SYSTEM : kN, m
00331        *.MEMBER         : Member Type = BEAM,   MEMB =     9
00332
00333        *.DESCRIPTION OF BEAM DATA (iSEC =     3) : G3
00334          Section Type : Rectangle (RECT)
00335          Beam Length (Span)        =        2.400 m.
00336          Section Depth (Hc)        =        0.600 m.
00337          Section Width (Bc)        =        0.400 m.
00338          Concrete Strength (fck)   =    24000.000 KPa.
00339          Modulus of Elasticity (Ec) =  25811006.261 KPa.
00340          Main Rebar Strength (fy)  =   400000.000 KPa.
00341          Stirrups Strength (fys)   =   400000.000 KPa.
00342          Modulus of Elasticity (Es) = 200000000.000 KPa.
00343
00344        *.DESCRIPTION OF APPLIED FACTORS FOR DESIGN/CHECKING.
00345          Special Seismic Load Combination.
00346           -. Vertical Load Factor                         = 0.200
00347           -. Spectral Response Acceleration at Short Periods(Sds) = 0.499
00348           -. System Over-strength Factor
00349                for the direction of RX(RS)                = 2.500
00350                for the direction of RY(RS)                = 2.500
00351          Special Provisions For Seismic Design : Intermediate Moment Frames.
00352           -. Seismic Scale Up Factor for Shear (a1) = 1.000
00353           -. Seismic Scale Up Factor for Shear (a2) = 2.000
00354           -. Applied Scale Up Factor for Shear = MIN[Shear by a1, Shear by a2]
00355
00356        *.FORCES AND MOMENTS AT CHECK POINT <I> :
00357          Positive Bending Moment   P-Mu =        9.85 kN-m.,  LCB = 152
00358          Negative Bending Moment   N-Mu =       29.54 kN-m.,  LCB = 152
00359          Shear Force               Vu  =       45.66 kN.  ,  LCB = 152
00360
00361        *.REINFORCEMENT PATTERN :
00362          --------------------------------------------------------------
00363          Location    i    di( m.)     Rebar     Asi( m^2.)
00364          --------------------------------------------------------------
00365          Top         1    0.064       3-D22     0.00116
00366          Bottom      2    0.536       3-D22     0.00116
00367          --------------------------------------------------------------
00368          Stirrups : D10
00369
00370 ========================================================================
00371 [[[*]]]    ANALYZE POSITIVE BENDING MOMENT CAPACITY.
00372 ========================================================================
00373
00374        ( ). Compute design parameter.
00375           -. beta1 = 0.8500  ( fck < 28 MPa.)
00376 ♀
00377 ------------------------------------------------------------------------
00378 midas Gen - RC-Beam Design      [ KCI-USD12 ]                 Version 825
00379 ========================================================================
00380
00381
00382        ( ). Check spacing of reinforcement closet to the tensile face.
00383           -. fs  = (2/3)*fy          =2.667e+005 KPa.
00384           -. cc  =     0.052 m.
00385           -. kcr =   280.000
00386           -. s1  = 375*(kcr/fs) - 2.5cc =    0.263 m.
00387           -. s2  = 300*(kcr/fs)         =    0.315 m.
00388           -. smax = MIN[ s1, s2 ]       =    0.263 m.
00389           -. s   =     0.137 m. < smax ---> O.K.
00390
00391        ( ). Compute required ratio of reinforcement

Ready                              Ln 0 / 538 , Col 1          NUM
```

[그림 5-39]  요소 9의 상세계산서 출력

## 5.11.3 보부재 강도검증

사용자가 철근정보 및 단면크기를 입력 또는 수정하여 미리 계산된 해석정보에 따라 강도검증을 수행한다.[1]

---

1. Design menu에서 ***Concrete Design Parameter > Modify Beam Rebar Data***[2]
2. Modify Beam Rebar Data의 ***Property 1*** 선택
3. 'Same Main Rebar Size at Top and Bottom'에 '✓' 표시
4. 'Same Main Rebar Size at I, M and J'에 '✓' 표시 해제
5. 'Same Main Rebar Size at Each Layer'에 '✓' 표시
6. [그림 5-40]과 같이 Rebar의 단면 정보를 수정
7. Detail Figure에서 설정사항과 동일한지 확인
8. Add/Replace버튼 클릭

---

1) 강도검증시에는 사용자가 입력한 철근정보에 대하여 철근의 최소간격 등의 검토과정이 생략되므로 사용자가 철근정보를 입력할 때 유의하여야 한다.

2) Modify Beam Rebar Data 기능은 강도검증시에만 사용되는 기능이다.

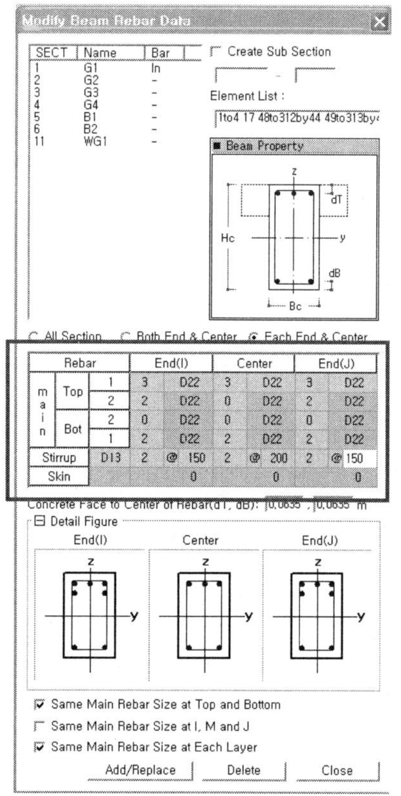

[그림 5-40]  Modify Beam Rebar Data

1. Section에 1에 '✓' 표시하여 *Model View*에서 선택된 부재 확인
2. Design Menu의 ***Concrete Code Check > Beam Checking*** 선택
3. Beam Checking Result Dialog에 ***Property ID 1*** 강도검증 결과 확인[1]
4. Select All 버튼 클릭 **Graphic** 버튼 클릭
5. [그림 5-41]에서 ***Modify Beam Section Data***에서 수정된 ***Rebar*** 정보가 반영된 것을 확인
6. Close 버튼 클릭
7. Beam Checking Result Dialog의 Close 버튼 클릭
8. Unselect All 선택

[1] Model Window 상에서 선택된 부재가 있으면 강도검증시 해당 부재에 대해서만 단면설계 및 강도검증을 수행하므로 유의해야 한다.

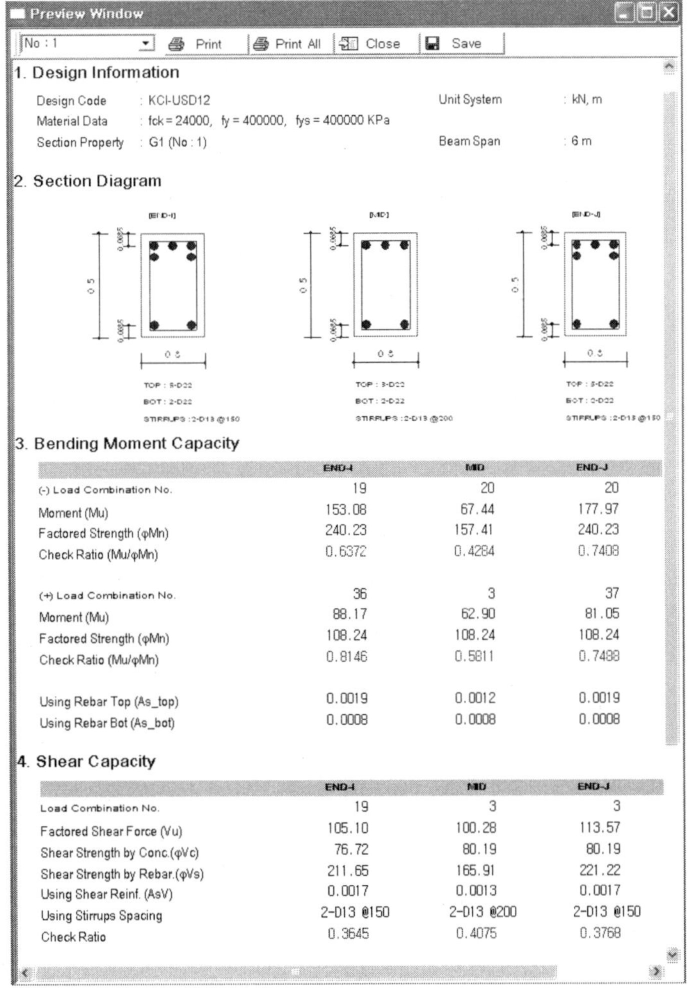

[그림 5-41]  요약계산서

## 5.11.4 기둥부재 설계

철근콘크리트 기둥부재 설계는 보부재 설계시 입력했던 설계변수가 동일하게 적용된다.

---

1. Design Menu에서 ***Concrete Code Design > Column Design*** 선택
2. Beam Checking Result Dialog 대화상자의 ≫버튼 클릭
3. Result View Option 선택란에서 '**NG**' 선택
4. Connect Model View에 '✓' 표시[1]
5. Select All 클릭 후 Clode 클릭
6. Design Menu에서 ***Concrete Design Parameter > Design Criteria for Rebars by Member*** 선택
7. Column 탭 클릭
8. Main Rebar에 '**D25**' 선택
9. Ties/Spirals에 '**D13**' 선택
10. ***Arrangement***의 Y에 '**4**', Z에 '**4**' 입력
11. Apply 클릭
12. ***Design Menu***에서 ***Section For Design*** 선택
13. **7 : C1** 선택 후 Modify 클릭
14. **H : 0.6**, **B : 0.6** 입력 후 OK 클릭
15. 같은 방법으로 **C3** 선택 후 **H : 0.6**, **B : 0.6** 입력
16. OK 클릭

---

[1] None : 주철근 이음을 고려하지 않은 철근개수 계산
Semi : 주철근 반수이음을 고려한 철근개수 계산
Omni : 주철근 전이음을 고려한 철근개수

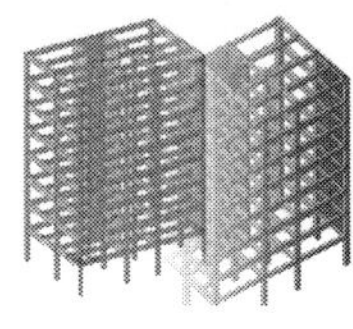

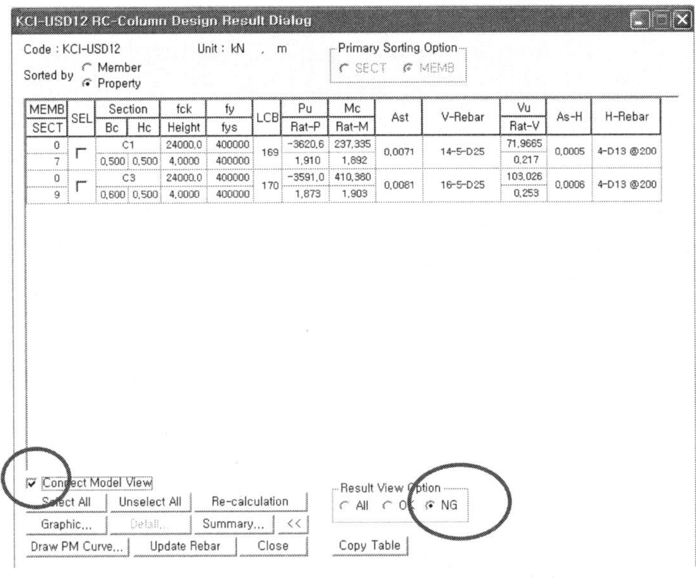

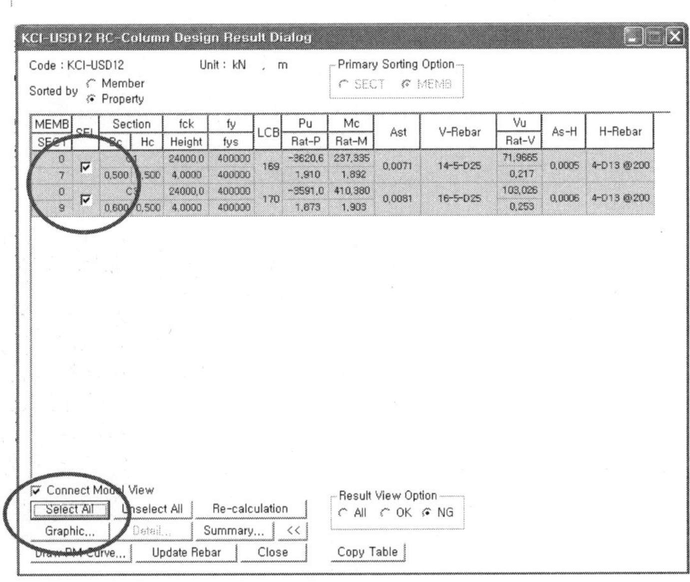

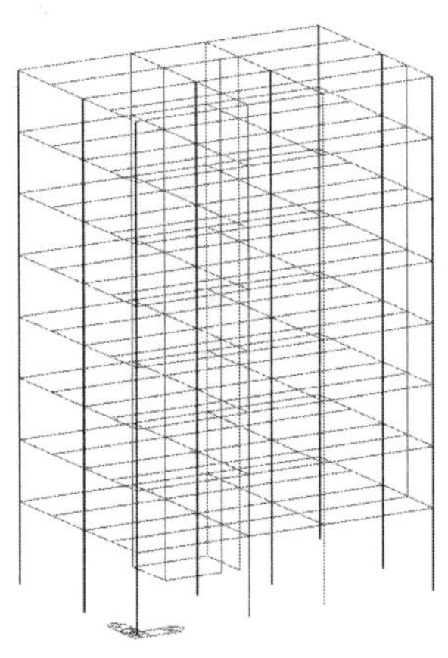

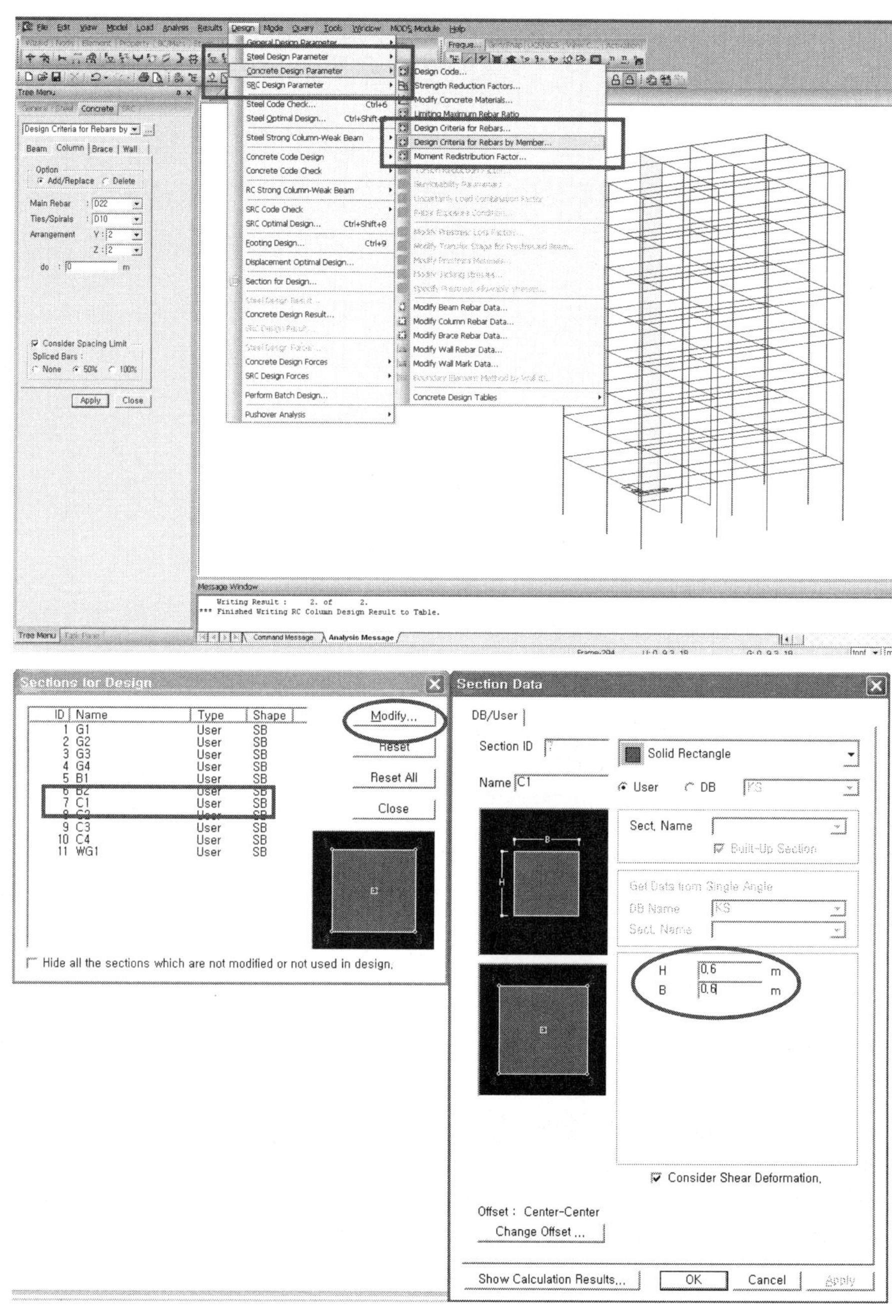

[그림 5-42] Column Design Result

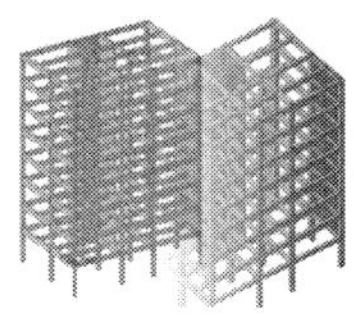

1. Design Menu에서 *Concrete Code Design* > *Column Design* 선택

2. 적절한 단면성능을 가진 것을 *Result View Option*의 'All'을 선택하여 확인

3. Connect Model View에 '✓' 표시

4. ***Property ID*** '7, 9' 선택

5. Model Window에 반영된 것을 확인

6. Draw PM Curve... 버튼 클릭

7. Member No 선택란에서 '329' 선택

8. 요소번호 329의 2방향 소요모멘트를 적용한 PM 상관도를 마우스로 드래그하여 ***View Point***를 조정하여 확인

9. [그림 5-44] Print Result 버튼 클릭

10. 요소축력 및 2방향 소요모멘트 Mny, Mnz를 적용한 PM 상관도 결과값 출력

11. 모든 대화창 닫기

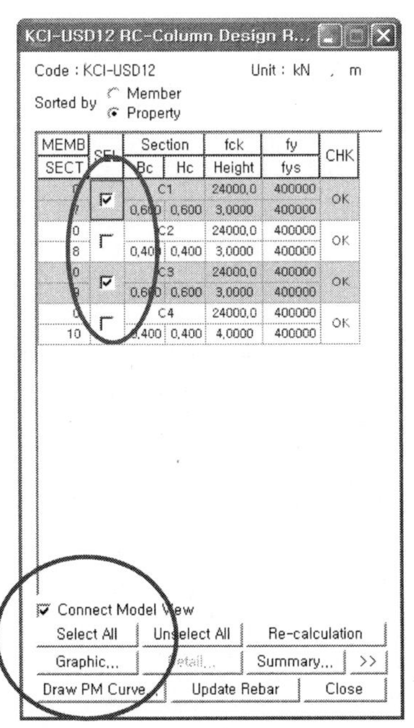

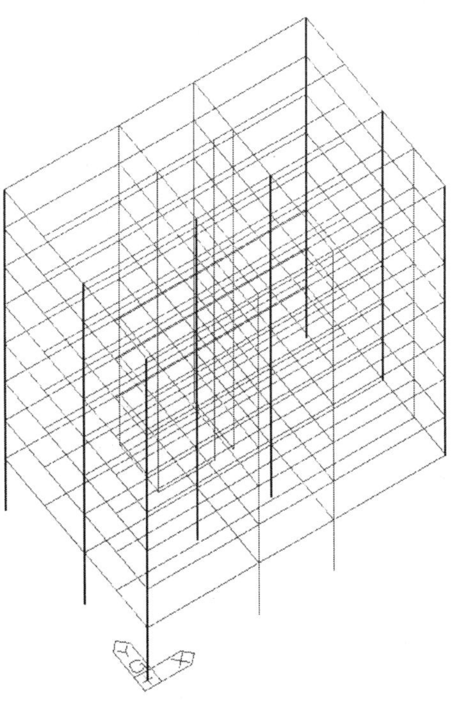

[그림 5-43]  Connect Model View

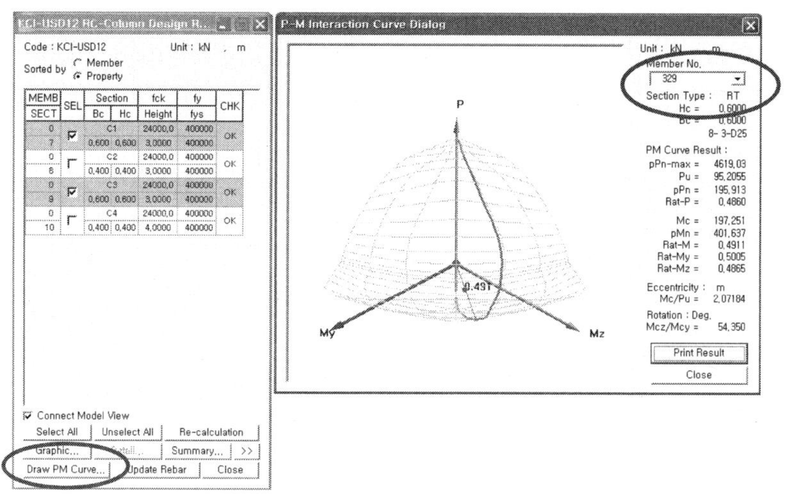

[그림 5-44]  PM Curve Dialog

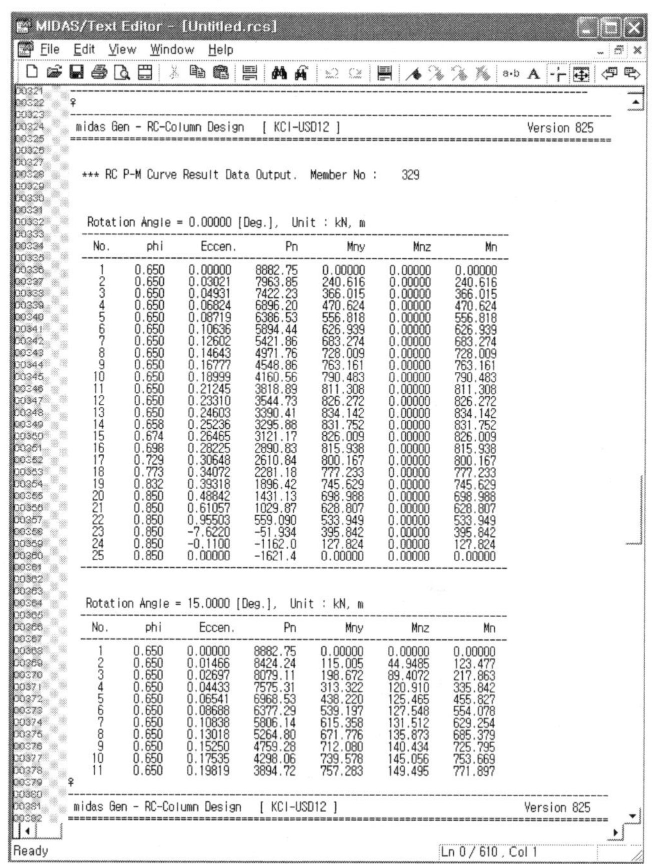

[그림 5-45]  PM 상관도 결과값 출력

기둥부재의 강도검증은 보부재의 강도검증 절차와 동일하며, *Design Menu* 의 *Concrete Code Check)Column Checking*를 선택하여 수행한다.

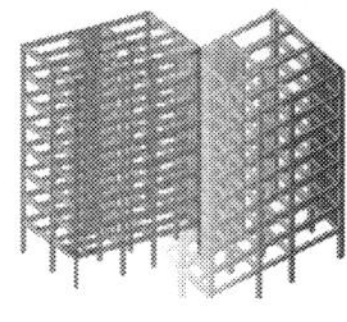

## 5.11.5  전단벽부재 설계

일반적으로 전단벽은 다음과 같은 방법으로 단면설계를 수행한다.

1. 전단벽체의 부재력을 산출하기 위하여 구조해석 모델을 작성하며, 전단벽체는 실제의 구조체와 동일한 모양을 가지는 T-형, I-형, L-형 등과 같은 형태로 입력한다.
2. 현재의 전단벽체 설계방법은 일자형 직사각형 단면인 경우에만 단면설계가 가능하므로 T-형, I-형, L-형 등과 같은 형태를 몇 개의 일자형, 직사각형단면 전단벽 부재로 구분하여 입력한다.
3. 구조해석을 수행하여 일자형으로 구분된 각각의 전단벽 부재별로 부재력을 산출한다.
4. 산출된 부재력을 이용하여 전단벽체 단면의 배근방법(철근규격 및 배근간격)을 결정한다.

전단벽의 설계 방법은 보강철근의 설계방법에 따라 다음과 같이 구분하여 사용자가 선택하여 적용할 수 있다.

---

**설계방법 ①**

벽체 전길이에 대하여 등간격으로 배근하는 방법(단부보강 철근이 없음)

**설계방법 ②**

벽체 전길이에 대하여 등간격으로 배근되어 있다고 가정하고, 소요철근량을 산출한 다음 단부 및 중앙부의 철근을 배근하는 방법

**설계방법 ③**

벽체 양단부에 배근한 철근이 축력($Pu$)과 휨 모멘트($Mu$)를 모두 부담하는 것으로 가정하여 산출된 소요 수직철근량을 단부에 배치하고, 나머지 중앙부 구간은 전단력에 의하여 산출되는 철근량으로 배근하는 방법

**설계방법 ④**

설계방법2와 동일하고, End Bar가 2EA부터 배치되는 방법

---

본 예제에서는 '설계방법 ③'을 적용하여 전단벽 단면설계를 수행한다.

1. Unselect All 클릭

2. Design Menu에서 ***Concrete Design Parameter > Design Criteria Rebar*** 선택

3. For Shear Wall Design의 ***Vertical Rebar*** 선택란 우측의 Rebar... 버튼 클릭

4. '10, D13' 철근에 '✓' 표시하고, 버튼 클릭

5. Horizontal Rebar 선택란의 **'D10'** 확인

6. End Rebar From 선택란의 **'D13'** 선택

7. [그림 5-46] de 입력란에 **'0.05'**, dw 입력란에 **'0.05'** 확인[1]

8. Input Additional Wall Data 버튼 클릭

9. End Rebar Design Method에서 **'Method-3'** 선택[2]

10. ***Spacing of Vertical Rebar, Spacing of Horizontal Rebar***를 확인한 후 OK 버튼 클릭[3]

11. ***Design Criteria of Rebar*** 대화상자의 OK 버튼 클릭

12. '설계결과가 삭제됩니다. 계속할까요?' 메시지 확인 후, 예(Y) 버튼 클릭

13. ***Design Menu에서 Concrete Design Parameter > Modify Concrete Materials*** 선택

14. ***Material List***에서 3번 **Wall** 선택

15. ***Rebar Selection의 Code***에 **'KS01(RC)'** 선택

16. ***Grande of Main Rebar***에 **'SD400'** 선택

17. ***Grande of Sub-Rebar***에 **'SD400'** 선택

18. Modify, Close 클릭

---

1) de, dw 입력란에 초기값을 '0'으로 입력할 경우 프로그램 내부에서 자동 고려하여 5.08cm(2.0 in)으로 자동설계 하게 된다.

2) 보, 기둥부재의 경우 피복두께의 범위를 5.08cm(2.5 in) ≤ do ≤ 6.35cm(3 in)로 한다.

3) 수직철근의 배근간격은 사용자가 적용하고자 하는 배근간격을 최대 5개 선택할 수 있다.

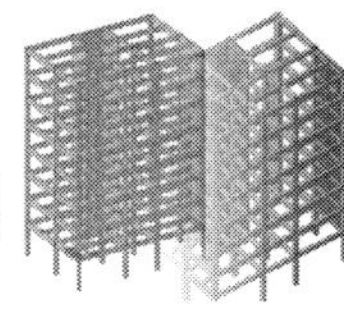

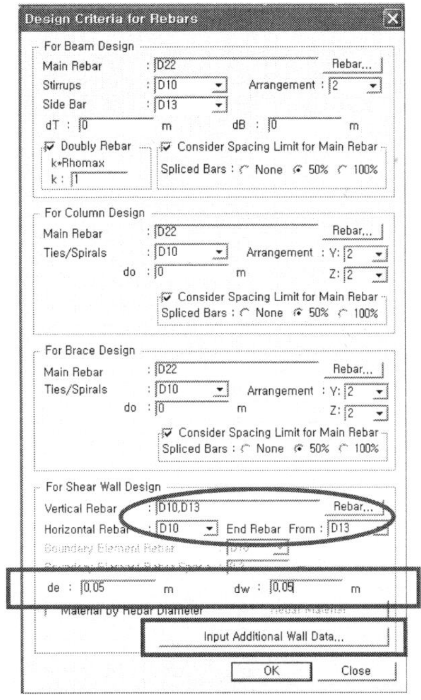

[그림 5-46]  Design Criteria of Rebar

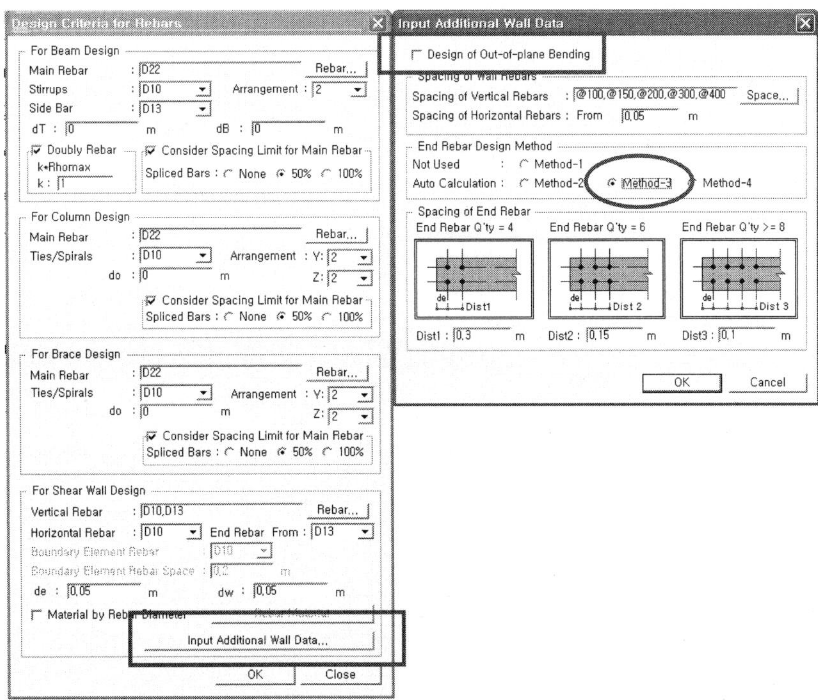

➡ 그림 5-47 Design of Out-of-plane Bending은 벽체의 약축방향 휨에 대한 설계 여부
를 선택하는 Option이다.

[그림 5-47]  Input Additional Wall Data

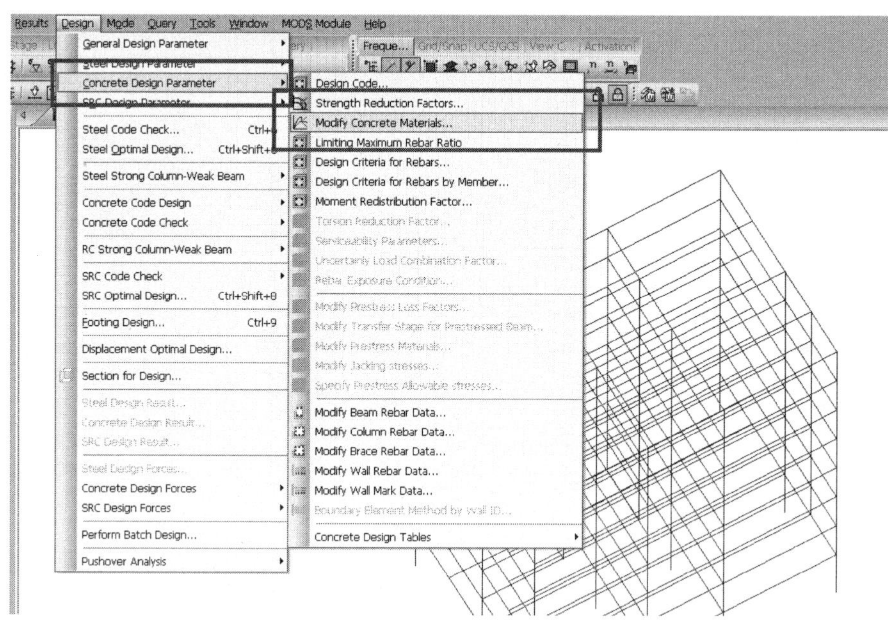

[그림 5-48]  Rebar  Seletion

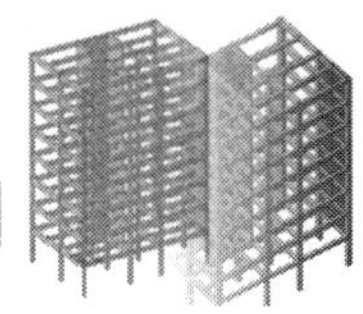

벽체 배근 형태를 동일하게 적용할 벽체요소들을 조합하여 Wall Mark를 부여한다.

---

1. Select Elements by Identifying 클릭
2. Element Type 선택란에서 **'WALL'** 선택 후, Add 버튼 클릭
3. Close 버튼 클릭
4. ***Active, Top View , Display*** 클릭
5. Element 탭 클릭 후 **'Wall ID'**에 '✓' 표시
6. OK 버튼 클릭
7. Design Menu에서 ***Concrete Design Parameter > Modify Wall Mark Data*** 선택
8. Wall Mark의 *Name* 입력란에 **'W1'** 입력[1]
9. Wall ID List 입력란에 **'1'** 입력
10. Add 버튼 클릭
11. ***Wall Mark***의 *Name* 입력란에 **'W2'** 입력
12. ***Wall ID List*** 입력란에 **'2'** 입력
13. Add 버튼 클릭
14. ***Wall Mark***의 *Name* 입력란에 **'W3'** 입력
15. ***Wall ID List*** 입력란에 **'3'** 입력
16. Add 버튼 클릭
17. ***Wall Mark***의 *Name* 입력란에 **'W4'** 입력
18. ***Wall ID List*** 입력란에 **'4'** 입력
19. Add 버튼 클릭

---

[1] Wall Mark를 수정하고자 하는 경우에는 부여된 Wall Name을 선택하고, Operation의 Modify탭을 이용하여 Wall Mark Data를 수정할 수도 있다.

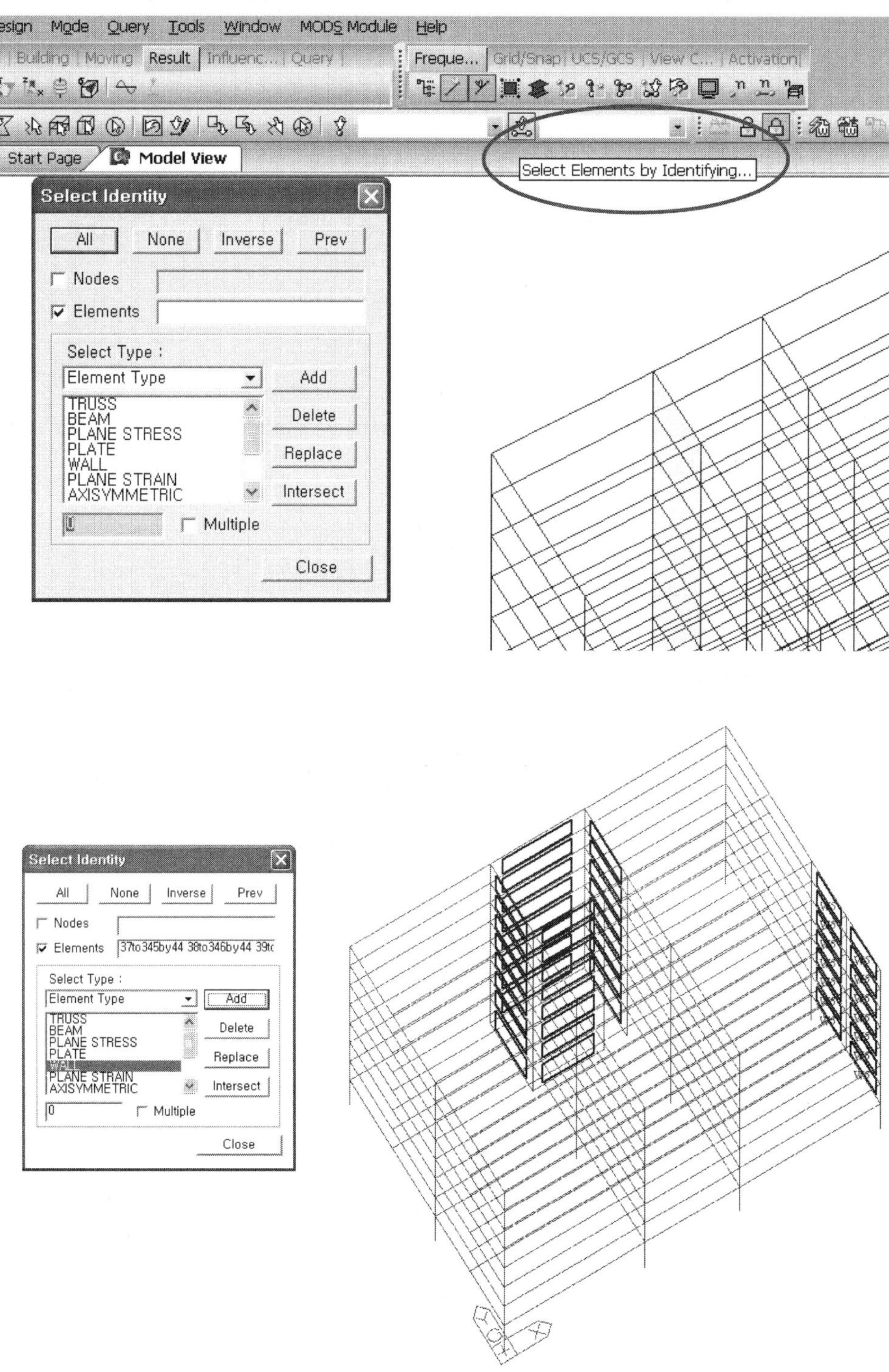

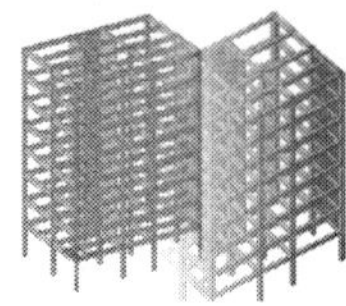

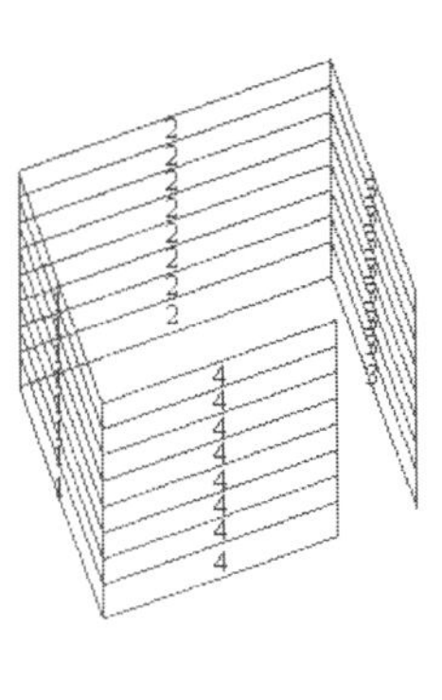

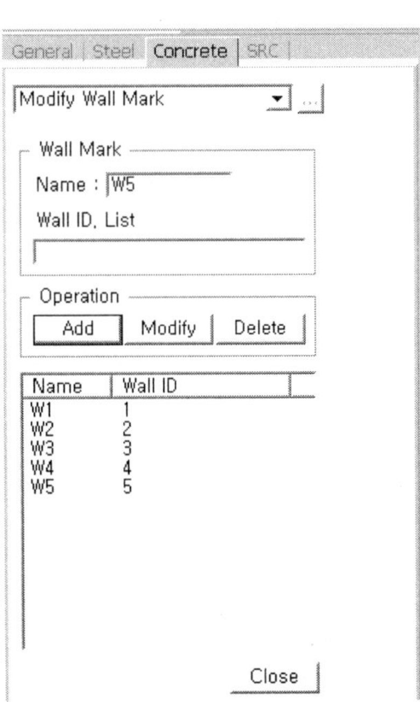

[그림 5-49]  Wall Mark 데이터 입력

## 5.11.6 전단벽부재 설계결과 확인

1. Design Menu에서 ***Concrete Code Design > Wall Design*** 선택
2. Wall Design Result Dialog에서 ***Wall ID***별 설계결과 확인
3. Select All 버튼 클릭
4. Graphic... 버튼 클릭
5. [그림 5-50]의 단면번호 선택란에서 원하는 단면번호를 선택하여 벽체 설계 결과 및 배근형태 확인
6. Close 버튼 클릭

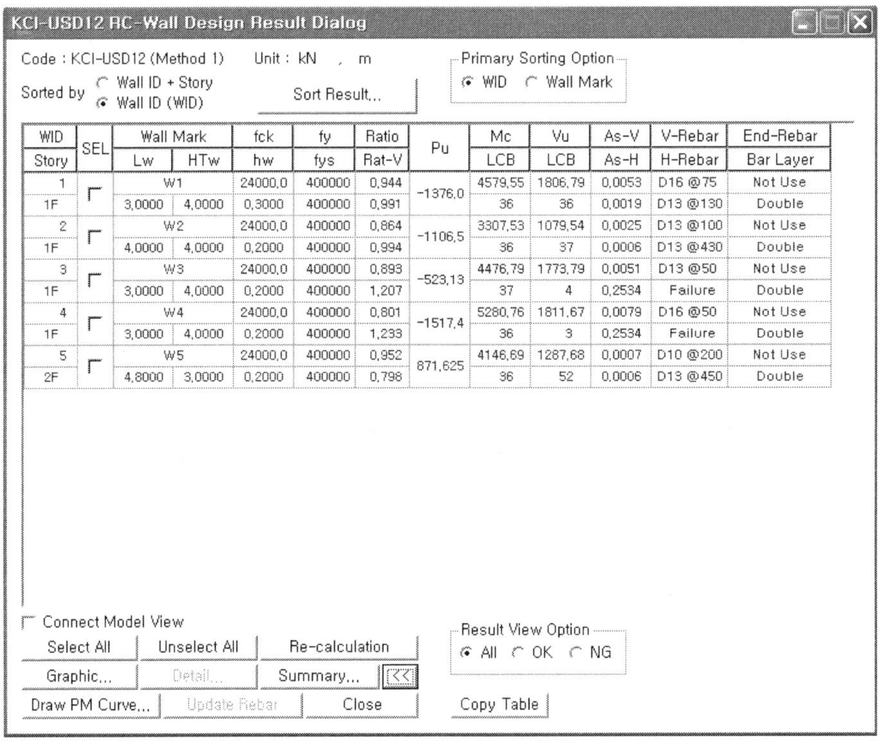



| WID | SEL | Wall Mark | | fck | fy | Ratio | Pu | Mc | Vu | As-V | V-Rebar | End-Rebar |
|---|---|---|---|---|---|---|---|---|---|---|---|---|
| Story | | Lw | HTw | hw | fys | Rat-V | | LCB | LCB | As-H | H-Rebar | Bar Layer |
| 1 | | W1 | | 24000,0 | 400000 | 0,944 | −1376,0 | 4579,55 | 1806,79 | 0,0053 | D16 @75 | Not Use |
| 1F | | 3,0000 | 4,0000 | 0,3000 | 400000 | 0,991 | | 36 | 36 | 0,0019 | D13 @130 | Double |
| 2 | | W2 | | 24000,0 | 400000 | 0,864 | −1106,5 | 3307,53 | 1079,54 | 0,0025 | D13 @100 | Not Use |
| 1F | | 4,0000 | 4,0000 | 0,2000 | 400000 | 0,994 | | 36 | 37 | 0,0006 | D13 @430 | Double |
| 3 | | W3 | | 24000,0 | 400000 | 0,893 | −523,13 | 4476,79 | 1773,79 | 0,0051 | D13 @50 | Not Use |
| 1F | | 3,0000 | 4,0000 | 0,2000 | 400000 | 1,207 | | 37 | 4 | 0,2534 | Failure | Double |
| 4 | | W4 | | 24000,0 | 400000 | 0,801 | −1517,4 | 5280,76 | 1811,67 | 0,0079 | D16 @50 | Not Use |
| 1F | | 3,0000 | 4,0000 | 0,2000 | 400000 | 1,233 | | 36 | 3 | 0,2534 | Failure | Double |
| 5 | | W5 | | 24000,0 | 400000 | 0,952 | 871,625 | 4146,69 | 1287,68 | 0,0007 | D10 @200 | Not Use |
| 2F | | 4,8000 | 3,0000 | 0,2000 | 400000 | 0,798 | | 36 | 52 | 0,0006 | D13 @450 | Double |

[그림 5-50]  Wall Design Result Dialog

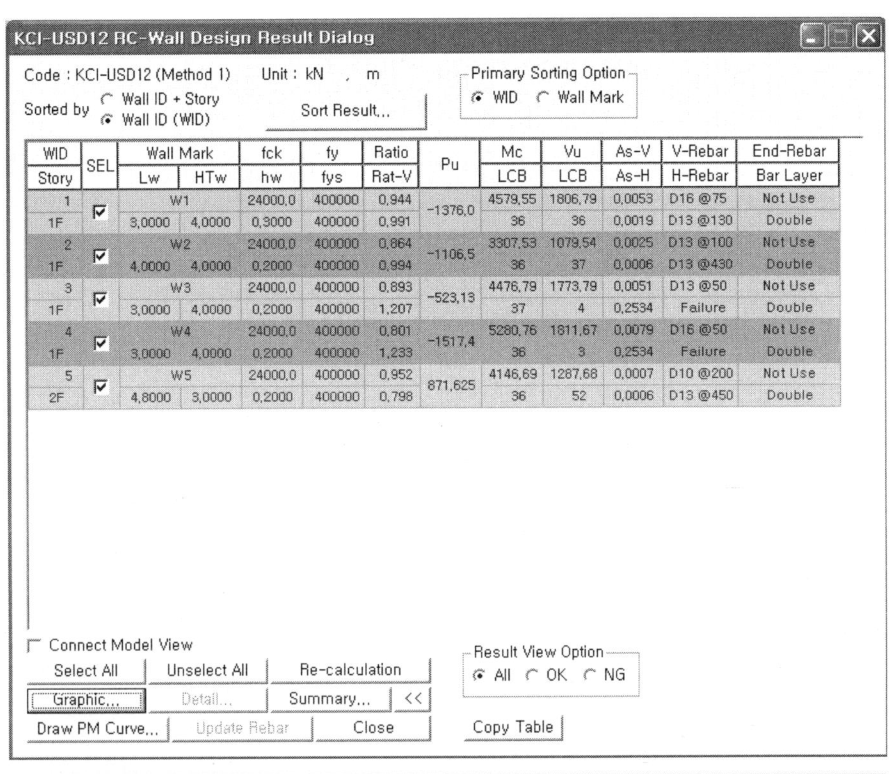

**KCI-USD12 RC-Wall Design Result Dialog**

Code : KCI-USD12 (Method 1)   Unit : kN , m   Primary Sorting Option: ● WID ○ Wall Mark

Sorted by ○ Wall ID + Story ● Wall ID (WID)   Sort Result...

| WID | SEL | Wall Mark | | fck | fy | Ratio | Pu | Mc | Vu | As-V | V-Rebar | End-Rebar |
| Story | | Lw | HTw | hw | fys | Rat-V | | LCB | LCB | As-H | H-Rebar | Bar Layer |
|---|---|---|---|---|---|---|---|---|---|---|---|---|
| 1 | ☑ | W1 | | 24000,0 | 400000 | 0,944 | -1376,0 | 4579,55 | 1806,79 | 0,0053 | D16 @75 | Not Use |
| 1F | | 3,0000 | 4,0000 | 0,3000 | 400000 | 0,991 | | 36 | 36 | 0,0019 | D13 @130 | Double |
| 2 | ☑ | W2 | | 24000,0 | 400000 | 0,864 | -1106,5 | 3307,53 | 1079,54 | 0,0025 | D13 @100 | Not Use |
| 1F | | 4,0000 | 4,0000 | 0,2000 | 400000 | 0,994 | | 36 | 37 | 0,0006 | D13 @430 | Double |
| 3 | ☑ | W3 | | 24000,0 | 400000 | 0,893 | -523,13 | 4476,79 | 1773,79 | 0,0051 | D13 @50 | Not Use |
| 1F | | 3,0000 | 4,0000 | 0,2000 | 400000 | 1,207 | | 37 | 4 | 0,2534 | Failure | Double |
| 4 | ☑ | W4 | | 24000,0 | 400000 | 0,801 | -1517,4 | 5280,76 | 1811,67 | 0,0079 | D16 @50 | Not Use |
| 1F | | 3,0000 | 4,0000 | 0,2000 | 400000 | 1,233 | | 36 | 3 | 0,2534 | Failure | Double |
| 5 | ☑ | W5 | | 24000,0 | 400000 | 0,952 | 871,625 | 4146,69 | 1287,68 | 0,0007 | D10 @200 | Not Use |
| 2F | | 4,8000 | 3,0000 | 0,2000 | 400000 | 0,798 | | 36 | 52 | 0,0006 | D13 @450 | Double |

☐ Connect Model View

Select All | Unselect All | Re-calculation   Result View Option: ● All ○ OK ○ NG

Graphic... | Detail... | Summary... | <<

Draw PM Curve... | Update Rebar | Close | Copy Table

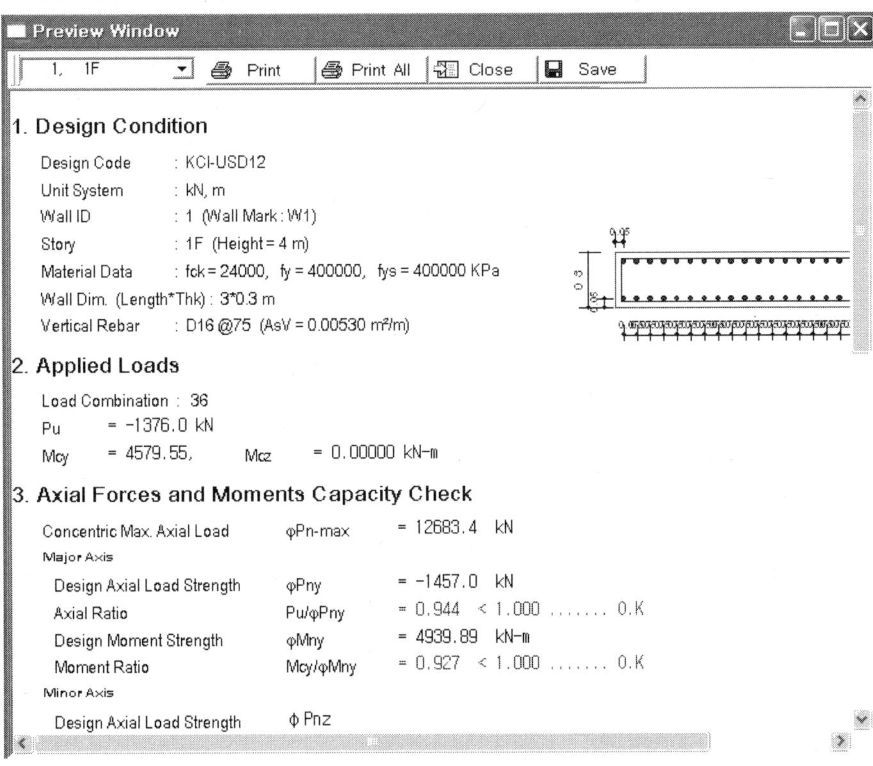

**Preview Window**

1, 1F ▼ | 🖨 Print | 🖨 Print All | Close | 💾 Save

## 1. Design Condition

Design Code    : KCI-USD12
Unit System    : kN, m
Wall ID        : 1 (Wall Mark : W1)
Story          : 1F (Height = 4 m)
Material Data   : fck = 24000,  fy = 400000,  fys = 400000 KPa
Wall Dim. (Length*Thk) : 3*0.3 m
Vertical Rebar  : D16 @75  (AsV = 0.00530 m²/m)

## 2. Applied Loads

Load Combination : 36
$P_u$  = -1376.0 kN
$M_{cy}$ = 4579.55,   $M_{cz}$ = 0.00000 kN-m

## 3. Axial Forces and Moments Capacity Check

Concentric Max. Axial Load    $\varphi Pn\text{-}max$  = 12683.4  kN

Major Axis

Design Axial Load Strength    $\varphi Pny$   = -1457.0 kN
Axial Ratio                   $Pu/\varphi Pny$  = 0.944  < 1.000 ....... O.K
Design Moment Strength        $\varphi Mny$   = 4939.89  kN-m
Moment Ratio                  $Mcy/\varphi Mny$  = 0.927  < 1.000 ....... O.K

Minor Axis

Design Axial Load Strength    $\varphi Pnz$

[그림 5-51]  벽체설계결과 및 배근형태(요약 계산서)

1. [그림 5-52]의 **'Wall ID + Story'** 선택
2. Wall ID 1번의 1층 벽체를 선택하고, 버튼 클릭
3. 상세계산서를 통해 벽체 설계과정 및 결과 확인
4. 닫기 버튼 클릭
5. 상세계산서 파일저장
6. Draw PM Curve... 버튼 클릭
7. *PM curve Dialog*에서 PM 상관도 확인
8. Close 버튼클릭

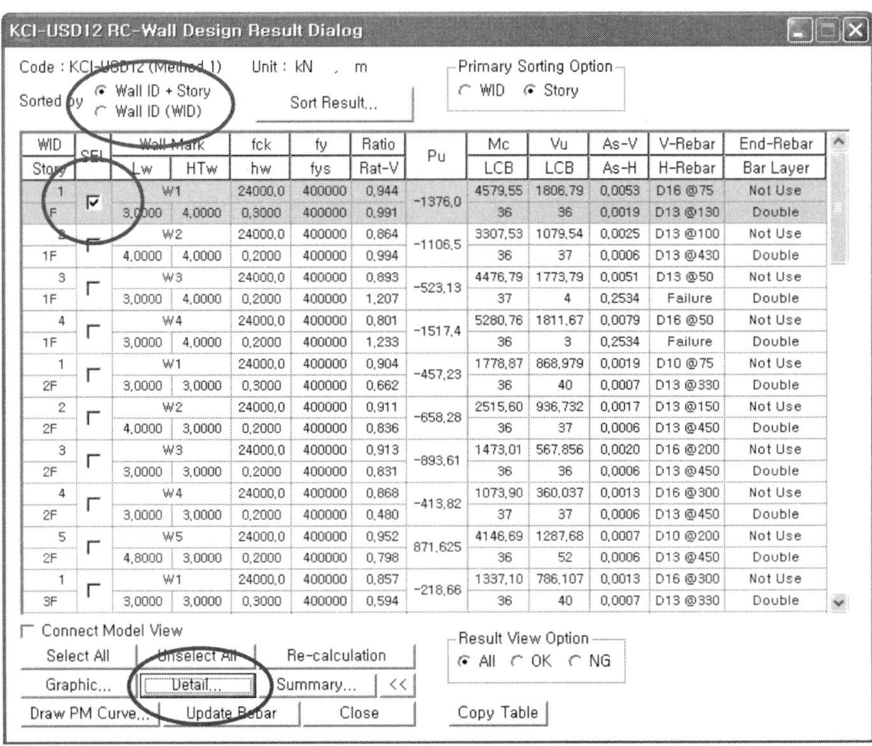

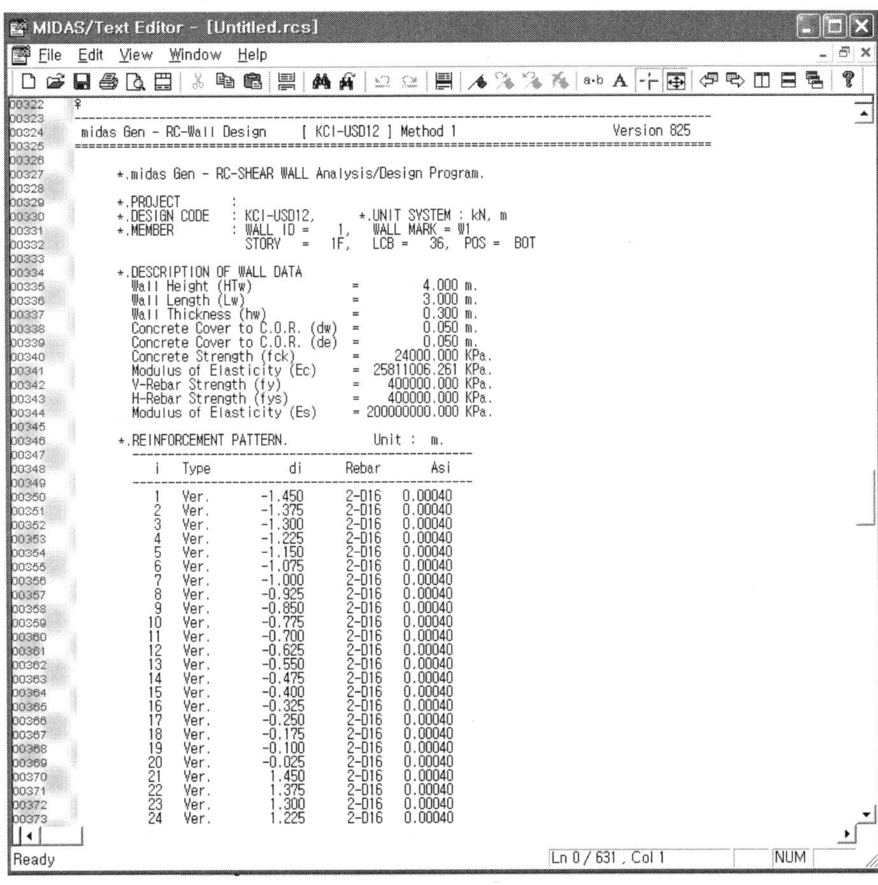

[그림 5-52]  벽체설계결과 및 상세 계산서

## 5.11.7  Wall Mark별 설계결과 출력

1. Wall Design Result Dialog의 Sort Result 버튼 클릭

2. Sorted by 선택란에 **'Wall Mark'** 확인(그림 5-53 참조)

3. List for Selecting 선택란에서 **'W1, W2'** 선택[1]

4. → 버튼 클릭

5. Sorting Story Options 선택란에서 **'Descend'** 확인[2]

6. Select All 클릭[3]

7. Summary Result Output... 버튼 클릭

8. Wall Mark별 설계 결과 확인

9. 닫기 버튼 클릭

10. 경로를 지정하여 **Wall Mark**별 설계결과를 **'fn.rcs'** 형태로 저장

1) 여러 개의 Wall Mark를 선택할 시는 키보드의 Crtl키를 누른 후 마우스로 원하는 Wall Mark 를 선택한다.
2) Sorting Story Options의 'Ascend, Descend'는 층정렬 방식을 나타낸다.
3) [그림 5-53]에서 사용자가 출력을 원하는 층을 선택할 수 있다.

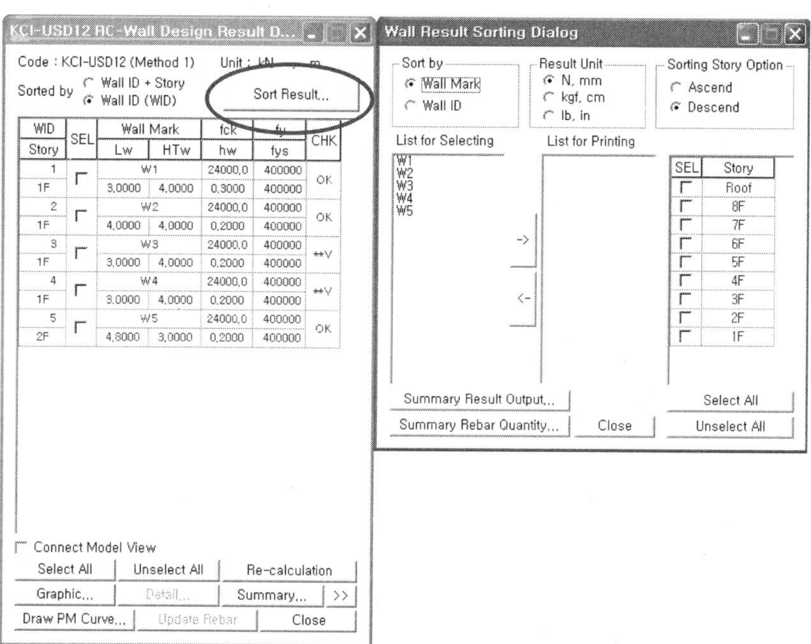

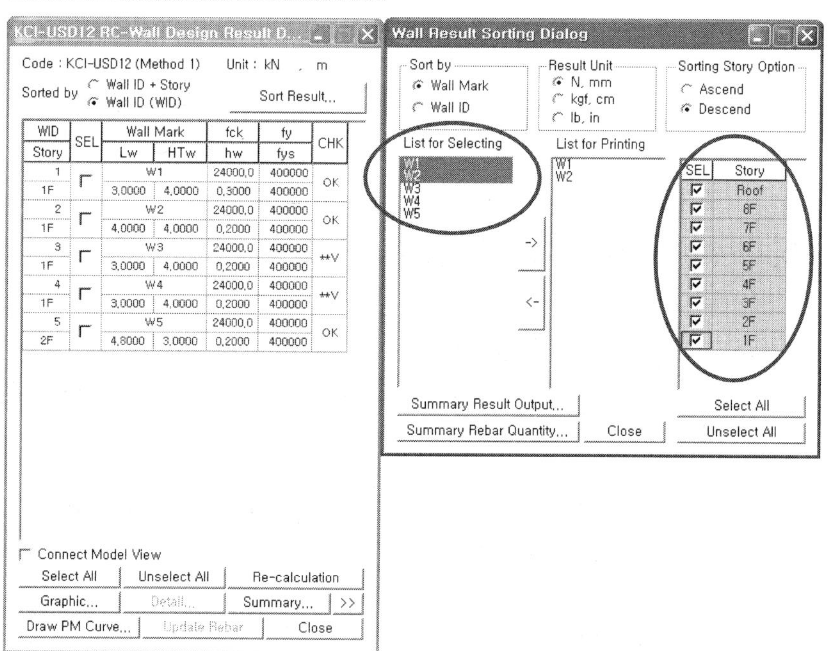

➡ Wall ID나 Wall Mark로 정렬된 벽체설계 결과는 kgf, cm로 단위가 고정된다.

**[그림 5-53]  Wall Result Sorting Dialog**

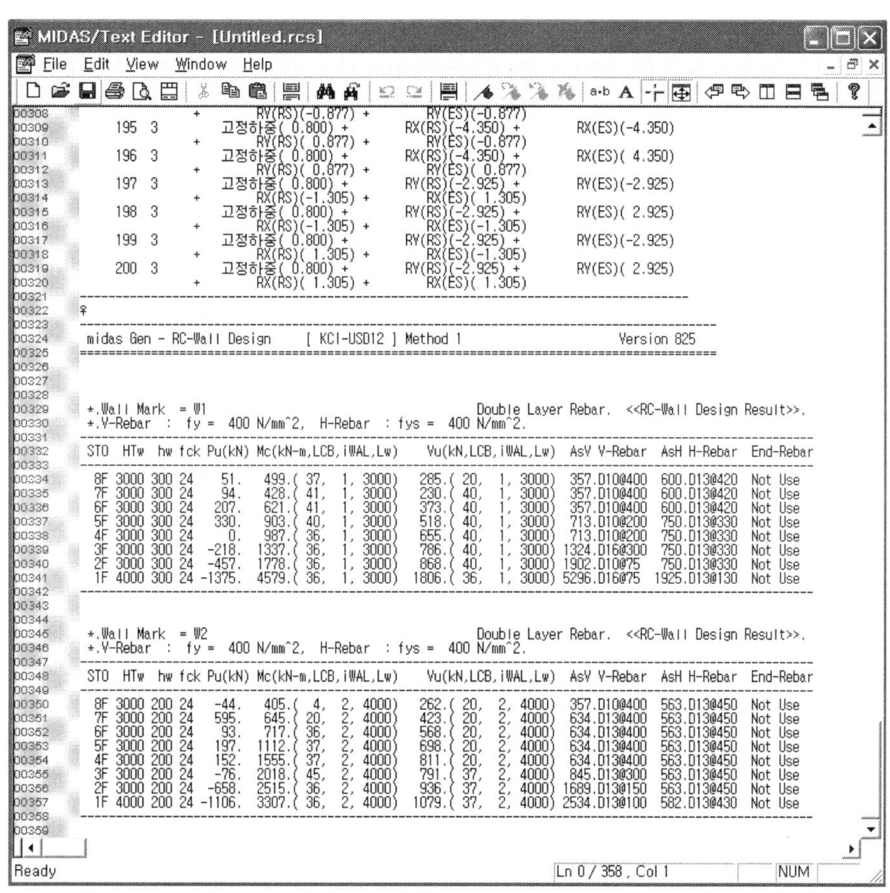


[그림 5-54]  Wall Mark별 설계 결과

## 5.11.8 전단벽부재 강도검증

1. Design menu에서 *Concrete Design Parameter* > *Modify Wall Rebar Data*
2. *Modify Wall Rebar Data*의 *Wall ID 1, Story 1F*이 선택된 것을 확인
3. [그림 5-55]와 같이 Rebar의 단면 정보를 수정
4. Add/Replace 버튼 클릭
5. Design Menu의 *Concrete Code Check* > *Wall Checking* 선택
6. Select All, Graphic... 버튼 클릭
7. [그림 5-56]의 변경된 *Rebar* 정보 및 강도검증 결과 확인
8. Close 버튼 클릭 *Wall Checking Result Dialog*의 Close 버튼 클릭

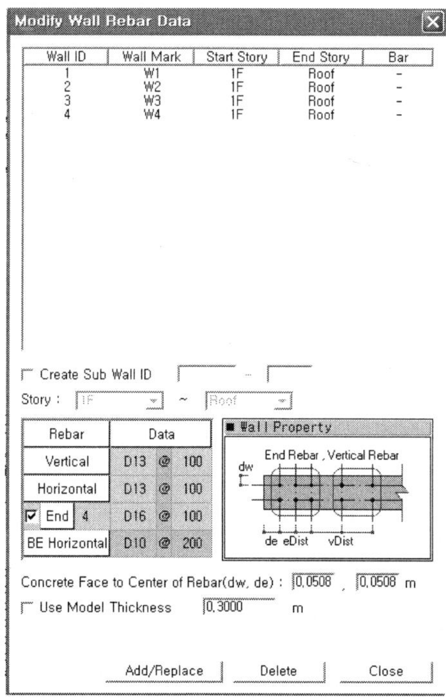

[그림 5-55]  Modify Wall Rebar Section

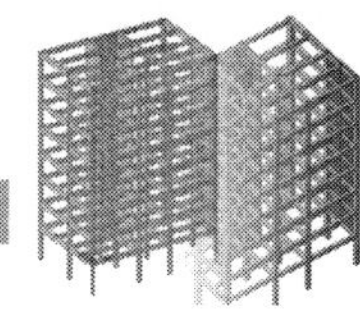

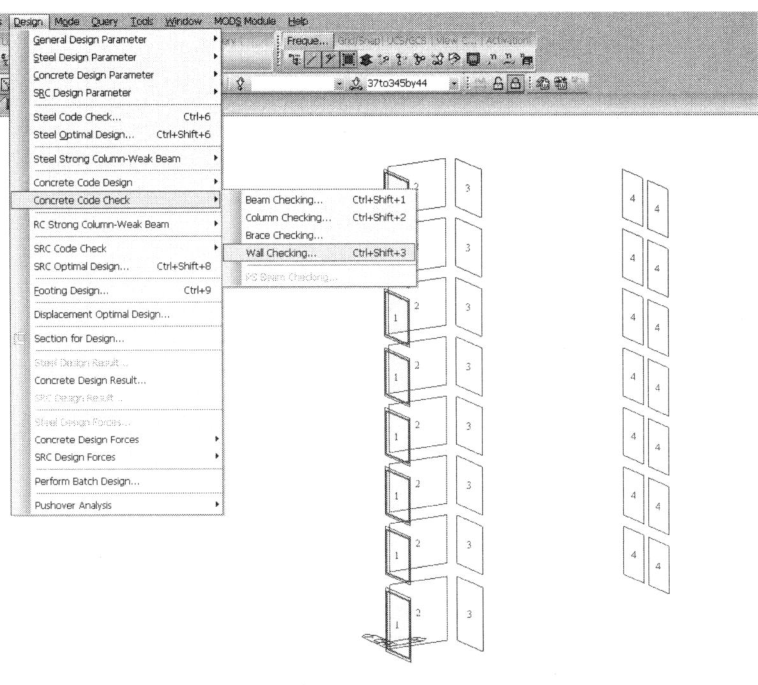

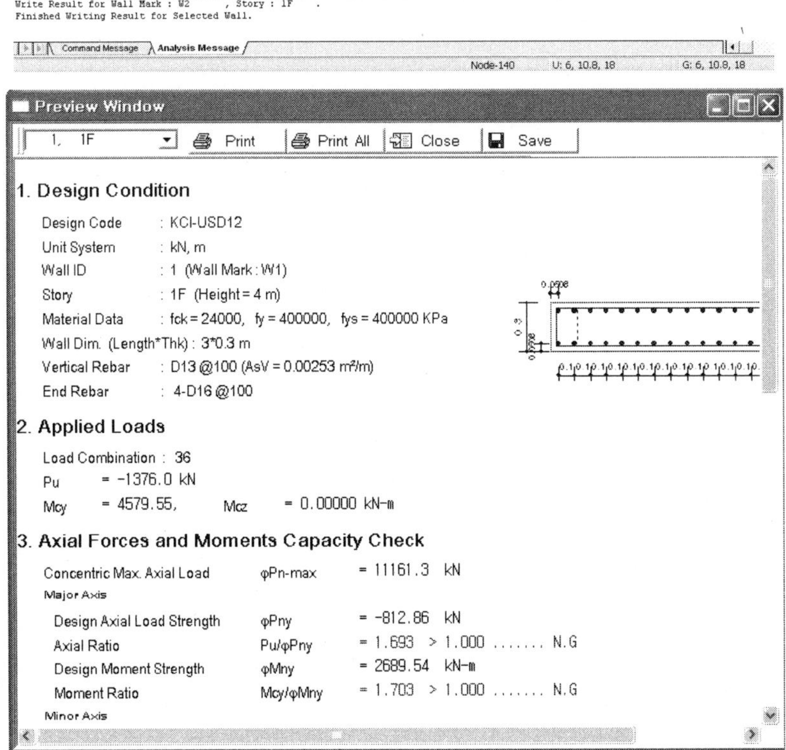

[그림 5-56]  강도검증 요약계산서

## 5.12 온통기초 설계하기 예제

MIDAS Gen에서 해석된 파일을 SDS에서 적용하여 온통기초를 설계하는 방법을 따라하기 방식으로 설명한다.

사용하는 기준은 극한강도설계기준 KCI2012를 따라서 진행한다.

- 콘크리트 강도　　　Fck = 24Mpa
- 철근강도　　　　　Fy = 400Mpa
- 지내력　　　　　　$Fe = 200kN/m^2$
- 기초두께　　　　　THK. = 500mm

---

**✻ 개 요 ✻**

1. 기본환경 설정
   - 1.1 단위계설정 - kN, m, $KN/m^2$
   - 1.2 Menu system 설명
   - 1.3 Data Conversation

2. Object를 이용한 모델링
   - 2.1 Area Object 생성
   - 2.2 재질과 단면성질 입력
   - 2.3 부재(Member)의 지정

3. 바닥판 지지조건 입력
   - 3.1 바닥판(탄성) 지지조건 설정
   - 3.2 지내력 설정

4. 하중입력(Gen ⇒ Sds)
   - 4.1 하중 Data 검토 및 확인
   - 4.2 정적하중조건 설정
   - 4.3 바닥하중 검토 및 확인

5. 구조해석 수행

6. 해석결과치 검토 및 설계
   - 6.1 하중조합 및 반력확인
   - 6.2 부재력 및 변형도확인
   - 6.3 설계변수 입력
   - 6.4 바닥판설계

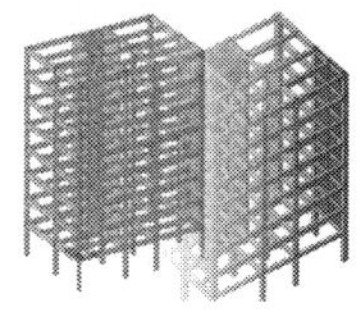

**01** Gen파일의 DATA를 받아서 변환한다.(SDS파일 데이터로 변환)

**02** SDS파일 데이터로 변환 시 1층 데이터로 지정한다.

## 03 sds파일을 텍스트파일 형태로 불러와서 검토작업 — 1

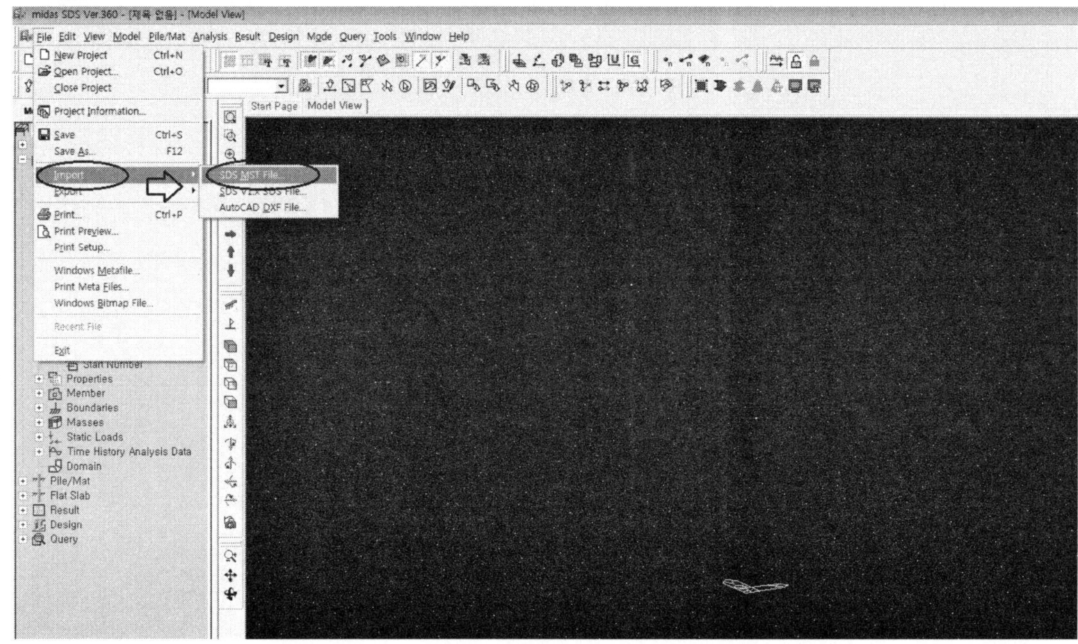

## 04 sds파일을 텍스트파일 형태로 불러와서 검토작업 — 2

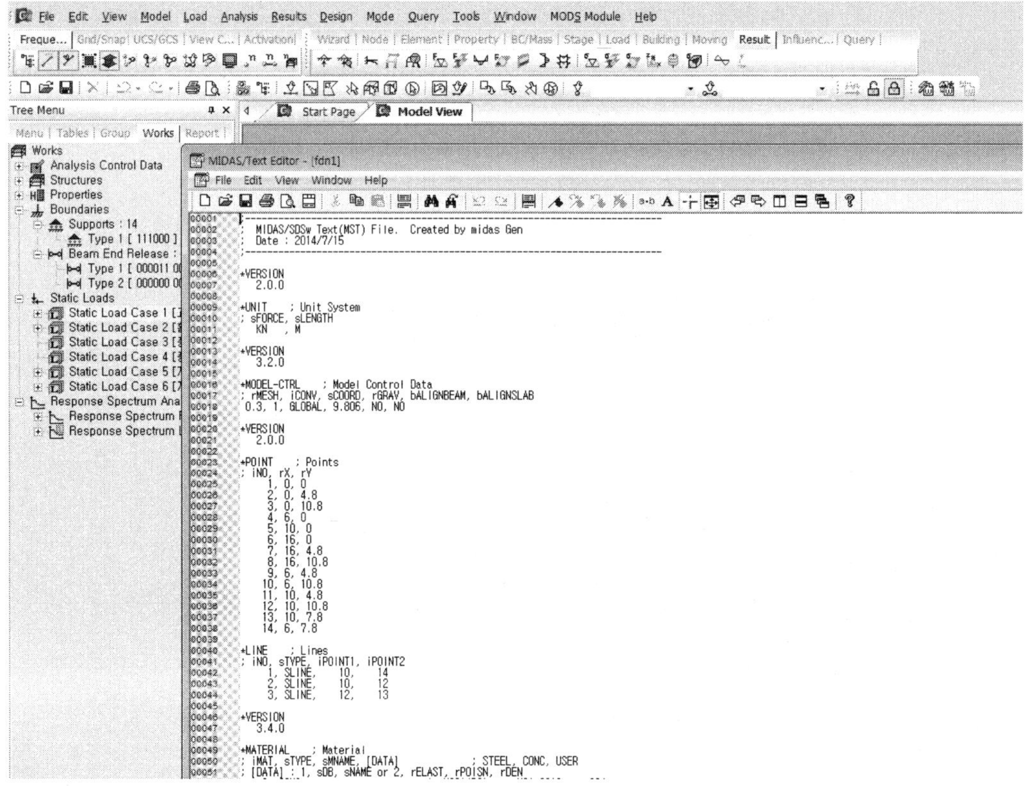

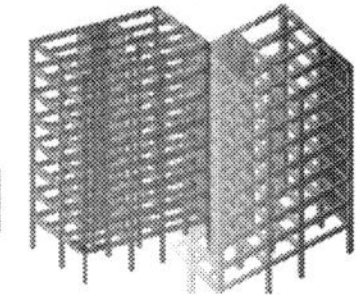

**05** 텍스트파일을 기초파일로(Fdn) 저장 작업을 한다.

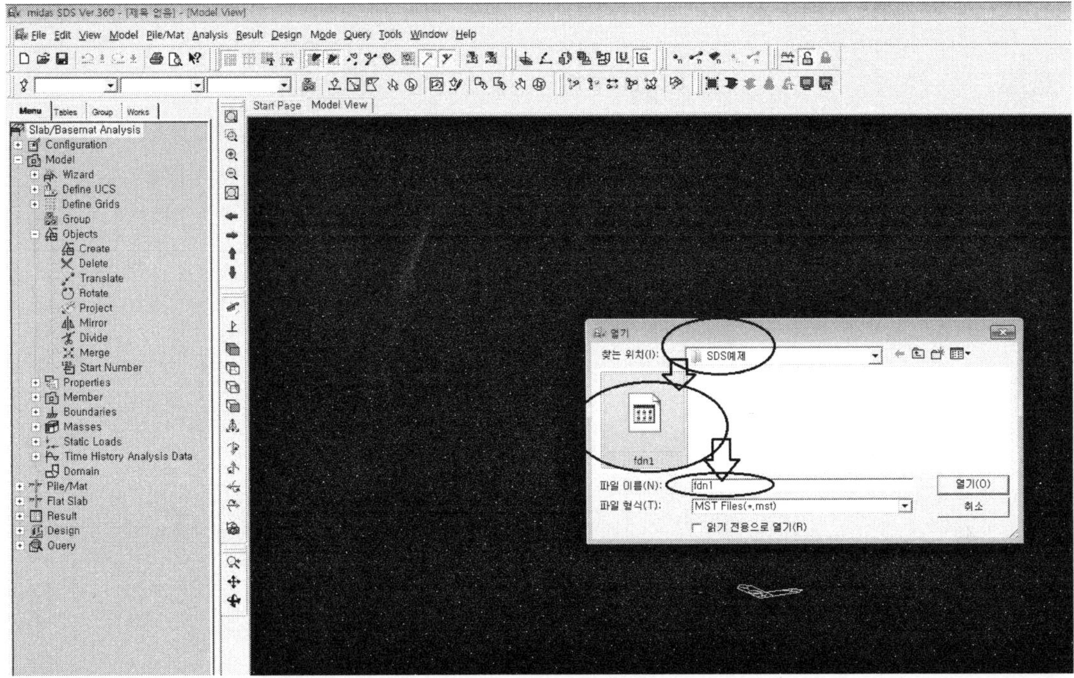

**06** 텍스트파일을 불러와서 모델링 작업을 준비한다.

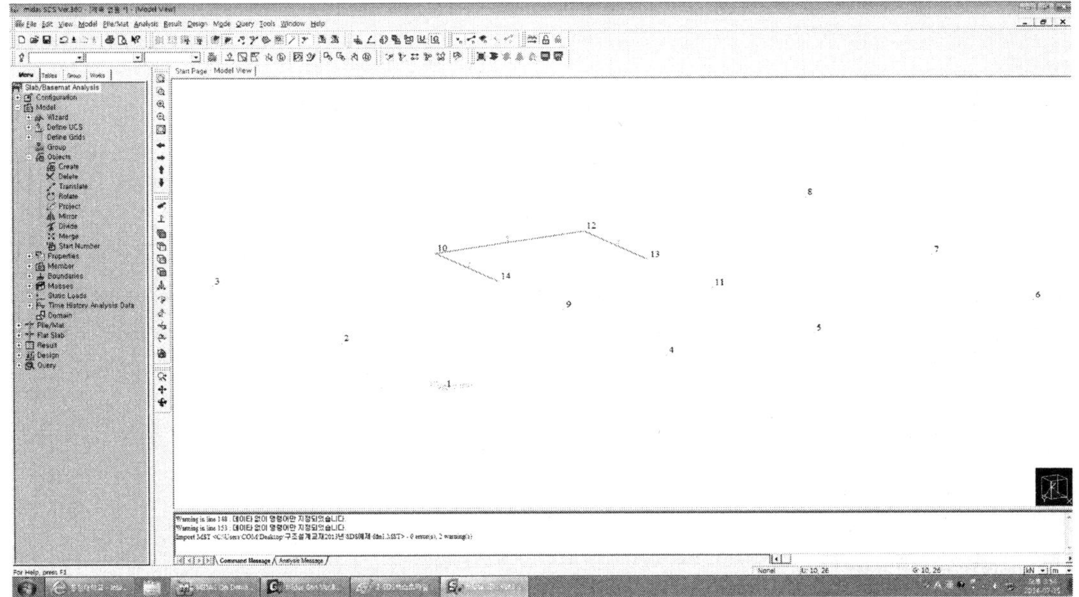

**07** 1층 바닥의 하중조건에서 Gen파일의 하중이 제대로 변환되었는지 검토한다.

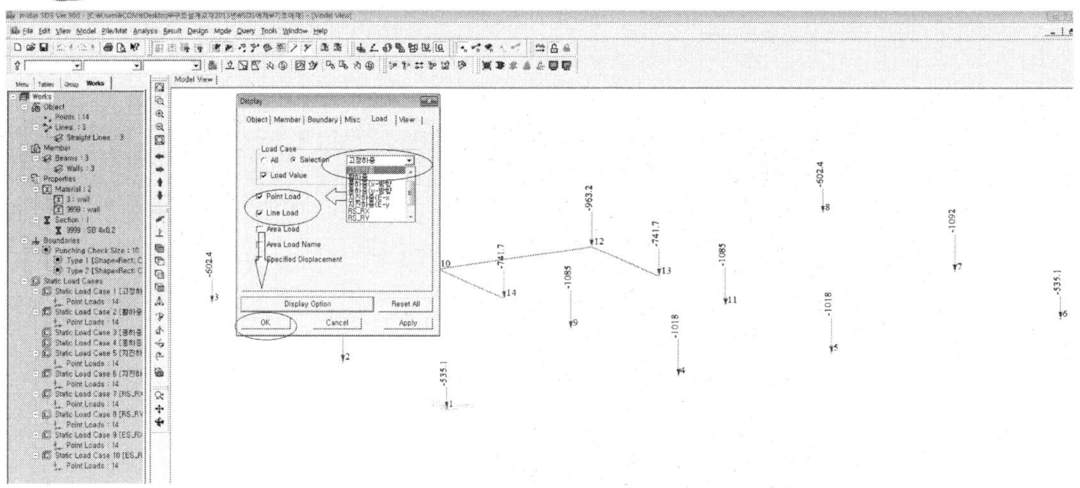

**08** 1층 바닥의 하중조건에서 Gen파일의 하중이 제대로 변환되었는지 검토한다.

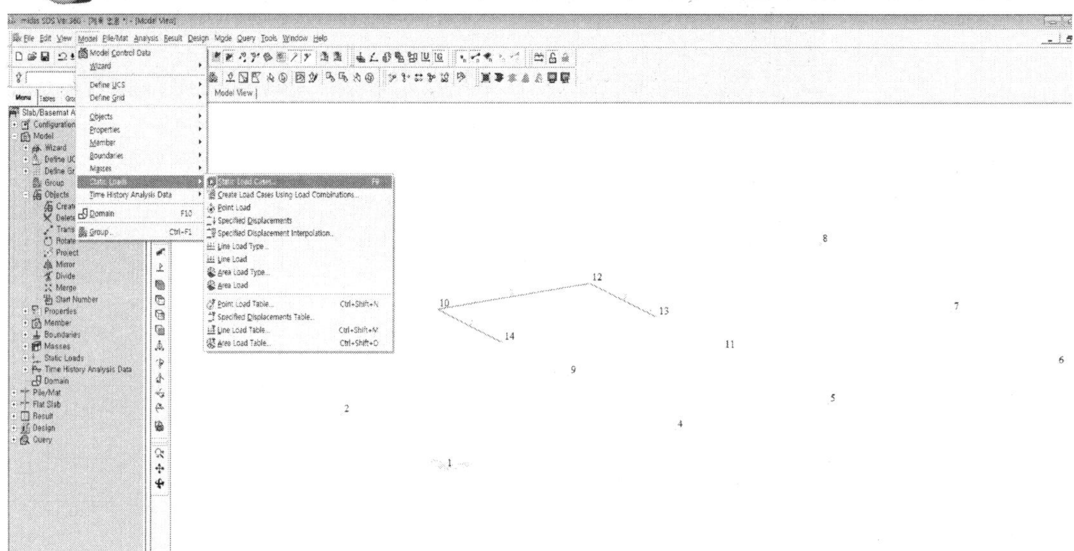

**09** 1층 바닥의 하중조건에서 고정하중을 선택하고 하중계수를 확인한다.

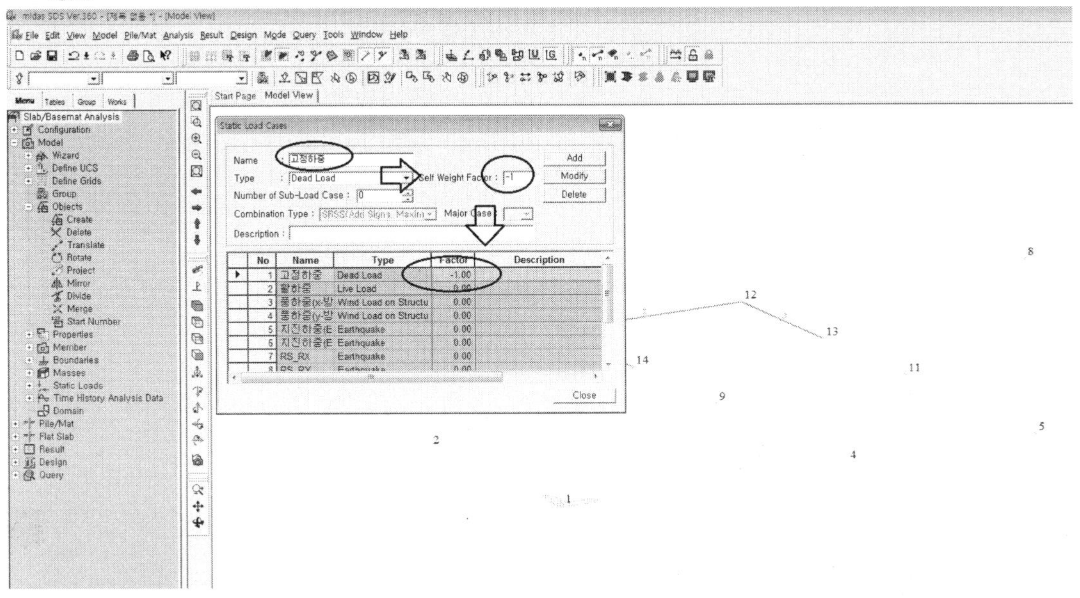

**10** 1층 바닥의 하중조건에서 고정하중을 선택하고 하중계수를 확인한다.(Gen파일에서
적용된 중력계수를 0으로 바꾼다.)

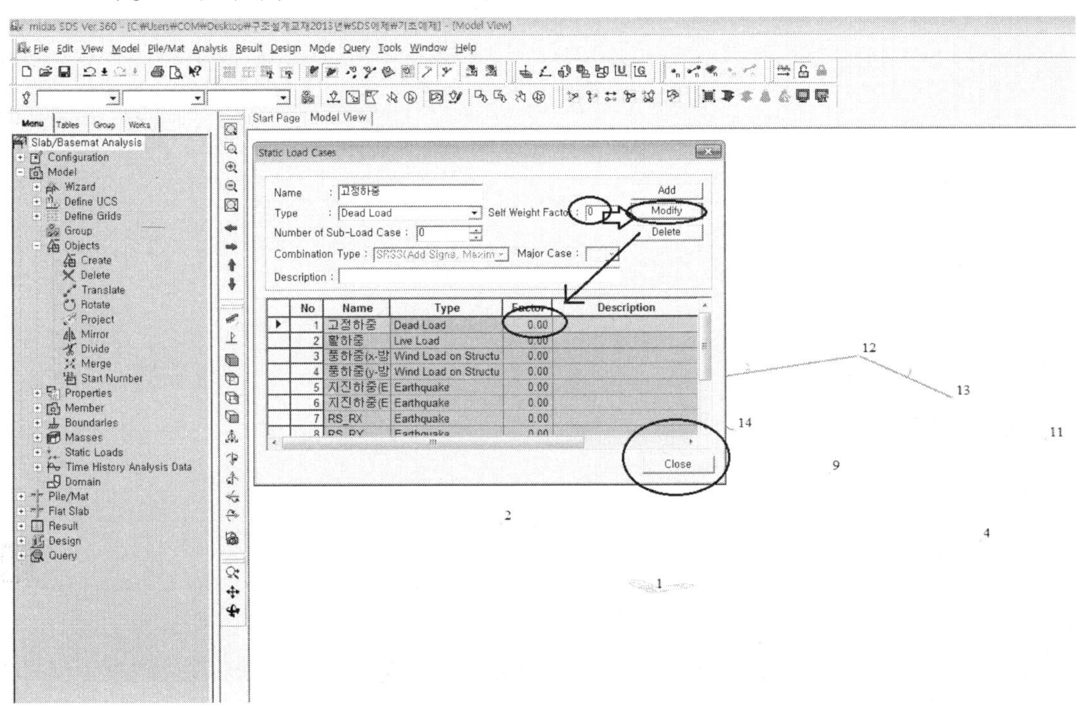

**11** 모델의 세부모듈을 셀(Cell)로 나누어서 해석에 반영한다.

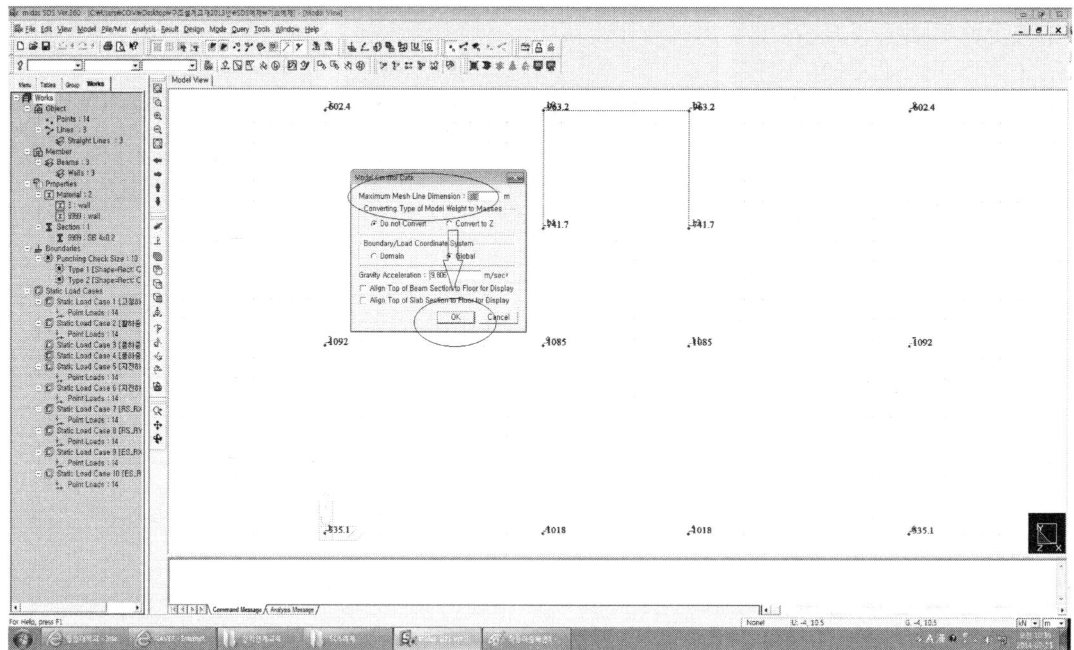

**12** 매트기초에 반영된 하중을 CASE별로 점검한다.

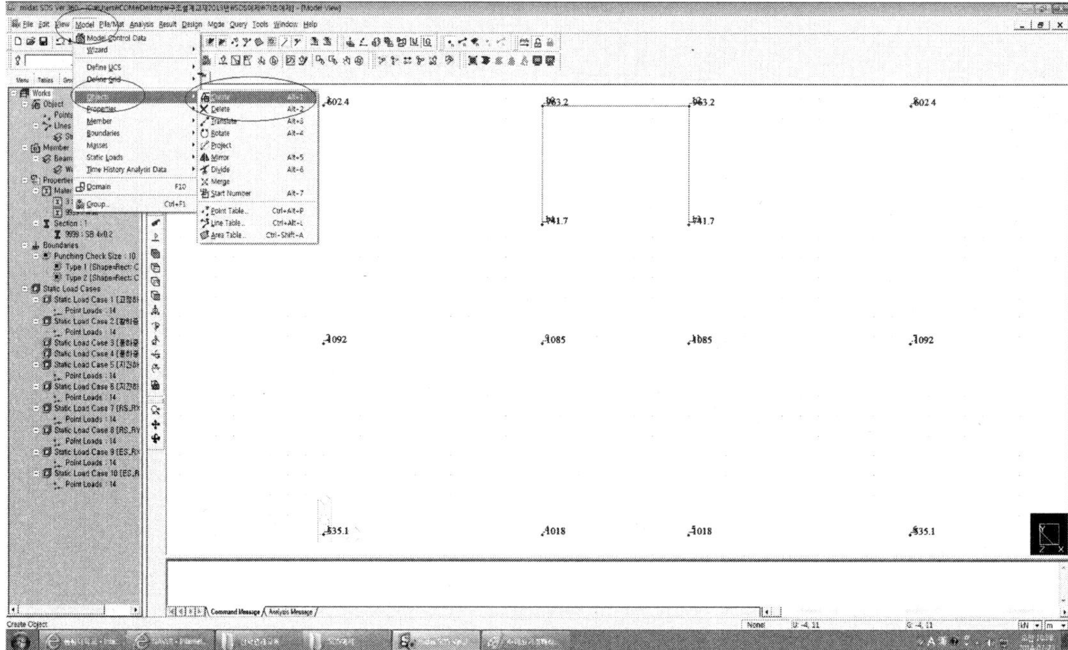

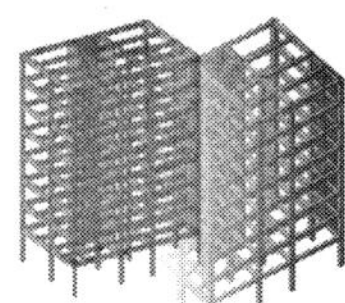

**13** 매트기초의 영역(범위)을 정한다.

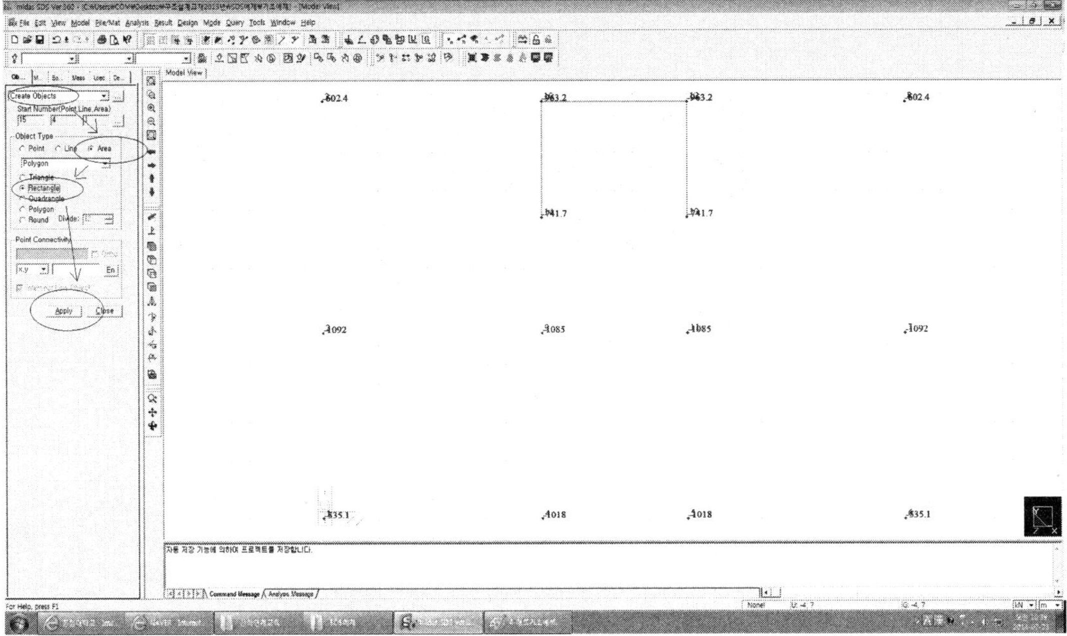

**14** 매트기초의 영역을 설정한다.(기초판을 전체 포함되도록 Window 기능을 사용하여 선택한다.)

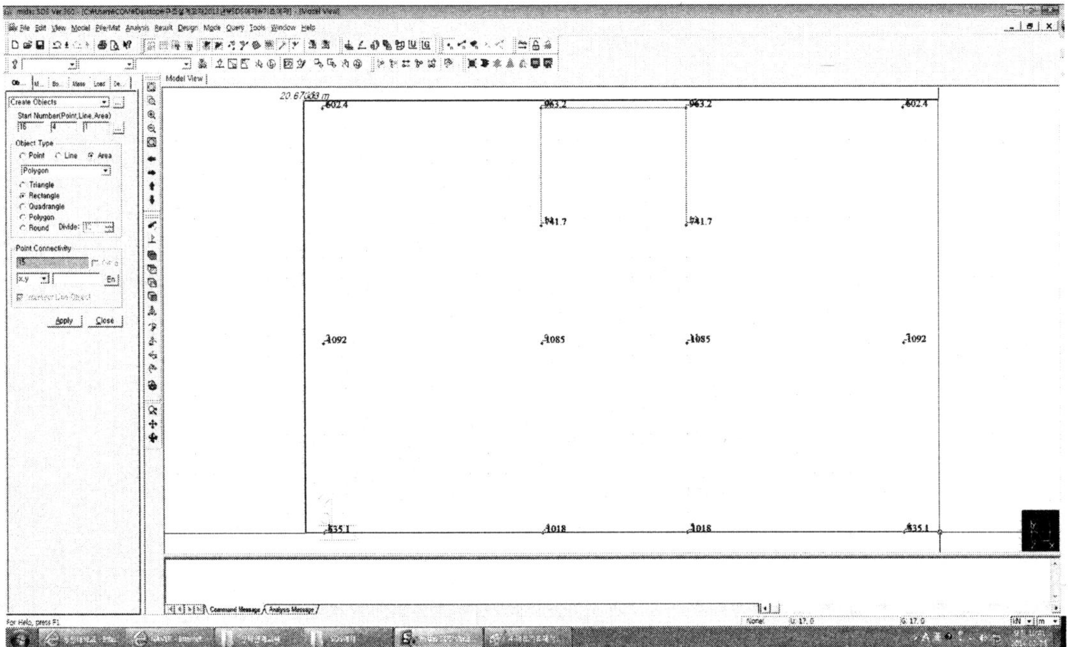

**15** 설정된 영역이 지정되면 보기와 같이 화면에 설정된다.

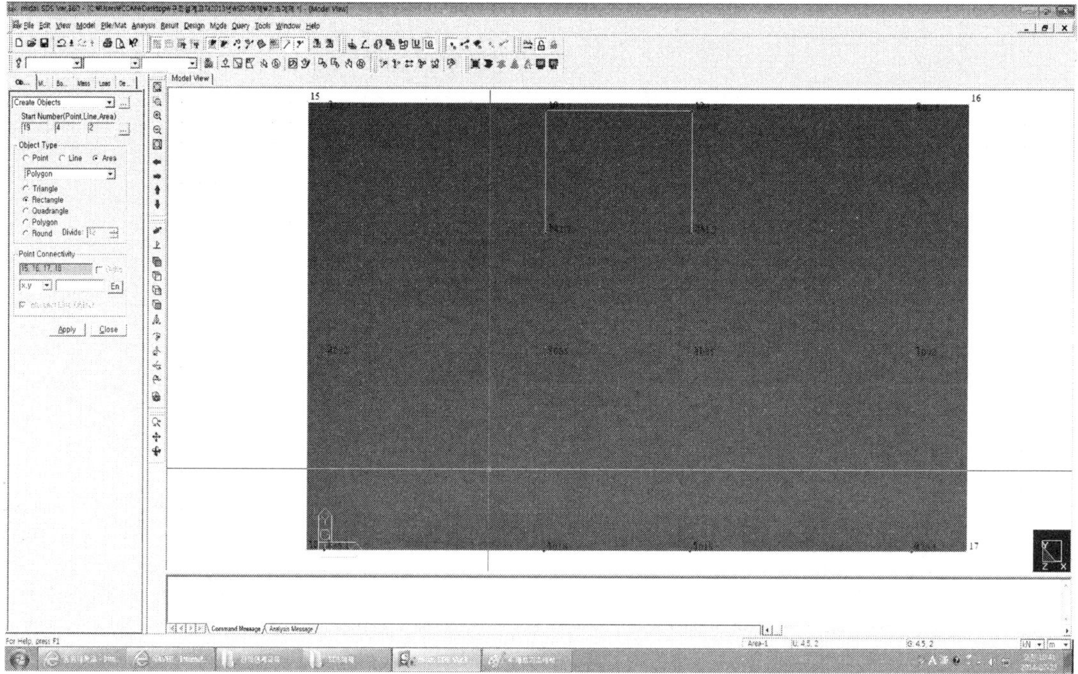

**16** 설정된 영역의 재료(콘크리트, 강도)물성치와 두께를 설정한다.

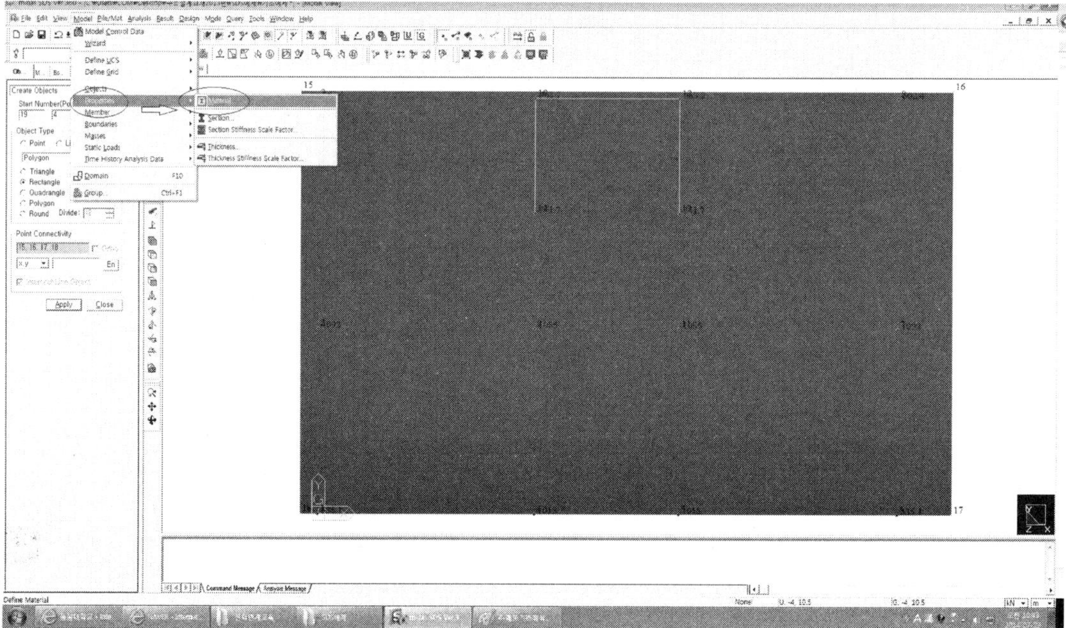

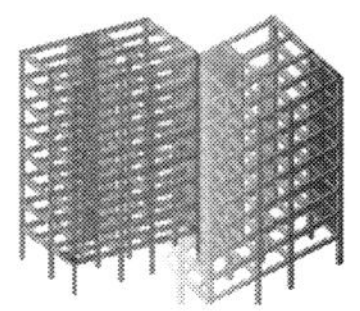



**17** 기초의 두께를 임의의 값으로 설정하여 입력한다.

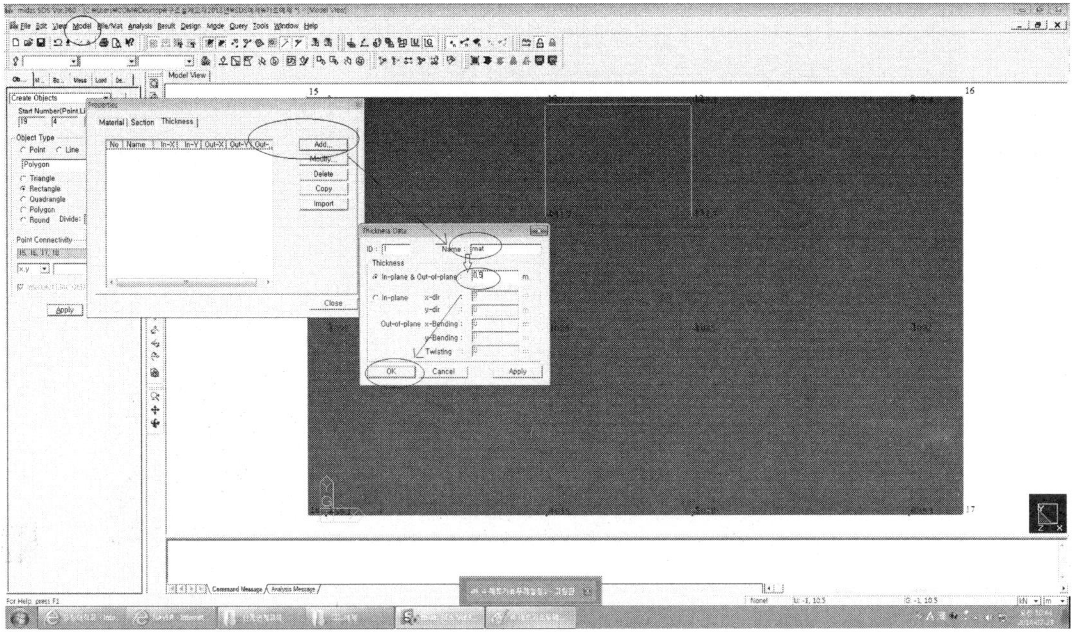

**18** 입력된 기초의 DATA(두께와 재료)를 확인한다.

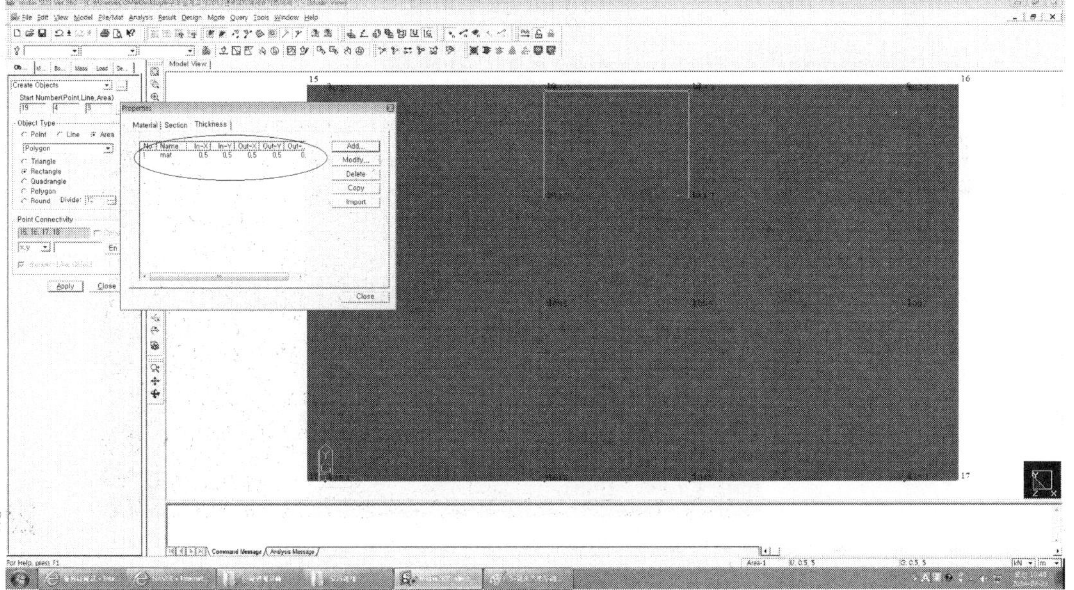

⑲ 기초에 대한 data에서 slab 또는 mat을 선택하여 지정한다.

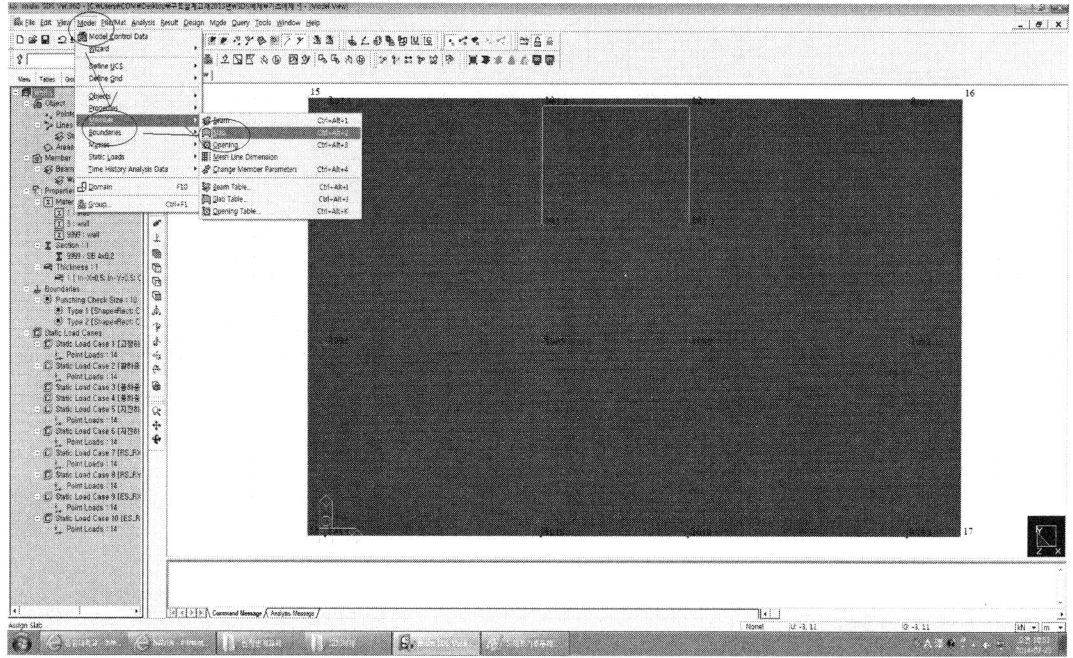

⑳ 기초에 대한 data에서 slab 또는 mat을 선택하여 재료의 data를 입력해준다.

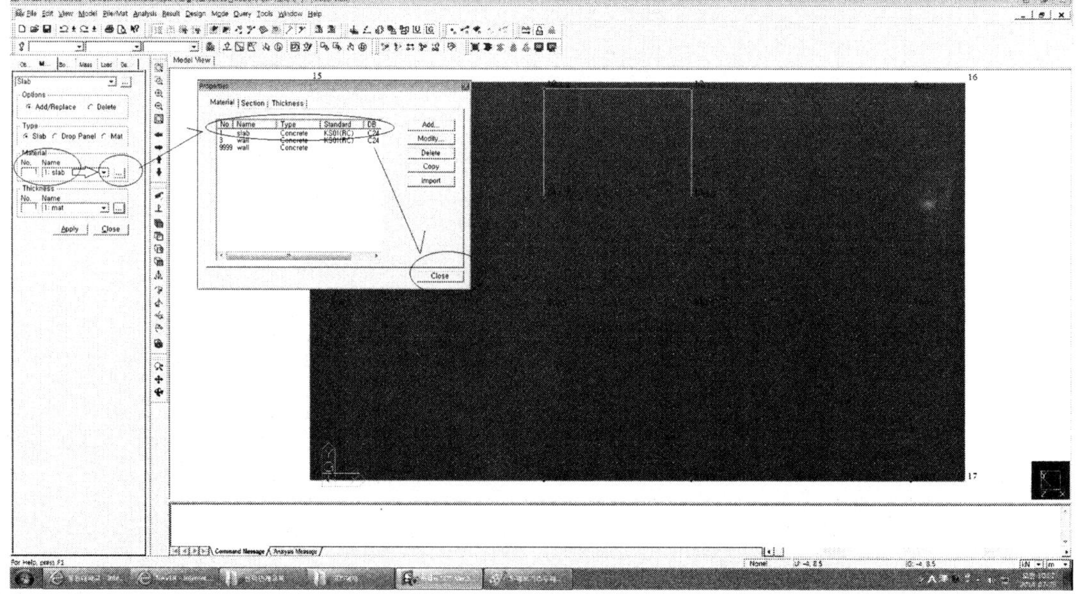

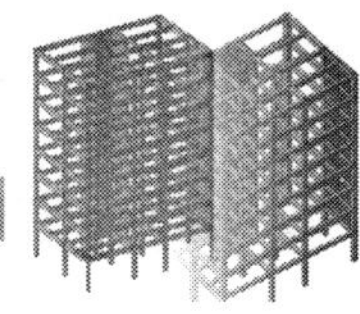

㉑ mat기초에 대한 data를 설정하여 입력한다.($t = 500$mm)

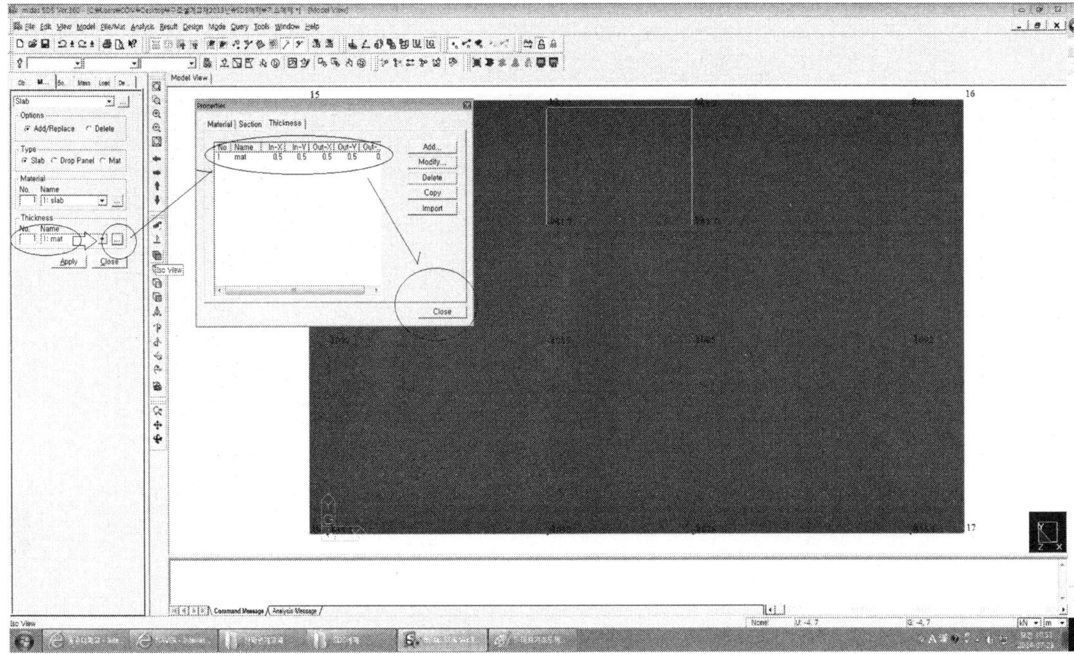

㉒ mat기초에 대한 영역을 지정하여 mat로 설정된 data로 변환시켜서 지정영역의 기초
의 두께와 강도 등을 설정한다.

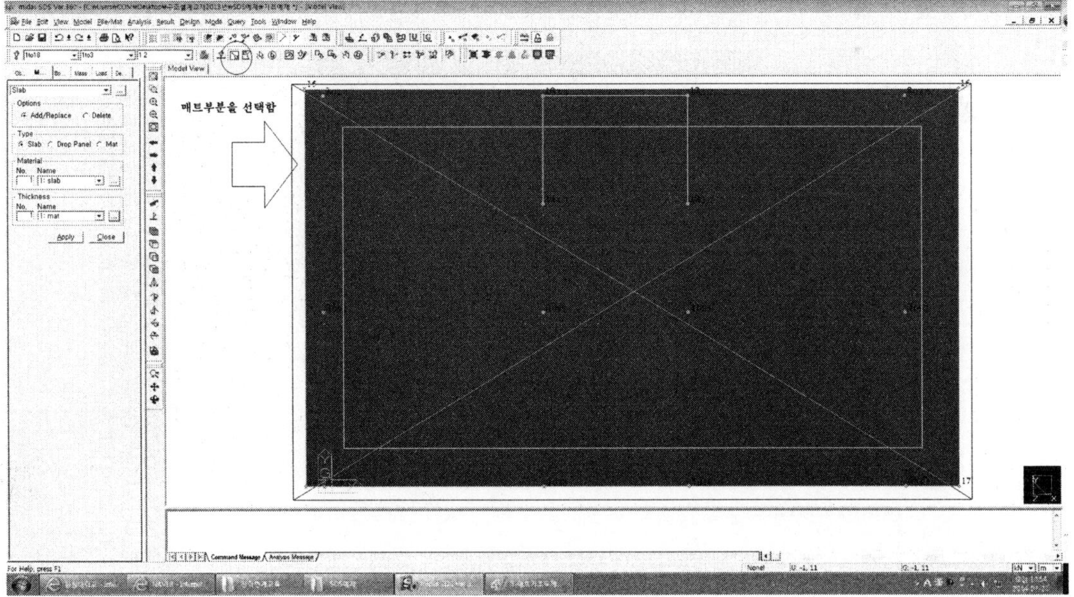

**23** 지정된 영역이 설정된 data로 변환되어서 기초두께가 500mm로 지정된다.

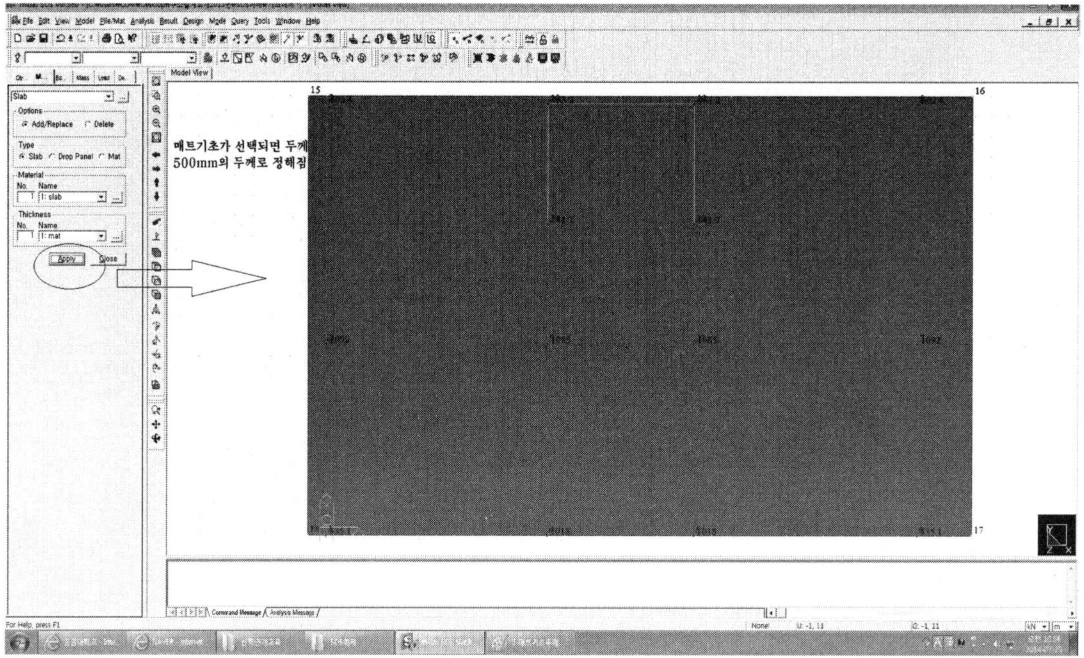


**24** 매트기초의 지지조건을 입력한다. 지지조건의 종류별로 지내력을 입력하는 단계임

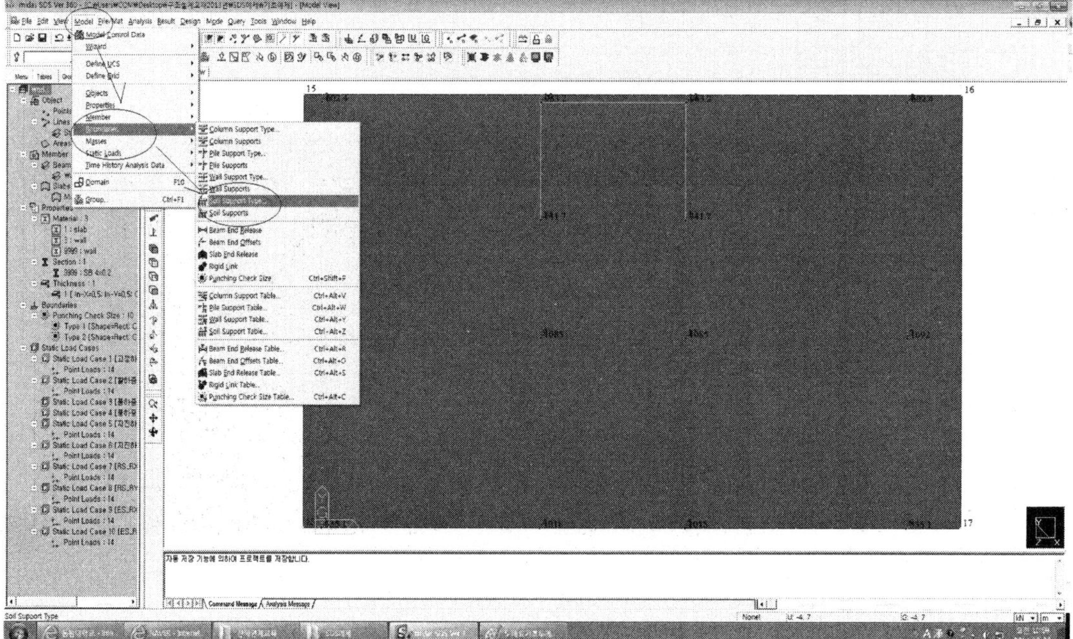

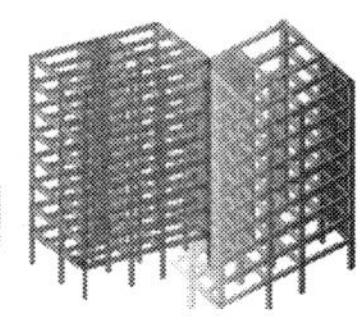

**25** 지지조건  data에서  지내력  조건을  수치로  입력한다.

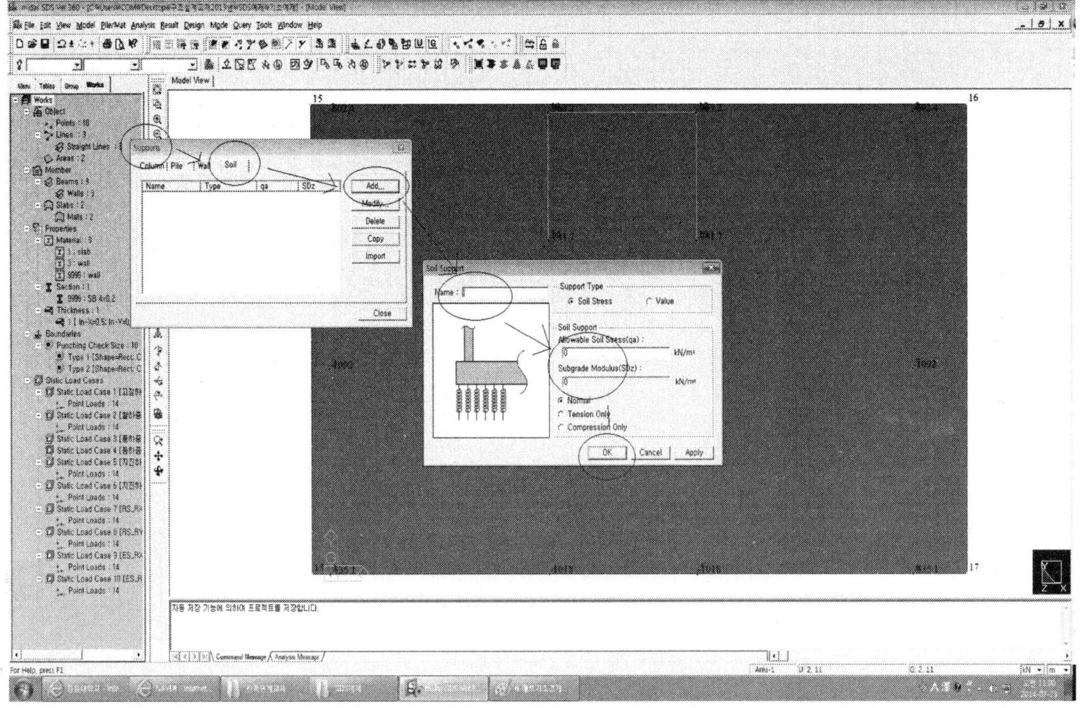

**26** 지지조건  data에서  지내력  조건을  수치로  입력한다.

($Fe = 200\text{kN}/\text{m}^2$으로  가정하여  입력하였음)

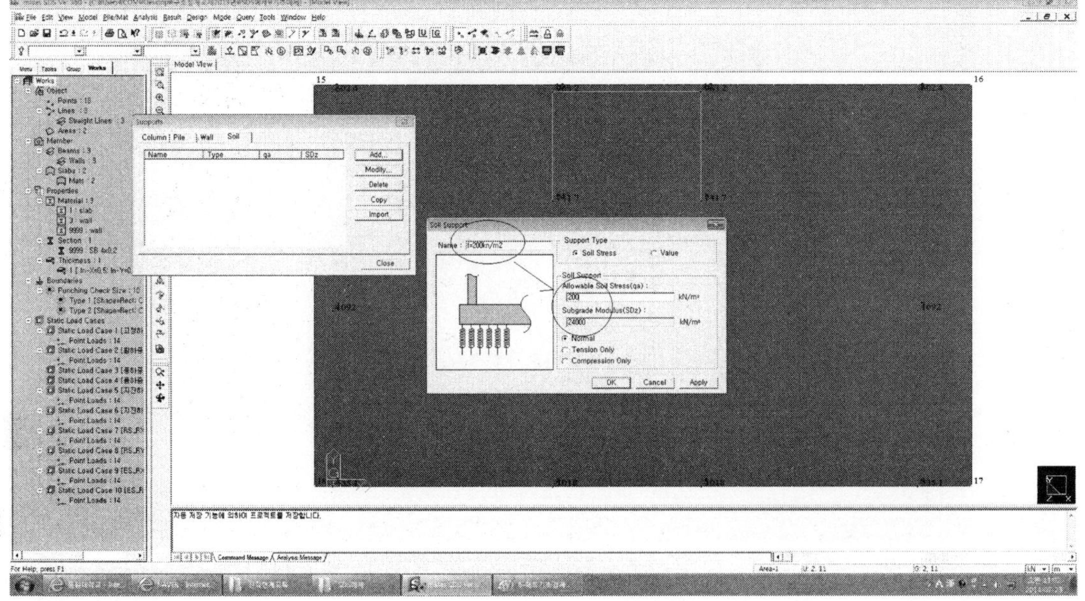

**27** 기초의 형식은 매트기초로 정하고 지내력조건을 입력한 후 현재 지정된 기초영역에 지내력(경계조건)조건을 설정해준다.

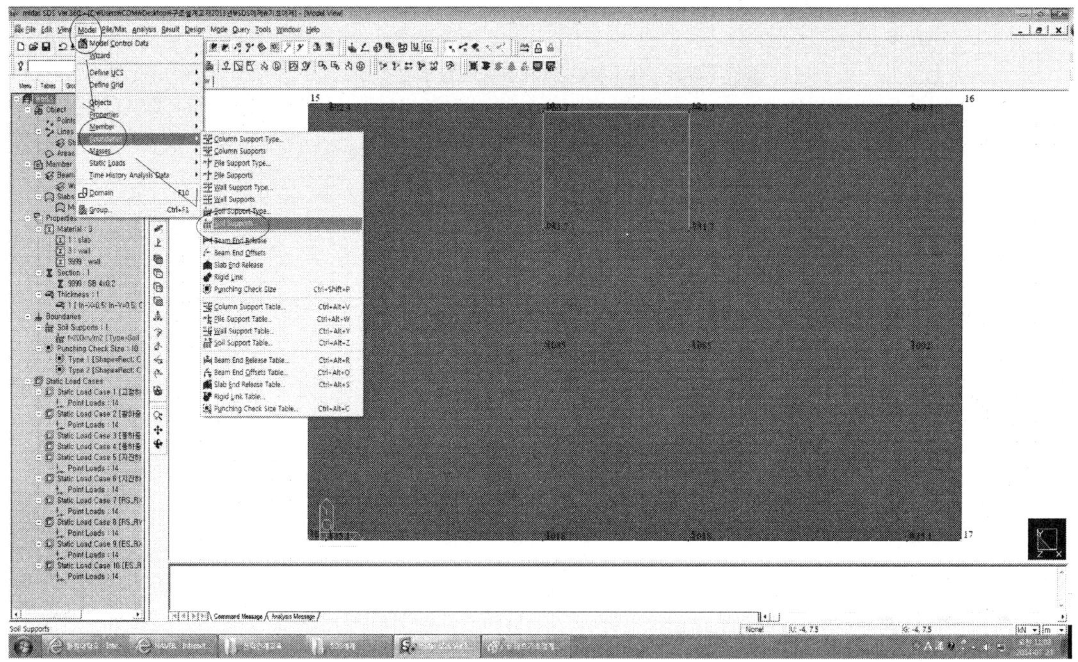

**28** 현재 지정된 기초영역에 지내력(경계조건)조건을 설정하기 위해 선택한다.

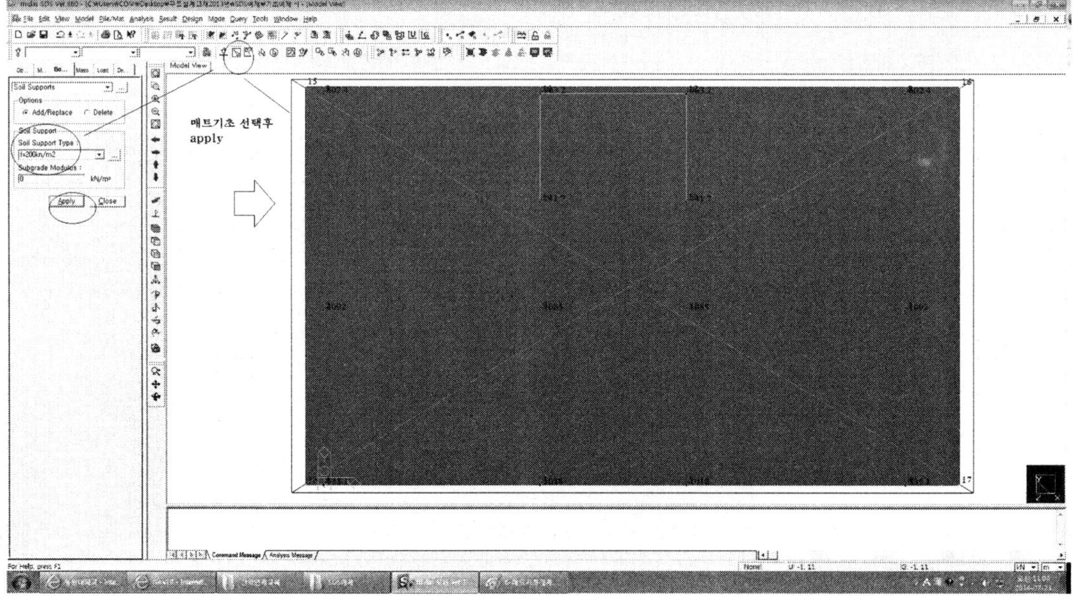

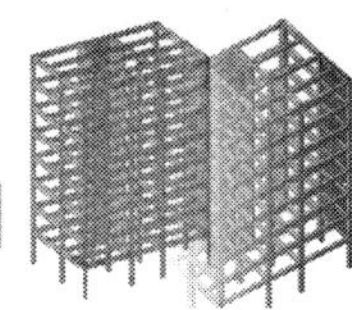

**29** 화면과 같이 빗금 친 부분으로 기초부분에 대한 경계조건이 설정된다.

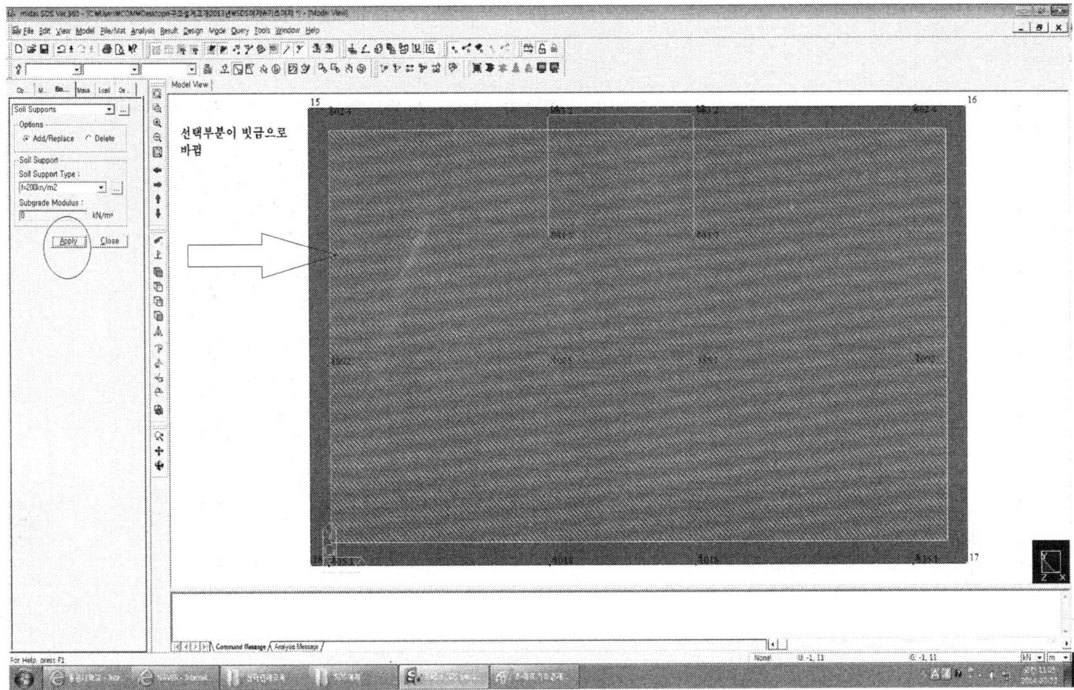


**30** 모든 data가 입력된 후 기초부분의 해석을 수행한다.

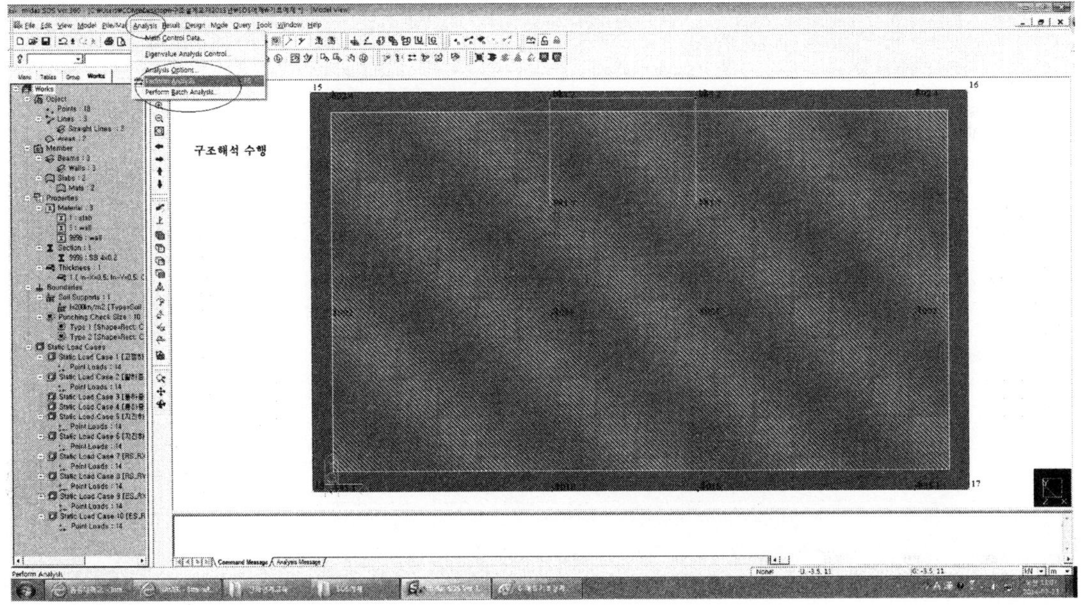

**31** 해석이 진행되는 과정이 화면과 같이 나타난다.

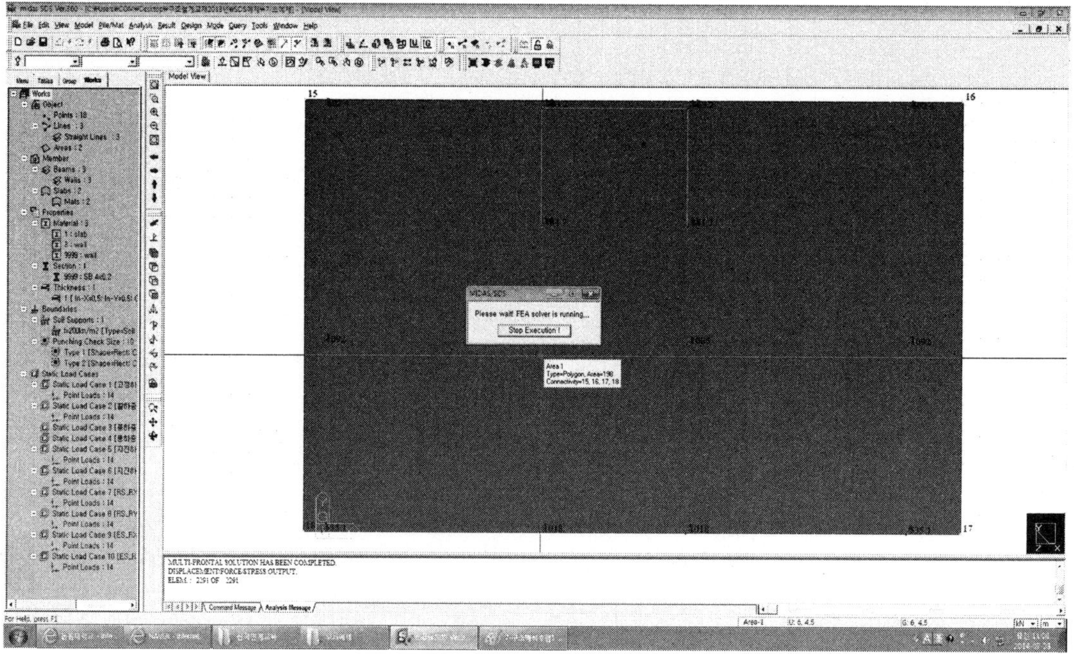

**32** 해석 완료 후 해석 결과치를 확인하는 단계를 시작한다.

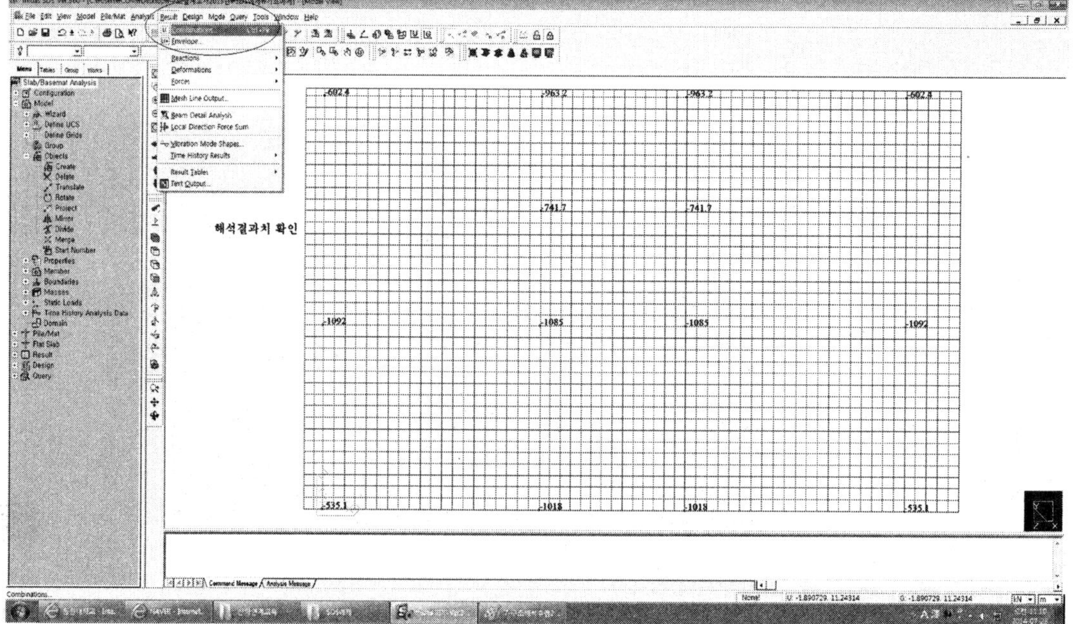

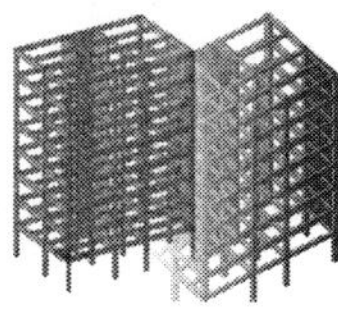

**33** 해석 수행 후 결과치 확인과정에서 하중조합조건(Load combination)을 수행한다.

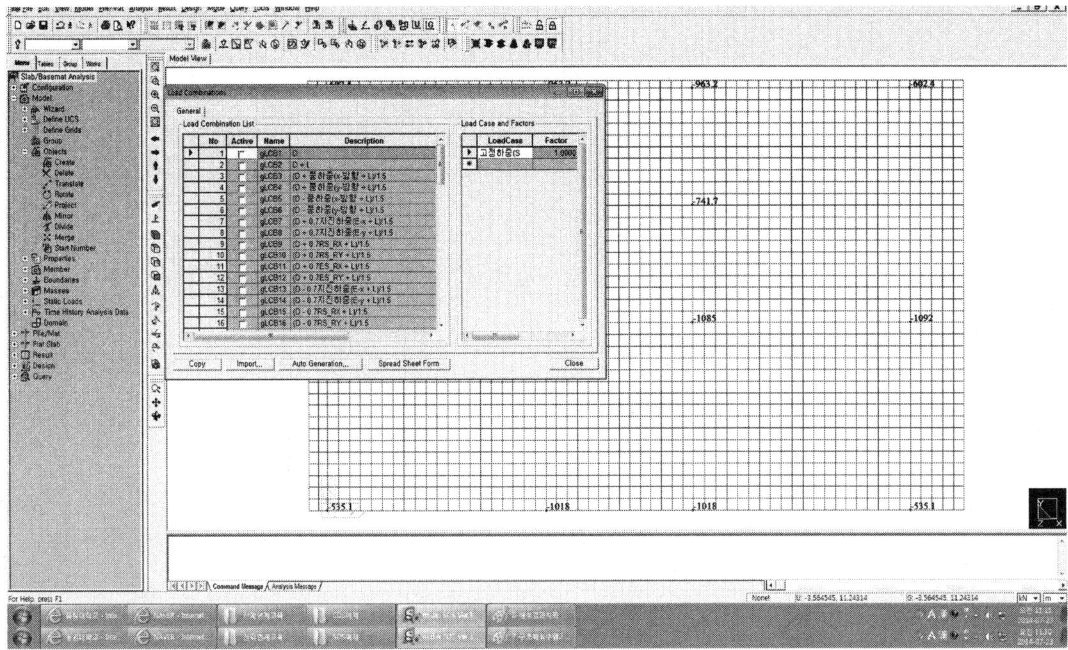

**34** 하중조합조건(Load combination)에서 $1.2D.L + 1.6L.L$을 선택하여 반력/휨모멘트/
전단력을 확인 점검한다.

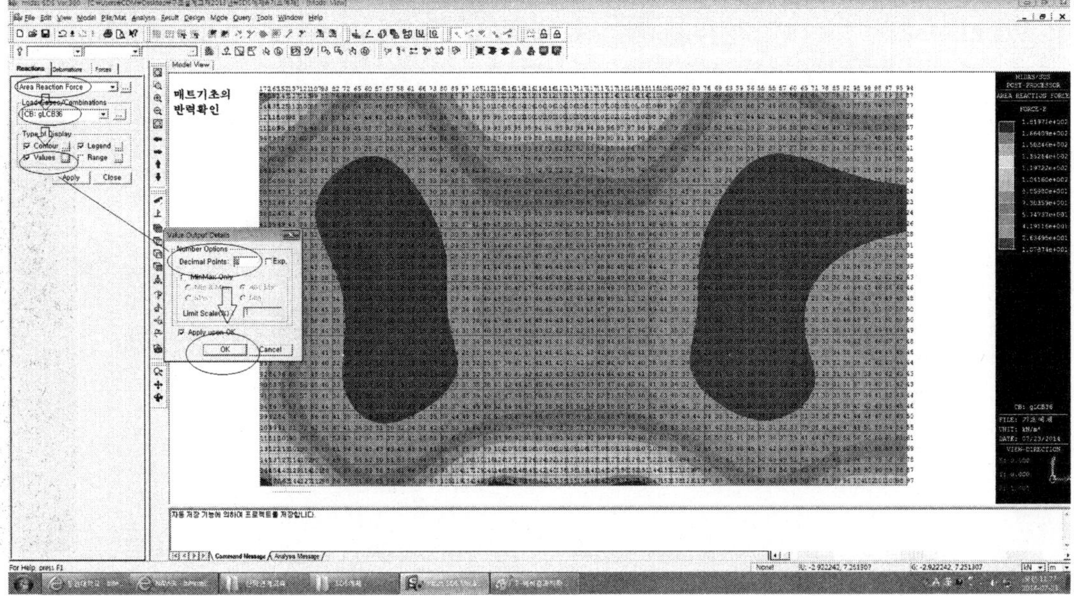

**35** 여러 가지 하중조건에 따라서 변위값을 확인하고 값의 오류를 점검한다.

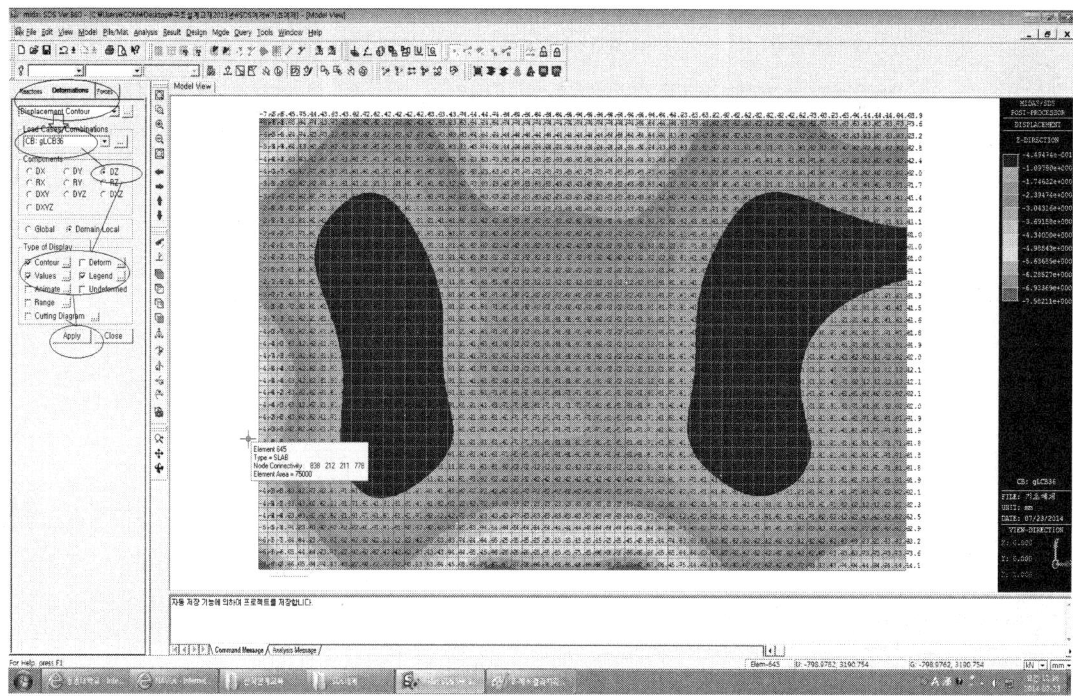

**36** 여러 가지 하중조건에 따라서 변위값을 확인하고 값의 오류를 점검한다.(3D와 색깔로 결과치를 검토한다.)

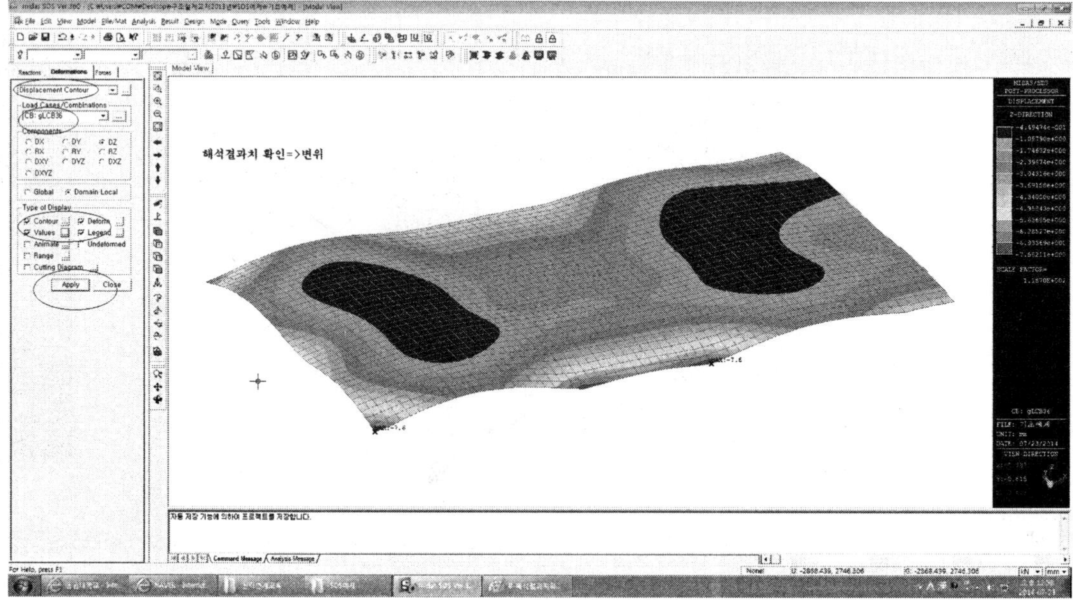

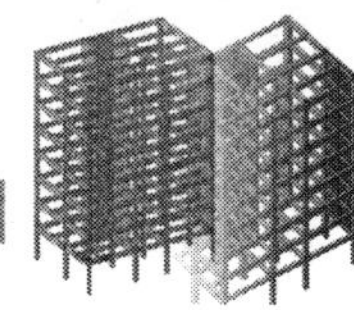

**37** 설계에 따른 기준값(콘크리트, 철근)들을 설정하고 입력해준다.

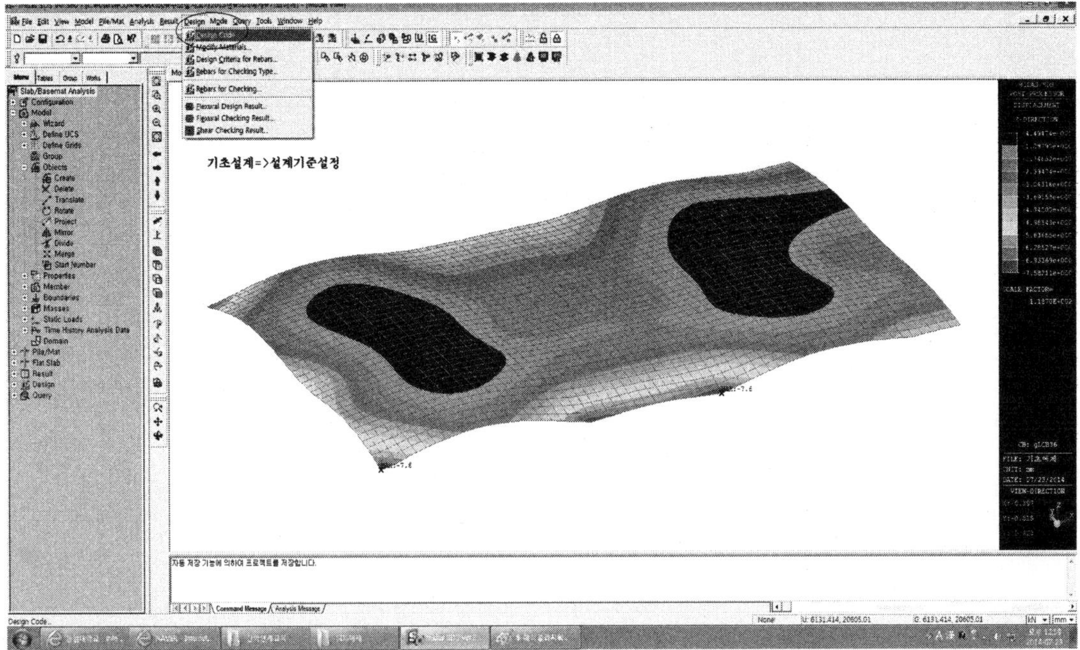

**38** 설계에 따른 설계기준(KCI2012)들을 설정하고 입력해준다.

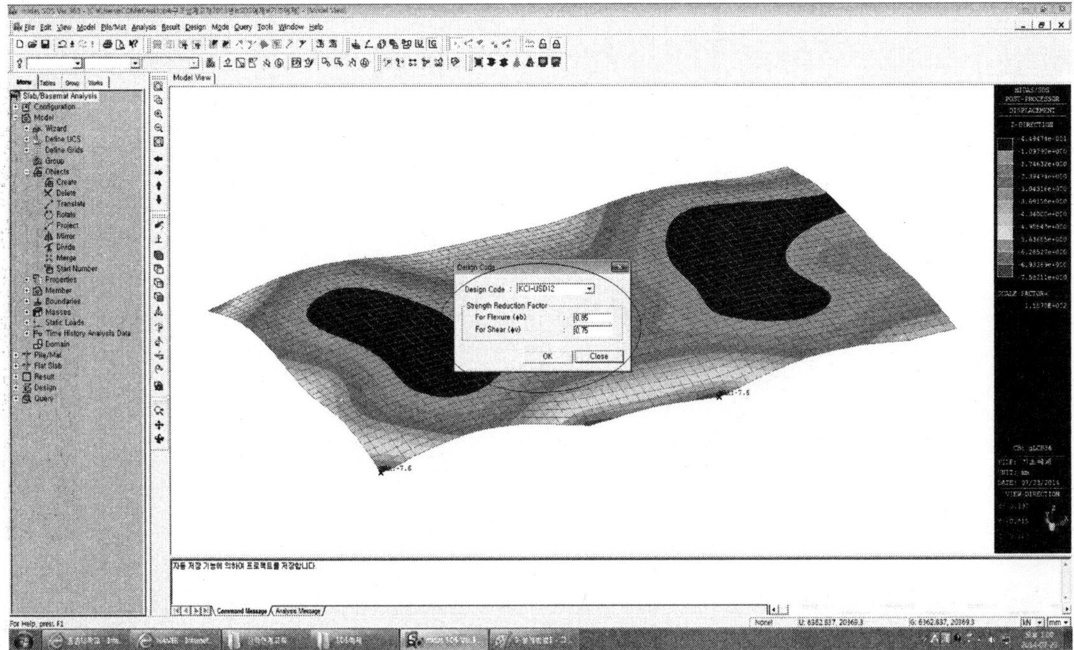

**39** 기초부분의 철근배근 결과치를 확인한다.

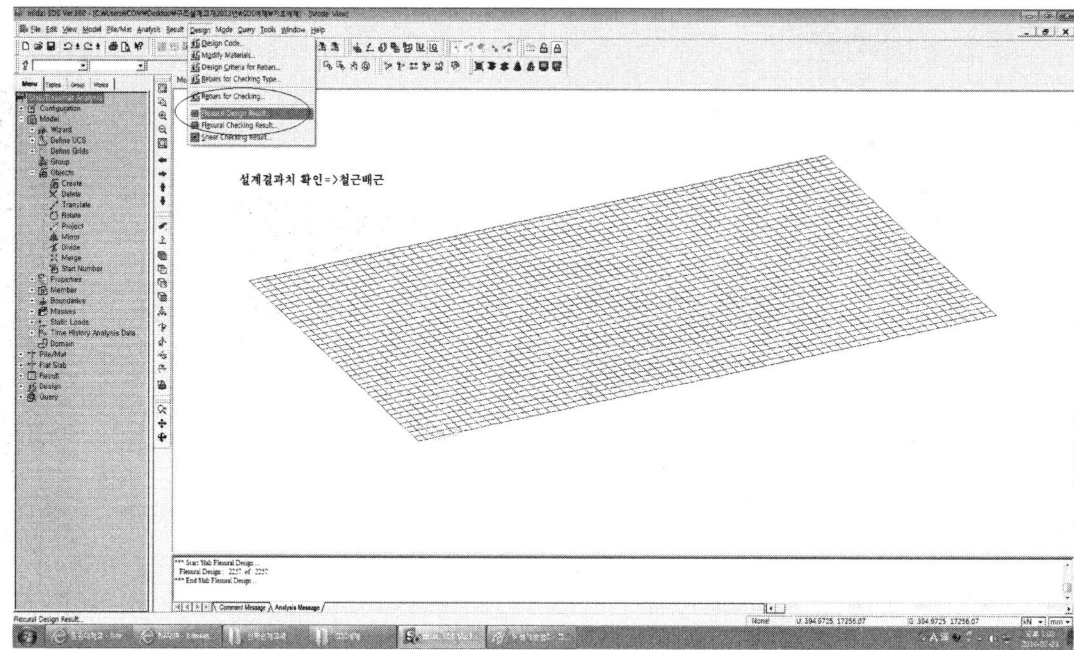

**40** 기초부분의 철근배근 결과치를 확인한다.(TEXT 파일로 확인)

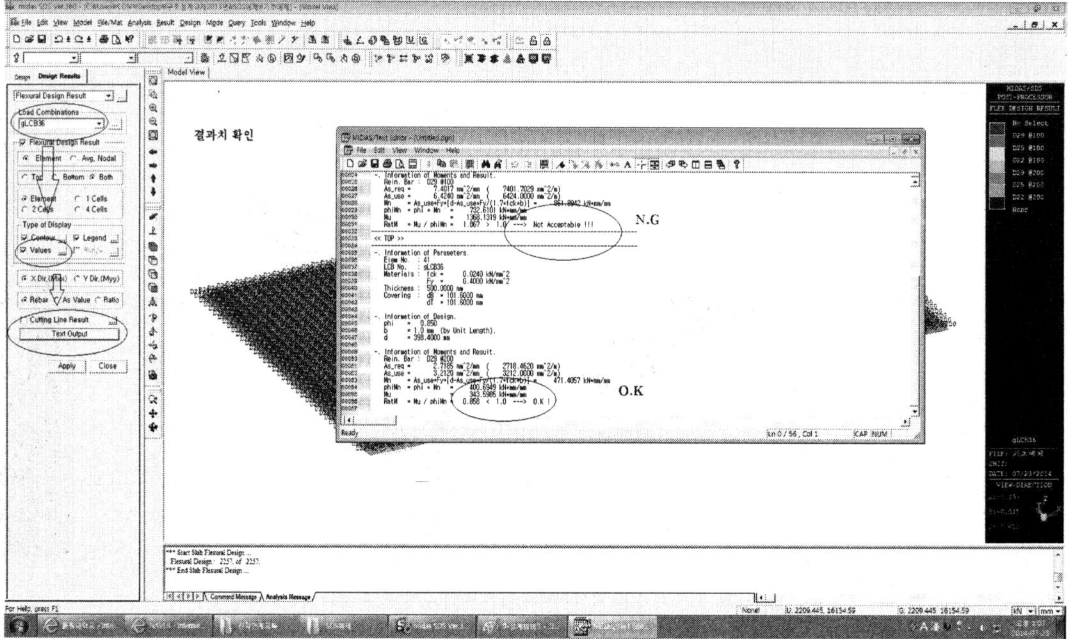

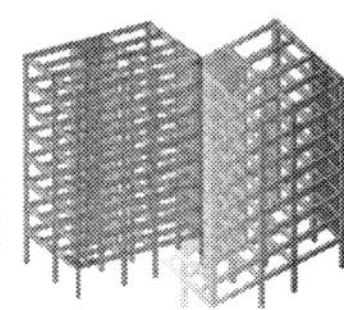

**41** 결과치를 주열대/주간대 범위로 휨모네트/전단력을 확인한다.

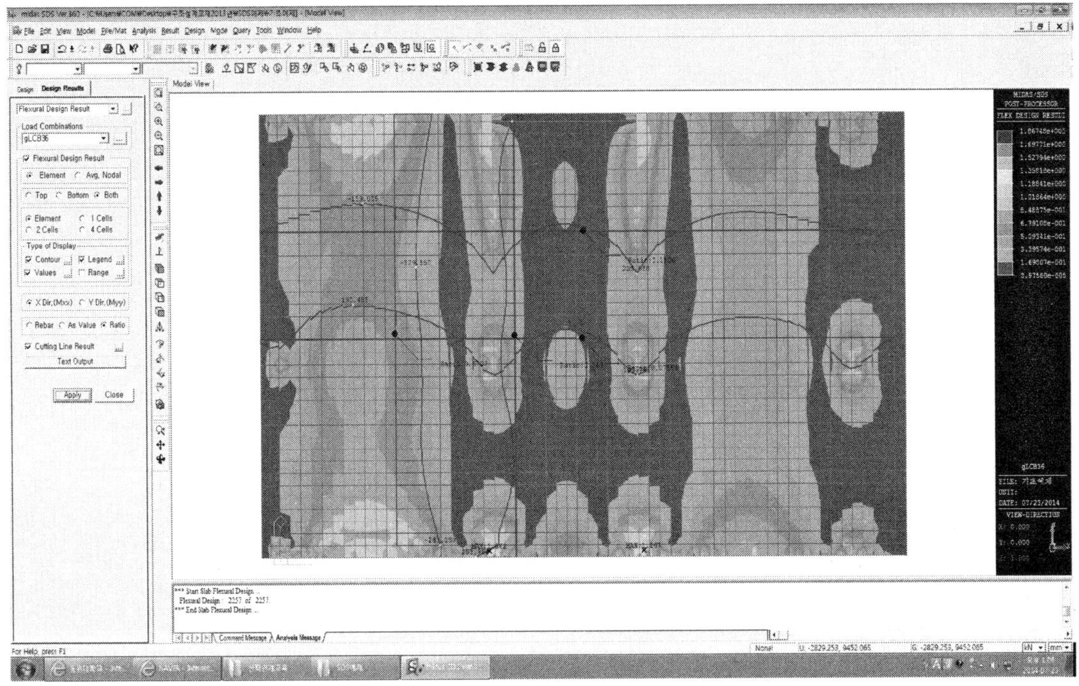

**42** 결과치를 주열대/주간대 범위로 철근배근상태를 확인한다.

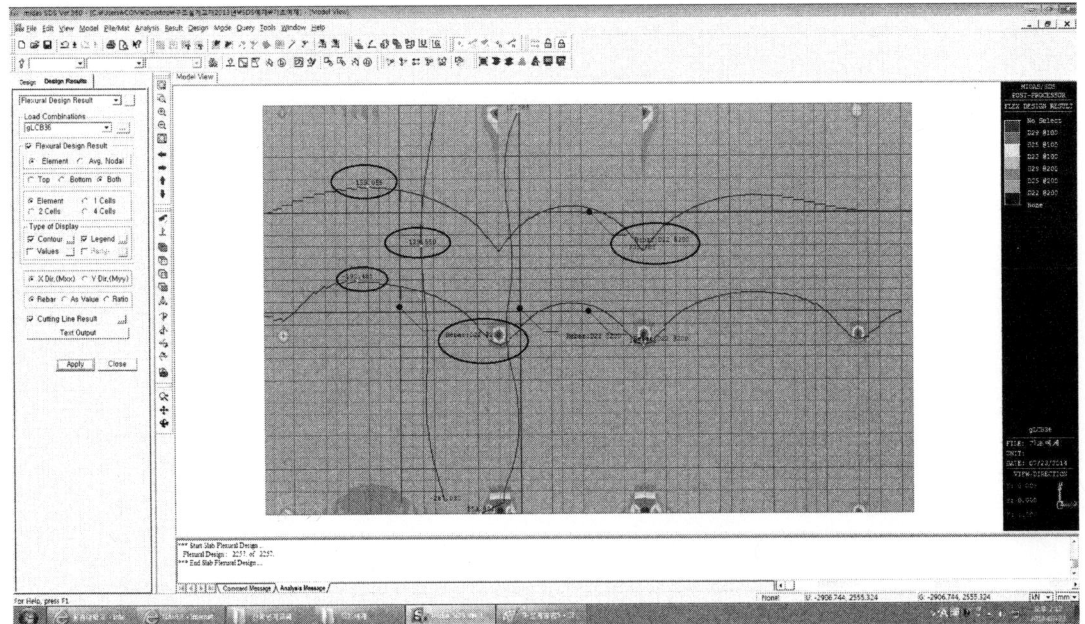

내진설계반영 건·축·구·조·설·계

# 건축구조설계방법

정가 21,000원

- 저　자　장　화　균
- 발행인　차　승　녀

- 2014년　8월　25일　제1판　제1인쇄
- 2014년　8월　30일　제1판　제1발행

**도서출판 건기원**

(등록 : 제11-162호, 1998. 11. 24)

경기도 파주시 산남로 141번길 59(산남동)
TEL : (02)2662-1874～5　　FAX : (02)2665-8281


★ 건기원은 여러분을 책의 주인공으로 만들어 드리며 출판 윤리 강령을 준수합니다.

★ 본서에 게재된 내용일체의 무단복제·복사를 금하며 잘못된 책은 교환해 드립니다.

ISBN 979-11-85490-77-9　　13540